向为创建中国卫星导航事业

并使之立于世界最前列而做出卓越贡献的北斗功臣们

致以深深的敬意！

国家出版基金项目
NATIONAL PUBLICATION FOUNDATION

"十三五"国家重点出版物
出版规划项目

卫星导航工程技术丛书

主　编　杨元喜
副主编　蔚保国

卫星导航定位原理

Principle of Satellite Navigation and Positioning

杨元喜　郭海荣　何海波　等著

国防工业出版社
·北京·

内 容 简 介

本书在深入分析各卫星导航系统采用的坐标系统、时间系统、信号体制的基础上，以北斗卫星导航系统为主线，结合北斗混合星座和信号体制特点，介绍全球卫星导航系统（GNSS）授时与钟差预报、异构星座定轨、基于星间链路观测的自主定轨、卫星无线电测定业务（RDSS）及卫星无线电导航业务（RNSS）原理，深入分析各种GNSS差分增强技术的应用特点，并对未来定位、导航与授时（PNT）技术体系进行了展望。

本书适合从事卫星导航定位理论与应用的科研人员、教育工作者和工程技术人员参考，也适合该领域的研究生和高年级本科生阅读。

图书在版编目（CIP）数据

卫星导航定位原理 / 杨元喜等著. —北京 ：国防工业出版社，2024.3 重印
（卫星导航工程技术丛书）
ISBN 978-7-118-12148-3

Ⅰ. ①卫… Ⅱ. ①杨… Ⅲ. ①卫星导航－全球定位系统 Ⅳ. ①P228.4

中国版本图书馆 CIP 数据核字（2020）第 139588 号

审图号 243

※

国防工业出版社出版发行
（北京市海淀区紫竹院南路 23 号　邮政编码 100048）
北京虎彩文化传播有限公司印刷
新华书店经售

*

开本 710×1000　1/16　**插页** 12　**印张** 26¼　**字数** 503 千字
2024 年 3 月第 1 版第 2 次印刷　**印数** 2001—2800 册　**定价** 168.00 元

国防书店：（010）88540777　　书店传真：（010）88540776
发行业务：（010）88540717　　发行传真：（010）88540762

孙家栋院士为本套丛书致辞

探索中国北斗自主创新之路
凝练卫星导航工程技术之果

当今世界，卫星导航系统覆盖全球，应用服务广泛渗透，科技影响如日中天。

我国卫星导航事业从北斗一号工程开始到北斗三号工程，已经走过了二十六个春秋。在长达四分之一世纪的艰辛发展历程中，北斗卫星导航系统从无到有，从小到大，从弱到强，从区域到全球，从单一星座到高中轨混合星座，从 RDSS 到 RNSS，从定位授时到位置报告，从差分增强到精密单点定位，从星地站间组网到星间链路组网，不断演进和升级，形成了包括卫星导航及其增强系统的研究规划、研制生产、测试运行及产业化应用的综合体系，培养造就了一支高水平、高素质的专业人才队伍，为我国卫星导航事业的蓬勃发展奠定了坚实基础。

如今北斗已开启全球时代，打造“天上好用，地上用好”的自主卫星导航系统任务已初步实现，我国卫星导航事业也已跻身于国际先进水平，领域专家们认为有必要对以往的工作进行回顾和总结，将积累的工程技术、管理成果进行系统的梳理、凝练和提高，以利再战，同时也有必要充分利用前期积累的成果指导工程研制、系统应用和人才培养，因此决定撰写一套卫星导航工程技术丛书，为国家导航事业，也为参与者留下宝贵的知识财富和经验积淀。

在各位北斗专家及国防工业出版社的共同努力下，历经八年时间，这套导航丛书终于得以顺利出版。这是一件十分可喜可贺的大事！丛书展示了从北斗二号到北斗三号的历史性跨越，体系完整，理论与工程实践相结合，突出北斗卫星导航自主创新精神，注意与国际先进技术融合与接轨，展现了“中国的北斗，世界的北斗，一流的北斗”之大气！每一本书都是作者亲身工作成果的凝练和升华，相信能够为相关领域的发展和人才培养做出贡献。

“只要你管这件事，就要认认真真负责到底。”这是中国航天界的习惯，也是本套丛书作者的特点。我与丛书作者多有相识与共事，深知他们在北斗卫星导航科研和工程实践中取得了巨大成就，并积累了丰富经验。现在他们又在百忙之中牺牲休息时间来著书立说，继续弘扬“自主创新、开放融合、万众一心、追求卓越”的北斗精神，力争在学术出版界再现北斗的光辉形象，为北斗事业的后续发展鼎力相助，为导航技术的代代相传添砖加瓦。为他们喝彩！更由衷地感谢他们的巨大付出！由这些科研骨干潜心写成的著作，内蓄十足的含金量！我相信这套丛书一定具有鲜明的中国北斗特色，一定经得起时间的考验。

我一辈子都在航天战线工作，虽然已年逾九旬，但仍愿为北斗卫星导航事业的发展而思考和实践。人才培养是我国科技发展第一要事，令人欣慰的是，这套丛书非常及时地全面总结了中国北斗卫星导航的工程经验、理论方法、技术成果，可谓承前启后，必将有助于我国卫星导航系统的推广应用以及人才培养。我推荐从事这方面工作的科研人员以及在校师生都能读好这套丛书，它一定能给你启发和帮助，有助于你的进步与成长，从而为我国全球北斗卫星导航事业又好又快发展做出更多更大的贡献。

2020 年 8 月

祝贺卫星导航工程技术丛书

圆满出版

杨元喜

于 2019 年第十届中国卫星导航年会期间题词。

期待卫星导航工程技术丛书

助力中国北斗系统发展

周承[illegible]

于 2019 年第十届中国卫星导航年会期间题词。

卫星导航工程技术丛书
编审委员会

卫星导航工程技术丛书
编写委员会

主　　编　杨元喜

副 主 编　蔚保国

委　　员　（按姓氏笔画排序）

尹继凯　朱衍波　伍蔡伦　刘　利

刘天雄　李　隽　杨　慧　宋小勇

张小红　陈金平　陈建云　陈韬鸣

金双根　赵文军　姜　毅　袁　洪

袁运斌　徐彦田　黄文德　谢　军

蔡志武

丛书序

宇宙浩瀚、海洋无际、大漠无垠、丛林层密、山峦叠嶂，这就是我们生活的空间，这就是我们探索的远方。我在何处？我之去向？这是我们每天都必须面对的问题。从原始人巡游狩猎、航行海洋，到近代人周游世界、遨游太空，无一不需要定位和导航。

正如《北斗赋》所描述，乘舟而惑，不知东西，见斗则寤矣。又戒之，瀚海识途，昼则观日，夜则观星矣。我们的祖先不仅为后人指明了“昼观日，夜观星”的天文导航法，而且还发明了“司南”或“指南针”定向法。我们为祖先的聪颖智慧而自豪，但是又不得不面临新的定位、导航与授时（PNT）需求。信息化社会、智能化建设、智慧城市、数字地球、物联网、大数据等，无一不需要统一时间、空间信息的支持。为顺应新的需求，“卫星导航”应运而生。

卫星导航始于美国子午仪系统，成形于美国的全球定位系统（GPS）和俄罗斯的全球卫星导航系统（GLONASS），发展于中国的北斗卫星导航系统（BDS）（简称“北斗系统”）和欧盟的伽利略卫星导航系统（简称“Galileo 系统”），补充于印度及日本的区域卫星导航系统。卫星导航系统是时间、空间信息服务的基础设施，是国防建设和国家经济建设的基础设施，也是政治大国、经济强国、科技强国的基本象征。

中国的北斗系统不仅是我国 PNT 体系的重要基础设施，也是国家经济、科技与社会发展的重要标志，是改革开放的重要成果之一。北斗系统不仅“标新”“立异”，而且“特色”鲜明。标新于设计（混合星座、信号调制、云平台运控、星间链路、全球报文通信等），立异于功能（一体化星基增强、嵌入式精密单点定位、嵌入式全球搜救等服务），特色于应用（报文通信、精密位置服务等）。标新立异和特色服务是北斗系统的立身之本，也是北斗系统推广应用的基础。

2020 年 6 月 23 日，北斗系统最后一颗卫星发射升空，标志着中国北斗全球卫星导航系统卫星组网完成；2020 年 7 月 31 日，北斗系统正式向全球用户开通服务，标志着中国北斗全球卫星导航系统进入运行维护阶段。为了全面反映中国北斗系统建设成果,同时也为了推进北斗系统的广泛应用,我们紧跟北斗工程的成功进展,组织北斗系统建设的部分技术骨干,撰写了卫星导航工程技术丛书,系统地描述北斗系统的最新发展、创新设计和特色应用成果。丛书共 26 个分册,分别介绍如下:

卫星导航定位遵循几何交会原理,但又涉及无线电信号传输的大气物理特性以及卫星动力学效应。《卫星导航定位原理》全面阐述卫星导航定位的基本概念和基本原理,侧重卫星导航概念描述和理论论述,包括北斗系统的卫星无线电测定业务(RDSS)原理、卫星无线电导航业务(RNSS)原理、北斗三频信号最优组合、精密定轨与时间同步、精密定位模型和自主导航理论与算法等。其中北斗三频信号最优组合、自适应卫星轨道测定、自主定轨理论与方法、自适应导航定位等均是作者团队近年来的研究成果。此外,该书第一次较详细地描述了"综合 PNT"、"微 PNT"和"弹性 PNT"基本框架,这些都可望成为未来 PNT 的主要发展方向。

北斗系统由空间段、地面运行控制系统和用户段三部分构成,其中空间段的组网卫星是系统建设最关键的核心组成部分。《北斗导航卫星》描述我国北斗导航卫星研制历程及其取得的成果,论述导航卫星环境和任务要求、导航卫星总体设计、导航卫星平台、卫星有效载荷和星间链路等内容,并对未来卫星导航系统和关键技术的发展进行展望,特色的载荷、特色的功能设计、特色的组网,成就了特色的北斗导航卫星星座。

卫星导航信号的连续可用是卫星导航系统的根本要求。《北斗导航卫星可靠性工程》描述北斗导航卫星在工程研制中的系列可靠性研究成果和经验。围绕高可靠性、高可用性,论述导航卫星及星座的可靠性定性定量要求、可靠性设计、可靠性建模与分析等,侧重描述可靠性指标论证和分解、星座及卫星可用性设计、中断及可用性分析、可靠性试验、可靠性专项实施等内容。围绕导航卫星批量研制,分析可靠性工作的特殊性,介绍工艺可靠性、过程故障模式及其影响、贮存可靠性、备份星论证等批产可靠性保证技术内容。

卫星导航系统的运行与服务需要精密的时间同步和高精度的卫星轨道支持。《卫星导航时间同步与精密定轨》侧重描述北斗导航卫星高精度时间同步与精密定轨相关理论与方法,包括:相对论框架下时间比对基本原理、星地/站间各种时间比对技术及误差分析、高精度钟差预报方法、常规状态下导航卫星轨道精密测定与预报等;围绕北斗系统独有的技术体制和运行服务特点,详细论述星地无线电双向时间比对、地球静止轨道/倾斜地球同步轨道/中圆地球轨道(GEO/IGSO/MEO)混合星座精密定轨及轨道快速恢复、基于星间链路的时间同步与精密定轨、多源数据系统性偏差综合解算等前沿技术与方法;同时,从系统信息生成者角度,给出用户使用北斗卫星导航电文的具体建议。

北斗卫星发射与早期轨道段测控、长期运行段卫星及星座高效测控是北斗卫星发射组网、补网,系统连续、稳定、可靠运行与服务的核心要素之一。《导航星座测控管理系统》详细描述北斗系统的卫星/星座测控管理总体设计、系列关键技术及其解决途径,如测控系统总体设计、地面测控网总体设计、基于轨道参数偏置的 MEO 和 IGSO 卫星摄动补偿方法、MEO 卫星轨道构型重构控制评价指标体系及优化方案、分布式数据中心设计方法、数据一体化存储与多级共享自动迁移设计等。

波束测量是卫星测控的重要创新技术。《卫星导航数字多波束测量系统》阐述数字波束形成与扩频测量传输深度融合机理,梳理数字多波束多星测量技术体制的最新成果,包括全分散式数字多波束测量装备体系架构、单站系统对多星的高效测量管理技术、数字波束时延概念、数字多波束时延综合处理方法、收发链路波束时延误差控制、数字波束时延在线精确标校管理等,描述复杂星座时空测量的地面基准确定、恒相位中心多波束动态优化算法、多波束相位中心恒定解决方案、数字波束合成条件下高精度星地链路测量、数字多波束测量系统性能测试方法等。

工程测试是北斗系统建设与应用的重要环节。《卫星导航系统工程测试技术》结合我国北斗三号工程建设中的重大测试、联试及试验,成体系地介绍卫星导航系统工程的测试评估技术,既包括卫星导航工程的卫星、地面运行控制、应用三大组成部分的测试技术及系统间大型测试与试验,也包括工程测试中的组织管理、基础理论和时延测量等关键技术。其中星地对接试验、卫星在轨测试技术、地面运行控制系统测试等内容都是我国北斗三号工程建设的实践成果。

卫星之间的星间链路体系是北斗三号卫星导航系统的重要标志之一,为北斗系统的全球服务奠定了坚实基础,也为构建未来天基信息网络提供了技术支撑。《卫星导航系统星间链路测量与通信原理》介绍卫星导航系统星间链路测量通信概念、理论与方法,论述星间链路在星历预报、卫星之间数据传输、动态无线组网、卫星导航系统性能提升等方面的重要作用,反映了我国全球卫星导航系统星间链路测量通信技术的最新成果。

自主导航技术是保证北斗地面系统应对突发灾难事件、可靠维持系统常规服务性能的重要手段。《北斗导航卫星自主导航原理与方法》详细介绍了自主导航的基本理论、星座自主定轨与时间同步技术、卫星自主完好性监测技术等自主导航关键技术及解决方法。内容既有理论分析，也有仿真和实测数据验证。其中在自主时空基准维持、自主定轨与时间同步算法设计等方面的研究成果，反映了北斗自主导航理论和工程应用方面的新进展。

卫星导航“完好性”是安全导航定位的核心指标之一。《卫星导航系统完好性原理与方法》全面阐述系统基本完好性监测、接收机自主完好性监测、星基增强系统完好性监测、地基增强系统完好性监测、卫星自主完好性监测等原理和方法，重点介绍相应的系统方案设计、监测处理方法、算法原理、完好性性能保证等内容，详细描述我国北斗系统完好性设计与实现技术，如基于地面运行控制系统的基本完好性的监测体系、顾及卫星自主完好性的监测体系、系统基本完好性和用户端有机结合的监测体系、完好性性能测试评估方法等。

时间是卫星导航的基础，也是卫星导航服务的重要内容。《时间基准与授时服务》从时间的概念形成开始：阐述从古代到现代人类关于时间的基本认识，时间频率的理论形成、技术发展、工程应用及未来前景等；介绍早期的牛顿绝对时空观、现代的爱因斯坦相对时空观及以霍金为代表的宇宙学时空观等；总结梳理各类时空观的内涵、特点、关系，重点分析相对论框架下的常用理论时标，并给出相互转换关系；重点阐述针对我国北斗系统的时间频率体系研究、体制设计、工程应用等关键问题，特别对时间频率与卫星导航系统地面、卫星、用户等各部分之间的密切关系进行了较深入的理论分析。

卫星导航系统本质上是一种高精度的时间频率测量系统，通过对时间信号的测量实现精密测距，进而实现高精度的定位、导航和授时服务。《卫星导航精密时间传递系统及应用》以卫星导航系统中的时间为切入点，全面系统地阐述卫星导航系统中的高精度时间传递技术，包括卫星导航授时技术、星地时间传递技术、卫星双向时间传递技术、光纤时间频率传递技术、卫星共视时间传递技术，以及时间传递技术在多个领域中的应用案例。

空间导航信号是连接导航卫星、地面运行控制系统和用户之间的纽带，其质量的好坏直接关系到全球卫星导航系统（GNSS）的定位、测速和授时性能。《GNSS 空间信号质量监测评估》从卫星导航系统地面运行控制和测试角度出发，介绍导航信号生成、空间传播、接收处理等环节的数学模型，并从时域、频域、测量域、调制域和相关域监测评估等方面，系统描述工程实现算法，分析实测数据，重点阐述低失真接收、交替采样、信号重构与监测评估等关键技术，最后对空间信号质量监测评估系统体系结构、工作原理、工作模式等进行论述，同时对空间信号质量监测评估应用实践进行总结。

北斗系统地面运行控制系统建设与维护是一项极其复杂的工程。地面运行控制系统的仿真测试与模拟训练是北斗系统建设的重要支撑。《卫星导航地面运行控制系统仿真测试与模拟训练技术》详细阐述地面运行控制系统主要业务的仿真测试理论与方法,系统分析全球主要卫星导航系统地面控制段的功能组成及特点,描述地面控制段一整套仿真测试理论和方法,包括卫星导航数学建模与仿真方法、仿真模型的有效性验证方法、虚-实结合的仿真测试方法、面向协议测试的通用接口仿真方法、复杂仿真系统的开放式体系架构设计方法等。最后分析了地面运行控制系统操作人员岗前培训对训练环境和训练设备的需求,提出利用仿真系统支持地面操作人员岗前培训的技术和具体实施方法。

卫星导航信号严重受制于地球空间电离层延迟的影响,利用该影响可实现电离层变化的精细监测,进而提升卫星导航电离层延迟修正效果。《卫星导航电离层建模与应用》结合北斗系统建设和应用需求,重点论述了北斗系统广播电离层延迟及区域增强电离层延迟改正模型、码偏差处理方法及电离层模型精化与电离层变化监测等内容,主要包括北斗全球广播电离层时延改正模型、北斗全球卫星导航差分码偏差处理方法、面向我国低纬地区的北斗区域增强电离层延迟修正模型、卫星导航全球广播电离层模型改进、卫星导航全球与区域电离层延迟精确建模、卫星导航电离层层析反演及扰动探测方法、卫星导航定位电离层时延修正的典型方法等,体系化地阐述和总结了北斗系统电离层建模的理论、方法与应用成果及特色。

卫星导航终端是卫星导航系统服务的端点,也是体现系统服务性能的重要载体,所以卫星导航终端本身必须具备良好的性能。《卫星导航终端测试系统原理与应用》详细介绍并分析卫星导航终端测试系统的分类和实现原理,包括卫星导航终端的室内测试、室外测试、抗干扰测试等系统的构成和实现方法以及我国第一个大型室外导航终端测试环境的设计技术,并详述各种测试系统的工程实践技术,形成卫星导航终端测试系统理论研究和工程应用的较完整体系。

卫星导航系统 PNT 服务的精度、完好性、连续性、可用性是系统的关键指标,而卫星导航系统必然存在卫星轨道误差、钟差以及信号大气传播误差,需要增强系统来提高服务精度和完好性等关键指标。卫星导航增强系统是有效削弱大多数系统误差的重要手段。《卫星导航增强系统原理与应用》根据国际民航组织有关全球卫星导航系统服务的标准和操作规范,详细阐述了卫星导航系统的星基增强系统、地基增强系统、空基增强系统以及差分系统和低轨移动卫星导航增强系统的原理与应用。

与卫星导航增强系统原理相似，实时动态（RTK）定位也采用差分定位原理削弱各类系统误差的影响。《GNSS 网络 RTK 技术原理与工程应用》侧重介绍网络 RTK 技术原理和工作模式。结合北斗系统发展应用，详细分析网络 RTK 定位模型和各类误差特性以及处理方法、基于基准站的大气延迟和整周模糊度估计与北斗三频模糊度快速固定算法等，论述空间相关误差区域建模原理、基准站双差模糊度转换为非差模糊度相关技术途径以及基准站双差和非差一体化定位方法，综合介绍网络 RTK 技术在测绘、精准农业、变形监测等方面的应用。

GNSS 精密单点定位（PPP）技术是在卫星导航增强原理和 RTK 原理的基础上发展起来的精密定位技术，PPP 方法一经提出即得到同行的极大关注。《GNSS 精密单点定位理论方法及其应用》是国内第一本全面系统论述 GNSS 精密单点定位理论、模型、技术方法和应用的学术专著。该书从非差观测方程出发，推导并建立 BDS/GNSS 单频、双频、三频及多频 PPP 的函数模型和随机模型，详细讨论非差观测数据预处理及各类误差处理策略、缩短 PPP 收敛时间的系列创新模型和技术，介绍 PPP 质量控制与质量评估方法、PPP 整周模糊度解算理论和方法，包括基于原始观测模型的北斗三频载波相位小数偏差的分离、估计和外推问题，以及利用连续运行参考站网增强 PPP 的概念和方法，阐述实时精密单点定位的关键技术和典型应用。

GNSS 信号到达地表产生多路径延迟，是 GNSS 导航定位的主要误差源之一，反过来可以估计地表介质特征，即 GNSS 反射测量。《GNSS 反射测量原理与应用》详细、全面地介绍全球卫星导航系统反射测量原理、方法及应用，包括 GNSS 反射信号特征、多路径反射测量、干涉模式技术、多普勒时延图、空基 GNSS 反射测量理论、海洋遥感、水文遥感、植被遥感和冰川遥感等，其中利用 BDS/GNSS 反射测量估计海平面变化、海面风场、有效波高、积雪变化、土壤湿度、冻土变化和植被生长量等内容都是作者的最新研究成果。

伪卫星定位系统是卫星导航系统的重要补充和增强手段。《GNSS 伪卫星定位系统原理与应用》首先系统总结国际上伪卫星定位系统发展的历程，进而系统描述北斗伪卫星导航系统的应用需求和相关理论方法，涵盖信号传输与多路径效应、测量误差模型等多个方面，系统描述 GNSS 伪卫星定位系统（中国伽利略测试场测试型伪卫星）、自组网伪卫星系统（Locata 伪卫星和转发式伪卫星）、GNSS 伪卫星增强系统（闭环同步伪卫星和非同步伪卫星）等体系结构、组网与高精度时间同步技术、测量与定位方法等，系统总结 GNSS 伪卫星在各个领域的成功应用案例，包括测绘、工业控制、军事导航和 GNSS 测试试验等，充分体现出 GNSS 伪卫星的“高精度、高完好性、高连续性和高可用性”的应用特性和应用趋势。

GNSS 存在易受干扰和欺骗的缺点，但若与惯性导航系统（INS）组合，则能发挥两者的优势，提高导航系统的综合性能。《高精度 GNSS/INS 组合定位及测姿技术》系统描述北斗卫星导航/惯性导航相结合的组合定位基础理论、关键技术以及工程实践，重点阐述不同方式组合定位的基本原理、误差建模、关键技术以及工程实践等，并将组合定位与高精度定位相互融合，依托移动测绘车组合定位系统进行典型设计，然后详细介绍组合定位系统的多种应用。

未来 PNT 应用需求逐渐呈现出多样化的特征，单一导航源在可用性、连续性和稳健性方面通常不能全面满足需求，多源信息融合能够实现不同导航源的优势互补，提升 PNT 服务的连续性和可靠性。《多源融合导航技术及其演进》系统分析现有主要导航手段的特点、多源融合导航终端的总体构架、多源导航信息时空基准统一方法、导航源质量评估与故障检测方法、多源融合导航场景感知技术、多源融合数据处理方法等，依托车辆的室内外无缝定位应用进行典型设计，探讨多源融合导航技术未来发展趋势，以及多源融合导航在 PNT 体系中的作用和地位等。

卫星导航系统是典型的军民两用系统，一定程度上改变了人类的生产、生活和斗争方式。《卫星导航系统典型应用》从定位服务、位置报告、导航服务、授时服务和军事应用 5 个维度系统阐述卫星导航系统的应用范例。“天上好用，地上用好”，北斗卫星导航系统只有服务于国计民生，才能产生价值。

海洋定位、导航、授时、报文通信以及搜救是北斗系统对海事应用的重要特色贡献。《北斗卫星导航系统海事应用》梳理分析国际海事组织、国际电信联盟、国际海事无线电技术委员会等相关国际组织发布的 GNSS 在海事领域应用的相关技术标准，详细阐述全球海上遇险与安全系统、船舶自动识别系统、船舶动态监控系统、船舶远程识别与跟踪系统以及海事增强系统等的工作原理及在海事导航领域的具体应用。

将卫星导航技术应用于民用航空，并满足飞行安全性对导航完好性的严格要求，其核心是卫星导航增强技术。未来的全球卫星导航系统将呈现多个星座共同运行的局面，每个星座均向民航用户提供至少 2 个频率的导航信号。双频多星座卫星导航增强技术已经成为国际民航下一代航空运输系统的核心技术。《民用航空卫星导航增强新技术与应用》系统阐述多星座卫星导航系统的运行概念、先进接收机自主完好性监测技术、双频多星座星基增强技术、双频多星座地基增强技术和实时精密定位技术等的原理和方法，介绍双频多星座卫星导航系统在民航领域应用的关键技术、算法实现和应用实施等。

本丛书全面反映了我国北斗系统建设工程的主要成就，包括导航定位原理，工程实现技术，卫星平台和各类载荷技术，信号传输与处理理论及技术，用户定位、导航、授时处理技术等。各分册：虽有侧重，但又相互衔接；虽自成体系，又避免大量重复。整套丛书力求理论严密、方法实用，工程建设内容力求系统，应用领域力求全面，适合从事卫星导航工程建设、科研与教学人员学习参考，同时也为从事北斗系统应用研究和开发的广大科技人员提供技术借鉴，从而为建成更加完善的北斗综合 PNT 体系做出贡献。

最后，让我们从中国科技发展史的角度，来评价编撰和出版本丛书的深远意义，那就是：将中国卫星导航事业发展的重要的里程碑式的阶段永远地铭刻在历史的丰碑上！

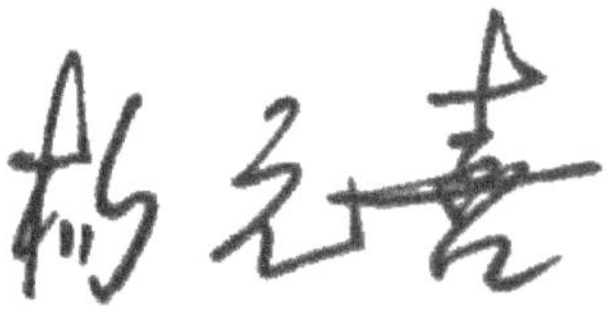

2020 年 8 月

前 言

人类活动离不开空间和时间，离不开定位、导航与授时（PNT）。

PNT 原理千变万化，但核心原理可分为几何原理和物理原理。几何定位原理的核心是“交会”测量，通过已知点坐标测定未知点坐标；物理定位原理的核心是通过运动力学原理测定相对位置，再通过已知点坐标积分计算未知点坐标。

定位也分绝对定位和相对定位。绝对定位直接测定点的坐标（二维或三维），相对定位一般测定点与点之间的坐标差。经典几何测量属于相对测量，所以需要高精度已知点的支持。

人造卫星的发射升空，为 PNT 提供了全天候、全天时服务手段。全球卫星导航系统（GNSS）包括美国的全球定位系统（GPS）、俄罗斯的全球卫星导航系统（GLONASS）、中国的北斗卫星导航系统（BDS）以及欧盟的伽利略卫星导航系统（Galileo 系统）等，是 PNT 手段中最便捷的一种，也是精确、可靠的定位与导航方式。当人们享受便捷的 PNT 服务时，往往不再追究其原理和方法，但是作为 PNT 的科研工作者、教师和学生，应该从基本原理洞悉不同 PNT 手段的本质。

本书从导航定位基本原理出发，侧重系统描述与分析卫星导航定位原理的观测模型、随机模型和数据处理方法。主要内容包括卫星定轨与时间同步原理、卫星定位原理、差分定位原理、伪卫星定位原理和未来 PNT 服务技术。惯性导航定位（INS）是应用十分广泛的相对定位方式，本书也将做原理性介绍，并侧重 GNSS/INS 组合导航定位理论与方法的描述。

作为后续章节的基础，前 2 章分别描述全球各卫星导航系统发展现状和相应的空间基准和时间基准体系。卫星导航必然涉及导航电文，本书第 3 章较详细地梳理卫星导航电文及卫星导航信号结构，侧重描述北斗卫星导航系统的 3 个频段的信号设计及性能分析。

卫星导航定位基于整个系统统一的时间基准，为此本书将详尽地介绍各主要 GNSS 的时间同步原理、卫星钟差预报与监测，以及 GNSS 授时原理，重点给出一整套完整的钟差预报与监测理论体系，并给出北斗卫星无线电测定业务（RDSS）双向授时改进算法。

导航卫星的轨道测定性能直接影响卫星导航系统的服务性能。卫星轨道测定是卫星导航的基础，针对北斗卫星导航系统的三类卫星组合星座和星间链路设计，本书将介绍异构星座的轨道测定及具有星间链路的卫星轨道测定理论与方法，尤其是介绍我们的最新研究成果——自适应定轨理论和具有先验约束的星间链路和星地链路综合定轨算法。

GNSS 定位、导航与授时受各类误差影响，而各类观测量的组合模式又直接影响卫星定位随机模型的构建。我们专门设计一章分别介绍常规 GNSS 观测量误差，即卫星轨道误差、卫星钟误差、卫星硬件延迟偏差、卫星天线相位中心偏差、相对论效应、对流层延迟误差、电离层延迟误差、相位绕转效应、接收机天线相位中心偏差、潮汐效应误差、多(路)径效应和观测噪声等，侧重针对北斗卫星导航系统的三频观测量的最优组合及其误差特性进行论述，对于多频观测组合也做了相应介绍。

GNSS 伪距单点定位、测速与授时是最常用的 GNSS 服务模式。除了从原理上介绍卫星伪距单点定位外，也介绍了误差检测、自主完好性监测算法等内容，进而讨论自适应卡尔曼滤波导航定位算法。

差分定位是一种高精度定位模式，可有效消除或削弱多类系统误差的影响。本书从差分定位的基本原理出发，较详细介绍伪距差分、局域差分(一般为地基差分)的理论与算法，基于差分定位原理的实时动态(RTK)测量，网络 RTK 和虚拟参考站(VRS)技术等，已得到广泛使用的 GNSS 地基增强系统(GBAS)和星基增强系统(SBAS)的理论、算法及其相应的完好性监测和信息格式将作为差分定位的关注内容讨论，全球精密单点定位(PPP)和北斗广域增强理论与算法将作为广域差分定位应用模式进行介绍。

伪卫星定位也是一种区域增强定位模式，在室内外一体化定位、山区增强定位、局部特殊需求地区的导航定位等方面均具有广泛的应用前景，尤其是 Locata 系统已在全球广泛使用，所以本书对伪卫星增强定位和 Locata 技术做了专门介绍，包括信号结构、伪卫星信号与真实卫星信号的融合及其远近效应分析等。

全球卫星导航系统与惯性导航系统(GNSS/INS)组合是组合导航中最常用的导航方式，因为 GNSS 与 INS 具有很强的互补性，市场上已经有大量的组合导航应用终端。本书分别从松组合、紧组合和深组合模式描述 GNSS/INS 融合导航理论与算法，并讨论组合导航函数模型和随机模型的构建以及抗差自适应融合导航算法等。

北斗卫星导航系统包括卫星无线电测定业务(RDSS)和卫星无线电导航业务(RNSS)两种体制，其中 RDSS 是北斗卫星导航系统的特色应用。本书简要介绍了北斗 RDSS 定位原理和广义 RDSS 定位原理。

卫星导航系统都具有天然的脆弱性，即信号弱、穿透能力差、易受干扰和欺骗，对很多复杂环境不能提供服务，因此构建实用的 PNT 体系是未来趋势。本书分别从综合 PNT、微 PNT、弹性 PNT 概念以及海底 PNT 构建思路入手，描述未来 PNT 的发展方向。

本书尽管侧重导航定位原理的阐述，但是对一些数据处理策略和数据处理中常见问题也有适当描述。本书将抗差估计理论和自适应动态理论体系应用于定轨、钟差预报与监测、单点定位、局域差分、广域差分、组合导航等领域，属于行业领域有突破的原创性成果。此外，对多系统多频点数据融合技术的介绍也是本书的一个特色。

本书由杨元喜、郭海荣、何海波撰写。本书写作过程中得到同事和研究生们的大力支持：黄观文提供了差分导航定位理论与算法的内容，赵晓东和章林锋提供了GNSS 信号体制相关内容，秦显平、任夏和朱伟刚提供了卫星轨道测定及基于星间链路的卫星轨道测定等内容，李金龙提供了卫星导航定位误差模型及其多频组合的内容，王爱兵提供了伪距单点定位相关内容，李春霞提供了伪卫星导航的相关内容，吴富梅和高为广提供了 GNSS/INS 组合导航的相关内容。每位作者都奉献了自己的最新研究成果，还有不少未提到名字的朋友也提供了重要素材，在此一并表示衷心的感谢！

本书旨在综合性介绍卫星导航定位原理，大量最新的研究成果将在"卫星导航工程技术丛书"的其他分册里具体介绍。由于著者水平有限，遗漏和错误在所难免，恳请广大读者批评指正。

作者

2020 年 8 月

目 录

第1章　概　　论

1.1　卫星导航定位技术概述

卫星导航定位是使用最广泛、最廉价、最便捷的导航定位手段。卫星导航是时空信息服务的重要基础设施,也是经济建设、国防建设、交通运输的重要基础设施,是经济强国、科技强国和军事强国的重要标志。

由于卫星导航用途极其广泛,发达国家和地区都争相建设自主可控的卫星导航系统,并作为国家或地区的重要基础设施。除了美国早期建设的子午仪系统外,1973年,美国开始研制全球定位系统(GPS);20世纪70年代,苏联开始研发全球卫星导航系统(GLONASS);1983年,中国开始研究利用地球静止轨道(GEO)卫星进行导航定位,1994年正式开始建设北斗卫星导航系统(BDS,简称"北斗系统");1999年欧盟决定建设自己的伽利略卫星导航系统(Galileo系统,也有称"GALILEO");2000年6月,日本着手建设自己的准天顶卫星系统(QZSS);2006年5月,印度政府正式批准启动印度区域卫星导航系统(IRNSS)研发计划,2007年9月正式开始建设。可以说,卫星导航系统的发展已经处于一个百花齐放、百家争鸣的时代。

卫星导航定义:卫星导航定位基于无线电测距技术,将导航卫星作为位置已知的观测目标,利用接收机接收卫星无线电信号,测量出多颗卫星到用户终端之间的距离,进而通过计算获得用户位置、速度和时间信息。

由于卫星导航具有覆盖范围广、全天候、连续实时、定位精度高等特点,卫星导航已经成为全球应用最为广泛的导航定位技术。

卫星星座和卫星载荷是卫星导航定位的基础。分布合理、几何结构优化,且卫星轨道精确已知的卫星星座是实现用户导航定位的前提。卫星导航定位首先需要精确测定卫星轨道,卫星轨道的测定又需要在全球或区域布设多个监测站(监测站坐标已知),用于跟踪或测量卫星至监测站之间的距离等信息,并将这些测距信息通过通信链路推送给地面主控站或计算中心。地面主控站或计算中心收集多个监测站的观测数据,即可完成卫星轨道的精确计算,同时还可获得卫星钟差、电离层延迟等信息。

用户导航定位一般使用卫星播发的广播星历。地面主控站对卫星轨道、卫星钟差进行外推预报,并将卫星预报轨道、卫星预报钟差、电离层延迟模型等信息,按照约定格式形成二进制信息,通过注入站上传给各卫星;卫星将这些信息与伪随机测距码"模二和"后,调制到载波上形成扩频信号,面向全球用户播发导航信息。由此可见,卫星导航系统地面段至少包括地面主控站、若干监测站和注入站，其核心功能是计算卫星轨道、卫星钟差、电离层延迟等信息，并对卫星星座进行管理，对跟踪站及星座的高精度坐标基准和时间基准进行维持。

卫星导航定位接收机是用户导航定位的核心设备。接收机主要功能是接收处理卫星导航信号，测量卫星至接收机之间的距离，然后计算得到用户位置信息。接收机是利用伪随机码进行距离测量，前提是假设卫星钟和接收机钟之间保持精确同步（至少在几纳秒之内）。基于精确同步的时钟，卫星和接收机各自同步产生伪随机码。因为空间传输延迟，当卫星信号到达接收机时，其伪随机码将滞后于接收机产生的伪随机码（也称为复制码），滞后时间正好等于空间传输延迟。通过测量复制码的延迟量，即可得到卫星信号的空间传输延迟，再乘以光速即得到卫星至接收机之间的距离。用户位置可以用三维直角坐标（笛卡儿坐标）(X_u, Y_u, Z_u)表示，也可用椭球坐标（即大地坐标）表示。接收机只要观测 3 颗卫星，得到 3 个距离观测值 ρ_i $(i=1,2,3)$，列出相应观测方程，即可解算用户位置。假设卫星位置$(X_{s,i}, Y_{s,i}, Z_{s,i})$ $(i=1,2,3)$为已知值，通过同步观测三颗卫星，可以列出 3 个距离方程：

$$\begin{cases} \rho_1 = \sqrt{(X_{s,1}-X_u)^2+(Y_{s,1}-Y_u)^2+(Z_{s,1}-Z_u)^2} \\ \rho_2 = \sqrt{(X_{s,2}-X_u)^2+(Y_{s,2}-Y_u)^2+(Z_{s,2}-Z_u)^2} \\ \rho_3 = \sqrt{(X_{s,3}-X_u)^2+(Y_{s,3}-Y_u)^2+(Z_{s,3}-Z_u)^2} \end{cases} \tag{1.1}$$

式(1.1)成立的前提条件是，卫星钟与接收机钟时间精确同步。然而，在工程实现中，卫星钟与接收机钟难以达到精确时间同步。首先，卫星钟不可避免地存在偏差。我们知道，卫星钟一般为铷原子钟，经过长时间运行后会产生偏差。如果地面站坐标精确已知，则该偏差可以通过地面控制站计算得到，并通过卫星导航电文（例如 NAV）播发给用户，经卫星钟偏差修正，可使各卫星钟精确同步到系统时间；其次，接收机钟同样存在误差，而且误差量级比卫星钟更大。一般情况下，接收机钟均采用体积小、功耗低、成本低的石英钟，其频率稳定度一般为$(0.5\sim5)\times10^{-6}$，致使接收机的测距观测值中含有较大的接收机钟误差。实践中，人们总是将接收机钟差 $\mathrm{d}t_r$ 作为未知参数进行解算，显然，用户至少要同步观测 4 颗以上卫星，才能解算出用户的三维坐标和一个接收机钟差参数$(X_u, Y_u, Z_u, \mathrm{d}t_r)$，至少需要解算如下 4 个必须观测量的观测方程：

$$\begin{cases} \rho_1 = \sqrt{(X_{s,1}-X_u)^2+(Y_{s,1}-Y_u)^2+(Z_{s,1}-Z_u)^2} + c\cdot \mathrm{d}t_r \\ \rho_2 = \sqrt{(X_{s,2}-X_u)^2+(Y_{s,2}-Y_u)^2+(Z_{s,2}-Z_u)^2} + c\cdot \mathrm{d}t_r \\ \rho_3 = \sqrt{(X_{s,3}-X_u)^2+(Y_{s,3}-Y_u)^2+(Z_{s,3}-Z_u)^2} + c\cdot \mathrm{d}t_r \\ \rho_4 = \sqrt{(X_{s,4}-X_u)^2+(Y_{s,4}-Y_u)^2+(Z_{s,4}-Z_u)^2} + c\cdot \mathrm{d}t_r \end{cases} \tag{1.2}$$

式中：c 为光速。

为了使得全球任何地点、任何时间都能观测到 4 颗或 4 颗以上的卫星，需要对卫星星座进行优化设计，以期实现卫星数、覆盖地域以及用户观测几何结构强度之间的最优平衡。同时还需要对卫星信号体制进行优化设计，如信号频率、调制方式、伪随机码、导航电文等，在顾及各卫星导航系统之间的兼容和互操作性的情况下，使得各类用户可以获得更优的导航性能。

接收机测量得到的距离观测值中，除了卫星钟差、接收机钟差之外，还包括卫星轨道、电离层延迟、对流层延迟等误差，这些误差都将影响导航性能。另外，还会出现卫星钟突变情况以及信号畸变等故障，这些均可导致定位结果出现异常。为了消除或减弱这些误差和异常的影响，进一步提高卫星导航系统的定位精度、完好性、可用性和连续性等性能，逐步出现了差分 GNSS(DGNSS)、载波相位差分、地基增强系统(GBAS)、星基增强系统(SBAS)、伪卫星增强、载波相位实时动态(RTK)测量、精密单点定位(PPP)等技术，使得卫星导航定位精度从数十米级逐渐提升至米级、分米级、厘米甚至毫米级，如图 1.1 所示。

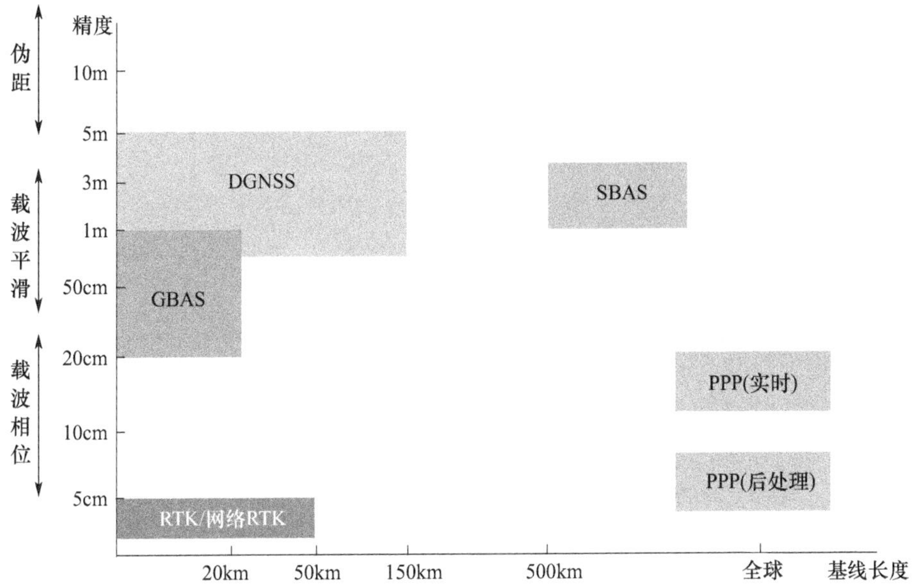

图 1.1 全球卫星导航系统(GNSS)差分技术(见彩图)

1.2 美国 GPS

全球定位系统(GPS)是由美国海陆空三军联合研制的第二代卫星导航系统，其最初的目的是为陆海空三大领域提供实时、全天候和全球覆盖的导航定位服务。现在 GPS 已经在众多军用和民用领域得到广泛应用。

GPS 包括空间段、地面段和用户段 3 部分。

1）GPS 空间段

空间段至少由 24 颗卫星组成。卫星高度约 20200km，运行周期约 11h58min。卫星速度约 3.9km/s。卫星分布在 6 个轨道面上，轨道倾角为 55°。全球任何地点、任何时间都可以观测到 4 颗或更多 GPS 卫星（15°仰角）。2017 年有 32 颗 GPS 卫星在轨运行。

迄今为止，美国已经开发了 7 类 GPS 卫星。

Block Ⅰ卫星：该卫星于 1978 年至 1985 年发射，共 11 颗，设计寿命为 5 年；Block Ⅰ卫星发射 L1 和 L2 两个载波信号，在 L1 上调制有民用信号 C/A 码和军用信号 P 码，L2 上只调制有军用信号 P 码。

Block Ⅱ和 Block ⅡA 卫星：在 Block Ⅰ卫星基础上，美国研发了 Block Ⅱ和 Block ⅡA 卫星，该卫星设计寿命为 7.5 年，1989 年开始发射，共 28 颗；Block ⅡA 可以存储更多的导航电文，在没有地面站支持的情况下，仍可以提供 180 天的服务，只是精度将逐渐下降。

Block ⅡR 卫星：美国研发 Block ⅡR 卫星的核心动力是提高卫星的自主导航能力。该卫星设计寿命也是 7.5 年，1997 年开始发射，共 13 颗。Block ⅡR 具有星间测距功能，在没有地面站支持的情况下进行自主定轨，仍可以提供 180 天的服务，且精度无明显下降。Block ⅡR 上搭载有灾难预警卫星系统转发器。

Block ⅡR-M 卫星：美国研发 Block ⅡR-M卫星的核心目的是抢占军民卫星导航市场。Block ⅡR-M 卫星 2005 年开始发射，共 8 颗，设计寿命为 7.5 年；Block ⅡR-M 新增了两类信号，即第二个民用信号 L2C，以及加载在 L1 和 L2 上的军用信号 L1M 和 L2M。

Block ⅡF 卫星：在 Block ⅡR-M的基础上，美国又研发了 Block ⅡF 卫星，2010 年开始发射，计划发射 12 颗，设计寿命为 12 年。该卫星新增第三民用信号 L5。所有的 Block ⅡF 上都搭载 DASS 转发器。

GPS Ⅲ卫星：该卫星系列是 GPS 现代化计划的核心，共计划发射 32 颗，新增第 4 民用信号 L1C。GPS Ⅲ卫星具有星间测距和通信能力，可以实现 15min 的导航电文更新；GPS Ⅲ全星座将搭载 DASS 转发器，实现全球任何地方都至少有 4 颗搭载 DASS 的可视卫星。

2）GPS 地面段

GPS 的地面段包括主控站、备份主控站、若干监测站和注入站。

主控站：主要任务是负责整个星座的管理和控制，包括监控卫星状态、星座维护及异常处理、监测和维持卫星服务性能、导航电文生成及上行注入等。

监测站：分布于全球，配备有原子钟的监测接收机，连续采集所有卫星的观测数据，并传送给主控站，用于卫星轨道、钟差等参数解算。GPS 最初只有 5 个监测站，为了提高系统性能，不断有新的监测站加入。2001 年增加 2 个，2005 年增加 6 个，2006 年又增加了 5 个。目前每个卫星至少可以被 3 个监测站观测，确保 GPS 卫星高精度轨道和钟差计算。

注入站:GPS 有 4 个注入站,与监控站并址建设,主要任务是向 GPS 卫星发送各类指令,包括各类遥测遥控指令,以及主控站计算的卫星轨道、钟差等导航信息,通常 1 天上传 1 次,也可以 1 天上传 3 次。

3) GPS 用户段

用户段包括各类接收机及其用户集群。接收机主要功能是接收并处理卫星信号,计算位置、速度和时间信息。根据功能,接收机大致可以分为导航型接收机、测量型接收机和定时型接收机。

GPS 提供两种服务:一种是标准定位服务(SPS)[1];另一种是精密定位服务(PPS)[2]。标准定位服务一般基于 L1 C/A 码,在全球范围内,水平定位精度平均优于 9m(95%),高程精度平均优于 15m(95%),定时精度优于 40ns,在地球上最差观测地点,也可实现平面定位精度不低于 17m(95%),高程精度不低于 37m(95%),定时精度优于 200ns 的水平。精密定位服务基于双频 P 码,水平定位精度平均优于 22m(95%),高程精度平均优于 27.7m(95%)。虽然 PPS 的标称精度略低于 SPS,但实际上 PPS 精度优于 SPS。SPS 实际精度为 5 ~ 10m,PPS 实际精度为 2 ~ 9m(95%)[3]。

采用 GPS 增强技术可以提升用户导航定位的精度、完好性、连续性或可用性。根据增强技术的主要目的,增强技术可以分两大类:一类以增强完好性性能为首要目的,如 GBAS、SBAS;另一类以提升精度为主要目的,如 DGNSS、RTK、网络 RTK、PPP 等。在常规伪距差分条件下,L1 C/A 定位精度可达到 0.7 ~ 3m,双频 P 码定位精度可以达到 0.5 ~ 2.0m。实际空间信号精度,或称用户测距误差(URE)已达 0.7m[3-4]。

目前,美国正在实施 GPS 现代化计划。在军用方面,提高系统的生存能力和战时的抗干扰能力;在民用方面,提高精度,增加完好性服务,提高国际竞争力。美国预计在 2030 年前实现 GPS 的现代化。主要措施有:增加新的民用频段;增加保密性和抗干扰能力强的军用信号;提高在轨卫星寿命与可靠性;优化星上星间链路体制;提高星上自主处理能力和原子钟性能等[3]。

GPS 现代化后三个信号频率分别为 L1(1575.42MHz)、L2(1227.60MHz)和 L5(1176.45MHz),民用信号有 4 个,分别为 L1 C/A、L1C、L2C、L5,军用信号 4 个,即 L1P、L2P、L1M、L2M。

L1 C/A 伪随机码调制在 L1 载波上,码长 1023chip,码速率 1.023Mchip/s,码周期 1ms。L1 C/A 码上调制有导航电文 NAV。

L1 和 L2 载波上调制有相同的 P 码。L1P 和 L2P 上都调制有导航电文。

L2C 码调制在 L2 载波上,码速率 1.023Mchip/s。L2C 码采用时分复用的信号结构,由 CM 码和 CL 码逐码元交替出现而构成。CM 码为中长码,码长 10230chip,周期 20ms,码速率 511550Mchip/s;CL 码为长码,码长 767250chip,周期 1.5s,码速率也为

511550Mchip/s。两个伪随机码时分复用而形成码速率 1.023Mchip/s 的 L2C 码。CM 码上调制民用导航电文 CNAV,CL 码上没有调制导航电文[5]。

L5 载波上调制有两个伪随机码 I5 码和 Q5 码[6],两者码长均为 10230chip,码速率 10.23Mchip/s,码周期 1ms。I5 码上以 1kHz 速率调制有 10bit 长的 NH 码(NH code),Q5 码上以 1kHz 速率调制有 20bit 长的 NH 码。

L1C 采用时分复用二进制偏移载波(TMBOC)调制方式[7],码速率 1.023Mchip/s;数据分量伪随机码的码长 10230chip,码周期 10ms,调制有 CNAV2,无副码;导频分量伪随机码的码长 10230chip,码周期 10ms,副码的码长 1800chip。

M 码为授权信号[8],最终将取代 P 码。M 码比 P 码更安全,授权使用更方便。它可以不依赖公开信号而实现直接捕获,并可采用点波束方式实现 20dB 功率增强。

1.3 俄罗斯 GLONASS

GLONASS 由苏联于 1978 年启动建设,1995 年建成,后由俄罗斯继续建设,2009 年面向全球提供服务,到 2016 年,GLONASS 在轨卫星 30 颗[9]。GLONASS 也提供军民两种服务,军码精度与 GPS 相当,民码水平精度 10m、高程 10m,空间信号误差在 1m 左右[10-11]。

目前,俄罗斯也正在积极实施现代化计划,以提升系统服务性能。在军用方面提高系统战时生存能力和抗干扰能力;在民用方面提高系统服务性能。主要措施有:增加新的码分多址(CDMA)信号,加强与 GPS、Galileo 系统的兼容与互操作;增加激光星间链路,实现自主导航能力;研制 GLONASS-K、GLONASS-KM 新型卫星,提升卫星在轨寿命和可靠性,提高星上原子钟性能;升级地面段软硬件体系,新建备份主控站,扩展监测网络等[9]。

GLONASS 空间段由 24 颗卫星组成,均匀分布在 3 个轨道面上,轨道倾角 64.8°,轨道高度 19130km,运行周期 11h15min。第一代 GLONASS 卫星:该卫星分为 Block Ⅱa、Ⅱb 和Ⅱv 3 种型号,在 1985 年至 1990 年之间发射。起初,GLONASS 卫星发射一个民用频分多址(FDMA)信号 L1OF 和两个军用 FDMA 信号 L1SF 及 L2SF,设计寿命为 2~3 年。第二代 GLONASS 卫星:该卫星为 GLONASS-M,于 2003 年开始发射,新增第二民用 FDMA 信号 L2OF,设计寿命为 7 年。第三代 GLONASS 卫星:该卫星即 GLONASS-K,设计寿命为 10 年,播发 3 个载波频率信号,即 L1、L2 和 L3。第三代 GLONASS 卫星分为 GLONASS-K1 和 GLONASS-K2,GLONASS-K1 新增了 L3 民用 CDMA 信号;GLONASS-K2 在原有 4 个 FDMA 信号 L1OF、L2OF、L1SF、L2SF 的基础上,新增了 2 个民用 CDMA 信号 L1OC 和 L3OC,以及 2 个军用 CDMA 信号 L1SC 和 L2SC[10]。

显然 GPS 与 GLONASS 具有先天的频率和信号竞争的条件,它们占有绝对优势的频率资源。

GLONASS采用FDMA方式来识别卫星（而GPS、Galileo系统和北斗系统采用CDMA方式识别卫星）。GLONASS卫星播发L1和L2载波信号，每个卫星频率都略有不同，L1频率为 $1602+0.5625_i$ MHz，L2频率为 $1246+0.4375_i$ MHz，其中 $i=1\sim24$ 为卫星的频率编号，在2005年之后，$i=0\sim12$。L3采用CDMA信号，频率为1201.4MHz。

GLONASS提供两种服务：一种是由L1OF和L2OF提供的公开服务；另一种是由L1SF和L2SF提供的授权服务。第一代GLONASS卫星L1载波调制C/A码和P码，L2载波上只调制了P码，其中L2P上面没有调制导航电文。C/A码的码长为511chip，码速率为0.511Mchip/s，码周期为1ms。虽然P码结构没有公开，不过P码没有加密，且P码码速率为5.11Mchip/s，码长为 3.3554×10^7 chip，码周期仅为1s，尽管俄罗斯官方没有正式公布P码的使用政策，但是GLONASS的P码实际上可以被获取[11-13]，因此P码存在升级变化的可能。第二代卫星GLONASS-M的P码仍保持不变，只是P2码调制了导航电文，也新增了第二个民用信号L2OF。

2008年俄罗斯开始研制GLONASS星基增强系统——差分校正和监测系统（SDCM）。SDCM包括空间段和地面段。SDCM空间段包括3颗地球静止轨道（GEO）卫星Luch-5A、Luch-5B和Luch-4，这3颗卫星都搭载了SDCM信号转发器。Luch-5A于2001年发射，位于西经16°轨位。Luch-5B于2012年发射，位于东经9°轨位。Luch-4于2014年发射，位于东经167°轨位。SDCM地面段由中心处理站、差分站、注入站和地面广播链路组成，其中中心处理站位于莫斯科。2014年差分站增加到24个，19个在俄罗斯境内，5个在境外[14]。

SDCM通过GEO卫星L1频率（1575.42MHz）播发GLONASS和GPS卫星的完好性，以及GLONASS卫星差分改正数，后续还会通过互联网和全球移动通信系统（GSM）提供增强信息。SDCM水平定位精度为1~1.5m，高程精度为2~3m，后续还将为距差分站200km之内的用户提供厘米级精度的定位服务[15]。

1.4 欧盟Galileo系统

卫星导航巨大的商业利益，促使欧洲空间局（ESA）和欧盟委员会（EC）决定发展和部署卫星无线电导航系统，即Galileo系统。欧盟于1999年公布Galileo系统计划，2003年底，正式启动Galileo系统计划[16]，2005年和2008年分别发射2颗GIOVE（Galileo In-Orbit Validation Element）卫星，并构建有代表性的地面系统，搭建了Galileo系统验证平台（这2颗卫星已经报废）；之后2011年10月和2012年10月又分别用一箭双星模式发射了4颗Galileo（IOV）卫星，配合地面验证网进行了最简Galileo信号的定位、授时试验验证，之后这4颗卫星也是正式星座的工作卫星；2016至2017年提供初始服务，2020年完成满星座部署。

欧盟委员会计划发射30颗Galileo卫星，实现全面服务能力的星座设计为24颗，6颗卫星在轨备份，卫星均匀分布在3个轨道面上，采用Walker 24/3/1星座。相比于 GPS 的轨道面设计,这种轨道设计有利于卫星在轨维持与更新,有利于一箭多星组网发射。轨道高度 29600.318 km,轨道倾角 56°,运行周期约 14h4min42s[16-17]。截至 2017 年 12 月,Galileo 系统共进行了 11 次卫星发射,在轨卫星 22 颗,正常提供定位、导航与授时(PNT)服务的卫星 15 颗[18]。

基于 Galileo 系统的 24 颗卫星组成的基本星座,全球任何范围内的任何用户都可以观测 6~11 颗 Galileo 卫星,在高度截止角为 5°情况下,平均可观测卫星数为 8 颗,水平精度衰减因子(HDOP)约为 1.3,垂直精度衰减因子(VDOP)约为 2.3[16]。

Galileo 系统的组成与 GPS 相似,主要不同之处在于 Galileo 系统提供全球/区域性的完好性监测,以确保民用航空、铁路等生命安全领域的服务应用。

Galileo 系统可以与 GPS、GLONASS 较好地实现兼容与互操作。

Galileo 系统的地面段由 12~15 个参考站、5 个注入站和 2 个控制中心组成,还包括 16~20 个监测站、3 个完好性注入站和 2 个完好性处理中心站。地面段主要职能包括卫星星座管理维护、卫星轨道精密确定、时间同步以及在全球范围内的完好性监测及播发等。设计指标为水平 4m、高程 8m,空间信号的 URE 优于 0.5m[19]。

Galileo 系统采用码分多址体制识别卫星,每颗卫星都发射 E5a、E5b、E6 和 E2-L1-E1(简称 L1)4 个频率,共有 10 个信号分量,如表 1.1 所列。

表 1.1　Galileo 系统信号[5,20]

信号	中心频率/MHz	调制方式	主码码型	主码码长/chip	副码码长/chip	码速率/(Mchip/s)	符号速率/(symbol/s)	前向纠错(FEC)
E5a Data	1176.45	AltBOC(15,10) 中心频率: 1191.795MHz	Gold	10230	20	10.23	50	卷积码
E5a Polit	1176.45		Gold	10230	100	10.23	N/A	无
E5b Data	1207.14		Gold	10230	4	10.23	250	卷积码
E5b Polit	1207.14		Gold	10230	100	10.23	N/A	无
E6 PRS	1278.75	BOC(10,5)	未公开	未公开	未公开	5.115	未公开	未公开
E6 CS Data	1278.75	BPSK(5)	Random	5115	N/A	5.115	1000	卷积码
E6 CS Polit	1278.75	BPSK(5)	Random	5115	100	5.115	N/A	无
L1 PRS	1575.42	BOC(15,2.5)	未公开	未公开	未公开	2.5575	未公开	未公开
L1 OS Data	1575.42	MBOC(6,1)	Random	4092	N/A	1.023	250	卷积码
L1 OS Polit	1575.42	MBOC(6,1)	Random	4092	25	1.023	N/A	无

注:BOC—二进制偏移载波;BPSK—二进制相移键控;MBOC—复用二进制偏移载波;OS—开放服务;AltBOC—交替二进制偏移载波;CS—商业服务;PRS—公共特许服务

Galileo 系统 3 个频率的民用信号,即 E1、E6 和 E5,其中 E1 和 E5a 与 GPS 的 L1 和 L5 采用完全相同的调制原理,便于实现与 GPS 双系统的综合使用,以及提高用户的导航定位精度和稳健性[16]。

Galileo 系统提供 4 种服务[20]。一是开放服务(OS)。开放服务基于 E5a 和 L1

OS 信号,免费面向全球用户提供导航定位和授时服务。单频(L1 OS)水平定位精度优于 15m,高程精度优于 35m;双频(E1 OS/E5a)水平定位精度优于 4m,高程精度优于 8m;公开服务信号组合应用可支持亚米级精度的定位服务。二是商业服务(CS)。面向高精度定位应用用户提供有偿服务。商业服务基于 E6cs 信号和开放信号。商业服务信息由服务商提供,E6cs 信息加密,只能由服务商许可的用户才能获取。与开放服务信号组合应用可支持亚米级精度的定位服务。三是生命安全(SOL)服务。基于 E5b、L1 OS 信号面向航空、航海、铁路等生命安全领域提供服务。内容包括完好性和空间信号精度等信息,提供精度有保障的定位和授时服务。四是公共特许服务(PRS)。基于 E6P 和 L1P 信号,面向欧盟会员国政府,关键领域的能源、运输和通信,以及其他重要经济和工业领域提供服务。服务信息内容加密,具有抗干扰、防攻击能力,同时提供完好性相关信息。双频定位精度优于 4~6m,支持精度优于 1m 的区域高精度定位服务[16,19]。实际上,Galileo 系统还为全球用户提供标准搜寻与援救(SAR)服务[18]。

为了满足欧盟区域用户使用安全性要求和民航用户使用要求,1999 年欧盟开始建设欧洲静地轨道卫星导航重叠服务(EGNOS)系统,以增强 GPS、GLONASS 性能。EGNOS 由 3 颗 GEO 卫星、34 个测距完好性监测站、4 个中心处理站以及 6 个导航地面站组成。目前,EGNOS 已广泛应用于航空、航海和地面交通等领域,性能与美国广域增强系统(WAAS)相当,后续将增强 Galileo 系统[18]。

1.5 中国北斗卫星导航系统

建设独立自主、高质量、高性能、高安全、高可靠、高效益的卫星导航定位系统,是国家的重大决策,是国家安全、经济建设、科学发展的重大需要。为了适应国防建设急需,适应国家经济发展和社会发展的重大需求,减弱国家重大基础设施及 PNT 服务对国外的依赖,减弱安全隐患,促进国家信息化建设,促进综合空间科学、电子科学、测绘技术等核心技术的发展,促进国家经济转型升级发展,20 世纪 80 年代初,中国决定建设独立自主的卫星导航系统。

中国北斗卫星导航系统建设的基本原则是开放性、自主性、兼容性、渐进性[21]。

开放性:北斗系统将为用户免费提供高质量的开放服务,并且欢迎全球用户使用北斗系统。中国与其他国家就卫星导航有关问题一直进行广泛深入的交流与合作,以推动 GNSS 及其相关技术和产业的发展。

自主性:中国将独立自主地建设、运行和控制北斗系统。北斗系统能够独立为全球用户提供服务,尤其是为亚太地区提供高质量的定位、导航和授时服务。

兼容性:北斗系统遵循国际电信联盟(ITU)有关规则,并与其他 GNSS 供应商充分协调,努力实现与现有卫星导航系统的频率兼容。尽管北斗系统存在与其他卫星导航系统间的频谱重叠,但是并未对其他 GNSS 造成不可接收的干扰,于是,满足 ITU 有关兼容性规则。

渐进性：北斗系统将依据中国的技术和经济发展实际，遵循循序渐进的发展模式。通过改善星座布局、改善导航频率、改善卫星载荷、改善运控系统，进而改进系统服务范围和服务性能。强调分步建设的同时，也确保各环节的平稳过渡，为用户提供长期连续的定位、导航和授时服务。北斗系统建设分为三步：验证系统、区域导航系统和全球导航系统[21]。

1.5.1 北斗卫星导航验证系统

我国 1994 年启动北斗卫星导航验证系统建设，2000 年初步形成区域有源服务能力，成功发射了 3 颗地球静止轨道卫星（其中一颗为备份卫星），初步建成北斗卫星导航验证系统（也称北斗一号卫星导航系统）。该系统能够提供基本的定位、授时和短报文通信服务，见图 1.2。

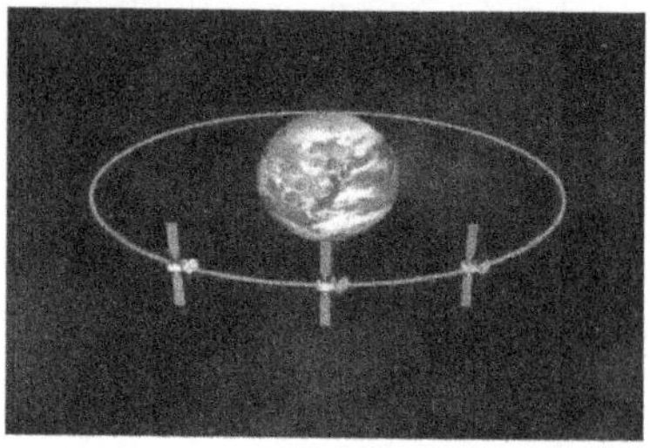

图 1.2 北斗卫星导航验证系统示意图（见彩图）

北斗卫星导航验证系统的服务区域为东经 70°～140°，北纬 5°～55°，见图 1.3。

北斗卫星导航验证系统采用转发式定位方式，即首先由用户向主控中心（MCC）

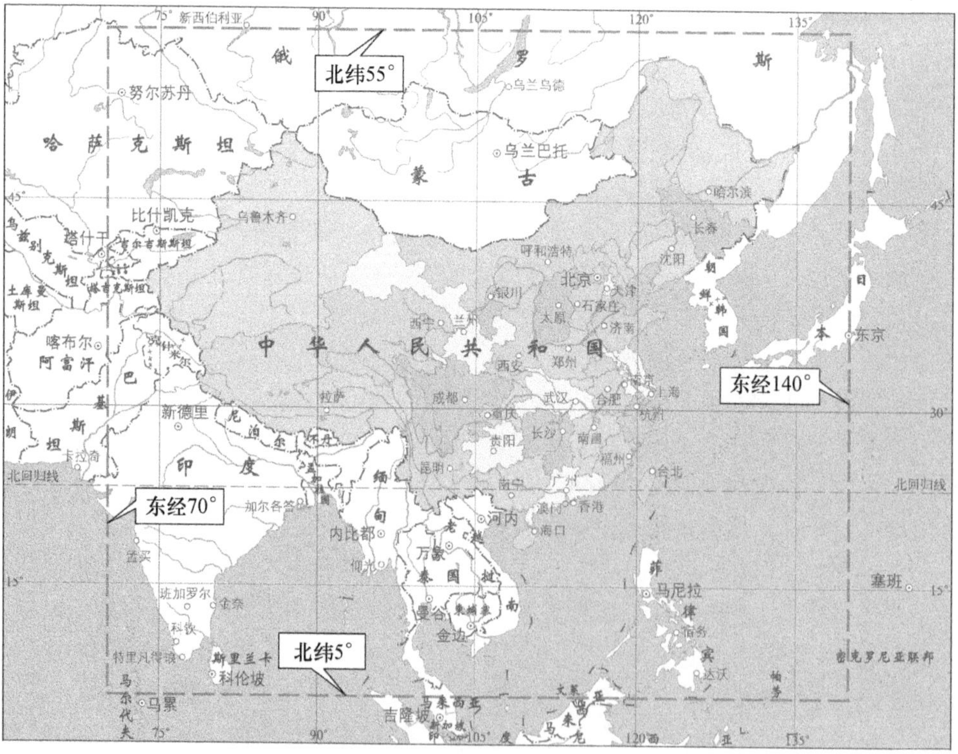

图 1.3 北斗卫星导航验证系统服务区（见彩图）

提出定位申请,主控中心测得地面中心分别至两颗卫星与用户间的双向距离,再由主控中心测定用户的位置。这种定位方式一般称为卫星无线电测定业务(RDSS)定位。系统的简单构成见图1.4。

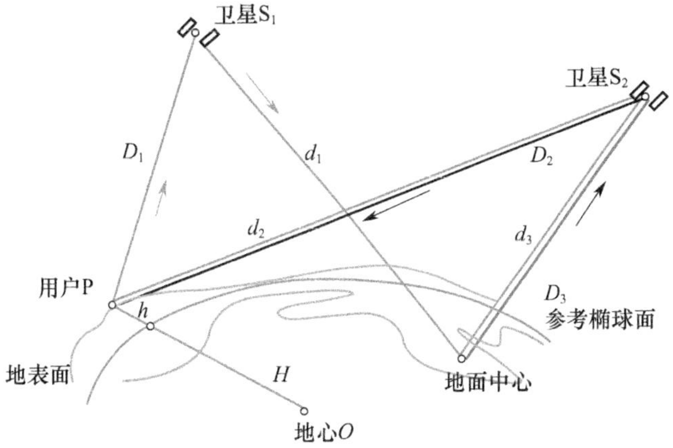

图1.4 北斗卫星导航验证系统定位原理(见彩图)

RDSS定位的核心是主控中心。

定位的基本原理依然是三球交会测量原理。我们知道,任何一个未知空间点,要确定空间三维坐标,就必须至少测定该点到3个已知点的距离,列出3个距离观测方程,即可解算出该点坐标。北斗卫星导航验证系统采用相同的定位原理,但是由于用户仅能观测位于赤道上空的两颗地球同步卫星,只能获得两个距离值,两颗地球静止同步卫星与用户接收机的两个距离观测与地球交会的不是一个点,不可能直接解算出用户的点位坐标。北斗卫星导航验证系统实际采用的定位原理是:用户观测两个卫星的距离,运控中心通过从地面高程数据库中查取用户海拔高程加上地球曲率半径,得到用户的第3个有效距离观测,进而解算出用户的三维坐标。

北斗卫星导航验证系统具有如下特点:

(1) 集定位、授时和报文通信为一体[22-23]。从北斗卫星导航验证系统的定位过程看,北斗一号是“有源定位”系统,即用户在定位过程中必须发射信号,申请定位,显然用户与中心站存在通信链路,该通信链路为北斗卫星导航验证系统的短报文通信奠定了基础。实际上,北斗卫星导航验证系统为中心站与用户之间,以及用户与用户之间提供了120个汉字的短报文通信能力,而GPS和GLONASS只解决用户的时间、地点问题(即授时和定位)。

(2) 北斗卫星导航验证系统具有位置报告功能。因为系统每次定位都是由用户发出请求,经过中心站解算出用户坐标,然后发送给用户接收机,显然,用户的位置及运动状态都是由中心站提供的,即解决了“何人、何时、何处”的相关问题,实现了用户的位置跟踪功能,实现了位置报告和态势共享。

(3) 北斗卫星导航验证系统首次定位速度快。北斗卫星导航验证系统的用户定位、电文通信和位置报告可在几秒内完成,定位精度优于 20m。GPS 首次定位(冷启动)一般需要 1 ~ 3min。

(4) 授时精度高。GPS 的精密定位服务授时精度开始为 200ns,北斗卫星导航验证系统的单向授时精度达 100ns。注意到北斗卫星导航验证系统信息传递是由中心站到用户,又由用户到中心站,于是可实现双向授时,双向定时精度达到 20ns,远远高于 GPS 的授时精度。

(5) 可实现分类保障。根据用户实际需求,可划分使用等级范围,授权用户与公开用户分开,公开用户也可随时进行定位保障等级的调整、优先权调配和能力集成[21]。

(6) 定位系统保密性强。北斗卫星导航验证系统的所有用户都需要注册,并具有特定的注册号码,凡是未经授权的用户,都无法利用北斗系统进行定位授时服务,定位具有保密性和反利用性。

北斗卫星导航验证系统的成功建设及运营解决了国家急需,解决了我国卫星导航系统的有无问题,为我国北斗卫星导航区域系统乃至全球系统的建设积累了经验,为我国电子产业的发展注入了新的活力,为我国卫星导航争得了国际地位。

但是,北斗卫星导航验证系统也存在明显的弱点:

(1) 北斗卫星导航验证系统用户容量有限。北斗卫星导航验证系统的作业模式要求所有用户的定位都由中心站完成,而且都必须两次通过卫星转发测距信息和定位信息,所以用户容量受到较大限制。

(2) 不具备高动态导航功能。北斗卫星导航验证系统一次定位需要测距信号经中心站—卫星—用户机往返两次,费时比较长,从用户机发出定位请求到收到定位数据大约需要 1s,因此它不适合飞机、导弹等高速运动的物体,而更适合舰船、车辆、人员等低速运动目标的定位,即不具备高动态导航功能。

(3) 容易出现北坡效应。由于使用两颗地球同步卫星进行定位,两颗卫星均在赤道上方,北半球用户若位于高大障碍物的北面,则极易导致卫星不可见,而出现无法定位的现象,这种现象一般称为北坡效应。

1.5.2 北斗区域卫星导航系统

北斗区域卫星导航系统于 2004 年 8 月启动建设。北斗区域卫星导航系统(也称北斗二号一期工程)是中国卫星导航系统发展进程中承上启下的关键工程,它是试验验证系统的延续,也是北斗卫星导航系统服务能力的提升、服务区域的拓展,同样也是北斗全球卫星导航系统的进一步试验与验证。北斗区域卫星导航系统兼容主动定位与被动定位两种模式,即兼容北斗卫星导航验证系统的 RDSS 和卫星无线电导航业务(RNSS)两种服务模式。

北斗区域卫星导航系统由 14 颗卫星组成,其中 5 颗 GEO 卫星、5 颗倾斜地球同步轨道(IGSO)卫星和 4 颗中圆地球轨道(MEO)卫星。卫星组网示意图见图 1.5。北斗区域卫星导航系统服务区域为北纬 55°到南纬 55°,东经 55°到 180°,服务区域见图 1.6。

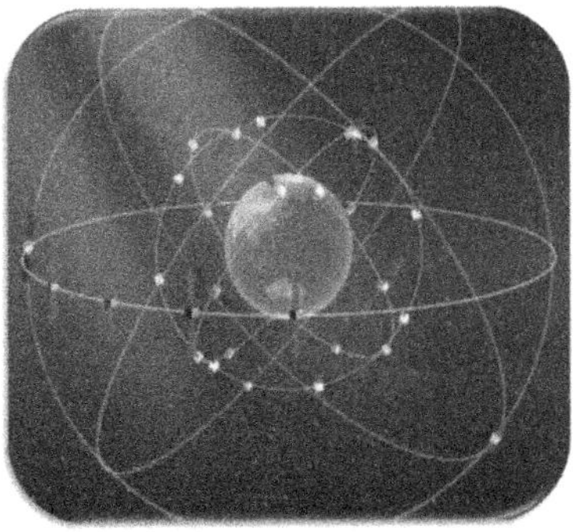

图 1.5　北斗区域卫星导航系统卫星组网图(见彩图)

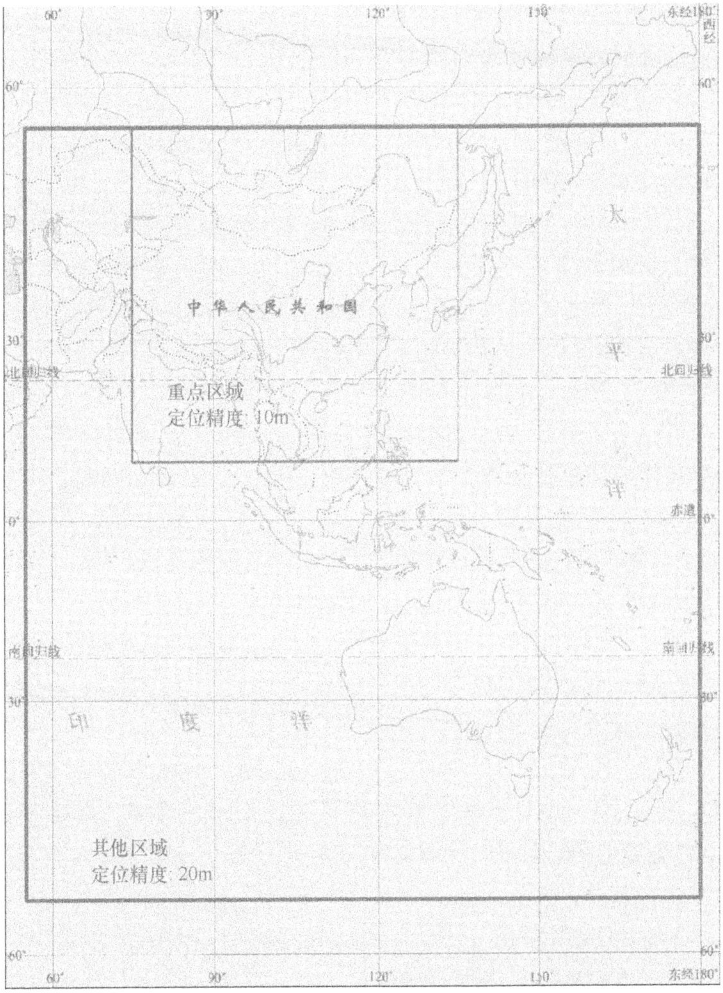

图 1.6　北斗区域卫星导航系统服务区域(见彩图)

北斗区域卫星导航系统提供 3 个工作频率：B1，1561.098 MHz；B2，1207.14 MHz；B3，1268.52 MHz。这是首个提供全星座三个频点导航定位服务的卫星导航系统，它有利于快速求解载波相位模糊度参数，进而缩短实时动态测量初始化时间，同时有利于削弱电离层影响。

2011 年底公布北斗区域卫星导航系统的接口控制文件（ICD）试用版，2012 年 12 月底发布 ICD 正式版，并宣布北斗区域卫星导航系统开始提供亚太地区服务。

北斗区域卫星导航系统的基本性能为[24-25]：亚太地区的可用率超过 90%，水平定位精度优于 10m，高程定位精度优于 10m，速度测定精度优于 0.2m/s，单向授时精度优于 50ns，双向授时精度优于 20ns，并提供广域差分增强服务。系统正式提供服务以后，系统空间信号精度为 1.0 ~ 1.5m（均方根（RMS）），信号质量几乎与 GPS 相当。短距离差分定位精度可达厘米量级。

北斗系统的坐标系统称为北斗坐标系（BDCS），BDCS 为地心坐标系，遵循国际地球自转服务（IERS）第 21 号技术注记（Technical Note 21）。北斗坐标系由跟踪站点位坐标和速度表示，最初溯源于 2000 中国大地坐标系（CGCS2000）[26-29]。北斗坐标框架与国际地球参考框架（ITRF）计算历元的差异一般小于 3cm[30]，对于大多数卫星导航用户来说，可以不考虑 CGCS2000 与 ITRF 的坐标转换。

北斗卫星导航时间系统称为北斗时（BDT）。北斗时由主控站高精度钟组提供时间基准，北斗时首先通过中国科学院国家授时中心（NTSC），NTSC 再通过卫星共视法溯源于协调世界时（UTC）。BDT 相对于 NTSC 的时间精度约为 10×10^{-14} 量级，稳定性约为 10×10^{-15} 量级。一般对 BDT 与 UTC 的时差有一定要求，超过此门限，BDT 将采用频率驾驭进行调整。一般调整频次大于一个月[31]。

北斗卫星在轨的卫星钟全部为国产高性能铷钟，时间频率万秒稳定度约为 $10^{-13} \sim 10^{-14}$ 量级，天稳定度约为 10^{-14} 量级。

但是，由于 5 颗 GEO 卫星相对于用户几乎不动，所以 GEO 卫星对高程方向的误差不敏感；对北半球用户来说，由于 GEO 卫星均位于南方，且保持不变，于是，对南北分量的误差不敏感；同样由于 GEO 卫星的影响，用户多路径（亦称“多径”）误差难以建模，难以消除，于是用户定位的多径误差较为明显。

1.5.3 北斗全球卫星导航系统

2020 年 7 月 31 日，北斗全球卫星导航系统正式开通服务，具备全球范围内定位、导航和授时服务能力，具有自主导航和安全防护能力，并为我国及周边地区提供广域差分和位置报告功能。

北斗全球卫星导航系统由 30 颗卫星组成，包括 3 颗 GEO、3 颗 IGSO 和 24 颗 MEO 卫星。其中，MEO 星座构型为 Walker24/3/1，轨道高度 21528km，轨道倾角 55°[32]。在北斗全球卫星导航系统中增加了星间观测链路，增强了卫星的自主定轨与自主守时能力，提升了卫星星座的整体空间基准维持能力。地面守时钟组和卫星钟性能得到了改善。

北斗全球卫星导航系统服务类型包括导航定位授时服务、星基增强服务、短报文通信服务(区域和全球)、国际搜救服务、精密单点定位服务和航天器测控数传支持服务六大类。其中,北斗全球用户水平定位精度优于8m,高程定位精度优于9m,授时精度优于20ns,测速精度优于0.2m/s,可用性优于99%,完好性告警时间300s,风险概率10^{-7}/h,连续性风险概率$10^{-4}\sim10^{-8}$/h(门限:水平556m)[25]。

1.5.4 北斗卫星导航系统的贡献

尽管卫星导航系统呈现百花齐放的局面,但是北斗系统仍然扮演着重要作用。在GNSS多星座多频数据融合下,经过数据探测、筛选、组合,将显著增加卫星和测距信号的数量,大幅提升导航定位授时性能指标。其主要优点如下[33-35]:①可见卫星数目增多,可减小精度衰减因子(DOP),提高导航精度;②各卫星系统具有不同的时间系统差和坐标系统差及轨道系统差,通过多卫星系统信号组合,可补偿单一导航系统的系统误差影响,进而精化各星座的卫星轨道、卫星钟差以及监测站坐标,提高导航卫星系统及用户PNT的可靠性;③多频率信号的综合利用可有效解决非故意干扰问题,减弱某单一卫星系统出现重大故障或拒绝服务等带来的隐忧,提高导航、定位、授时的可用性;④观测冗余信息增多,便于故障诊断、报警和隔离,提高了卫星导航用户的完好性;⑤多卫星观测几何结构的改善,有利于诊断因电离层闪烁、多径、遮挡而导致的观测异常,提高用户系统的异常误差影响控制能力,提高用户PNT的抗差性;⑥卫星数目增多可极大地减弱卫星导航盲区,缓解单一星座下卫星故障、地形/建筑物/树木遮蔽等因素引起的导航信号缺失问题,提高卫星导航系统的连续性;⑦综合利用多星座的多频信号,能大幅缓解单一星座卫星信号随时间变化的有色噪声的影响,提高动态用户PNT的收敛性;⑧多频率信号的使用更能消除或精确估计电离层延迟的影响;⑨综合利用多星座多频信号,可望实现载波相位模糊度的快速固定,并在中长距离情况下也能确定模糊度,提高对流层延迟参数估计的时间分辨力,进而全方位提升实时与近实时高精度测量的性能;⑩各星座卫星的高度、轨道面倾角不同,可改善地球自转、极移等参数的估计精度。

导航定位的精度衰减因子(DOP)是指用户可观测的卫星星座几何分布对用户三维位置、钟差等参数的精度影响因子。用DOP值可以评价任何一个卫星导航系统的贡献,因为DOP值是随机误差补偿以及系统误差补偿、可用性及完好性的重要指标。DOP值反映测距信号统计量和模型参数统计量之间的误差传播关系[36]。定位精度正是用户等效距离误差(UERE)与水平精度衰减因子(HDOP)/垂直精度衰减因子(VDOP)的乘积[37]。

通过计算分析,基本结论是:

(1) 若将卫星高度截止角设为10°,则在单GPS卫星星座基础上加入BDS卫星后,全球平均可见卫星数成倍增加;在两个导航卫星星座基础上,加入BDS卫星后,可见卫星数分别增加约70%；在GPS、GLONASS和Galileo系统三个卫星星座基础上，加入BDS星座后，可见卫星数可从20左右增加到30以上。增加可见卫星数，将极大地改善卫星的几何分布，改善全球用户PNT服务的连续性。

（2）BDS对不同系统几何精度衰减因子（GDOP）值的改善百分比随着各系统兼容性的增强而增大。若所有导航星座信号实现完全兼容和互操作，则：在GPS星座的基础上，增加BDS星座后，全球地区GDOP值约改善50%；在GPS与GLONASS共同使用的基础上，加入BDS星座后，GDOP值约改善30%；在GPS与Galileo系统共同使用的基础上，加入BDS星座后，GDOP值约改善30%；即使在GPS、GLONASS和Galileo系统同时使用的基础上，加入BDS星座后，GDOP值依然能改善23%左右。在多个卫星导航系统实现兼容与互操作情况下，多系统共用，用户GDOP值将显著改善，进而改善用户PNT的精确性。

（3）对于一些受遮挡较为严重的地区，如高楼林立的城市街道，单一系统的卫星数较少，且几何分布也较差。当卫星高度角达到40°时，单一系统在大多数时段卫星数达不到4颗，将无法实现卫星导航定位。当4个系统同时使用时，可见卫星数将平均达到10颗以上，因此，多个导航系统的共同使用，将显著提高导航定位服务的可用性。

必须指出，当卫星星座兼容与互操作性能较差时，GNSS数据融合时需要增加部分兼容和互操作补偿参数，此时，增加卫星星座也不会明显改善GDOP值；此外，当各类导航卫星观测之间具有不同的随机误差时，则分析各类卫星的贡献时不能简单通过等权DOP值计算，实践中可采用方差分量估计实时标定各类卫星观测的权，并计算具有不等权的DOP值，这类问题将在后面章节中讨论。

1.6 其他卫星导航系统概述

1）日本准天顶卫星系统（QZSS）

QZSS空间段规划由4颗准天顶卫星（QZS）和3颗GEO卫星组成。QZS卫星为椭圆倾斜地球同步轨道，轨道周期23h56min，轨道倾角45°。4颗QZS卫星的星下点轨迹重合，确保日本国土上空任何时间均可见至少一颗卫星（仰角60°以上）。第1颗卫星已于2010年发射，2017年发射了3颗QZS卫星[38]。

地面段包括2个主控站，7个卫星控制站，30多个全球监测站，此外还有激光测距站。主控站主要任务是生成导航电文；跟踪控制站主要用于对卫星上传导航业务和控制信息。

QZSS卫星共发射6个信号，包括L1 C/A（1575.42MHz）、L1C（1575.42MHz）、L2C（1227.60MHz）、L5（1176.45MHz）、L1-SAIF（1575.42MHz）和LEX（1278.75MHz）。其中L1 C/A、L1C、L2C、L5与GPS信号完全相同，以增强GPS服务性能。L1-SAIF信号与GPS SBAS兼容，提供亚米级增强服务。LEX与Galileo系统E6兼容，可提供

精度优于 3cm 的定位服务。

QZSS 单频（与 GPS C/A 联合）定位精度优于 21.9m（95%），双频定位精度优于 7.5m（95%），L1-SAIF 定位精度优于 1m（RMS）[39-40]。

2）印度区域卫星导航系统（IRNSS）

IRNSS 是由印度独立自主建设的区域卫星导航系统，服务区域主要覆盖印度及周边 1500km 区域，扩展服务区域为东经 30°~130°、南纬 30°至北纬 50°的矩形区域。

空间段包括 7 颗卫星，3 颗 GEO 卫星和 4 颗 IGSO 卫星。3 颗 GEO 卫星轨位分别为东经 32.5°、83°和 131.5°。4 颗 IGSO 卫星轨道倾角为 29°，其星下点形成两个"8"字形轨迹，赤道交叉点分别位于东经 55°和 111.75°。从 2013 年到 2016 年 4 月，印度先后成功发射 7 颗卫星，完成了 IRNSS 星座布设[41]。

地面段主要由印度空间研究组织（ISRO）导航中心、IRNSS 飞行器控制中心、IRNSS 测距及完好性监测站、IRNSS 网络时间中心、IRNSS CDMA 测距站、激光测距站和数据通信网络组成，主要任务是导航电文生成与播发、星座管理控制、完好性监测和时间维持。

IRNSS 卫星发射 L5（1176.45MHz）和 S（2492.08MHz）两种频率信号，提供公开服务和授权服务，主服务区域定位精度将优于 20m[42]。

参考文献

[1] U.S. Department of Defense. Global positioning system standard positioning service performance standard(4th Edition) [R]. Washington, DC: Assistant Secretary of Defence for Command, Control, Communications, and Intelligence, 2008.

[2] U.S. Department of Defense. Global positioning system precise positioning service performance standard [R]. Washington, DC: Assistant Secretary of Defence for Networks and Information Integration, 2007.

[3] MCDONALD K D. The modernization of GPS: plans, new capabilities, and the future relationship to Galileo [J]. Journal of Global Positioning System, 2002, 1(1): 1-17.

[4] Global Positioning System Directorate. Navstar GPS space segment/ navigation user interfaces, IS-GPS-200H[R]. Washington, DC: DAF, 2013.

[5] 胡修林，唐祖平，周鸿伟，等. GPS 和 Galileo 信号体制设计思想综述[J]. 系统工程与电子技术，2009，31(10): 2285-2293.

[6] Global Positioning System Wing (GPSW). Navstar GPS space segment/user segment L5 interfaces, IS-GPS-705A [R]. Washington, DC: DAF, 2010.

[7] Global Positioning System Wing (GPSW). Navstar GPS space segment/user segment L1C interface, IS-GPS-800A[R]. Washington, DC: DAF, 2010.

[8] BARKER B C, BETZ J W, CLARK J E, et al. Overview of the GPS M-code signal[C]// Proceedings of the National Technical Meeting of the Institute of Navigation (ION-NTM 2000). California:

The Institute of Navigation,2000.
[9] REVNIVYKH IVAN. GLONASS program update[C]//11th Meeting of the International Committee on Global Navigation Satellite System(ICG-11). Sochi:United Nations Office for Outer Space Affairs, 2016.
[10] MIRGORODSKAYA T. GLONASS government policy,status and modernization plans[C]//International Global Navigation Satellite Systems (IGNSS) Society Symposium 2013. Queensland:IGNSS Society Inc,2013.
[11] ZINOVIEV A E. Using GLONASS in combined GNSS receivers: current status[C]// Proceedings of ION GNSS 2005, Long Beach:The Institute of Navigation,2005.
[12] LENNEN GARY R. The USSR's GLONASS P-code determination and initial results[C]// Proceedings of ION GPS 1989. CO:The institute of Navigation,1989.
[13] ROSSBACH U. Positioning and navigation using the Russian satellite system GLONASS [D]. Munchen:Schriftenereihe der Universitat der Bundeswehr Munchen,2001.
[14] URLICHICH Y, SUBBOTIN V, STUPAK G, et al. GLONASS: developing strategies for the future [J]. GPS World, 2011, 22(4):42-49.
[15] 雒喜平,向才炳,边少锋. GLONASS 进展及定位性能研究[J]. 测绘通报, 2012(1):1-3.
[16] FALCONE M, HAHN J, BURGER T. Galileo springer handbook of global navigation satellite systems [M]. Berlin: Springer, 2017.
[17] LUCAS R. Update on GALILEO system deployment status and recovery of satellites in non-nominal orbits (european space agency)[C]//The 10th Meeting of International Committee on GNSS (ICG-10). Colorado:United Nations Office for Outer Space Affairs, 2015.
[18] European Commission. Galileo programme status update[C]//The 12th Meeting of International Committee on GNSS(ICG-12). Vienna:United Nations Office for Outer Space Affairs, 2017.
[19] NURMI J, LOHAN E S, SAND S, et al. GALILEO positioning technology [M]. Netherlands: Springer, 2014.
[20] HEIN G W, et al. Status of Galileo frequency and signal design[C]//Proceedings of ION 2002. Oregon:The institute of Navigation,2002.
[21] China Satellite Navigation Project Center. BeiDou navigation satellite system development[C]//The 4th Meeting of International Committee on GNSS (ICG-4). Saint Petersburg:United Nations Office for Outer Space Affairs,2009.
[22] 谭述森. 广义卫星无线电定位报告及应用[J]. 测绘学报,2009,38(1):1-5.
[23] 谭述森. 卫星导航定位工程[M]. 2 版. 北京:国防工业出版社,2010.
[24] 杨元喜,李金龙,王爱兵,等. 北斗区域卫星导航系统基本导航定位性能初步评估[J]. 中国科学地球科学,2014,44(1):72-81.
[25] ZHOU H. Performance verification and assessment of BDS[C]//Proceedings of ION GNSS+ 2013. Nashville: The institute of Navigation,2013.
[26] 魏子卿. 2000 中国大地坐标系[J]. 大地测量与地球动力学,2008(6):1-5.
[27] 魏子卿,刘光明,吴富梅. 2000 中国大地坐标系:中国大陆速度场[J]. 测绘学报,2011,40(4): 403-410.

[28] YANG Y, TANG Y, CHEN C, et al. National 2000' GPS control network of China [J]. Progress in Natural Science, 2007, 17(8): 983-987.

[29] 杨元喜. 2000 中国大地坐标系[J]. 科学通报,2009,54(16):2271-2276.

[30] WEI Z. BeiDou geodetic system[C]//The 6th Meeting of International Committee of GNSS (ICG-6). Beijing: United Nations Office for Outer Space Affairs, 2012.

[31] HAN C, YANG Y,CAI Z. BeiDou navigation satellite system and its time scales [J]. Metrologia, 2011(48): 1-6.

[32] HUANG Q. Development of BeiDou satellite navigation system[C]//Proceedings of ION GNSS + 2013. Nashville: The Institute of Navigation,2013.

[33] 杨元喜. 北斗卫星导航系统的进展、贡献与挑战[J]. 测绘学报,2010,39(1):1-6.

[34] YANG Y, LI J, XU J, et al. Contribution of the COMPASS satellite navigation system to global PNT users [J]. Chinese Science Bulletin, 2011, 56(26): 2813-2819.

[35] YANG Y, LI J, XU J, et al. Generalised DOPs with consideration of the influence function of signal-in-space errors [J]. The Journal of Navigation, 2011(64):S3-S18.

[36] MILBERT D. Improving dilution of precision, a companion measure of systematic effects [J]. GPS World, 2009(20): 38-47.

[37] LANGLEY R B. Dilution of precision [J]. GPS World, 1999(10): 52-59.

[38] TAKIZAWA G. Status update on the quasi-zenith satellite system[C]//The 12th Meeting of International Committee on GNSS (ICG - 12). Vienna: United Nations Office for Outer Space Affairs, 2017.

[39] 王祥,王存恩. 日本"准天顶卫星"系统及其应用计划[J]. 国际太空,2010(3): 7-12.

[40] MOTOYUKI K. System overview and applications of quasi-zenith satellite systems[C]//The 21st International Communications Satellite Systems Conference and Exhibit. Yokohama: American Institute of Aeronautics and Astronautics,2003.

[41] DESAI N M. Indian regional navigation satellite system (IRNSS) navigation with Indian constellation (NavIC) and GPS aided geo augmented navigation (GAGAN) [C]//The11th Meeting of the International Committee on Global Navigation Satellite System. Sochi: United Nations Office for Outer Space Affairs, 2016.

[42] SAINI M, GUPTAU. Indian GPS satellite navigation system: an overview [J]. International Journal of Enhanced Research in Management & Computer Applications, 2014,3(6):32-37.

第2章　卫星导航定位的时空基准

(1) 时间基准：时间是最基本的物理量，是人们确认为最精确的时间尺度。

时间尺度的精化从来没有停止过。时间基准也是卫星导航的核心要素。

时间是一维的，不可逆的。时间看不见摸不着，但是所有物理量的变化或监测都必须基于特定且统一的时间间隔，否则变化监测与分析就没有参照，没有依据。于是，科学研究以及生活中人们习惯使用单位时间，单位时间就必须有时间单位。从本质上说，技术问题往往是时间、空间和频率的精密测量和精确控制问题。空间测量、卫星导航、数字通信都属于精密时间测量和时间同步技术领域；通信互联网和卫星导航技术的飞速发展都得益于原子钟和时间频率技术的发展。

国家时间频率体系是国家重大信息基础设施。时间频率体系是由时频基准、守时系统、授时系统、用时系统和支撑系统构成的有机整体。时间频率广泛应用于国防建设、经济建设、科学研究和社会生活的各个领域，时间频率水平体现国家综合科技水平和综合国力。

卫星导航系统需要精确的时间基准，同时也是覆盖最广、使用最方便廉价的授时手段。

(2) 空间基准：该基准是为描述空间点位坐标、高程、深度等而建立的度量体系[1]，由坐标系和坐标框架组成。

空间基准是人类活动的基础。确定特定空间的物体的几何形态、时空分布及运动状态需要可靠统一的空间基准；交通运输、智慧城市、数字地球、位置服务、物联网、人工智能等无一不需要统一高精度的空间基准。

空间基准是空间探测和导航定位的基础。空间测量、卫星导航，卫星轨道、地面监测与跟踪系统及地面用户都必须基于统一的空间基准；高精度的空间基准也是开展深空和深海探测的基础设施和必备条件，它可为开发利用深空和深海探测及深空深海探测器的自主导航提供精确的位置服务，为未知太空环境和复杂海底环境下无人或载人装备安全作业提供重要的技术支持。

空间基准是国家经济建设的重要基础：经济全球化必然要求空间基准必须是全球基准；“一带一路”建设需要统一的空间基准；能源运输、大型工程建设等都需要统一的空间基准。

空间基准也是国防建设的重要基础。领土争端、领海领空安全、边界谈判、版图划分等都需要统一的空间基准；作战武器、指挥平台、侦察、测控、远程打击等都需要高精度空间基准支持。

随着人类文明的进步和科学技术的发展,人们对空间基准的需求越来越多,要求也越来越高,数字化、高精度、全球性、时变性已成为现代空间基准的主要发展方向。

空间基准需要空间坐标框架来实现和维持。建立和维持高精度的全球地心坐标参考框架对于推进国家经济全球化、国防现代化、管理信息化等都具有重要的现实意义。空间基准框架的精度和稳定性直接决定所有空间信息的精度和可靠性。卫星导航需要空间基准,卫星导航也为空间基准建设提供重要支撑,实际上,建立自洽完备、高精度、长期稳定的空间基准是卫星导航定位系统的主要任务之一。

2.1　导航定位常用坐标系及其转换

从几何意义上说,坐标系是指在特定空间,如欧几里得(Euclid)空间,能用数字唯一确定空间点位置或几何要素的系统。坐标系往往由坐标原点、坐标轴方向和坐标尺度构成。不同坐标原点、不同坐标轴方向和不同坐标尺度所定义的坐标系之间可以互相转换。

在卫星导航定位中,卫星运动方程、地球引力位系数、测站坐标等是定义在不同坐标系中的,而在各种坐标系中的卫星导航定位结果也有不同的用途[2]。本节将对卫星导航定位中涉及的主要几类坐标系的定义与相互转换关系进行介绍。

2.1.1　常用坐标系

1) J2000.0 地心惯性坐标系

J2000.0 地心惯性坐标系的原点为地球质心,基本平面为 J2000.0 地球平赤道面,x 轴在基本平面内由地球质心指向 J2000.0 的平春分点,z 轴为基本平面的法向,指向北极方向,y 轴与 x 轴和 z 轴构成右手系。J2000.0 地心惯性坐标系中的位置矢量和速度矢量分别用 $\boldsymbol{r}$ 和 $\dot{\boldsymbol{r}}$ 表示。卫星的运动方程通常在 J2000.0 地心惯性坐标系中描述。

2) 地固坐标系

地固坐标系的原点为地球质心,z 轴指向北极的国际协议原点(CIO),基本平面与 z 轴垂直,x 轴在基本平面内由地球质心指向格林尼治子午圈,x、y、z 轴成右手系。地固坐标系中的位置矢量和速度矢量分别用 $\boldsymbol{r}_{\mathrm{b}}$ 和 $\dot{\boldsymbol{r}}_{\mathrm{b}}$ 表示。测站坐标以及地球的引力位系数一般在地固坐标系中表示。

3) 测站坐标系

测站坐标系的原点为测站中心,基本平面为测站地平面,x 轴在基本平面内指向东方,y 轴指向正北方向,z 轴与基本平面垂直指向天顶方向。测站坐标系中的位置矢量和速度矢量分别用 $\boldsymbol{\rho}$ 和 $\dot{\boldsymbol{\rho}}$ 表示。计算激光观测量、测站偏心改正都要涉及测站坐标系。

4）星固坐标系

星固坐标系的原点为卫星质心，z 轴由卫星质心指向地心，y 轴指向轨道面的负法向，x 轴在轨道面内与 z 轴垂直指向卫星运动方向，x、y、z 轴成右手系。该坐标系中的位置矢量用 $\boldsymbol{r}_s$ 表示。卫星的质心改正一般在星固坐标系中给出。

5）RTN 坐标系

RTN 坐标系是星固坐标系的一种。RTN 坐标系的原点为卫星质心，R 轴为地心到卫星质心的向径，T 轴为横向，在轨道面内与 R 轴垂直，指向卫星运动方向。N 轴为轨道面正法向，与 R、T 轴成右手系。RTN 坐标系中的位置矢量和速度矢量分别用 $\boldsymbol{r}_{\mathrm{RTN}}$ 和 $\dot{\boldsymbol{r}}_{\mathrm{RTN}}$ 表示。轨道比较和经验 RTN 摄动计算都要涉及 RTN 坐标系。

2.1.2 坐标系之间的转换

1）J2000.0 地心惯性坐标系到地固坐标系的转换

$$\begin{cases}\boldsymbol{r}_{\mathrm{b}}=\boldsymbol{PBNAr}\\ \dot{\boldsymbol{r}}_{\mathrm{b}}=\boldsymbol{PBNA}\dot{\boldsymbol{r}}+\boldsymbol{P}\dot{\boldsymbol{B}}\boldsymbol{NAr}\end{cases}\tag{2.1}$$

式中：$\boldsymbol{A}$、$\boldsymbol{N}$、$\boldsymbol{B}$ 和 $\boldsymbol{P}$ 分别为岁差矩阵、章动矩阵、地球自转矩阵和极移矩阵；$\dot{\boldsymbol{B}}$ 为地球自转矩阵对时间的偏导数。

$$\boldsymbol{A}=\boldsymbol{R}_Z(-Z_{\mathrm{A}})\boldsymbol{R}_Y(\theta_{\mathrm{A}})\boldsymbol{R}_Z(-\xi_{\mathrm{A}})$$

$$\boldsymbol{N}=\boldsymbol{R}_X(-\tilde{\varepsilon})\boldsymbol{R}_Z(-\Delta\psi)\boldsymbol{R}_X(-\bar{\varepsilon})$$

$$\boldsymbol{B}=\boldsymbol{R}_Z(\theta_{\mathrm{g}})$$

$$\dot{\boldsymbol{B}}=\frac{\mathrm{d}\boldsymbol{R}_Z(\theta_{\mathrm{g}})}{\mathrm{d}t}$$

$$\boldsymbol{P}=\boldsymbol{R}_Y(-x_{\mathrm{p}})\boldsymbol{R}_Z(-y_{\mathrm{p}})$$

式中：Z_{A}、θ_{A}、ξ_{A} 为赤道岁差角；$\Delta\psi$ 为黄经章动；$\tilde{\varepsilon}$ 为真黄赤交角；$\bar{\varepsilon}$ 为平黄赤交角。θ_{g} 为格林尼治真恒星时；$\boldsymbol{R}_X$、$\boldsymbol{R}_Y$、$\boldsymbol{R}_Z$ 为三个常用的正交旋转矩阵；x_{p}、y_{p} 为地球瞬时极在地极坐标系中的坐标。

2）地固坐标系至测站坐标系的转换

$$\boldsymbol{\rho}=\boldsymbol{M}(\boldsymbol{r}_{\mathrm{b}}-\boldsymbol{R}_{\mathrm{b}}),\qquad \dot{\boldsymbol{\rho}}=\boldsymbol{M}\dot{\boldsymbol{r}}_{\mathrm{b}}\tag{2.2}$$

式中：$\boldsymbol{R}_{\mathrm{b}}$ 为测站在地固坐标系中的位置矢量；转换矩阵 $\boldsymbol{M}$ 的表达式为

$$\boldsymbol{M}=\begin{bmatrix}-\sin\lambda & \cos\lambda & 0\\ -\cos\lambda\sin\varphi & -\sin\lambda\sin\varphi & \cos\varphi\\ \cos\lambda\cos\varphi & \sin\lambda\cos\varphi & \sin\varphi\end{bmatrix}$$

式中：λ、φ 分别为测站经度、纬度。

3）J2000.0 地心惯性坐标系到星固坐标系的转换

位置矢量由 J2000.0 地心惯性坐标系到星固坐标系的转换矩阵 $\boldsymbol{C}$ 为

$$\begin{cases} \boldsymbol{C}(3,i) = -\dfrac{\boldsymbol{r}}{r} \\ \boldsymbol{C}(2,i) = -\dfrac{\boldsymbol{r}\times\dot{\boldsymbol{r}}}{|\boldsymbol{r}\times\dot{\boldsymbol{r}}|} \\ \boldsymbol{C}(1,i) = \boldsymbol{C}(2,j)\times\boldsymbol{C}(3,k) \end{cases} \tag{2.3}$$

式中：$i=1,2,3$ 对应于旋转矩阵 $\boldsymbol{C}$ 中每个行矢量的 3 个分量；$\boldsymbol{C}(2,j)$ 和 $\boldsymbol{C}(3,k)$ 为旋转矩阵 $\boldsymbol{C}$ 中第 2 行和第 3 行的行矢量，$j=1,2,3$，$k=1,2,3$。

4）J2000.0 地心惯性坐标系到 RTN 坐标系的转换

位置矢量由 J2000.0 地心惯性坐标系到 RTN 坐标系的转换矩阵 $\boldsymbol{G}$ 为[3]

$$\begin{cases} \boldsymbol{G}(1,i) = \dfrac{\boldsymbol{r}}{r} \\ \boldsymbol{G}(3,i) = -\dfrac{\boldsymbol{r}\times\dot{\boldsymbol{r}}}{|\boldsymbol{r}\times\dot{\boldsymbol{r}}|} \\ \boldsymbol{G}(2,i) = \boldsymbol{G}(3,j)\times\boldsymbol{G}(1,k) \end{cases} \tag{2.4}$$

式中：各量的定义与式(2.3)相同。

2.2　GNSS 定位相应的地球坐标系

卫星导航系统需要有确定的地球坐标系。多 GNSS 间要实现互操作，需要统一的地球坐标系或容易实现相互转换的地球坐标系。如果所有 GNSS 均采用统一的地球坐标系，并采用统一的坐标框架和卫星跟踪站，则各 GNSS 融合导航时，根本不需要考虑坐标系的差异，因而有利于融合接收机的研制，有利于用户的多 GNSS 共用，有利于提高卫星导航定位的精度、可用性、连续性、完好性和可靠性。实际上，尽管各 GNSS 供应商采用理论上相同的或定义上相近的地球参考系，但往往采用不同的地球参考框架。同一坐标系，只要参考框架不同（即坐标系的实现方式不同），则对应的坐标系统的实现精度就不相同，不同框架可能引入不同的系统误差[4]。

为了实现多 GNSS 的互操作，可以利用监测网跟踪不同的卫星星座，监测并计算出各 GNSS 坐标系间的差异，因为不同 GNSS 坐标框架的差异通常反映在卫星轨道参数中。

目前四大全球卫星导航系统都有自己相对独立的地球坐标系统。美国 GPS 采用 1984 世界大地坐标系（WGS-84），俄罗斯 GLONASS 采用 PZ-90 坐标系，中国北斗系统采用北斗坐标系（BDCS），欧盟 Galileo 系统采用欧洲地球参考框架（ETRF）。实际上，任何导航系统的跟踪、轨道测定、星历生成与注入，都与地球坐标系有关，与坐标系的定义和坐标框架有关,与相应的瞬时跟踪站位置有关。所以,不同的卫星导航系统本身就标定了不同的坐标框架。即使理论坐标系一致,但由于跟踪站布设不同和实现方式不同,其实际坐标系间仍然会存在微小差异[4]。

2.2.1 GPS 坐标系

美国 GPS 采用的是 1984 世界大地坐标系(WGS-84)。WGS-84 建立于 1984 年,通过全球分布的跟踪站测定。

WGS-84 的定义如下[5-6]:

原点:位于地球质心(包括全球大气和海洋)。

z 轴:指向 IERS 参考极(IRP),该指向相应于国际时间局(BIH)1984.0 定义的协议地球极(CTP)方向,不确定度约为 0.005″。

x 轴:指向 IERS 参考子午面(IRM)与通过原点且垂直于 Z 轴的子午面的交点。IRM 相对于 BIH1984.0 的零度子午面的不确定度也为 0.005″。

y 轴:与其构成地心地固右手坐标系。

尺度:与 IERS 定义一致,即重力相对论意义下的局部地球框架的尺度。

定向:由 BIH1984.0 的定向参数给出,其定向参数的时间进化相对于地壳不产生残余的整体旋转。

WGS-84 相应的参考椭球定义为 WGS-84 椭球,其椭球参数见表 2.1。

表 2.1 WGS-84 椭球参数

参数	数值
半长轴 a	6378137.0m
地球扁率 $1/f$	298.257223563
地球旋转角速度 ω	7292115×10^{-11} rad/s
地心引力常数(包括地球大气)G_M	$3.986004418\times10^{14}\,m^3/s^2$
注:对于 GPS 用户而言,$G_M=3.9860050\times10^{14}\,m^3/s^2$	

WGS-84 初次坐标框架精度为 1~2m,之后作了多次改进。1994 年通过对 10 个观测站的 GPS 长期观测进行了整体平差,改进了坐标框架的精度,称为 WGS-84(G730),G 表示由 GPS 观测测定,730 表示利用了 GPS 时间 730 周的观测数据。1996 年通过进行数据处理又一次进行了改进,称为 WGS-84(G873),历元是 1997.0。采用 13 个国际 GNSS 服务(IGS)全球站作控制,并采用了当时最新的 ITRF1994 作为参考。与 ITRF1994 比较,WGS-84(G873)的误差为 ±5cm(一个坐标分量)。

ITRF2000 公布后,美国再次对 WGS-84 进行了精化。2001 年 2 月美国国家影像与制图局(NIMA)利用其管辖的 11 个 GPS 永久跟踪站(分别位于澳大利亚、阿根廷、英国、厄瓜多尔、阿拉斯加、新西兰、南非、韩国和巴林岛、华盛顿哥伦比亚特区、塔希提岛(Tahiti))及美国空军管辖的 5 个 GPS 永久跟踪站(分别位于科罗拉多、阿申新

(Ascension)、迪戈加西亚(Diego Garcia)、夸贾莱(Kwajalein)和夏威夷),以及美国 Maspalomas 的 IGS 站和中国北京房山站,共 18 个站。此外,为了统一并精化美国空军基地的控制点坐标,又将美国空军基地的 8 个站一起参与计算,共计 26 个站进行了重新整体平差。整体平差时,这些 GPS 永久跟踪站坐标的先验中误差取为 ±1cm。平差后坐标系标定为 WGS-84(G1150)(表 2.2),参考于 ITRF2000,历元为 2001.0。WGS-84(G1150)框架点坐标的东、西分量和垂直分量的精度分别为 ±0.4cm、±0.2cm、±0.4cm[7]。所以总的评价是,改善后的 WGS-84(G1150)坐标分量的精度不低于 ±1cm 量级[8-9]。相比于 1996 年的 WGS-84(G873),精度有了很大提高。

为了科学的整体性以及实践的便利性,2012 年 WGS-84 再次作了更新。这次更新遵循 IERS 第 21 号技术注记的标准。由于 ITRF 是由多种空间大地测量手段实现的,包括 GPS、卫星激光测距(SLR)和甚长基线干涉测量(VLBI)等,精度更可靠。以 ITRF 为基准,将 WGS-84 溯源到 ITRF2008,称为 WGS-84(G1674)(表 2.2),参考历元为 2005.0。对于 WGS-84(G1674),所有点均采用了 ITRF2008 框架点或邻近点的速度场信息,WGS-84(G1674)所有框架点各分量坐标的估计精度均优于 1cm(GNSS 国际委员会(ICG)2012)。WGS-84(G1674)相对于 ITRF2008 的 7 个转换参数均为 0。这是因为,在设计实现 WGS-84(G1674)时,所有 WGS-84 与 ITRF2008 的公共点上均采用了 ITRF2008 的坐标和速度值(两个异常点除外)。如此,确保了当时的 WGS-84 与 ITRF2008 的符合度优于 1cm。

表 2.2　WGS-84(G1674)相对于 WGS-84(G1150)、ITRF2008 的转换参数

参考框架 (框架历元)	T_x/mm (σ)	T_y/mm (σ)	T_z/mm (σ)	$k/10^{-9}$ (σ)	R_x/mas (σ)	R_y/mas (σ)	R_z/mas (σ)
WGS-84(G1150) (2001.0)	-4.7 5.9	11.9 5.9	15.6 5.9	4.72 0.92	-0.52 0.24	-0.01 0.24	-0.19 0.22
ITRF2008 (2005.0)	0	0	0	0	0	0	0

注:表中 T、R 为平移参数,k 为 R 度参数。R_x、R_y、R_z 的符号与美国国家地理空间情报局(NGA)在轨道比较中使用的符号一致,但是与 IERS 技术注记 36(IERS Technical Note No. 36)相反。mas 为毫弧秒

需要强调的是,GPS 使用的坐标系是 WGS-84,GPS 用户从 GPS 接收机中获得的坐标属于 WGS-84。

每年年初生成 GPS 广播星历时,都以本年度中间历元更新 WGS-84 坐标,以顾及板块运动,如 2013 年的 GPS 广播星历使用的是 2013.5(约为 2013 年 6 月 30 日)瞬时坐标。这也表明,由 GPS 广播星历播发的轨道相应的 WGS-84 坐标是跟踪站逐年平差、逐年更新的结果。

如果发生显著位移,如发生地震,则参考框架的点位坐标将及时更新。

由美国国家大地测量局（NGS）生成的美国国防部精密 GPS 轨道已经包括了 WGS 参考点的点位速度的板块运动信息。

2013 年 NGA 参照 IERS2010 第 36 号技术注记（IERS Conventions 2010 Technical Note 36）（TN36）更新了 WGS-84，4 个定义参数与 TN36 不完全一致，今后，NGA 技术报告 8350.2（NGA Technical Report 8350.2）也将不断更新。

2.2.2 GLONASS 坐标系

从 20 世纪 70 年代起，苏联决定改用全球地心坐标系，开始实施统一的地心坐标系 CK-90，并规定 CK-90 与 CK-42（CK-42 是苏联 1942 年参心坐标系）并用。在民用方面，俄罗斯从 1995 年起改用 CK-95 新系统[10]。

随着空间技术的发展，俄罗斯国防部又推出了更精确的现代地心坐标系 PZ-90。PZ-90 属于地心地固坐标系，有时也称为 PE-90[11]。

GLONASS ICD-1998 定义 PZ-90 坐标系如下：

原点：位于地球质心。

z 轴：指向 IERS 推荐的协议地极原点，即 1900—1905 年的平均北极。

x 轴：指向地球赤道与国际时间局（BIH）定义的零子午线交点。

y 轴：满足右手坐标系。

最初实现的 PZ-90 坐标框架点坐标精度为 1～2m，控制点相对于框架点坐标精度为 0.2～0.3m。

PZ-90 通过相隔 1500～2000km 均匀分布的 26 个卫星大地控制网点来实现[12]。卫星轨道通过观测俄罗斯大地测量卫星和 GLONASS 卫星获得，包括多普勒观测、激光测距、卫星测高，也包括 GLONASS 卫星的电子和激光测距观测以及 Etalon 卫星激光测距观测。

1993 年前 GLONASS 曾采用过苏联的 1985 年地心坐标系，简称 SGS-85，1993 年后改用 PZ-90 坐标系。2007 年前，PZ-90 一直为军用地心坐标系。2007 年 6 月 2 日俄罗斯联邦政府颁布第 797-p 政府令：自 2007 年 9 月 2 日起，俄罗斯将启用新的国家地心坐标系（PZ-90.02），同时 GLONASS 将采用 PZ-90.02 替换第一版本 PZ-90。这意味着俄罗斯首次将 PZ-90 称为国家地心坐标系，即军民坐标系统统一。

PZ-90.02 过渡到 ITRF2000 的转换参数只存在坐标原点的位移：-36cm、8cm 和 18cm。

利用 PZ-90 坐标系，保障了 GLONASS 地面管理系统各控制点相对框架点精度在 0.5m 以内，卫星星历预报 24h 沿轨道误差最大不超过 15m，并保证了俄罗斯国家大地控制网控制点相应的坐标系与 GLONASS 星历坐标系一致。

2012 年 12 月 28 日，俄罗斯联邦政府发布《统一国家坐标系》的第 1463 决议，决定自 2014 年 1 月 1 日起，GLONASS 采用最新版全球地心坐标系“1990 地球参数”（PZ-90.11），坐标轴方向和角速度与 IERS 和 BIH 推荐值一致。PZ-90.11 与俄罗斯

2011 年国家大地坐标系采用的总地球椭球参数见表 2.3。

表 2.3 PZ-90.11 参考椭球常数

半长轴 a	6378136.0m
扁率 $1/f$	298.25784
地心引力常数(包含大气层)G_M	$3986004.418 \times 10^8 m^3/s^2$
地球自转角速度 ω	$7292115.0 \times 10^{-11} rad/s$

随着 GLONASS 和其他 GNSS 组合观测信息的积累，以及其他空间大地测量观测信息的累积，俄罗斯地心坐标系不断改进，GLONASS 所相应的坐标系也在不断改进。

根据 2017 年 GLONASS 更新报告，GLONASS 采用的 PZ-90.11 坐标框架与国际地球参考框架的一致性已达毫米量级[13]。

2.2.3 北斗坐标系

北斗卫星导航系统采用北斗坐标系(BDCS)。BDCS 溯源于 2000 中国大地坐标系(CGCS 2000)。CGCS 2000 的定义与国际地球参考系统(ITRS)基本一致[14-16]。基本椭球参数见表 2.4。

表 2.4 CGCS2000 参考椭球的四个常数[14]

半长轴 a	6378137.0m
扁率 $1/f$	298.257222101
地心引力常数(包含大气层)G_M	$3986004.418 \times 10^8 m^3/s^2$
地球自转角速度 ω	$7292115.0 \times 10^{-11} rad/s$
注：表中 a、f 采用的是 GRS80 值[17]，G_M、ω 采用的是 IERS 推荐值	

CGCS 2000 相应的坐标框架为 2000 中国大地坐标框架(CTRF 2000)[16]。CTRF 2000 参考于 ITRF 1997，历元为 2000.0。CTRF 2000 主要分为 GNSS 连续运行参考站(CORS)网(图 2.1)和 2000 中国 GPS 大地控制网。CGCS 2000 的维持主要依靠连续运行 GPS 观测网(共 28 点)[16]，它们是国家 GPS 2000 网的骨架。为了提高 CGCS 2000 与 ITRF 的一致性，在 2000 中国 GPS 大地控制网平差时，在全球均匀地选择了 47 个 IGS 站作为控制点(图 2.2)。

北斗卫星导航系统的坐标系则主要由北斗卫星导航系统的跟踪站坐标和速度表示(图 2.3)。

GNSS 连续运行参考站网的点位坐标精度在平差历元 2000.0 约为 3mm，速度精度为 1mm/年；相应 2000 中国 GPS 大地控制网(共 2500 多个点)的点位坐标精度约为 3cm[18]。

对于航空航天摄影测量及地图制图，可以采用更密集的全国天文大地网与 2000 GPS 网联合平差后标定的国家大地控制网成果[19]，它们属于 CGCS 2000。

北斗坐标系第一次实现于 2007 年—2009 年，采用 GPS 联测法，将北斗跟踪站与

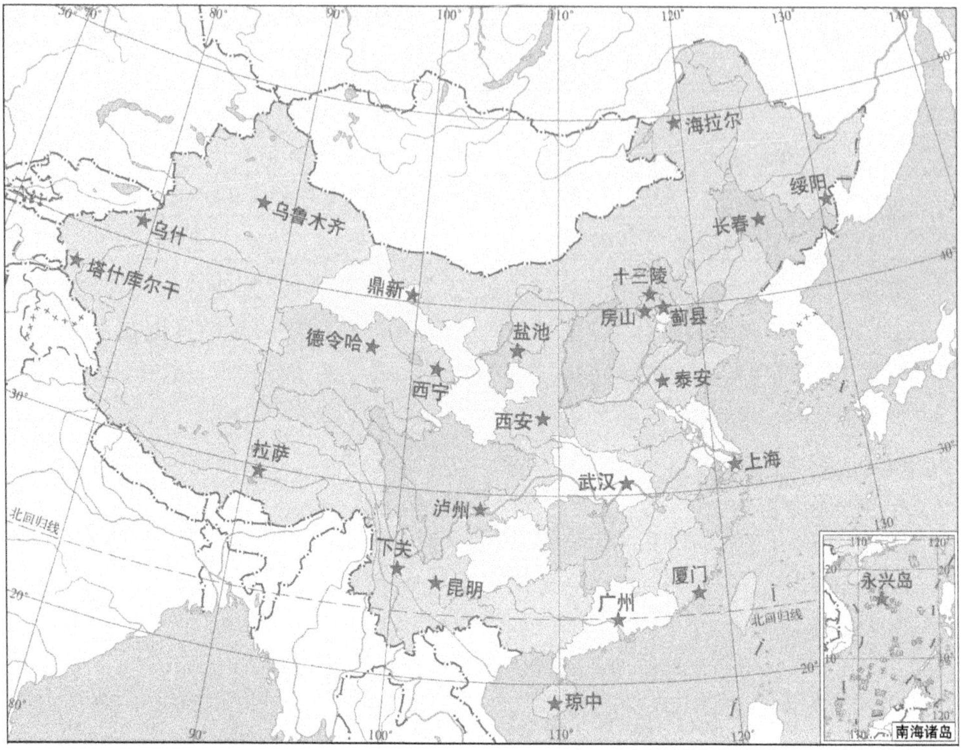

图 2.1　GNSS 连续运行参考站(CORS)网(见彩图)

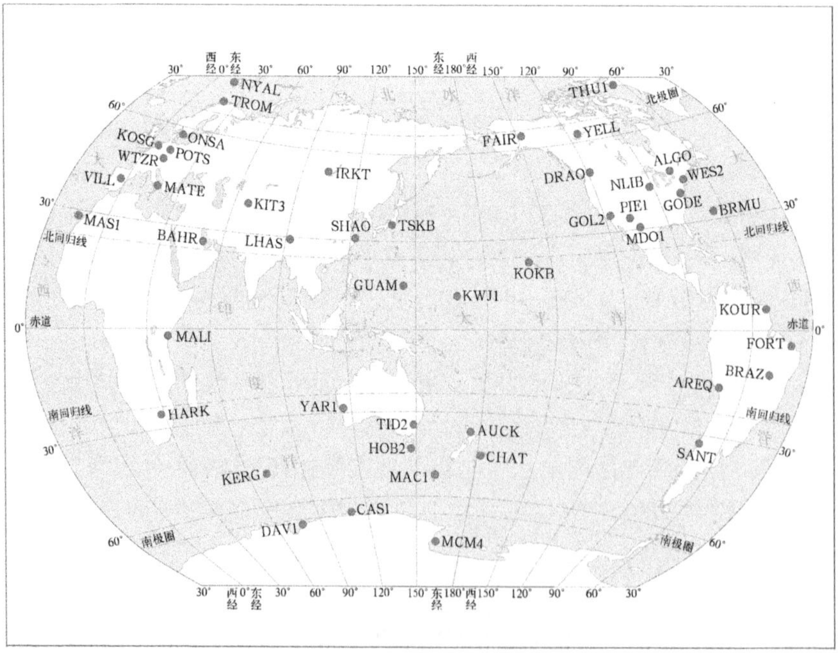

图 2.2　2000 中国 GPS 大地控制网平差时采用的 IGS 站点(见彩图)

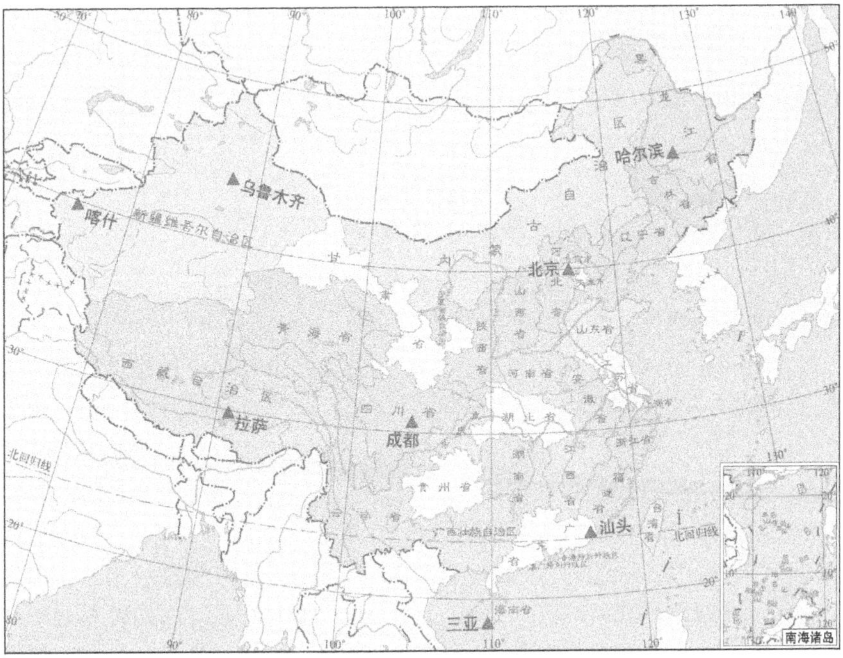

图 2.3　BDS 跟踪网(见彩图)

GPS 连续跟踪站建立联系(CGCS 2000 框架点),每一个点的联测时间约为 70h,数据处理时,每个点与周围 4 ~6 个连续运行 GPS 点进行联合平差,以保证北斗坐标系溯源于国家 2000 坐标系。第一次联测点坐标分量精度优于 10cm。

北斗坐标系第二次实现于 2011 年—2012 年。也采用 GPS 联测法,每个点连续观测约 15 天。数据处理采用 ITRF 2008 作为参考,不再溯源于 CGCS 2000。平差后点位内部精度约为 3mm,速度精度约为 1.2mm/年。实际外部检核结果的坐标精度优于 1cm,速度精度优于 2mm/年[15,20]。采用与 ITRF 最新成果相联系的 BDS 坐标系,有利于实现 BDS 与其他 GNSS 的互操作。

显然,BDCS 与 ITRF 之间只有微小差异,对于一般导航用户而言,可以忽略不计。但是对于高精度用户,应该考虑互操作参数。BDCS 更新周期与 GPS 有相当大的差距,数年更新一次,其板块运动及其他系统误差的影响将影响跟踪站的坐标精度,进而影响卫星轨道的测定精度和卫星星历的精度。此外,利用 GPS 进行跟踪站联测,容易带来联测误差,而且仅采用 GPS 观测进行 BDCS 的更新,不利于 BDCS 与其他 GNSS 坐标系互操作参数的测定与预报。

应该指出,理论上,BDCS 与 WGS-84 和 PZ-90 坐标系基本一致,但是,北斗区域卫星导航系统(BDS-2)的跟踪站仅在中国境内,于是,反映在 BDS-2 卫星轨道中的坐标差,不完全是坐标系或坐标框架的差异,更主要的是卫星轨道跟踪误差和星历生成误差。

2.2.4 Galileo 坐标系

欧盟的 Galileo 卫星导航系统采用 Galileo 大地参考坐标系(GTRF)。GTRF 保持与最新的 ITRF 相容,容许误差小于 3cm(2 倍中误差)[21]。GTRF 包括所有 Galileo 跟踪站点的坐标和速度[22]。

GTRF 由 Galileo 大地测量服务商(GGSP)负责监理、维持与提供服务。一般通过局部大地测量联测法将 GTRF 与 ITRF 相联系,即将国际 GNSS 永久跟踪站与其他站点的大地测量设备进行局部大地联测而实现联系。最初 GTRF 是由 GPS 联测建立,之后由 GPS 和 Galileo 系统共同维持。一旦 Galileo 卫星导航系统的空间信号可以应用,则可用 Galileo 信号参加多种手段的 GTRF 维持,最后可望由 Galileo 系统单独维持[22]。

GGSP 不仅维持 GTRF,而且也提供其他产品,如地球旋转参数、卫星轨道、卫星钟差和测站钟差改正数,这些产品将提供给 Galileo 系统用户团体,使其能够享用高精度的 GTRF 产品,并将用于监测相应 Galileo 系统使命实行情况。

GGSP 由数据收集和控制部分、数据处理部分、数据综合部分、产品确认部分和数据存档与分发部分组成。数据处理由 3 个不同的部门执行,可相互检核、相互验证,确保数据可靠。

GTRF 最初实现采用 13 个欧洲 Galileo 系统跟踪站(也称传感器站)的数据,7 个观测计划,每 3 个月观测 4 个星期数据,3 个数据处理部门分别计算各监测点点位和地球自转参数(ERP)的周解,综合部门组合和分析 3 个数据处理部门的结果,以 SINEX 格式给出综合解,并给出与 ITRF 的转换参数,进行质量评估,写出总结报告。作为副产品,也给出综合的卫星精密轨道产品和钟差产品。GTRF 和 ITRF2005 的转换参数结果见表 2.5。

表 2.5 GTRF 与 ITRF2005 的转换参数及精度

GTRF 转换参数	T_x/mm	T_y/mm	T_z/mm	$k/(10\times10^{-9})$	R_x/mas	R_y/mas	R_z/mas
ITRF2005	0.3 ±0.2	-0.3 ±0.2	-0.2 ±0.2	-0.02 ±0.03	-0.003 ±0.007	-0.007 ±0.008	-0.006 ±0.008

GGSP 联盟采用最新的 IGS 标准,已经先后给出了几个版本的 GTRF,最新的 GTRF 结果标定为 GTRF09v01,通过与 71 个 ITRF 公共点进行比较,获得相对于 ITRF2005 的均方根差,水平分量的精度为 1.1mm,高程分量的精度为 2.9mm;水平速度分量精度优于 0.3mm/年,垂直速度分量精度优于 0.6mm/年[22]。

GGSP 所提供的 GPS 卫星轨道及钟差改正数与 IGS 最终产品的相应量符合程度分别为 5~11mm 和 0.02~0.03ns 水平。

从 Galileo 系统坐标系的实现方法及实际思路看,其科学性、严密性均好于其他几个卫星导航系统所对应的坐标系统。

2.3　导航定位常用时间系统及其转换

2.3.1　世界时系统

世界时(UT):以地球自转为基准的时间计量系统。地球自转角度可用地方子午圈相对于天球上的春分点和平太阳来度量。

恒星时(ST):以春分点作为基本参考点,由春分点周日视运动确定的时间。某一地点的地方恒星时,在数值上等于春分点相对于这一地方子午圈的时角。由于地球岁差和章动的影响,春分点在天球上不是固定的,所以春分点又分真春分点和平春分点,相应恒星时也分为真恒星时和平恒星时。

太阳时(ST):以地球自转对太阳的周期为基准测量得出的时间或以太阳的视运动为基础测得的时间。视太阳位于正南方为正午测得的时间,所以太阳时的时刻与太阳的时角存在 12h(或 180°)的差异。太阳时又分真太阳时和平太阳时。以真太阳的周日视运动为依据计算的太阳时称为真太阳时(apparent solar time 或 true solar time);以平太阳为基本参考点,以太阳周日视运动的平均速度为基础测得的时间,称为平太阳时(MST)。一个平太阳日分为 24 个平太阳时。平太阳是一个假想参考点,它在天球赤道上做匀速运动,其速度与真太阳视运动的平均速度相一致。

世界时是以恒星时为基础推导计算的时间。将实测的恒星时参考平格林尼治子午线换算为平太阳时,即可得到世界时初始值 UT0。在 UT0 中引入地球极移改正即可得到全球统一的世界时 UT1。由于地球自转周期存在季节性变化,于是在 UT1 中加入地球自转速度季节性变化改正可得到世界时 UT2。

自 1886 年美国天文学家纽康提出用平太阳时以后,世界时就用作时间计量的标准,秒被定义为一个平太阳日的 1/86400。不过由于世界时存在长期不规则的变化,因此 1952 年国际天文协会第八届大会通过决议,在天文年历中采用地球绕太阳的公转周期为基准的计时系统——历书时,历书时秒定义为 1900 年 1 月 0 时历书时 12 时起算的回归年的 1/31556925.9747。1956 年国际计量委员会根据国际天文协会的上述决议,采用历书时(现已弃用,1976 年经国际天文联合会决议由地球动力时(TDT)与质心力学时(TDB)取代)来定义秒长。1967 年 13 界国际计量大会决定采用原子时作为时间计量的标准。

世界时虽然不再作为时间计量的标准,但它仍在卫星导航、天文导航、宇宙飞行器跟踪等领域中广泛应用,它在数值上表征了地球瞬时自转轴的自转角度,主要用于地球坐标系和天球坐标系之间的坐标转换。

另外,精确的世界时是地球自转的基本数据之一,UT1 不仅是全世界民用时间——协调世界时(UTC)的基础,对于日常生活仍是必需的,同时还为地球自转理论、地球内部结构、板块运动、地震预报以及地球、地月系、太阳系起源和演化等有关学科的研究提供了必要的基本资料。

2.3.2 原子时

国际原子时(TAI):以物质的原子内部发射的电磁振荡频率为基准的时间计量系统。1967 年第 13 届国际计量大会决定,原子时秒为铯原子基态的两个超精细能级间在零磁场下跃迁辐射 9192631770 周所持续的时间。原子时起点定在 1958 年 1 月 1 日 0 时 0 分 0 秒(UT2)(事后发现在该瞬间原子时与世界时的时刻之差为 0.0039s),并以连续的日、时、分、秒的形式给出时间。

现代国际时间的计量标准是国际原子时。国际原子时由设在法国巴黎的国际计量局(BIPM)建立并保持。BIPM 分析处理全世界大约 50 个时间实验室的 200 多台原子钟数据,综合得到国际原子时。

目前,用在原子钟里的元素有氢、铯、铷等,原子钟的精度可以达到每 100 万年误差 1s。原子时的使用为天文、航海、宇宙航行提供了强有力的保障。原子时已经广泛应用于动力学,包括卫星动力学。

2.3.3 协调世界时

在确定原子时起点之后,由于地球自转速度不均匀,世界时与原子时之间的时差便逐年积累。1972 年国际无线电咨询委员会(CCIR,是国际电信联盟(ITU)组织的前身)规定和推荐使用 UTC,使其在世界范围逐步得到广泛应用。1975 年国际计量大会(CGPM)建议使用 UTC 作为民用时间的根据。

UTC:BIPM 和 IERS 保持的时间尺度。它采用国际原子时秒长,在时刻上尽量接近世界时 UT1,与 UT1 时刻相差不超过 0.9s。当协调世界时与原子时之间的时刻相差超过 0.9s 时,就在协调世界时上加上或减去 1s(即正闰秒或负闰秒)。闰秒必须发生在 1 个月(UTC)的最后一秒,最优选择是 12 月底或 6 月底,次优选择是 3 月底或 9 月底。2020 年,TAI 超前 UTC 37s(TAI - UTC = 37s)。

协调世界时是民用时间的基础,是大多数国家的法定时间。卫星导航接收机输出的时间一般采用 UTC。

2.4 GNSS 定位相应的时间基准

2.4.1 GPS 时间系统

GPS 时(GPST)是由 GPS 地面控制站和 GPS 卫星共同维持的原子时,其时间起点是 1980 年 1 月 6 日 0 时 0 分 0 秒。GPS 时连续无闰秒,与国际原子时保持整秒常数差值(TAI - GPST = 19s),TAI 超前 GPS 时间 19s。

GPS 导航电文中包含 GPS 时间与 UTC 的差值。2020 年 GPS 时间超前 UTC 18s。接收机从 GPS 时间减去该差值可得 UTC。新的 GPS 接收机开机时或许不能正确显示 UTC,直到从导航电文中解调出 GPST - UTC 差值。GPS 导航电文 GPST - UTC 差值可容纳 255s(8bit)。

GPS 时间以周和周内秒的形式表达。GPS 周在导航电文中用 10bit 位来播发,因此每 1024 周(19.6 年)将出现溢出归零问题。GPS 零周始于 1980 年 1 月 6 日 0 时 0 分 0 秒(00:00:19 TAI),在 1999 年 8 月 21 日 23:59:47(UTC)第一次溢出为零。为了确定正确的日期,需要为 GPS 接收机提供近似的日期(约在 512 周之内)。为了避免 GPS 翻滚归零问题,GPS 现代化后的导航电文中,采用 13bit 来表示 GPS 周信息,在 8192 周(157 年)之后才会出现 GPS 周归零现象。

GPS 时间与 UTC(美国海军天文台(USNO)维持的协调世界时)时间同步偏差要求在 1μs 之内(不含整秒),实际维持在 10ns 之内[23-24]。

2.4.2 GLONASS 时间系统

GLONASS 时(GLONASST)采用国际原子时作为秒长,时刻上与 UTC 同步,因此 GLONASST 存在跳秒现象,与 UTC 没有整秒偏差,但与俄罗斯国家参考时 UTC(SU) 有 3h 的常数差值:

$$t_{\text{GLONASS}} = \text{UTC(SU)} + 3\text{h} \tag{2.5}$$

GLONASST 基于 GLONASS 中央同步器时间生成。中央同步器的氢原子钟日稳定性优于$(1\sim5)\times10^{-14}$。之前,GLONASST 与 UTC(SU)之间的偏差在 1ms 之内,实际偏差约在 1μs 之内[23,25]。近几年 GLONASST 系统得到较大改善,2017 年报道,GLONASST 与 UTC(SU)的时间同步差在 2ns 以内[13]。GLONASS 卫星导航电文播发 GLONASST 与 UTC(SU)之间的偏差也在 1μs 以内[23]。

2.4.3 北斗时间系统

北斗系统的时间基准为北斗时(BDT)。BDT 采用国际单位制(SI)秒为基本单位连续累计,无闰秒。北斗时由地面控制站时频系统建立和维持,频率精度优于 2×10^{-14},其稳定度优于 6×10^{-15}/30d(天)[26]。起始历元为 2006 年 1 月 1 日协调世界时(UTC)00:00:00,采用周和周内秒计数。BDT 通过 UTC(NTSC)与国际 UTC 建立联系,导航电文播发相应的 BDT - UTC 同步参数(包括闰秒改正数和小于 1s 的偏差修正),修正后时间精度优于 50ns。

北斗时间与国际原子时保持整秒常数差值,TAI - BDT = 33s,即 TAI 超前北斗时间 33s。北斗导航电文播发北斗时间与 UTC 的差值,同时也播发 BDT 与 GPS 时、GLONASS 时、Galileo 系统时的差值信息。

北斗导航电文中北斗周计数采用 13bit 来表示,在 8192 周(157 年)之后才会出现北斗周归零现象。

2.4.4 Galileo 时间系统

Galileo 系统时(GST)采用国际原子时秒,直接溯源到 TAI,无闰秒。起始历元为 1999 年 8 月 22 日 00:00(UT),且在该历元 GST 超前 UTC13s。

GST 也采用周和周内秒形式。在导航电文中,GST 周占用 12bit,最大可覆盖 4096 周(约 78 年)。

GST 与国际原子时保持整秒常数差值,TAI - GST = 19s,即 TAI 一直超前 Galileo 系统时间 19s。

与 GPS 时间的关系上,GST 周 = GPS 周 - 1024,GST 周内秒 = GPS 周内秒。

Galileo 系统导航电文中包含 GST - UTC 差值及闰秒信息,其中 GST - UTC 差值不大于 50ns(95%)。同时也将播发 UTC - UT1GPS 与 Galileo 系统间时间补偿(GGTO)(GPST - GST)差值信息,其中 GGTO 精度将优于 5ns(95%)。

2.4.5 各 GNSS 时间关系

闰秒信息可从 BIPM 发布的时间公报中获得,也可从卫星导航系统导航电文信息中提取。各 GNSS 时间与 TAI、UTC 之间的时间差如图 2.4 所示[23]。

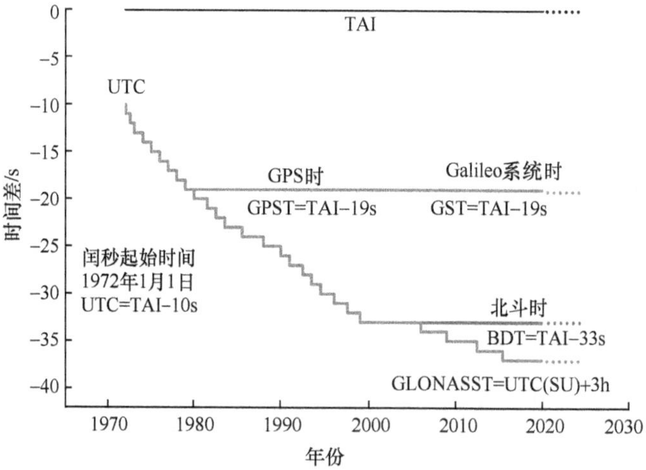

图 2.4 GNSS 与 UTC、TAI 之间的时间差(2020 年)(见彩图)

2017 年 1 月 1 日 0 时(UTC)直至下一闰秒通告时间,GPS、GLONASS、北斗系统、Galileo 系统与 UTC 之间的时间差分别如下:

$$TAI - GPST = 19s + C0$$

$$UTC - GPST = -18s + C0$$

C0 最大值不超过 1μs。

GLONASST 与 UTC 之间的时间差分别为

$$TAI - GLONASST = -3h + 35s + C1$$

$$UTC - GLONASST = -3h + C1$$

C1 最大值不超过 1ms。

BDT 与 UTC 之间的时间差分别为

$$TAI - BDT = 33s + C2$$

$$UTC - BDT = -4s + C2$$

C2 最大值不超过 100ns。

$$BDT\ 周 = GPST\ 周 - 1356$$

$$[BDT\ 周内秒] = [GPST\ 周内秒] - 14s$$

GST 与 UTC 之间的时间差分别为

$$TAI - GST = 19s + C3$$

$$UTC - GST = -18s + C3$$

C3 最大值不超过 50ns。

$$GST\ 周 = GPST\ 周 - 1024$$

$$GST\ 周内秒 = GPST\ 周内秒$$

式中:C0、C1、C2、C3 分别为数十纳秒的参数。

2.5　卫星导航系统时空基准的兼容与互操作性

随着卫星导航系统和导航卫星数量的不断增加,卫星导航系统之间的兼容性和互操作性日益受到重视。

兼容性[24]:分别或综合使用多个 GNSS 及增强系统同时工作时,系统间干扰引起的性能降低应在一个可接受的范围内。

具体地说,指分别或综合使用多个 GNSS 及增强系统,不会引起不可接受的干扰,也不会伤害其他单一卫星导航系统的操作与服务[4]。

互操作性:综合利用多个 GNSS 及其增强系统,能够在用户层面比单独使用一个系统获得更好的服务性能,并且不会给接收机生产厂商和用户带来额外的负担和成本[4,27-28]。

互操作性要求信号频率、大地坐标参考框架、时间参考框架尽量一致,便于用户机以最低成本实现最优性能。

只要各 GNSS 具有较好的兼容性和互操作性,用户终端就可以使用所有的 GNSS 及其星基增强系统的导航信号来提升导航性能。互操作性不仅要求 GPS、GLONASS、Galileo 系统或北斗终端在独立使用时应该提供相同的位置、速度和时间结果,而且要求在不增加用户终端成本和复杂度的条件下实现多 GNSS 的融合 PNT 服务。

只要导航信号载波频率、坐标系统、时间系统相近或相同，用户终端就能以较小的改动实现多系统信号接收和处理。

2.5.1 GNSS 信号互操作

互操作对 GNSS 信号的基本要求是，不同系统的信号应该尽可能地相似，特别是与信号频率相关的特征应该高度相似。导航信号的中心频点和带宽，不仅影响系统间的兼容性，实际上对互操作性的影响更大。

卫星导航信号的主要特征包括载波频率、调制方式、信号带宽、信号功率、极化方式、多址方式、扩频码、电文格式、电文纠错码等[4]。从用户终端的角度看，为了研制性能好、功耗低、体积小、成本低的多系统接收设备，总是希望上述参数尽可能相似，以便更多地共享接收机中的硬件和软件。特别是载波频率、信号带宽、调制方式、多址方式等与信号频谱特征密切相关的主要特性，最好完全一致，这也是 ICG 所倡导的发展方向，即 GNSS 的互操作。

各 GNSS 公开信号频率如表 2.6[29] 所列。

表 2.6　GNSS 公开信号频率

载波频率/MHz	GNSS 及载波						
	GPS	GLONASS	Galileo 系统	BDS	IRNSS	QZSS	SBAS
1176.45	L5	L5	E5a	B2a	L5	L5	WAAS
1207.14	—	L3	E5b	B2b		—	—
1227.60	L2C	—	—	—		L2C	—
1242.9375 ~ 1247.75	—	L2	—	—		—	—
1278.75	—	—	E6				
1575.42	L1 C/A & L1C		E2 - L1 - E1	B1C		L1 C/A & L1C	所有增强系统
1598.0625 ~ 1604.25	—	L1	—	—		—	—
2492.08				S	S		

每个 GNSS 都有至少 3 个频率，其中 6 个系统共用频率 1176.45MHz，4 个系统共用频率 1575.42MHz，3 个系统共用频率 1207.14MHZ。目前所有 SBAS 都用 1575.42MHz 来播发广域差分增强信号，未来 1176.45MHz 也将用于 SBAS 服务。

GPS、Galileo 系统和北斗系统使用的 5 个频率（1176.45MHz、1207.14MHz、1227.60MHz、1278.75MHz 和 1575.42MHz）都基于相同的基频（$f_0 = 10.23\text{MHz}$），系数分别为 115、118、120、125 和 154，便于用户终端研制生产。不过 GLONASS 之前采用 FDMA 体制信号，每颗卫星频率都有所不同。

由于航空型用户机和航海型用户机对射频信号兼容性都有相应的技术要求，4 大系统近 100 颗卫星、SBAS 10 余颗卫星，这将影响信号互相关性能，增加接收信号底噪,因此相同频率的多系统信号使用,一定程度上将增加航空型用户机和航海型用户机的成本和复杂度[29],而其他陆地交通用户终端、大众用户终端则没有相关技术标准。

QZSS 以 GPS 现代化信号为基础,播发 L1C/A、L1C、L2C、L5 信号,与 GPS 信号完全相同,因此用户终端设计变化非常小。

不同的信号特征给接收机带来的主要影响如下:

(1) 由于频点不同,不利于天线的小型化和低成本化。如 GPS 的 L1 C/A 和 BDS 的 B1I 双系统接收机需要宽带接收天线来覆盖两个频点,显然减小天线的尺寸变得相当困难,而且也不利于提高驻波比、增益等关键指标。如果这两个信号还需要与其他信号(如 L2、B2I 等)一起构成双频或者多频高精度测量接收机,则不利于天线相位中心等重要指标的提高。

(2) 由于频点和带宽的不同,射频部分通常需要双通道接收,实际上等同于需要两个不同的射频单元。当然,考虑到 L1 C/A 和 B1I 频点比较接近,也可以采用一个宽带射频来同时接收这两个信号,但是不利于接收机的抗干扰性能,且信噪比也有损失。于是,在民用低成本接收机中基本都不采用这种方案。如果这两个信号还需要与其他信号(如 L2、B2I 等)一起构成双频或者多频高精度测量型接收机,则更不利于射频通道时延一致性等指标的提高,增加了设计制造高精度测量型接收机的难度。

(3) 由于频点不同,需要两片模数转换器(ADC)芯片,或者一片高速 ADC 芯片,于是,必然导致接收机功耗和体积的增大,很难降低成本。

(4) 这两个信号的不同带宽(扩频码速率)、扩频码码型、电文格式等,需要设计两套不同的基带信号处理算法,显然需要占用更多的计算和存储资源。当然,由于数字信号处理技术已经非常成熟,嵌入式处理器的性能已经很强,对基带信号处理带来的影响有一定程度降低。

(5) 对导航解算和自主完好性监测等方面带来的影响不大,基本可以忽略。

由此可见,不同的信号特征(频点、带宽等)对天线、射频、ADC 等接收机前端和基带信号处理的影响很大,而对导航信息处理的影响相对较小。

当然,L1 C/A 和 B1I 不同的载波频率给多系统接收机也带来一些额外的好处,主要有以下两方面。

(1) 信号间的射频干扰较小,有利于信号的接收处理。

(2) 两个频点同时被无意干扰造成多系统接收机无法工作的概率较低,或者有意干扰方要同时对两个频点实施干扰而付出的代价较大,从这个角度来说,这样的多系统接收机具有更好的抗干扰能力。

从上面的分析可以看到,由于历史原因,BDS 区域系统的信号与 GPS 信号的差异很大,特别是载波频率和带宽等频域特性的显著差异,两者之间的互操作性很差,导致了 BDS 和 GPS 双系统接收机设计上的困难,也不利于双系统接收机性能的提高和功耗、体积、成本的降低。

上述分析表明,北斗系统的信号设计需要在保持信号自身特色和独立性的同时,采用与 GPS 和 Galileo 系统相同的频点、类似的调制、相近的带宽,在频域特性上尽可能与 GPS 和 Galileo 系统保持一致,以增强其互操作性。当然,GPS 未来的核心信号是 L1C,BDS 全球信号的互操作设计应面向未来,重点实现与 L1C 的高度互操作。

2.5.2 系统时间互操作

各 GNSS 都有各自独立维持的时间系统,这些时间系统之间除了闰秒的差异之外,还存在数十纳秒至数百纳秒的差异。目前 Galileo 系统导航电文对 GST-GPST 的差值进行广播,GST - GPST 预期精度优于 5ns(95%)。北斗系统的导航电文也将对 BDT - GPST、BDT - GLONASST、BDT - GST 差值进行播发。GPS 与 GLONASS 时差精度约 30ns,未来将达到 2 ~ 6ns。

GPS、GLONASS、BDS、Galileo 系统 4 大系统对应的时间系统定义差别较大,具体情况的比较分析见表 2.7。

表 2.7 GNSS 时间定义说明

系统	时间定义					
	时间标识	时间起点	计数方法	是否闰秒	溯源基准	GNSS 偏差参数
GPS	GPST	1980-01-06 UTC 00:00:00 (TAI - 19)	周,周内秒	否	UTC(USNO)	已计划播发 GGTO(GPST-GST)
GLONASS	GLONASST	与 UTC(SU) +3h 同步 (TAI - 36,2015)	时,分,秒	是	UTC(SU)	暂无
BDS[23]	BDT	2006-01-01 UTC 00:00:00 (TAI - 33)	周,周内秒	否	UTC(BSNC)	暂无
Galileo 系统[25]	GST	1980-01-06 UTC 00:00:00 (TAI - 19)	周,周内秒	否	UTC(PTB)	已计划播发 GGTO(GPST-GST)
注:BSNC—北京卫星导航中心;PTB—德国物理技术研究院						

表 2.7 所列的各 GNSS 时间参数定义的差异,将直接影响用户采用多 GNSS 联合导航定位授时的结果[17,26]。

(1) GPS、Galileo 系统、BDS 三大系统都采用连续的原子时标,无闰秒,系统间的偏差包括两部分:①各系统在不同的 UTC 定义起点时间,而导致整秒偏差,BDT 与 GPST、GST 的整秒差为 14s,而 GST 与 GPST 不存在整秒差[30];②由于各系统时间由各自的原子钟组生成,在长期的运行过程中会产生微小的偏差,一般称为“秒内偏差”,通常为几十纳秒量级。这里仅给出 2015 年 11 月 BDT 与 GPST 之间的秒内偏差,见图 2.5。BDT 与 GPST 之间的秒内偏差达十多纳秒甚至更大,会直接影响授时和导航定位,也会影响卫星轨道测定。

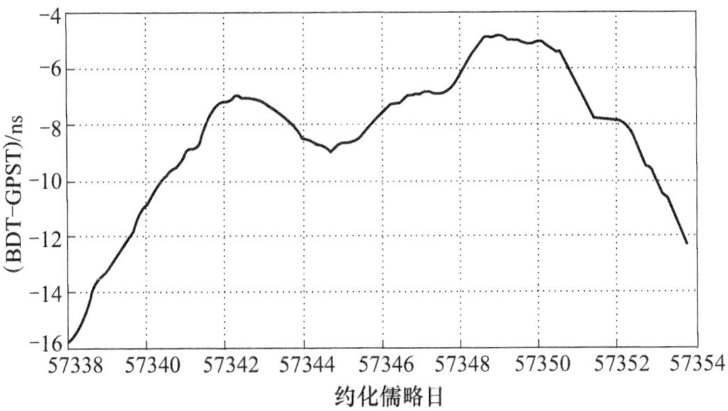

图 2.5　2015 年 11 月 12—30 日 BDT 与 GPST 之间的秒内偏差

(2) GLONASST 与 UTC(SU) +3h 同步，而且与 UTC 一起进行动态闰秒，因此，GLONASS 与其他系统时间的偏差存在 3 方面的影响。① 由于 GLONASST 与 UTC 同步，而且考虑俄罗斯与 UTC 的时差，于是产生整小时偏差，GLONASST 与 GPST、GST 和 BDT 的整小时偏差为 3h。② 整秒偏差部分：由于 GLONASST 与 UTC 同步闰秒，而且整秒偏差不是一个固定常数，需根据 BIPM 发布的闰秒公告具体计算，截至 2020 年，GLONASST 包含的闰秒数为 37，与 BDT 的整秒差为 4s，与 GPST、GST 的整秒偏差为 18s。③ 秒内偏差部分：GLONASST 系统钟组运行产生的误差，该偏差需要通过动态监测链路来实时获取。这 3 类偏差有的直接影响授时，有的影响时间同步，有的影响多 GNSS 联合导航定位[31-32]。

(3) 在多系统兼容互操作中，系统时差将直接影响位置、速度和时间(PVT)结果。对于秒以下偏差部分，对定位误差的影响可达十米甚至数十米，对授时的影响可达数十纳秒。在进行系统时差精确测定和修正后，定位误差的影响一般可优于 1m，授时误差可小于 3ns。

(4) 对于标准时间用户，需使用系统时间与 UTC(k)之间的偏差修正参数来获取用户所在国家的标准时间。应注意，通过不同系统所获取的标准时间是不同的，如：通过 GPS 获得的标准时间是 UTC(USNO)，通过 BDS 获得的是 UTC(BSNC)。

对于时间系统互操作参数的影响可根据误差性质和来源分别进行处理。

(1) 整秒偏差在授时时可以直接消除。

(2) 对于秒内偏差，通过系统内差分可减弱秒内偏差的影响，但在多 GNSS 数据融合时，必须顾及这类误差的影响。特别需要注意的是，秒内偏差随时间变化，需要通过实时监测才可获取。

(3) 为保障多系统兼容与互操作，需要获取精确的秒内偏差参数，该偏差参数的获取主要有两种途径：从系统播发的导航电文中获取，或由用户自身解算。由系统播发的时差参数精度和可靠性一般较高，建议优先使用；如果由用户自行解算，则在双系统时差解算中，至少需要增加一个关于时差的未知参数，相当于需要额外增加一颗星的观测量,且观测误差、观测模型会影响解算结果精度。当然,采用序贯平差或卡尔曼滤波解算,则在多历元数据处理后模型中增加少数待定时间参数,不会明显影响导航定位参数的解算效率。

(4) GPS 和 Galileo 系统已经协商建立双方的监测链路并通过导航电文播发。BDS、GLONASS 导航电文中均有系统时差参数设计,但目前 GNSS 时差参数尚未正式播发。也可通过 UTC/快速协调世界时(UTCr)、IGS 等数据实现系统时差的间接换算或解算,但应注意加强不确定度分析,特别是 B 类不确定度的评估与分析。

对于系统之间的时差,用户终端有两种处理方式:

① 将系统时差作为未知参数进行估计,这样多一个未知参数就需要多观测一颗卫星。

② 利用系统导航电文播发的系统时差值进行修正。如果该系统时差值精度足够高,用户终端就不需要将系统时差作为未知参数,这有利于恶劣条件下观测卫星数较少的导航应用。

2.5.3 坐标系统互操作

从四大 GNSS 相应坐标系定义看,目前各导航卫星系统的坐标系统的定义基本一致。但与 IERS 定义的参数均有差异。各 GNSS 地心引力常数和地球自转角速度见表 2.8,参考椭球的几何常数见表 2.9。

表 2.8 GNSS 使用的地心引力常数和地球自转角速度

系统	参数	
	地心引力常数 G_M/(m^3/s^2)	地球自转角速度/(rad/s)
GPS	3.986005×10^{14}	7.2921150×10^{-5}
GLONASS	3.986004418×10^{14}	7.2921150×10^{-5}
Galileo 系统	3.986004415×10^{14}	$7.2921151467\times10^{-5}$
BDS	3.986004418×10^{14}	7.2921150×10^{-5}
IERS	3.986004418×10^{14}	7.2921150×10^{-5}

表 2.9 参考椭球常数

系统	参数	
	半长轴/m	扁率
GPS	6378137.0	298.257223563
GLONASS	6378136.0	298.25784
Galileo 系统	6378136.5	298.25769
BDS	6378137.0	298.257222101
IERS	6378136.6	298.2572221008827

从 GPS、GLONASS、BDS 和 Galileo 系统所使用的参考椭球常数看,使用多 GNSS

融合导航定位存在如下影响：

（1）早期 GPS 地面控制系统曾经采用地心引力常数值 $3.986005\times10^{14}\mathrm{m^3/s^2}$，该值与其他 GNSS 存在差异，用户接收机普遍采用了这一数值。1994 年后，GPS 地面控制系统在计算卫星轨道时采用的地心引力常数 G_M 为 $3.986004418\times10^{14}\mathrm{m^3/s^2}$，该值与 IERS 推荐值相同。地心引力常数的这一改变消除了地面控制系统轨道 1.2m 的径向偏差。为了避免 GPS 接收机软件的改动，同时确保 GPS 卫星的定轨精度，GPS 在广播星历参数拟合时仍采用原值 $3.986005\times10^{14}\mathrm{m^3/s^2}$[5]。注意到，由于地心引力常数的差异，可导致卫星广播星历近 2m 的误差[34]。

（2）GPS 卫星星历采用的地球自转角速度 ω 与 IERS 推荐值相同，为 $7292115.0\times10^{-11}\mathrm{rad/s}$，由于地球自转角速度随时间变化，考虑到赤经岁差的影响，国际天文学联合会最新推荐的 ω 值为 $7292115.1467\times10^{-11}\mathrm{rad/s}$[5]。为了与卫星应用保持一致，GPS 地面控制系统在进行广播星历参数拟合时采用 $7292115.1467\times10^{-11}\mathrm{rad/s}$。如果误用列出的地球自转速率的差异可引起广播星历数十米误差[33]。

（3）各 GNSS 坐标系采用的参考椭球半长轴几乎都不相同，而且均与 IERS 推荐值存在差异，相对于 IERS 推荐的参考椭球半长轴 $a=6378136.6\mathrm{m}$，GPS 和 BDS 参考椭球差了 0.4m，GLONASS 参考椭球差了 −0.6m，Galileo 系统参考椭球差了 −1.1m，GPS 和 BDS 与 Galileo 系统参考椭球差了 1.5m。但是参考椭球的半长轴和扁率的差异一般不会影响用户的定位结果。因为用户由卫星广播星历计算卫星坐标时，不涉及参考椭球的几何参数。

（4）BDS、GPS、GLONASS 采用的地球椭球扁率也与 IERS 规定值不同，但这些常数差对卫星星历影响不大。对地图投影的影响一般在毫米量级，不影响用户使用[34]。

（5）特别强调，尽管各 GNSS 坐标系的定义差别不明显影响融合导航定位结果，但是，各坐标系实现的差别对导航定位结果影响明显。因为 GNSS 坐标系统实现和维持所带来的误差直接影响卫星轨道精度，而卫星轨道误差对用户单点定位结果的影响是系统性的。

（6）此外，现有 BDS 跟踪站利用 GPS 进行坐标联测，容易带来联测误差，而且仅采用 GPS 观测进行 BDS 坐标系的更新，不利于 BDS 与其他 GNSS 坐标系互操作参数的测定与预报。

（7）BDS 坐标系更新周期与 GPS 有相当大的差距。为保持卫星轨道及用户坐标参数反映实际地球动力学效应，GPS 控制系统每年更新一次坐标框架的坐标值；而北斗系统的跟踪站坐标数年更新一次，其板块运动及其他系统误差将影响跟踪站的坐标精度，进而影响卫星轨道的测定精度和卫星星历的精度。

为了控制坐标基准差异对多 GNSS 融合导航定位互操作的影响，可采用如下措施：

（1）由于现有四大核心卫星导航系统采用了不同的坐标框架，于是，坐标框架的相对偏差将影响各卫星星座的互操作。解决这类互操作有两种策略:对于单点定位和实时导航,可以在观测模型中设置互操作参数,并在融合定位时估计这类参数[3];对于事后处理的高精度定位用户,可以采用相对定位方式削弱这类互操作参数的影响。但是必须注意,各 GNSS 必须选择各自的参考卫星进行差分,才能消除坐标互操作参数的影响。

(2) 利用多 GNSS 进行融合定位时,用户一般由卫星广播星历计算卫星坐标,于是只使用参考椭球常数中的地心引力常数 G_M 和地球自转角速度 ω,这两个参数必须保持与相应卫星导航系统提供的 ICD 中的数值一致,由此得到的地面站位置为相应卫星导航系统坐标系下的位置。

(3) 实践中,应该采用多 GNSS 接收机同时接收 GPS、GLONASS、BDS 和 Galileo 系统等卫星信号,综合测定跟踪站的地心坐标,计算各 GNSS 存在的坐标系误差,并播发给用户作为先验参数,供用户在多模融合导航定位时参考。

(4) 采用多模 GNSS 跟踪信息,并联合 ITRF 跟踪站和 IGS 跟踪站板块运动信息,可以求解 BDS 各卫星监测站或跟踪站地壳运动参数,为每年北斗跟踪站的坐标更新提供基础,同样也为测定各卫星坐标系的互操作参数提供基础数据。

(5) 必须注意,如果将不同 GNSS 测定的地面点三维坐标转换成大地经纬度和大地高,则使用不同的参考椭球参数会产生明显差异。所以在我国,若要求将多 GNSS 测定的点位坐标转换成大地坐标,则一定要采用 CGCS2000 椭球参数,而不是使用各 GNSS 所对应的其他参考椭球参数,这样才能确保不同卫星系统定位结果的坐标系统一致性。

(6) 如果各 GNSS 均采用相同的坐标系定义,采用相同的跟踪站进行卫星轨道测定和卫星星历拟合,采用相同的 ICD 格式,则四大核心供应商的卫星星座将是一个整体星座,用户将不再需要考虑坐标系统的互操作问题。实时单点定位也将不再需要互操作参数,差分定位将不再需要各 GNSS 分别选用各自的参考星组成差分观测方程,但是,实现这一步十分艰难,基本不可行。

2.5.4 几点说明

应该指出,互操作设计对业已建成的 GPS 几乎没有任何影响。因为:①GPS 发展历史比较悠久,技术相对成熟,用户极其广泛,已经在世界范围内树立起了行业领导者的地位;②GPS 用户涉及的领域非常广泛,已经嵌入到飞机、舰船与武器平台、陆地车辆等各类移动载体,并已渗透到了交通运输、电力系统、移动通信、互联网以及其他穿戴设备,改变 GPS 的互操作设计困难太大;③国际民用航空组织和国际海事组织已经以 GPS 和 GLONASS 导航信号为飞机和舰船活动的标准导航蓝本;④以 GPS 为主建立的广域和局域差分增强系统已经广泛用于航空精密进近,而且这些增强系统之间大多数已经实现了互操作,为民用航空提供了近于无缝的精密导航服务;⑤全球所有 GNSS 接收机芯片和天线厂商都搭建了 GPS 接收机生产线,排斥或改建这种产品生产架构都将付出代价；⑥GPS 坐标参考系 WGS-84 尽管与国际大地测量协会(IAG)确定的国际地球参考框架(ITRF)有差别，但是差别较小，而且，近几年 GPS 所用的 WGS-84 不断更新，该差别对于大多数用户可以忽略不计，所以不影响 GPS 在卫星导航定位中的主导地位；⑦GPS 的时间系统虽然与国际计量局确定 UTC 有差别，但是美国海军天文台控制的钟组在 UTC 中具有绝对主导地位，而由美国海军天文台确定的时间系统也是 GPS 时间的基础。

可以说，尽管全球卫星导航定位进入百花齐放时代，但我们不得不承认 GPS 已经被广大用户广泛接受，已经占据全球卫星导航市场的主导地位，也已经占据各类导航标准政策的主导地位。于是，其他 GNSS 不得不与 GPS 实施兼容与互操作。

任何其他 GNSS 供应商要想占领部分市场，就必须具备如下条件：①提供更高质量的 PNT 服务(包括精度、可靠性、操作便捷性、价格等)；②必须与 GPS 实行兼容与互操作；③提供与 GPS 不同的特色服务。

即使其他 GNSS 供应商具备这些条件，用户依然会十分挑剔地审视使用其他 GNSS 导航信号带来的成本和效益；如果使用多 GNSS 信号给用户增加过多额外成本，则用户仍然可能放弃与 GPS 不能实施互操作的卫星导航系统[4]。

参考文献

[1] 党亚民，章传银，陈俊勇，等. 现代大地测量基准[M]. 北京：测绘出版社，2015.

[2] 秦显平. 星载 GPS 低轨卫星定轨理论及方法研究[D]. 郑州：信息工程大学，2009.

[3] 李济生. 人造卫星精密轨道确定[M]. 北京：解放军出版社，1995：3-37.

[4] 杨元喜，陆明泉，韩春好. GNSS 互操作若干问题[J]. 测绘学报，2016，45(3)：253-259.

[5] NIMA. Department of Defense, world geodetic system 1984, its definition and relationships with local geodetic systems(NIMA technical report 8350.2) [R]. Virginia: National Imagery and Mapping Agency, 1997.

[6] Global Positioning System Directorate. NAVSTAR global positioning system interface specification (IS-GPS-200), NAVSTAR GPS space segment / navigation user interface[R]. Washington, DC: DAF, 1983.

[7] NIMA. Addendum to NIMA TR 8350.2: Implementation of the world geodetic system 1984 (WGS-84) reference frame G1150 [R]. Virginia: National Imagery and Mapping Agency, 2002.

[8] 陈俊勇. 世界大地坐标系统 1984 的最新精化[J]. 测绘通报，2003a(2)：1-3.

[9] 陈俊勇. 邻近国家大地基准的现代化[J]. 测绘通报，2003b(9)：1-3.

[10] 白鸥. 俄罗斯地心坐标系[J]. 测绘科学与工程，2007(2)：62-62.

[11] 李建文，郝金明，李军正. 用伪距法测定 PZ-90 与 WGS-84 坐标转换参数[J]. 测绘通报，2004(5)：4-6.

[12] BOUCHER C, ALTAMIMI Z. ITRS, PZ-90 and WGS-84: current realizations and the related transformation parameters [J]. Journal of Geodesy, 2001(75): 613-619.

[13] ROSCOSMOSS State Space Corporation. GLONASS system development and use[C]// The 12th Meeting of International Committee on GNSS (ICG-12). Vienna: United Nations Office for Outer Space Affairs, 2017.

[14] 魏子卿. 2000 中国大地坐标系[J]. 大地测量与地球动力学,2008(6): 1-5.

[15] 魏子卿,刘光明,吴富梅. 2000 中国大地坐标系:中国大陆速度场[J]. 测绘学报,2011,40(4): 403-410.

[16] 杨元喜. 2000 中国大地坐标系[J]. 科学通报,2009,54(16): 2271-2276.

[17] MORITZ H. Geodetic reference system 1980 [J]. Journal of Geodesy, 2000, 74(1):128-162.

[18] YANG Y, TANG Y, CHEN C, et al. National 2000' GPS control network of China [J]. Progress in Natural Science, 2007, 17(8): 983-987.

[19] YANG Y, ZHA M, SONG L, et al. Combined adjustment project of national astronomical geodetic networks and 2000' national GPS control network [J]. Progress in Natural Science, 2005, 15 (4): 435-441.

[20] WEI Z. BeiDou geodetic system[C]//The 6th Meeting of International Committee of GNSS (ICG-6). Beijing: United Nations Office for Outer Space Affairs, 2012.

[21] GENDT G, ALTAMIMI Z, DACH R, et al. GGSP: realization and maintenance of the Galileo terrestrial reference frame [J]. Advances in Space Research, 2011, 47(2): 174-185.

[22] ALTAMIMI Z,GGSP Team. Galileo terrestrial reference frame (GTRF)[C]//The 4th Meeting of International Committee on GNSS (ICG-4). Saint Petersburg: United Nations Office for Outer Space Affairs,2009.

[23] LEWANDOWSKI W, ARIAS E F. GNSS times and UTC [J]. Metrologia, 2011, 48(4):S219-S224.

[24] DELLAGO R, DETOMA E, LUONGO F. Galileo-GPS interoperability and compatibility: a synergetic viewpoint[C]//Proceedings of ION GPS/GNSS 2003. Portland: The Institute of Navigation, 2003.

[25] TYULYAKOV A Y. System time scale generation and coordination to UTC(SU)[C]//The 6th Meeting of International Committee of GNSS (ICG-6). Beijing: United Nations Office for Outer Space Affairs, 2012.

[26] HAN C, YANG Y, CAI Z. BeiDou navigation satellite system and its timescales [J]. Metrologia, 2011, 48(4): S213-S218.

[27] HEIN GW. GNSS interoperability: achieving a global system of system or "does everything have to be the same?"[J]. Inside GNSS, 2006,1(1): 57-60.

[28] STUPAK G. The Russian federation view on GNSS compatibility and interoperability[C]// The 3rd Meeting of International Committee on GNSS (ICG-3). Pasadena: United Nations Office for Outer Space Affairs,2008.

[29] JANUSZEWSKI J. Compatibility and interoperability of satellite navigation systems[C]//11th International Conference Computer Systems Aided Science, Industry and Transport. Zakopane: Transcomp, 2007.

[30] JÉRÔME D. The definition and implementation of Galileo system time (GST)[C]//The 4th Meet-

ing of International Committee on GNSS (ICG-4). Saint Petersburg:United Nations Office for Outer Space Affairs,2009.

[31] JOO J M, CHO J H, HEO M B. Analysis of GPS Galileo time offset effects on positioning[J]. The Journal of Korean Institute of Communications and Information Sciences,2012,37C(12):1310-1317.

[32] 张小红,陈兴汉,郭斐.高性能原子钟钟差建模及其在精密单点定位中的应用[J].测绘学报,2015,44(4):392-398.

[33] 秦显平，杨元喜，崔先强．椭球参数对北斗与 GPS 广播星历计算互操作性的影响[J]．武汉大学学报(信息科学版)，2015，40(9)：1237-1241.

[34] 魏子卿.2000 中国大地坐标系及其与 WGS-84 的比较[J].大地测量与地球动力学,2008,28(5):1-5.

第3章　GNSS 信号体制及其性能分析

GNSS 信号体制直接影响卫星导航系统的性能，是卫星导航系统设计的重要内容。卫星导航信号体制主要包括信号频率、信号结构和导航电文3部分。其中信号结构又包括调制波形、频率带宽、扩频码码长、码速率、码结构、信号功率等内容。导航电文设计主要涉及数据内容、信道编码、数据结构、播发顺序等内容。

3.1　GNSS 频率

3.1.1　GNSS 频率划分

GNSS 需从国际电信联盟(ITU，下简称国际电联)申请频段来播发其信号。国际电联是联合国下属负责国际电信事务的专门机构，是负责协调各国政府电信主管部门之间电信事务的一个国际组织。它的一个重要职责是全球无线电频率的使用协调和管理。频率的申请过程要求严格按照国际电联《无线电规则》的规定进行。只有申请成功，登入国际频率登记总表的频率才具有国际认可的地位，享有被保护的权利。

GNSS 需要使用专门为卫星无线电导航业务(RNSS)分配的频段。频段分配，即不同业务使用不同频段，是国际电联控制干扰的最基本手段。频段分配由各国在世界无线电通信大会上讨论决定，最终体现在《无线电规则》第1卷第5条的频率划分表中。由于无线电技术和应用的发展，频率资源紧缺，完全通过频段分配控制干扰已不可能，而多种业务共用频段已不可避免，于是研究制定共用的操作方式和限制条件是控制干扰的另一手段。

目前，卫星无线电导航业务(下行)频率划分和使用主要集中在1164～1300MHz和1559～1610MHz共187MHz的L频段，而5010～5030MHz频段则是L频段的补充。除此之外，149.9～150.05MHz、399.9～400.05MHz、14.3～14.4GHz、43.5～47GHz、66～71GHz、95～100GHz、123～130GHz、191.8～200GHz、238～240GHz和252～265GHz等频段也可以用于卫星无线电导航业务。各GNSS信号频段如图3.1所示。从图中可以看出，各GNSS频率已经十分拥挤，频率重叠不可避免。

3.1.2　GNSS 频率资源面临的诸多挑战

能否与不同系统不同业务兼容共存是GNSS实际运行面临的重要问题。由于

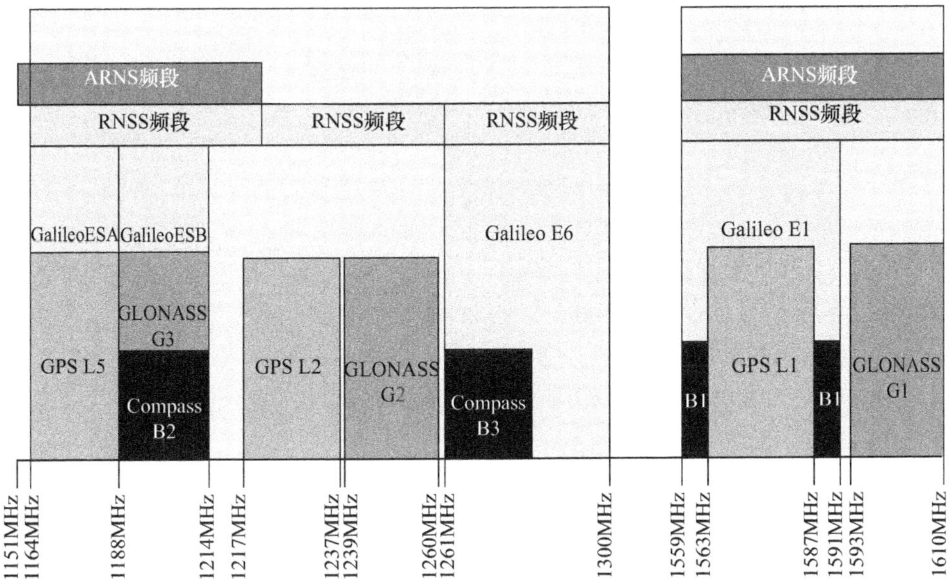

ARNS—航空无线电导航业务。

图3.1 各GNSS信号频段(见彩图)

GNSS信号到达地面的信号功率非常微弱,因而GNSS信号往往是干扰中的受害方。这个问题主要体现在3个方面:①GNSS之间的兼容问题,可称为同频同业务兼容性;②GNSS与导航频段上其他空间或地面业务之间的兼容性,可称为同频不同业务间兼容性;③GNSS业务与邻频其他业务之间的兼容问题。

1)同频同业务兼容性

这个问题一般在系统的设计阶段完成,主要是通过国际电联框架下的频率协调谈判实现不同系统导航信号的频段分配和信号设计。然而由于卫星无线电导航业务(RNSS)导航频率的重叠不可避免,于是各GNSS之间的频率兼容性设计就显得十分重要。

2)同频不同业务间兼容性

1164~1215MHz频段和1559~1610MHz频段上有航空无线电导航和卫星无线电导航两种业务划分,两种业务具有相同的使用地位。但是由于航空无线电导航业务往往是地面雷达应用,脉冲信号发射功率大,可能会干扰到卫星无线电导航业务的使用。因此,对该频段的GNSS信号设计及终端应用应充分考虑。

1215~1300MHz频段,由国际电联分配给无线电定位服务(地面雷达)和RNSS。这个频段的一部分也分配给了其他服务,如地球探测卫星和空间研究。该频段的保护权不超过雷达定位服务系统。因此,不能保证该频段的RNSS信号不受到来自同一频段其他“合法”信号的干扰。为此,在开展GNSS信号设计和服务时需考虑上述频率兼容与抗干扰问题。

3）邻频不同业务间兼容性

2011 年，美国“光平方干扰事件”[1-3] 即 GPS 受美国光平方公司（LightSquared）建设的天地融合移动通信网频率干扰问题，引起了全球范围的广泛关注。光平方干扰事件起因于美国光平方公司建设的天地融合移动通信网（美国全国无线宽带网络）使用的 L 频段 1525～1559MHz 频谱紧邻 GPS 使用的 L1 频段 1559～1610MHz 频谱，从而造成对 GPS 信号的干扰。光平方 4G 基站在紧邻 GPS 频段传输信号时，由于地面基站传输信号强度远远大于 GPS 信号，导致 GPS 接收机接收到了其基站带内发射信号，从而造成信号过载或阻塞。由于 4G 移动通信诱人的发展前景，使得美国联邦通信委员会没有履行先测试后批准的核准程序，低估了 4G 移动通信系统对 GPS 接收机的潜在干扰影响，导致了全美 GPS 用户的不安。

3.1.3 GNSS 频率的国际协调

在卫星导航系统发展的早期，GPS 和 GLONASS 两个系统通过频率分割的办法避免导航信号间干扰，当时卫星导航系统间国际频率协调规则相对宽松，没有强制协调的要求。20 世纪末 21 世纪初，随着 Galileo 系统、北斗系统、QZSS、IRNSS 等新兴卫星导航系统的快速发展，出现了导航频率资源竞争使用的局面，导航信号频率共用成为不争的事实，导航系统间国际频率协调使用的需求凸显。2003 年，世界无线电通信大会（WRC-03）对之前的无线电规则进行了修订，增加了卫星无线电导航业务协调条款和相关的决议和建议。

WRC-03 新增脚注 5.328B 明确规定：对于国际电联自 2005 年 1 月 1 日以后经过申请并协调过的卫星无线电导航业务，在使用 1164～1300MHz、1559～1610MHz 和 5010～5030MHz 频段时，应遵循《无线电规则》第 610 号决议（1164～1300MHz、1559～1610MHz 和 5010～5030MHz 频段内卫星无线电导航业务的网络和系统的技术兼容性协调和双边处理）和 No. 9. 12（非地球同步轨道（NGSO）之间频率协调）、No. 9. 12A 条款（NGSO 与地球同步轨道（GSO）之间协调）、No. 9. 13 条款（GSO 与 NGSO 之间协调）、No. 9. 7 条款（GSO 与 GSO 协调）进行协调。第 610 号决议特别要求对于不必按照 No. 9. 12、No. 9. 12A 和 No. 9. 13 条款寻求协调的主管部门，有义务参与双边协调以解决卫星导航系统间的技术兼容性。第 610 号决议还特别强调协调应在已经运行或确实正在实施过程中的卫星导航系统间展开，为此要求卫星网络操作者在开展双边协调时提供卫星制造商、卫星发射商及卫星发射合同等真实信息。但对空对空传输方向的卫星无线电导航网络和系统，这些信息仅需要发射空间电台的一方提供。

WRC-03 新增脚注 5.328A 规定：1164～1215MHz 频段内的卫星无线电导航业务使用应遵循 609 号决议，建立平等磋商机制，保护该频段的航空无线电导航业务不受干扰，同时遵循《无线电规则》No. 21. 18 条款的规定，即对 1164～1215MHz 频段内已经运行或计划运行的卫星无线电导航业务系统或网络应得到保护。按照 2003 年世界无线电通信大会第609号决议的要求,第一次国际电联第609号决议磋商会于2003年12月在日内瓦召开,之后每年召开一次,其目的是在各卫星导航系统的主管部门及操作者之间建立多边磋商会议机制,以保证在1164~1215MHz频段内,所有卫星导航系统全部空间电台产生的集总等效功率通量密度,在任何1MHz频段内均不超过$-121.5dBW/(m^2 \cdot MHz)$这一限值,从而保护该频段内的航空无线电导航业务。由此可知,第609号决议磋商会具有强制的法律效力。

WRC-03之后,国际电联研究组就卫星无线电导航业务之间的协调方法开展了研究,2007年ITU-R M.1831建议书获得批准。该建议书给出了卫星导航业务之间的干扰计算方法和协调办法。目前该方法已经在国际卫星导航协调中得到广泛应用。但是,卫星导航系统之间的干扰判定标准没有规定,须由双方操作者在协调中协商确定。

3.2 GNSS信号结构

1) GPS信号结构

GPS信号设计采用直接序列扩频体制,使用伪随机噪声(PRN)码对电文信号进行扩频。PRN码是二进制(+1、-1)符号,比电文信息具有更高的速率,其基本特性是具有伪随机白噪声特性,与电文信号相乘(模二加)后可实现对电文信号的扩频,得到扩频信号。由于扩频信号本身具有抗干扰特性,多个扩频信号可以在同一个载波上同时传输,实现码分多址(CDMA)功能和伪距测量功能,这是卫星导航系统采用扩频码的主要原因所在。对于信号的调制方式,BPSK是最简单的实现方式,但考虑到频率资源有限,为了提高频谱利用率,可采用正交相移键控(QPSK)、二进制偏移载波(BOC)等方式。目前世界上的主要GNSS均采用上述调制方式播发卫星导航信号。

传统的GPS信号通过L1、L2两个频点广播。L1频点上调制两路扩频码,C/A码和P(Y)码,分别使用BPSK(1)和BPSK(10)调制;L2上仅调制一路扩频码P(Y)码。

GPS C/A码是公开信号[4-5],利用C/A码可以获得标准定位服务(SPS)。C/A码为短码,码周期为1ms,码长为1023chip。短码有利于快速捕获跟踪。对于50bit/s的电文信息速率,每个电文比特位包含20个周期的C/A码。C/A码优点突出,已在全球卫星导航系统得到极广泛的应用。随着技术的进步,C/A码仍存在需要改进的方面,如:C/A码的梳状谱结构,对于某些特定单音信号,抗干扰能力弱;在进行捕获时,相干积分时间一般不能超过20ms,否则会降低捕获灵敏度;捕获跟踪后无法准确快速实现位同步;由于没有导频信道,只能采用Costas环进行数据解调,因此存在半周期模糊度问题。在现代化GPS信号中,上述问题已经得到全面改进和解决,主要是通过增加导频信道和使用更长的码周期实现。

GPS P(Y)码为授权信号[6],利用P(Y)码可以获得精密定位服务(PPS)。其中

P 码的码速率为 10.23Mchip/s。P 码码周期约为 266 天，截短分为 38 份，其中 32 份分配给各卫星，每颗卫星的 P 码每周重复一次，其码长为 6.1871×10^{12} chip。为了保护 P 码不被欺骗，美国自 1994 年 1 月 31 日开始实施反欺骗（AS）政策，P 码与保密的 W 码进行模二和生成 P(Y) 码。W 码的码速率约 0.5Mchip/s，为 P 码码速率的1/20。其中 P 码生成算法对研制厂家公布，但 W 码则由保密芯片生成。

GPS 现代化信号包括在 L1 和 L2 频点上分别新增现代化军用 M 码信号，在 L2 频点上新增民用 L2C 信号，以及在 L5 频点新增一个民用 L5 信号，共计新增 4 个新信号，两个民用信号，两个军用信号。

M 码[7]（军码）是美军 GPS 现代化的最重要组成部分，采用 BOC(10,5) 方式调制。M 码调制在 L1、L2 两个频点上，在保证与原 GPS 信号兼容的基础上，达到全面提升军码性能的目的。M 码信号的特点主要包括：采用 BOC 调制方式，避免与 L1 上的 C/A 码频谱重叠，也避免与 L2C 频谱重叠，以确保在军码大功率辐射情况下民用信号也可以正常工作；在 L1、L2 频点上实现与 P(Y) 码信号的兼容；M 码具有更好的抗干扰以及稳健接收性能；采用点波束技术实现区域功率增强，进一步提高军码抗干扰能力；具有更好的安全性能，秘钥分发更便捷。

GPS 的第二个民用信号 L2C 是由 CM 码和 CL 码交替出现构成的[4]。CM 码码长 10230chip，码周期 20ms，码速率 0.5115Mchip/s；CL 码码长 767250chip，码周期 1.5s，码速率 0.5115Mchip/s。CM 码与 CL 码逐个码元依次交替出现构成码速率为 1.023Mchip/s 的 L2C 码。L2C 码码长较长，其伪随机码互相关保护门限约 45dB，远高于 C/A 码的 21dB，有利于微弱信号场合的应用。CM 码上调制有 CNAV 导航电文，电文速率为(25bit/s)/(50symbol/s)，数据解调门限较 L1 C/A 码提升 3dB；采用1/2前向纠错（FEC）编码，数据解调门限较 L1 C/A 码提升 5dB。CM 码可用于快速捕获和电文信息解调；CL 码没有调制导航电文，以便于采用锁相环来跟踪信号，较 Costas跟踪环有 6dB 的跟踪性能改善，也可用于弱信号捕获。因此，虽然 L2C 信号强度较 L1 C/A 码信号弱 1.5dB，但跟踪性能仍提升了 1.5dB（CM、CL 信号能量平分使得各分量减弱 3dB），数据解调门限也改善了 4.5dB。另外，L2C 码速率为 1.023Mchip/s，较低的码速率对功耗、重量和尺寸要求较高的用户而言也十分有利[5,8]。

GPS 的第三个民用信号 L5[5,9]采用 QPSK-R(10) 调制方式实现，其中 I 支路是数据通道，Q 支路是导频通道。数据通道与导频通道码速率均为 10.23Mchip/s。I 支路数据通道信息速率为 50bit/s，经过与 L2C 相同方式编码后得到 100symbol/s 的符号速率。I 支路和 Q 支路的扩频码周期均为 10230chip(1ms)。为了有效消除扩频码按照 1ms 周期所带来的抗干扰弱的弊端，在 I 支路、Q 支路上采用二次编码方式，分别调制 10 位 NH 码和 20 位 NH 码，NH 码速率均为 0.001Mchip/s。二次编码不仅有效解决了位同步问题，同时也保留了短码有利于快速捕获跟踪的好处。

第三代 GPS（GPS Ⅲ）在上述现代化信号的基础上，又在 L1 频点上增加了一个民用信号 L1C。L1C[5,10]包含数据通道 L1CD 和导频通道 L1CP 两个分量。数据通道

L1CD 占据 25% 能量，导频通道 L1CP 占据 75% 能量。L1CD 采用 BOC(1,1)，扩频码速率为 1.023Mchip/s，周期为 10ms，数据速率为 100bit/s，信息速率为 50bit/s。导频通道 L1CP 采用 TMBOC 调制方式，具体参数为 TMBOC (6,1,4/33)，亦即，扩频码速率为 1.023Mchip/s，周期为 10ms。在每 33 个符号位中，BOC(6,1) 占据 4 个符号位，其余由 BOC(1,1) 占据。导频通道采用覆叠码(Overlay Code)二次编码方式，覆叠码周期为 18s。导频通道 L1CP 采用 TMBOC 调制方式，进一步增加了高频分量，使跟踪更精确；覆叠码周期达到 18s，可延长相干积分时间，提高处理增益，抗击干扰，实现稳健捕获与跟踪，特别是其 10ms 的短码设计，达到了符号位与码周期的同步，使得符号位同步变得非常简单。同样由于采用导频通道的原因，在接收机载波解调中可以直接用锁相环实现，而且不存在半周期模糊度问题。

综上所述，GPS 现代化后 3 个载波上共调制有 11 路信号，各信号参数见表 3.1，信号频谱见图 3.2。

表 3.1　GPS 信号参数[4,9-12]

信号分量	载波频率/MHz	子载波频率/MHz	码速率/(Mchip/s)	主码码长/chip	副码码长/chip	码族	[信息速率/(bit/s)]/[符号速率/(symbol/s)]①	调制方式	最低接收功率/dBW
L1C/A	1575.42	—	1.023	1023	—	Gold	50/50	BPSK	-158.5
L1CD		1.023	1.023	10230	—	Weil	50/100	MBOC(6,1,1/11)	-157.0
L1CP		1.023,6.138			1800		—		
L1P(Y)		—	10.23	6.19×10^{12}		M 序列截短组合	50/50	BPSK	-161.5
L1M		10.23	5.115	N/A	N/A	N/A	N/A	BOC_{sin}(10,5)	-158.0
L5CD	1176.45	—	10.23		10	M 序列截短组合	50/100	BPSK(10)	-157.9
L5CP		—	10.23		20		—	BPSK(10)	-157.9
L2CD②	1227.6		0.5115	10230(20ms)	—	M 序列	25/50	BPSK(1)	-160.0/-158.5
L2CP②			0.5115	767250(1.5s)	—		—		
L2P(Y)③			10.23	6.19×10^{12}	—	M 序列截短组合	50/50	BPSK(10)	-164.5/-161.5
L2M			5.115	N/A	N/A	N/A	N/A	BOC(10,5)	-158.0

① 详解见表 3.8。

② L2C：ⅡR-M/ⅡF，-160.0dBW；ⅢA，-158.5dBW。

③ L2P(Y)：Ⅱ/ⅡA/ⅡR，-164.5dBW；ⅡR-M/ⅡF/ⅢA，-161.5dBW

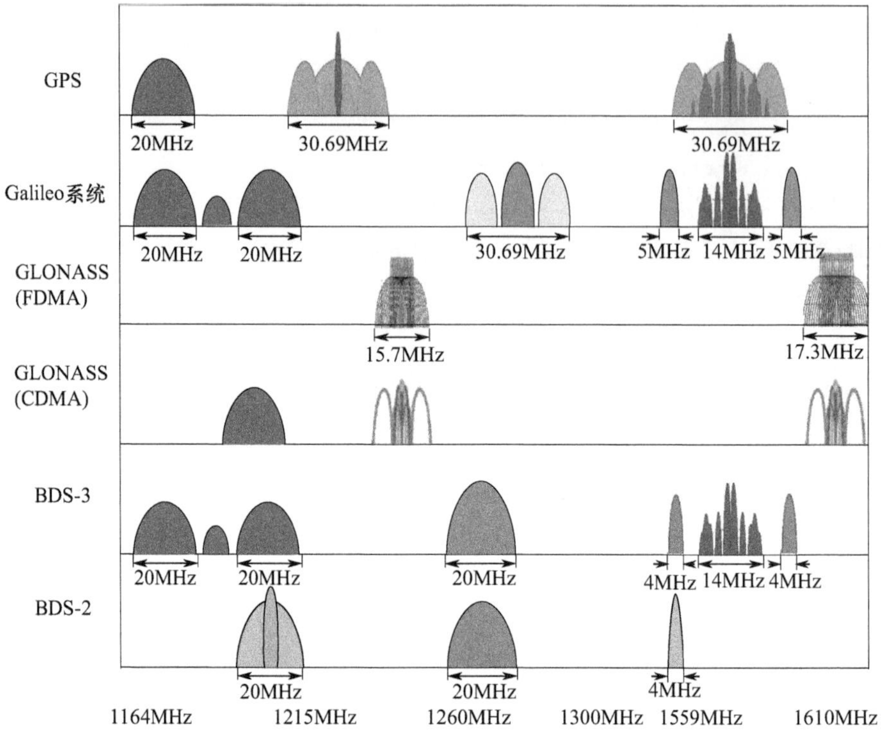

图 3.2 GNSS 频谱[12]（见彩图）

2）GLONASS 信号结构

GLONASS 在 L1、L2 两个频段均提供 FDMA 体制的公开信号和军用信号，详见表 3.2，信号频谱见图 3.2。GLONASS 现代化信号增加了 CDMA 信号，目前已在 2 颗 GLONASS K1 卫星上播发了公开 CDMA 导航信号，主要包括 L1CR 信号和 L5R 信号，中心频率分别为 1575.42MHz 和 1176.45MHz。具体信号特性见《GLONASS ICD V5.1》[13]。

表 3.2 GLONASS 信号参数[11,13]

信号分量①	载波频率/MHz	码速率/(Mchip/s)	码长/chip	[信息速率/(bit/s)]/[符号速率(symbol/s)]	调制方式	最低接收功率/dBW
L1OF	$(1602 + k \times 9/16)$	0.511	511	50/50	BPSK(0.511)	-161.0
L1SF		5.11	511	50/50	BPSK(5.11)	
L2OF	$(1602 + k \times 7/16)$	0.511	5115	50	BPSK(0.511)	-167.0
L2SF		5.11	5115	250	BPSK(5.11)	
L3OC(K1)	1202.025	10.23		50/100	QPSK(10)	-158.0
① F—FDMA 体制；C—CDMA 信号；O—公开信号；S—授权信号						

3）Galileo 系统信号结构

Galileo 系统采用码分多址（CDMA）信号体制，共提供 10 个导航信号，分为 4 种不同类型的服务。Galileo 系统导航信号设计见表 3.3,信号频谱见图 3.2。

表 3.3　Galileo 信号体制参数[11,14]

信号分量①	载波频率/MHz	子载波频率/MHz	码速率/(Mchip/s)	主码码长/chip	副码码长/chip	码族	[信息速率/(bit/s)]/[符号速率/(symbol/s)]	调制方式	最低接收功率/dBW
E1PRS	1575.42	15.345	2.5575	N/A	N/A	N/A	N/A	BOC_{cos}(15,2.5)	N/A
E1OSD		1.023 & 6.138	1.023	4092	—	随机	125/250	CBOC②(6,1,1/11)	-157.0
E1OSP					25		—		
E5aD	1191.795	15.345	10.23	10230	20	M 序列截短组合	25 / 50	AltBOC(15,10)	-155.0
E5aP			10.23	10230	100		—		
E5bD			10.23	10230	4		125 / 250		-155.0
E5bP			10.23	10230	100		—		
E6PRS	1278.75	10.23	5.115	N/A	N/A	N/A	N/A	BOC_{cos}(10,5)	N/A
E6CSD			5.115	5115	—	内存码	500/1000	BPSK(5)	-155.0
E6CSP			5.115	5115	100		N/A	BPSK(5)	

① PRS—公共特许服务;OS—开放服务;CS—商业服务;D—数据分量;P—导频分量。

②CBOC—复合二进制偏移载波

4）北斗信号结构

北斗区域卫星导航系统采用码分多址(CDMA)信号体制,提供 5 个导航信号,其中 B1I 和 B2I 为公开信号,B1Q、B2Q 和 B3 为授权信号。其信号参数见表 3.4,信号频谱见图 3.2。

表 3.4　北斗区域卫星导航系统信号参数[11,15-17]

信号分量①	载波频率/MHz	码速率/(Mchip/s)	主码码长/chip	信息速率/(bit/s)①	调制方式	最低接收功率/dBW
B1I	1561.098	2.046	2046	50/500	QPSK(2)	-163.0
B1Q		2.046	N/A	N/A	QPSK(2)	N/A
B2I	1207.14	2.046	2046	50/500	QPSK(10)	-163.0
B2Q		10.23	N/A	N/A	QPSK(10)	N/A
B3	1268.52	10.23	N/A	N/A	QPSK(10)	N/A

① GEO:500bit/s。MEO/IGSO:50bit/s。I 支路信号为公开信号;Q 支路和 B3 信号为授权信号

北斗全球卫星导航系统共提供 11 个导航信号,其信号参数见表 3.5,信号频谱见图 3.2。有关北斗全球系统电文设计策略详见第 3.3 节,有关信号频段选择、信号结构设计详见第 3.4 节。

表 3.5 北斗全球卫星导航系统信号参数[11,15]

信号分量	载波频率/MHz	码速率/(Mchip/s)	[信息速率/(bit/s)]/[符号速率/(symbol/s)]	调制方式	服务类型
B1C_data	1575.42	1.023	50/100	BOC(1,1)	公开
B1C_pilot		1.023	—	QMBOC(6,1,4/33)	
B1A_data		2.046	—	BOC(14,2)	授权
B1A_pilot		2.046	—		
B2a_data	1176.14	10.23	100/200	QPSK(10)	公开
B2a_pilot		10.23	—		
B2b_I	1207.14	10.23	—		
B2b_Q		10.23	—		
B3A_data	1268.52	—	—	BPSK(10)	授权
B3A_pilot		—	—		

注:QMBOC—正交复用二进制偏移载波

5) QZSS 信号结构

日本 QZSS 提供 L1C/A、L1C、L5、L2C、LEX、SAIF 等信号,其中 L1C/A、L1C、L5、L2C 信号与 GPS 基本相同,L1-SAIF 主要用于亚米级改正数和完好性等广域差分信息的播发,与 GPS SBAS 兼容,LEX 实验信号与 Galileo E6 信号兼容,主要用于播发信号健康标志、星历误差、卫星钟误差、电离层改正数等高精度数据,可通过实时 PPP 等技术实现厘米级定位。其中星历误差、卫星钟误差 12s 更新一次,电离层 30min 更新一次。其信号参数见表 3.6,信号频谱见图 3.2。

表 3.6 QZSS 信号参数[11,18]

信号分量①	载波频率/MHz	子载波频率/MHz	码速率/(Mchip/s)	主码码长/chip	副码码长/chip	码族	[信息速率/(bit/s)]/[符号速率/(symbol/s)]	调制方式	最低接收功率/dBW
L1C/A	1575.42	—	1.023	1023	—	Gold	50/50	BPSK	-158.5
L1CD		1.023	1.023	10230	—	Weil	50/100	BOC(1,1)	-157.0
L1CP					1800		—		
L1-SAIF		10.23	1.023	1023	—	Gold	250/500	BPSK(1)	-161.0
L5CD	1176.45	—	10.23		10	M 序列截短组合	50/100	BPSK(10)	-157.9
L5CP		—	10.23	—	20		—	BPSK(10)	
L2CD	1227.6		0.5115	10230(20ms)	—	M 序列	25/50	BPSK(1)	-160.0
L2CP			0.5115	767250(1.5s)	—		—		

（续）

信号分量[①]	载波频率/MHz	子载波频率/MHz	码速率/(Mchip/s)	主码码长/chip	副码码长/chip	码族	[信息速率/(bit/s)]/[符号速率/(symbol/s)]	调制方式	最低接收功率/dBW
LEXD	1278.75	—	5.115	10230	—	Kasami Set	2000/250[②]	BPSK(5)	-155.7
LEXP				1048575					

① C—公开信号;D—数据分量;P—导频分量。
② 8bit/symbol

6）IRNSS 信号结构

IRNSS 提供 6 个导航信号，信号参数见表 3.7，信号频谱见图 3.2。其中 L5 SPS 和 S SPS 为公开信号，L5 RS(d/p)和 S RS(d/p)为授权信号。

表 3.7　IRNSS 信号参数[19]

信号分量[①]	载波频率/MHz	码速率/(Mchip/s)	码长/chip	带宽/MHz	[信息速率/(bit/s)]/[符号速率/(symbol/s)]	调制方式	最低接收功率/dBW
L5 SPS	1176.45	1.023	1023	24	25/50	BPSK(1)	-159.30
L5 RSd		2.046	N/A	24	25/50	BOC(5,2)	-159.30
L5 RSp		2.046	N/A	24	N/A	BOC(5,2)	-156.30
S SPS	2492.028	1.023	1023	16.5	25/50	BPSK(1)	-162.8
S RSd		2.046	N/A	16.5	25/50	BOC(5,2)	-162.8
S RSp		2.046	N/A	16.5	N/A	BOC(5,2)	-159.8

① d—数据分量;p—导频分量

综合分析上述 6 个 GNSS 信号结构，可以得出如下基本结论：

(1) 现代化 GNSS 信号设计均在传统数据分量的基础上增加了单独的导频分量，该分量无数字信息，仅有扩频码，可实现多符号比特相干积分，大幅度提高处理增益，大幅度提高接收机性能。

(2) 虽然 BPSK 是实现最简单的 GNSS 信号调制方式，但考虑到有限频率资源状况，采用 BOC 调制方式可以很好地实现频率资源优化，因此，最近发展了一系列 BOC 调制方式，例如复合二进制偏移载波(CBOC)、时分复用二进制偏移载波(TMBOC)、正交复用二进制偏移载波(QMBOC)以及交替二进制偏移载波(AltBOC)等。

(3) 为了在快速捕获与高处理增益之间折中，在进行扩频码设计时一般选取码周期与符号位相等，在此基础上进一步增加二次编码，达到既能够实现快速捕获，又能够延长相干积分长度来实现稳健跟踪解调的目的，同时实现比特位同步。

(4) 为了进一步提高导航定位性能，现代化导航信号体制均采用双频或三频信号。

(5) 导航信号设计是综合考虑折中平衡的结果，要在有限频率资源条件下，在综合考虑信号稳健性、抗干扰、高灵敏度、低功耗、高精度、抗多径以及高动态等诸多因素基础上，最大限度提升接收机导航定位性能。

3.3 GNSS 导航电文

3.3.1 各 GNSS 导航电文设计概览

导航电文是卫星信号体制的重要组成部分，它以二进制比特流形式播发星钟、星历和历书等数据。导航电文数据由主控站基于各监测站的原始观测数据处理生成并上行注入各颗卫星，在卫星上完成导航电文的格式编排、差错控制编码，并经扩频调制、载波调制等，按照一定的顺序下行播发；用户接收机在接收到卫星信号后，经过解调、译码等处理，解析出导航电文参数，用于导航解算。

各 GNSS 导航电文的设计概要见表 3.8，表中 GPS NAV 导航电文在 L1 频点 C/A 码信号上播发[4]，GPS CNAV 导航电文在现代化的 L2C 和 L5 信号上播发[4,9]，GPS CNAV-2 导航电文在现代化的 L1C 信号上播发[8,10]；Galileo F/NAV 导航电文在 E5a 信号上播发，Galileo I/NAV 导航电文在 E5b-I 和 E1-B 信号上播发[13]；BDS D1 导航电文在 MEO/IGSO 卫星的 B1I 和 B2I 信号上播发，BDS D2 导航电文在 GEO 卫星的 B1I 和 B2I 信号上播发。从表 3.8 中可以看出，各 GNSS 导航电文在设计思想上基本一致，但是在电文内容、编码方案、结构编排和播发顺序等方面又都有差别，下一小节将对这些差别展开具体分析。

表 3.8　各 GNSS 导航电文设计概览[20]

导航电文	[信息速率/(bit/s)]/[符号速率/(symbol/s)]①	电文内容	编码方案	结构编排	播发顺序
GPS NAV	50/50	基本导航信息②、UTC 参数、历书	扩展汉明码(32,26)	采用帧与子帧结构，其中 1 帧 = 5 子帧，1 子帧 = 10 字，1 字 = 30bit	按子帧号和页面号在每颗卫星上顺序播发。子帧 1~3 每 30s 重播一次，子帧 4 和子帧 5 各有 25 个页面，每 12.5min 重播一次
GPS CNAV	25/50(L2C) 50/100(L5)	基本导航信息、历书、差分校正参数、群波延时差异校正参数、地球定向参数、UTC 参数、系统间时间差异参数、文本信息	CRC-24Q 编码 + 卷积编码(600,300)	基于信息类型的数据块结构，每个数据块 600 symbol	以数据块为单位，在规定的最长播发间隔内或根据用户需求随机播发。L2C 每个数据块长 12s，星历与星钟参数每 48s 重播一次。L5 每个数据块长 6s，星历与星钟参数每 24s 重播一次

（续）

导航电文	[信息速率/(bit/s)]/[符号速率/(symbol/s)][①]	电文内容	编码方案	结构编排	播发顺序
GPS CNAV-2	50/100	基本导航信息、历书、差分校正参数、群波延时差异校正参数、地球定向参数、UTC参数、系统间时间差异参数、文本信息	BCH[③](51,8)编码、低密度奇偶校验(LDPC)编码+CRC-24Q编码+交织编码(38×46)	采用帧与子帧结构，其中1帧=3子帧，各子帧长度不同，每帧含1800 symbol	按子帧号和页面号顺序播发。1帧长18s。子帧2每18s重播一次，子帧3不同页面的播发顺序根据用户需求随时调整
GLONASS	50/100	星历参数、星钟参数、卫星工作状态参数、时间系统参数、历书	汉明码(84,76)+曲码	采用超帧、帧和串结构，其中1超帧=5帧，1帧=15串，每串由1.7s的数据码和0.3s的时间标志组成	以串为单位，按照串号和帧号顺序播发。1超帧长2.5min，1帧长30s，1串长2s。即时数据每30s重播一次，非即时数据每2.5min重播一次
Galileo F/NAV	25/50	基本导航信息、GST与UTC/GPS时间转换参数、历书	CRC[④]-24Q编码+卷积编码(488,244)+交织编码(61×8)	采用帧、子帧和页面结构，其中1帧=12子帧，1子帧=5页，每页面为500 symbol	按子帧号和页面号顺序播发。1帧长600s，1子帧长50s，1页面长10s。包含星历和星钟参数的页面1~4每50s重播一次。不同卫星之间交叉播发历书
Galileo I/NAV	125/250	基本导航信息、GST与UTC/GPS时间转换参数、历书	CRC-24Q编码+卷积编码(240,120)+交织编码(30×8)	采用帧、子帧和页面结构，其中1帧=24子帧，1子帧=15页，每页面分偶数和奇数两部分，各含250 symbol	按子帧号和页面号顺序播发。1帧长720s，1子帧长30s，1页面长2s。星历和星钟参数每30s重播一次。在E5b-I和E1-B之间交叉播发奇偶页面
BDS D1	50/50	基本导航信息、历书、与其他系统时间同步信息	BCH(15,11,1)编码+交织编码(15×2)	采用超帧、主帧与子帧结构，其中1超帧=24主帧，1主帧=5子帧，1子帧=10字，1字=30bit	以子帧为单位，按照子帧号和页面号顺序播发。子帧1~3每30s重播一次。子帧4和子帧5各由24个页面组成，每12min重播一次

（续）

导航电文	[信息速率/(bit/s)]/[符号速率/(symbol/s)]①	电文内容	编码方案	结构编排	播发顺序
BDS D2	500/500	基本导航信息、历书、与其他系统时间同步信息、北斗卫星完好性及差分信息、格网点电离层信息	BCH(15,11,1)编码+交织码(15×2)	采用超帧、主帧与子帧结构，其中1超帧=120主帧，1主帧=5子帧，1子帧=10字，1字=30bit	以子帧为单位，按照子帧号和页面号顺序播发。子帧1由10个页面组成，每30s重播一次。子帧2~4各由6个页面组成，每18s重播一次。子帧5由120个页面组成，每6min重播一次
① 通常比特对应的是有用信息，是进入物理层进行基带信号处理前的信息位，其速率称为信息速率(bit/s)；符号对应的是对信息进行信道编码(CRC的校验位有时候也作为有用信息)后的信号，其速率称为符号速率(symbol/s)。 ② 基本导航信息包括时间信息、星钟参数、星历、电离层参数、健康信息等。 ③ BCH—Bose-Chaudhuri-Hocquenghem 编码。 ④ CRC—循环冗余校验					

3.3.2 导航电文设计分析

GNSS导航电文的设计不仅影响着系统的时效性、完好性、可靠性、灵活性、可扩展性和反欺骗能力等服务性能，还影响着接收机端的信号跟踪灵敏度、电文解调误码率和首次定位时间(TTFF)等性能指标，需要进行通盘考虑和全局优化。本小节将从电文内容、编码方案、结构编排和播发顺序四个方面，对各GNSS导航电文的设计展开分析。

3.3.2.1 电文内容

传统GNSS导航电文的内容主要包括基本导航信息、历书和UTC参数等，其中，基本导航信息包括时间信息(周计数和周内秒)、星钟参数、星历参数、电离层参数、卫星健康信息以及测距精度信息等。基本导航信息是GNSS接收机完成一次标准定位解算所必需的信息，其播发频度决定了接收机的TTFF指标。在基本导航信息中，时间信息用来推算卫星信号发射时刻，星钟参数用来对卫星时钟的钟偏、钟漂以及频漂进行校正，星历参数用来计算卫星在信号发射时刻的位置，电离层参数用来对信号传输路径上的电离层延时进行校正，卫星健康信息用来标识当前卫星信号是否可用，测距精度信息用来标识各信号分量的用户测距精度。历书参数是在缺少有效星历的情况下，用来计算所有卫星的概略空间位置，为缩小接收机的卫星信号搜索范围提供帮助。UTC参数包含GNSS时与UTC之间的钟差、钟漂以及闰秒相关信息。

与传统GNSS导航电文相比，现代化GNSS导航电文(主要指GPS的CNAV和CNAV-2以及Galileo系统的F/NAV和I/NAV电文)在播发内容方面进行了一系列

改进,包括增加了一些电文参数,同时对已有的电文参数进行了完善。播发内容的改进主要表现在以下几方面:

(1) 提高了星历参数精度,包括增加大部分星历参数的数据长度,不再直接播发轨道半长轴、平均运动角速度和轨道升交点赤经变化率等参数,改为播发其相对某一固定参考值的差值及变化率。

(2) 改进了历书参数,提供中等精度历书(midi almanac)和简约历书(reduced almanac)两种类型历书。中等精度历书与NAV电文历书使用同一组参数,计算方法完全一样,但各参数占用的比特数有所降低(1~8bit)。简约历书中只包含轨道半长轴变化量、轨道升交点赤经和升交点角距3个参数,而且参数长度比中等精度历书更短。简约历书虽然相比中等精度历书损失了数据精度,但缩短了播发周期,可缩短启动状态或其他特殊场景用户对历书数据的收集时间,更好地满足不同用户的需求[21]。

(3) 增加了地球定向参数(EOP),包括X轴和Y轴方向在参考时刻的极移值和极移率,以及UT1与UTC之间的转换参数,基于这些参数,可以将地心地固(ECEF)坐标系中的卫星天线相位中心转换到地心惯性(ECI)坐标系中的卫星天线相位中心,同时将协调世界时UTC转换成世界时UT1。

(4) 增加了差分校正(DC)参数,由时钟差分校正(CDC)参数和星历差分校正(EDC)参数两部分组成,包括星钟参数改正数、轨道根数改正数和用户差分测距精度(UDRA)及其变化率。差分校正参数可以提高星钟和星历参数的精度,从而提高用户定位精度。

(5) 增加了GPS-GNSS时差参数,提供GPS与Galileo系统、GLONASS以及其他系统之间的时间偏差参数。通过播发系统时差参数,有助于实现GNSS之间的互操作。

(6) 改进了用户测距精度(URA)指示参数,将过去的URA参数细分为与高度角相关的测距精度(URA_{ED})和与高度角不相关的测距精度(URA_{NED}),并将URA_{NED}以二项式系数的形式给出。

(7) 增加了文本信息类型,可根据需要播发指定ASCII(美国信息交换标准代码)字符集里的字符。

3.3.2.2 编码方案

在现代化的GNSS信号设计中,为提高信号捕获和跟踪的灵敏度,通常会引入不调制导航电文的导频分量。导频分量引入后,分走了原本属于数据分量的一部分功率,导致电文解调性能与传统信号相比有所下降。为弥补因功率分配带来的数据分量功率损失,各GNSS不约而同地选用了高增益的信道编码方式。事实上,与传统GNSS信号相比,导频分量的播发和编码性能的提高是现代化GNSS信号设计中的两大突破。

传统GNSS的导航电文(如GPS NAV和GLONASS)中通常采用汉明码和BCH

等线性分组码,编码增益相对较低。近年来,随着通信技术的发展和接收机处理能力的提高,一些原本应用于传统通信领域的信道编码方式被陆续引入到 GNSS 导航电文设计中,比较典型的编码方式有循环冗余校验(CRC)编码、卷积编码、低密度奇偶校验(LDPC)编码和块交织编码等。表 3.9 对各 GNSS 电文编码方案及其性能特点进行了比较。

表 3.9 各 GNSS 电文编码方案比较[20,22-23]

编码方案	应用实例	特点
汉明码	GPS NAV 电文 GLONASS 电文	汉明码属于线性分组码,编译码时必须把整个信息码组存储起来,码元数越多延时越大,编译码均易实现。能纠正有限的随机错误,抗突发错误能力差
BCH 码 + 交织码	BDS D1 电文 BDS D2 电文	BCH 码是一种有限域中的线性分组码,具有检测和纠正多个随机错误的能力,编译码均简单。交织码具有抗突发错误和抗衰落的能力
CRC 码 + 卷积码	GPS CNAV 电文	CRC 码能够检测突发的连续错误序列;卷积码编码设计存在记忆性,编码性能和译码延时优于线性分组码,但编码效率低。 CRC 码与卷积码的组合能够检测突发错误,纠正随机错误,但不能纠正突发错误,编码效率较低
CRC 码 + 卷积码 + 交织码	Galileo F/NAV 电文 Galileo I/NAV 电文	在 CRC 码和卷积码的基础上增加交织码,使突发错误最大限度离散为随机错误,提高抗突发错误的能力。 CRC 码、卷积码与交织码的组合能够检测和抵抗突发错误,纠正随机错误,但编码效率较低
CRC 码 + LDPC 码 + 交织码	GPS CNAV-2 电文	LDPC 码是基于奇偶校验矩阵的线性分组码,具有非常接近香农理论极限的纠错能力,编码增益高、纠错能力强,性能优于卷积码,但编码和译码复杂度较高。 CRC 码、LDPC 码与交织码的组合能够检测和抵抗突发错误,纠正随机错误,但编译码复杂度较高

从表 3.9 中可看出,GNSS 电文编码方案的设计呈现两大趋势:一是从以汉明码和 BCH 码为主的分组码发展到卷积码和 LDPC 码,编码增益不断提高,纠错能力不断增强,虽然编译码复杂度也不断增加,但是很容易被快速发展的接收机处理能力抵消掉;二是从使用单一编码方式发展到综合使用多种编码方式,这样做既能有效应对导航电文的随机错误和突发错误,也能给不同使用环境下的用户提供灵活的译码选择,比如对强信号条件下的用户来说,可以选择只做解交织和循环冗余校验,而不做复杂度较高的 LDPC 译码,而对弱信号条件下的用户来说,可以通过增加一定的硬件或软件开销实现 LDPC 译码,来获得较好的电文译码性能。

导航电文编码方案的选择,需要结合系统信号设计特点和用户需求,从编码增益、编码效率、编译码时延和编译码复杂度等方面综合考虑。以 Galileo I/NAV 电文和 GPS CNAV-2 电文为例,因为 E1OS 信号的数据分量和导频分量功率配比为 1:1,

所以选择编码增益较高的卷积编码就足以弥补因功率分配带来的3dB损失，而L1C信号的数据分量和导频分量功率配比为1∶3，数据分量因功率分配带来的损失接近5dB，如果使用与E1OS相同的卷积编码，则还不足以弥补功率损失，需要选择增益更高的编码方案，最终GPS选择了接近香农极限的LDPC编码。

3.3.2.3　结构编排

早期的导航电文，比如GPS NAV电文和传统GLONASS电文，均采用基于子帧（页面、串）、帧和超帧或与此类似的帧结构。以GPS NAV电文为例（图3.3），NAV电文以帧为基本格式，每帧长1500bit，包含5个子帧，每个子帧长300bit，包含10个字，每个字含30bit。各子帧中，子帧1至子帧3重复播发，子帧4和子帧5的内容分为25个页面顺序播发，完整的一组导航电文需要25帧发送完，称为1个超帧。导航电文在传统帧结构里采用固定编排格式，每个字、子帧、帧和超帧的首末边沿都与系统时间严格对齐，每个导航参数在电文比特流里占用的位置都是固定的，用户可以很方便地根据时间信息进行电文译码和参数解析。考虑到系统升级改进的需求，NAV电文在编排格式时预留出一定的空白字段。这些空白字段在不播发有效内容的情况下占用一定的信道资源，对电文的播发效率有一定影响。另外，即使增加新的播发内容，其播发频度也会受到固定编排格式的限制，因此，传统帧格式的导航电文在播发效率、灵活性和可扩展性方面都受到限制。

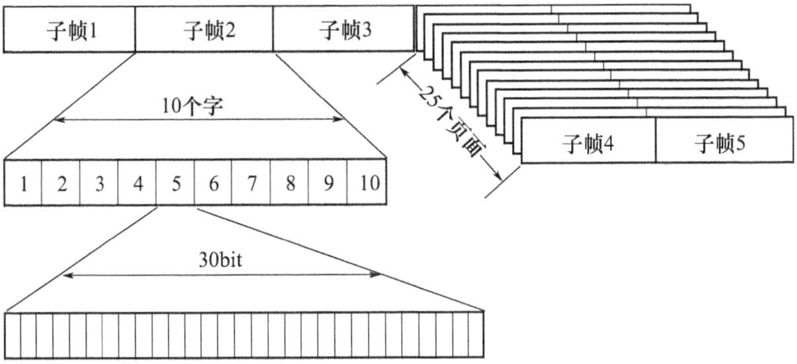

图3.3　NAV电文帧结构示意图

鉴于NAV电文在结构编排方面存在的问题，部分现代化的GNSS导航电文，比如GPS CNAV电文和Galileo F/NAV电文，摒弃了传统的帧结构，改为采用基于信息类型的数据块结构。GPS CNAV电文的结构编排如图3.4所示，从图中可看出，每个数据块长300bit，包含同步头、卫星号、信息类型编号、周内秒计数、告警标识、数据块内容和CRC编码等内容，不同的信息类型对应不同的数据块内容。信息类型编号长度6bit，最多可支持64种信息类型，目前CNAV电文已定义了14种信息类型（类型10～15和类型30～37），剩余的50种信息类型给系统的功能升级提供了很大的扩展空间。当系统功能扩展需要播发新的电文内容时，只需定义一种新的信息类型即可。对于未定义的信息类型，系统选择不予播发，这跟传统帧结构中长期播发空白字段的策略相比，播发效率进一步提高。综上所述，与传统帧结构的电文格式相比，基于信息类型的数据块结构具有更高的播发效率、灵活性和可扩展性[23-25]。

同步头 8bit	卫星号 6bit	信息类型编号 6bit	周内秒计数 17bit	告警标识 1bit	电文信息 238bit	CRC 24bit
					←不同的数据块内容→	

图 3.4　CNAV 电文数据块结构示意图

在总结帧结构和数据块结构优缺点基础之上，GPS 在设计 CNAV-2 导航电文时选择了一种结合帧结构和数据块结构的新的编排格式（图 3.5）。从图中可以看出，新结构以数据帧为基本格式，每个数据帧包含 3 个长度不同的子帧，其中子帧 1 固定播发时间信息，子帧 2 固定播发星钟及星历等基本导航信息，子帧 3 基于页面类型播发变化的数据块信息。CNAV-2 电文的编排格式集中了帧结构和数据块结构两者的优势：一方面，固定子帧播发顺序，确保子帧 2 中的基本导航信息播发周期固定，播发内容不变，为弱信号条件下多帧累加解析电文创造了条件；另一方面，子帧 3 采用基于页面类型的数据块结构，可根据需要播发不同的页面类型，提高了数据内容扩充的灵活性以及播发内容的随机性[26]。

时间间隔 9bit	星钟及星历数据 576bit	CRC 24bit	变化的信息内容 250bit	CRC 24bit
子帧1	子帧2		子帧3	

图 3.5　CNAV-2 电文结构示意图

3.3.2.4　播发顺序

本小节从两方面分析导航电文播发顺序的设计：一是每颗卫星单一信号分量上导航电文播发顺序的设计；二是不同卫星和不同信号分量间电文播发相对顺序的设计。

1）每颗卫星单一信号分量上的电文播发顺序

每颗卫星单一信号分量上的电文播发顺序与电文结构编排密切相关。

采用传统帧结构编排的导航电文一般以子帧为单位，按照子帧号和页面号的顺序依次播发电文。前面已经提到过，编排电文结构时会预留出很多空白字段，如 GPS NAV 电文子帧 4 的 25 个页面中就有 11 个预留的空白页。顺序播发电文时，这些空白页也被播发出去，一定程度上造成了信道资源的浪费。

采用数据块结构编排的导航电文依据最长播发间隔约束条件播发不同信息类型的数据块，同时还可根据用户需求随机播发数据块，未定义的数据块不予播发。表 3.10给出了 GPS L2C 信号 CNAV 电文播发的不同信息类型数据块的最长播发间隔。从表 3.10 中可看出，第 10 类和第 11 类数据块的最长播发间隔为 48s，即每 4 个数据块中至少出现第 10 类和第 11 类数据块各一次，时钟参数的最长播发间隔也为

48s,说明包含时钟参数的任一信息类型(第30~37类)在每4个数据块中也要至少出现一次。系统可在各信息类型的最长播发间隔约束内任意播发电文,信息播发的灵活性明显高于使用传统帧结构的导航电文。

表3.10　GPS L2C CNAV电文中不同信息类型数据块的最长播发间隔[4]

数据块内容	信息类型编号	最长播发间隔
星历参数	10、11	48s
时钟参数	30~37	48s
群波延时和电离层延时参数	30	288s
简约历书	31或12	20min
中等精度历书	37	120min
地球定向参数(EOP)	32	30min
UTC参数	33	288s
差分校正数	33或13和14	30min
GPS-Galileo系统时差参数	35	288s
文本信息	36或15	视需要而定

采用帧结构和数据块结构相结合的编排格式的导航电文,以子帧号顺序播发电文,其中子帧1和子帧2在固定的时间内重复播发,子帧3分页面类型播发各数据块,其播发不受最长播发间隔的限制,也不按某一固定规律排列,而是随机的、任意的。这一播发策略既保证用户能在固定间隔的固定位置接收到星钟、星历等重要电文参数,又满足了随机播发电文信息的要求。

2）不同卫星和不同信号分量间的电文相对播发顺序

对任意信号分量而言,导航电文基本单元(帧或页面)的首末位置与系统时间对齐,严格地说,是与本星维持的时间基准对齐,在忽略卫星钟差和信号传输时延差异的情况下,用户在同一时刻收到的各颗卫星的电文字段是相同的,如果电文字段内填充的电文内容也相同(比如历书参数),则电文接收存在冗余。为降低这一冗余,同时缩短用户收集一组完整导航电文所需的时间,Galileo系统对导航电文的播发顺序进行了优化,分别在F/NAV电文和I/NAV电文上采用了星间交叉播发和频间交叉播发的策略。

在F/NAV电文中,连续两个子帧提供3颗卫星的历书,而每帧包含12个子帧,共提供18颗卫星的历书,播发完全部36颗卫星的历书需要连续2帧电文,共20min。为缩短用户收集历书的时间,Galileo系统对每颗卫星播发的历书顺序进行了协调:系统给每颗在轨运行的卫星分配了一个参数k(k对用户来说是透明的),每一帧电文提供卫星编号为($k \sim k+17$)模36的18颗卫星的历书,连续2帧播完36颗卫星的历书。这一星间交叉的历书播发策略降低了用户接收信息的冗余度,缩短了历书收集时间。

Galileo 系统在 E5b-I 和 E1-B 两个信号分量上同时播发 I/NAV 电文，两者的电文结构相同：每帧时长 720s，包含 24 个子帧，每个子帧时长 30s，包含 15 个页面，每个页面时长 2s 并播发 1 个字，有效的字编号为 0～10，其中字 1～6 包含基本导航信息和时间转换参数，字 7～字 10 包含历书参数。I/NAV 电文在 E5b-I 和 E1-B 上采用频间交叉的播发方式：一方面，对于字 1～6，E5b-I 先播发奇数字，后播发偶数字，而 E1-B 则先播发偶数字，后播发奇数字；另一方面，对于历书参数，E5b-I 的子帧 1～24 顺序播发 1～36 号卫星的历书，而 E1-B 的子帧 1～12 播发 19～36 号卫星的历书，子帧 13～24 播发 1～18 号卫星的历书。这种频间交叉播发电文的方式，可以让双频用户收齐基本导航信息和历书参数的时间缩短到单频用户的一半。

从上述分析可知，Galileo 系统通过在星间和频间交叉播发导航电文，在不增加资源消耗的前提下，有效提高了电文播发的时效性，同时大幅缩短了接收机冷启动条件下的首次定位时间。

3.4 北斗全球系统公开服务信号设计

本节从信号设计需求分析入手，考虑国际电联的规则约束，开展北斗全球系统公开服务信号设计。

3.4.1 信号设计需求与约束

信号体制设计属于导航系统的顶层设计，应充分考虑系统的应用模式、平稳过渡以及国际电联的相关规则约束。

1）应用模式需求

公开服务信号对所有的用户开放，用户群体涉及交通、民航、铁路运输、海洋应用与管理、测绘与勘探、信息产业、林业、综合减灾、水利、农业等领域。

公开服务的特点是面向全球用户提供免费的定位、导航和定时信号。服务的精度、完好性、连续性和可用性等服务性能较高，但服务的完好性、连续性和可用性没有保障。开放服务的定位、测速和授时模式可进一步分为单频、双频和三频等不同的应用模式。

在公开服务的基础上，可通过完好性信息（面向全球用户播发）选择性加密等手段实现生命安全服务。即生命安全服务包含在公开服务中，与公开服务共用信号。

另外，应考虑类似于广域增强系统（WAAS）和欧洲静地轨道卫星导航重叠服务（EGNOS）的广域增强服务。增强模式主要基于公开服务信号提供服务，通过 GEO 卫星进行播发。增强服务的精度、完好性、连续性和可用性有保证，同时可对完好性数据、区域差分改正数等信息进行选择性加密实现商业服务。该服务主要面向航空、航海、铁路等对完好性、连续性和可用性要求较高的用户群。

2）平稳过渡需求

平稳过渡是实现北斗区域系统和全球系统之间的无缝链接，保持服务的连续性。当然平稳过渡的可行性，需要全面衡量实现的技术难度、经费和效益。

3）国际电联规则

为了和平利用GNSS，联合国外空司成立了GNSS国际委员会（ICG），主要由GNSS服务的提供商和关心GNSS的国家及组织参与。ICG的核心工作是实现GNSS之间的兼容和互操作，从而促进GNSS在全球的应用。

（1）兼容。兼容包含两个层面的含义，即系统内的兼容和系统间的兼容。系统内的兼容是指军用信号与公开服务信号的兼容，现代导航系统通常是公开服务信号与授权服务信号在频谱上实现分离，从而保证两者在物理上实现兼容，互不影响；系统间的兼容是指多个导航系统共同使用时，一个导航系统不应受到其他导航系统的有害干扰[27]。

（2）互操作。互操作是指多个导航系统同时使用的性能应该优于单个导航系统的性能，同时带来的益处大于多个系统同时使用的干扰。

（3）可选频率。根据无线电规则，L频段的RNSS导航频段指配包括：

1164～1215MHz（空对地、空对空）；

1215～1240MHz（空对地、空对空）；

1240～1300MHz（空对地、空对空）；

1559～1610MHz（空对地、空对空）。

所有这些频段均可作为北斗全球系统的可选频率。

（4）电联决议约束。电联相关L频段RNSS服务的决议主要包括608决议、609决议和610决议，其中608和609决议为技术特性约束，610决议为协调程序约束。

608决议：RNSS使用1215～1300MHz频段，除不得对依照5.331核准的无线电导航业务及无线电定位业务产生有害干扰之外，还不应对2000年6月2日之前启用的1215～1260MHz频段内的RNSS（空对地）频率指配进行限制。

609决议：为了保护航空无线电导航业务（ARNS），在1164～1215MHz频段内运行或计划运行RNSS的主管部门需要通过磋商会议，以相互合作的态度就平等共用集总等效功率通量密度（EPFD）值达成一致，确保所有RNSS的全部空间电台产生的EPFD值在任何1 MHz频段内不超过-121.5dBW/m^2；不允许任何单个RNSS耗尽1164～1215MHz频段任何1MHz内的干扰容限（见第608号建议）；各主管部门在计算1164～1215MHz频段内所有RNSS的空间电台产生的集总EPFD时，须使用ITU-R M.1642-2建议书中的方法和最坏情况的ANRS系统的参考天线。

610决议：对于系统不需要按照第9条第II部分进行协调的主管部门，应当采取所有可行的步骤以双边形式来解决系统间的兼容性问题；在1164～1300MHz、1559～1610MHz和5010～5030MHz频段内，计划运行的RNSS需要按照第9.7、9.12、9.12A和9.13款协调的已运行的RNSS的规定，应首先解决已经实际使用或正在实施过程中的 RNSS 或网络系统间的兼容性问题。

3.4.2 信号频段选择

信号频点设计应该符合 ITU 频率划分，确保采用双频差分改正，实现民用高精度快速载波相位差分。

1）ITU 频率划分

为了满足北斗全球系统的合法使用，频率的选择必须符合 ITU 规则。

目前，1559～1610MHz 频段是 GPS、GLONASS、Galileo 系统的首选民用信号频段，大量的用户设备均接收该频点的导航信号，并形成了巨大的市场，后续的全球及区域系统一般均采用该频段播发的导航信号。因此，为了有利于北斗系统的全球推广应用，并实现系统间的互操作，有必要在该频段播发公开服务导航信号。

2）双频差分改正

采用双频电离层修正，要求两个工作频点具备一定的频率差，从而提高电离层的修正精度。两个频率间频率差越大，误差放大倍数越小。

1164～1215MHz 频段是 ARNS 的工作频段，在该频段播发导航信号，可以促进卫星导航与民用航空的合作，进一步促进卫星导航系统的应用。GPS 已在该频段播发 L5 信号，Galileo 系统在该频段播发 E5 信号。此外，由于该频段与 1559～1610MHz 间的频率差较大，进行双频修正更具优势，因此北斗系统有必要在该频段播发一个公开服务信号，以更好地实现与其他系统的互操作。

3）民用高精度快速载波相位差分需求

目前，GPS 和 Galileo 系统都有 3 个频点。采用多频信号能够大大缩短整周模糊度解算时间，提高载波解算的可靠性。此外，采用 3 个公开服务导航信号，可实现民用高精度快速载波相位差分，即使在遮挡较为严重的条件下，也可实现高精度测量能力。为进一步拓展和挖掘北斗系统应用领域，同时也利于与 GPS 和 Galileo 系统在高精度应用领域开展市场竞争，北斗系统需在 1215～1300MHz 播发第 3 个公开服务信号。

根据上述分析，北斗全球系统的公开服务信号采用 3 频设计，第 1 频率中心频点位于 1559～1610MHz（B1 频段），第 2 频率中心频点位于 1164～1215MHz（B2 频段），第 3 频点位于 1215～1300MHz（B3 频段）。

3.4.3 B1 频段信号及电文设计

1559～1610MHz 频段内各 GNSS 的主要信号见表 3.11。

由表 3.11 可知，在该频段内，所有的频率已经被占用，而该频段对于卫星导航系统双频及多频应用又是必不可少的，该频段是民用单频用户使用的主要频点，欧盟和美国已经在 2006 年达成协议在该频段以 1575.42MHz 为中心频点播发调制方式为 MBOC(6,1,1/11)的全新民用信号，实现系统间的互操作。

表3.11 1559～1610MHz频段内的主要信号

序号	信号	中心频点	调制方式
1	GPS L1C/A	1575.42 MHz	BPSK(1)
2	GPS L1P	1575.42 MHz	BPSK(10)
3	GPS L1M	1575.42 MHz	BOC(10, 5)
4	GPS L1C	1575.42 MHz	MBOC(6,1)
5	GLONASS G1C/P	1605.375 MHz	BPSK(0.5)/BPSK(5)
		1604.8125 MHz	BPSK(0.5)/BPSK(5)
		1604.25 MHz	BPSK(0.5)/BPSK(5)
		1603.6875 MHz	BPSK(0.5)/BPSK(5)
		1603.125 MHz	BPSK(0.5)/BPSK(5)
		1602.5625 MHz	BPSK(0.5)/BPSK(5)
		1602.0 MHz	BPSK(0.5)/BPSK(5)
		1601.4375 MHz	BPSK(0.5)/BPSK(5)
		1600.8750 MHz	BPSK(0.5)/BPSK(5)
		1600.3125 MHz	BPSK(0.5)/BPSK(5)
		1599.7500 MHz	BPSK(0.5)/BPSK(5)
		1599.1875 MHz	BPSK(0.5)/BPSK(5)
		1598.6250 MHz	BPSK(0.5)/BPSK(5)
		1598.0625 MHz	BPSK(0.5)/BPSK(5)
6	Galileo E1OS	1575.42 MHz	CBOC(6,1,1/11)
7	Galileo E1P	1575.42 MHz	BOCc(15,2.5)
8	BD2 B1OS/AS	1561.098 MHz	QPSK(2)

为了北斗全球系统更易于被全世界接纳，北斗全球系统在该频段的公开服务信号的中心频率为1575.42MHz，调制方式为MBOC(6,1,1/11)，在该频段实现北斗系统与GPS、Galileo系统的互操作，北斗全球系统B1C信号、GPS L1C信号和Galileo E1OS信号的设计参数见表3.12。

表3.12 BDS B1C、GPS L1C和Galileo E1OS信号参数[10,13,28]

信号	BDS B1C		GPS L1C		Galileo E1OS	
信号支路	B1C_data	B1C_pilot	L1C-D	L1C-P	E1-B	E1-C
载波频率/MHz	1575.42	1575.42	1575.42	1575.42	1575.42	1575.42
调制方式	BOC(1,1)	QMBOC (6,1,4/33)	BOC(1,1)	TMBOC (6,1,4/33)	CBOC (6,1,1/11,'+')	CBOC (6,1,1/11,'-')
主码速率/(Mchip/s)	1.023	1.023	1.023	1.023	1.023	1.023

（续）

信号	BDS B1C		GPS L1C		Galileo E1OS	
主码码长/chip	10230	10230	10230	10230	4092	4092
主码周期/ms	10	10	10	10	4	4
码 族	Weil 码	Weil 码	Weil 码	Weil 码	Random 码	Random 码
子码码长/chip	—	1800	—	1800	—	25
子码周期/ms	—	18000	—	18000	—	100
[信息/(bit/s)]/[符号速率/(symbol/s)]	50/100	—	50/100	—	125/250	—
功率比	1/4	3/4	1/4	3/4	1/2	1/2
最低接收功率①/dBW	MEO 卫星：-158.5 IGSO 卫星：-160.3		-157.0		-157.0	

① 最低接收功率是指数据支路和导频支路的合路功率

3.4.3.1 B1 信号设计

下面将分别从信号支路、调制方式、扩频码、信息/符号速率和接收功率等几个方面，对 B1C 信号的设计进行分析和比较。

1）信号支路

在数据/导频支路的功率分配上，B1C 与 L1C 信号相同，数据/导频支路的功率分别占总信号功率的 25% 和 75%，而 E1OS 的数据/导频支路的功率各占 50%。这两种功率分配方案各有优劣：25/75 的功率分配方案相比 50/50 的分配方案，跟踪门限改善达 1.8dB，考虑到 50/50 方案相比 100/0 方案的 3dB 跟踪门限改善，总的跟踪门限改善可达 4.8dB；50/50 的分配方案相比 25/75 的分配方案，数据支路的功率占比更高，具有更低的电文解调误码率。为解决因数据支路功率下降引起的电文解调误码增多问题，B1C 与 L1C 信号都在信道编码环节选择了强大的前向错误控制编码技术，其中，B1C 选择了六十四进制 LDPC 编码方案，L1C 选择了二进制 LDPC 编码方案。这些编码方案的编码增益都在 6dB 以上，足以弥补因数据支路功率下降引起的电文解调性能的损失。

2）调制方式

B1C、L1C 和 E1OS 3 个信号都使用了复用二进制偏移载波（MBOC）调制方式，只是实现方式不同。差别主要体现在 3 个方面：一是数据/导频支路功率配比；二是各支路调制的信号类型；三是 BOC(1,1) 和 BOC(6,1) 信号的混合方式。在功率配比和调制的信号类型方面，B1C 和 L1C 信号的数据/导频支路功率配比都为 1∶3，且在数据支路上只播发 BOC(1,1) 信号，在导频支路混合播发 BOC(1,1) 和 BOC(6,1) 信号，而 E1OS 信号的数据/导频支路功率配比为 1∶1，且都混合播发 BOC(1,1) 和 BOC(6,1) 信号。在 BOC(1,1) 和 BOC(6,1) 信号的混合方式上，B1C 导频支路采用 QM-

BOC(6,1,4/33)混合方式[29],BOC(1,1)与BOC(6,1)信号被放置在载波的两个正交的相位上,两者功率之比为29∶4;L1C导频支路采用TMBOC(6,1,4/33)混合方式,BOC(1,1)与BOC(6,1)信号以时分复用的方式混合,两者功率之比同样是29∶4;E1OS两条支路都采用CBOC(6,1,1/11)混合方式,将BOC(1,1)和BOC(6,1)信号按照10∶1的功率比线性叠加,在数据支路上以同相方式叠加,记为CBOC(6,1,1/11,'+'),在导频支路上以反相方式叠加,记为CBOC(6,1,1/11,'-')。CBOC调制与QMBOC和TMBOC调制的一个主要区别是前者的扩频符号是多电平的,而后两者是双电平的,多电平的扩频符号提高了用户机匹配接收的难度。

MBOC信号混合播发BOC(1,1)和BOC(6,1)信号,可为不同性能需求的用户带来更大的选择空间[30]。对于定位精度要求较高的用户(如测量型用户),可选择宽带型射频前端,以充分利用MBOC调制中BOC(6,1)分量的优越性能,来提高伪距测量精度和定位精度;对于定位精度要求不高的普通用户(如海量的中、低端接收机),可选择较窄的射频前端,仅接收处理MBOC调制中的BOC(1,1)分量,这样虽然会损失一定的接收功率,但在不影响用户使用的前提下达到节约成本的目的。

3) 扩频码

B1C、L1C和E1OS 3个信号的扩频码都使用了分层码结构,即码序列由主码和子码相异或构成。子码的码元宽度与主码的周期相同,子码码元起始时刻与主码第一个码元的起始时刻严格对齐。使用分层码结构主要带来以下好处:一是有效扩展扩频码长度,提高了扩频码的自相关和互相关性能;二是子码周期与导航电文帧周期相等且保持同步,如B1C和L1C信号的导频支路子码周期均为18s,与一帧电文周期相等且起始时刻严格对齐,通过搜索导频支路的子码相位,可以加快实现数据支路的帧同步。

在主码码族的选择上,B1C和L1C都选择了基于Legendre序列的Weil码,而E1OS选择了基于伪随机存储码序列的Random码。Weil码有码发生器,可以在接收机中实时生成,也可以事先存入接收机以供实时读取,而Random码没有码发生器,由ICD直接给出完整的码序列,只能事先存入接收机以供读取。

在主码码长的设计上,3个信号都采用了比传统扩频码更长的码序列。如B1C和L1C信号的主码周期都为10230码片,是传统扩频码序列长度的5~10倍(相比B1I信号和L1 C/A信号)。更长的码序列提供了更好的伪码自相关和互相关性能,也带来了更强的抗互相关干扰能力。当然,更长的码序列也需要消耗更多的硬件资源和时间进行伪随机码捕获。

4) 信息/符号速率

B1C、L1C和E1OS 3个信号都使用了比传统信号更高的符号速率:B1C和L1C的符号速率为100symbol/s,是传统B1I信号(非GEO卫星)和L1 C/A信号的2倍,而E1OS的符号速率更是高达250symbol/s。更高的符号速率受益于更高的信号发射功率,也意味着在单位时间内可以播发更多的有用信息,这为扩充电文播发内容、缩短接收机首次定位时间和提高系统的完好性指标等奠定了良好的基础。

5）接收功率

从北斗系统纵向对比来看，B1C 信号的最低接收功率达到了 -158.5dBW（MEO 卫星）和 -160.3dBW（IGSO 卫星），相对于传统的 B1I 信号（-163dBW），分别提高了 4.5dB 和 2.7dB。接收功率的提高将给用户机的指标设计预留出更多的余量。

从各 GNSS 横向对比来看，B1C 信号的最低接收功率比 L1C 和 E1OS 信号弱 1.5dB（MEO 卫星）和 3.3dB（IGSO 卫星），仅达到 GPS L1C/A 信号的水平。在调制方式和接收处理方法相似的前提下，最低接收功率的差距将带来接收性能的差距。

3.4.3.2 B1 电文设计

北斗全球系统在 B1C 信号上采用 B-CNAV1 电文格式，下面从电文内容、编码方案、结构编排和播发顺序四个方面对 B-CNAV1 电文设计进行分析。

1）电文内容

与北斗区域系统的 D1 和 D2 导航电文相比，B-CNAV1 导航电文在播发内容方面进行了一系列改进，包括增加了一些电文参数，同时对已有的电文参数进行了完善。播发内容的改进主要体现在以下几方面：

（1）提高了星历参数精度，包括增加大部分星历参数的数据长度，增加了卫星轨道类型 SatType，增加了卫星平均运动速率与计算值之差的变化率参数 $\Delta\dot{n}_0$，不再直接播发轨道半长轴，改为播发其相对某一固定参考值的差值及其变化率。

（2）改进了历书参数，提供中等精度历书和简约历书两种类型历书。中等精度历书在 D1、D2 电文历书参数的基础上，增加了卫星编号 PRN_a、卫星轨道类型 SatType、参考时刻周计数 WN_a 和卫星健康信息 Health 等参数，历书的计算方法完全一样，但各参数占用的比特数有所降低（1～8bit）。简约历书中只包含 PRN_a、SatType、Health、轨道半长轴改正量、轨道升交点经度和纬度幅角 6 个参数，而且参数长度比中等精度历书更短。简约历书虽然相比中等精度历书损失了数据精度，但同时也缩短了播发周期，可缩短启动状态或其他特殊场景用户对历书数据的收集时间，更好地满足不同用户的需求。

（3）增加了地球定向参数（EOP），包括 X 轴和 Y 轴方向在参考时刻的极移值和极移率，以及参考时间 UT1 与 UTC 之间的转换参数，基于这些参数，可以将地心地固坐标系中的卫星天线相位中心转换到地心惯性坐标系中的卫星天线相位中心，同时将 UTC 转换成 UT1。

（4）更换了电离层延迟改正模型。D1 和 D2 电文里使用的是 8 参数的 Klobuchar 模型，而 B-CNAV1 电文中使用的是改进的 9 参数球谐函数模型，后者对电离层延迟的改正性能更好。

（5）改进了用户测距精度（URA）指数，将过去的 URA 指数（公开测试版 ICD 中改称为“空间信号精度指数”）细分为卫星轨道切向和法向空间信号精度（$SISA_{oe}$）指数、卫星轨道径向和卫星钟差空间信号精度（$SISA_{oc}$）指数，其中，$SISA_{oc}$又进一步细分为卫星轨道的径向及卫星钟固定偏差空间信号精度（$SISA_{ocb}$）指数、卫星钟频偏空间信号精度（$SISA_{oc1}$）指数和卫星钟频漂空间信号精度（$SISA_{oc2}$）指数3部分。

2）编码方案

B-CNAV1电文中，子帧1使用了BCH(21,6)+BCH(51,8)的编码方案，纠错译码能力大幅提高；子帧2和子帧3先分别进行六十四进制LDPC(200,100)编码和六十四进制LDPC(88,44)编码，然后再共同进行48×36的块交织编码，纠正随机误码以及检测和抵抗突发误码的能力都显著提升。

将六十四进制LDPC编码引入导航电文设计是北斗全球系统的一大特点，其信道编码/译码方案都具有自主知识产权。在码长及编码效率相当的情况下，六十四进制LDPC编码方案与二进制LDPC编码方案（L1C电文中使用）相比，编码复杂度基本一致，译码复杂度约为后者的4～6倍，其编码增益也有所提高。多进制LDPC码性能优于二进制LDPC码，在误码率为10^{-6}时，能提供0.6～0.8dB的编码增益改善。

B-CNAV1电文中综合使用了多种编码方案，给不同使用环境下的接收机提供了灵活的译码选择。对于在露天接收条件下工作的接收机来说，发生误码的概率较低，可以选择只做交织译码和CRC，而不做复杂度较高的LDPC译码；而对于在弱信号条件下工作的接收机来说，电文解调的误码率较高，可以通过增加一定的硬件或软件开销实现LDPC译码，以获得满意的电文译码性能。

3）结构编排

B-CNAV1电文使用了一种结合帧结构和数据块结构的新的编排格式。以数据帧为基本格式，每帧周期为18s，与导频支路的子码周期相同，可以用导频支路的子码相位来辅助数据支路完成帧同步。每个数据帧包含3个长度不同的子帧，其中子帧1固定播发卫星编号和小时内秒计数，子帧2固定播发星钟参数和星历参数等基本导航信息，子帧3基于页面类型播发变化的数据块信息。

B-CNAV1电文的编排格式集中了帧结构和数据块结构两者的优势：一方面，固定子帧播发顺序，确保子帧2中的基本导航信息播发周期固定，播发内容不变，为接收机在弱信号条件下使用多帧累加策略降低电文误码率创造了条件，同时也为接收机在正常条件下使用拼接相邻帧策略降低冷启动首次定位时间创造了条件（降到约18s，低于北斗B1I和GPS L1 C/A信号约30s）；另一方面，子帧3采用基于页面类型的数据块结构，可根据需要播发不同的页面类型，提高数据内容扩充的灵活性以及播发内容的随机性。

4）播发顺序

B-CNAV1电文以子帧号顺序播发电文，其中子帧1和子帧2在固定的时间内重复播发，子帧3分页面类型播发各数据块，其播发不按某一固定规律排列，而是随机的、任意的。这一播发策略既保证了用户能在固定间隔的固定位置接收到星钟、星历等重要电文参数，又达到了根据不同阶段应用需求灵活调整电文播发内容和频度的目的。比如B-CNAV1电文中给每一组历书参数都配备了一个卫星编号PRN_a，这样可以根据卫星在轨情况和用户需求灵活调整各颗卫星的历书播发顺序和频度。

3.4.4 B2 频段信号设计

1164 ~ 1254MHz 频段内各 GNSS 的主要信号参见表 3.13 所列。

表 3.13 1164 ~ 1254MHz 频段内的主要信号

序号	信号	中心频点	调制方式
1	GPS L2P	1227.6 MHz	BPSK(10)
2	GPS L2M	1227.6 MHz	BOC(10, 5)
3	GPS L5	1176.45 MHz	BPSK(10)
4	Galileo E5	1191.795 MHz	AltBOC(15, 10)
5	GLONASS G2C/P	1248.625 MHz	BPSK(0.5)/BPSK(5)
		1248.1875 MHz	BPSK(0.5)/BPSK(5)
		1247.75 MHz	BPSK(0.5)/BPSK(5)
		1247.3125 MHz	BPSK(0.5)/BPSK(5)
		1246.875 MHz	BPSK(0.5)/BPSK(5)
		1246.4375 MHz	BPSK(0.5)/BPSK(5)
		1246.0 MHz	BPSK(0.5)/BPSK(5)
		1245.5625 MHz	BPSK(0.5)/BPSK(5)
		1245.1250 MHz	BPSK(0.5)/BPSK(5)
		1244.6875 MHz	BPSK(0.5)/BPSK(5)
		1244.2500 MHz	BPSK(0.5)/BPSK(5)
		1243.8125 MHz	BPSK(0.5)/BPSK(5)
		1243.3750 MHz	BPSK(0.5)/BPSK(5)
		1242.9375 MHz	BPSK(0.5)/BPSK(5)
	BD2 B2OS/AS	1207.14 MHz	BPSK(2)/BPSK(10)

总体来说,可以将该频段划分为两部分。

1) 1164 ~ 1215MHz

1164 ~ 1215MHz 是 WRC2000 新增的卫星导航频率划分,但是在该频段内,卫星导航系统的使用必须保证 ARNS 的安全,即 ITU-609 决议的约束,在该频段内卫星导航系统的信号发射功率受到限制;此外新增此段频率划分的一个主要目的是实现卫星导航系统与航空无线电导航的结合,以提高民用航空导航的安全性。GPS 已开始在该频段播发 L5 信号,Galileo 系统在该频段播发 E5 信号,E5 信号由 E5a 和 E5b 信号组成,其中 E5a 与 L5 频谱完全重叠,且两个信号完全针对民用。

2) 1215 ~ 1260MHz

1215 ~ 1260MHz 为原有的卫星导航频率划分。从信号频率谱来看,此段频率除

1254～1260MHz尚未被占用之外，其余区域完全被GPS和GLONASS占用。

由于1215～1254MHz频段已完全被GPS和GLONASS的军用信号占用，不适合放置北斗全球系统的公开服务信号，因此考虑在1164～1215MHz频段设置北斗公开服务信号。该频段民用信号设计要考虑以下主要因素：

1）互操作

为了实现互操作，有必要设计以1176.45MHz为中心频点，单边带宽为10MHz，信号功率谱与GPS L5信号和Galileo E5a信号功率谱类似的公开服务信号，以拓展北斗系统在民用航空领域的应用。

2）平稳过渡

北斗二号区域系统已经以1207.14MHz为中心频点设置了BPSK(2)的民用信号和BPSK(10)的军用信号，因此可以考虑在该频段实现民用信号的平稳过渡。

综合考虑，以1191.795MHz为中心频点，以QPSK调制方式同时在1176.45MHz(B2a)和1207.14MHz(B2b)播发北斗全球系统的公开服务信号，其中1176.45MHz信号单边带主瓣带宽为10MHz，1207.14MHz信号单边带主瓣带宽也为10MHz。

B2a信号和B2b信号的中心频点仅相隔30.69MHz。为了节约载荷资源，并尽可能降低复用损失，北斗全球系统B2a和B2b信号在发射端采用非对称恒包络BOC(ACE-BOC)技术[31]复用成一个恒包络信号后发射。

这种合并不仅降低了星上载荷的实现难度，更重要的是，B2a和B2b分量由于采用基带合成方式产生，在卫星上合成为一个大宽带的信号统一播发，因此，这两部分之间有严格的相位相干性，是一个有机的整体，使B2信号在接收机端既可以看作位于两个频点上的4个BPSK(10)信号分别接收，又为未来的高端接收机将其作为一个整体，提供超宽带接收提供了可能。

北斗全球系统B2a信号、GPS L5信号和Galileo E5a信号为互操作信号，具体设计参数见表3.14。

表3.14　BDS B2a、GPS L5和Galileo E5a信号参数[9,13,32]

信号	BDS B2a		GPS L5		Galileo E5a	
信号支路	B2a_data	B2a_pilot	L5-I	L5-Q	E5a-I	E5a-Q
载波频率/MHz	1176.45	1176.45	1176.45	1176.45	1176.45	1176.45
调制方式	BPSK(10)	BPSK(10)	BPSK(10)	BPSK(10)	BPSK(10)	BPSK(10)
主码速率/(Mchip/s)	10.23	10.23	10.23	10.23	10.23	10.23
主码码长/chip	10230	10230	10230	10230	10230	10230
主码周期/ms	1	1	1	1	1	1
码族	Gold码	Gold码	M序列截短组合	M序列截短组合	Gold码	Gold码
子码码长/chip	5	100	10	20	20	100

（续）

信号	BDS B2a		GPS L5		Galileo E5a	
信号支路	B2a_data	B2a_pilot	L5-I	L5-Q	E5a-I	E5a-Q
子码周期/ms	5	100	10	20	20	100
[信息速率/(bit/s)]/[符号速率/(symbol/s)]	100/200	—	50/100	—	25/50	—
功率比	1/2	1/2	1/2	1/2	1/2	1/2
最低接收功率①/dBW	MEO 卫星：-155.5 IGSO 卫星：-157.3		Block ⅡF：-154.9 Block Ⅲ：-154.0		-155.0	
① 最低接收功率是指数据支路和导频支路的合路功率						

从表 3.14 可看出，B2a 在信号支路设计、调制方式、载波频率、主码速率和码长、功率配比等方面都与 L5 和 E5a 信号相同，差异主要集中在子码码长与周期、信息/符号速率和最低接收功率等方面。

3.4.4.1 B2 信号设计

下面主要从扩频码与信息/符号速率、接收功率方面进行分析与比较。

1）扩频码与信息/符号速率

在主码速率的设计上，B2a、L5 和 E5a 信号全部选择了 10.23Mchip/s，是传统 L1 C/A 码速率的 10 倍。更高的码速率要求接收机使用更宽的射频前端带宽，同时也会带来更高的伪距测量精度。理论上，10.23Mchip/s 扩频码的伪距测量精度相比 1.023Mchip/s 的扩频码要提高 10 倍。

在扩频码结构的设计上，B2a 也选择了分层码结构。与 B1C 信号只有导频支路使用分层码不同的是，B2a 信号的数据支路和导频支路全部使用了分层码结构。其中：数据支路的子码周期与电文符号宽度相同，且起始时刻严格对齐，这样在完成子码相位搜索的同时也实现了数据支路的比特同步；导频支路的子码周期远小于电文的播发周期，无法辅助数据支路帧同步，导频支路叠加子码的目的还是改善扩频码的自相关和互相关性能。

在信息/符号速率的设计上，3 个 B2 频点的互操作信号中，B2a 信息速率最高，L5 信息次之，E5a 信息最低。更高的电文速率可以带来更短的接收机首次定位时间和更好的系统完好性指标，所以 B2a 信号在接收机首次定位时间和系统完好性指标等方面，均要优于 L5 信号和 E5a 信号。

2）接收功率

从北斗系统纵向对比来看，B2a 信号的最低接收功率达到 -155.5dBW（MEO 卫星）和 -157.3dBW（IGSO 卫星），相对于传统的 B2I 信号（-163dBW），分别提高了 7.5dB 和 5.7dB，提升幅度比 B1 频点还要高 3dB，为接收机的指标设计预留出更大的余量。

从各 GNSS 横向对比来看，B2a 信号的最低接收功率比 L5 和 E5a 信号弱 1.5dB

(MEO 卫星)和 3.3dB(IGSO 卫星),功率差距与 B1C 信号相当。在调制方式和接收处理方法相似的前提下,最低接收功率的差距将带来接收性能的差距。

3.4.4.2　B2 电文设计

北斗全球系统在 B2a 信号上采用 B-CNAV2 电文格式,考虑到 B-CNAV2 电文的播发内容和编码方案与 B-CNAV1 电文基本一致,下面仅从结构编排和播发顺序两个方面,对 B-CNAV2 电文的设计进行分析。

1) 结构编排

B-CNAV2 电文采用基于信息类型的数据块结构,每个数据块长 600bit,包含同步头、卫星号、信息类型编号、周内秒计数和导航信息数据块等内容,不同的信息类型对应不同的数据块内容。

信息类型编号长度 6bit,最多可支持 63 种信息类型,目前 B-CNAV2 已定义了 8 个有效信息类型,分别为信息类型 10、11、30、31、32、33、34 和 40,剩余的 55 种信息类型给系统的功能升级提供了很大的扩展空间。当系统功能扩展需要播发新的电文内容时,只需定义一种新的信息类型即可。对于未定义的信息类型,系统选择不予播发,这跟传统帧结构中长期播发空白字段的策略相比,播发效率进一步提高。

2) 播发顺序

采用数据块结构编排的导航电文依据最长播发间隔约束条件播发不同信息类型的数据块,同时还可根据用户需求随机播发数据块,未定义的数据块不予播发。B-CNAV2 电文在播发顺序上的一个特别之处是约定信息类型 10 和信息类型 11 保持前后接续播发。原因是两个信息类型分别播发“星历 I”和“星历 II”数据块,前后两个数据块组成一组完整的星历参数,而对应的星历数据期号(IODE)只在信息类型 10 中播发。

在个别导航参数的播发上,B-CNAV1 和 B-CNAV2 电文还使用交叉播发的策略。比如在 B-CNAV1 电文的子帧 2 中,播发了 B2a 信号的群延迟修正参数 T_{GDB2ap},而在 B-CNAV2 电文的信息类型 30 中,同样播发了 B1C 信号的群延迟修正参数 T_{GDB1cp}。另外,B-CNAV2 电文还在所有信息类型中播发 B1C 信号的卫星完好性状态标识:信号完好性标识(SIF)、电文完好性标识(DIF)和系统告警标识(AIF)。交叉播发群延迟修正参数的目的是让双频用户只解调单频信号电文就能完成双频电离层修正,从而免去另一信号电文解调甚至是数据支路跟踪的开销,降低了用户机的实现复杂度。交叉播发完好性状态标识的目的是利用 B-CNAV2 电文更新频度高的优势,缩短 B1C 信号的异常告警时间(从 18s 缩短到 3s),提高 B1C 信号的完好性指标。

3.4.5　B3 频段信号设计

1250 ~ 1300MHz 频段内的主要信号参见表 3.15。

从现有信号及其功率谱看,在 1250 ~ 1300MHz 频率范围内,只有 Galileo 系统和北斗区域系统存在导航信号,其中 Galileo 系统以 1278.75 为中心频点占据了该频段

30MHz 的带宽(主瓣),北斗区域系统使用了以 1268.52MHz 为中心频点的 20MHz 带宽(主瓣),完全覆盖 Galileo E6PRS 信号的下边带。这也是中、欧频率协调困难重重的主要原因之一。

表 3.15　1250 ~ 1300MHz 频段内的主要信号

序号	信号	中心频点	调制方式
1	Galileo E6 CS	1278.750 MHz	BPSK(5)
2	Galileo E6 AS	1278.750 MHz	BOC(10, 5)
3	BD2 B3OS/AS	1268.52 MHz	BPSK(10)/BPSK(10)

根据频率总体规划,在 1250 ~ 1300MHz 频率范围内设计第 3 民用频点,使北斗全球系统具备民用快速载波相位差分服务能力。频率设计需要考虑以下两方面因素。

1) 互操作

由于该频段内除北斗区域系统民用信号外,仅存在 Galileo E6CS 信号,且为商用非公开信号,因此互操作的可能性较小。

2) 平稳过渡

北斗区域系统已经以 1268.52MHz 为中心频点设置了 BPSK(10)的民用信号,可以考虑在该频段实现民用信号的平稳过渡。

依据上述分析,在 B3 频段,有以下 3 种选择方案:

(1) 完全实现平稳过渡,即保留北斗区域系统的授权信号 B3I 和 B3Q,但此时无法实现民用三频。

(2) 与 Galileo E6CS 相同调制方式的信号,即以 BPSK(5)调制,中心频点为 1278.75MHz,但该信号设计为公开信号,也无法实现与 Galileo 系统互操作。

(3) 在中心频点不变的条件下,将码速率由 10.23MHz 降低为 5.115MHz,采用 BOC(15,2.5)的调制方式,可以适当降低与 Galileo 系统的频谱重叠。

目前,已确定选择的方案与上述第一种方案最为接近,北斗全球系统不在 B3 频段增加新的全球民用信号,但将 B3I 信号变为公开服务信号,以支持民用三频服务。

3.5　北斗全球公开服务信号性能分析

本节基于北斗全球系统卫星实测数据从信噪比、伪距噪声和伪距多径几个方面来分析北斗全球公开服务信号性能,并与北斗区域系统的信号进行比对。

北斗全球系统发展采用先试验、后组网策略,其试验系统由 5 颗试验卫星组成,包括 2 颗倾斜地球同步轨道(IGSO)卫星 I1-S 和 I2-S,以及 3 颗中圆地球轨道(MEO)卫星 M1-S、M2-S 和 M3-S。试验卫星的主要目的是在轨验证北斗全球系统信号体制和星间链路策略的实际可行性,北斗全球系统试验系统自组成以来,其信号质量、卫星定轨和钟差性能、授时精度及星间链路等性能已得到初步验证。在北斗全球系统试验系统的基础上，我国于2017年开始进行北斗全球系统组网卫星建设，截至2018年4月共发射8颗MEO组网卫星（M1~M8），随着北斗全球系统组网卫星的发射，其相关卫星信号质量等性能也有待进一步评估验证。

利用在北京地区采集的实测数据对北斗全球系统组网卫星数据质量进行分析，数据采集时间为2018年4月20日至22日，数据采集设备为北斗全球系统兼容终端，采样率为1s，数据采集阶段可以接收到4颗北斗全球系统试验卫星及8颗北斗全球系统组网卫星数据，兼容终端可同时接收到北斗区域系统B1I/B3I信号、北斗全球系统B1C/B2a信号以及GPS L1/L5信号，其中B1C/B2a信号中心频率分别与GPS L1/L5信号重叠，有利于未来各GNSS间的兼容与互操作。此外，为了实现北斗区域系统到北斗全球系统的平稳过渡，北斗全球系统试验卫星和北斗全球系统组网卫星在播发全球系统新信号的同时，也播发北斗区域系统的B1I和B3I信号。图3.6给出了数据观测时段北斗区域系统卫星（蓝色）、北斗全球系统试验卫星（红色）和北斗全球系统组网卫星（黄色）的可见性。从图中可以看出，北斗全球系统试验卫星及组网卫星工作状态良好，部分时段可同时观测到4颗以上北斗全球系统组网卫星，北斗全球系统组网卫星和试验卫星可有效增加北斗系统可见卫星数。

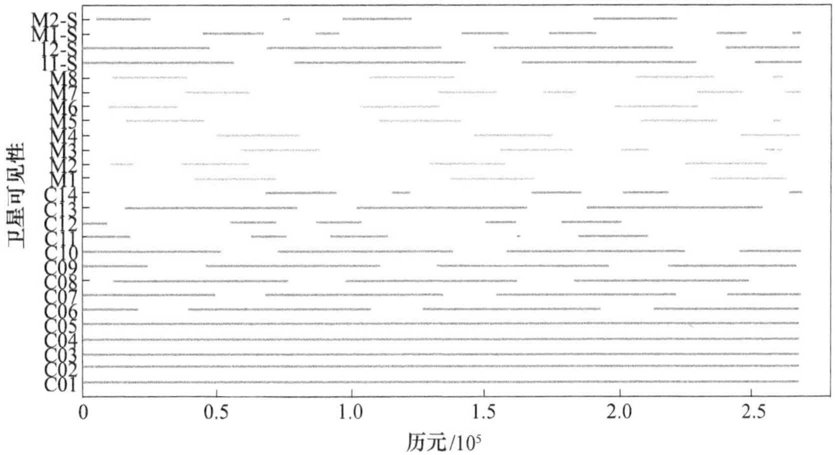

图3.6　北斗卫星可见性（见彩图）

3.5.1　平稳过渡信号分析

首先对北斗全球系统卫星播发的平稳过渡信号B1I和B3I的信号质量进行分析。图3.7、图3.8分别给出了北斗全球系统试验卫星I2-S和组网卫星M6各信号信噪比随时间的变化情况。其中由于接收机原因，I2-S卫星未接收到B1C信号，从图中可以看出北斗全球系统组网卫星信号信噪比变化情况与北斗全球系统试验卫星基本一致，在相同高度角条件下，平稳过渡信号B1I/B3I的信噪比要高于全球系统信号 B1C 和 B2a,其中 B3I 信号信噪比稍大于 B1I 信号,所有观测信号中,B2a 信号信噪比最小,比 B3I 信号信噪比小 4 ~ 5dB。

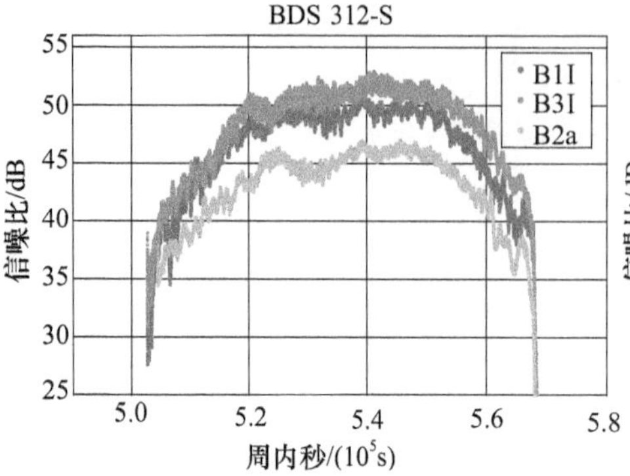

图 3.7 北斗全球系统 I2-S 试验卫星信号信噪比(见彩图)

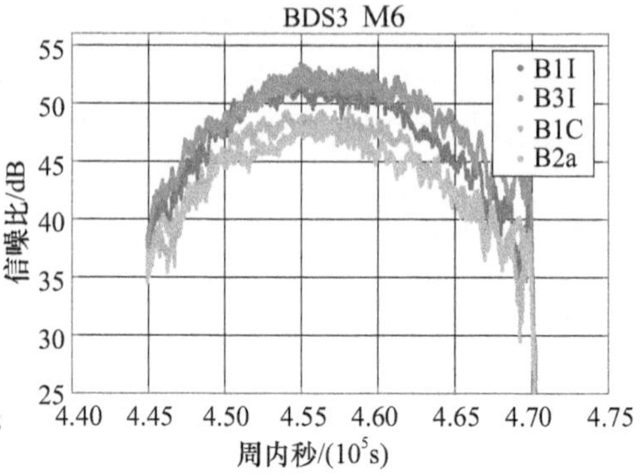

图 3.8 北斗全球系统 M6 组网卫星信号信噪比(见彩图)

为分析北斗全球系统组网卫星信号伪距测量精度,采用伪距相位差组合[33]对各导航信号伪距噪声进行分析,图 3.9 给出了北斗区域系统卫星(C11)、北斗全球系统试验卫星(M1-S)和北斗全球系统组网卫星(M2、M6)B1I、B3I 信号伪距噪声时间序列对比情况,表 3.16 给出了相应的北斗区域系统和北斗全球系统星座所有卫星 B1I 和 B3I 信号伪距测量精度统计结果。从图 3.9 和表 3.16 中可以看出以下几点。

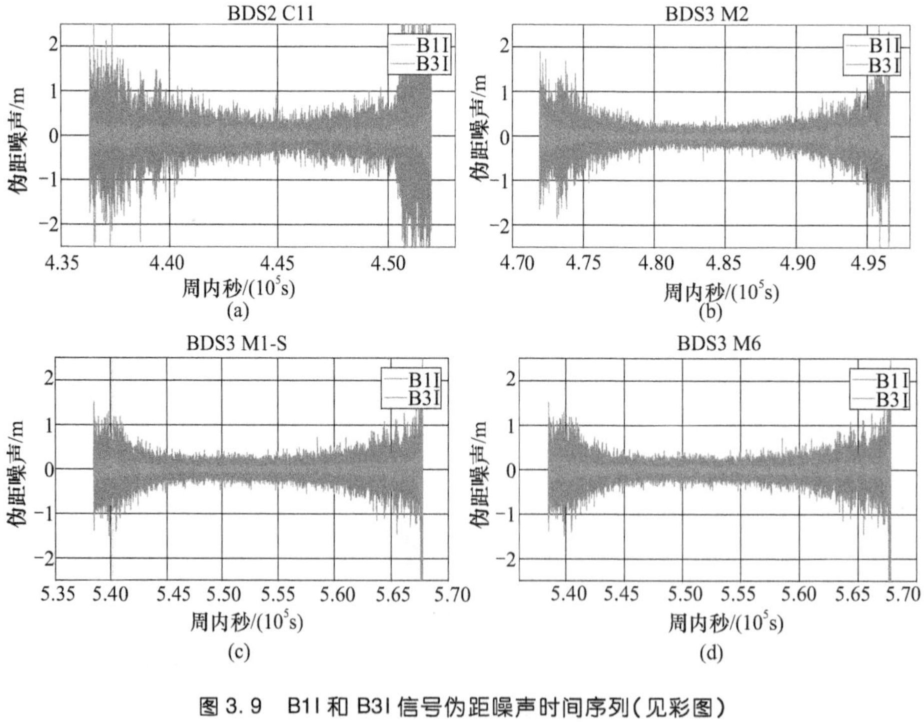

图 3.9 B1I 和 B3I 信号伪距噪声时间序列(见彩图)

（1）对于北斗区域系统而言，其MEO卫星伪距测量精度差于GEO和IGSO卫星，特别是B1I信号。分析原因可能为MEO卫星低高度角观测时段比例较大，导致其伪距测量精度统计结果较差。

（2）对于北斗全球系统试验卫星，其IGSO卫星B1I和B3I信号伪距测量精度也稍优于MEO卫星，且在B1I信号上表现尤为明显。

（3）B3I信号伪距测量精度高于B1I信号。从表3.16中可以看出，无论是北斗区域系统卫星，还是北斗全球系统试验卫星和组网卫星，B3I信号的伪距测量精度均远高于B1I信号。

（4）同类卫星相比，北斗全球系统卫星B1I和B3I信号伪距测量精度均优于北斗区域系统卫星，整体而言，北斗全球系统组网卫星的伪距测量精度稍高于北斗全球系统试验卫星，其B1I信号伪距测量精度约为20cm，B3I信号伪距测量精度在5cm左右。

表3.16 北斗区域系统和北斗全球系统卫星B1I和B3I信号伪距测量精度

单位:m

卫星系统	轨道								
	MEO			IGSO			GEO		
	卫星	B1I	B3I	卫星	B1I	B3I	卫星	B1I	B3I
北斗区域系统卫星	C11	0.3218	0.0714	C06	0.2428	0.0685	C01	0.1899	0.0482
	C12	0.3081	0.0590	C07	0.2265	0.0576	C02	0.2733	0.0719
	C14	0.2890	0.0539	C08	0.2313	0.0561	C03	0.1735	0.0476
				C09	0.2257	0.0564	C04	0.2500	0.0636
				C10	0.2261	0.0596	C05	0.4231	0.0811
	均值	**0.3063**	**0.0614**		**0.2305**	**0.0597**		**0.2620**	**0.0625**
北斗全球系统试验卫星	M1-S	0.3019	0.0603	I1-S	0.2385	0.0481			
	M2-S	0.2236	0.0461	I2-S	0.1888	0.0510			
	均值	**0.2628**	**0.0532**		**0.2136**	**0.0495**			
北斗全球系统组网卫星	M1	0.1970	0.0421						
	M2	0.2022	0.0558						
	M3	0.2358	0.0558						
	M4	0.1934	0.0426						
	M5	0.1990	0.0465						
	M6	0.1884	0.0729						
	M7	0.2479	0.0692						
	M8	0.2200	0.0715						
	均值	**0.2105**	**0.0571**						

多径组合[34]常用来分析伪距观测量的多径效应，试验中采用多径组合对各信号

伪距多径分别进行计算,图 3.10 给出了北斗区域系统 MEO 卫星(C14)和北斗全球系统组网卫星(M2)B1I 和 B3I 伪距多径对比情况,图 3.11 给出了北斗全球系统试验卫星(M1-S)和北斗全球系统组网卫星(M6)B1I 和 B3I 伪距多径对比情况。从图 3.10 和图 3.11 中可以看出以下几点。

(1) 在北斗区域系统卫星 B1I 和 B3I 信号伪距多径中存在轻微的随高度角变化的系统性偏差,其在 MEO 卫星 B1I 信号上表现尤为明显(图 3.10)。

(2) 在北斗全球系统试验卫星和组网卫星 B1I 和 B3I 信号上均未见明显类似系统性偏差,其多径时间序列均呈现出白噪声特性。

(3) B3I 信号与 B1I 信号相比,其抗多径性能更强。从图 3.10 和图 3.11 中可以看出,各卫星 B1I 信号伪距多径均明显大于 B3I 信号。

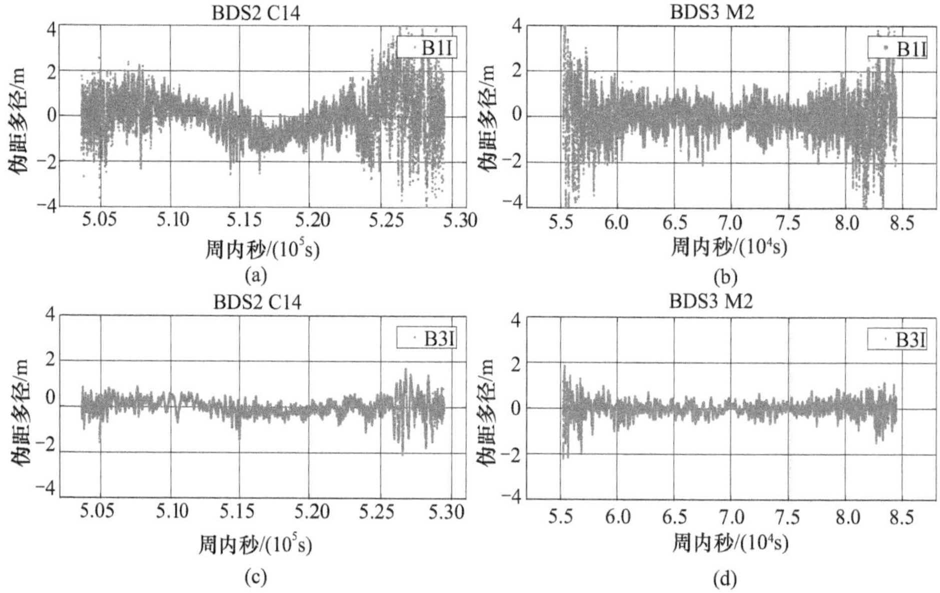

图 3.10 北斗区域系统 MEO 卫星(C14)和北斗全球系统组网卫星(M2)B1I 和 B3I 伪距多径对比情况(见彩图)

3.5.2 新体制信号分析

北斗全球系统卫星信号相比于北斗区域系统卫星有很大改进[35],其新信号性能也有待进一步评估,同样采用伪距相位差组合和多径组合对北斗全球系统组网卫星的 B1C 和 B2a 信号伪距测量精度和伪距多径效应进行分析,图 3.12 以 M2 和 M5 卫星为例,给出了北斗全球系统组网卫星信号伪距噪声时间序列,表 3.17 给出了相应的北斗全球系统组网卫星 B1C 和 B2a 信号伪距测量精度统计结果。从图 3.12 和表 3.17 中可以看出以下两点。

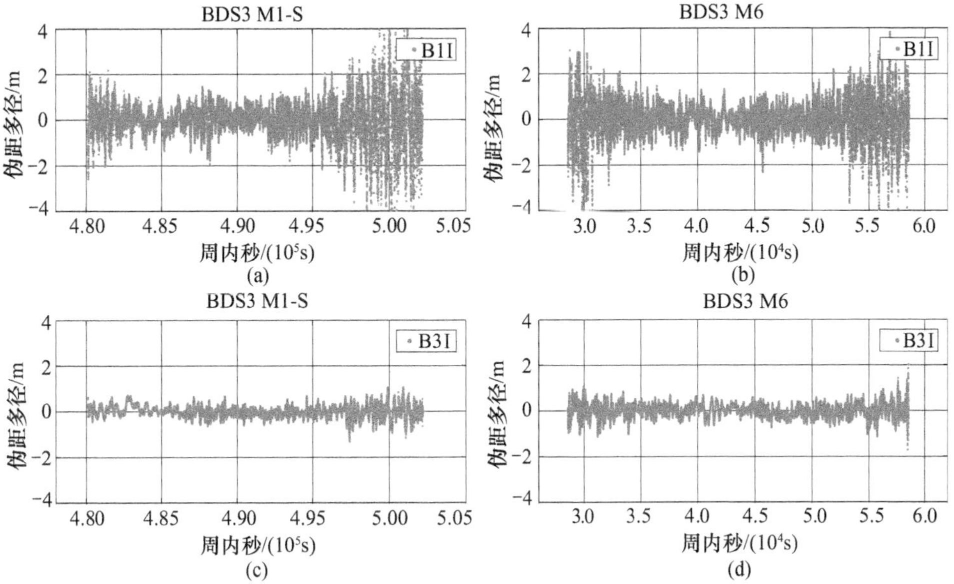

图 3.11 北斗全球系统试验卫星(M1-S)和北斗全球系统组网卫星(M6)B1I 和 B3I 伪距多径对比情况(见彩图)

(1) B2a 信号伪距测量精度优于 B1C 信号。从图 3.12 中可以看出 B1C 信号伪距噪声时间序列远大于 B2a 信号,从表 3.17 中统计结果也可以看出 B1C 信号伪距测量噪声约为 B2a 信号的 2.5 倍,其中 B2a 信号伪距测量精度约为 6cm,B1C 信号伪距测量精度约为 16cm。

(2) 比较表 3.17 和表 3.16 可以发现,B1C 信号伪距测量精度稍优于 B1I 信号,B2a 信号伪距测量精度与 B3I 信号相差不大。

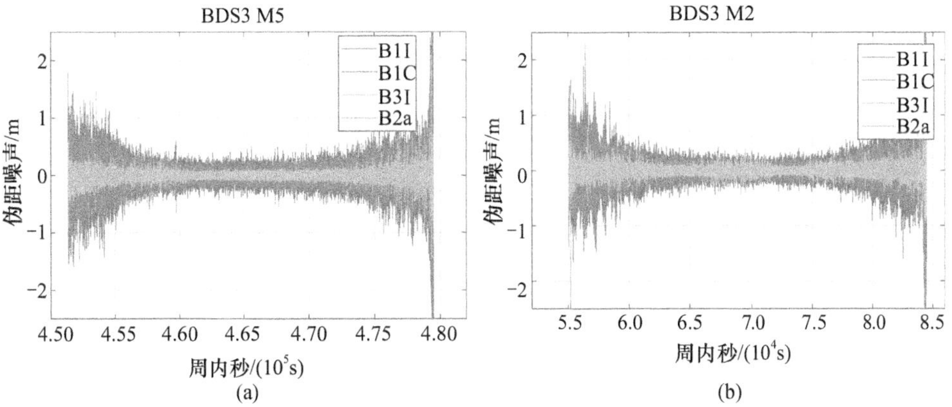

图 3.12 北斗全球系统组网卫星信号伪距噪声时间序列(见彩图)

表 3.17　北斗全球系统组网卫星 B1C 和 B2a 信号伪距测量精度　　单位:m

信号	M1	M2	M3	M4	M5	M6	M7	M8	平均值
B1C	0.1526	0.1575	0.1781	0.1495	0.1623	0.1472	0.1908	0.1802	0.1648
B2a	0.0533	0.0597	0.0697	0.0613	0.0623	0.0630	0.0778	0.0644	0.0640

图 3.13 以 M2 和 M6 卫星为例给出了北斗全球系统组网卫星 B1C 和 B2a 信号伪距多径时间序列,从图中可以看出,B2a 信号的伪距多径效应要明显小于 B1C 信号,且 B2a 信号伪距多径时间序列呈现出白噪声特性,未见明显的随高度角变化的系统性偏差。

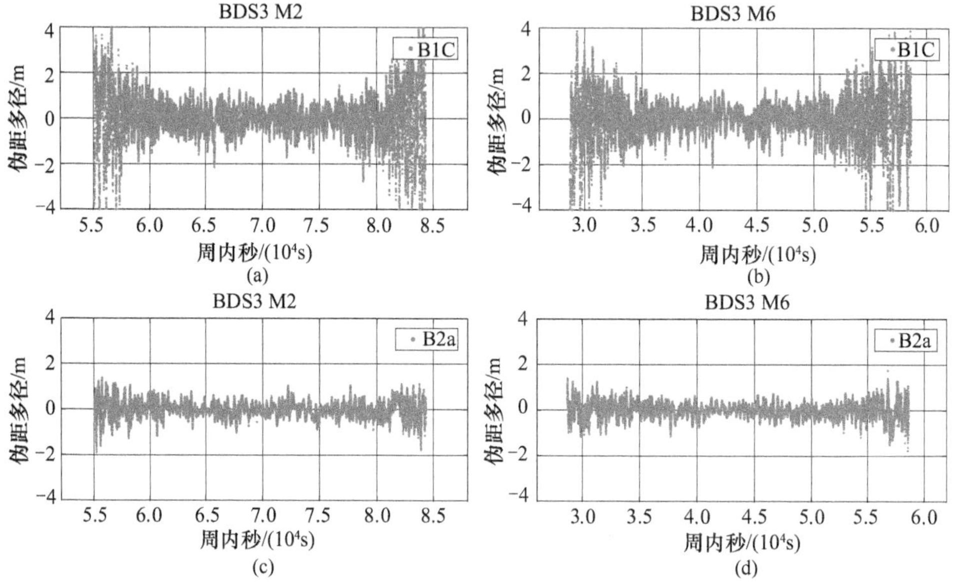

图 3.13　北斗全球系统组网卫星 B1C 和 B2a 信号伪距多径时间序列

通过比较分析北斗、GPS 和 Galileo 系统的导航信号体制,可以得出以下结论。

(1) 测距性能方面,北斗系统公开服务信号的测距精度较优,与 Galileo 系统相当。

(2) 抗多径性能方面,北斗系统公开服务信号的抗多径性能较优,与 Galileo 系统相当。

(3) 抗干扰性能方面,北斗系统无论是在军用还是民用上都处于弱势。对今后导航系统的发展不利,尤其在未来战场中会面临极大的危险。

(4) 兼容性方面,北斗系统与 Galileo 系统的信号谱安全系数值较大,存在兼容性风险。

参考文献

[1] NTIA. Cellular report to NTIA on november 2011 lab tests of select cellular device (NTIA letter en-

closure 2) [R]. Washington, DC: NTIA, 2012.

[2] NTIA. NPEF report: follow-on assessment of light squared ancillary terrestrial component effects on GPS receivers(NTIA letter enclosure 3) [R]. Washington, DC: NTIA, 2012.

[3] NTIA. Status report: assessment of compatibility of planned light squared ancillary terrestrial component transmissions in the 1526-1536MHz band with certified aviation GPS receivers (NTIA letter enclosure 4) [R]. Washington, DC: NTIA, 2012.

[4] Global Positioning System Directoratc. Navstar GPS space segment / navigation user L1C/A、L2C interfaces,IS-GPS-200E [R]. Washington, DC: DAF,2010.

[5] 胡修林,唐祖平,周鸿伟,等. GPS和Galileo信号体制设计思想综述[J]. 系统工程与电子技术,2009,31(10):2285-2293.

[6] KAPLAN E,HEGARTY C. Understanding GPS: principles and applications[M]. 2nd ed. Norwood: Artech House, 2006.

[7] BARKER B C, BETZ J W, CLARK J E, et al. Overview of the GPS M code signal[C]//Proceedings of the National Technical Meeting of the Institute of Navigation (ION-NTM 2000). California: The Institute of Navigation,2000.

[8] FONTANA R D, CHEUNG W, NOVAKP M, et al. The new L2 civil signal[C]//Proceedings of ION GPS 2001. Salt Lake City: The Institute of Navigation.

[9] Global positioning system directorate. Navstar GPS space segment / navigation user L5 interfaces (IS-GPS-705A) [R]. Washington, DC: DAF, 2010.

[10] Global Positioning System Directorate. Navstar GPS space segment / navigation user L1C interfaces (IS-GPS-800A) [R]. Washington, DC: DAF, 2010.

[11] Avila-Rodriguez J A. On generalized signal waveforms for satellite navigation [D]. Munich: University of Munich, 2008.

[12] European Space Agency. NAVIPEDIA [EB/OL]. (2012-06-07) [2017-01-29]. http://www.navipedia.net/.

[13] Russian Space Agency. GLONASS interface control document, navigational radio signal in bands L1, L2(V5.1) [R]. MOSCOW, 2008.

[14] Galileo Project Office. European GNSS (Galileo) open service signal in space interface control document (issue1.2) [R]. Luxembourg: Publications Office of the European Union, 2015.

[15] 中国卫星导航系统管理办公室. 北斗卫星导航系统空间信号接口控制文件公开服务信号(2.1版)[R]. 北京:中国卫星导航系统管理办公室, 2016.

[16] International Telecommunication Union. Annex 3 to document 8D/274 on the Chinese satellite navigation system compass: 8D-300 CHN compass 1164-1215 MHz, 8D-301 CHN compass 1260-1300 MHz, 8D-302 CHN compass description and 8D-303 CHN Compass 1559-1610 MHz [R], 2006.

[17] GREILIE T, GHION A, DANTEPAL J, et al. Compass signal structure and first measurements [C]//Proceedings of the 20th International Technical Meeting of the Institute of Navigation (ION GNSS 2007). TX: The Institute of Navigation,2007.

[18] Japan Aerospace Exploration Agency. Quasi-Zenith satellite system navigation service interface

specification for QZSS (IS - QZSS) (V1.5) [R]. Tokyo: Japan Aerospace Exploration Agency, 2013.
[19] 张春海,赵晓东,李洪涛. 印度卫星导航系统概述[J]. 电讯技术,2014,54(2):231-235.
[20] 陈金平,王梦丽,钱曙光. 现代化 GNSS 导航电文设计分析[J]. 电子与信息学报, 2011, 33(1): 211-217.
[21] 陈南, 陈大恒, 贾小林. GPS 新民用导航电文简约历书的算法和性能分析[J]. 测绘工程, 2006, 15(76): 63-66.
[22] 邱致和, 任志久. GPS L5 的信号设计与电文结构[J]. 导航, 2004, 40(3): 21-40.
[23] ZIEMER R E,PETERSON R L. Introduction to digital communication[M]. 2nd ed. Upper Saddle River: Prentice Hall,2005: 306-321.
[24] 陈南, 贾小林, 崔先强. GPS 民用导航电文 CNAV 的特点[J]. 全球定位系统, 2006, 31(1): 1-6.
[25] MISRA P,ENGE P. Global positioning system signals, measurements, and performance[M]. 2nd ed. America: Ganga-Jamuna Press, 2006: 58-60.
[26] STANSELL T A, HUDNUT K W, KEEGAN R G. Future wave L1C signal performance and receiver design [J]. GPS World, 2011, (4): 30-36, 41.
[27] 冉一航. GNSS 信号调制方式及频率兼容性研究[D]. 武汉: 华中科技大学, 2011.
[28] 中国卫星导航系统管理办公室. 北斗卫星导航系统空间信号接口控制文件公开服务信号 B1C(1.0 版)[R]. 北京: 中国卫星导航系统管理办公室, 2017.
[29] YAO Z, LU M, FENG Z M. Quadrature multiplexed BOC modulation for interoperable GNSS signals[J]. Electronics Letters, 2010, 46(17): 1234-1236.
[30] YAO Z, LU M. Optimized modulation for Compass B1 - C signal with multiple processing modes [C]//Proceedings of ION GNSS 2011. Portland: The Institute of Navigation,2011.
[31] YAO Z, ZHANG J, LU M. ACE-BOC: Dual-frequency constant envelope multiplexing for satellite navigation [J]. IEEE Transactions on Aerospace and Electronic Systems, 2016, 52(1):466-485.
[32] 中国卫星导航系统管理办公室. 北斗卫星导航系统空间信号接口控制文件公开服务信号 B2a(1.0 版)[R]. 北京: 中国卫星导航系统管理办公室, 2017.
[33] BAKKER P F D, MAREL H V D, TIBERIUS C C J M. Geometry-free un-differenced, single and double differenced analysis of single frequency GPS, EGNOS, and GIOVE - A/B measurements [J]. GPS Solution, 2009,13(2): 305-314.
[34] WANNINGER L, BEER S. BeiDou satellite-induced code pseudorange variations: diagnosis and therapy[J]. GPS Solution, 2015, 19(4):639-648.
[35] 谭述森. 北斗系统创新发展与前景预测[J]. 测绘学报, 2017, 46(10): 1284-1289.

第4章 GNSS授时与卫星钟差预报

在卫星导航定位中，精确位置测量实际上是精确时间的测量。因此，整个卫星导航系统的时间基准精度以及卫星、主控站、时间同步注入站之间的同步精度，直接决定着系统性能。下面首先介绍主要GNSS的时间同步原理，接着介绍GNSS授时原理。由于实时的PVT解算需要实时的卫星轨道和钟差，而实时卫星轨道和钟差是由主控站先利用最近的观测数据解算出当前时刻的卫星轨道和钟差，然后预报出未来一段时间的轨道和钟差参数，经由上行注入站注入卫星，再经由卫星下行信号广播给用户。为此，有必要介绍卫星轨道和钟差的测定与预报，而卫星轨道测定与预报将在下一章介绍。

4.1 GNSS时间同步

4.1.1 GPS时间同步

GPST是整个GPS运行的参考时间，是由GPS地面主控站、注入站、监测站和GPS卫星共同维持。选择主控站的一台原子钟作为基准的主参考钟，监测站与主控站之间的时间同步通过双向定时技术和单向定时技术来实现；各卫星钟与GPS主钟之间的精密时间同步，在主控站采用一种自校准的闭环系统，即采用单程测距法进行GPS的星地时间同步和校准，该工作与轨道测定同步进行。求解出卫星钟差和地面站钟差后，采用一定的时间频率调整控制策略控制与系统时间的偏差范围，从而实现整个GPS的时间同步。主控站对每颗卫星每天至少要进行1次加注，以保证卫星钟与系统时间的同步精度。GPS主钟与UTC(USNO)的时间偏差规定不超过1μs，大于该指标时，要对主钟进行调整。目前GPS时间系统的频率稳定度优于1.74×10^{-14}/d，与UTC(USNO)的时间偏差小于28ns[1-2]。

由于地球自转长期变慢，UTC会产生跳秒改正，GPST与UTC之间也会存在新的整秒偏差和秒以下小数部分偏差。2020年，GPST比UTC超前18s，这种正秒偏差以及两者之间秒以下部分偏差的转换参数通过导航电文向用户播发，以便实现GPST向UTC的转换。

4.1.2 GLONASS时间同步

GLONASS时间由主控站的主钟定义，是以中央同步器时间为基础产生的。

GLONASS 时溯源于俄罗斯国家参考时 UTC(SU)，二者之间存在 3h 的固定偏差和小于 1ms 的附加改正数 τ_c，其准确度优于 1μs。GLONASS 监测站与主控站之间的时间同步通过双向定时技术和单向定时技术来实现；GLONASS 主控站通过如下方法保证星上时间和系统时间之间的同步：首先在卫星精密轨道已知的前提下，利用监测站的站—星距离观测资料，计算出星上时间相对于系统时间之差；然后将其上行注入卫星，通过卫星导航电文转发给用户，用户在导航定位过程中进行卫星钟差的修正。卫星钟差改正数的计算采用星上时间相对于系统时间偏差的线性拟合算法，使用每一圈 30 ~ 60min 时间段内的观测资料，每天 2 次向卫星上行注入。当星上时间偏差大于 1ms 时，由地面控制系统通过星上相位微调器（其精度在 10^{-17} 量级）对卫星钟进行微调校准，以保证星上时间与中央同步器时间之差不超过 1ms。GLONASS 卫星的时间同步精度约为 20ns(1σ)[1-2]。

4.1.3 Galileo 系统时间同步

Galileo 系统时(GST)采用组合钟时间尺度，由所有地面原子钟组以及星载运行原子钟通过适当加权处理来建立和维持，实时信号由系统内的精确主钟通过与欧洲 INRiM、LNE-SYRTE、NPL 和 PTB 4 个主要时间实验室 UTC(k) 向 UTC 模 1 溯源产生。GST 与欧洲一个或几个时间实验室通过地球同步卫星进行双向时间比对，获得相对 TAI/UTC 的偏差，与 TAI 偏差小于 30ns，在一年 95% 概率内该偏差在 50ns 以内，同时将该偏差值在导航信息中向用户广播。

Galileo 系统的时间同步与精密定轨同步进行，分布在全球的 12 个轨道测定和时间同步站，每站配置监测接收机和铯原子钟，并与系统的主钟进行精确同步。卫星钟与地面钟之间的偏差通过测量的伪距值和由精密定轨得到的站星距求差得到。地面控制中心接收来自监测站的观测数据和通过共视法获得的 UTC(k)/TA(k) 数据，经过预处理、定轨与时间同步处理模块处理、滤波产生钟差改正数和平均频率，钟差改正数通过上行注入站上传至卫星，平均频率作用于 Galileo 系统主钟产生系统时间基准。其中，卫星双向时间频率传递（TWSTFT）技术的不确定度 ≤1.4ns(1σ)；共视技术的不确定度 ≤3ns(1σ)；Galileo 系统共视的不确定度 ≤1ns(1σ)。Galileo 系统每 10min 对星载钟更新一次校准数据，以满足时钟与轨道误差的综合误差不超过 0.65m。Galileo 系统校准时间间隔较小的主要原因是要减小卫星钟预报误差的影响[1-2]。

4.1.4 北斗系统时间同步

北斗地面运控系统主控站时间频率系统是北斗地面运控系统主控站的重要组成部分，其作用是产生和保持北斗系统实时时间信号 BDT，为主控站各系统提供统一的标准时间和频率信号，完成与 UTC(BSNC) 之间的时间比对。

北斗系统卫星钟与时间同步/注入站工作钟的时间比对以星地无线电双向法为

主，星地激光双向法为辅助手段的多技术冗余方案，以提高系统可靠性和可用性。卫星连续测量接收条件最好的注入站发射的上行 L 伪距，并将伪距通过下行信号发送给时间同步站。时间同步站连续测量所有可视卫星的下行 L 信号的伪距，观测数据发送给主控站，主控站完成卫星钟与系统时间的同步计算。

北斗系统监测站与主控站时间同步采用卫星双向时间频率传递（TWSTFT）方法为主、卫星双向共视法和卫星共视法为辅助手段的多技术冗余方案，几种时间同步方法同时进行，相互验证。各监测站的观测数据通过数据传输链路实时发送给主控站，主控站信息处理系统每小时计算一次钟差。

4.2　授时原理

授时指的是通过一定方式将某一时间尺度的时间信息播发到异地供用户使用的过程。北斗卫星导航系统提供 RDSS 和 RNSS 两类服务，其中，RDSS 授时又包括 RDSS 单向授时和 RDSS 双向授时两种模式，而北斗 RNSS 授时原理与其他卫星导航系统一致。

4.2.1　GNSS 授时

GNSS 授时可跟伪距定位同步解算，详见第 8.1.1 节。

由第 8.1.1 节可知，伪距单点定位可以解算得到接收机钟差 dt_r，即接收机本地钟时间 t 相对于 GNSS 时间 T 之间的偏差：

$$dt_r = t - T \tag{4.1}$$

用户使用解算得到的接收机钟差 dt_r 对接收机本地钟时间 t 进行修正，即可获得相应时刻的 GNSS 时间 T，通过这种方式可以将 GNSS 时间分发给接收机用户，授时精度可达十几至几十纳秒量级。由于 GNSS 全球覆盖，因此卫星导航系统授时技术是目前被广泛采用的高精度授时方法。

需要注意的是，用户一般需要的是 UTC 而不是 GNSS 时间，因此目前 GNSS 导航电文中一般都提供由系统时间转换到 UTC 的转换参数和 UTC 闰秒信息。下面给出根据北斗导航电文中提供的参数进行 BDT 与 UTC 转换的算法。

北斗系统广播星历中播发 BDT 与 UTC 的时间同步参数包括 A_{0UTC}、A_{1UTC}、Δt_{LS}、WN_{LSF}、DN、Δt_{LSF}。其中：A_{0UTC} 表示 BDT 相对于 UTC 的钟差；A_{1UTC} 表示 BDT 相对于 UTC 的钟速；Δt_{LS} 表示新的闰秒生效前 BDT 相对于 UTC 的累积闰秒改正数；WN_{LSF} 表示新的闰秒生效的周计数；DN 表示新的闰秒生效的周内日计数；Δt_{LSF} 表示新的闰秒生效后 BDT 相对于 UTC 的累积闰秒改正数。在整个闰秒调整过程中，北斗系统会陆续更新 Δt_{LS}、WN_{LSF}、DN 和 Δt_{LSF} 4 个参数。以 2016 年 12 月 31 日的闰秒为例，在北斗系统闰秒调整操作前，4 个参数分别为 3、239、2、3。到闰秒前 10 周时，北斗系统会向卫星发送闰秒调整指令，上述 4 个参数会变为 3、61、6、4。在闰秒调整时刻 6h 后，北斗卫星播发的上述4个参数则分别为4、61、6、4。

需要指出的是，GPS卫星播发的DN参数不同，其取值范围是1～7(即周日至周六)，而北斗卫星播发的DN参数取值范围是0～6(即周日至周六)。

基于上述闰秒调整策略，《北斗卫星导航系统空间信号接口控制文件——公开服务信号》(2.1版)给出了BDT与UTC的转换关系[3-4]如下。

(1) 当指示闰秒生效的周计数WN_{LSF}和周内日计数DN还没到来时，而且用户当前时刻t_E处在DN+2/3之前，也就是新的闰秒生效的周计数WN_{LSF}和周内日计数DN更新后，并且闰秒生效时刻8h之前，则UTC与BDT之间的变换关系为

$$t_{UTC} = (t_E - \Delta t_{UTC})[\text{模 } 86400] \quad (s) \tag{4.2}$$

式中

$$\Delta t_{UTC} = \Delta t_{LS} + A_{0UTC} + A_{1UTC} \times t_E \quad (s) \tag{4.3}$$

(2) 当用户当前时刻t_E处在指示闰秒生效的周计数WN_{LSF}和周内日计数DN+2/3到DN+5/4之间，也就是在闰秒生效时刻前8h或后6h之内时，UTC与BDT之间的变换关系为

$$t_{UTC} = W[\text{模}(86400 + \Delta t_{LSF} - \Delta t_{LS})] \quad (s) \tag{4.4}$$

式中

$$W = (t_E - \Delta t_{UTC} - 43200)[\text{模 } 86400] + 43200 \quad (s) \tag{4.5}$$

$$\Delta t_{UTC} = \Delta t_{LS} + A_{0UTC} + A_{1UTC} \times t_E \quad (s) \tag{4.6}$$

(3) 当指示闰秒生效的周计数WN_{LSF}和周内日计数DN已经过去，且用户当前时刻t_E处在DN+5/4之后，也就是闰秒生效时刻后6h之后，且下次闰秒调整的指示信息未出现之前，则UTC与BDT之间的变换关系为

$$t_{UTC} = (t_E - \Delta t_{UTC})[\text{模 } 86400] \quad (s) \tag{4.7}$$

式中

$$\Delta t_{UTC} = \Delta t_{LSF} + A_{0UTC} + A_{1UTC} \times t_E \quad (s) \tag{4.8}$$

4.2.2 北斗RDSS单向授时

中心站向卫星发射频率为C1频段的出站信号，经北斗GEO卫星转发后变为S频段信号播发给用户；如果进行短报文通信、定位或双向授时，则用户机需响应相应的出站信号，并向卫星发射L频段入站信号(可携带用户机位置信息用于双向授时计算)，经GEO卫星转发频率为C2频段的信号给中心站，如图4.1所示。

RDSS单向授时时，北斗RDSS接收机接收中心站t_0时刻播发的出站信号，可测量获得信号从中心站经GEO卫星转发至用户的时延，该时延观测值方程可写为

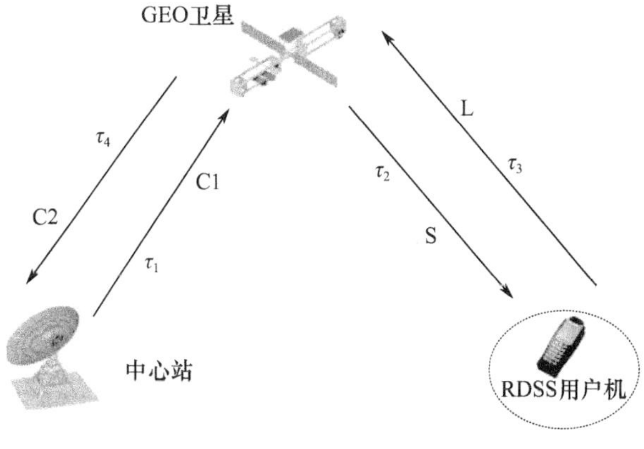

图 4.1　北斗 RDSS 单向和双向授时示意图

$$\tau_r^o = \sum_{i=1}^{2}\tau^i + \sum_{i=1}^{2}\tau_{trop}^i + \sum_{i=1}^{2}\tau_{ion}^i + \sum_{i=1}^{2}\tau_{sagnac}^i + \tau_{hd(s)}^1 + \tau_{hd(o)}^1 + \tau_{hd(r)}^2 + \tau_{r,clk}^2 + \varepsilon_r \tag{4.9}$$

式中:上标 1 表示信号从中心站上行至卫星;上标 2 表示信号从卫星下行至用户;o 表示中心站;r 表示 RDSS 用户机;τ^1为信号发射时刻 t_0 中心站位置 $\boldsymbol{r}_o$ 到卫星接收信号时刻 t_1 卫星位置 $\boldsymbol{r}_s(t_1)$之间的几何距离时延(s),$\tau^1 = |\boldsymbol{r}_o - \boldsymbol{r}_s(t_1)|/c$,$c$ 为光速;τ^2为卫星信号转发时刻 t_1 卫星位置 $\boldsymbol{r}_s(t_1)$到信号接收时刻 t_2 RDSS 接收机位置 $\boldsymbol{r}_r$之间的几何距离时延(s),$\tau^2 = |\boldsymbol{r}_s - \boldsymbol{r}_r(t_2)|/c$,$\tau_{ion}^1 = I_o/f_{C1}^2$和 $\tau_{ion}^2 = I_r/f_S^2$分别为中心站 C1 频段信号至卫星和卫星转发 S 频段至用户机的电离层延迟(s),I_o、I_r分别为与中心站 o 和用户机 r 相应的电离层延迟参数,f_{C1}、f_S为 C1 和 S 频段频率;τ_{trop}^1和 τ_{trop}^2分别为中心站和 RDSS 接收机处的对流层延迟(s);τ_{sagnac}^1、τ_{sagnac}^2为地球自转引起的 sagnac 效应改正,$\tau_{sagnac}^1 = -\frac{\omega}{c^2}[X_sY_o - Y_sX_o]$,$\tau_{sagnac}^2 = \frac{\omega}{c^2}[X_sY_r - Y_sX_r]$,$\omega$ 为地球自转角速度,(X_o,Y_o)、(X_r,Y_r)、(X_s,Y_s)分别为中心站 o、接收机 r 和卫星 s 的直角坐标;$\tau_{hd(o)}^1$、$\tau_{hd(s)}^1$、$\tau_{hd(r)}^2$分别为中心站信号发射设备时延、卫星 C1/S 转发器时延和接收机接收处理 S 频段信号时延(s);$\tau_{r,clk}^2$为 RDSS 接收机的钟差;ε_r为接收机的观测噪声和多径效应影响。

其中,中心站信号发射设备时延 $\tau_{hd(o)}^1$、卫星转发器时延 $\tau_{hd(s)}^1$在 RDSS 电文信息中广播,接收机可从中获取。接收机还从广播信息中获取卫星位置和速度,用于几何距离时延 $\sum_{i=1}^{2}\tau^i$ 的计算。令

$$\tau_c^1 = \sum_{i=1}^{2}\tau^i + \sum_{i=1}^{2}\tau_{sagnac}^i + \tau_{hd(s)}^1 + \tau_{hd(o)}^1 + \tau_{hd(r)}^2 \tag{4.10}$$

则接收机钟差为

$$\tau_{r,clk}^{2} = \tau_{r}^{o} - \tau_{c}^{1} - \sum_{i=1}^{2} \tau_{trop}^{i} - \sum_{i=1}^{2} \tau_{iono}^{i} \tag{4.11}$$

式中:对流层延迟、电离层延迟可利用模型进行修正。

由于受各类误差影响,北斗 RDSS 单向授时精度约 50ns,可利用 RDSS 双向时延测量进一步改进。

接收机根据 BDT 与 UTC 的时间偏差 Δt_{BDT_UTC}和闰秒信息 Δt_{leap},可进一步得到与 UTC 的时间偏差 Δt_{UTC}:

$$\Delta t_{UTC} = \Delta t_{BDT} + \Delta t_{BDT\_UTC} + \Delta t_{leap} \tag{4.12}$$

4.2.3 北斗 RDSS 双向授时

中心站发射出站信号经 GEO 卫星转发至北斗 RDSS 接收机,接收机接收并响应中心站出站信号,发射入站信号经卫星 s 转发至中心站,中心站可测量获得中心站至用户机之间的双向时延:

$$\begin{aligned}\tau_{o}^{o} = & \sum_{i=1}^{4} \tau^{i} + \sum_{i=1}^{4} \tau_{trop}^{i} + \sum_{i=1}^{4} \tau_{sagnac}^{i} + \sum_{i=1}^{4} \tau_{ion}^{i} + \\ & \tau_{hd(o)}^{1} + \tau_{hd(o)}^{4} + \tau_{hd(s)}^{1} + \tau_{hd(s)}^{3} + \tau_{hd(r)}^{2,3} + \varepsilon_{o}\end{aligned} \tag{4.13}$$

式中:上标 3 表示信号从用户机上行至卫星;上标 4 表示信号从卫星下行至中心站;τ^3为用户机信号发射时刻 t_2的位置 $\boldsymbol{r}_r$到卫星接收时刻 t_3的天线位置 $\boldsymbol{r}_s(t_3)$之间的几何距离时延(s),$\tau^3 = |\boldsymbol{r}_r - \boldsymbol{r}_s(t_3)|/c$;$\tau^4$为卫星信号转发时刻 t_3的位置 $\boldsymbol{r}_s(t_3)$到中心站接收信号时刻 t_4的位置 $\boldsymbol{r}_r(t_4)$之间的几何距离时延(s),$\tau^4 = |\boldsymbol{r}_s(t_3) - \boldsymbol{r}_o|/c$;$\tau_{ion}^3 = \frac{I_r}{f_L^2}$和 $\tau_{ion}^4 = \frac{I_o}{f_{C2}^2}$为用户机 L 频段信号至卫星和卫星 C2 频段信号至中心站的电离层延迟(s),f_{C2}、f_L为 C2 和 L 频段频率;τ_{sagnac}^3、τ_{sagnac}^4为地球自转引起的 sagnac 效应改正,$\tau_{sagnac}^3 = -\frac{\omega}{c^2}[X_sY_r - Y_sX_r]$,$\tau_{sagnac}^4 = \frac{\omega}{c^2}[X_sY_o - Y_sX_o]$;$\tau_{hd(o)}^4$、$\tau_{hd(s)}^3$、$\tau_{hd(r)}^{2,3}$分别为中心站接收处理 C2 频段入站信息的时延、卫星 L/C2 转发器时延、接收机处理 S 出站信号并发射 L 频段入站信号的设备硬件时延(接收机双向时延)(s);ε_o为中心站接收机的观测噪声和多径效应;其余符号含义同式(4.9)。

式(4.12)中,中心站信号发射和接收时延、卫星出站和入站转发器时延、用户机收发双向时延均可精确标定,并存储于中心站。卫星、中心站、接收机位置均已知,则 4 个几何距离延迟 $\tau^i\,(i=1,2,3,4)$可以计算获得,也可以通过式(4.13)计算获得[5-6];4 个 sagnac 修正项 $\tau_{sagnac}^i\,(i=1,2,3,4)$均可通过模型计算而精确修正;对流层延迟与地点位置和卫星仰角相关,与频率不相关,即 $\tau_{trop}^1 = \tau_{trop}^4$,$\tau_{trop}^2 = \tau_{trop}^3$,可采用 Saastamoinen 等模型进行修正;电离层延迟可通过模型进行修正。

北斗 RDSS 双向授时利用相同的往返路径,大大削弱了信号传播过程中的对称性误差,例如对流层延迟、电离层延迟和卫星星历误差等,因此,北斗 RDSS 双向授时精度可达 10ns。

4.2.4 RDSS 双向授时改进算法

传统的北斗 RDSS 双向授时算法，是以中心站至用户机的单程几何延迟 $\sum_{i=1}^{2}\tau^i$ 为待估参数，以单程几何延迟 $\sum_{i=1}^{2}\tau^i$ 为双程几何延迟 $\sum_{i=1}^{4}\tau^i$ 的 1/2 为依据，利用双向测距来计算式(4.9) 中的单程几何延迟 $\sum_{i=1}^{2}\tau^i$[5-6]：

$$\sum_{i=1}^{2}\tau^i = \frac{1}{2}\sum_{i=1}^{4}\tau^i = \frac{\tau_o^o}{2} - \frac{1}{2}\left(\sum_{i=1}^{4}\tau_{\text{trop}}^i + \sum_{i=1}^{4}\tau_{\text{sagnac}}^i + \sum_{i=1}^{4}\tau_{\text{ion}}^i\right) - \frac{1}{2}(\tau_{\text{hd(o)}}^1 + \tau_{\text{hd(o)}}^4 + \tau_{\text{hd(s)}}^1 + \tau_{\text{hd(s)}}^3 + \tau_{\text{hd(r)}}^{2,3}) \tag{4.14}$$

将式(4.14)代入式(4.9)，即可获得用户机钟差 $\tau_{\text{r,clk}}^2$：

$$\tau_{\text{r,clk}}^2 = \tau_r^o - \frac{\tau_o^o}{2} - \frac{1}{2}\left(\sum_{i=1}^{2}\tau_{\text{sagnac}}^i - \sum_{i=3}^{4}\tau_{\text{sagnac}}^i\right) - \frac{1}{2}\left(\sum_{i=1}^{2}\tau_{\text{ion}}^i - \sum_{i=3}^{4}\tau_{\text{ion}}^i\right) + \frac{1}{2}(\tau_{\text{hd(o)}}^1 - \tau_{\text{hd(o)}}^4) + \frac{1}{2}(\tau_{\text{hd(s)}}^1 - \tau_{\text{hd(s)}}^3) - \frac{1}{2}\tau_{\text{hd(r)}}^{2,3} + \tau_{\text{hd(r)}}^2 \tag{4.15}$$

式中：对流层延迟被消去，电离层延迟则需要采用模型进行修正；各设备均已进行时延标定，存储于中心站用于时延修正。北斗 RDSS 双向授时算法可能受到卫星双向时间比对方法[7]的启示，其主要出发点是降低北斗双向授时对卫星星历和用户机位置的精度要求；不过，由于北斗 RDSS 双向授时与卫星双向时间比对在原理上略有不同，使得北斗 RDSS 双向授时算法不仅受电离层延迟误差影响较大[5]，同时仍会受到 GEO 运动的影响。GEO 径向速度最大约 10m/s，RDSS 出站信号和入站信号往返经过 GEO 卫星的时间相差 0.2s 以上，因此认为单程几何延迟 $\sum_{i=1}^{2}\tau^i$ 为双程几何延迟 $\sum_{i=1}^{4}\tau^i$ 的一半，也会引入十余纳秒甚至数十纳秒的误差。

我们提出如下改进算法：基于北斗现有的米级精度广播星历或更高精度的精密星历，以电离层延迟为待估参数，利用出站信号和入站信号之间的频率比例关系，重新构建电离层延迟计算模型，并利用双向测距计算获得电离层延迟，进而计算用户机钟差。利用式(4.12)，可获得电离层延迟：

$$\sum_{i=1}^{4}\tau_{\text{ion}}^i = \tau_o^o - 2(\tau_{\text{trop}}^1 + \tau_{\text{trop}}^2) - \left(\sum_{i=1}^{4}\tau^i + \sum_{i=1}^{4}\tau_{\text{sagnac}}^i\right) - (\tau_{\text{hd(o)}}^1 + \tau_{\text{hd(o)}}^4 + \tau_{\text{hd(s)}}^1 + \tau_{\text{hd(s)}}^3 + \tau_{\text{hd(r)}}^{2,3}) \tag{4.16}$$

令

$$\tau_{c}^{2} = \sum_{i=1}^{4} \tau^{i} + \sum_{i=1}^{4} \tau_{\text{sagnac}}^{i} + \tau_{\text{hd(o)}}^{1} + \tau_{\text{hd(o)}}^{4} + \tau_{\text{hd(s)}}^{1} + \tau_{\text{hd(s)}}^{3} + \tau_{\text{hd(r)}}^{2,3} \tag{4.17}$$

则

$$\sum_{i=1}^{4} \tau_{\text{ion}}^{i} = \tau_{o}^{o} - \tau_{c} - 2(\tau_{\text{trop}}^{1} + \tau_{\text{trop}}^{2}) \tag{4.18}$$

由于存在$\dfrac{f_{C2}}{f_{C1}} \approx \dfrac{f_{S}}{f_{L}} \approx 1.5$的近似比例关系，则

$$\sum_{i=1}^{4} \tau_{\text{ion}}^{i} \approx 3.25(\tau_{\text{ion}}^{1} + \tau_{\text{ion}}^{2}) \tag{4.19}$$

将式(4.19)代入式(4.15)，则有

$$(\tau_{\text{ion}}^{1} + \tau_{\text{ion}}^{2}) = \frac{1}{3.25}(\tau_{o}^{o} - \tau_{c}^{2} - 2(\tau_{\text{trop}}^{1} + \tau_{\text{trop}}^{2})) \tag{4.20}$$

考虑对流层延迟，进一步有

$$(\tau_{\text{ion}}^{1} + \tau_{\text{ion}}^{2}) + (\tau_{\text{trop}}^{1} + \tau_{\text{trop}}^{2}) = \frac{1}{3.25}(\tau_{o}^{o} - \tau_{c}^{2} - 2(\tau_{\text{trop}}^{1} + \tau_{\text{trop}}^{2})) + (\tau_{\text{trop}}^{1} + \tau_{\text{trop}}^{2}) =$$

$$\frac{1}{3.25}(\tau_{o}^{o} - \tau_{c}^{2}) + \frac{1.25}{3.25}(\tau_{\text{trop}}^{1} + \tau_{\text{trop}}^{2}) \tag{4.21}$$

将式(4.21)代入式(4.11)，则可得用户机钟差为

$$\tau_{\text{r,clk}}^{2} = \tau_{r}^{o} - (\tau_{c}^{1} + \frac{1}{3.25}(\tau_{o}^{o} - \tau_{c}^{2}) + \frac{1.25}{3.25}(\tau_{\text{trop}}^{1} + \tau_{\text{trop}}^{2})) \tag{4.22}$$

式中，$\tau_{c}^{1} + \dfrac{1}{3.25}(\tau_{o}^{o} - \tau_{c}^{2}) + \dfrac{1.25}{3.25}(\tau_{\text{trop}}^{1} + \tau_{\text{trop}}^{2})$在中心站进行计算后，通过 RDSS 发送给用户机进行修正。

改进后的 RDSS 双向授时算法，授时精度可达到5ns左右。北斗 RDSS 双向授时最大误差源为卫星位置误差和中心站接收机噪声。因此建议在卫星位置计算时，不仅要采用精密星历和天线相位中心修正方法来减小卫星位置误差，还要确保卫星位置计算时刻的正确性，避免卫星运动而引入额外误差；同时也建议在用户端采用滤波算法来减弱中心站入站接收机噪声影响。

4.3 基于能量谱噪声的钟差预报精度分析

欲用卫星导航系统进行导航定位，用户需要知道精确的卫星钟时间参数，这就需要对卫星钟相对于系统时间的时差参数进行建模和外推，因此，需要研究卫星导航系统卫星钟的预报特性。为了分析卫星钟预报特性，首先用一次或二次多项式对观测的时差数据进行拟合，求得拟合参数；然后利用这些拟合参数进行外推，其外推时间与卫星的不可观测弧段有关。研究表明时间同步误差是基于拟合参数进行钟差预报

的最大误差[1,8]，关键问题是如何将时间同步误差和卫星钟噪声水平联系起来，为此，需要研究不同噪声情况下的钟差预报精度。国内外学者郭海荣[1]、Vernotte 等[9]研究了五种常用噪声情况下的外推误差精度。考虑到当平滑时间大于一周时，铷钟还会受到甚低频噪声影响，如调频随机奔跑噪声，为了分析铷钟的长期预报特性，需研究分析所有噪声情况下的钟差预报精度。

下面将首先研究切比雪夫多项式拟合法，并分析不同噪声情况下参数估值的收敛特性，接着，在分析原子钟钟差相关函数和拟合参数方差的基础上，推导不同噪声情况下的拟合残差方差和外推误差方差，并分析拟合残差方差和时间方差的关系以及外推误差方差的渐进趋势，研究预报时间固定时，不同噪声的最佳拟合时间及其对应的最小预报误差，在分析外推误差统计特性的基础上，给出基于噪声水平和基于残差方差估计外推误差的置信度。

4.3.1　原子钟时差数据参数拟合

4.3.1.1　切比雪夫多项式的引入

设 $x(t)$ 为采样间隔为 τ_0 的时差序列：$\{x(t_0), x(t_1), \cdots, x(t_{N-1})\}$，且 $t_i = i\tau_0$。经典的最小二乘二次拟合函数可表示为

$$x(t) = C_0 + C_1 t + C_2 t^2 + e(t) \tag{4.23}$$

式中：$\{C_0, C_1, C_2\}$ 为拟合参数；$e(t)$ 为 $x(t)$ 的随机变化分量。

为了简化参数估计及其统计特性分析，用切比雪夫多项式前三项作为内插函数来描述原子钟的确定性变化分量，图 4.2 直观地描绘了切比雪夫多项式前三项（$N = 100$）：

$$\begin{cases} \Phi_0(t) = \dfrac{1}{\sqrt{N}} \\ \Phi_1(t) = \sqrt{\dfrac{3}{(N-1)N(N+1)}}\left[2\dfrac{t}{\tau_0} - (N-1)\right] \\ \Phi_2(t) = \sqrt{\dfrac{5}{(N-2)(N-1)N(N+1)(N+2)}}\left[6\dfrac{t^2}{\tau_0^2} - 6(N-1)\dfrac{t}{\tau_0} + (N-2)(N-1)\right] \end{cases} \tag{4.24}$$

于是，二次内插函数可表示为

$$x(t) = q_0\Phi_0(t) + q_1\Phi_1(t) + q_2\Phi_2(t) + e(t) \tag{4.25}$$

式中：拟合参数 $\{q_0, q_1, q_2\}$ 的单位与 $x(t)$ 的单位相同，都为时间单位；切比雪夫多项式 $\Phi_i(t)\ (i=0,1,2)$ 为无量纲的量。

定义矢量 $\boldsymbol{\Phi}_i$ 为

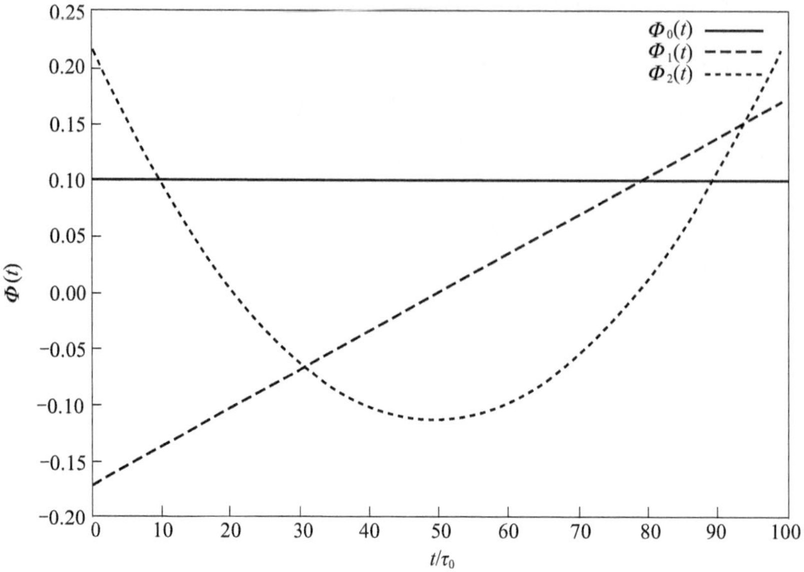

图 4.2　切比雪夫多项式前三项($N=100$)

$$\boldsymbol{\Phi}_i=\begin{bmatrix}\Phi_i(t_0)\\ \vdots\\ \Phi_i(t_{N-1})\end{bmatrix} \tag{4.26}$$

于是可构造矩阵

$$\boldsymbol{\Phi}=(\boldsymbol{\Phi}_0\quad \boldsymbol{\Phi}_1\quad \boldsymbol{\Phi}_2)=\begin{bmatrix}\Phi_0(t_0) & \Phi_1(t_0) & \Phi_2(t_0)\\ \vdots & \vdots & \vdots\\ \Phi_0(t_{N-1}) & \Phi_1(t_{N-1}) & \Phi_2(t_{N-1})\end{bmatrix} \tag{4.27}$$

而切比雪夫多项式各项组成的矢量满足标准化正交特性,即

$$\boldsymbol{\Phi}^{\mathrm{T}}\boldsymbol{\Phi}=\boldsymbol{I}_3 \tag{4.28}$$

式中:$\boldsymbol{I}_3$为 3×3 维的单位阵。

利用切比雪夫多项式的这一特性,可以简化参数估计及其统计特性分析,并可提高参数估值精度。

4.3.1.2　参数估计

根据式(4.25)可列出误差方程

$$\boldsymbol{V}=\boldsymbol{\Phi q}-\boldsymbol{L} \tag{4.29}$$

式中:$\boldsymbol{\Phi}$ 为 $N\times 3$ 维的系数阵;$\boldsymbol{q}$ 为未知参数矢量;$\boldsymbol{L}$ 为时差观测量 $x(t_i)$ 组成的列矢量;$\boldsymbol{V}$ 为 $\boldsymbol{L}$ 的残差矢量。

$$\boldsymbol{L}=\begin{bmatrix}x(t_0)\\ \vdots\\ x(t_{N-1})\end{bmatrix},\quad \boldsymbol{q}=\begin{bmatrix}q_0\\ q_1\\ q_2\end{bmatrix},\quad \boldsymbol{V}=\begin{bmatrix}e(t_0)\\ \vdots\\ e(t_{N-1})\end{bmatrix} \tag{4.30}$$

假设时差序列 $x(t_i)$ 独立等精度，那么未知参数矢量 $\boldsymbol{q}$ 的最小二乘估值为

$$\hat{\boldsymbol{q}} = (\boldsymbol{\Phi}^{\mathrm{T}}\boldsymbol{\Phi})^{-1}\boldsymbol{\Phi}^{\mathrm{T}}\boldsymbol{L} \tag{4.31}$$

结合 $\boldsymbol{\Phi}^{\mathrm{T}}\boldsymbol{\Phi} = \boldsymbol{I}_3$，参数估值可表示为

$$\hat{\boldsymbol{q}} = \boldsymbol{\Phi}^{\mathrm{T}}\boldsymbol{L} \tag{4.32}$$

参数 $\hat{\boldsymbol{q}}_j(j=0,1,2)$ 的估值可进一步表示为

$$\hat{\boldsymbol{q}}_j = \boldsymbol{\Phi}_j^{\mathrm{T}} \cdot \boldsymbol{L} = \sum_{i=0}^{N-1} \Phi_j(t_i)x(t_i) \tag{4.33}$$

结合式(4.23)、式(4.25)，拟合参数 $\{C_0, C_1, C_2\}$ 可表示为

$$C_0 = \frac{1}{\sqrt{N}}q_0 - \sqrt{\frac{3(N-1)}{N(N+1)}}q_1 + \sqrt{\frac{5(N-2)(N-1)}{N(N+1)(N+2)}}q_2 \tag{4.34}$$

$$C_1 = \frac{2}{\tau_0}\sqrt{\frac{3}{(N-1)N(N+1)}}q_1 - \frac{6}{\tau_0}\sqrt{\frac{5(N-1)}{(N-2)N(N+1)(N+2)}}q_2 \tag{4.35}$$

$$C_2 = \frac{6}{\tau_0^2}\sqrt{\frac{5}{(N-2)(N-1)N(N+1)(N+2)}}q_2 \tag{4.36}$$

式中：C_0单位与 q_0、q_1、q_2相同，都为时间单位；C_1单位与 q_1/τ_0和 q_2/τ_0相同，是无量纲的量；C_2单位与 q_2/τ_0^2相同，为频率单位。

参数 $\{C_0, C_1, C_2\}$ 与参数 $\{q_0, q_1, q_2\}$ 之间的转换关系是很严格的，唯一的差异应当归于截断误差。考虑到切比雪夫多项式的协方差矩阵是最优的，最小化了这种截断误差，因此，由上面的间接方法得到的参数 $\{C_0, C_1, C_2\}$ 估值精度高于用式(4.23)直接计算的参数估值精度。

4.3.1.3 参数估值的收敛性

上述参数估值都是在假设观测量独立等精度的前提下得到的，可通过增加观测量个数来提高参数估计精度。但是实际的原子钟时差数据是相关的，这就要分析不同能量谱噪声情况下，当观测量个数趋于无穷大时，参数估值是否收敛，也就是说，参数方差是否为一有限值。当参数估值收敛时，由式(4.33)给出的参数估值才有意义。

参数方差的频域表达式为[10-11]

$$\langle \hat{q}_i^2 \rangle = \int_{-\infty}^{+\infty} |\varphi_i(f)|^2 S_x^{2S}(f)\,\mathrm{d}f \tag{4.37}$$

式中：$\varphi_i(f)$ 为内插函数 $\Phi_i(t)$ 的傅里叶变换；$S_x^{2S}(f)$ 为时差观测量 $x(t)$ 的双边能量谱密度。

$S_x^{2S}(f)$ 可表示为 $S_x^{2S}(f) \propto f^{\beta}(\beta = 0, -1, \cdots, -6)$，于是，参数估值的收敛条件可表示为

$$\int_{-\infty}^{+\infty} |\varphi_i(f)|^2 f^{\beta}\mathrm{d}f \quad 收敛 \tag{4.38}$$

根据矩条件,可导出如下等价关系[9,12]:

$$\int_{-\infty}^{+\infty} |\varphi_i(f)|^2 f^{\beta} \mathrm{d}f \quad \text{收敛} \quad \Leftrightarrow \quad \sum_{j=0}^{N-1} \Phi_i(t_j) t_j^n = 0 \qquad 0 \leqslant n \leqslant \frac{-\beta - 1}{2} \tag{4.39}$$

考虑到切比雪夫多项式构成了一个正交基,每一个 n 阶多项式可以表示成切比雪夫多项式的线性组合

$$t^n = \sum_{i=0}^{n} q_i \Phi_i(t) \tag{4.40}$$

而 n 阶多项式 t^n 正交于阶数大于 n 的切比雪夫多项式,即满足关系

$$\sum_{j=0}^{N-1} \Phi_i(t_j) t_j^n = 0 \qquad i > n \tag{4.41}$$

这是判断参数估值 q_i 是否收敛的简单方法。比如,对于 $\beta = -4$ 的调频随机游走噪声,式(4.39)表明只有下述条件成立时,参数 q_i 方差才为一有限值

$$\sum_{j=0}^{N-1} \Phi_i(t_j) t_j^n = 0 \qquad n = 0,1 \tag{4.42}$$

根据正交多项式特性,只有 $\Phi_2(t)$ 满足上述条件,这表明参数 q_0、q_1 的方差是发散的。引入一个低截止频率 f_1,可以使参数 q_0、q_1 的方差为一有限值。这说明:低频噪声的发散特性引入一线性漂移项,低截止频率 f_1 越低,漂移系数方差越大。因此,为了保证这种噪声情况下参数收敛,需设一低截止频率 f_1。表 4.1 给出了不同能量谱噪声情况下参数的收敛特性。

表 4.1　不同能量谱噪声情况下参数的收敛特性(*表示参数收敛)[1]

$S_x(f)$	$k_0 f^0$	$k_{-1} f^{-1}$	$k_{-2} f^{-2}$	$k_{-3} f^{-3}$	$k_{-4} f^{-4}$	$k_{-5} f^{-5}$	$k_{-6} f^{-6}$
q_0	*						
q_1	*	*	*				
q_2	*	*	*	*	*		

参数发散意味着当采样个数趋于无穷大时,其方差也趋于无穷大。然而,在实际计算中都是采用有限时间序列,这相当于对时间序列设了一低截止频率 f_1。此时,发散参数的方差与时间序列长度有关,实际上,与时间序列低截止频率的导数 $1/f_1$ 有关。所以,对于一有限时间序列,不管参数 q_i 是否发散,总可以估计出一有限值。

4.3.2 原子钟拟合残差分析

原子钟拟合误差和外推误差的随机特性与能量谱噪声类型有直接关系,而时差数据的自相关函数 $R_x(t)$ 包含了原子钟的能量谱噪声类型信息,为此,在计算分析拟合残差和外推误差以前,有必要计算原子钟时差数据不同能量谱噪声情况下的自相关函数。

4.3.2.1 时差数据相关性分析

考虑到自相关函数 $R_x(t)$ 的傅里叶变换是能量谱密度 $S_x(f)$，于是，原子钟时差数据的相关函数可表示为

$$R_x(t_j - t_i) = \langle x(t_i) \cdot x(t_j) \rangle = \int_{-\infty}^{+\infty} S_x^{2S}(f) e^{j2\pi f(t_j - t_i)} df =$$

$$\int_0^{+\infty} S_x(f) \cos[2\pi f(t_j - t_i)] df \tag{4.43}$$

一般来说，随机过程的频域性质与时域性质可以相互唯一确定。对于平稳过程，频域性质与时域性质的相互关系恰好是一对傅里叶变换：

$$S_x(f) = \int_{-\infty}^{+\infty} R_x(\tau) \cos(2\pi f\tau) d\tau \tag{4.44}$$

$$R_x(\tau) = \int_{-\infty}^{+\infty} S_x(f) \cos(2\pi f\tau) df \tag{4.45}$$

对于平稳遍历过程，其统计性质完全可以通过有限次测量来实现，且测量次数越多，置信度越大。傅里叶变换对式(4.44)和式(4.45)是基于噪声过程的平稳遍历假设条件导出的，表现在频域上就是要求频谱绝对可积。而大多数原子钟能量谱噪声($\beta \leqslant -1$)不满足平稳遍历这个假设条件，也就是不满足积分成立的条件，致使式(4.45)的积分发散。这种发散不仅在频率高端，即使设定高端截止频率 f_h，式(4.45)积分仍在频率低端发散。有人认为这是由于傅里叶频率过低而引起的模型病态，主要原因是企图用有限测量外推无限远过程（即 $f = 1/T$，$f \to 0$ 时，$T \to \infty$）。为保证上述积分收敛，引入高端截止频率 f_h 和低端截止频率 f_l。于是，时差数据相关函数可进一步表示为

$$R_x(t_j - t_i) = f_l S_x(f_l) + \int_{f_l}^{+\infty} S_x(f) \cos[2\pi f(t_j - t_i)] df \tag{4.46}$$

需要说明的是，f_h 仅适用于调相白噪声和调相闪变噪声，对于调频噪声，没必要设高端截止频率 f_h，积分上限设为 $+\infty$。

而原子钟随机模型的统计性质，完全可以由噪声幂律谱模型给出，即

$$S_x(f) = \sum_{\beta=-6}^{0} k_\beta f^\beta \tag{4.47}$$

于是，结合式(4.46)和式(4.47)可计算各种能量谱噪声的相关函数，结果总结于表4.2。下面仅以调频随机奔跑噪声为例，给出时差数据相关函数的计算过程。

当原子钟主要受调频随机奔跑噪声影响时，$S_x(f) = k_{-6} f^{-6}$。此时，相关函数可表示为

$$R_x(t_j - t_i) = \frac{k_{-6}}{f_l} + k_{-6} \cdot \int_{f_l}^{+\infty} \frac{\cos[2\pi f(t_j - t_i)]}{f^6} df \approx$$

$$
\begin{cases} \dfrac{6k_{-6}}{5f_1^5} & i = j \\ k_{-6}\left[\dfrac{6}{5f_1^5} - \dfrac{2\pi^2}{3f_1^3}(t_j - t_i)^2 + \dfrac{2\pi^4}{3f_1}(t_j - t_i)^4 - \dfrac{2\pi^6}{15}|t_j - t_i|^5\right] & i \neq j \end{cases} \tag{4.48}
$$

表 4.2　不同能量谱噪声情况下时差数据的相关性[1]

$S_x(f)$	$R_x(t_j - t_i)$　$i \neq j$	$R_x(0)$
k_0	0	$k_0 f_h$
$k_{-1}f^{-1}$	$k_{-1}[1 - C - \ln(2\pi f_1 \mid t_j - t_i \mid)]$	$k_{-1}\left[1 + \ln\left(\frac{f_h}{f_1}\right)\right]$
$k_{-2}f^{-2}$	$k_{-2}\left[\frac{2}{f_1} - \pi^2 \mid t_j - t_i \mid + 2\pi^2 f_1 (t_j - t_i)^2\right]$	$\frac{2k_{-2}}{f_1}$
$k_{-3}f^{-3}$	$k_{-3}\left[\frac{3}{2f_1^2} + \pi^2 (t_j - t_i)^2 \{-3 + 2C + 2\ln(2\pi f_1 \mid t_j - t_i \mid)\}\right]$	$\frac{3k_{-3}}{2f_1^2}$
$k_{-4}f^{-4}$	$k_{-4}\left[\frac{4}{3f_1^3} - \frac{2\pi^2}{f_1}(t_j - t_i)^2 + \frac{2\pi^4}{3}\mid t_j - t_i \mid^3\right]$	$\frac{4k_{-4}}{3f_1^3}$
$k_{-5}f^{-5}$	$k_{-5}\left[\frac{5}{4f_1^4} - \frac{\pi^2}{f_1^2}(t_j - t_i)^2 - \frac{\pi^4}{18}(t_j - t_i)^4 \{-25 + 12C + 12\ln(2\pi f_1 \mid t_j - t_i \mid)\}\right]$	$\frac{5k_{-5}}{4f_1^4}$
$k_{-6}f^{-6}$	$k_{-6}\left[\frac{6}{5f_1^5} - \frac{2\pi^2}{3f_1^3}(t_j - t_i)^2 + \frac{2\pi^4}{3f_1}(t_j - t_i)^4 - \frac{2\pi^6}{15}\mid t_j - t_i \mid^5\right]$	$\frac{6k_{-6}}{5f_1^5}$
注：表中 $C = 0.5772$ 为欧拉常量，高截止频率一般取为 $f_h = \frac{1}{2\tau_0}$		

4.3.2.2　参数方差计算

根据参数估计式(4.32)，参数协方差阵 $\boldsymbol{C}$ 可表示为

$$
\boldsymbol{C} = \langle \hat{\boldsymbol{q}} \cdot \hat{\boldsymbol{q}}^{\mathrm{T}} \rangle = \langle \boldsymbol{\Phi}^{\mathrm{T}} \boldsymbol{L} \cdot \boldsymbol{L}^{\mathrm{T}} \boldsymbol{\Phi} \rangle = \boldsymbol{\Phi}^{\mathrm{T}} \langle \boldsymbol{L} \cdot \boldsymbol{L}^{\mathrm{T}} \rangle \boldsymbol{\Phi} \tag{4.49}
$$

式中：矩阵 $\langle \boldsymbol{L} \cdot \boldsymbol{L}^{\mathrm{T}} \rangle$ 的第 (i,j) 个元素为

$$
\langle \boldsymbol{L} \cdot \boldsymbol{L}^{\mathrm{T}} \rangle_{i,j} = R_{ij} = \langle x(t_i) x(t_j) \rangle = R_x(t_j - t_i)
$$

于是，参数协方差阵 $\boldsymbol{C}$ 可进一步表示为

$$
\boldsymbol{C} = \begin{bmatrix} \sigma_{q_0}^2 & \sigma_{q_0 q_1} & \sigma_{q_0 q_2} \\ \sigma_{q_1 q_0} & \sigma_{q_1}^2 & \sigma_{q_1 q_2} \\ \sigma_{q_2 q_0} & \sigma_{q_2 q_1} & \sigma_{q_2}^2 \end{bmatrix} =
$$

$$\begin{bmatrix} \sum_{j=1}^{N}\Phi_0(t_j)\cdot\left[\sum_{i=1}^{N}\Phi_0(t_i)R_{ij}\right] & \sum_{j=1}^{N}\Phi_1(t_j)\cdot\left[\sum_{i=1}^{N}\Phi_0(t_i)R_{ij}\right] & \sum_{j=1}^{N}\Phi_2(t_j)\cdot\left[\sum_{i=1}^{N}\Phi_0(t_i)R_{ij}\right] \\ \sum_{j=1}^{N}\Phi_0(t_j)\cdot\left[\sum_{i=1}^{N}\Phi_1(t_i)R_{ij}\right] & \sum_{j=1}^{N}\Phi_1(t_j)\cdot\left[\sum_{i=1}^{N}\Phi_1(t_i)R_{ij}\right] & \sum_{j=1}^{N}\Phi_2(t_j)\cdot\left[\sum_{i=1}^{N}\Phi_1(t_i)R_{ij}\right] \\ \sum_{j=1}^{N}\Phi_0(t_j)\cdot\left[\sum_{i=1}^{N}\Phi_2(t_i)R_{ij}\right] & \sum_{j=1}^{N}\Phi_1(t_j)\cdot\left[\sum_{i=1}^{N}\Phi_2(t_i)R_{ij}\right] & \sum_{j=1}^{N}\Phi_2(t_j)\cdot\left[\sum_{i=1}^{N}\Phi_2(t_i)R_{ij}\right] \end{bmatrix} \tag{4.50}$$

由此可见，原子钟时差数据拟合参数的收敛特性与能量谱噪声类型有关，而时差数据的自相关函数 $R_x(t)$ 包含了原子钟能量谱噪声的全部信息，于是，可结合时差数据的相关性计算各种能量谱噪声情况下的参数方差，结果总结于表 4.3。下面仅以调频随机奔跑噪声为例，给出拟合参数方差的计算过程。

当原子钟主要受调频随机奔跑噪声（$\beta=-6$）影响时，拟合参数方差 $\sigma_{q_0}^2$、$\sigma_{q_1}^2$ 和 $\sigma_{q_2}^2$ 分别为

$$\sigma_{q_0}^2=\sum_{j=1}^{N}\Phi_0(t_j)\cdot\left[\sum_{i=1}^{N}\Phi_0(t_i)R_{ij}\right]=$$

$$k_{-6}\cdot\left[\frac{6N}{5f_1^5}-\frac{\pi^2\tau_0^2N^3}{9f_1^3}+\frac{2\pi^4\tau_0^4N^5}{45f_1}-\frac{2\pi^6\tau_0^5N^6}{315}\right]\approx\frac{6Nk_{-6}}{5f_1^5} \tag{4.51}$$

$$\sigma_{q_1}^2=\sum_{j=1}^{N}\Phi_1(t_j)\cdot\left[\sum_{i=1}^{N}\Phi_1(t_i)R_{ij}\right]=$$

$$k_{-6}\cdot\left[\frac{\pi^2\tau_0^2N^3}{9f_1^3}-\frac{\pi^4\tau_0^4N^5}{15f_1}+\frac{2\pi^6\tau_0^5N^6}{189}\right]\approx\frac{\pi^2\tau_0^2N^3k_{-6}}{9f_1^3} \tag{4.52}$$

$$\sigma_{q_2}^2=\sum_{j=1}^{N}\Phi_2(t_j)\cdot\left[\sum_{i=1}^{N}\Phi_2(t_i)R_{ij}\right]=$$

$$k_{-6}\cdot\left[\frac{\pi^4\tau_0^4N^5}{45f_1}-\frac{10\pi^6\tau_0^5N^6}{2079}\right]\approx\frac{\pi^4\tau_0^4N^5k_{-6}}{45f_1} \tag{4.53}$$

表 4.3　不同能量谱噪声情况下的参数方差[1]

$S_x(f)$	$\sigma_{q_0}^2$	$\sigma_{q_1}^2$	$\sigma_{q_2}^2$
k_0	k_0f_h	k_0f_h	k_0f_h
$k_{-1}f^{-1}$	$\frac{5-2C-2\ln(2\pi f_1N\tau_0)}{2}Nk_{-1}$	$\frac{3Nk_{-1}}{4}$	—
$k_{-2}f^{-2}$	$\frac{2Nk_{-2}}{f_1}$	$\frac{\pi^2N^2\tau_0k_{-2}}{5}$	$\frac{\pi^2N^2\tau_0k_{-2}}{21}$
$k_{-3}f^{-3}$	$\frac{3Nk_{-3}}{2f_1^2}$	$\frac{\pi^2N^3\tau_0^2k_{-3}}{12}[7-4C-4\ln(2\pi N\tau_0f_1)]$	$\frac{5\pi^2N^3\tau_0^2k_{-3}}{72}$

（续）

$S_x(f)$	$\sigma_{q_0}^2$	$\sigma_{q_1}^2$	$\sigma_{q_2}^2$
$k_{-4}f^{-4}$	$\frac{4Nk_{-4}}{3f_1^3}$	$\frac{\pi^2 N^3 \tau_0^2 k_{-4}}{3f_1}$	$\frac{\pi^4 N^4 \tau_0^3 k_{-4}}{63}$
$k_{-5}f^{-5}$	—	—	—
$k_{-6}f^{-6}$	$\frac{6Nk_{-6}}{5f_1^5}$	$\frac{\pi^2 \tau_0^2 N^3 k_{-6}}{9f_1^3}$	$\frac{\pi^4 \tau_0^4 N^5 k_{-6}}{45f_1}$

表 4.3 仅给出了二次多项式不同噪声情况下的参数方差 $\sigma_{q_0}^2$、$\sigma_{q_1}^2$ 和 $\sigma_{q_2}^2$，对于一次多项式不同噪声情况下的参数方差，取二次多项式相应噪声的 $\sigma_{q_0}^2$ 和 $\sigma_{q_1}^2$ 即可。

最后需要说明的是，上述结果都是在 $N \gg 1$ 这个假设前提下得到的。

4.3.2.3 拟合残差估计

定义拟合残差为拟合多项式与时差数据 $x(t)$ 的差值，下面分别计算时差数据在不同能量谱噪声情况下一阶、二阶多项式的拟合残差方差。

根据式(4.29)，残差方差 σ_V^2 可表示为[1,9,13-15]

$$\sigma_V^2 = \frac{1}{N}\langle \boldsymbol{V}^T\boldsymbol{V}\rangle = \frac{1}{N}[\langle \boldsymbol{L}^T\boldsymbol{L}\rangle - \langle \boldsymbol{q}^T\boldsymbol{q}\rangle] \tag{4.54}$$

式中：$\langle \boldsymbol{L}^T\boldsymbol{L}\rangle$ 为时差数据方差 σ_x^2 的 N 倍；$\langle \boldsymbol{q}^T\boldsymbol{q}\rangle$ 为参数方差 $\sigma_{q_0}^2$、$\sigma_{q_1}^2$、$\sigma_{q_2}^2$ 之和。于是，残差方差可进一步表示为

$$\sigma_V^2 = \sigma_x^2 - \frac{1}{N}(\sigma_{q_0}^2 + \sigma_{q_1}^2 + \sigma_{q_2}^2) = R_x(0) - \frac{1}{N}(\sigma_{q_0}^2 + \sigma_{q_1}^2 + \sigma_{q_2}^2) \tag{4.55}$$

同理，一阶多项式拟合残差的方差可表示为

$$\sigma_V^2 = R_x(0) - \frac{1}{N}(\sigma_{q_0}^2 + \sigma_{q_1}^2) \tag{4.56}$$

计算出不同能量谱噪声情况下的自相关函数和参数方差后，即可根据式(4.55)和式(4.56)计算不同噪声情况下的一次、二次多项式拟合残差方差，结果总结于表 4.4。

表 4.4　不同能量谱噪声情况下一次、二次多项式拟合残差方差[1]

$S_x(f)$	一次多项式	二次多项式
k_0	$k_0 f_h$	$k_0 f_h$
$k_{-1}f^{-1}$	$k_{-1}\left[-\frac{13}{4} + C + \ln(2\pi f_h T_m)\right]$	—
$k_{-2}f^{-2}$	$\frac{2\pi^2 T_m k_{-2}}{15}$	$\frac{3\pi^2 T_m k_{-2}}{35}$

（续）

$S_x(f)$	一次多项式	二次多项式
$k_{-3}f^{-3}$	$\frac{\pi^2 T_m^2 k_{-3}}{9}$	$\frac{\pi^2 T_m^2 k_{-3}}{24}$
$k_{-4}f^{-4}$	$\frac{2\pi^4 T_m^3 k_{-4}}{105}$	$\frac{\pi^4 T_m^3 k_{-4}}{315}$
$k_{-5}f^{-5}$	—	—
$k_{-6}f^{-6}$	$\frac{4\pi^6 T_m^5 k_{-6}}{945}-\frac{\pi^4 T_m^4 k_{-6}}{45f_l}$	$\frac{2\pi^6 T_m^5 k_{-6}}{3465}$
注：表中 $T_m=N\tau_0$		

上述不同噪声情况下残差方差的计算都是基于 $N\gg1$ 这个假设前提的。由表4.4可知：在调相白噪声情况下，去除二次项并不改变时差数据的方差；对于其他类型噪声，残差方差只与时间序列长度 T_m 有关，与采样个数 N 无关（$N\gg1$）；当原子钟受调频随机奔跑噪声影响时，其一次多项式拟合残差包含一 $1/f_l$ 项，致使一次多项式拟合残差在这种噪声下不收敛，这说明当原子钟受调频随机奔跑噪声影响时，不能采用一次多项式对原子钟进行拟合和预报分析，而应采用二次多项式[1]。

4.3.2.4　拟合残差与时间方差的关系

在频率稳定性分析中，时间方差常用来描述频率源的时间波动情况，而残差方差也是一个描述原子频标时间波动情况的一个统计量，下面将分析这两个量的关系，计算结果总结于表4.5，表中 $\tau=T_m=N\tau_0$。

表4.5　时间方差和残差方差的比例关系[1]

$S_x(f)$		k_0	$k_{-1}f^{-1}$	$k_{-2}f^{-2}$	$k_{-3}f^{-3}$	$k_{-4}f^{-4}$
$\sigma_x^2(\tau)$		$\frac{k_0 f_h}{N}$	$\frac{3.37k_{-1}}{3}\left(\frac{[1.038+3\ln(2\pi f_h\tau)]k_{-1}}{3}\right)$	$\frac{\pi^2 k_{-2}\tau}{3}$	$\frac{\pi^2[27\ln(3)-32\ln(2)]k_{-3}\tau^2}{6}$	$\frac{11\pi^4 k_{-4}\tau^3}{15}$
二次拟合	σ_V^2	$k_0 f_h$	—	$\frac{3\pi^2 T_m k_{-2}}{35}$	$\frac{\pi^2 T_m^2 k_{-3}}{24}$	$\frac{\pi^4 T_m^3 k_{-4}}{315}$
	$\frac{\sigma_V^2}{\sigma_x^2(\tau)}$	N	—	$\frac{9}{35}$	$\frac{1}{4[27\ln(3)-32\ln(2)]}$	$\frac{1}{231}$
	$\frac{\sigma_V}{\sigma_x(\tau)}$	$\sqrt{N}$	—	0.51	0.18	0.066

（续）

$S_x(f)$		k_0	$k_{-1}f^{-1}$	$k_{-2}f^{-2}$	$k_{-3}f^{-3}$	$k_{-4}f^{-4}$
一次拟合	σ_{V}^2	$k_0 f_{\mathrm{h}}$	$k_{-1}\left[-\frac{13}{4}+C+\ln(2\pi f_{\mathrm{h}} T_{\mathrm{m}})\right]$	$\frac{2\pi^2 T_{\mathrm{m}} k_{-2}}{15}$	$\frac{\pi^2 T_{\mathrm{m}}^2 k_{-3}}{9}$	$\frac{2\pi^4 T_{\mathrm{m}}^3 k_{-4}}{105}$
	$\frac{\sigma_{\mathrm{V}}^2}{\sigma_x^2(\tau)}$	N	$\frac{3\left[-\frac{13}{4}+C+\ln(2\pi f_{\mathrm{h}} T_{\mathrm{m}})\right]}{1.038+3\ln(2\pi f_{\mathrm{h}}\tau)}$	$\frac{2}{5}$	$\frac{2}{3[27\ln(3)-32\ln(2)]}$	$\frac{2}{77}$
	$\frac{\sigma_{\mathrm{V}}}{\sigma_x(\tau)}$	$\sqrt{N}$	$\sqrt{\frac{3\cdot\left[-\frac{13}{4}+C+\ln(2\pi f_{\mathrm{h}} T_{\mathrm{m}})\right]}{1.038+3\ln(2\pi f_{\mathrm{h}}\tau)}}$	0.63	0.30	0.16

由表4.5可知：对于调相噪声，时间方差和残差方差的比值与采样个数 N 有关；而对于调频噪声，时间方差和残差方差的比值是一常量，这进一步说明用时间方差描述原子钟时间特性的合理性。

4.3.3 原子钟外推误差评估

原子钟预报误差主要受拟合参数误差和原子钟噪声引起的误差两方面因素影响，是一个随机量，因此，有必要研究不同噪声情况下预报误差的统计特性，并在此基础上分析外推误差方差的渐进趋势，进而分析在给定预报时间情况下，不同噪声的最佳拟合时间及其对应的最小预报误差。

4.3.3.1 基于能量谱噪声水平的外推误差方差

定义时间间隔误差 TIE 为多项式外推值（预报值）与相应时刻时差数据的差值，于是，二次多项式预报值的时间间隔误差 TIE 可表示为

$$\mathrm{TIE}(t)=x(t)-\hat{q}_0\boldsymbol{\Phi}_0(t)-\hat{q}_1\boldsymbol{\Phi}_1(t)-\hat{q}_2\boldsymbol{\Phi}_2(t) \tag{4.57}$$

式中：$t>t_{N-1}$；$\hat{q}_0,\hat{q}_1,\hat{q}_2$ 为从时差数据 $x(t_0),x(t_1),\cdots,x(t_{N-1})$ 估计的多项式系数。

根据式(4.57)可给出 TIE 方差的数学表示式

$$\begin{aligned}\langle \mathrm{TIE}^2(t)\rangle =& \langle x^2(t)\rangle+\langle\hat{q}_0^2\rangle\boldsymbol{\Phi}_0^2(t)+\langle\hat{q}_1^2\rangle\boldsymbol{\Phi}_1^2(t)+\langle\hat{q}_2^2\rangle\boldsymbol{\Phi}_2^2(t)-\\ &2[\langle x(t)\hat{q}_0\rangle\boldsymbol{\Phi}_0(t)+\langle x(t)\hat{q}_1\rangle\boldsymbol{\Phi}_1(t)+\langle x(t)\hat{q}_2\rangle\boldsymbol{\Phi}_2(t)]+\\ &2[\langle\hat{q}_0\hat{q}_1\rangle\boldsymbol{\Phi}_0(t)\boldsymbol{\Phi}_1(t)+\langle\hat{q}_0\hat{q}_2\rangle\boldsymbol{\Phi}_0(t)\boldsymbol{\Phi}_2(t)+\langle\hat{q}_1\hat{q}_2\rangle\boldsymbol{\Phi}_1(t)\boldsymbol{\Phi}_2(t)]\end{aligned} \tag{4.58}$$

式中：$\langle\hat{q}_i^2\rangle=\sigma_{q_i}^2$ 为参数方差；$\langle\hat{q}_i\hat{q}_j\rangle=\mathrm{Cov}(q_i,q_j)=\sigma_{q_iq_j}$ 为参数协方差，$\langle\hat{q}_0\hat{q}_2\rangle\neq 0$，而 $\langle\hat{q}_0\hat{q}_1\rangle=0$，$\langle\hat{q}_1\hat{q}_2\rangle=0$；$\langle x(t)\hat{q}_i\rangle=\mathrm{Cov}(x(t),q_i)$，而

$$\langle x(t)\hat{\boldsymbol{q}}\rangle=\langle x(t)\boldsymbol{\Phi}^{\mathrm{T}}\boldsymbol{L}\rangle=\boldsymbol{\Phi}^{\mathrm{T}}\langle x(t)\boldsymbol{L}\rangle=\boldsymbol{\Phi}^{\mathrm{T}}\begin{bmatrix}R_x(t-t_0)\\ \vdots\\ R_x(t-t_{N-1})\end{bmatrix} \tag{4.59}$$

同理,可给出一次多项式预报值 TIE 方差的数学表达式

$$\langle \mathrm{TIE}^2(t)\rangle = \langle x^2(t)\rangle + \langle \hat{q}_0^2\rangle \boldsymbol{\Phi}_0^2(t) + \langle \hat{q}_1^2\rangle \boldsymbol{\Phi}_1^2(t) - 2[\langle x(t)\hat{q}_0\rangle \boldsymbol{\Phi}_0(t) + \langle x(t)\hat{q}_1\rangle \boldsymbol{\Phi}_1(t)] + 2\langle \hat{q}_0\hat{q}_1\rangle \boldsymbol{\Phi}_0(t)\boldsymbol{\Phi}_1(t) \tag{4.60}$$

结合式(4.58)和式(4.60),可计算出基于噪声水平的二次多项式和一次多项式外推误差方差,结果总结于表 4.6。

表 4.6　基于能量谱噪声水平估计的外推误差方差[1]

		$\langle \mathrm{TIE}^2(T_\mathrm{m},T_\mathrm{p})\rangle$
二次模型	k_0	$\dfrac{k_0 f_\mathrm{h}}{N}\left(N+180\dfrac{T_\mathrm{p}^4}{T_\mathrm{m}^4}+360\dfrac{T_\mathrm{p}^3}{T_\mathrm{m}^3}+252\dfrac{T_\mathrm{p}^2}{T_\mathrm{m}^2}+72\dfrac{T_\mathrm{p}}{T_\mathrm{m}}+9\right)$
	$k_{-2}f^{-2}$	$\dfrac{6\pi^2 k_{-2}T_\mathrm{m}}{35}\left(50\dfrac{T_\mathrm{p}^4}{T_\mathrm{m}^4}+100\dfrac{T_\mathrm{p}^3}{T_\mathrm{m}^3}+69\dfrac{T_\mathrm{p}^2}{T_\mathrm{m}^2}+19\dfrac{T_\mathrm{p}}{T_\mathrm{m}}+1\right)$
	$k_{-3}f^{-3}$	$\dfrac{\pi^2 k_{-3}T_\mathrm{m}^2}{8}\left[192\dfrac{T_\mathrm{p}^6}{T_\mathrm{m}^6}+576\dfrac{T_\mathrm{p}^5}{T_\mathrm{m}^5}+692\dfrac{T_\mathrm{p}^4}{T_\mathrm{m}^4}+424\dfrac{T_\mathrm{p}^3}{T_\mathrm{m}^3}+136\dfrac{T_\mathrm{p}^2}{T_\mathrm{m}^2}+20\dfrac{T_\mathrm{p}}{T_\mathrm{m}}+1+96\dfrac{T_\mathrm{p}^3}{T_\mathrm{m}^3}\ln\left(\dfrac{T_\mathrm{p}}{T_\mathrm{m}+T_\mathrm{p}}\right)\left(2\dfrac{T_\mathrm{p}^4}{T_\mathrm{m}^4}+7\dfrac{T_\mathrm{p}^3}{T_\mathrm{m}^3}+9\dfrac{T_\mathrm{p}^2}{T_\mathrm{m}^2}+5\dfrac{T_\mathrm{p}}{T_\mathrm{m}}+1\right)\right]$
	$k_{-4}f^{-4}$	$\dfrac{2\pi^4 k_{-4}T_\mathrm{m}^3}{315}\left(450\dfrac{T_\mathrm{p}^4}{T_\mathrm{m}^4}+690\dfrac{T_\mathrm{p}^3}{T_\mathrm{m}^3}+303\dfrac{T_\mathrm{p}^2}{T_\mathrm{m}^2}+42\dfrac{T_\mathrm{p}}{T_\mathrm{m}}+2\right)$
	$k_{-6}f^{-6}$	$\dfrac{2\pi^6 k_{-6}T_\mathrm{m}^5}{1155}\left(924\dfrac{T_\mathrm{p}^5}{T_\mathrm{m}^5}+1810\dfrac{T_\mathrm{p}^4}{T_\mathrm{m}^4}+1244\dfrac{T_\mathrm{p}^3}{T_\mathrm{m}^3}+371\dfrac{T_\mathrm{p}^2}{T_\mathrm{m}^2}+46\dfrac{T_\mathrm{p}}{T_\mathrm{m}}+64\right)$
线性模型	k_0	$\dfrac{k_0 f_\mathrm{h}}{N}\left(N+12\dfrac{T_\mathrm{p}^2}{T_\mathrm{m}^2}+12\dfrac{T_\mathrm{p}}{T_\mathrm{m}}+4\right)$
	$k_{-2}f^{-2}$	$\dfrac{4\pi^2 k_{-2}T_\mathrm{m}}{15}\left(9\dfrac{T_\mathrm{p}^2}{T_\mathrm{m}^2}+9\dfrac{T_\mathrm{p}}{T_\mathrm{m}}+1\right)$
	$k_{-3}f^{-3}$	$\dfrac{\pi^2 k_{-3}T_\mathrm{m}^2}{3}\left[12\dfrac{T_\mathrm{p}^4}{T_\mathrm{m}^4}+24\dfrac{T_\mathrm{p}^3}{T_\mathrm{m}^3}+20\dfrac{T_\mathrm{p}^2}{T_\mathrm{m}^2}+8\dfrac{T_\mathrm{p}}{T_\mathrm{m}}+1+2\ln\left(1+\dfrac{T_\mathrm{p}}{T_\mathrm{m}}\right)\left(6\dfrac{T_\mathrm{p}^2}{T_\mathrm{m}^2}+6\dfrac{T_\mathrm{p}}{T_\mathrm{m}}+1\right)+2\dfrac{T_\mathrm{p}^3}{T_\mathrm{m}^3}\ln\left(\dfrac{T_\mathrm{p}}{T_\mathrm{m}+T_\mathrm{p}}\right)\left(6\dfrac{T_\mathrm{p}^2}{T_\mathrm{m}^2}+15\dfrac{T_\mathrm{p}}{T_\mathrm{m}}+8\right)\right]$
	$k_{-4}f^{-4}$	$\dfrac{8\pi^4 k_{-4}T_\mathrm{m}^3}{105}\left(35\dfrac{T_\mathrm{p}^3}{T_\mathrm{m}^3}+39\dfrac{T_\mathrm{p}^2}{T_\mathrm{m}^2}+11\dfrac{T_\mathrm{p}}{T_\mathrm{m}}+1\right)$

下面仅以调频随机奔跑噪声为例,给出基于噪声水平的二次多项式外推误差方差推导过程。

计算出调频随机奔跑噪声情况下的参数协方差$[\hat{q}_0\hat{q}_2]$和$[x(t)\hat{q}_i]$ $(i=0,1,2)$后，由式(4.58)可得调频随机奔跑噪声情况下、采样个数$N\gg1$时的外推误差方差近似表达式[1]：

$$\langle \mathrm{TIE}^2(t)\rangle \approx \frac{2\pi^6 k_{-6}T_{\mathrm{m}}^5}{1155}\left(924\frac{t^5}{T_{\mathrm{m}}^5}-2810\frac{t^4}{T_{\mathrm{m}}^4}+3244\frac{t^3}{T_{\mathrm{m}}^3}-1741\frac{t^2}{T_{\mathrm{m}}^2}+416\frac{t}{T_{\mathrm{m}}}+31\right) \tag{4.61}$$

定义T_{p}为预报时间，其起点为外推序列的起点，也就是内插序列$T_{\mathrm{m}}(=N\tau_0)$的终点，于是，预报时间T_{p}与变量t的关系为

$$t=T_{\mathrm{m}}+T_{\mathrm{p}} \tag{4.62}$$

结合式(4.62)，式(4.61)可表示为拟合时间T_{m}和预报时间T_{p}的函数[1]

$$\langle \mathrm{TIE}^2(T_{\mathrm{m}},T_{\mathrm{p}})\rangle \approx \frac{2\pi^6 k_{-6}T_{\mathrm{m}}^5}{1155}\left(924\frac{T_{\mathrm{p}}^5}{T_{\mathrm{m}}^5}+1810\frac{T_{\mathrm{p}}^4}{T_{\mathrm{m}}^4}+1244\frac{T_{\mathrm{p}}^3}{T_{\mathrm{m}}^3}+371\frac{T_{\mathrm{p}}^2}{T_{\mathrm{m}}^2}+46\frac{T_{\mathrm{p}}}{T_{\mathrm{m}}}+64\right) \tag{4.63}$$

由表4.6可知：对于调频噪声，其外推误差方差只与$T_{\mathrm{p}}/T_{\mathrm{m}}$有关，与采样数$N$无关；而对于调相白噪声，其外推误差方差不仅与$T_{\mathrm{p}}/T_{\mathrm{m}}$有关，还与采样个数$N$有关。这说明当原子钟受调相白噪声影响时，需要通过增加采样数来提高预报精度。

4.3.3.2 基于残差方差的外推误差方差

由前面分析可知，基于能量谱噪声计算外推误差方差，需要预先知道噪声水平系数k_α。然而，当用于参数拟合的时间序列较长(如几天)时，就可以确定原子钟的主要噪声类型，此时，可以直接从残差方差估计TIE方差，结果总结于表4.7。

表4.7 基于拟合残差方差的外推误差方差[1]

模型		$\langle \mathrm{TIE}^2(T_{\mathrm{m}},T_{\mathrm{p}})\rangle$
二次模型	k_0	$\frac{\sigma_{\mathrm{V}}^2}{N}\left(N+180\frac{T_{\mathrm{p}}^4}{T_{\mathrm{m}}^4}+360\frac{T_{\mathrm{p}}^3}{T_{\mathrm{m}}^3}+252\frac{T_{\mathrm{p}}^2}{T_{\mathrm{m}}^2}+72\frac{T_{\mathrm{p}}}{T_{\mathrm{m}}}+9\right)$
	$k_{-2}f^{-2}$	$2\sigma_{\mathrm{V}}^2\left(50\frac{T_{\mathrm{p}}^4}{T_{\mathrm{m}}^4}+100\frac{T_{\mathrm{p}}^3}{T_{\mathrm{m}}^3}+69\frac{T_{\mathrm{p}}^2}{T_{\mathrm{m}}^2}+19\frac{T_{\mathrm{p}}}{T_{\mathrm{m}}}+1\right)$
	$k_{-3}f^{-3}$	$3\sigma_{\mathrm{V}}^2\left[192\frac{T_{\mathrm{p}}^6}{T_{\mathrm{m}}^6}+576\frac{T_{\mathrm{p}}^5}{T_{\mathrm{m}}^5}+692\frac{T_{\mathrm{p}}^4}{T_{\mathrm{m}}^4}+424\frac{T_{\mathrm{p}}^3}{T_{\mathrm{m}}^3}+136\frac{T_{\mathrm{p}}^2}{T_{\mathrm{m}}^2}+20\frac{T_{\mathrm{p}}}{T_{\mathrm{m}}}+1+96\frac{T_{\mathrm{p}}^3}{T_{\mathrm{m}}^3}\ln\left(\frac{T_{\mathrm{p}}}{T_{\mathrm{m}}+T_{\mathrm{p}}}\right)\left(2\frac{T_{\mathrm{p}}^4}{T_{\mathrm{m}}^4}+7\frac{T_{\mathrm{p}}^3}{T_{\mathrm{m}}^3}+9\frac{T_{\mathrm{p}}^2}{T_{\mathrm{m}}^2}+5\frac{T_{\mathrm{p}}}{T_{\mathrm{m}}}+1\right)\right]$
	$k_{-4}f^{-4}$	$2\sigma_{\mathrm{V}}^2\left(450\frac{T_{\mathrm{p}}^4}{T_{\mathrm{m}}^4}+690\frac{T_{\mathrm{p}}^3}{T_{\mathrm{m}}^3}+303\frac{T_{\mathrm{p}}^2}{T_{\mathrm{m}}^2}+42\frac{T_{\mathrm{p}}}{T_{\mathrm{m}}}+2\right)$
	$k_{-6}f^{-6}$	$3\sigma_{\mathrm{V}}^2\left(924\frac{T_{\mathrm{p}}^5}{T_{\mathrm{m}}^5}+1810\frac{T_{\mathrm{p}}^4}{T_{\mathrm{m}}^4}+1244\frac{T_{\mathrm{p}}^3}{T_{\mathrm{m}}^3}+371\frac{T_{\mathrm{p}}^2}{T_{\mathrm{m}}^2}+46\frac{T_{\mathrm{p}}}{T_{\mathrm{m}}}+64\right)$

（续）

模型		$\langle \mathrm{TIE}^2(T_m, T_p) \rangle$
线性模型	k_0	$\frac{\sigma_V^2}{N}\left(N + 12\frac{T_p^2}{T_m^2} + 12\frac{T_p}{T_m} + 4\right)$
	$k_{-2}f^{-2}$	$2\sigma_V^2\left(9\frac{T_p^2}{T_m^2} + 9\frac{T_p}{T_m} + 1\right)$
	$k_{-3}f^{-3}$	$3\sigma_V^2\left[12\frac{T_p^4}{T_m^4} + 24\frac{T_p^3}{T_m^3} + 20\frac{T_p^2}{T_m^2} + 8\frac{T_p}{T_m} + 1 + 2\ln\left(1 + \frac{T_p}{T_m}\right)\left(6\frac{T_p^2}{T_m^2} + 6\frac{T_p}{T_m} + 1\right) + 2\frac{T_p^3}{T_m^3}\ln\left(\frac{T_p}{T_m + T_p}\right)\left(6\frac{T_p^2}{T_m^2} + 15\frac{T_p}{T_m} + 8\right)\right]$
	$k_{-4}f^{-4}$	$4\sigma_V^2\left(35\frac{T_p^3}{T_m^3} + 39\frac{T_p^2}{T_m^2} + 11\frac{T_p}{T_m} + 1\right)$

需要指出的是，基于残差方差估计外推误差方差不如基于精确的噪声水平估计的外推误差方差精度高，这与残差方差的统计特性有关，它所服从χ^2分布的自由度较低。

4.3.3.3 外推误差方差的渐进趋势

假设$T_p \gg T_m$，分析不同能量谱噪声情况下外推误差方差的渐进趋势。考虑到当预报时间较长时，原子频标主要受调频噪声影响，为此主要分析不同调频噪声情况下外推误差方差的渐进趋势，结果总结于表4.8。

表4.8 不同调频噪声情况下外推误差方差的渐进趋势[1]

$S_x(f)$	二次多项式	一次多项式
$k_{-2}f^{-2}$	$100\sigma_V^2\frac{T_p^4}{T_m^4}$	$18\sigma_V^2\frac{T_p^2}{T_m^2}$
$k_{-3}f^{-3}$	$300\sigma_V^2\frac{T_p^4}{T_m^4}$	$36\sigma_V^2\frac{T_p^2}{T_m^2}\ln\left(\frac{T_p}{T_m}\right)$
$k_{-4}f^{-4}$	$900\sigma_V^2\frac{T_p^4}{T_m^4}$	$140\sigma_V^2\frac{T_p^3}{T_m^3}$
$k_{-6}f^{-6}$	$2772\sigma_V^2\frac{T_p^5}{T_m^5}$	—

分析表明，当预报时间T_p趋于无穷大时，在调频白噪声、调频闪变噪声和调频随机游走噪声影响下，它们的二次多项式外推误差方差比值是一常量。而调频随机奔跑噪声的二次多项式外推误差方差的时间相关程度与上述三种调频噪声不同，这是由于参数P_2方差在调频随机奔跑噪声情况下的发散特性所致；当预报时间T_p趋于

无穷大时，调频白噪声、调频闪变噪声和调频随机游走噪声的一次多项式外推误差方差与时间的相关程度也不同，这是由调频闪变噪声和调频随机游走噪声情况下参数 P_1 方差的发散特性引起的。

4.3.3.4 最佳拟合时间及其预报误差

由上述分析可知，对给定的任意一种能量谱噪声，在预报时间 T_p 一定的情况下，存在一个最优拟合时间长度 T_m。下面计算不同能量谱噪声情况下的最优拟合时间长度 T_m 以及对应于 T_m 最优点的 TIE 方差，结果总结于表 4.9。

表 4.9 不同能量谱噪声情况下对应于预报时间 T_p 的最优拟合时间 T_m 及其预报误差[1]

噪声类型	二次模型		一次模型	
	T_m 最优点	预报误差	T_m 最优点	预报误差
k_0	∞	$\approx \sqrt{k_0 f_h}$	∞	$\approx \sqrt{k_0 f_h}$
$k_{-2}f^{-2}$	$(4+\sqrt{31})T_p \approx 9.57T_p$	$\approx \sqrt{62.4k_{-2}T_p}$	$3T_p$	$\approx \sqrt{39.5k_{-2}T_p}$
$k_{-3}f^{-3}$	$\approx 3.13T_p$	$\approx \sqrt{334.9k_{-3}T_p^2}$	$\approx 0.5T_p$	$\approx \sqrt{131.6k_{-3}T_p^2}$
$k_{-4}f^{-4}$	$(-3+\sqrt{66}/2)T_p \approx 1.06T_p$	$\approx \sqrt{918.6k_{-4}T_p^3}$	0	$\approx \sqrt{259.7k_{-4}T_p^3}$
$k_{-6}f^{-6}$	0	$\approx \sqrt{1538.2k_{-6}T_p^5}$	—	—

分析表明：在调相白噪声情况下，拟合时间越长越好，其最优预报值等于时间序列的标准偏差；而在调频噪声影响下，预报时间 T_p 一定时，二次模型的最优拟合时间 T_m 大于线性模型的最优拟合时间 T_m，且噪声频率越高，最优拟合时间越长。此外，当原子钟不受频漂影响时，线性模型的预报精度明显优于二次模型的预报精度。

4.3.4 原子钟外推误差的置信度

在计算出原子钟的外推误差 TIE 后，有必要分析外推误差估计值的置信度，如此给出的预报值才会有意义。为了计算外推误差估计值的置信度，需要首先研究预报值 TIE 的统计特性。

4.3.4.1 TIE 的统计特性

外推误差 TIE 符合正态分布，即

$$\mathrm{TIE}(T_m,T_p) \equiv \mathrm{LG}(0,\sigma_{\mathrm{TIE}}) \equiv \sigma_{\mathrm{TIE}}\mathrm{LG}(0,1) \tag{4.64}$$

式中：LG(M,S)表示均值为 M、方差为 S 的 Laplace-Gauss 分布。

于是，外推误差的标准偏差 $\hat{\sigma}_{\mathrm{TIE}}$ 可由下式估计：

$$\hat{\sigma}_{\mathrm{TIE}} = \sqrt{\langle \mathrm{TIE}^2(T_m,T_p)\rangle} \tag{4.65}$$

对任一外推误差 TIE(T_m,T_p)，总存在一常数 c，使下式成立：

$$\mathrm{TIE}(T_m,T_p) = c \cdot \hat{\sigma}_{\mathrm{TIE}} \tag{4.66}$$

由式(4.64)可知，$\langle \mathrm{TIE}^2(T_m,T_p)\rangle$ 是一个自由度为 edf 的 χ^2 分布，且自由度 edf

是与噪声类型有关的一个量,即

$$\langle \mathrm{TIE}^2(T_m,T_p) \rangle \equiv \sigma_{\mathrm{TIE}}^2 \cdot \frac{\chi_v^2}{\mathrm{edf}} \tag{4.67}$$

结合式(4.65)和式(4.66),可得[7]

$$c \equiv \frac{\sigma_{\mathrm{TIE}} \mathrm{LG}(0,1)}{\sqrt{\sigma_{\mathrm{TIE}}^2 \cdot \chi_v^2/\mathrm{edf}}} = \frac{\mathrm{LG}(0,1)}{\sqrt{\chi_v^2/\mathrm{edf}}} \tag{4.68}$$

式中:χ_v 表示预报残差符合 χ^2 分布。由上述分析可知,系数 c 符合 t 分布,其自由度为 edf。于是,可按下式计算外推误差 $\mathrm{TIE}(T_m,T_p)$ 的置信区间:

$$-c_\beta \cdot \hat{\sigma}_{\mathrm{TIE}} < \mathrm{TIE}(T_m,T_p) < +c_\beta \cdot \hat{\sigma}_{\mathrm{TIE}} \tag{4.69}$$

式中:c_β为 β(%)的置信区间系数。

由式(4.68)可知,c_β与 t 分布的自由度有关,也就是与$\langle \mathrm{TIE}^2(T_m,T_p) \rangle$所服从的 χ^2分布的自由度有关。而 χ^2分布的自由度又与$\langle \mathrm{TIE}^2(T_m,T_p) \rangle$的估计方法有关。下面给出$\langle \mathrm{TIE}^2(T_m,T_p) \rangle$两种估计方法的自由度:基于残差方差估计$\langle \mathrm{TIE}^2(T_m,T_p) \rangle$的自由度和基于能量谱噪声水平估计$\langle \mathrm{TIE}^2(T_m,T_p) \rangle$的自由度[1]。

4.3.4.2 基于残差方差估计$\langle \mathrm{TIE}^2(T_m,T_p) \rangle$的自由度

由表4.7可知,外推误差方差$\langle \mathrm{TIE}^2(T_m,T_p) \rangle$等于拟合残差方差 σ_V^2 与一常量的乘积,所以,$\langle \mathrm{TIE}^2(T_m,T_p) \rangle$和 σ_V^2 分布函数相同,都符合 χ^2分布。国内外学者研究表明,χ^2分布的自由度只与噪声类型有关,与采样个数 N 和采样率 τ_0无关。当原子钟主要受调频白噪声($\beta=-2$)影响时,其自由度 edf≈8;当原子钟主要受调频闪变噪声($\beta=-3$)影响时,其自由度 edf≈3;当原子钟主要受调频游走噪声($\beta=-4$)影响时,其自由度 edf≈2[1,9]。

计算出$\langle \mathrm{TIE}^2(T_m,T_p) \rangle$的自由度后,即可查表确定置信区间系数 c_β,进而给出外推误差 $\mathrm{TIE}(T_m,T_p)$的置信区间。然而,Monte-Carlo 模拟研究表明,实际的外推误差 TIE 的概率曲线远远偏离基于残差方差估计出的 $\hat{\sigma}_{\mathrm{TIE}}$[1,9]。

4.3.4.3 基于能量谱噪声水平估计$\langle \mathrm{TIE}^2(T_m,T_p) \rangle$的自由度

由表4.6可知,基于能量谱噪声水平估计$\langle \mathrm{TIE}^2(T_m,T_p) \rangle$的自由度等于噪声水平估值 $\hat{k}_\alpha$的自由度,而 $\hat{k}_\alpha$的等效自由度又与频率稳定度估计方法有关,也就是说,$\hat{k}_\alpha$的等效自由度与方差类型、噪声类型以及数据点个数有关。

当拟合时间序列足够长时,基于能量谱噪声水平估计$\langle \mathrm{TIE}^2(T_m,T_p) \rangle$的自由度将远远大于基于残差方差估计$\langle \mathrm{TIE}^2(T_m,T_p) \rangle$的自由度。当置信度相同时,基于能量谱噪声水平估计的外推误差的置信区间将小于基于残差方差估计的外推误差的置信区间[1]。

总之,如果可以精确计算出原子钟噪声水平,则由此计算出的钟差预报值精度将会高于基于拟合残差计算出的钟差预报值精度。

4.3.5 几点结论

（1）基于噪声水平估计的预报值精度高于由多项式直接得到的预报值精度，且预报时间较长时，前者的优势更为明显。

（2）基于拟合残差方差计算的预报值精度低于基于能量谱噪声水平计算的预报值精度。当原子钟主要噪声类型明确已知时，该方法可以方便地估计出预报值，其精度高于多项式直接得到的预报值精度。

（3）对于任意预报时间 T_p，存在一个最优拟合时间 T_m，使得预报值标准偏差最小，这为导航系统卫星钟预报方案的制定提供了理论依据。

（4）对于调相噪声，时间方差和残差方差的比值与采样个数 N 有关；而对于调频噪声，时间方差和残差方差的比值是一常量，这进一步说明用时间方差描述原子钟时间波动的合理性。

4.4 卫星钟差预报与监测

导航卫星在轨原子钟的预报精度决定了星历更新频度，决定了地面运控系统的复杂性和工作量，其预报精度不仅与原子频标特性有关，还会受到预报算法复杂性的限制。为此，下面给出了几种钟差预报方法，这包括多项式拟合、谱分析、自回归（AR）预报模型以及卡尔曼滤波和基于预报残差的自适应卡尔曼滤波，在对各种方法比较分析的基础上，给出了各种预报方法的适用范围。

4.4.1 多项式拟合、谱分析和改进 AR 模型钟差预报法

本节用多项式拟合、谱分析、改进的 AR 模型 3 种方法对由卫星双向时间频率传递得出的钟差时间序列进行了拟合和预报分析。为了抵制钟差时间序列中异常值的影响，引入了“抗差等价权”。

4.4.1.1 函数模型及其估值

1）多项式模型

假设时刻 $t_0, t_1, \cdots, t_{n-1}$ 的钟差数据分别为 $x_0, x_1, \cdots, x_{n-1}$，那么，钟差数据的多项式拟合模型可由下式表示：

$$x_i = a_0 + a_1 t_i + a_2 t_i^2 + \cdots + a_m t_i^m + e_i \tag{4.70}$$

式中：$a_0, a_1, \cdots, a_m$ 为拟合系数，m 为多项式阶次；e_i 为模型误差。

上式可表示为矩阵形式

$$\boldsymbol{X} = \boldsymbol{H}\boldsymbol{a} + \boldsymbol{e} \tag{4.71}$$

式中：$\boldsymbol{X}$ 为 n 维观测矢量；$\boldsymbol{a}$ 为 $m+1$ 维未知参数矢量；$\boldsymbol{e}$ 为 n 维误差矢量；$\boldsymbol{H}$ 为 $n \times (m+1)$ 维设计矩阵，且

$$\boldsymbol{H}=\begin{bmatrix}1 & t_1 & t_1^2 & \cdots & t_1^m\\ 1 & t_2 & t_2^2 & \cdots & t_2^m\\ \vdots & \vdots & \vdots & & \vdots\\ 1 & t_n & t_n^2 & \cdots & t_n^m\end{bmatrix} \tag{4.72}$$

2）谱分析模型

钟差数据的谱分析模型可用下式描述：

$$x_i = a_0 + b_0 t_i + \sum_{k=1}^{p} A_k \sin(2\pi f_k t_i + \varphi_k) + e_i \tag{4.73}$$

式中：a_0、b_0分别为长期变化的常数项、系数项；p为主要周期函数的个数；f_k为对应周期项的频率；A_k、φ_k分别为对应周期项的振幅和相位；e_i为x_i的残差矢量。p和f_k可由能量-频率图确定[1]。为计算方便，可令

$$a_k = A_k\cos\varphi_k,\quad b_k = A_k\sin\varphi_k \tag{4.74}$$

则式(4.73)的线性形式为

$$x_i = a_0 + b_0 t_i + \sum_{k=1}^{p} (a_k\sin(2\pi f_k t_i) + b_k\cos(2\pi f_k t_i)) + e_i \tag{4.75}$$

式(4.75)可表示为矩阵形式，见式(4.71)，式中矢量$\boldsymbol{X}$和$\boldsymbol{e}$的意义不变，未知参数矢量和设计矩阵形式如下：$\boldsymbol{a}=[a_0\quad b_0\quad a_1\quad b_1\quad \cdots\quad a_p\quad b_p]^{\mathrm{T}}$为$2(p+1)$维未知参数矢量，$\boldsymbol{H}$为$n\times 2(p+1)$维设计矩阵。

$$\boldsymbol{H}=\begin{bmatrix}1 & t_1 & \sin(2\pi f_1 t_1) & \cos(2\pi f_1 t_1) & \cdots & \sin(2\pi f_p t_1) & \cos(2\pi f_p t_1)\\ 1 & t_2 & \sin(2\pi f_1 t_2) & \cos(2\pi f_1 t_2) & \cdots & \sin(2\pi f_p t_2) & \cos(2\pi f_p t_2)\\ \vdots & \vdots & \vdots & \vdots & & \vdots & \vdots\\ 1 & t_n & \sin(2\pi f_1 t_n) & \cos(2\pi f_1 t_n) & \cdots & \sin(2\pi f_p t_n) & \cos(2\pi f_p t_n)\end{bmatrix} \tag{4.76}$$

3）改进的AR模型

钟差时间序列可用AR模型表示如下：

$$x_t = a_1 x_{t-1} + a_2 x_{t-2} + \cdots + a_m x_{t-m} + e_t \tag{4.77}$$

式中：$a_1,a_2,\cdots,a_m$为拟合系数；m为AR模型阶次；e_t为模型误差。

式(4.77)可表示为矩阵形式，见式(4.71)。式中：$\boldsymbol{X}=[x_m\quad x_{m+1}\quad \cdots\quad x_{n-1}]^{\mathrm{T}}$为$(n-m)$维观测矢量；$\boldsymbol{e}$为$(n-m)$维误差矢量；$\boldsymbol{a}=[a_1\quad a_2\quad \cdots\quad a_m]^{\mathrm{T}}$为$m$维未知参数矢量；$\boldsymbol{H}$为$(n-m)\times m$维设计矩阵：

$$\boldsymbol{H}=\begin{bmatrix}x_{m-1} & x_{m-2} & \cdots & x_0\\ x_m & x_{m-1} & \cdots & x_1\\ \vdots & \vdots & & \vdots\\ x_{n-1} & x_{n-2} & \cdots & x_{n-m}\end{bmatrix} \tag{4.78}$$

考虑到钟差时间序列中明显存在长期趋势变化规律，此外，还有似半天、一天的周期变化。为了能采用 AR 序列模型来建模和预报，必须将钟差时间序列转化为平稳序列，为此，对钟差时间序列作下述差分运算[1]：

$$\nabla'' \nabla_{\tau} \boldsymbol{X} = (\boldsymbol{X}_t - \boldsymbol{X}_{t-\tau}) - 2(\boldsymbol{X}_{t-1} - \boldsymbol{X}_{t-\tau-1}) + (\boldsymbol{X}_{t-2} - \boldsymbol{X}_{t-\tau-2}) \tag{4.79}$$

式中：τ 为时间序列中最长的周期项。

显然，$\nabla'' \nabla_{\tau} \boldsymbol{X}$ 序列已消除了线性项和二次项，τ 及其倍频周期项也基本消除，原始时间序列变换成一平稳序列，这样就可以根据 AR 模型的建模理论进行建模。

4）参数估计

式(4.71)中未知参数矢量的最小二乘(LS)估计为

$$\hat{\boldsymbol{a}} = (\boldsymbol{H}^{\mathrm{T}} \boldsymbol{P} \boldsymbol{H})^{-1} \boldsymbol{H}^{\mathrm{T}} \boldsymbol{P} \boldsymbol{X} \tag{4.80}$$

单位权方差为

$$\hat{\sigma}_0^2 = \frac{\boldsymbol{V}^{\mathrm{T}} \boldsymbol{P} \boldsymbol{V}}{n - m} \tag{4.81}$$

式中：$\boldsymbol{P}$ 为观测矢量的权矩阵；$\boldsymbol{V}$ 为残差矢量；n 为观测量个数；m 为未知参数个数。

为了抵制钟差观测序列中粗差的影响，引入抗差估计，那么，未知参数矢量的抗差解为[1,16-17]

$$\hat{a} = (\boldsymbol{H}^{\mathrm{T}} \overline{\boldsymbol{P}} \boldsymbol{H})^{-1} \boldsymbol{H}^{\mathrm{T}} \overline{\boldsymbol{P}} \boldsymbol{X} \tag{4.82}$$

相应的方差因子为

$$\sigma_0^2 = \frac{\boldsymbol{V}^{\mathrm{T}} \overline{\boldsymbol{P}} \boldsymbol{V}}{n - m - s} \tag{4.83}$$

式中：s 为 $\bar{p}_i = 0$ 的个数；$\overline{\boldsymbol{P}}$ 为等价权矩阵，各元素为[16-17]

$$\bar{p}_i = \begin{cases} p_i & |v_i/\sigma_{v_i}| \leqslant k_0 \\ p_i \dfrac{k_0}{|v_i/\sigma_{v_i}|} \left(\dfrac{k_1 - |v_i/\sigma_{v_i}|}{k_1 - k_0} \right)^2 & k_0 < |v_i/\sigma_{v_i}| \leqslant k_1 \\ 0 & |v_i/\sigma_{v_i}| > k_1 \end{cases} \tag{4.84}$$

式中：$k_0 = 1.0 \sim 2.0$；$k_1 = 2.5 \sim 4.5$；v_i 表示第 i 个残差。

4.4.1.2 模型阶次的确定

GPS 钟差预报都是采用一阶、二阶多项式，考虑到计算中采用的原子钟的性能不如 GPS 的原子钟，下面对钟差时间序列的一阶、二阶、三阶多项式的拟合精度及其预报精度进行比较分析。

由能量谱分析可知，钟差时间序列除有明显的长期变化外，还有周期性变化规律。15s 采样(平滑)钟差时间序列有 6.8h、3.8h、2.84h、2.27h 的周期变化；30s 和 1min 采样(平滑)钟差时间序列有 6.8h、4.27h、2.84h、2.27h 的周期变化。由此可见，不同采样率的钟差时间序列的主要周期项稍微有些差异。高频采样率能发现一些高频的周期变化，但高频周期变化太多也会干扰长周期变化的提取；低频采样会掩盖一些高频变化,有时有利于长周期变化的提取。

下面将采用15s、30s、1min采样和平滑的钟差时间序列进行分析。依据经验,AR模型的阶次应当小于$\sqrt{n}$或$n/10$,式中n为观测量个数,计算中AR模型的阶次取为20[15]。

4.4.1.3 预报模型及其精度

1)多项式预报

求出未知参数$\hat{\boldsymbol{a}}$后,用多项式进行钟差预报,其预报值$\hat{x}_{t+l}$可表示为

$$\hat{x}_{t+l} = \boldsymbol{H}_{t+l}^{\mathrm{T}}\hat{\boldsymbol{a}} \tag{4.85}$$

式中:$\boldsymbol{H}_{t+l}^{\mathrm{T}} = [1 \quad t_{t+l} \quad t_{t+l}^2 \quad \cdots \quad t_{t+l}^m]$,$t$为预报起始时间,$l$为预报历元个数;$\hat{\boldsymbol{a}} = [\hat{a}_0 \quad \hat{a}_1 \quad \cdots \quad \hat{a}_m]^{\mathrm{T}}$。

预报残差均方根可按下式计算:

$$\mathrm{RMS} = \sqrt{\frac{\sum_{i=1}^{l}(\hat{x}_{t+i} - x_{t+i})^2}{l}} \tag{4.86}$$

式中:x_{t+i}为观测值。

2)谱分析预报

用谱分析进行钟差预报,其预报值$\hat{x}_{t+l}$的表达形式与式(4.85)相同,其预报残差均方差可按式(4.86)计算:

$$\hat{\boldsymbol{a}} = [\hat{a}_0 \quad \hat{b}_0 \quad \hat{a}_1 \quad \hat{b}_1 \quad \cdots \quad \hat{a}_p \quad \hat{b}_p]^{\mathrm{T}}$$

$$\boldsymbol{H}_{t+l}^{\mathrm{T}} = [1 \quad t_{t+l} \quad \sin(2\pi f_1 t_{t+l}) \quad \cos(2\pi f_1 t_{t+l}) \quad \cdots \quad \sin(2\pi f_p t_{t+l}) \quad \cos(2\pi f_p t_{t+l})]$$

3)改进的AR模型预报

用改进AR模型进行钟差预报,其预报值为

$$\hat{\boldsymbol{X}}_{t+l} = \boldsymbol{X}_{t+l-\tau} + 2(\boldsymbol{X}_{t+l-1} - \boldsymbol{X}_{t+l-\tau-1}) - (\boldsymbol{X}_{t+l-2} - \boldsymbol{X}_{t+l-\tau-2}) + \sum_{j=1}^{m} a_j \nabla'' \nabla_{\tau} x_{t+l} \tag{4.87}$$

求出参数估值后,其预报残差均方根可按式(4.86)计算。

4.4.2 原子钟参数的卡尔曼滤波估计与预报

GPS主控站利用卡尔曼滤波实时监测卫星钟运行状况,以保证钟差预报精度。本节将在分析铷钟特性的基础上,给出适用于铷钟的卡尔曼滤波方程;接着推导基于哈达玛总方差的卡尔曼滤波过程噪声和观测噪声估计方法,在此基础上构造状态噪声协方差阵和观测噪声协方差阵。

4.4.2.1 卡尔曼滤波方程及其估值

铷钟的卡尔曼滤波状态方程可表示为

$$\begin{bmatrix} x(t+\tau) \\ y(t+\tau) \\ z(t+\tau) \end{bmatrix} = \begin{bmatrix} 1 & \tau & \tau^2/2 \\ 0 & 1 & \tau \\ 0 & 0 & 1 \end{bmatrix} \cdot \begin{bmatrix} x(t) \\ y(t) \\ z(t) \end{bmatrix} + \begin{bmatrix} \Delta x \\ \Delta y \\ \Delta z \end{bmatrix} \tag{4.88}$$

式中：τ 为预报时间；$x(t)$、$y(t)$ 和 $z(t)$ 分别为钟的相位、频率和频漂值，且 $y(t)$ 是 $x(t)$ 的时间导数，$z(t)$ 是 $y(t)$ 的时间导数；Δx、Δy 和 Δz 为独立于 $x(t)$、$y(t)$ 和 $z(t)$ 的随机模型误差，其均值为零。

式(4.88)可表示为如下简化形式：

$$\boldsymbol{X}_k = \boldsymbol{\Phi}_{k,k-1}\boldsymbol{X}_{k-1} + \boldsymbol{W}_k \tag{4.89}$$

式中：$\boldsymbol{X}_k = [x(t+\tau) \quad y(t+\tau) \quad z(t+\tau)]^{\mathrm{T}}$ 为 t_k 时刻的 3 维状态矢量，t_k 时刻与 t_{k-1} 时刻的时间间隔为 τ；$\boldsymbol{\Phi}_{k,k-1}$ 为 3×3 维状态转移矩阵；$\boldsymbol{W}_k$ 为 3 维动态模型误差矢量，其协方差阵为 $\boldsymbol{\Sigma}_{W_k}$，可以表示成卡尔曼滤波过程噪声的函数[18-19]

$$\boldsymbol{\Sigma}_{W_k} = E\left[\begin{bmatrix} \Delta x \\ \Delta y \\ \Delta z \end{bmatrix} [\Delta x \quad \Delta y \quad \Delta z]\right] = \begin{bmatrix} q_1\tau + q_2\tau^3/3 + q_3\tau^5/20 & q_2\tau^2/2 + q_3\tau^4/8 & q_3\tau^3/6 \\ q_2\tau^2/2 + q_3\tau^4/8 & q_2\tau + q_3\tau^3/3 & q_3\tau^2/2 \\ q_3\tau^3/6 & q_3\tau^2/2 & q_3\tau \end{bmatrix} \tag{4.90}$$

式中：q_1 为对应于 Δx 的过程噪声参数，可用调相随机游走噪声描述；q_2 为对应于 Δy 的过程噪声参数，可用调频随机游走噪声描述；q_3 为对应于 Δz 的过程噪声参数，可用调频随机奔跑噪声描述。

铷钟相位数据的观测方程为

$$\boldsymbol{L}_k = \boldsymbol{A}_k\boldsymbol{X}_k + \boldsymbol{\Delta}_k \tag{4.91}$$

式中：$\boldsymbol{L}_k = x(t+\tau)$ 为 1 维观测矢量；$\boldsymbol{A}_k = [1 \quad 0 \quad 0]$ 为 1×3 维设计矩阵；$\boldsymbol{\Delta}_k$ 为 1 维观测噪声矢量，其均值和协方差阵分别为零和 $\boldsymbol{\Sigma}_k$，且 $\boldsymbol{\Delta}_k$ 和 $\boldsymbol{W}_k$ 不相关。

根据式(4.89)，预报状态矢量及其协方差矩阵可分别表示为

$$\overline{\boldsymbol{X}}_k = \boldsymbol{\Phi}_{k,k-1}\hat{\boldsymbol{X}}_{k-1} \tag{4.92}$$

$$\boldsymbol{\Sigma}_{X_k} = \boldsymbol{\Phi}_{k,k-1}\boldsymbol{\Sigma}_{\hat{X}_{k-1}}\boldsymbol{\Phi}_{k,k-1}^{\mathrm{T}} + \boldsymbol{\Sigma}_{w_k} \tag{4.93}$$

式中：$\hat{\boldsymbol{X}}_{k-1}$ 和 $\boldsymbol{\Sigma}_{\hat{X}_{k-1}}$ 分别是 t_{k-1} 时刻的状态矢量估值及其协方差阵。

结合式(4.91)，卡尔曼滤波估值及其协方差矩阵可表示为

$$\hat{\boldsymbol{X}}_k = \overline{\boldsymbol{X}}_k + \boldsymbol{K}_k(\boldsymbol{L}_k - \boldsymbol{A}_k\overline{\boldsymbol{X}}_k) \tag{4.94}$$

$$\boldsymbol{\Sigma}_{\hat{X}_k} = (\boldsymbol{I} - \boldsymbol{K}_k\boldsymbol{A}_k)\boldsymbol{\Sigma}_{X_k} \tag{4.95}$$

$$\boldsymbol{K}_k = \boldsymbol{\Sigma}_{X_k}\boldsymbol{A}_k^{\mathrm{T}}(\boldsymbol{A}_k\boldsymbol{\Sigma}_{X_k}\boldsymbol{A}_k^{\mathrm{T}} + \boldsymbol{\Sigma}_k)^{-1} \tag{4.96}$$

而卡尔曼滤波结果的预报残差均方根可按下式计算：

$$\mathrm{RMS} = \sqrt{\frac{\sum_{i=1}^{l}(\hat{x}(t_i) - x(t_i))^2}{l}} \tag{4.97}$$

式中：$\hat{x}(t_i)$ 为 t_i 时刻卡尔曼滤波解的时差预报值；$x(t_i)$ 为 t_i 时刻的观测值；l 为预报值的个数。

由此可知，求解卡尔曼滤波方程的关键是过程噪声协方差阵和观测量协方差阵的确定，而过程噪声协方差阵可由原子钟过程噪声参数来表示，因此，有必要给出原子钟过程噪声参数的具体计算方法。

4.4.2.2　基于哈达玛总方差的卡尔曼滤波过程噪声和观测噪声估计

考虑到原子钟时间预报特性跟其噪声水平估计精度有直接关系，TIE 标准偏差估计符合 t 分布，其等效自由度（edf）等于原子频标相应平滑时间（预报时间）上主要噪声类型的等效自由度。当原子钟的频漂较明显，淹没随机噪声时，此时应采用对频漂不敏感，而对低频随机噪声敏感的哈达玛方差。由于当平滑时间较长时，哈达玛方差估计的置信度较差，为此，采用置信度较高的哈达玛总方差来估计噪声水平。

基于相位数据的哈达玛总方差表达式为

$$H\sigma_{\text{total}}^2(\tau) = \frac{1}{6(m\tau_0)^2(N-3m)}\sum_{n=1}^{N-3m}\left\{\frac{1}{6m}\sum_{i=n-3m}^{n+3m-1}\left[{}^0x_{i+3m}^{\#} - 3({}^0x_{i+2m}^{\#}) + 3({}^0x_{i+m}^{\#}) - {}^0x_i^{\#}\right]^2\right\} \tag{4.98}$$

式中：$\tau = m\tau_0$；N 为相位数据个数；$\{{}^0x_i^{\#}\}$ 为去除漂移后的子序列映射延伸所得的 $9m+1$ 点的子序列，相邻相位数据的时间间隔为 τ。

为了方便分析哈达玛总方差，式(4.98)可表示为另一种形式：

$$\begin{aligned}H\sigma_{\text{total}}^2(\tau) &= \frac{1}{6\tau^2}E[x_{i+3} - 3x_{i+2} + 3x_{i+1} - x_i]^2 = \\ &\frac{1}{6\tau^2}E[(x_{i+3} - x_{i+2}) - (x_{i+2} - x_{i+1}) - (x_{i+2} - x_{i+1}) + (x_{i+1} - x_i)]^2\end{aligned} \tag{4.99}$$

由式(4.88)可得

$$\begin{bmatrix} x_{i+1} \\ y_{i+1} \\ z_{i+1} \end{bmatrix} = \begin{bmatrix} x_i + \tau y_i + (\tau^2/2)z_i \\ y_i + \tau z_i \\ z_i \end{bmatrix} + \begin{bmatrix} \Delta x_{i+1} \\ \Delta y_{i+1} \\ \Delta z_{i+1} \end{bmatrix}$$

$$\begin{bmatrix} x_{i+2} \\ y_{i+2} \\ z_{i+2} \end{bmatrix} = \begin{bmatrix} x_{i+1} + \tau y_{i+1} + (\tau^2/2)z_{i+1} \\ y_{i+1} + \tau z_{i+1} \\ z_{i+1} \end{bmatrix} + \begin{bmatrix} \Delta x_{i+2} \\ \Delta y_{i+2} \\ \Delta z_{i+2} \end{bmatrix}$$

$$\begin{bmatrix} x_{i+3} \\ y_{i+3} \\ z_{i+3} \end{bmatrix} = \begin{bmatrix} x_{i+2} + \tau y_{i+2} + (\tau^2/2)z_{i+2} \\ y_{i+2} + \tau z_{i+2} \\ z_{i+2} \end{bmatrix} + \begin{bmatrix} \Delta x_{i+2} \\ \Delta y_{i+2} \\ \Delta z_{i+2} \end{bmatrix}$$

相邻相位数据的差分可表示为

$$\begin{cases}(x_{i+1}-x_i)=\tau y_i+(\tau^2/2)z_i+\Delta x_{i+1}\\(x_{i+2}-x_{i+1})=\tau y_{i+1}+(\tau^2/2)z_{i+1}+\Delta x_{i+2}\\(x_{i+3}-x_{i+2})=\tau y_{i+2}+(\tau^2/2)z_{i+2}+\Delta x_{i+3}\end{cases} \tag{4.100}$$

将式(4.100)代入式(4.99)可得

$$H\sigma^2_{\text{total}}(\tau)=\frac{1}{6\tau^2}E[\Delta x_{i+3}-2\Delta x_{i+2}+\Delta x_{i+1}+\tau\{(y_i-y_{i+1})-(y_{i+1}-y_{i+2})\}+(\tau^2/2)\{(z_i-z_{i+1})-(z_{i+1}-z_{i+2})\}] \tag{4.101}$$

同理,结合相邻频率数据和相邻频漂数据的差分,式(4.99)可表示为

$$H\sigma^2_{\text{total}}(\tau)=\frac{1}{6\tau^2}\{E[\Delta x_{i+3}]^2+E[-2\Delta x_{i+2}+\tau\Delta y_{i+2}+(\tau^2/2)\Delta z_{i+2}]^2+E[\Delta x_{i+1}-\tau\Delta y_{i+1}+(\tau^2/2)\Delta z_{i+1}]^2\} \tag{4.102}$$

结合式(4.90),上式的右端三项可分别表示为

$$E[\Delta x_{i+3}]^2=q_1\tau+q_2\tau^3/3+q_3\tau^5/20 \tag{4.103}$$

$$E[-2\Delta x_{i+2}+\tau\Delta y_{i+2}+(\tau^2/2)\Delta z_{i+2}]^2=4q_1\tau+q_2\tau^3/3+9q_3\tau^5/20 \tag{4.104}$$

$$E[\Delta x_{i+1}-\tau\Delta y_{i+1}+(\tau^2/2)\Delta z_{i+1}]^2=q_1\tau+q_2\tau^3/3+q_3\tau^5/20 \tag{4.105}$$

式(4.102)可表示为

$$H\sigma^2_{\text{total}}(\tau)=q_1\tau^{-1}+q_2\tau/6+11q_3\tau^3/120 \tag{4.106}$$

式(4.106)仅包含调频白噪声、调频随机游走噪声和调频随机奔跑噪声,当铷钟时差数据还受到调相白噪声影响时,需要用代表性误差来补偿这种影响。假设调相白噪声是原子钟的唯一主要噪声分量,那么所有相位数据不相关,式(4.99)可表示如下:

$$H\sigma^2_{\text{total}}(\tau)=\frac{1}{6\tau^2}\{E[x_{i+3}]^2+E[-3x_{i+2}]^2+E[3x_{i+1}]^2+E[-x_i]^2\}^2 \tag{4.107}$$

当调相白噪声是原子钟主要误差源时,可令 $q_0=E[x_i]^2$,且 q_0 与时间无关,式(4.107)可进一步表示为

$$H\sigma^2_{\text{total}}(\tau)=\frac{10}{3\tau^2}q_0 \tag{4.108}$$

当调相白噪声和状态噪声矩阵 $\boldsymbol{P}$ 包含的 3 种调频噪声同时存在时,假设调相白噪声与其他 3 种噪声不相关,则式(4.106)和式(4.108)可以合并为[1]

$$H\sigma^2_{\text{total}}(\tau)=(10/3)q_0\tau^{-2}+q_1\tau^{-1}+q_2\tau/6+11q_3\tau^3/120 \tag{4.109}$$

式(4.109)把原子钟原始相位数据和原子钟卡尔曼滤波噪声过程参数联系起来,可用 3 个独立的随机游走过程噪声参数来描述原子频标噪声,用代表性误差参数 q_0 来表示测量噪声,该参数主要用来吸收调相白噪声和调相闪变噪声影响,以及模型

误差影响。在计算出原子钟的哈达玛总方差 $H\sigma^2_{\text{total}}(\tau_i)$ 以后，由式(4.109)组成观测方程即可求出卡尔曼滤波过程噪声参数，由 $H\sigma^2_{\text{total}}(\tau_i)$ 组成的观测矢量的协方差阵可根据每个平滑时间 τ_i 上 $H\sigma^2_{\text{total}}(\tau_i)$ 的 1σ 置信区间的平方来计算。

计算出过程噪声参数 q_0、q_1、q_2 和 q_3 以后，即可根据式(4.90)估计状态噪声协方差阵；而 q_0 参数即相位观测量的测量精度，不过 q_0 参数还吸收了部分模型误差，因此，依据 q_0 参数确定的观测噪声协方差阵 $\boldsymbol{\Sigma}_k$ 会大于相位观测量的实际协方差阵。

由推导过程可知，原子钟状态估计用二次多项式模型，没有考虑原子钟频漂的时变延迟参数，而 GPS 铷钟有很明显的与时间有关的频漂变化，因此，模型随机参数还吸收了部分没有模型化的频漂变化。如果要对原子钟进行长期预报，从理论上讲，尽量不要用统计方法描述系统性变化分量，而应采用对数模型或更好的模型来估计频漂的非线性分量。

需要说明的是，计算哈达玛总方差前需要去除所有的确定性变化分量，如周期性环境因素影响，以便由此估计的过程噪声参数 q_0、q_1、q_2 和 q_3 反映原子钟的随机变化特性。

4.4.3 基于预报残差的自适应卡尔曼滤波

当观测量无粗差，原子钟无异常扰动时，经典卡尔曼滤波可以给出精确可靠的原子钟状态参数估值。然而，原子钟在运行过程中，由于受复杂环境因素的影响，会发生频率跳变。为了使原子钟的频偏和同步精度保持在一定范围内，还需要对原子钟进行调频、调相操作，因而，精确函数模型的构造将十分困难，观测量也难免没有异常值。此时，经典卡尔曼滤波不能给出原子钟状态参数的精确估值，于是，如何合理地利用观测信息和原子钟运行信息，这是需要研究的内容。考虑到原子钟每个历元的观测数据小于未知参数个数，下面将主要分析基于预报残差的自适应卡尔曼滤波在主控站原子钟运行监测中的应用。

卡尔曼滤波状态方程和观测方程可分别表示为

$$\boldsymbol{X}_k = \boldsymbol{\Phi}_{k,k-1}\boldsymbol{X}_{k-1} + \boldsymbol{W}_k \tag{4.110}$$

$$\boldsymbol{L}_k = \boldsymbol{A}_k\boldsymbol{X}_k + \boldsymbol{\Delta}_k \tag{4.111}$$

由式(4.110)可得预报状态矢量及其协方差阵

$$\overline{\boldsymbol{X}}_k = \boldsymbol{\Phi}_{k,k-1}\hat{\boldsymbol{X}}_{k-1} \tag{4.112}$$

$$\boldsymbol{\Sigma}_{\overline{X}_k} = \boldsymbol{\Phi}_{k,k-1}\boldsymbol{\Sigma}_{\hat{X}_{k-1}}\boldsymbol{\Phi}^{\mathrm{T}}_{k,k-1} + \boldsymbol{\Sigma}_{w_k} \tag{4.113}$$

自适应滤波估值可表示为[17]

$$\hat{\boldsymbol{X}}_k = (\boldsymbol{A}^{\mathrm{T}}_k\boldsymbol{P}_k\boldsymbol{A}_k + \alpha_k\boldsymbol{P}_{\overline{X}_k})^{-1}(\alpha_k\boldsymbol{P}_{\overline{X}_k}\overline{\boldsymbol{X}}_k + \boldsymbol{A}^{\mathrm{T}}_k\boldsymbol{P}_k\boldsymbol{L}_k) \tag{4.114}$$

式中：$\boldsymbol{P}_k = 1/\boldsymbol{\Sigma}_k$ 为观测矢量的权阵；$\boldsymbol{P}_{\overline{X}_k} = 1/\boldsymbol{\Sigma}_{\overline{X}_k}$ 为状态预报矢量的权阵；α_k 为自适应因子。

为计算方便，自适应滤波估值可表示为递推形式

$$\hat{\boldsymbol{X}}_k = \overline{\boldsymbol{X}}_k + \overline{\boldsymbol{K}}_k(\boldsymbol{L}_k - \boldsymbol{A}_k\overline{\boldsymbol{X}}_k) \tag{4.115}$$

$$\boldsymbol{\Sigma}_{\hat{X}_k} = (\boldsymbol{I} - \overline{\boldsymbol{K}}_k\boldsymbol{A}_k)\boldsymbol{\Sigma}_{\overline{X}_k} \tag{4.116}$$

$$\overline{\boldsymbol{K}}_k = \frac{1}{\alpha_k}\boldsymbol{\Sigma}_{\overline{X}_k}\boldsymbol{A}_k^{\mathrm{T}}\left(\boldsymbol{A}_k\frac{1}{\alpha_k}\boldsymbol{\Sigma}_{\overline{X}_k}\boldsymbol{A}_k^{\mathrm{T}} + \boldsymbol{\Sigma}_k\right)^{-1} \tag{4.117}$$

式中:各量的含义与第 4.4.2 节相同。

由式(4.111)可得预报残差矢量 $\overline{\boldsymbol{V}}_k$ 及其协方差阵

$$\overline{\boldsymbol{V}}_k = \boldsymbol{A}_k\overline{\boldsymbol{X}}_k - \boldsymbol{L}_k \tag{4.118}$$

$$\boldsymbol{\Sigma}_{\overline{V}_k} = \boldsymbol{A}_k\boldsymbol{\Sigma}_{\overline{X}_k}\boldsymbol{A}_k^{\mathrm{T}} + \boldsymbol{\Sigma}_k \tag{4.119}$$

利用预报残差 $\overline{\boldsymbol{V}}_k$ 可以构造新的统计量[20]

$$\Delta\tilde{\boldsymbol{V}}_k = \frac{\overline{\boldsymbol{V}}_k^{\mathrm{T}}\overline{\boldsymbol{V}}_k}{\mathrm{tr}(\boldsymbol{\Sigma}_{\overline{V}_k})} \tag{4.120}$$

如果 α_k 构造成两段函数,则有[20-21]

$$\alpha_k = \begin{cases} 1 & |\Delta\tilde{\boldsymbol{V}}_k| \leqslant c \\ \dfrac{c}{|\Delta\tilde{\boldsymbol{V}}_k|} & |\Delta\tilde{\boldsymbol{V}}_k| > c \end{cases} \tag{4.121}$$

式中:c 为常量,可取 $c = 1.0 \sim 1.5$。

该学习统计量和相应的自适应因子有如下特点。

(1) 由统计量式(4.120)构造的自适应因子主要用来控制模型误差影响。

(2) 该自适应因子计算简单,不需要由观测信息计算钟差模型的预报值,当观测量不足时,仍能抑制钟差预报模型误差影响。

(3) 该自适应因子依赖于观测信息,故观测信息必须可靠。当观测量个数大于未知参数个数时,可用抗差估计方法去除粗差影响。

(4) 当观测信息不足时,无法确定较大的预报残差是由观测粗差引起的,还是由模型异常引起的。不过,可通过数据预处理来保证观测量的质量,从而避免粗差对自适应因子的影响,此时统计量主要反应钟差预报模型误差。

4.4.4 几点结论

对本章内容归纳如下。

(1) 给出了几种原子钟时间预报方法,并进行了比较分析。多项式拟合常用来进行卫星钟差预报;用谱分析进行钟差预报的精度不高,但可以发现钟差时间序列中的主要周期变化;改进的 AR 模型预报精度最高,但模型较复杂。

(2) 给出了适用于铷钟的卡尔曼滤波方程,主控站可用该方法实时监测卫星钟运行状况。

(3) 研究了基于预报残差的自适应卡尔曼滤波在主控站原子钟运行监测中的应

用,该方法可用来实时监测卫星钟运行状况。

(4) 导航卫星在轨原子钟的可预报性不仅与频标特性有关,还会受到预报算法参数复杂性的限制。多项式预报的形式最为简单,被卫星钟预报所采用,但不能充分利用原子频标本身固有的信息,卡尔曼滤波和自适应卡尔曼滤波充分利用了原子钟运行模型信息,主控站用该方法实时监测卫星钟运行状况。

参考文献

[1] 郭海荣. 导航卫星原子钟时频特性分析理论与方法研究[D]. 郑州:解放军信息工程大学, 2006.

[2] 刘利. 相对论时间比对理论与高精度时间同步技术[D]. 郑州:解放军信息工程大学, 2004.

[3] 中国卫星导航系统管理办公室. 北斗卫星导航系统空间信号接口控制文件公开服务信号(2.1 版)[R]. 北京:中国卫星导航系统管理办公室, 2016.

[4] 唐斌,李金龙,申俊飞,等. 闰秒过程中部分北斗授时时钟显示错误分析[J]. 导航定位与授时,2017,4(3):72-76.

[5] 刘利,韩春好,唐波. 双向定时近周日误差成分初步分析[J]. 天文学进展, 2007, 25(3): 279-283.

[6] 李保东,刘利,居向明,等. 卫星双向定时精度分析[J]. 时间频率学报, 2010,33(2): 129-133.

[7] 刘利,韩春好. 卫星双向时间比对及其误差分析[J]. 天文学进展,2004, 22(3): 219-226.

[8] 胡锦伦. 共视法和综合法的 GPS 时间同步精度分析[J]. 中国科学院上海天文台台刊, 2000(21): 13-16.

[9] VERNOTTE F, DEPLORTE J, BRUNET M. Uncertainties of drift coefficients and extrapolation errors: application to clock error prediction [J]. Metrologia,2001, 38(4): 1-52.

[10] VERNOTTE F, ZALAMANSKY G, LANTZ E. Time stability characterization and spectral aliasing, part I: a time-domain approach [J]. Metrologia, 1998a, 35: 723-730.

[11] VERNOTTE F, ZALAMANSKY G,LANTZ E. Time stability characterization and spectral aliasing, part I: a frequency-domain approach [J]. Metrologia, 1998b, 35: 731-738.

[12] VERNOTTE F. Application of the moment condition to noise simulation and to stability analysis [J]. IEEE Transactions on Ultrasonics, Ferroelectrics, and Frequency Control, 2002, 49(4): 1-12.

[13] VERNOTTE F, DELPORTE J, BRUNET M, et al. Estimation of uncertainty in time error estimation[C]//31st Annual Precise Time and Time Interval (PTTI) systems and applications Meeting. CA: The U. S. Naval Observatory, 1999.

[14] DELPORTE J, VERNOTTE F, BRUNET M, et al. Modelization and extrapolation of time deviation of USO and atomic clocks in GNSS-2 context[C]//32nd Annual Precise Time and Time Interval (PTTI) Systems and Applications Meeting. Virginia: The U. S. Naval Observatory, 2000.

[15] DELPORTE J, VERNOTTE F, TOURNIER T, et al. Modelization and extrapolation of time devia-

tion: application to the estimation of the datation stability of a navigation payload[C]//15th European Frequency and Time Forum. Switzerland: Swiss Foundation for Research in Microtechnology, 2001.

[16] 杨元喜, 抗差估计理论及其应用[M]. 北京: 八一出版社, 1993.

[17] YANG Y. Some numerical prediction methods for the wind speed in the sea based on ERS-1 scatterometer wind data [J]. Survey Review, 2001(36): 121-131.

[18] HUTSELL S T. Relating the hadamard variance to MCS kalman filter clock estimation[C]//27th Annual Precise Time and Time Interval (PTTI) systems and applications Meeting. San Diego: The U. S. Naval Observatory, 1995.

[19] HUTSELL S T, REID W G, et al. Operational use of the hamamard variance in GPS[C]//28th Annual Precise Time and Time Interval (PTTI) systems and applications Meeting. Virginia: The U. S. Naval Observatory, 1996.

[20] YANG Y, GAO W. A new learning statistic for adaptive filter based on predicted residuals [J]. Progress in Natural Science, 2006, 16(8): 833-837.

[21] YANG Y, XU T, HE H. On adaptively kinematic filtering [J]. Selected Papers for English of Acta Geodetica et Cartographica Sinica, 2001: 25-32.

第5章　GNSS异构星座自适应卫星轨道确定

卫星在空间运行的轨迹称为轨道,而描述卫星轨道位置和状态的参数称为轨道参数。在米级精度的导航定位中,导航卫星的位置是作为已知信息直接采用的;而在高精度的精密大地测量中,导航卫星的轨道参数一般作为具有先验信息的未知参数,与测站坐标及其他相关参数一起解算。为了理解和运用导航卫星轨道信息,本章简要介绍卫星运动规律及卫星轨道计算的基本知识。

5.1　二体问题

研究两个质点在万有引力作用下的动力学称为二体问题。与所有的运动物体一样,卫星的运动取决于它所受的作用力。在这些作用力中,地球引力对卫星运动起支配作用。而在地球的引力中,中心引力对卫星运动起主导作用。由于卫星相对地球而言,其质量和外形都很小,所以,可以把卫星作为质点处理。中心引力是把地球看作质量分布均匀的正球体,所以可把地球当作质量集中于地心的一个质点来处理。

综上所述,在只考虑中心引力情况下,可以把卫星和地球都视为两个质点来研究卫星运动,这就是二体问题。二体问题之所以受到普遍重视:其一,它是卫星运动的一种近似描述;其二,它是至今唯一能得到严密解析解的运动;其三,它是一些更精确解(顾及全部作用力)的基础[1-2]。

在惯性坐标系中,将卫星和地球视为质点,根据牛顿万有引力定律,以地心为坐标原点,卫星的运动加速度为

$$\ddot{\boldsymbol{r}} = -\frac{G(M+m)}{r^3}\boldsymbol{r} \tag{5.1}$$

式中:G 是引力常数;M 和 m 分别是地球和卫星的质量;$\boldsymbol{r}$ 是地心至卫星的向径。

由于地球质量 M(约为 5.974×10^{24} kg)远远大于卫星质量 m,通常略去卫星质量 m 项,式(5.1)可写为

$$\ddot{\boldsymbol{r}} = -\frac{GM}{r^3}\boldsymbol{r} \tag{5.2}$$

式(5.2)即二体问题运动微分方程。式中引力常数 G 的测量非常困难,其精度有限,而地球质量与引力常数的乘积 GM 可以通过 SLR 数据分析精确获得[3]。

解式(5.2)可以得到6个确定二体运动的轨道参数,这6个参数及其物理意义

如下。

轨道平面参数：

i——轨道平面倾角。

Ω——升交点赤经。

轨道椭圆形状大小参数：

a——轨道椭圆半长轴。

e——轨道椭圆偏心率。

轨道椭圆定向参数：

ω——近升距，升交点至近地点的角距。

轨道时刻参数：

M_0——卫星过近地点的角度，或 τ——卫星过近地点的时刻，决定了卫星过近地点时刻的位置。

二体运动方程的解与开普勒三大定律完全符合，因此二体轨道又称为开普勒轨道。二体轨道符合开普勒三大定律[1-2]：

第一定律：各行星的轨道均为椭圆，太阳位于该椭圆的一个焦点上。

第二定律：行星与太阳的连线在相等时间内扫过的面积相等。

第三定律：行星轨道周期的平方与行星至太阳平均距离的三次方成正比。

5.2 轨道摄动

利用前述二体问题的解作为第一近似解，但多数情况这种解的精度是不够的。实际上，卫星在运动中所受到的力要复杂得多：除了二体问题外，还受到诸如地球引力的非质心引力、大气阻力、日月引力、光辐射压力和非惯性坐标系的惯性力等。这些力与中心引力相比较均在 10^{-3} 量级以下，被称为摄动力。考虑了摄动力的卫星运动称为受摄运动。在摄动力的作用下，卫星运动方程描述为[1-2]

$$\ddot{\boldsymbol{r}} = -\frac{GM}{r^3}\boldsymbol{r} + \ddot{\boldsymbol{R}}(t,\boldsymbol{r},\dot{\boldsymbol{r}}) \tag{5.3}$$

式中：$\boldsymbol{r}$、$\dot{\boldsymbol{r}}$ 和 $\ddot{\boldsymbol{r}}$ 分别为 t 时刻卫星在惯性坐标系中的位置、速度和加速度矢量；GM 相乘得到地心引力常数；公式右端第一项为二体运动，是运动方程的主项；公式右端第二项 $\ddot{\boldsymbol{R}}(t,\boldsymbol{r},\dot{\boldsymbol{r}})$ 表示作用在卫星上各摄动加速度之和，摄动力包括地球的非球形引力、日月引力、地球固体潮摄动、太阳光压等。

5.2.1 摄动力及其量级

利用动力学方法定轨首先需要对影响卫星运动的主要摄动力建模，构建卫星运动动力学方程。导航卫星运动除了受地球中心引力作用外，还受到其他多种摄动力，包括地球引力场高阶项、日月及大行星引力、太阳光压及地球反照压、固体潮、海潮、极潮及相对论效应等作用力影响。除了太阳光压外,上述其他摄动力均有严格的数学模型。各种摄动力对卫星运动影响与卫星高度有关,利用摄动力数学模型,采用分析法或数值积分法可计算出上述摄动力量级,图5.1为摄动力随卫星高度的变化图。

由图5.1看出,日月及其他星体引力摄动随卫星高度增加逐渐增加,太阳光压摄动随卫星高度变化缓慢,其余摄动随卫星高度增加逐渐减小。仅考虑量级大于10^{-11} km/s^2摄动力时,对于MEO卫星,主要摄动力为地球引力场(小于6阶项)、日月引力、太阳光压、固体潮、海潮;而对于IGSO、GEO卫星,固体潮摄动、海潮摄动影响可不考虑。地球反照辐射压对中高轨卫星影响量级在10^{-11} ~ 10^{-12} km/s^2,是除上述摄动外对卫星运动影响较大的摄动力。

需要指出的是,上述仅考虑摄动力量级还不足以反映摄动力对卫星实际影响的大小。如对于GEO卫星而言,尽管从图5.1中看$J_{2,2}$项量级小于$J_{2,0}$项几个数量级,但由于$J_{2,2}$项与卫星运动周期产生共振,$J_{2,2}$项对卫星运动影响具有长期摄动项特点,其对长期轨道预报影响量级可与$J_{2,0}$项接近[2]。

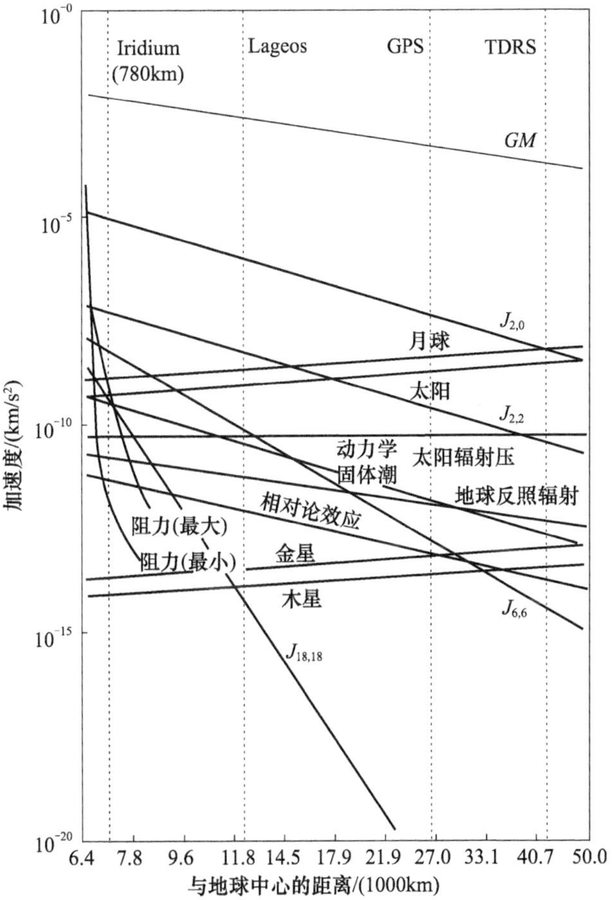

图5.1 不同高度卫星摄动力量级[3]

5.2.2 非球形引力摄动

地球引力加速度包括地球中心引力加速度和地球非球形引力摄动加速度。设卫星的经纬度为 λ、ϕ，由于地球是一个密度分布不均匀的非球形天体，因此地球引力位的球谐函数展开式为[4]

$$
V_s = V_0 + V' = \frac{GM}{r} + \frac{GM}{r}\left\{ \sum_{n=2}^{\infty} C_{n0}\left(\frac{R_e}{r}\right)^n \mathrm{P}_n(\sin\phi) + \sum_{n=2}^{\infty}\sum_{m=1}^{n}\left(\frac{R_e}{r}\right)^n \mathrm{P}_{nm}(\sin\phi)\left[C_{nm}\cos m\lambda + S_{nm}\sin m\lambda\right]\right\} \tag{5.4}
$$

式中：V_0 为地球中心引力位；V' 为非球形摄动引力位；R_e 为地球赤道的平均半径；M 为地球质量；$\mathrm{P}_{nm}(\sin\phi)$ 为勒让德多项式；C_{n0}、C_{nm}、S_{nm} 为常数，它们代表了地球内部的质量分布情况。

为了便于计算，将式(5.4)进行正规化，则地球非球形部分的摄动函数为

$$
V' = \frac{GM}{r}\left\{ \sum_{n=2}^{\infty} \overline{C}_{n0}\left(\frac{R_e}{r}\right)^n \overline{\mathrm{P}}_n(\sin\phi) + \sum_{n=2}^{\infty}\sum_{m=1}^{n}\left(\frac{R_e}{r}\right)^n \overline{\mathrm{P}}_{nm}(\sin\phi)\left[\overline{C}_{nm}\cos m\lambda + \overline{S}_{nm}\sin m\lambda\right]\right\}
$$

式中：r、λ、ϕ 分别为卫星的地心距、地心经度和纬度；$\overline{C}_{n0}$ 为正规化后的引力场系数；$\overline{\mathrm{P}}_{nm}(\sin\phi)$ 为正规化后的勒让德多项式。

5.2.3 潮汐摄动

由于地球不是刚体，在日、月引力作用下地球会发生形变，从而引起地球引力场的变化。地球的这种形变可分为三种类型：固体潮、海潮和大气潮。其中陆地部分发生的弹性形变称为固体潮，海洋发生的潮汐现象称为海潮，地球外层大气的潮汐现象称为大气潮。在三种潮汐摄动中，大气摄动最小，对卫星轨道的摄动影响仅有固体潮的 2.5%。此外，地球自转的不均匀性也会引起地球的形变，称为地球自转形变。下面将简要介绍固体潮、海潮和地球自转形变对引力场的影响。

1）固体潮摄动

固体潮对引力场模型的影响体现在引力位系数 $\overline{C}_{nm}$、$\overline{S}_{nm}$ 的变化上，这种变化分成两部分，第一部分是与频率无关的勒夫数 k_2 引起的变化，第二部分是对勒夫数 k_2 进行不同频率分潮波的相关修正[4]。

第一部分仅取到二阶潮，相应的系数变化为[4]

$$\begin{cases}\Delta\bar{C}_{20}=\dfrac{1}{\sqrt{5}}k_2\displaystyle\sum_{j=1}^{2}\dfrac{GM_j}{GM}\left(\dfrac{R_e}{r_j}\right)^3\mathrm{P}_{20}(\sin\varphi_j)-\langle\Delta\bar{C}_{20}\rangle\\ \Delta\bar{C}_{21}=\dfrac{1}{3}\sqrt{\dfrac{3}{5}}k_2\displaystyle\sum_{j=1}^{2}\dfrac{GM_j}{GM}\left(\dfrac{R_e}{r_j}\right)^3\mathrm{P}_{21}(\sin\varphi_j)\cos(\lambda_j+\delta)\\ \Delta\bar{S}_{21}=\dfrac{1}{3}\sqrt{\dfrac{3}{5}}k_2\displaystyle\sum_{j=1}^{2}\dfrac{GM_j}{GM}\left(\dfrac{R_e}{r_j}\right)^3\mathrm{P}_{21}(\sin\varphi_j)\sin(\lambda_j+\delta)\\ \Delta\bar{C}_{22}=\dfrac{1}{6}\sqrt{\dfrac{3}{5}}k_2\displaystyle\sum_{j=1}^{2}\dfrac{GM_j}{GM}\left(\dfrac{R_e}{r_j}\right)^3\mathrm{P}_{22}(\sin\varphi_j)\cos2(\lambda_j+\delta)\\ \Delta\bar{S}_{22}=\dfrac{1}{6}\sqrt{\dfrac{3}{5}}k_2\displaystyle\sum_{j=1}^{2}\dfrac{GM_j}{GM}\left(\dfrac{R_e}{r_j}\right)^3\mathrm{P}_{22}(\sin\varphi_j)\sin2(\lambda_j+\delta)\end{cases}\tag{5.5}$$

式中：$j=1,2$ 分别对应月球和太阳；M_j、r_j、φ_j、λ_j 分别代表月球和太阳的质量、地心距、地心纬度和地心经度；δ 为潮汐延迟角；$\langle\Delta\bar{C}_{20}\rangle$ 是 $\bar{C}_{20}$ 的零频率项（永久潮汐项），$\langle\Delta\bar{C}_{20}\rangle=-1.39119\times10^{-8}k_2$；$G$ 为引力常数；P 为勒让德多项式。

第二部分的修正为[4]

$$\Delta\bar{C}_{nm}-\mathrm{i}\Delta\bar{S}_{nm}=A_m\sum_{S}\Delta K_S H_S\begin{pmatrix}1\\-i\end{pmatrix}\mathrm{e}^{\mathrm{i}\theta_S}\tag{5.6}$$

式中

$$A_m=\frac{(-1)^m}{R_e\sqrt{4\pi(2-\delta_m)}}\qquad \delta_m=\begin{cases}1 & m=0\\0 & m\neq0\end{cases},\quad \Delta K_S=k_S-k_2$$

k_S 对应分潮波 S 的引潮位勒夫数；$\mathrm{e}^{\mathrm{i}\theta_S}=\cos\theta_S+\mathrm{i}\sin\theta_S$；$\theta_S=\bar{\boldsymbol{\eta}}\cdot\bar{\boldsymbol{\beta}}$，为分潮波 S 的幅角，其中 $\bar{\boldsymbol{\eta}}=(\eta_1,\eta_2,\eta_3,\eta_4,\eta_5,\eta_6)^{\mathrm{T}}$，为 Doodson 系数，$\bar{\boldsymbol{\beta}}=(\tau,s,h,p,N',P_1)$，为 Doodson 变量；$\sum_{S}$ 表示对引潮位中各种频率的分潮波 S 的求和；H_S 为分潮波 S 的振幅，$n+m$ 为偶数时取 1，$n+m$ 为奇数时取 $-\mathrm{i}$。

式(5.5)和式(5.6)中各系数修正之和即固体潮对引力场系数的影响。

2）海潮摄动

海潮对引力场系数的影响为[4]

$$\begin{cases}\Delta C_{nm}=F_{nm}\displaystyle\sum_{\mu}^{N_T}\left[(C_{nm,\mu}^{+}+C_{nm,\mu}^{-})\cdot\cos\theta_\mu+(S_{nm,\mu}^{+}+S_{nm,\mu}^{-})\cdot\sin\theta_\mu\right]\\ \Delta S_{nm}=F_{nm}\displaystyle\sum_{\mu}^{N_T}\left[(S_{nm,\mu}^{+}-S_{nm,\mu}^{-})\cdot\cos\theta_\mu+(C_{nm,\mu}^{+}-C_{nm,\mu}^{-})\cdot\sin\theta_\mu\right]\end{cases}\tag{5.7}$$

式中：N_T 为分潮波的数目；$S_{nm,\mu}^{+}$ 和 $C_{nm,\mu}^{+}$ 对应 μ 分潮波的顺行波系数；$S_{nm,\mu}^{-}$ 和 $C_{nm,\mu}^{-}$ 对应 μ 分潮波的逆行波系数。

$$F_{nm}=\frac{4\pi G\rho_W}{g}\left[\frac{(n+m)!}{(2-\delta_m)(2n+1)(n-m)!}\right]^{\frac{1}{2}}\cdot\left(\frac{1+K_n'}{2n+1}\right)$$

$$g=\frac{GM}{R_e^2}$$

式中：$\rho_W=1025\text{kg/m}^3$为海水平均密度；K'_n为负载形变系数。

3）地球自转形变摄动

地球自转形变摄动体现在地球引力位系数上的变化为[4]

$$\begin{cases}\Delta\bar{C}_{20}=\dfrac{2}{3}\dfrac{1}{\sqrt{5}}\dfrac{R_e^3}{GM}k_2\omega^2m_3\\ \Delta\bar{C}_{21}=-\dfrac{1}{\sqrt{15}}\dfrac{R_e^3}{GM}k_2\omega^2m_1\\ \Delta\bar{S}_{21}=-\dfrac{1}{\sqrt{15}}\dfrac{R_e^3}{GM}k_2\omega^2m_2\\ \Delta\bar{C}_{22}=\dfrac{1}{2\sqrt{15}}\dfrac{R_e^3}{GM}k_2\omega^2(m_2^2-m_1^2)\\ \Delta\bar{S}_{22}\approx 0\end{cases}\tag{5.8}$$

式中：$m_1=x_p$，$m_2=y_p$（x_p、y_p为极移量）；m_3为日长变化；ω为地球自转平均角速度。

通过式(5.5)～式(5.8)可计算出固体潮、海潮和地球自转形变引起的引力位系数的变化，将这些变化加入到相应的引力位系数中，即可计算潮汐摄动，其影响一般为厘米量级。

5.2.4 *N*体摄动

如前所说，卫星在围绕地球运行时，不但受到中心天体地球引力的影响，而且还受到月球、太阳和其他行星引力的影响。我们把中心天体地球之外的其他天体称为摄动天体，卫星称为被摄动体，地球和卫星都看作质点，由于卫星的质量远远小于地球和摄动天体的质量，因此认为地球和其他行星运动不受卫星的影响。假设在惯性体系中，$\boldsymbol{r}$为卫星坐标矢量，$\boldsymbol{r}_j$和M_j为摄动天体坐标矢量和质量，则摄动天体对卫星产生的摄动加速度为[4]

$$\boldsymbol{a}_n=-\sum_{j=1}^{n}GM_j\left(\frac{\boldsymbol{r}_j}{r_j^3}+\frac{\boldsymbol{\Delta}_j}{\Delta_j^3}\right)\tag{5.9}$$

式中：$\boldsymbol{\Delta}_j=\boldsymbol{r}-\boldsymbol{r}_j$。

5.2.5 相对论效应摄动

卫星运动一般在地心坐标系中描述，于是需要建立一个局部的广义相对论框架下的非旋转地心坐标系。与牛顿理论定义的非旋转地心坐标系不同，在广义相对论框架下卫星运动需要考虑地球引力效应引起的引力频移修正和运动效应导致的二级多普勒频移修正，卫星运动的摄动描述也将不同，这些不同的部分称为相对论效应。

相对论效应使卫星运动方程增加了一项相对论效应加速度[4]：

$$
\begin{aligned}
\boldsymbol{a}_{\mathrm{rel}} &= \boldsymbol{a}_{\mathrm{RL1}} + \boldsymbol{a}_{\mathrm{RL2}} + \boldsymbol{a}_{\mathrm{RL3}} = \\
&\frac{GM}{c^2 r^3}\left\{\left[2(\beta+\gamma)\frac{GM}{r} - \gamma v^2\right]\boldsymbol{r} + 2(1+\gamma)(\boldsymbol{r}\cdot\boldsymbol{v})\boldsymbol{v}\right\} + \\
&2(\boldsymbol{\Omega}\times\boldsymbol{v}) + \frac{GM}{c^2 r^3}(1+\gamma)\left[\frac{3}{r^2}(\boldsymbol{r}\times\boldsymbol{v})(\boldsymbol{r}\cdot\boldsymbol{J}) + (\boldsymbol{v}\times\boldsymbol{J})\right]
\end{aligned}
\tag{5.10}
$$

式中：$\boldsymbol{a}_{\mathrm{RL1}}$为 Schwarzschild 项；$\boldsymbol{a}_{\mathrm{RL2}}$为测地岁差项；$\boldsymbol{a}_{\mathrm{RL3}}$为 Lense - Thirring 岁差项；$\boldsymbol{r}$ 和 $\boldsymbol{v}$ 分别为卫星的地心位置和速度矢量；$\boldsymbol{J} = 9.8\times10^8\,\mathrm{m}^2/\mathrm{s}$，是地球单位质量的角动量；$\beta$ 和 γ 为相对论效应的第 1、第 2 参数，取值均为 1；c 为光速；$\boldsymbol{\Omega}\approx\frac{3}{2}(\boldsymbol{v}_{\mathrm{e}} - \boldsymbol{v}_{\mathrm{s}})\times\left[-\frac{GM_{\mathrm{s}}}{c^2 r_{\mathrm{es}}^3}\boldsymbol{\Delta}_{\mathrm{es}}\right]$，$\boldsymbol{v}_{\mathrm{e}}$和 $\boldsymbol{v}_{\mathrm{s}}$分别为地球和太阳在太阳系质心中的速度矢量，$\boldsymbol{\Delta}_{\mathrm{es}}$和 r_{es}分别为地球到太阳的矢量和距离。

在上述 3 项中第 1 项是相对论效应的主项、第 2 项是测地岁差项，第 3 项是 Lense - Thirring 岁差项，后两项对卫星轨道的摄动很小，比第 1 项小两个量级，对目前定轨精度可忽略不计。

5.2.6　太阳光压摄动

对于导航卫星，太阳光压摄动受卫星形状、卫星表面材质、地影等多种因素影响，较难精确建模，是影响定轨精度的主要因素之一。目前太阳光压模型多采用半经验模型形式，即采用简化的卫星光压模型加经验力改正项形式。在 GPS 卫星定轨中应用较为成功的太阳光压模型有 ROCK 模型、COLOMBO 模型、JPL 光压模型、BERNESE 的 ECOM 模型和 SPRINGER 模型等，北斗混合星座定轨采用 BDSHYB 光压模型。下面首先介绍两参数光压模型，在此基础上介绍 GPS 卫星定轨常用的 ECOM 模型和北斗卫星定轨采用的 BDSHYB 光压模型。

1）两参数光压模型

太阳光压摄动力是卫星到太阳距离、卫星面质比等参数的函数。由于卫星表面反射系数较难确定，通常需要解算太阳光压尺度因子参数吸收模型误差。对于实际在轨运行的卫星，由于太阳帆板并不能严格垂直于卫星与太阳的连线，造成太阳光压沿卫星太阳帆板转动轴线方向产生分力即 Y 轴偏差。考虑太阳光压尺度因子及 Y 偏差参数的太阳光压模型为

$$
\boldsymbol{a}_{\mathrm{rad}} = \nu\cdot P_{\mathrm{s}}\cdot\frac{a_{\mathrm{s}}}{|\boldsymbol{r}-\boldsymbol{r}_{\mathrm{s}}|^2}\cdot\left[\frac{A}{m}\cdot C_x\cdot\boldsymbol{e}_x + C_y\cdot\boldsymbol{e}_y\right]
\tag{5.11}
$$

式中：ν 为地影系数；P_{s}为单位面质比吸收体在距离太阳 1 个天文单位处受到的太阳辐射压；a_{s}为 1 个天文单位对应的距离；$\boldsymbol{r}$ 为卫星位置矢量；$\boldsymbol{r}_{\mathrm{s}}$为太阳位置矢量；$A$ 为卫星受太阳辐射面积；m 为卫星质量；C_x为太阳光压尺度因子；C_y为 Y 偏差因子；$\boldsymbol{e}_x$、$\boldsymbol{e}_y$

分别为星固参考系中两个坐标轴。

2）ECOM 光压模型

双参数太阳光压模型是对卫星太阳光压摄动力的一种简化模型。由于实际卫星太阳帆板及卫星表面几何物理特性的复杂性，上述模型很难满足高精度定轨需求。GPS Block Ⅱ和 Block ⅡA 卫星采用 T20 光压模型，该模型考虑了热辐射影响，属于 ROCK 模型。在 GPS 精密定轨中，基于 ROCK 模型，Beutler 提出采用常数经验力参数结合周期经验力参数的 ECOM 模型，公式如下：

$$\boldsymbol{a}_{\mathrm{rad}} = \boldsymbol{a}_{\mathrm{ROCK}} + D(u) \cdot \boldsymbol{e}_{\mathrm{D}} + Y(u) \cdot \boldsymbol{e}_{\mathrm{Y}} + B(u) \cdot \boldsymbol{e}_{\mathrm{B}} \tag{5.12}$$

$$D(u) = D + D_{\mathrm{C}} \cdot \cos u + D_{\mathrm{S}} \cdot \sin u$$

$$Y(u) = Y + Y_{\mathrm{C}} \cdot \cos u + Y_{\mathrm{S}} \cdot \sin u$$

$$B(u) = B + B_{\mathrm{C}} \cdot \cos u + B_{\mathrm{S}} \cdot \sin u$$

式中：$\boldsymbol{a}_{\mathrm{ROCK}}$为基本 ROCK 模型[5-9]；$\boldsymbol{e}_{\mathrm{D}}$为卫星-太阳方向单位矢量，正向指向太阳；$\boldsymbol{e}_{\mathrm{Y}}$为卫星太阳帆板轴向单位矢量；$\boldsymbol{e}_{\mathrm{B}}$为$\boldsymbol{e}_{\mathrm{D}}$与$\boldsymbol{e}_{\mathrm{Y}}$叉乘方向，与$\boldsymbol{e}_{\mathrm{D}}$、$\boldsymbol{e}_{\mathrm{Y}}$垂直并构成右手系；$D$、$D_{\mathrm{C}}$、$D_{\mathrm{S}}$、$Y$、$Y_{\mathrm{C}}$、$Y_{\mathrm{S}}$、$B$、$B_{\mathrm{C}}$、$B_{\mathrm{S}}$分别为上述 3 个坐标轴方向上的模型参数；$u$ 为卫星轨道面内卫星相对其轨道升交点的角距。

3）BDSHYB 光压模型

由于导航卫星运动受到的太阳光压影响无法通过模型完全改正，因此需要在模型改正的基础上估计光压参数进行补偿。GPS 卫星经过大量测试和长期连续数据分析处理，GPS 光压模型以及姿态模型比较完善。而北斗系统于 2012 年正式开通运行，测轨数据积累有限，北斗卫星的动力学模型以及姿态模型尚不够精确，且 GPS 卫星采用的 T20 模型不太适用于北斗卫星，尤其不适用于北斗 GEO 卫星[8-9]。因此，北斗卫星的光压模型不能完全参照 GPS 卫星进行建模。

为获得适用于北斗卫星导航系统的光压模型，首先在常规精密定轨定位模式下，采用先验光压模型，引入虚拟脉冲参数，获取高精度的卫星轨道，然后将高精度的轨道作为虚拟观测值引入约化动力学定轨，这时候不再引入虚拟脉冲参数，只估计卫星初始状态以及太阳光压参数，通过设置各种参数形成不同的太阳光压模型，最后通过比较确定最优的模型，求取模型参数的估计值，并对模型进行验证。基于上述思路建立太阳光压模型 BDSHYB，其模型函数为[10-11]

$$\ddot{\boldsymbol{r}}_{\mathrm{s}} = \frac{a_u^2}{|\boldsymbol{r}_{\mathrm{s}} - \boldsymbol{r}|^2} \cdot [D(u) \cdot \boldsymbol{e}_{\mathrm{D}} + Y(u) \cdot \boldsymbol{e}_y + B(u) \cdot \boldsymbol{e}_{\mathrm{B}}] \tag{5.13}$$

式中：$\boldsymbol{e}_y$为星固坐标系坐标轴的单位矢量，$\boldsymbol{e}_y = \boldsymbol{e}_z \times \boldsymbol{e}_{\mathrm{D}}$，其中 $\boldsymbol{e}_z$为星固坐标系坐标轴单位矢量，指向地球中心，$\boldsymbol{e}_{\mathrm{D}}$为太阳至卫星方向的单位矢量；$\boldsymbol{e}_{\mathrm{B}} = \boldsymbol{e}_{\mathrm{D}} \times \boldsymbol{e}_y$，$\boldsymbol{e}_{\mathrm{B}}$体现了太阳在轨道平面高度角；$D(u)$、$Y(u)$、$B(u)$分别如下：

$$D(u)=D_0\cdot \mathrm{SRP}(1)+D_1\cdot \sin(u)+D_2\cdot \cos(u)$$
$$Y(u)_{\mathrm{GEO}}=D_0\cdot \mathrm{SRP}(2)\cdot \sin(2\beta)+Y_1\cdot \sin(u)+Y_2\cdot \cos(u)$$
$$Y(u)_{\mathrm{IGSO/MEO}}=D_0\cdot \mathrm{SRP}(2)\cdot \cos(2\beta)+Y_1\cdot \sin(u)+Y_2\cdot \cos(u)$$
$$B(u)=D_0\cdot [\mathrm{SRP}(3)+\lambda\cdot (\mathrm{SRP}(4)\cdot \sin(u)+\mathrm{SRP}(5)\cdot \cos(u))]$$

式中：D_0为量纲单位；λ 为地影因子；u 为卫星在轨道平面上距升交点的角度；D_1、D_2、Y_1、Y_2对轨道的影响不显著，可不作为参数；SRP(i)，$i=1,\cdots,5$，为待求光压参数。

该模型也适用于GPS。分析表明，相同观测数据条件下，T20模型12h GPS卫星轨道预报误差在分米量级，而SHDYB模型12h GPS卫星轨道预报误差在厘米量级[8-9]。

5.2.7 地球反照辐射压摄动

地球受到太阳辐射后，将以光学辐射和红外辐射的方式释放出去，这两种辐射将对卫星产生反照辐射压摄动。地球反照辐射压随地球纬度和季节变化。在建模时，将卫星可以“看见”的地球表面部分按照相对于卫星的地理位置划分为若干块面元，然后分别计算各面元对卫星产生的摄动。地球上第 i 块面元对卫星产生的反照辐射压摄动可表示为[4]

$$\Delta \boldsymbol{a}_i=v\left(\frac{a_u}{R}\right)^2(1+\eta_{\mathrm{e}}+\dot{\eta}_{\mathrm{e}}\Delta t)\left(\frac{A_i}{m}\right)\left[c_iA_{\mathrm{l}i}\cos\theta_{\mathrm{s}i}+\frac{E_{\mathrm{m}i}}{4}\right]\frac{\Delta E_i\cos\alpha_i}{\pi|\boldsymbol{r}_i|^2}\boldsymbol{u}_i \tag{5.14}$$

式中：$R=|\boldsymbol{r}-\boldsymbol{r}_{\mathrm{s}}|$为卫星到太阳的距离；$\eta_{\mathrm{e}}$、$\dot{\eta}_{\mathrm{e}}$为卫星表面的反射系数及其变化率（可作为被估参数）；ΔE_i为地球上第 i 块面元的面积；$\boldsymbol{r}_i$为面元 ΔE_i的中心到卫星的矢量；$\boldsymbol{u}_i=\boldsymbol{r}_i/|\boldsymbol{r}_i|$；$\boldsymbol{u}_{\mathrm{s}}=(\boldsymbol{r}_{\mathrm{s}}-\boldsymbol{r})/|\boldsymbol{r}_{\mathrm{s}}-\boldsymbol{r}|$为卫星到太阳方向的单位矢量；$\boldsymbol{n}_i$为面元 ΔE_i中心处的单位法矢量；α_i为 $\boldsymbol{n}_i$与 $\boldsymbol{u}_i$之间的夹角，$\cos\alpha_i=\boldsymbol{n}_i\cdot\boldsymbol{u}_i$；$\theta_{\mathrm{s}i}$为 $\boldsymbol{n}_i$ 与 u_{s} 之间的夹角，$\cos\theta_{\mathrm{s}i}=\boldsymbol{n}_i\cdot\boldsymbol{u}_{\mathrm{s}}$；$A_i$为卫星在垂直于 $\boldsymbol{u}_i$方向上的横截面积；$A_{\mathrm{l}i}$为面元 ΔE_i的反照率；$E_{\mathrm{m}i}$为面元 ΔE_i的红外辐射率；$c_i=\begin{cases}1 & \cos\theta_{\mathrm{s}i}>0\\ 0 & \cos\theta_{\mathrm{s}i}\leqslant 0\end{cases}$。

地球反照辐射压引起的总摄动为

$$\boldsymbol{a}_{\mathrm{earth}}=\sum_i\Delta\boldsymbol{a}_i$$

5.3 GNSS卫星星历

5.3.1 广播星历的表达

对于导航定位用户而言，使用的导航卫星广播星历并不是轨道预报直接得出的离散化的卫星位置和速度信息，而是所谓的星历参数。目前，这些信息有两种代表性的表达方式：一种是开普勒轨道根数加摄动改正表达法，典型代表是GPS、北斗系统和 Galileo 系统的广播星历参数形式,由开普勒轨道参数及若干摄动参数组成;另一种是状态矢量表达法,典型代表是 GLONASS 的广播星历参数形式,由卫星在地固坐标系下的位置、速度以及日、月引力加速度等 9 个参数组成。

1) GPS 广播星历[5-7,12-15]

注入站每天向 GPS 各卫星注入多组广播星历,一般一天注入一次。卫星播发的广播星历通常每 2h 更新一次。在选择可用性(SA)开启时,广播星历的精度为 5 ~ 100m,接收机的导航精度在水平方向上约为 100m、高程方向约为 150m;在 SA 关闭之后,广播星历的精度为 5 ~ 10m。

GPS 的广播星历由 6 个开普勒轨道参数、9 个摄动参数和 1 个参考时刻共 16 个参数组成。在新公布的接口控制文件中,提出了新的 GPS 民用导航电文 CNAV 和 CNAV2(原有的导航电文称作 NAV),对 GPS 广播星历参数做了一些修改,改变了一些参数的描述形式,绝大部分具有相同意义的星历参数在 CNAV/CNAV2 电文中比 NAV 电文中占据更多比特,还增加了 2 个参数,具体见表 5.1。

表 5.1 GPS 广播星历参数①

NAV 参数	CNAV 参数	CNAV2 参数	意义
M_0	M_{0-n}	M_{0-n}	参考时刻的平近点角
Δn	Δn_0	Δn_0	平均角速度与计算值之差
	$\Delta \dot{n}_0$	$\Delta \dot{n}_0$	平均角速度与计算值之差的变化率②
e	e_n	e_n	偏心率
$\sqrt{A}$			半长轴平方根
	ΔA	ΔA	参考时刻半长轴与标称值之差③
	$\dot{A}$	$\dot{A}$	半长轴变化率②
Ω_0	Ω_{0-n}	Ω_{0-n}	本星期起点时刻升交点赤经
$\dot{\Omega}$			升交点赤经变化率
	$\Delta\dot{\Omega}$	$\Delta\dot{\Omega}$	升交点赤经变化率与标称值之差③
i_0	i_{0-n}	i_{0-n}	轨道面倾角
IDOT	i_{0-n} - DOT	i_{0-n} - DOT	轨道面倾角变化率
ω	ω_n	ω_n	近地点幅角
C_{uc}	C_{uc-n}	C_{uc-n}	纬度幅角的余弦调和改正项
C_{us}	C_{us-n}	C_{us-n}	纬度幅角的正弦调和改正项
C_{rc}	C_{rc-n}	C_{rc-n}	轨道半径的余弦调和改正项
C_{rs}	C_{rs-n}	C_{rs-n}	轨道半径的正弦调和改正项
C_{ic}	C_{ic-n}	C_{ic-n}	轨道面倾角的余弦调和改正项

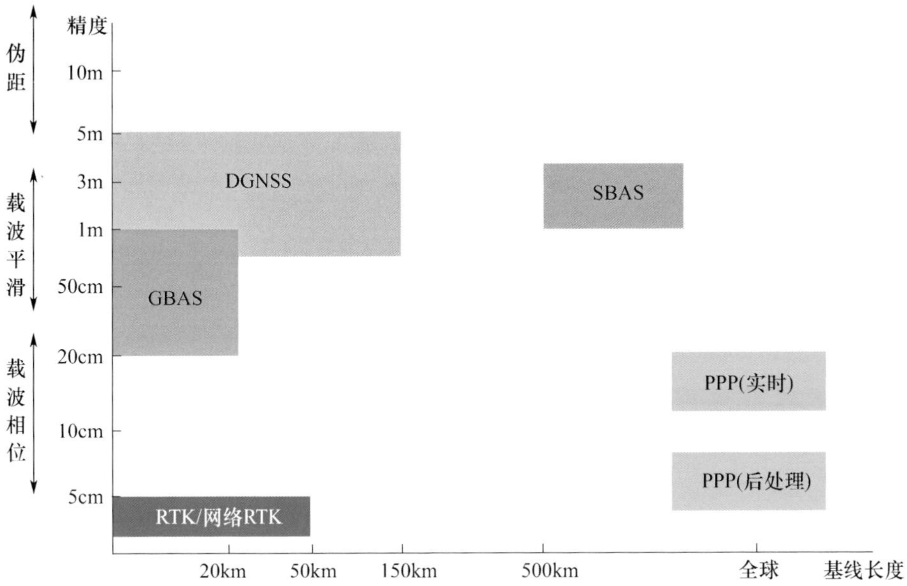

图 1.1 全球卫星导航系统(GNSS)差分技术

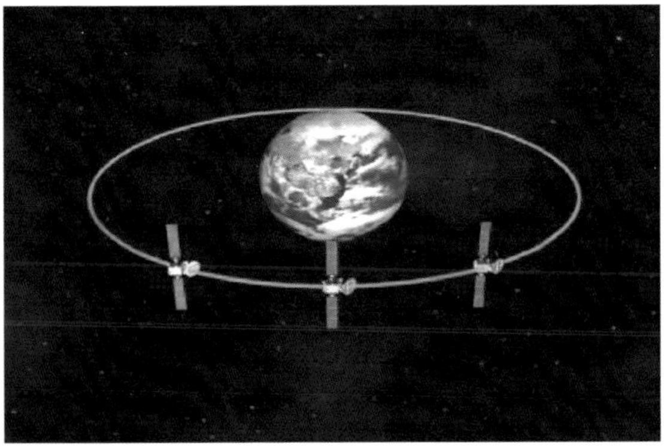

图 1.2 北斗卫星导航验证系统示意图

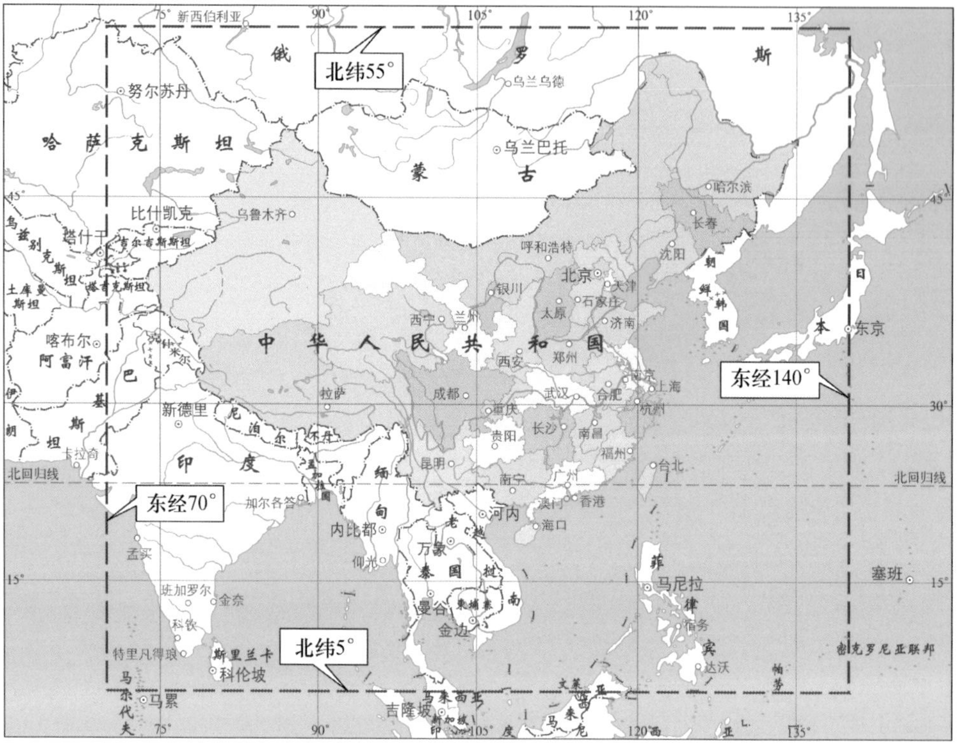

图 1.3　北斗卫星导航验证系统服务区

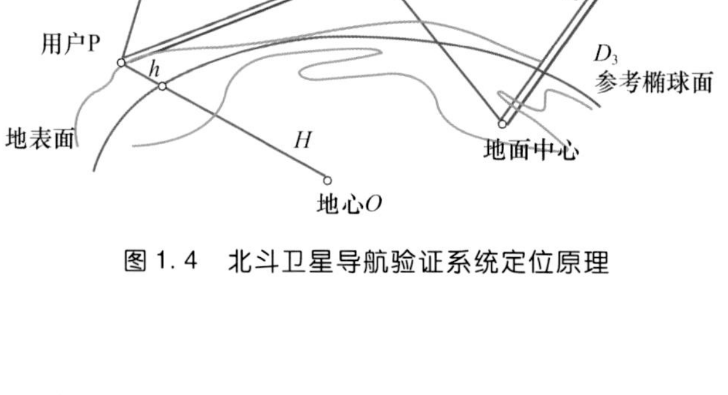

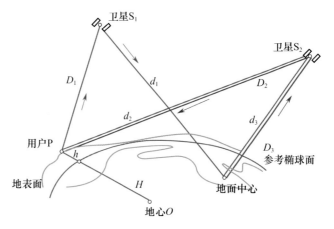

图 1.4　北斗卫星导航验证系统定位原理

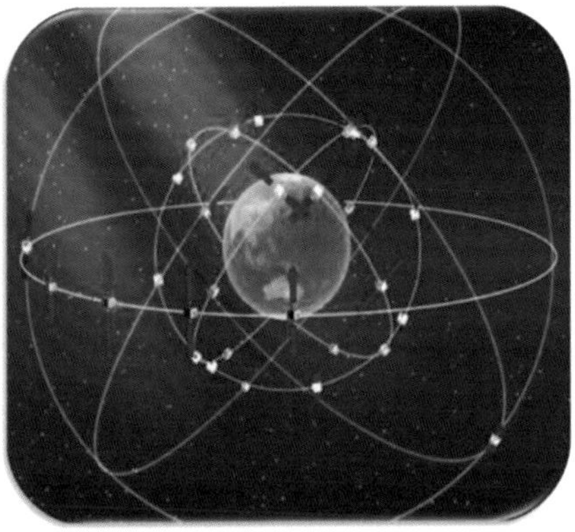

图 1.5　北斗区域卫星导航系统卫星组网图

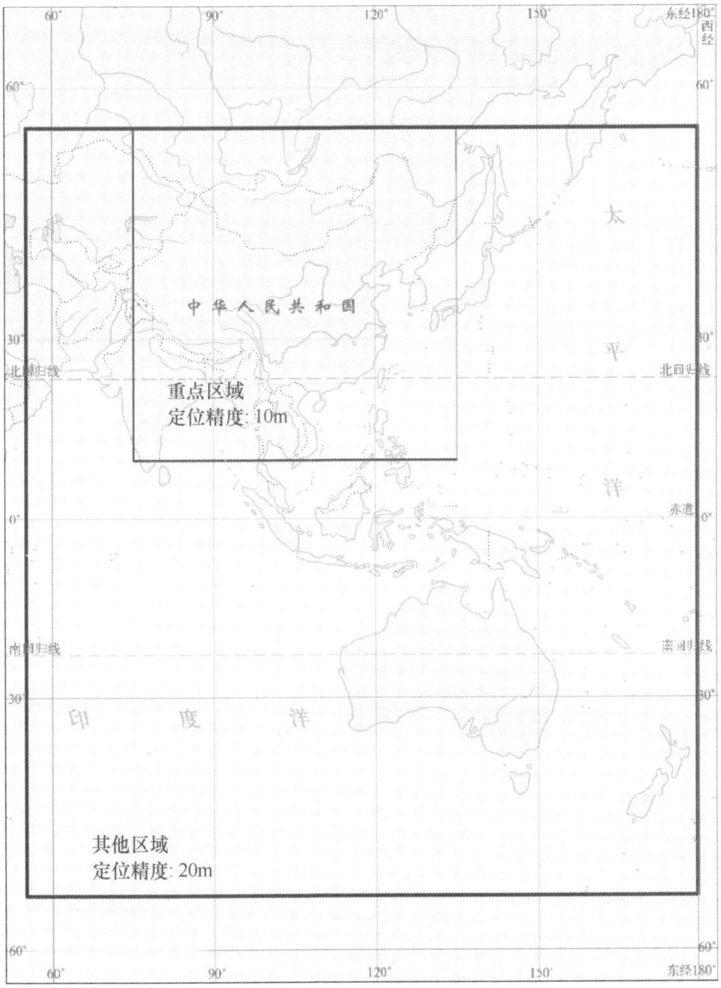

图 1.6　北斗区域卫星导航系统服务区域

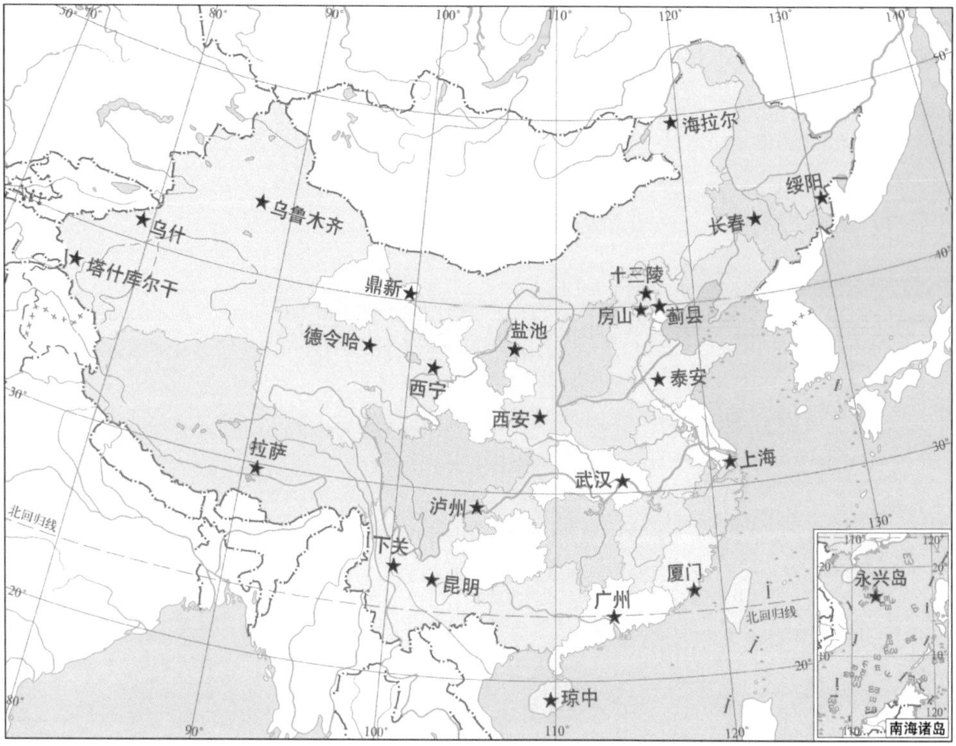

图 2.1 GNSS 连续运行参考站(CORS)网

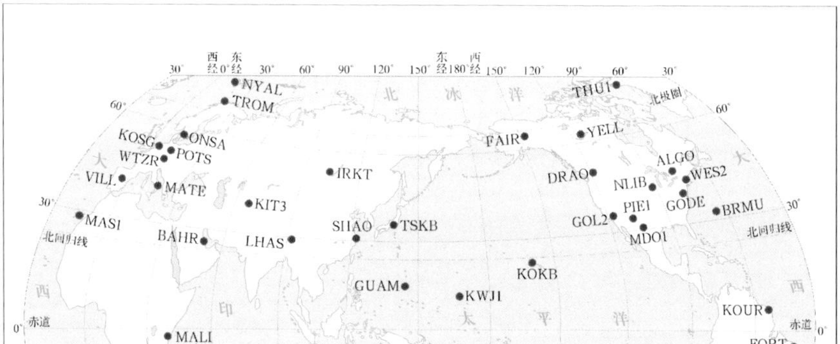

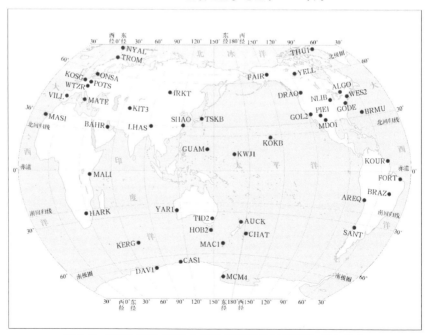

图 2.2 2000 中国 GPS 大地控制网平差时采用的 IGS 站点

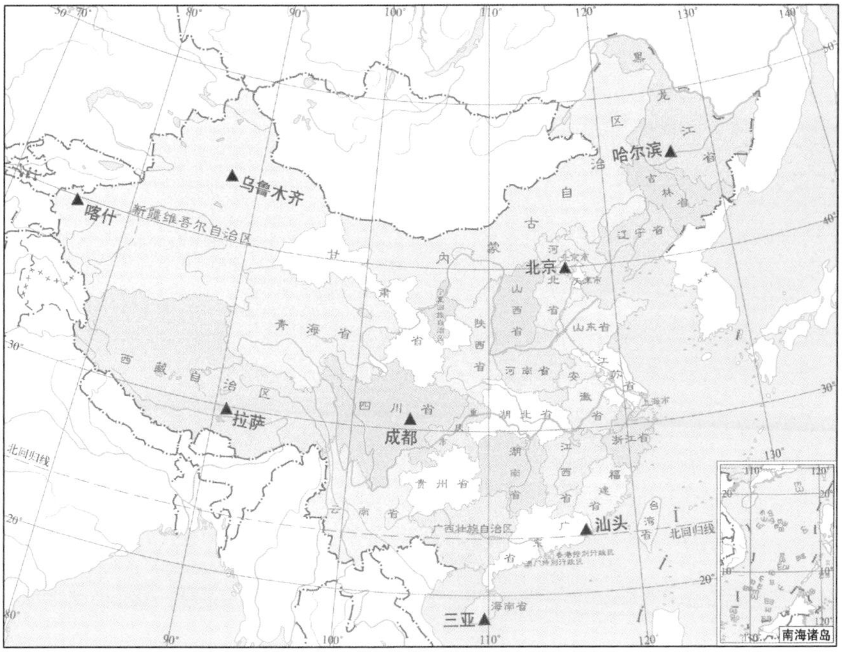

图 2.3　BDS 跟踪网

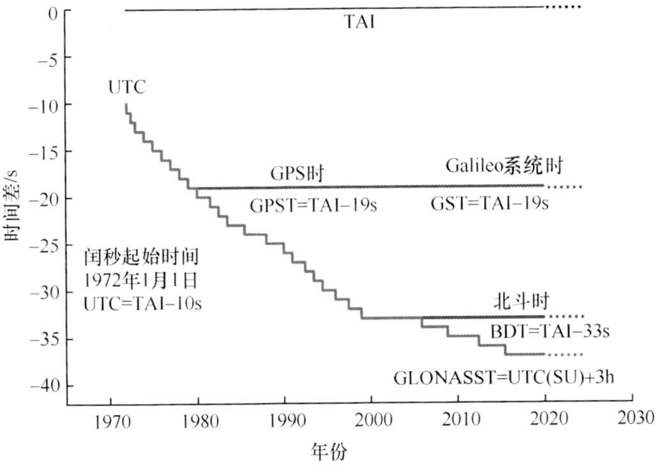

图 2.4　GNSS 与 UTC、TAI 之间的时间差(2020 年)

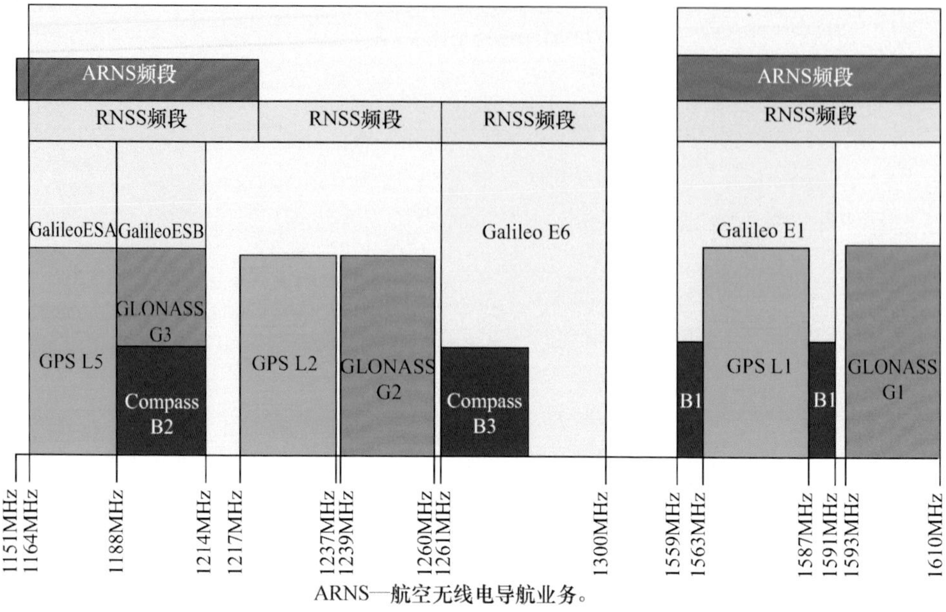

图 3.1　各 GNSS 信号频段

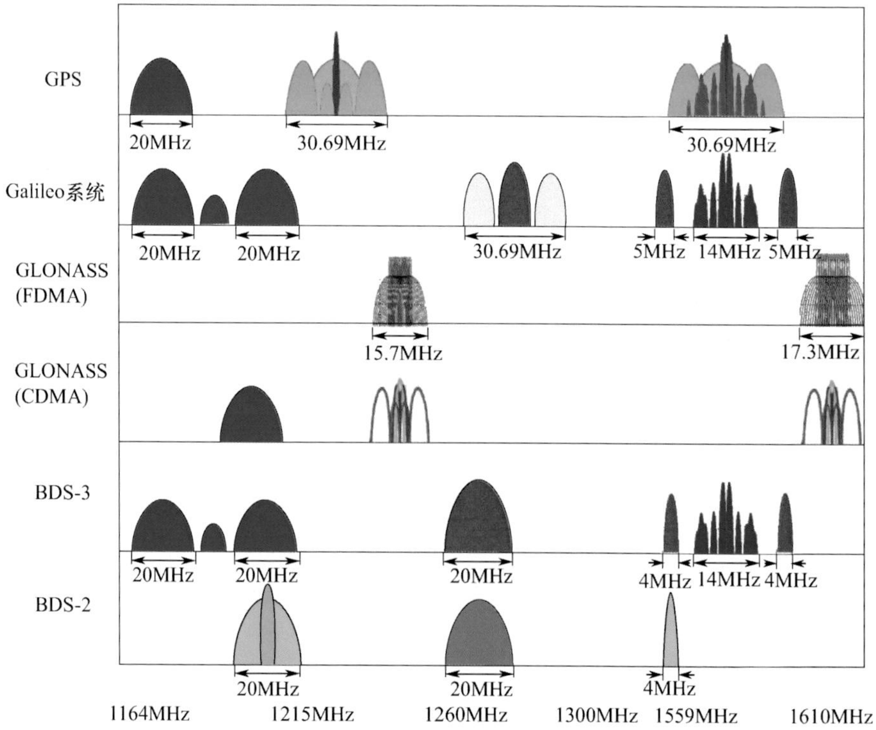

图 3.2　GNSS 频谱[12]

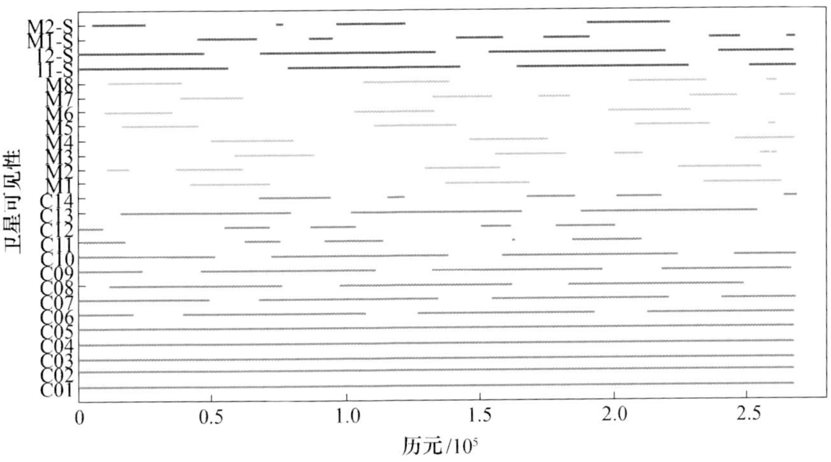

图 3.6　北斗卫星可见性

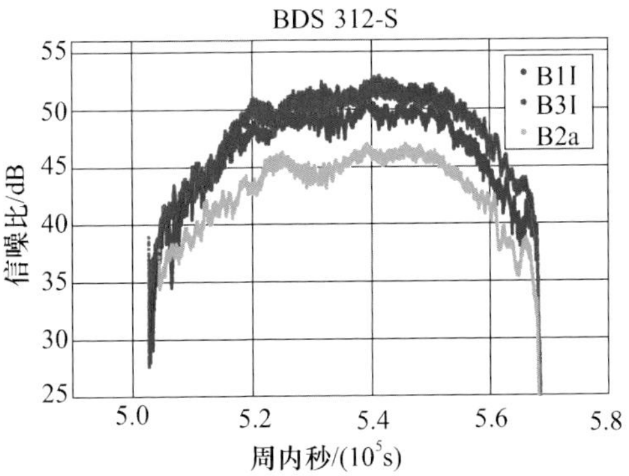

图 3.7　北斗全球系统 I2-S 试验卫星信号信噪比

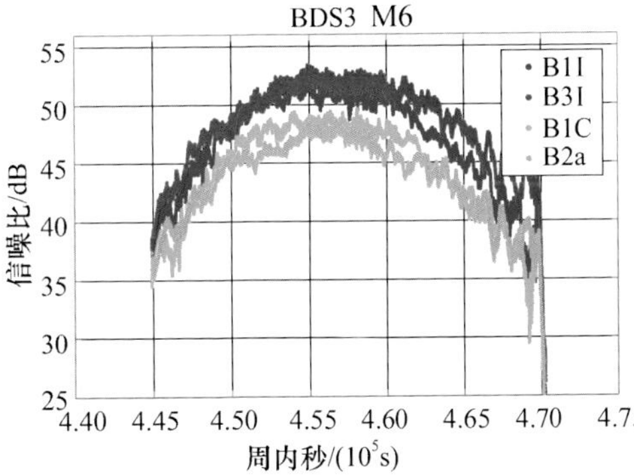

图 3.8　北斗全球系统 M6 组网卫星信号信噪比

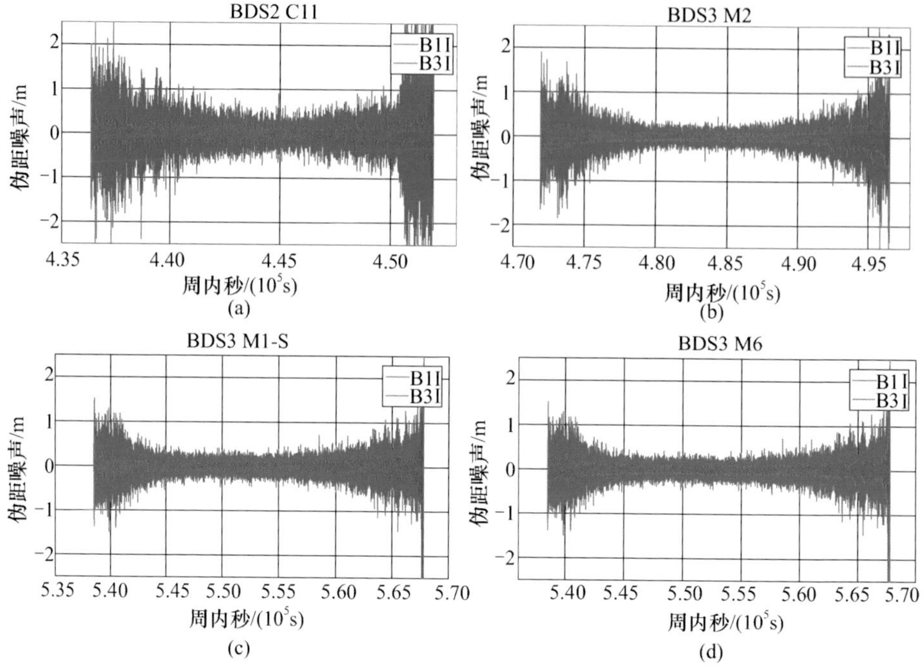

图 3.9 B1I 和 B3I 信号伪距噪声时间序列

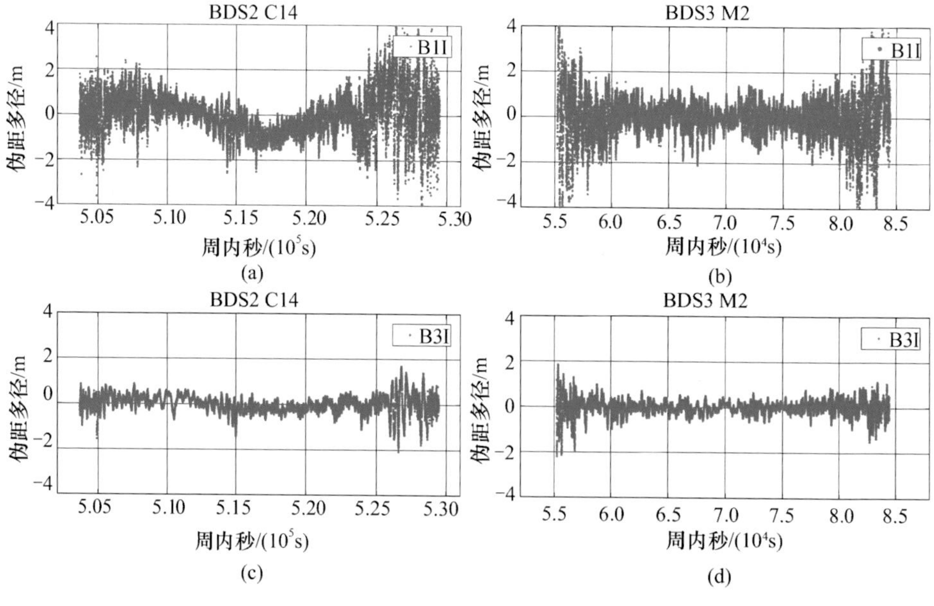

图 3.10 北斗区域系统 MEO 卫星(C14)和北斗全球系统
组网卫星(M2)B1I 和 B3I 伪距多径对比情况

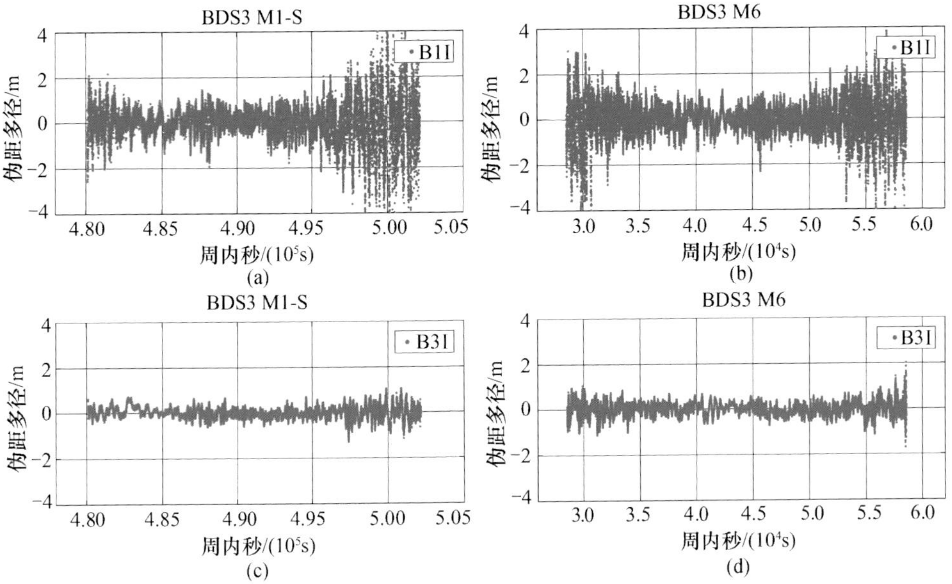

图 3.11 北斗全球系统试验卫星(M1-S)和北斗全球系统组网卫星(M6)B1I 和 B3I 伪距多径对比情况

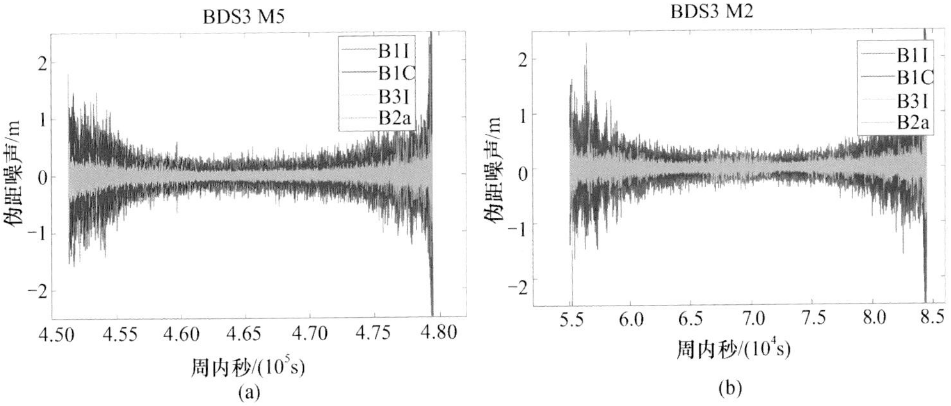

图 3.12 北斗全球系统组网卫星信号伪距噪声时间序列

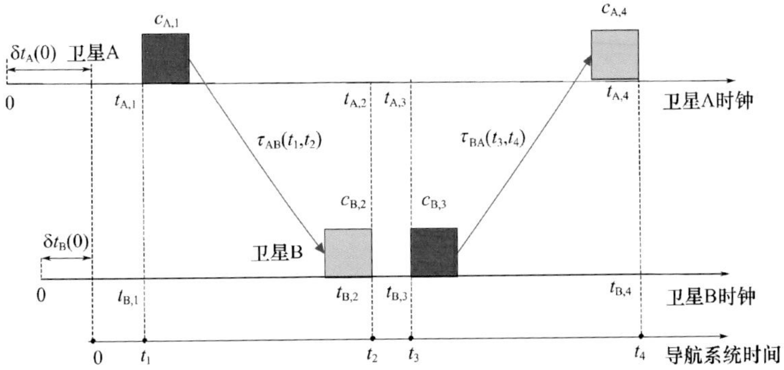

图 6.1 基于 TDMA 的双单向测距原理图[21]

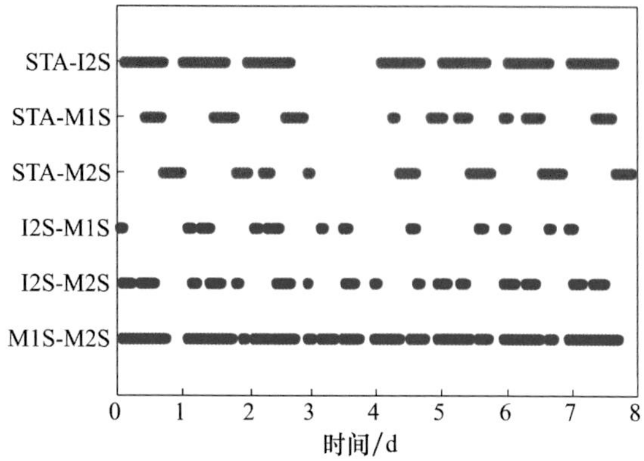

图 6.2　星间/星地链路可视性

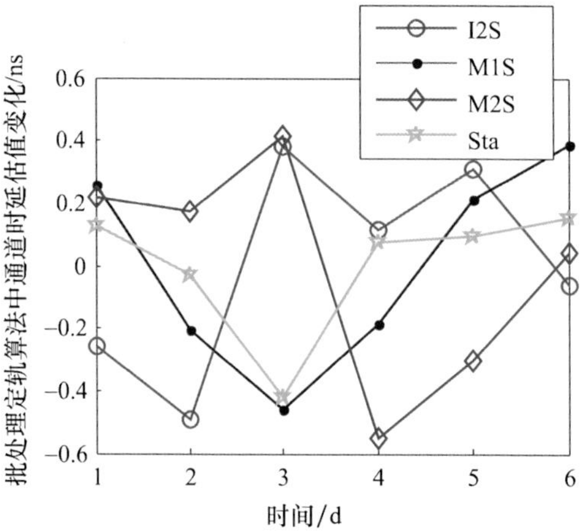

图 6.3　通道延迟参数的稳定性

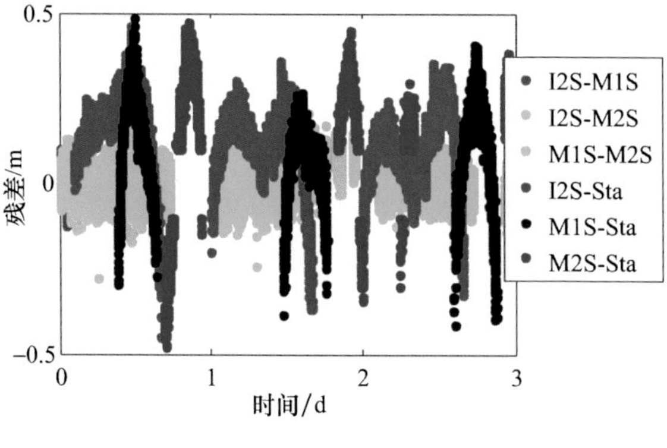

图 6.4　星间/星地链路观测残差

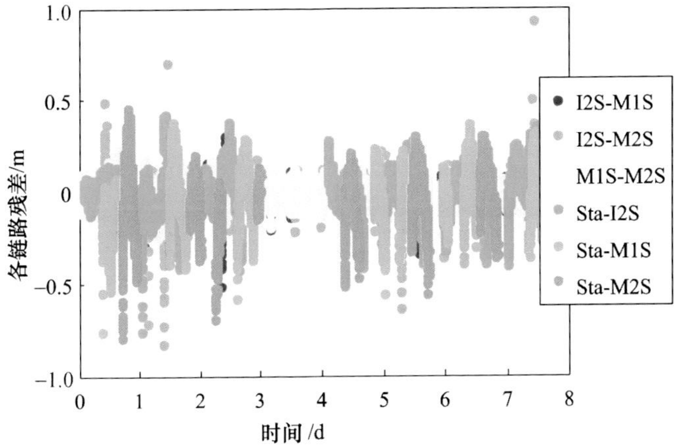

图 6.5　滤波定轨残差

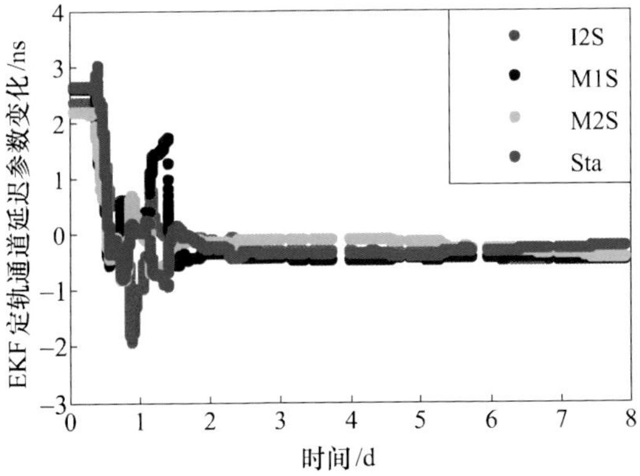

图 6.6　EKF 定轨通道延迟参数变化

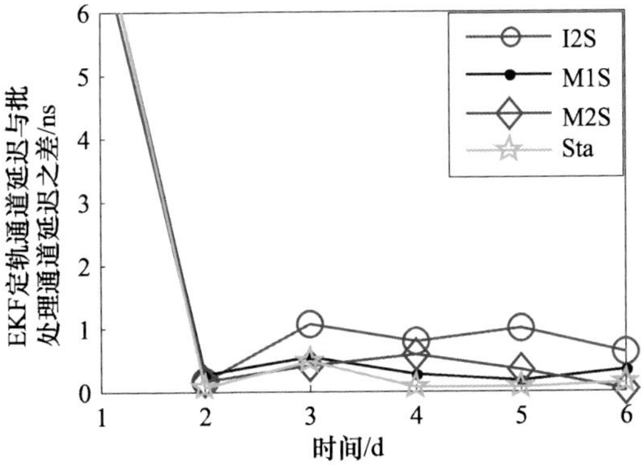

图 6.7　EKF 定轨通道延迟与批处理通道延迟之差

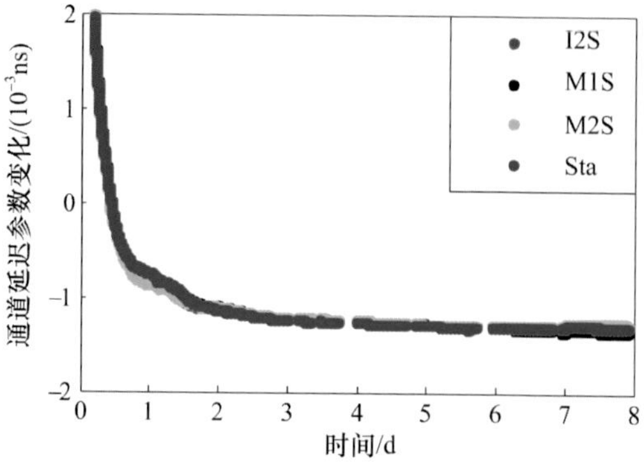

图 6.8 先验约束 EKF 定轨通道延迟参数变化

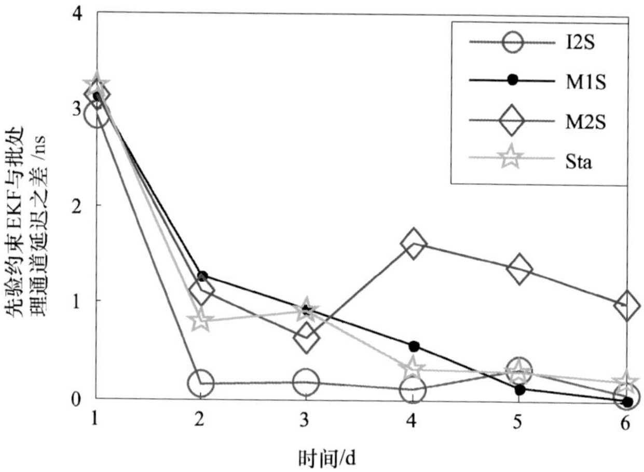

图 6.9 先验约束 EKF 与批处理通道延迟之差

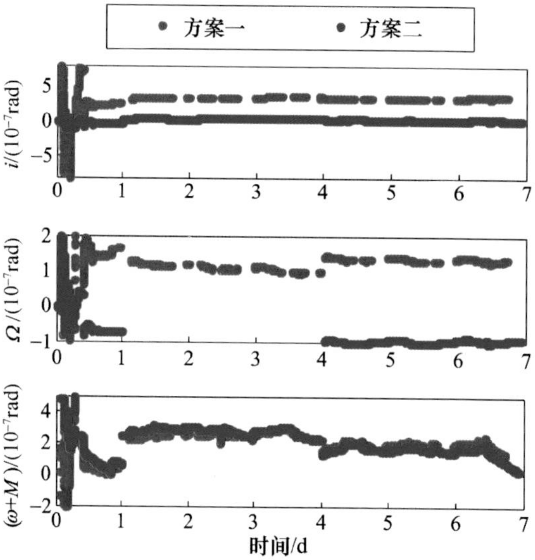

图 6.11 I2S 卫星轨道定向参数误差

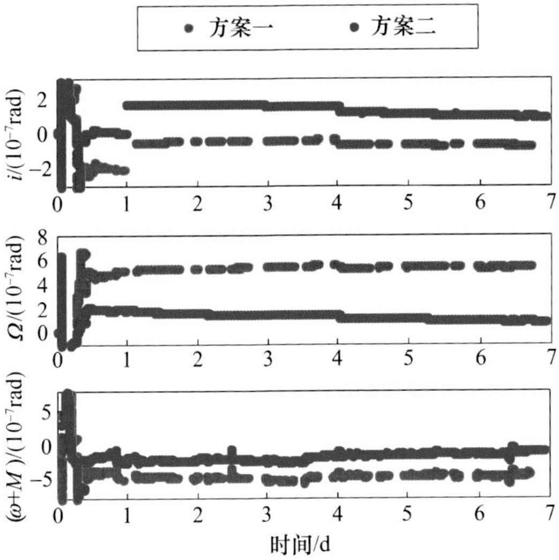

图 6.12　M1S 卫星轨道定向参数误差

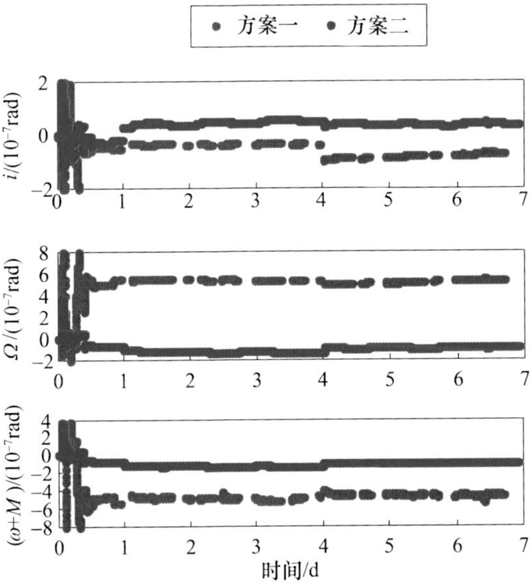

图 6.13　M2S 卫星轨道定向参数误差

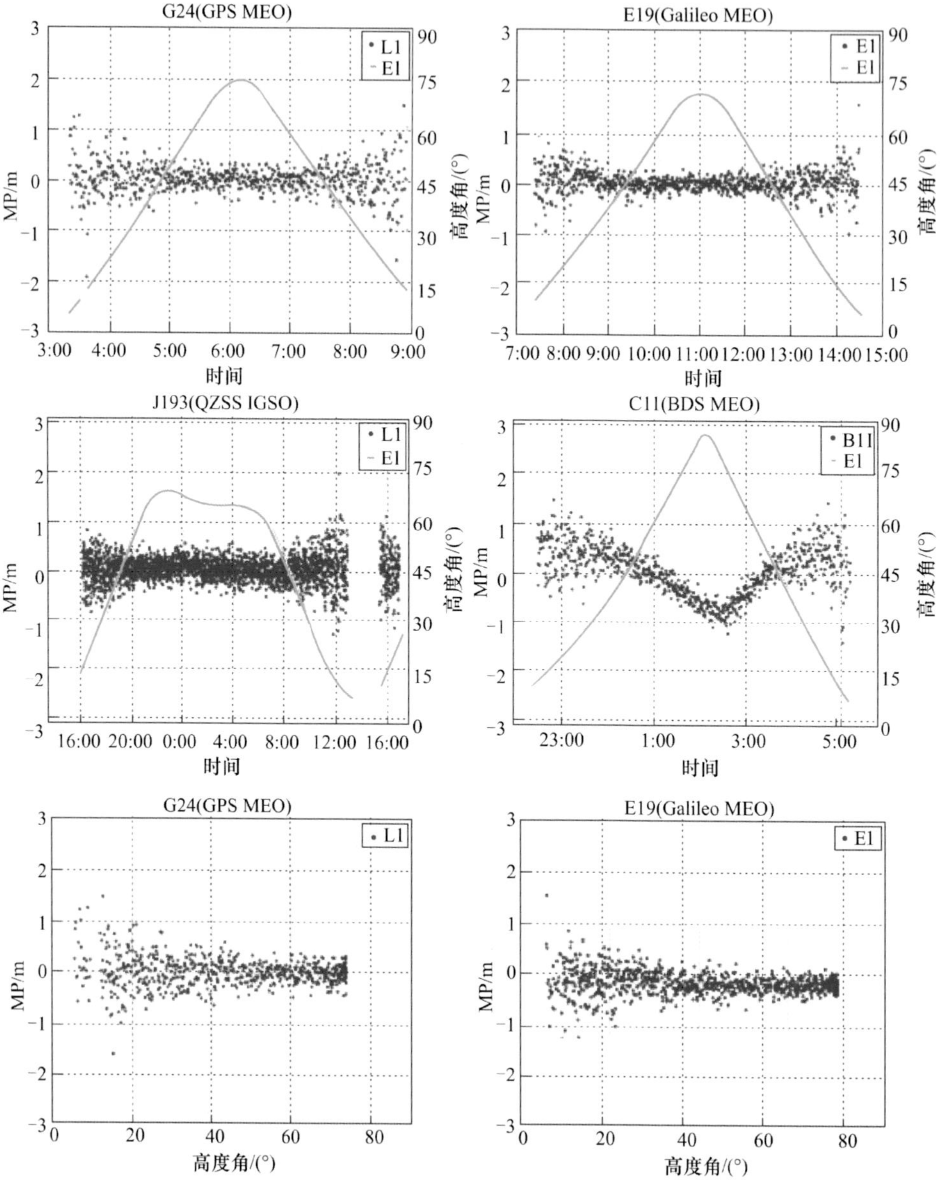
G24(GPS MEO)
L1
El
MP/m
高度角/(°)
时间
3:00 4:00 5:00 6:00 7:00 8:00 9:00
E19(Galileo MEO)
E1
El
MP/m
高度角/(°)
时间
7:00 8:00 9:00 10:00 11:00 12:00 13:00 14:00 15:00
J193(QZSS IGSO)
L1
El
MP/m
高度角/(°)
时间
16:00 20:00 0:00 4:00 8:00 12:00 16:00
C11(BDS MEO)
B1I
El
MP/m
高度角/(°)
时间
23:00 1:00 3:00 5:00
G24(GPS MEO)
L1
MP/m
高度角/(°)
E19(Galileo MEO)
E1
MP/m
高度角/(°)

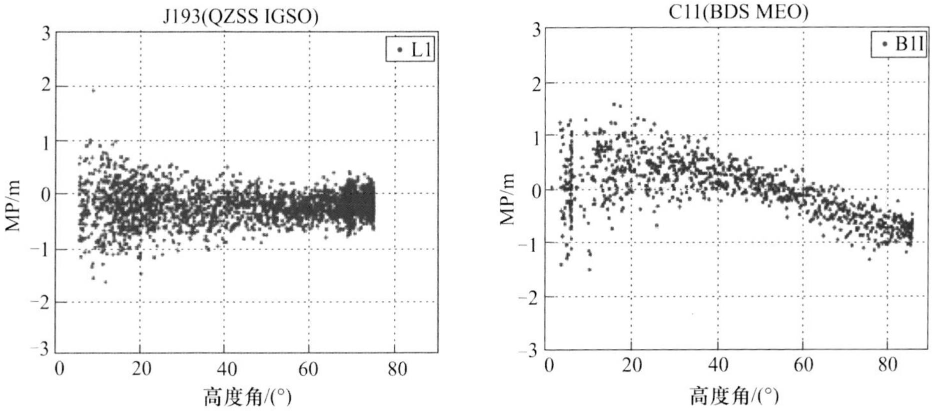

图 7.1　GNSS MP 序列时间序列及其与高度角的关系图

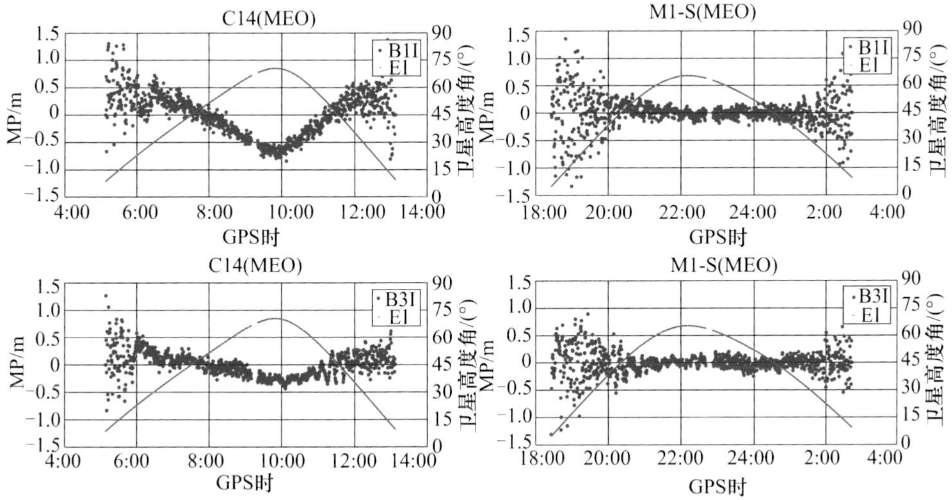

图 7.2　MEO 卫星 B1I 和 B3I 信号伪距多径对比情况(C14 为北斗二号 MEO 卫星，M1 - S 为北斗全球系统试验卫星 MEO 卫星)

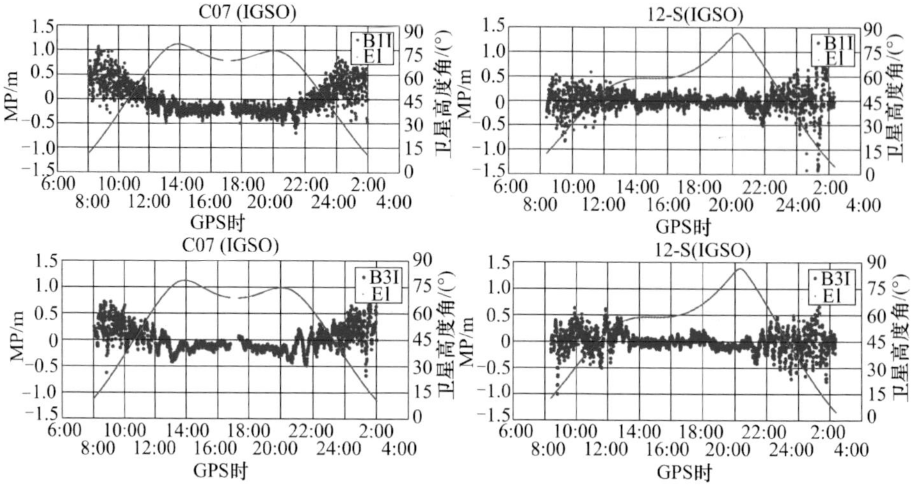

图 7.3　IGSO 卫星 B1I 和 B3I 信号伪距多径误差时间序列对比情况
（C07 为北斗二号 IGSO 卫星，I2 – S 为北斗全球系统试验卫星 IGSO 卫星）

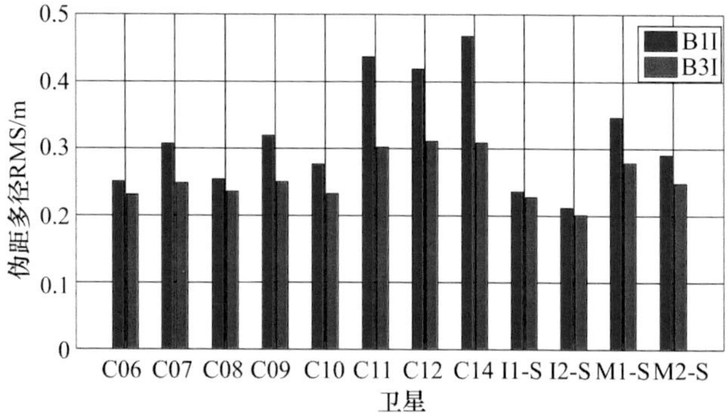

图 7.4　MEO 和 IGSO 卫星 B1I 和 B3I 的伪距多径 RMS 统计结果
（C*i* 表示北斗二号系列卫星，I 和 M 表示北斗全球系统试验卫星）

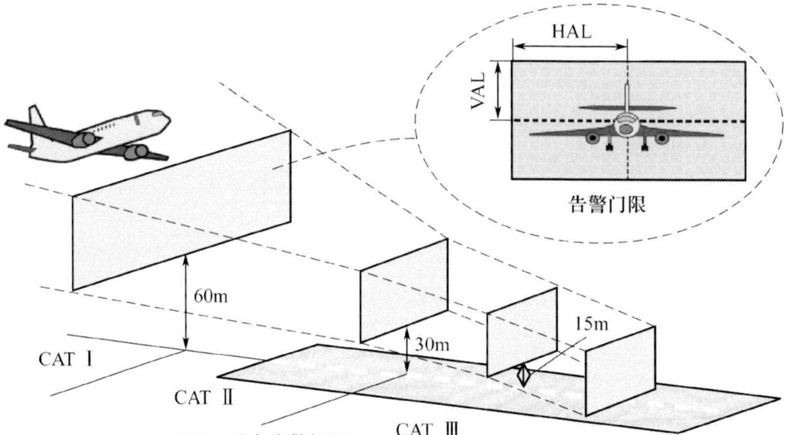

VAL—垂直告警门限。

图 9.5　飞机精密进近示意图

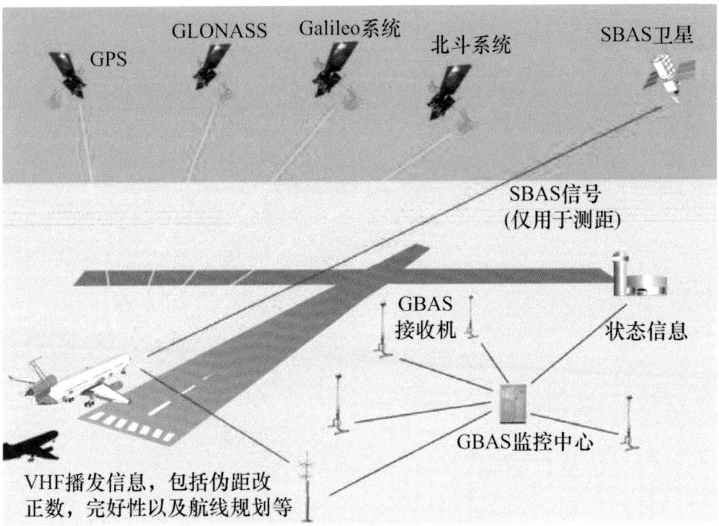

图 9.6　GBAS 组成示意图

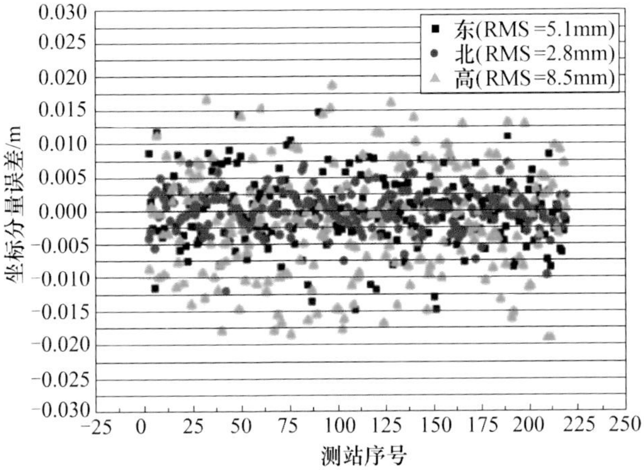

图 10.9　双频静态 PPP 定位精度统计

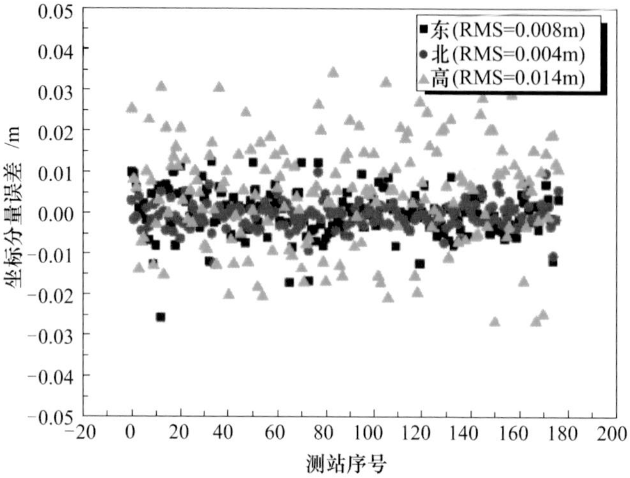

图 10.10　单频静态 PPP 定位精度统计

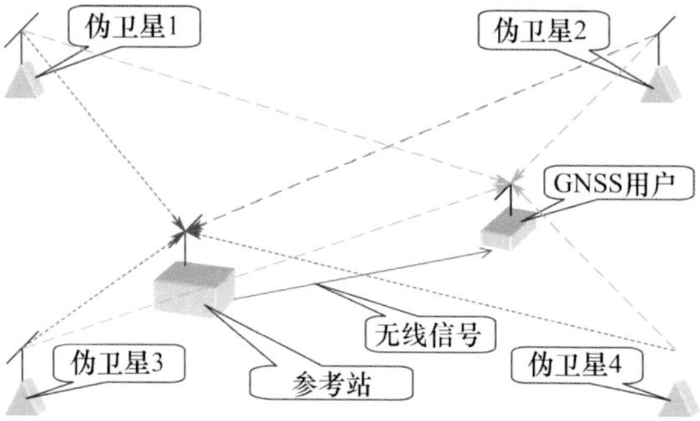

图 11.1　非同步组网模式[26]

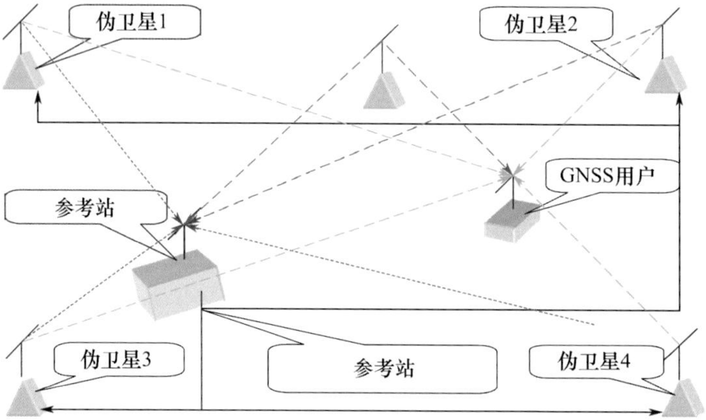

图 11.2　同步组网模式[26]

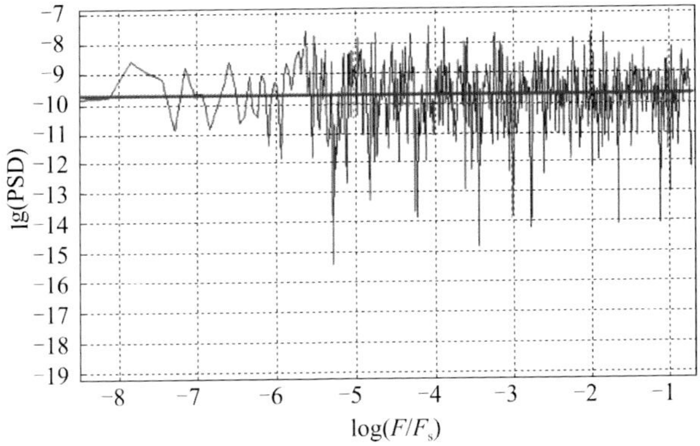

图 12.1　角度随机游走功率谱密度

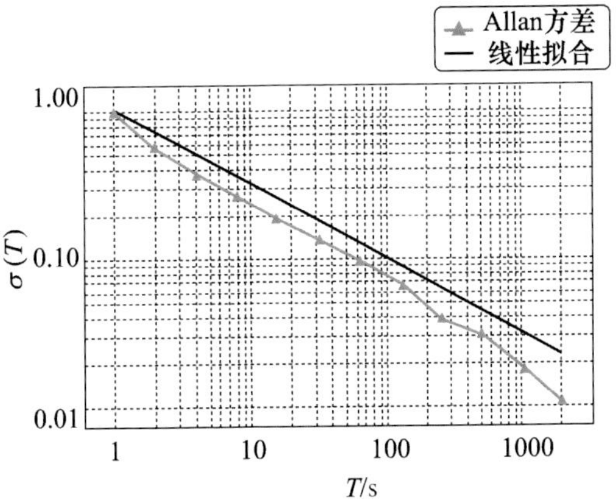

图 12.2　角度随机游走 Allan 方差

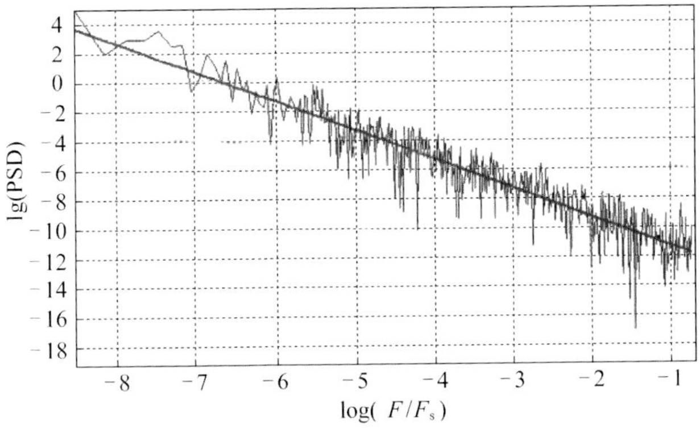

图 12.3　速率随机游走功率谱密度

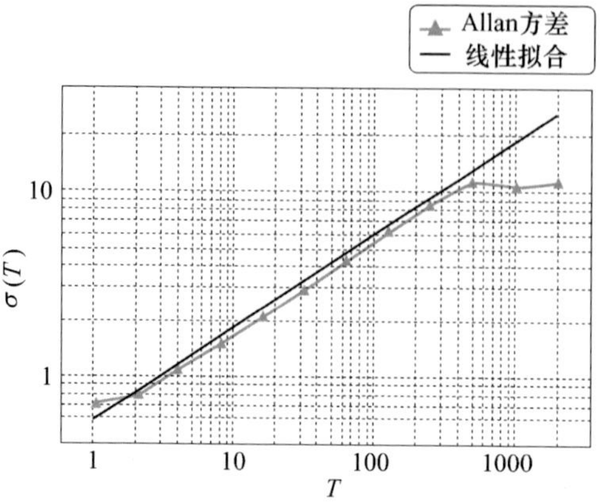

图 12.4　速率随机游走 Allan 方差

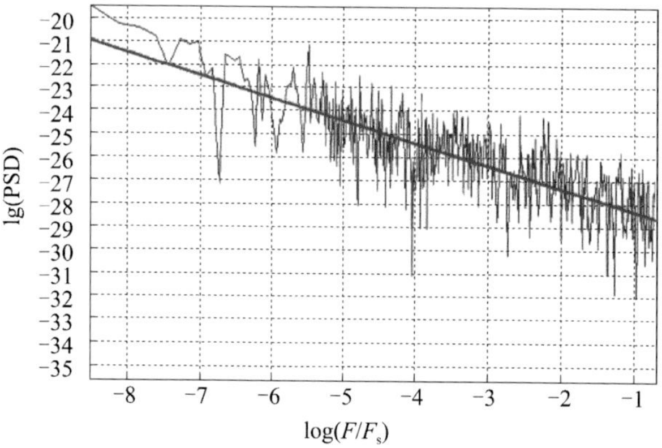

图 12.6　零偏不稳定性功率谱密度

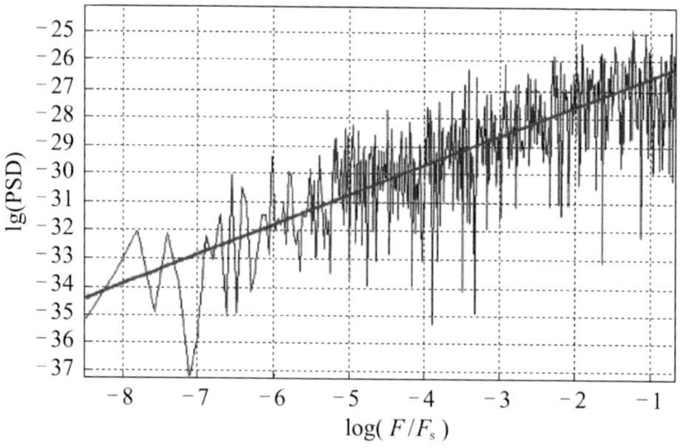

图 12.8　量化噪声功率谱密度

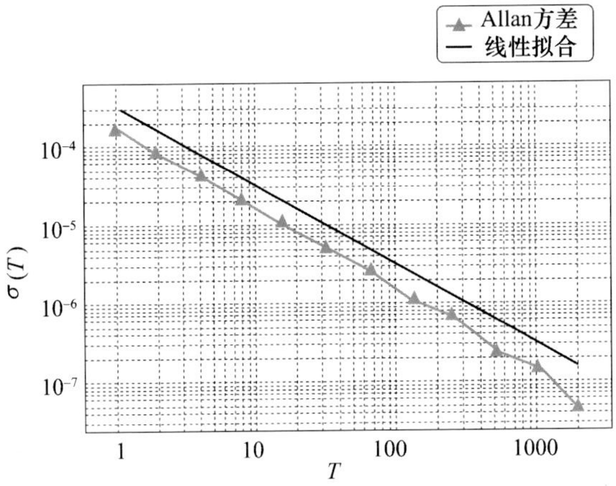

图 12.9　量化噪声 Allan 方差

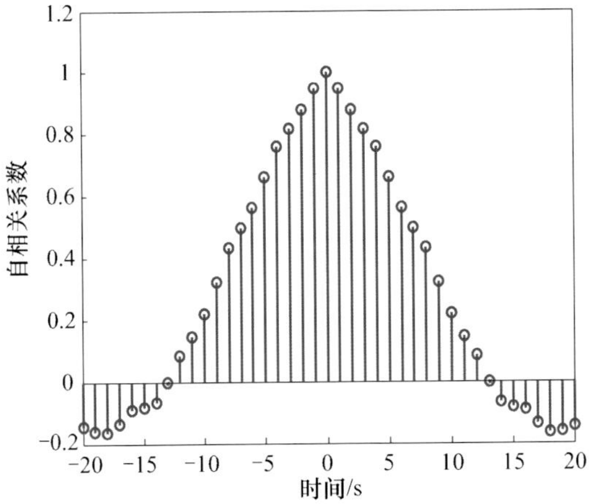

图 12.17　陀螺信号自相关系数图

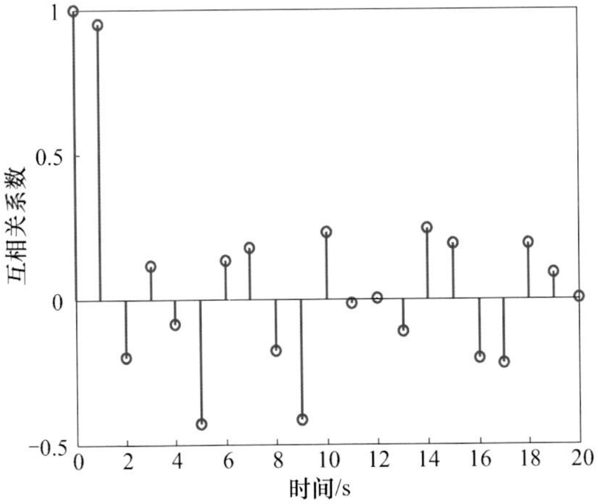

图 12.18　陀螺信号互相关系数图

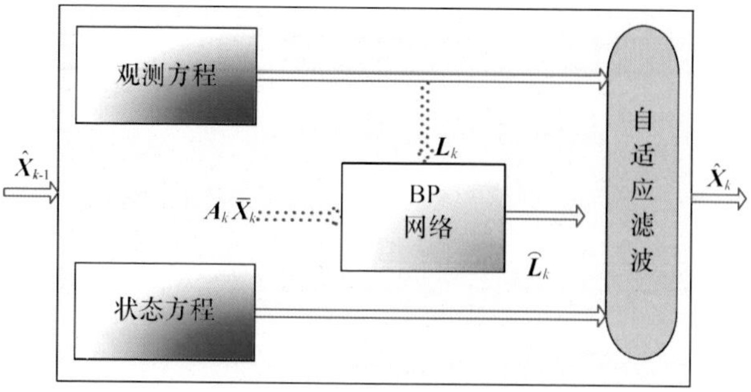

图 12.20 动力学模型误差补偿

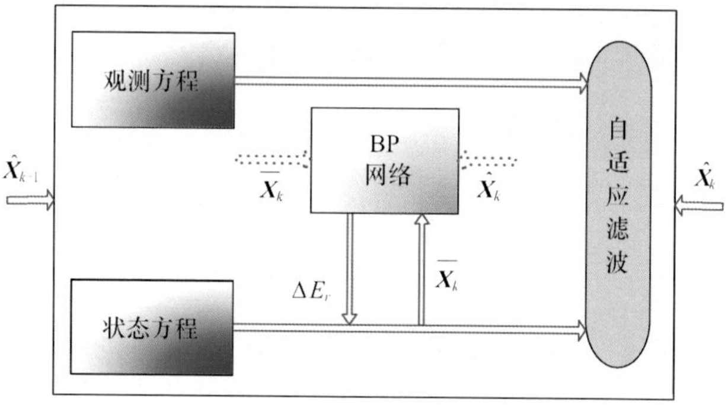

图 12.22 基于滤波估值和神经网络的动力学模型误差补偿流程

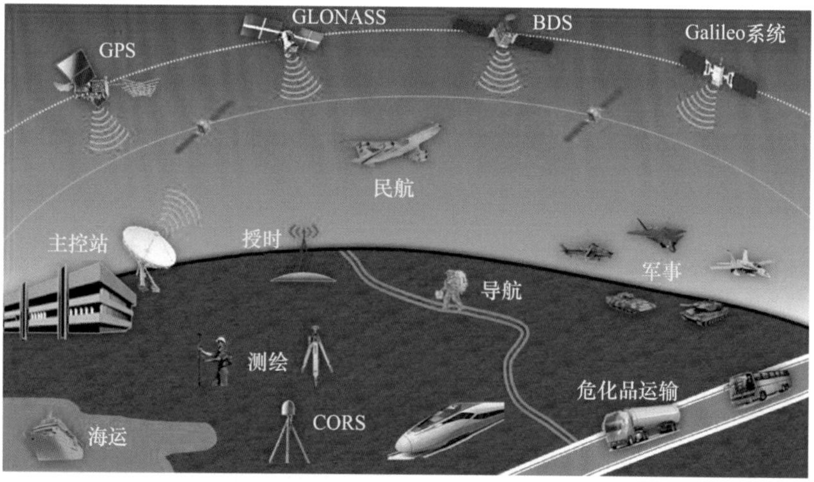

图 14.2 高、低轨卫星集成 PNT 示意图

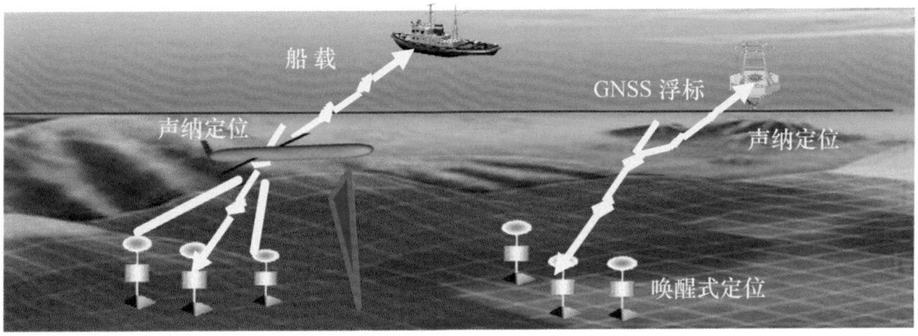

图 14.3　海底声纳信标 PNT 信息源

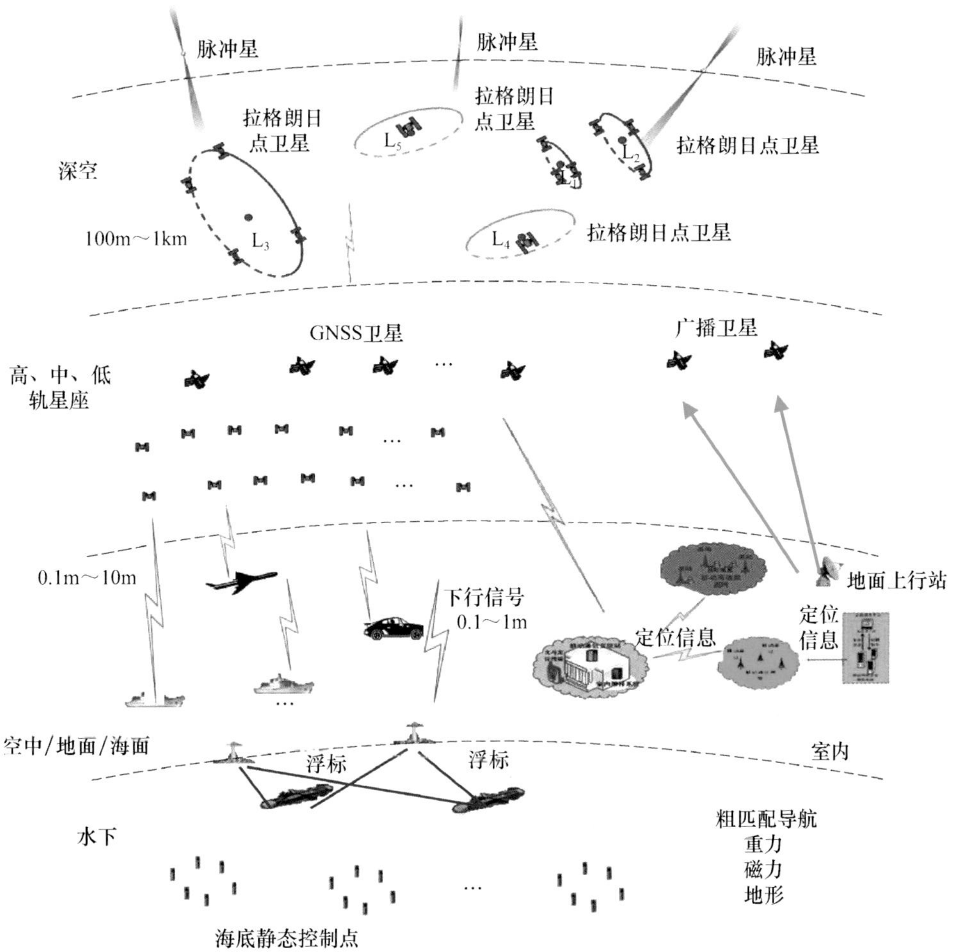

图 14.4　综合 PNT 信息源

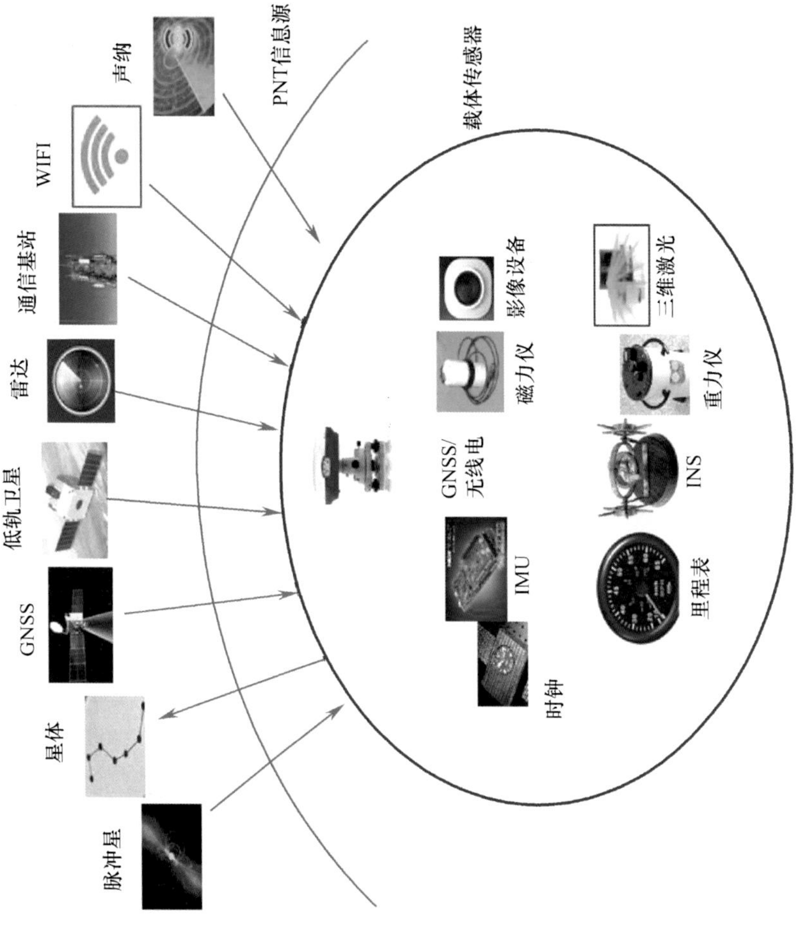

图14.6 PNT信息源及多传感器集成

（续）

NAV 参数	CNAV 参数	CNAV2 参数	意义
C_{is}	C_{is-n}	C_{is-n}	轨道面倾角的正弦调和改正项
t_{oe}	t_{oe}	t_{oe}	星历参考时间
① GPS 采用的坐标系为 WGS-84。 ② CNAV/NAV2 中新增的参数。 ③ CNAV/NAV2 中改变的参数			

由表 5.1 可知：与 NAV 相比，CNAV/CNAV2 增加了平均角速度与计算值之差的变化率 $\Delta\dot{n}_0$，将升交点赤经变化率 $\dot{\Omega}$ 改为升交点赤经变化率与标称值之差 $\Delta\dot{\Omega}$，将半长轴平方根$\sqrt{A}$改为参考时刻半长轴与标称值之差 ΔA 和半长轴变化率 $\dot{A}$。ΔA 和$\sqrt{A}$以及 $\Delta\dot{\Omega}$ 和 $\dot{\Omega}$ 相比，只是 ΔA 和 $\Delta\dot{\Omega}$ 表述所需的二进制位数有所减少。不过，增加的两个描述变化率参数 $\Delta\dot{n}_0$ 和 $\dot{A}$ 却有助于提高卫星位置计算精度。所以 NAV 和 CNAV/CNAV2 广播星历的组成无实质性区别。

2）GLONASS 广播星历[16]

GLONASS 播发的导航电文中卫星星历的描述方式与 GPS 不同，只包括位置信息、时间信息及太阳和月亮摄动加速度之和等参数，没有电离层改正、大气折射改正等信息，其所有卫星的历书播发一遍仅需 2.5min。GLONASS 导航电文中，卫星位置直接采用地固系中的位置、速度和速度变化量以及基准时间参数的表述方式，内容较为简洁。GLONASS 广播星历每隔半小时更新一次。GLONASS 的广播星历一共有 10 个参数，见表 5.2。

表 5.2 GLONASS 广播星历参数①

参数	意义
t_b	参考时刻
$X_n(t_b), Y_n(t_b), Z_n(t_b)$	t_b时刻的卫星位置
$\dot{X}_n(t_b), \dot{Y}_n(t_b), \dot{Z}_n(t_b)$	t_b时刻的卫星速度
$\ddot{X}_n(t_b), \ddot{Y}_n(t_b), \ddot{Z}_n(t_b)$	由太阳和月亮引力引起的加速度
① GLONASS 采用的坐标系为 PZ-90 坐标系	

3）北斗广播星历[17-18]

北斗区域卫星导航系统采用 GEO、MEO、IGSO 三类卫星的混合星座，卫星的广播星历采用开普勒轨道参数加摄动改正表达法，其导航电文星历参数与 GPS 的 NAV 导航电文星历参数相同。不过，北斗 GEO 卫星采用轨道根数拟合会出现参考历元拟合的轨道倾角接近于 0，进而导致拟合残差较大或拟合发散问题[10]。因此采用中间参考面的方案，即轨道拟合不采用参考历元的赤道面，而是与参考历元的赤道面有

5°夹角的一个中间参考面。对用户算法而言,需将计算出的相对中间参考面的位置和速度旋转 5°,即可得到相对于参考历元的赤道面位置和速度。

为满足多 GNSS 兼容与互操作需要,北斗全球系统的 B1C、B2a 频点与 GPS 的 L1C 和 L5 频点重合,且采用基本相同的调制方式和导航电文,即 B1C 采用 B-CNAV1 电文类型,与 GPS L1C 采用的 CNAV2 基本相同;B2a 采用 B-CNAV2 电文类型,与 GPS L5 采用的 CNAV 基本相同。

5.3.2 广播星历用户算法

5.3.2.1 GPS 广播星历用户算法[5-7,12-15]

利用广播星历计算卫星位置,是导航用户实现实时定位的必要步骤。GPS 目前有 3 种广播星历:第 1 种是 L1 C/A 上的 NAV 电文,采用的是 16 参数广播星历;第 2 种是 L2C 和 L5C 上的 CNAV 电文,采用的是 18 参数广播星历,前 2 种广播星历没有实质性的区别,所以用户算法基本步骤相同,改变不大;第 3 种是 L1C 上的 CNAV2 电文,采用的是 18 参数广播星历,与 CNAV 广播星历参数相同,详见表 5.1。下面以 NAV 广播星历参数为基础介绍 GPS 广播星历的用户算法,同时也给出 3 种不同广播星历用户算法的不同之处。

计算步骤如下:

1) 计算相对参考时刻的时间 t_k

由于 GPS 的星历参数是以参考时刻 t_{oe} 给出的,因此应将观测时刻 t 归算到相对于参考时刻的相对时间 t_k:

$$t_k = t - t_{oe} \tag{5.15}$$

由于 t_{oe} 是以周内秒计数给出,因此必须考虑星期交替的开始或结束。即若 $t_k > 302400\text{s}$,则 t_k 应减去 604800s;若 $t_k < -302400\text{s}$,则 t_k 应加上 604800s。

2) 计算轨道半长轴 A

NAV 中的算法

$$A = (\sqrt{A})^2 \tag{5.16}$$

CANV/CNAV2 中的算法

$$A_0 = A_{\text{REF}} + \Delta A \tag{5.17}$$

$$A = A_0 + (\dot{A})t_k \tag{5.18}$$

可以看出,NAV 中将轨道半长轴作为常量,而 CNAV 中将轨道半长轴作为变量来处理了。这样做可进一步反映轨道的变化情况,提高轨道描述的精度。

3) 计算卫星平均运动角速度 n_0

$$n_0 = \sqrt{\frac{\mu}{A^3}} \quad (\text{rad/s}) \tag{5.19}$$

式中:μ 为 WGS-84 中的地心引力常数,$\mu = 3.986005 \times 10^{14}\,\text{m}^3/\text{s}^2$。

卫星平均运动角速度 n_0 加上导航电文中给出的摄动改正 Δn，得到改正后的卫星平均运动角速度 n：

$$n = n_0 + \Delta n \tag{5.20}$$

CNAV/CNAV2 中将 Δn 看作变量，由下式计算得到：

$$\Delta n = \Delta n_0 + (\Delta \dot{n}_0 t_k)/2$$

4）计算观测时刻平近点角 M_k

根据广播星历中给出的参考时刻的平近点角 M_0 可计算出观测时刻的平近点角 M_k：

$$M_k = M_0 + n t_k \tag{5.21}$$

5）计算偏近点角 E_k

根据广播星历中给出的偏心率 e 和平近点角 M_0，由开普勒方程通过迭代计算，可得偏近点角 E_k

$$E_k = M_k + e\sin E_k \tag{5.22}$$

6）计算真近点角 v_k

$$\begin{cases} \cos v_k = \dfrac{(\cos E_k - e)}{(1 - e\cos E_k)} \\ \sin v_k = \dfrac{\sqrt{1 - e^2}\sin E_k}{(1 - e\cos E_k)} \end{cases} \tag{5.23}$$

7）计算纬度幅角 $\boldsymbol{\Phi}_k$

$$\boldsymbol{\Phi}_k = v_k + \omega \tag{5.24}$$

式中：ω 为广播星历中给出的近地点幅角。

8）计算摄动改正项 δu_k、δr_k、δi_k

由地球非球形和日月引力等引起的纬度幅角改正数 δu_k、卫星矢径改正数 δr_k 和轨道倾角改正数 δi_k 分别为

$$\begin{cases} \delta u_k = C_{us}\sin 2\boldsymbol{\Phi}_k + C_{uc}\cos 2\boldsymbol{\Phi}_k \\ \delta r_k = C_{rs}\sin 2\boldsymbol{\Phi}_k + C_{rc}\cos 2\boldsymbol{\Phi}_k \\ \delta i_k = C_{is}\sin 2\boldsymbol{\Phi}_k + C_{ic}\cos 2\boldsymbol{\Phi}_k \end{cases} \tag{5.25}$$

式中：C_{us}、C_{uc}、C_{rs}、C_{rc}、C_{is}、C_{ic} 由广播星历给出。

9）计算经过摄动改正后的升交距角 u_k、卫星矢径 r_k 和轨道倾角 i_k

$$u_k = \boldsymbol{\Phi}_k + \delta u_k \tag{5.26}$$

$$r_k = A(1 - e\cos E_k) + \delta r_k \tag{5.27}$$

$$i_k = i_0 + (\text{IDOT})t_k + \delta i_k \qquad (\text{NAV 中}) \tag{5.28}$$

$$i_k = i_{0-n} + (i_{0-n} - \text{DOT})t_k + \delta i_k \qquad (\text{CNAV/CNAV2 中}) \tag{5.29}$$

10）计算卫星在轨道平面直角坐标系中的位置 x'_k 和 y'_k

$$\begin{cases} x'_k = r_k \cos u_k \\ y'_k = r_k \sin u_k \end{cases} \tag{5.30}$$

11）计算升交点经度 Ω_k

$$\Omega_k = \Omega_0 + (\dot{\Omega} - \dot{\Omega}_e) t_k - \dot{\Omega}_e t_{oe} \qquad (\text{NAV 中}) \tag{5.31}$$

$$\dot{\Omega} = \dot{\Omega}_{REF} + \Delta \dot{\Omega} \qquad (\text{CNAV/CNAV2 中}) \tag{5.32}$$

$$\Omega_k = \Omega_{0-n} + (\dot{\Omega} - \dot{\Omega}_e) t_k - \dot{\Omega}_e t_{oe} \tag{5.33}$$

式中：$\dot{\Omega}_e = 7.2921151467 \times 10^{-5}$ rad/s，为 WGS－84 中地球自转角速度；$\dot{\Omega}_{REF} = -2.6 \times 10^{-9}$ 半圆/s。

12）计算卫星在地心地固(ECEF)坐标系中的位置 $[x_k, y_k, z_k]$

$$\begin{cases} x_k = x'_k \cos\Omega_k - y'_k \cos i_k \sin\Omega_k \\ y_k = x'_k \sin\Omega_k + y'_k \cos i_k \sin\Omega_k \\ z_k = y'_k \sin i_k \end{cases} \tag{5.34}$$

在使用上述星历表达式计算卫星位置时，须注意：①计算时刻 t 是卫星信号发射时刻，它由信号接收时刻减去信号传播时间延迟得到；②星历参数是由卫星的一系列地固坐标拟合的结果，仅以开普勒根数加摄动调和项系数的形式表示。由于开普勒根数吸收了岁差、章动、地球自转、极移等信息，所以并不是传统意义上的开普勒根数，如 A 并不等同于惯性系下的轨道半长轴。

5.3.2.2 GLONASS 广播星历的用户算法[16]

有两种利用 GLONASS 广播星历计算卫星位置的方法：一种是利用广播星历提供的参考时刻的卫星位置、速度和加速度等参数直接计算卫星在观测时刻的位置；另一种是利用广播星历提供的参考时刻的卫星位置、速度等参数，考虑卫星所受的全部作用力，用数值积分方法进行计算。下面给出直接计算法及数值积分法的用户算法公式。

1）直接计算法

$$\begin{bmatrix} X_k \\ Y_k \\ Z_k \end{bmatrix} = \begin{bmatrix} X(t_b) \\ Y(t_b) \\ Z(t_b) \end{bmatrix} + \begin{bmatrix} \dot{X}(t_b) \\ \dot{Y}(t_b) \\ \dot{Z}(t_b) \end{bmatrix} (t_k - t_b) + \frac{1}{2} \begin{bmatrix} \ddot{X}(t_b) \\ \ddot{Y}(t_b) \\ \ddot{Z}(t_b) \end{bmatrix} (t_k - t_b)^2 \tag{5.35}$$

式中：$[X_k \quad Y_k \quad Z_k]^T$ 为卫星在观测时刻 t_k 时的位置；$[X(t_b) \quad Y(t_b) \quad Z(t_b)]^T$ 为卫星在参考时刻 t_b 时的位置；$[\dot{X}(t_b) \quad \dot{Y}(t_b) \quad \dot{Z}(t_b)]^T$ 为卫星在参考时刻 t_b 时的速度；$[\ddot{X}(t_b) \quad \ddot{Y}(t_b) \quad \ddot{Z}(t_b)]^T$ 为卫星在参考时刻 t_b 时的加速度；t_k 为观测时刻；t_b 为星历参考时刻。

2）数值积分法

由于利用GLONASS广播星历参数进行积分时间较短，所以一般只需考虑地球非球形引力摄动、太阳和月亮引力摄动。卫星星历中已给出了地固坐标系中的太阳和月亮摄动加速度之和，因此，积分计算时只需考虑地球非球形引力摄动。GLONASS卫星在PZ－90地固坐标系中的运动方程为

$$\begin{cases}\dfrac{\mathrm{d}v_x}{\mathrm{d}t} = -\dfrac{GM}{r^3}x + \dfrac{3}{2}C_{20}\dfrac{GMa_\mathrm{e}^2}{r^5}x\left(1 - \dfrac{5z^2}{r^2}\right) + \omega^2 x + 2\omega v_y + x''_{\mathrm{LS}} \\ \dfrac{\mathrm{d}v_y}{\mathrm{d}t} = -\dfrac{GM}{r^3}y + \dfrac{3}{2}C_{20}\dfrac{GMa_\mathrm{e}^2}{r^5}y\left(1 - \dfrac{5z^2}{r^2}\right) + \omega^2 y + 2\omega v_x + y''_{\mathrm{LS}} \\ \dfrac{\mathrm{d}v_z}{\mathrm{d}t} = -\dfrac{GM}{r^3}z + \dfrac{3}{2}C_{20}\dfrac{GMa_\mathrm{e}^2}{r^5}z\left(3 - \dfrac{5z^2}{r^2}\right) + z''_{\mathrm{LS}}\end{cases} \tag{5.36}$$

式中：x、y、z为卫星位置；v_x、v_y、v_z为卫星速度；x''_{LS}、y''_{LS}、z''_{LS}为太阳和月亮摄动加速度之和；GM相乘得到地心引力常数；ω为地球自转角速度；$C_{20} = J_2$为地球位展开式球谐函数系数；a_e为地球平均半径。

基于式(5.36)，以广播星历参数中给出的t_i时刻的卫星位置、速度和加速度为初值，用4阶Runge－Kutta方法，即可积分计算出t_{i+1}时刻的卫星位置和速度。

$$t_{i+1} = t_i + h$$

式中：h为积分步长。

设t_i时刻的卫星位置、速度和加速度表示为

$$\begin{cases}\boldsymbol{r}_i = (x_i, y_i, z_i)^\mathrm{T} \\ \dot{\boldsymbol{r}}_i = (\dot{x}_i, \dot{y}_i, \dot{z}_i)^\mathrm{T} = (u_i, v_i, w_i)^\mathrm{T} \\ \ddot{\boldsymbol{r}}_i = (\ddot{x}_i, \ddot{y}_i, \ddot{z}_i)^\mathrm{T}\end{cases} \tag{5.37}$$

把式(5.37)的加速度重新改写为时间、位置和速度的函数：

$$\begin{cases}\ddot{x}_i = f_1(t_i, x_i, y_i, z_i, u_i, v_i, w_i) \\ \ddot{y}_i = f_2(t_i, x_i, y_i, z_i, u_i, v_i, w_i) \\ \ddot{z}_i = f_3(t_i, x_i, y_i, z_i, u_i, v_i, w_i)\end{cases} \tag{5.38}$$

同样地，速度量可以写为

$$\begin{cases}u_i = \left(\dfrac{\mathrm{d}x}{\mathrm{d}t}\right)_{t=t_i} = f_4 \\ v_i = \left(\dfrac{\mathrm{d}y}{\mathrm{d}t}\right)_{t=t_i} = f_5 \\ w_i = \left(\dfrac{\mathrm{d}z}{\mathrm{d}t}\right)_{t=t_i} = f_6\end{cases} \tag{5.39}$$

计算卫星位置和速度的递推公式为

$$
\begin{cases}
u_{i+1}=u_i+\dfrac{1}{6}(K_{11}+2K_{12}+2K_{13}+K_{14})\\
v_{i+1}=v_i+\dfrac{1}{6}(K_{21}+2K_{22}+2K_{23}+K_{24})\\
w_{i+1}=w_i+\dfrac{1}{6}(K_{31}+2K_{32}+2K_{33}+K_{34})\\
x_{i+1}=x_i+\dfrac{1}{6}(K_{41}+2K_{42}+2K_{43}+K_{44})\\
y_{i+1}=y_i+\dfrac{1}{6}(K_{51}+2K_{52}+2K_{53}+K_{54})\\
z_{i+1}=z_i+\dfrac{1}{6}(K_{61}+2K_{62}+2K_{63}+K_{64})
\end{cases}
\tag{5.40}
$$

式中

$$
\begin{cases}
K_{11}=hf_1(t_i,u_i,v_i,w_i,x_i,y_i,z_i)\\
K_{21}=hf_2(t_i,u_i,v_i,w_i,x_i,y_i,z_i)\\
K_{31}=hf_3(t_i,u_i,v_i,w_i,x_i,y_i,z_i)\\
K_{41}=hf_4=hu_i\\
K_{51}=hv_i\\
K_{61}=hw_i\\
K_{12}=hf_1\left(t_i+\dfrac{h}{2},u_i+\dfrac{k_{11}}{2},v_i+\dfrac{k_{21}}{2},\cdots,z_i+\dfrac{k_{61}}{2}\right)
\end{cases}
\tag{5.41a}
$$

$$
\begin{cases}
K_{22}=hf_2\left(t_i+\dfrac{h}{2},u_i+\dfrac{k_{11}}{2},v_i+\dfrac{k_{21}}{2},\cdots,z_i+\dfrac{k_{61}}{2}\right)\\
K_{32}=hf_3\left(t_i+\dfrac{h}{2},u_i+\dfrac{k_{11}}{2},v_i+\dfrac{k_{21}}{2},\cdots,z_i+\dfrac{k_{61}}{2}\right)\\
K_{42}=h\left(u_i+\dfrac{K_{11}}{2}\right)\\
K_{52}=h\left(v_i+\dfrac{K_{21}}{2}\right)\\
K_{62}=h\left(w_i+\dfrac{K_{31}}{2}\right)
\end{cases}
\tag{5.41b}
$$

$$\begin{cases} K_{13} = hf_1\left(t_i + \dfrac{h}{2}, u_i + \dfrac{k_{12}}{2}, v_i + \dfrac{k_{22}}{2}, \cdots, z_i + \dfrac{k_{62}}{2} \right) \\ K_{23} = hf_2\left(t_i + \dfrac{h}{2}, u_i + \dfrac{k_{12}}{2}, v_i + \dfrac{k_{22}}{2}, \cdots, z_i + \dfrac{k_{62}}{2} \right) \\ K_{33} = hf_3\left(t_i + \dfrac{h}{2}, u_i + \dfrac{k_{12}}{2}, v_i + \dfrac{k_{22}}{2}, \cdots, z_i + \dfrac{k_{62}}{2} \right) \\ K_{43} = h\left(u_i + \dfrac{K_{12}}{2} \right) \\ K_{53} = h\left(v_i + \dfrac{K_{22}}{2} \right) \\ K_{63} = h\left(w_i + \dfrac{K_{32}}{2} \right) \end{cases} \tag{5.41c}$$

$$\begin{cases} K_{14} = hf_1(t_i + h, u_i + K_{13}, v_i + K_{23}, \cdots, z_i + K_{63}) \\ K_{24} = hf_2(t_i + h, u_i + K_{13}, v_i + K_{23}, \cdots, z_i + K_{63}) \\ K_{34} = hf_3(t_i + h, u_i + K_{13}, v_i + K_{23}, \cdots, z_i + K_{63}) \\ K_{44} = h(u_i + K_{13}) \\ K_{54} = h(v_i + K_{23}) \\ K_{64} = h(w_i + K_{33}) \end{cases} \tag{5.41d}$$

5.3.2.3 北斗系统广播星历用户算法[17-18]

北斗区域系统广播星历用户算法与 GPS 广播星历用户算法基本一致，但是，需要注意的是，北斗区域系统用户算法中使用的时间和坐标分别属于 BDT 和 CGCS2000，而 GPS 导航系统采用的是 GPS 时和 WGS-84，在使用时应当采用对应的参数。在北斗区域系统卫星位置计算时，G_M 和 $\dot{\Omega}_e$ 分别为 CGCS2000 规定采用的地心引力常数和地球自转角速度，即 $G_M = 3.986004418 \times 10^{14}\,\text{m}^3/\text{s}^2$，$\dot{\Omega}_e = 7.2921150 \times 10^{-5}\,\text{rad/s}$。

北斗 MEO/IGSO 卫星位置计算公式与 GPS NAV 星历 16 参数广播星历计算完全相同，详见公式(5.15)~公式(5.34)。不过，GEO 卫星位置计算略有不同，在计算出 GEO 卫星在轨道平面直角坐标系中的位置 x'_k、y'_k 之后，卫星位置是在虚拟参考轨道面上，需要进行旋转变换才能获得 GEO 卫星的真实位置。

计算历元 k 时刻升交点的经度为

$$\Omega_k = \Omega_0 + \dot{\Omega} t_k - \dot{\Omega}_e t_{oe} \tag{5.42}$$

计算 GEO 卫星在自定义惯性系中的坐标

$$\begin{cases} X_k = x_k \cos\Omega_k - y_k \cos i_k \sin\Omega_k \\ Y_k = x_k \sin\Omega_k + y_k \cos i_k \cos\Omega_k \\ Z_k = y_k \sin i_k \end{cases} \tag{5.43}$$

计算 GEO 卫星在 CGCS2000 中的坐标

$$\begin{bmatrix} X_{Gk} \\ Y_{Gk} \\ Z_{Gk} \end{bmatrix} = R_Z(\dot{\Omega}_e t_k) R_X(-5°) \begin{bmatrix} X_k \\ Y_k \\ Z_k \end{bmatrix} \tag{5.44}$$

式中

$$R_X(\phi) = \begin{pmatrix} 1 & 0 & 0 \\ 0 & \cos\phi & \sin\phi \\ 0 & -\sin\phi & \cos\phi \end{pmatrix}, \quad R_Z(\phi) = \begin{pmatrix} \cos\phi & \sin\phi & 0 \\ -\sin\phi & \cos\phi & 0 \\ 0 & 0 & 1 \end{pmatrix}$$

实际进行坐标转换时，必须与广播星历参数拟合前使用的旋转角一致，且它们是互为逆变换的。

北斗全球系统 B1C、B2a 频点的广播星历用户算法与 GPS L1C、L5 的广播星历用户算法基本相同。

5.3.2.4 卫星速度计算

1）MEO/IGSO 卫星

卫星速度公式为

$$\begin{cases} \dot{X}_k = (\dot{x}_k - y_k\dot{\Omega}_k\cos i_k)\cos\Omega_k - (x_k\dot{\Omega}_k + \dot{y}_k\cos i_k - y_k\dot{i}_k\sin i_k)\sin\Omega_k \\ \dot{Y}_k = (\dot{x}_k - y_k\dot{\Omega}_k\cos i_k)\sin\Omega_k + (x_k\dot{\Omega}_k + \dot{y}_k\cos i_k - y_k\dot{i}_k\sin i_k)\cos\Omega_k \\ \dot{Z}_k = \dot{y}_k\sin i_k + y_k\dot{i}_k\cos i_k \end{cases} \tag{5.45}$$

式中：$\dot{x}_k$ 和 $\dot{y}_k$ 可由式（5.30）对时间求导得到，即

$$\begin{cases} \dot{x}_k = \dot{r}_k\cos u_k - r_k\dot{u}_k\sin u_k \\ \dot{y}_k = \dot{r}_k\sin u_k + r_k\dot{u}_k\cos u_k \end{cases} \tag{5.46}$$

$\dot{u}_k$、$\dot{r}_k$、$\dot{i}_k$ 和 $\dot{\Omega}_k$ 可分别由式（5.26）、式（5.27）、式（5.28）和式（5.31）对时间求导得到，即

$$\dot{u}_k = \dot{\phi}_k + \delta\dot{u}_k \tag{5.47}$$

$$\dot{r}_k = A \cdot e \cdot \dot{E}_k\sin E_k + \delta\dot{r}_k \tag{5.48}$$

$$\dot{i}_k = \dot{i} + \delta\dot{i}_k \tag{5.49}$$

$$\dot{\Omega}_k = \dot{\Omega} - \dot{\Omega}_e \tag{5.50}$$

式中：$\delta\dot{u}_k$、$\delta\dot{r}_k$ 和 $\delta\dot{i}_k$ 可由式（5.25）对时间求导得到，即

$$\begin{cases} \delta\dot{u}_k = 2\dot{\Phi}_k(C_{us}\cos(2\Phi_k) - C_{uc}\sin(2\Phi_k)) \\ \delta\dot{r}_k = 2\dot{\Phi}_k(C_{rs}\cos(2\Phi_k) - C_{rc}\sin(2\Phi_k)) \\ \delta\dot{i}_k = 2\dot{\Phi}_k(C_{is}\cos(2\Phi_k) - C_{ic}\sin(2\Phi_k)) \end{cases} \tag{5.51}$$

式中：$\dot{\Phi}_k$ 可由式（5.24）对时间求导得到，即

$$\dot{\Phi}_k = \dot{v}_k = \frac{(1 + e\cos v_k)\dot{E}_k \sin E_k}{(1 - e\cos E_k)\sin v_k} = \frac{\sqrt{1 - e^2}\dot{E}_k}{1 - e\cos E_k} \tag{5.52}$$

式(5.52)中的 $\dot{E}_k$ 可由式(5.22)对时间求导得到,即

$$\dot{E}_k = \frac{\dot{M}_k}{1 - e\cos E_k} \tag{5.53}$$

由式(5.21)得

$$\dot{M}_k = n \tag{5.54}$$

2) 北斗 GEO 卫星

卫星速度公式为

$$\begin{bmatrix} \dot{X}_{Gk} \\ \dot{Y}_{Gk} \\ \dot{Z}_{Gk} \end{bmatrix} = \dot{R}_Z R_X \begin{bmatrix} X_k \\ Y_k \\ Z_k \end{bmatrix} + R_Z \dot{R}_X \begin{bmatrix} X_k \\ Y_k \\ Z_k \end{bmatrix} + R_Z R_X \begin{bmatrix} \dot{X}_k \\ \dot{Y}_k \\ \dot{Z}_k \end{bmatrix} \tag{5.55}$$

式中:$\dot{X}_k$、$\dot{Y}_k$ 和 $\dot{Z}_k$ 与 MEO/IGSO 卫星速度计算相同。另外需注意,GEO 卫星升交点赤经与 MEO/IGSO 升交点赤经有所差异,GEO 卫星升交点赤经对时间求导后得到

$$\dot{\Omega}_k = \dot{\Omega} \tag{5.56}$$

5.3.3 精密星历

精密星历是国际上的一些组织根据建立的连续跟踪站所获得的精密观测资料,采用卫星精密定轨方法,计算的卫星星历。它是在事后向用户提供的卫星精密轨道信息,精度可达厘米级。

目前国际上提供精密星历的著名组织有国际 GNSS 服务(IGS)和美国国防制图局(DMA)等,其中 IGS 主要提供以下几种 IGS 轨道星历:

最终精密星历:在所有的 IGS 轨道产品中,精度最高。但跟观测数据相比,该产品要滞后 13 ~ 20 天。

快速轨道星历:其轨道精度与最终轨道精度相当,且只比观测数据滞后 17h。对于大多数应用 IGS 产品的用户而言,使用 IGS 快速轨道和使用 IGS 最终轨道没有什么显著差别。

超快速轨道星历:在每天的 03:00 和 15:00(UTC)由 IGS 各发布一次。每次提供的信息都包含两天的轨道数据,第一天轨道数据是根据观测数据利用一定算法得到的当天精密轨道,第二天轨道数据则是结合以往观测数据外推的预报轨道。基于这一点,超快速轨道可以用来进行实时导航定位。

IGS 精密星历采用 SP3 格式给出 15min 时间间隔的卫星坐标和速度,属于 ITRF。通过互联网,可以从 IGS 数据处理中心或中央局信息系统中免费得到 IGS 精密星历

和其他产品。当前可以得到的精密星历的具体精度见表5.3。

表5.3 IGS精密星历中的卫星坐标精度、钟差精度以及其他相关信息

轨道星历	精度		延迟时间	更新率
	轨道坐标	卫星钟差		
IGS的最终轨道	小于5cm	0.1ns	滞后13~20天	每周1次
IGS快速轨道(IGR)	5cm	0.2ns	滞后17h	每天1次
IGS超快速轨道(IGU)	约25cm	约5ns	近实时	每天2次

IGS不仅提供GPS精密星历,还提供GLONASS精密星历(目前仅有一种最终轨道)。目前,国内一些科研单位以及德国地学中心(GFZ)均提供北斗卫星导航系统的精密产品。

5.4 GNSS异构星座轨道测定原理

卫星轨道测定原理就是利用观测资料及卫星动力学模型确定卫星轨道参数的过程。卫星轨道测定通过对卫星运动方程积分得到不同时刻的理论观测值,利用理论观测值与实测观测值之差得到不符值,在此基础上,进行参数估计得到卫星轨道参数(包括卫星位置、速度以及参加估计的力学模型及观测模型参数)。因此,为了解决卫星轨道测定问题,需要明确卫星运动方程(描述卫星运动与动力学模型的关系)、观测方程(描述观测值和卫星轨道参数的关系)以及用来估计卫星轨道参数的方法。

5.4.1 卫星运动方程

卫星运动方程可表示为[4,11,19-20]

$$\begin{cases}\dot{\boldsymbol{X}} = F(\boldsymbol{X},t) \\ \boldsymbol{X}(t_0) = \boldsymbol{X}_0\end{cases} \tag{5.57}$$

式中:$\boldsymbol{X}$为卫星状态(包括卫星轨道和估计参数)。

将式(5.57)在参考状态$\boldsymbol{X}^*(t)$处展开,并令$\boldsymbol{x}(t) = \boldsymbol{X}(t) - \boldsymbol{X}^*(t)$,略去二次以上高阶项,则有

$$\dot{\boldsymbol{x}}(t) = \boldsymbol{A}(t)\boldsymbol{x}(t)$$

式中:$\boldsymbol{A}(t) = \left.\dfrac{\partial F}{\partial \boldsymbol{X}}\right|_{X^*}$。上式的一般解为

$$\boldsymbol{x}(t) = \boldsymbol{\Phi}(t,t_0)\boldsymbol{x}(t_0) \tag{5.58}$$

式中:$\boldsymbol{\Phi}(t,t_0)$为状态转移矩阵,它是下述微分方程的解

$$\begin{cases}\dot{\boldsymbol{\Phi}}(t,t_0) = \boldsymbol{A}(t)\boldsymbol{\Phi}(t,t_0) \\ \boldsymbol{\Phi}(t_0,t_0) = \boldsymbol{I}\end{cases} \tag{5.59}$$

式中:$\boldsymbol{I}$为单位矩阵。

式(5.58)为状态转移方程,参考状态 $\boldsymbol{X}^*(t)$ 及状态转移矩阵 $\boldsymbol{\phi}(t,t_0)$ 可通过数值积分求得。

5.4.2　观测方程

线性化后的观测方程可表示为

$$\boldsymbol{v}_i = \tilde{\boldsymbol{H}}_i \boldsymbol{x}_i - (\boldsymbol{Y}_i - \boldsymbol{G}(\boldsymbol{X}_i^*, t_i)) \tag{5.60}$$

式中:$\boldsymbol{v}_i$ 为观测残差矢量;$\tilde{\boldsymbol{H}} = \partial G/\partial X|_{X^*}$ 即观测量对被估状态矢量的偏导数;$\boldsymbol{Y}_i$ 为 t_i 时刻的观测矢量;$\boldsymbol{X}_i^*$ 表示参考状态;$\boldsymbol{G}(X_i^*, t_i)$ 为观测矢量 Y_i 对应的理论值矢量。

将式(5.58)代入式(5.60),可得线性化后的观测方程

$$\boldsymbol{v}_i = \boldsymbol{H}_i \boldsymbol{x}_0 - \boldsymbol{y}_i \tag{5.61}$$

式中:$\boldsymbol{H}_i = \tilde{\boldsymbol{H}}_i \boldsymbol{\phi}(t_i, t_0)$。

5.4.3　估计方法

1) 批处理方法[4,11,19-20]

批处理是将特定历元区间的观测数据组成一批,一次处理,求解某一历元时刻状态量的"最佳"估计。设各个观测时刻的观测矢量为 $\boldsymbol{y} = [\boldsymbol{y}_1^{\mathrm{T}}, \boldsymbol{y}_2^{\mathrm{T}}, \cdots, \boldsymbol{y}_m^{\mathrm{T}}]^{\mathrm{T}}$,残差矢量为 $\boldsymbol{V} = [\boldsymbol{v}_1^{\mathrm{T}}, \boldsymbol{v}_2^{\mathrm{T}}, \cdots, \boldsymbol{v}_m^{\mathrm{T}}]^{\mathrm{T}}$,观测系数矩阵为 $\boldsymbol{H}^{\mathrm{T}} = [\boldsymbol{H}_1^{\mathrm{T}}, \boldsymbol{H}_2^{\mathrm{T}}, \cdots, \boldsymbol{H}_m^{\mathrm{T}}]$,则式(5.61)可写为

$$\boldsymbol{V} = \boldsymbol{H} x_0 - \boldsymbol{y} \tag{5.62}$$

采用加权最小二乘法对式(5.62)进行估计,可得状态参数矢量估值 $\hat{\boldsymbol{x}}_0$ 及其协方差矩阵 $\boldsymbol{\Sigma}_{\hat{X}_0}$。

$$\hat{\boldsymbol{x}}_0 = (\boldsymbol{H}^{\mathrm{T}} \boldsymbol{P} \boldsymbol{H})^{-1} \boldsymbol{H}^{\mathrm{T}} \boldsymbol{P} \boldsymbol{y} \tag{5.63}$$

$$\boldsymbol{\Sigma}_{\hat{X}_0} = (\boldsymbol{H}^{\mathrm{T}} \boldsymbol{P} \boldsymbol{H})^{-1} \hat{\sigma}_0^2 \tag{5.64}$$

$$\hat{\sigma}_0^2 = \boldsymbol{V}^{\mathrm{T}} \boldsymbol{P} \boldsymbol{V} / (m - n) \tag{5.65}$$

式中:$\boldsymbol{P}$ 为观测矢量的权矩阵;m 为观测个数;n 为待估参数个数;$\hat{\sigma}_0^2$ 为方差因子。

于是,待估历元的最优估值 $\hat{\boldsymbol{X}}_0$ 可表示为

$$\hat{\boldsymbol{X}}_0 = \boldsymbol{X}_0^* + \hat{\boldsymbol{x}}_0 \tag{5.66}$$

2) 序贯处理方法[4,11,19-20]

序贯处理是每新增一个历元观测值,就处理一次,给出当前时刻的最优估计结果。假设已知 $t_{k-1}(k=1,2,3,\cdots)$ 时刻的估值 $\hat{\boldsymbol{x}}_{k-1}$ 及其协方差矩阵估值 $\hat{\boldsymbol{P}}_{k-1}$,则 t_k 时刻的状态参数矢量估值及其协方差阵为

$$\begin{cases} \hat{\boldsymbol{x}}_k = \bar{\boldsymbol{x}}_k + \boldsymbol{K}_k(\boldsymbol{y}_k - \boldsymbol{H}_k \bar{\boldsymbol{x}}_k) \\ \hat{\boldsymbol{P}}_k = (\boldsymbol{I} - \boldsymbol{K}_k \boldsymbol{H}_k) \bar{\boldsymbol{P}}_k \end{cases} \tag{5.67}$$

式中

$$
\begin{aligned}
\bar{\boldsymbol{x}}_k &= \boldsymbol{\Phi}(t_k, t_{k-1})\hat{\boldsymbol{x}}_{k-1} \\
\boldsymbol{K}_k &= \overline{\boldsymbol{P}}_k \boldsymbol{H}_k^{\mathrm{T}}(\boldsymbol{H}_k \overline{\boldsymbol{P}}_k \boldsymbol{H}_k^{\mathrm{T}} + \boldsymbol{R}_k)^{-1} \\
\overline{\boldsymbol{P}}_k &= \boldsymbol{\Phi}(t_k, t_{k-1})\hat{\boldsymbol{P}}_{k-1}\boldsymbol{\Phi}^{\mathrm{T}}(t_k, t_{k-1})
\end{aligned} \tag{5.68}
$$

式(5.67)和式(5.68)构成序贯递推公式。由式(5.67)得到 $\hat{\boldsymbol{x}}_k$后，就可对 t_k时刻的参考轨道进行修正：

$$
\hat{\boldsymbol{X}}_k = \boldsymbol{X}_k^* + \hat{\boldsymbol{x}}_k \tag{5.69}
$$

5.4.4 北斗异构星座轨道测定

GPS 星座由 MEO 卫星组成，且是全球布站，采用多跟踪站支持下的组网卫星多星定轨方案，可实现卫星轨道、卫星钟差和测站钟差的高精度同步解算，保证了解算参数间的自洽性。而北斗二号卫星导航系统是 GEO/IGSO/MEO 三类卫星的混合星座，GEO 卫星相对地面跟踪站的几何关系几乎不变，致使卫星轨道径向误差与卫星钟差、卫星硬件延迟等参数难以分离，制约了 GEO 卫星定轨精度。考虑到北斗系统是区域布站，IGSO/MEO 卫星不能被全弧段跟踪，IGSO/MEO 卫星定轨精度也受到制约。为此，国内学者研究提出了适合北斗区域系统混合星座的多星、单星定轨策略。

1）多星定轨解算策略

基于北斗区域卫星导航系统特有的混合星座特点，研究提出了适用于北斗的多星定轨解算策略。其主要思路是利用伪距、相位无电离层组合观测量，采用约化动力学定轨方法同步解算卫星轨道、卫星钟差和测站钟差。解算中，采用适用于北斗的 BDSHYB 光压模型，且在对流层模型修正基础上估计对流层天顶延迟。

该定轨方法采用了轨道/钟差一体化解算的处理模式，解算得到的钟差与轨道存在强相关性，两者具有很好的自洽性。但是，北斗二号系统播发的广播星历参数由多星精密定轨解算得到的精密轨道预报得到，播发的卫星钟差参数由时间同步解算得到的卫星钟差经预报处理得到。通常，北斗系统播发的卫星钟差参数存在一定误差，一定程度上降低了系统服务性能指标。目前，将精密定轨卫星钟差与时间同步卫星钟差差值作为被卫星钟差吸收的轨道径向误差，将其改正到广播星历参数中，保证了北斗现役系统播发的卫星钟差参数与广播星历参数的自洽性[10-11]。

2）单星定轨解算策略

北斗星座卫星轨道保持相对频繁，如 GEO 卫星平均 1 个月进行 1 次轨控，有的卫星 20 天左右需进行一次轨控，IGSO 卫星和 MEO 卫星半年左右也要进行一次机动。在卫星机动期间，机动卫星不再提供导航服务，待重新获得精密轨道后再提供服务。北斗系统基本上始终有一颗卫星不可用，致使系统服务性能下降。为此，需要研究北斗单星快速定轨策略。

考虑到 GEO 卫星相对地面跟踪站的几何关系几乎不变，地面跟踪站对 GEO 卫星的动力学约束较弱，致使卫星轨道径向误差与卫星钟差、卫星硬件延迟、对流层延迟等参数难以分离，制约了 GEO 卫星定轨精度。为此，有学者提出了多星多站支持下的相位平滑伪距单星定轨策略[10-11]。其基本思路是采用星地时间同步解算的卫星钟差消除观测量中的星钟误差，采用多星定轨解算的高精度测站钟差消除观测量中的站钟，采用消电离层组合消除电离层延迟影响，通过模型修正对流层延迟误差。在此基础上，利用具有先验约束的降相关方法进行约化动力学定轨解算，主要是对太阳光压参数等进行约束，以实现 GEO 卫星快速精密轨道确定，同时保持了与整个星座的一致性[10-11]。

需要说明的是，北斗地面监测站监测接收机伪距多径噪声情况要比 GPS 多径噪声复杂得多，且不同站址不同接收机的多径噪声存在较大时域和空域变化。主要原因是 GEO 卫星相对地球基本上静止不动，其多径误差比 IGSO 卫星、MEO 卫星更为严重。目前采用码噪声多径改正（CNMC）算法对多径误差实时修正，来减弱北斗 GEO 卫星的多径影响[10]。

5.5　自适应定轨理论

卫星轨道的精密测定是卫星导航的前提。卫星定轨一般采用 3 种技术：动力学定轨技术、运动学定轨技术和约化动力学定轨技术。动力学定轨技术一般采用扩展弧段观测数据估计某一历元的卫星位置和速度，通过对卫星运动方程进行积分，使不同时间的观测值联系于某一历元的卫星状态参数。于是所使用的力学模型的精度对卫星轨道测定的稳定性起着关键作用，这要求作用于卫星的力学模型必须十分精确，力学模型的任何误差都将带入历元状态参数估值中。一般来说，观测量离解算历元越远，则动力模型的误差影响越大。于是积分弧度越长，则力学模型误差的影响越大[4,20]。

运动学定轨（也称几何定轨）技术应用卫星运动观测信息测定卫星的纯几何位置，该方法一般不考虑力学模型，仅依据卫星在各个离散历元的观测值估算各历元卫星的状态，其卫星轨道的精度主要取决于观测量的精度。主要观测量有卫星伪距观测量、载波相位观测量，如果卫星具有激光反射镜，则激光观测量也可加入卫星轨道测定。但求出的参数是各离散观测历元的状态参数，连续的轨道必须通过数据拟合才能得到。此外，由于几何定轨不涉及卫星的动力学性质，因此它不能保证轨道外推的精度[2,4,20]。

现在许多低轨卫星携载 GNSS 接收机，可以提供 P 码伪距和连续载波观测量，进而确定低轨卫星的精确位置。在 IGS 高精度事后精密星历的支持下，利用 GNSS 差分技术可获得厘米级精度的卫星轨道。于是，利用纯几何法已经能够进行高精度卫星轨道的测定[21]。

若卫星几何观测信息不够丰富或不够精确，则动力定轨技术是卫星定轨的主导技术，或采用动力定轨与几何定轨相结合的技术。卡尔曼滤波算法是几何定轨与动力学定轨相结合的常用算法。卡尔曼滤波必须首先构造可靠的卫星运动函数模型和可靠的观测随机模型以及选择合理的估计方法。可靠的卫星运动函数模型是指卫星运动方程以及(物理的和几何的)观测方程应该能够精确表征卫星运动的力学现实或几何现实；可靠的观测随机模型是指模型误差和观测误差的方差－协方差矩阵应能精确地描述卫星动力学模型和观测信息的不确定度；合理的估计方法是指轨道参数估计原则和算法应能合理利用观测信息和卫星力学模型所提供的有用信息，以便求解精确可靠的卫星运动状态参数估值。归纳起来，可以说卡尔曼滤波结果的优劣取决于对卫星运动函数模型、随机模型先验信息的认知质量。对各类先验信息的认识越清楚，描述越准确，信息利用越合理，则卫星轨道参数的估计结果就越可靠。在卡尔曼滤波的定轨实践中，可对动力模型附加噪声矩阵，以便减弱动力模型误差对卫星轨道的影响[22-25]。

然而，卫星运动受各种摄动力的影响，一般难以确保规则运动，因而精确的函数模型的构造十分困难。随机模型的构造一般都是基于验前统计信息，而任何统计信息都难免不失真。于是围绕如何利用地面或星载观测信息和卫星运动状态估值更新先验信息和补偿卫星运动方程误差，成为卫星定轨工程的难点问题之一。

约化动力法定轨是利用动力模型信息和几何观测信息综合测定卫星轨道的重要方法之一。众所周知：动力定轨技术的精度受制于动力学模型精度的限制，而动力模型误差的影响随着弧段长度的增加而增加；运动学定轨又受制于弱几何观测结构的影响。为克服这些限制，早在 20 世纪 90 年代初就有学者提出了一种约化动力学定轨技术。随着观测弧段以及观测几何图形强度的增加，约化动力学定轨法将自动减弱动力模型信息的权重，以保持观测信息和动力模型信息的平衡，从而，从整体上改进定轨的精度[10,26]。

我们在研究动态 GPS 定位时曾提出一种类似的自适应滤波技术，并已成功用于卫星轨道测定，该方法也可称为“自适应定轨技术”。该自适应定轨法引入一个自适应因子平衡卫星动力模型信息和几何观测信息的贡献，于是，在一定意义上，自适应定轨技术是一种优化技术[23,27-29]。

自适应定轨技术和约化动力学定轨技术采用了几乎相同的思想控制动力模型误差的影响，但在手段上存在一定差异。

5.5.1 约化动力定轨理论

假设 $\hat{\boldsymbol{X}}_{j-1}$ 为用户卫星在 t_{j-1} 时刻的状态估计矢量，$\overline{\boldsymbol{X}}_j$ 为 t_j 时刻状态预报矢量，则 $\overline{\boldsymbol{X}}_j$ 及卫星的动力模型方程和相应的预报状态协方差矩阵 $\boldsymbol{\Sigma}_{\overline{X}_j}$ 可分别表示为

$$\overline{\boldsymbol{X}}_j = \boldsymbol{\Phi}_{j,j-1}\hat{\boldsymbol{X}}_{j-1} + \boldsymbol{B}_j\boldsymbol{W}_j \tag{5.70}$$

$$\boldsymbol{\Sigma}_{\bar{X}_j}=\boldsymbol{\Phi}_{j,j-1}\boldsymbol{\Sigma}_{\hat{X}_{j-1}}\boldsymbol{\Phi}_{j,j-1}^{\mathrm{T}}+\boldsymbol{B}_j\boldsymbol{\Sigma}_{W_j}\boldsymbol{B}_j^{\mathrm{T}} \tag{5.71}$$

式中：$\boldsymbol{\Phi}_{j,j-1}$表示从 t_{j-1}时刻到 t_j 时刻的状态转移矩阵；$\boldsymbol{W}_j$ 为模型误差，其协方差矩阵为 $\boldsymbol{\Sigma}_{W_j}$；$\boldsymbol{B}_j$ 为模型误差系数矩阵。

假设在历元 t_j 的观测矢量为 $\boldsymbol{L}_j$，则观测方程可表示为

$$\boldsymbol{L}_j=\boldsymbol{A}_j\boldsymbol{X}_j+\boldsymbol{\Delta}_j \tag{5.72}$$

式中：$\boldsymbol{A}_j$ 为设计矩阵；$\boldsymbol{\Delta}_j$ 为观测噪声矢量，其协方差矩阵为 $\boldsymbol{\Sigma}_j$。式(5.72)写成误差方程形式为

$$\boldsymbol{V}_j=\boldsymbol{A}_j\hat{\boldsymbol{X}}_j-\boldsymbol{L}_j \tag{5.73}$$

约化动力学定轨技术也可用卡尔曼滤波进行描述。该技术引入一个过程噪声矢量 $\boldsymbol{\delta}_j$，用来表示施加于用户卫星上的三维虚拟力，如此状态增广矢量 $\bar{\boldsymbol{\beta}}_j=[\boldsymbol{X}_j,\boldsymbol{\delta}_j]^{\mathrm{T}}$ 及其相应的协方差矩阵 $\boldsymbol{\Sigma}_{\bar{\beta}_j}$表示为

$$\bar{\boldsymbol{\beta}}_j=\boldsymbol{\Phi}_{j,j-1}\hat{\boldsymbol{\beta}}_{j-1}+\boldsymbol{B}_j\boldsymbol{W}_j \tag{5.74}$$

$$\boldsymbol{\Sigma}_{\bar{\beta}_j}=\boldsymbol{\Phi}_{j,j-1}\boldsymbol{\Sigma}_{\hat{\beta}_{j-1}}\boldsymbol{\Phi}_{j,j-1}^{\mathrm{T}}+\boldsymbol{B}_j\boldsymbol{\Sigma}_{W_j}\boldsymbol{B}_j^{\mathrm{T}} \tag{5.75}$$

为计算方便，一般假设 $\boldsymbol{\Sigma}_{w_j}$为对角矩阵，其元素为

$$\sigma_{w_i}^2=(1-h_i)^2\sigma_i^2 \tag{5.76}$$

式中：σ_i 为过程噪声不确定性的均方根值；其余符号为

$$\boldsymbol{\Phi}_{j,j-1}=\begin{bmatrix}\boldsymbol{\Phi}_{x_{j,j-1}} & \boldsymbol{\Phi}_{x\delta_{j,j-1}}\\ 0 & \boldsymbol{H}_j\end{bmatrix},\quad \boldsymbol{B}_j=\begin{bmatrix}0\\ \boldsymbol{I}_\delta\end{bmatrix} \tag{5.77}$$

式中：$\boldsymbol{\Phi}_{x\delta_{j,j-1}}$为状态 $\boldsymbol{X}_j$ 与过程噪声矢量 $\boldsymbol{\delta}_j$ 的关联转移矩阵；$\boldsymbol{I}_\delta$ 为单位矩阵；$\boldsymbol{H}_j$ 为 3×3 阶对角矩阵，其第 i 个元素为

$$h_i=\exp[-(t_j-t_{j-1})/\tau_j] \tag{5.78}$$

式中：τ_j 为相关时间长度，它表示观测历元之间相关性的衰退速率。

利用新观测方程式(5.72)，约化动力定轨解为

$$\hat{\boldsymbol{\beta}}_j=\bar{\boldsymbol{\beta}}_j+\tilde{\boldsymbol{K}}_j(\boldsymbol{L}_j-\tilde{\boldsymbol{A}}_j\bar{\boldsymbol{\beta}}_j) \tag{5.79}$$

式中：$\tilde{\boldsymbol{A}}_j$ 为增广设计矩阵，$\tilde{\boldsymbol{A}}_j=[\boldsymbol{A}_j\ 0]$；$\tilde{\boldsymbol{K}}_j$ 为卡尔曼增益，且

$$\tilde{\boldsymbol{K}}_j=\boldsymbol{\Sigma}_{\bar{\beta}_j}\tilde{\boldsymbol{A}}_j^{\mathrm{T}}(\tilde{\boldsymbol{A}}_j\boldsymbol{\Sigma}_{\bar{\beta}_j}\tilde{\boldsymbol{A}}_j^{\mathrm{T}}+\boldsymbol{\Sigma}_j)^{-1} \tag{5.80}$$

式(5.79)的等价形式为

$$\hat{\boldsymbol{\beta}}_j=(\tilde{\boldsymbol{A}}_j^{\mathrm{T}}\boldsymbol{P}_j\tilde{\boldsymbol{A}}_j+\boldsymbol{\Sigma}_{\bar{\beta}_j}^{-1})^{-1}(\boldsymbol{\Sigma}_{\bar{\beta}_j}^{-1}\bar{\boldsymbol{\beta}}_j+\tilde{\boldsymbol{A}}_j^{\mathrm{T}}\boldsymbol{P}_j\boldsymbol{L}_j) \tag{5.81}$$

约化动力定轨技术利用相关时间参数 τ、过程噪声的不确定性参数 σ 和先验不确定性参数 σ_0 来平衡动力模型信息的相对权重。增大 τ 及减小 σ 和 σ_0，则增大动力学信息的权重。当 $\tau\to\infty$，$\sigma\to0$ 且 $\sigma_0\to0$ 时，等价于在式(5.76)中令 $h_i=1$ 和式(5.77)中令 $\boldsymbol{H}_j=\boldsymbol{I}$ 以及式(5.76)中令 $\sigma_{w_i}^2=0$，这是一种纯动力定轨技术。此时，预

测状态的方差仅由前一历元状态估计的方差确定，而没有任何附加的模型误差方差项。

当 $\tau \to 0, \sigma \to \infty$ 且 $\sigma_0 \to \infty$ 时，等价于在式(5.76)中设 $h_i = 0$，式(5.77)中设 $H_j = 0$，即动力学模型和观测模型中不含过程噪声项 δ_j，这时 $\tilde{\boldsymbol{A}}_j^{\mathrm{T}} \boldsymbol{P}_j \tilde{\boldsymbol{A}}_j = \boldsymbol{A}_j^{\mathrm{T}} \boldsymbol{P}_j \boldsymbol{A}_j$，式(5.76)中动力学误差方差 $\sigma_{w_i}^2 \to \infty$，从而 $\tilde{\boldsymbol{\Sigma}}_{\bar{\beta}_j} \to \infty$ 或 $\boldsymbol{\Sigma}_{\bar{\beta}_j}^{-1} = 0$。于是，约化动力定轨技术变成运动定轨技术，此时过程噪声和动力学信息不影响卫星轨道状态参数估计，但对卫星轨道参数的估计也没有贡献[13,16]。

5.5.2 自适应定轨理论

从数学原理上，自适应定轨技术可以用卡尔曼滤波模型描述。3 个主要步骤如下：时间更新，利用状态转移模型将卫星的状态估计值及协方差矩阵从一个历元转移到下一个历元；观测更新，即利用新的观测信息估计卫星状态；增益矩阵更新，其中包括利用几何观测求得的卫星状态与模型预报状态之差确定的自适应因子。这种自适应定轨技术主要通过改进随机模型实现。类似的自适应滤波技术可参见文献，但主要区别在于，新发展的自适应滤波技术的自适应性主要通过一个自适应因子来调节，而该自适应因子由模型预报状态与观测状态之差来确定，具有较强的自适应能力，且计算相对简单。其他自适应滤波技术一般利用开窗法重新估计状态预报信息的协方差矩阵，实用性较差[23,27-29]。

为了理论描述方便，先改写状态方程式(5.70)如下：

$$\overline{\boldsymbol{V}}_{\overline{X}_k} = \hat{\boldsymbol{X}}_k - \overline{\boldsymbol{X}}_k = \hat{\boldsymbol{X}}_k - \boldsymbol{\Phi}_{k,k-1} \hat{\boldsymbol{X}}_{k-1} \tag{5.82}$$

基于观测误差方程式(5.73)和状态误差方程式(5.82)，可构造如下极值条件：

$$\Omega = \boldsymbol{V}_k^{\mathrm{T}} \overline{\boldsymbol{\Sigma}}_k^{-1} \boldsymbol{V}_k + \boldsymbol{V}_{\overline{X}_k}^{\mathrm{T}} \overline{\boldsymbol{\Sigma}}_{\overline{X}_k}^{-1} \boldsymbol{V}_{\overline{X}_k} = \min \tag{5.83}$$

式中：$\overline{\boldsymbol{\Sigma}}_k$ 为 $\boldsymbol{L}_k$ 的等价协方差矩阵，是观测协方差阵的自适应估计；$\overline{\boldsymbol{\Sigma}}_{\overline{X}_k}$ 为卫星运动状态预报值 $\overline{\boldsymbol{X}}_k$ 的协方差阵的自适应估计。

$$\hat{\boldsymbol{X}}_j = \overline{\boldsymbol{X}}_j + \overline{\boldsymbol{K}}_j (\boldsymbol{L}_j - \boldsymbol{A}_j \overline{\boldsymbol{X}}_j) \tag{5.84}$$

$$\boldsymbol{\Sigma}_{\hat{X}_j} = \boldsymbol{\Sigma}_{\overline{X}_j} - \overline{\boldsymbol{K}}_j \boldsymbol{A}_j \boldsymbol{\Sigma}_{\overline{X}_j} \tag{5.85}$$

式中：$\overline{\boldsymbol{K}}_j$ 为等价卡尔曼增益矩阵，或称自适应滤波增益矩阵，表达式如下：

$$\overline{\boldsymbol{K}}_j = \frac{1}{\alpha_j} \sum\nolimits_{\overline{X}_j} \boldsymbol{A}_j^{\mathrm{T}} \left(\boldsymbol{A}_j \frac{1}{\alpha_j} \boldsymbol{\Sigma}_{\overline{X}_j} \boldsymbol{A}_j^{\mathrm{T}} + \boldsymbol{\Sigma}_j \right)^{-1} \tag{5.86}$$

式中：α_j 为自适应因子，$0 \leqslant \alpha_j \leqslant 1$[29]。式(5.84)的等价形式为

$$\hat{\boldsymbol{X}}_j = (\boldsymbol{A}_j^{\mathrm{T}} \boldsymbol{P}_j \boldsymbol{A}_j + \alpha_j \boldsymbol{P}_{\overline{X}_j})^{-1} (\alpha_j \boldsymbol{P}_{\overline{X}_j} \overline{\boldsymbol{X}}_j + \boldsymbol{A}_j^{\mathrm{T}} \boldsymbol{P}_j \boldsymbol{L}_j) \tag{5.87}$$

$$\alpha_j=\begin{cases}1 & |\Delta\tilde{\boldsymbol{X}}_j|\leqslant c_0\\ \dfrac{c_0}{|\Delta\tilde{\boldsymbol{X}}_j|}\left(\dfrac{c_1-|\Delta\tilde{\boldsymbol{X}}_j|}{c_1-c_0}\right)^2 & c_0<|\Delta\tilde{\boldsymbol{X}}_j|\leqslant c_1\\ 0 & |\Delta\tilde{\boldsymbol{X}}_j|>c_1\end{cases}\tag{5.88}$$

式中：c_0 和 c_1 为常量，一般取 $c_0=1.0\sim1.5$，$c_1=3.0\sim4.5$。

$$|\Delta\tilde{\boldsymbol{X}}_j|=\|\tilde{\boldsymbol{X}}_j-\tilde{\boldsymbol{X}}_j\|/\sqrt{\mathrm{tr}\{\boldsymbol{\Sigma}_{\overline{X}_j}\}}\tag{5.89}$$

式中：$\tilde{\boldsymbol{X}}_j$ 为由 t_j 时刻动态观测信息求得的状态矢量或运动学定轨状态参数估计矢量；$\tilde{\boldsymbol{X}}_j$ 为由动力学模型式（5.70）预报的状态矢量。实际上，在自适应滤波公式中，为了控制观测异常的影响，观测矢量也使用了等价权矩阵。如果需要，式（5.87）中的观测权矩阵 $\tilde{\boldsymbol{P}}_j$ 可以用等价权矩阵 $\tilde{\boldsymbol{P}}_j$ 代替[29-34]。

从上述自适应滤波的理论模型可以看出，自适应定轨中预测状态的相对权重是通过自适应因子 α_j 的改变来控制的，设

$$\overline{\boldsymbol{\Sigma}}_{\overline{X}_j}=\boldsymbol{\Sigma}_{\overline{X}_j}/\alpha_j\tag{5.90}$$

$$\overline{\boldsymbol{P}}_{\overline{X}_j}=\alpha_j\boldsymbol{P}_{\overline{X}_j}\tag{5.91}$$

式（5.90）和式（5.91）分别为预测状态矢量 $\overline{\boldsymbol{X}}_j$ 的等价协方差矩阵和等价权矩阵。减小自适应因子 α_j，则增大式（5.90）中的等价协方差矩阵或减小式（5.91）中的等价权矩阵，反之相反。

当自适应因子 α_j 趋于0时，自适应定轨法趋于运动（几何）定轨法，即卫星状态参数仅由当前历元的几何观测信息确定，而动力模型信息对轨道参数的测定不起任何作用。增大自适应因子 α_j，则减小动力模型信息的等价协方差矩阵，增大等价权矩阵，当 α_j 趋于1时，自适应定轨结果趋于通常的动力定轨结果。如此通过自适应因子 α_j 的变化可获得优化的自适应定轨结果。

5.5.3 Sage自适应滤波与自适应因子相结合的自适应定轨方法

实际上，利用标准卡尔曼滤波或自适应卡尔曼滤波均要求已知观测方差协方差矩阵和状态预测矢量的协方差矩阵。而Sage自适应滤波正好是通过开窗法确定观测矢量和状态预测矢量的协方差矩阵，于是将Sage自适应滤波与自适应因子相结合可使卫星轨道自适应测定更具可操作性。

1）观测矢量等价协方差阵 $\overline{\boldsymbol{\Sigma}}_k$

观测矢量等价协方差阵 $\overline{\boldsymbol{\Sigma}}_k$ 可由双因子方差膨胀模型求得[32]。观测矢量的协方差矩阵作为观测量的精度评定指标应能可靠地反映观测量的离散程度、若观测精度

高，可靠性好，则方差小，从而该观测在参数估计中的权重就大，反之相反。

基于这一事实，可以通过适当扩大异常观测的方差以降低异常观测对参数的影响，但是，相关观测的方差膨胀，不能只考虑方差元素。相关观测矢量本身是一个整体，各元素之间的相关性一般是验前固有的。这种相关性通常来自于观测的几何结构或物理特性的关联，或者来自于先验统计信息的关联，于是异常观测的方差膨胀应顾及与之相关联的协方差元素的调整，以使其膨胀后的方差和协方差仍保持原有的相关系数不变。

设观测 L_i、L_j 的方差、协方差元素分别为 σ_i^2、σ_j^2 和 σ_{ij}，若考虑 L_i 或 L_j 有粗差或两者同时有粗差，为使相应方差、协方差与之适应，可将 σ_i^2、σ_j^2 和 σ_{ij} 作相应的变化，即[32]

$$\bar{\sigma}_i^2 = \lambda_{ii}\sigma_i^2 \tag{5.92}$$

$$\bar{\sigma}_j^2 = \lambda_{jj}\sigma_j^2 \tag{5.93}$$

$$\bar{\sigma}_{ij} = \lambda_{ij}\sigma_{ij} \tag{5.94}$$

式中：$\lambda_{ij} = \sqrt{\lambda_{ii}\lambda_{jj}}\ (\lambda_{ii} \geqslant 1)$，$\lambda_{ii}$和$\lambda_{jj}$是两个膨胀因子；$\bar{\sigma}_i^2$、$\bar{\sigma}_j^2$和$\bar{\sigma}_{ij}$为等价方差、等价协方差，由此构成的协方差矩阵称为“等价协方差矩阵”$\overline{\boldsymbol{\Sigma}}_k$。显然经方差膨胀后生成的等价协方差矩阵仍保持原有的协方差矩阵的相关性。

至于λ_{ii}的构造，希望观测误差超出一定限值时，相应方差膨胀，否则$\lambda_{ii}=1$，即保持原有方差不变，于是，λ_{ii}可表示为

$$\lambda_{ii} = \begin{cases} 1 & |\tilde{\boldsymbol{v}}_i| = \left|\dfrac{\boldsymbol{v}_i}{\sigma_{v_i}}\right| \leqslant c \\ \dfrac{|\tilde{\boldsymbol{v}}_i|}{c} & |\tilde{\boldsymbol{v}}_i| > c \end{cases} \tag{5.95}$$

式中：$|\tilde{\boldsymbol{v}}_i|$为标准化残差；$c$ 为常量，可取为 1.0 ~ 1.5。λ_{jj}的表示同式(5.95)。

注意到式(5.95)实际上是 Huber 权函数[25]的倒数。以此类推，也可将其他降权函数的倒数定义为方差膨胀因子函数。

由式(5.95)求得各 λ_{ii}和 λ_{jj}后，即可生成 $\bar{\sigma}_i^2$、$\bar{\sigma}_j^2$ 和 $\bar{\sigma}_{ij}$及相应等价协方差矩阵 $\overline{\boldsymbol{\Sigma}}_k$。

2）状态噪声等价协方差阵

对于$\overline{\boldsymbol{\Sigma}}_{\bar{X}_k}$的求解，可以在单独观测历元抗差解的基础上，整体控制状态噪声协方差矩阵[29]。当状态预报值 $\overline{\boldsymbol{X}}_k$ 与历元抗差解 $\tilde{\boldsymbol{X}}_k$ 相差较小时，采用 Sage 开窗法，利用前 m 个历元的卫星状态预报残差，估计状态预报值的方差协方差；而当卫星轨道处于非平稳状态时，则在式(5.95)的基础上采用膨胀法扩大卫星的状态噪声矩阵，得到状态噪声等价协方差矩阵

$$\overline{\boldsymbol{\Sigma}}_{\bar{X}_k} = \left(\frac{1}{m}\sum_{j=1}^{m}\Delta\boldsymbol{X}_{k-j}\Delta\boldsymbol{X}_{k-j}^{\mathrm{T}}\right)\Big/\alpha \qquad \alpha < 1 \tag{5.96}$$

或等价地采用式(5.91)。此时,$\boldsymbol{P}_{X_k}=\boldsymbol{\Sigma}_{\bar{X}_k}^{-1}$。$\alpha$ 为自适应因子,当 $c_0<|\Delta\tilde{\boldsymbol{X}}_k|\leqslant c_1$ 时,

$$\alpha=\frac{c_0}{|\Delta\tilde{\boldsymbol{X}}_k|}\left(\frac{c_1-|\Delta\tilde{\boldsymbol{X}}_k|}{c_1-c_0}\right)^2 \tag{5.97}$$

式中:c_0、c_1 为常量,c_0 可取 1.0~1.5,c_1 可取 3.0~8.0;$|\Delta\tilde{\boldsymbol{X}}_k|$与式(5.89)相同。

如此,可将卫星动力模型的等价权矩阵表示为[29]

$$\bar{\boldsymbol{P}}_{\bar{X}_k}=\begin{cases}\bar{\boldsymbol{P}}_{\bar{X}_k} & |\Delta\tilde{\boldsymbol{X}}_k|\leqslant c_0\\ \alpha\bar{\boldsymbol{P}}_{\bar{X}_k} & c_0<|\Delta\tilde{\boldsymbol{X}}_k|\leqslant c_1\\ 0 & |\Delta\tilde{\boldsymbol{X}}_k|>c_1\end{cases} \tag{5.98}$$

当$|\Delta\tilde{\boldsymbol{X}}_k|>c_1$ 时,$\bar{\boldsymbol{P}}_{\bar{X}_k}=0$ 即预报值的权为零,误差无限大。这意味着运动发生突变,预报完全失真,不能采用,卫星状态完全由观测历元的观测值进行估计,以前的观测信息不再起作用。为了避免 $\bar{\boldsymbol{P}}_{\bar{X}_k}=0$ 的情况,可取

$$\bar{\boldsymbol{P}}_{\bar{X}_k}=\begin{cases}\bar{\boldsymbol{P}}_{\bar{X}_k} & |\Delta\tilde{\boldsymbol{X}}_k|\leqslant c\\ \alpha\bar{\boldsymbol{P}}_{\bar{X}_k} & c<|\Delta\tilde{\boldsymbol{X}}_k|\end{cases} \tag{5.99}$$

式中:$\alpha=\dfrac{c}{|\Delta\tilde{\boldsymbol{X}}_k|}$,这里 c 可取为 2.5。

各历元观测量的协方差矩阵或权矩阵仍采用抗差估计法求解,而不采用 Sage 基于新息的自适应估计(IAE)开窗法。因为,卫星定轨数据丰富、种类多,各历元观测信息不可能满足 Sage IAE 开窗法的前提。

综上所述,通过引入观测值的等价协方差矩阵 $\bar{\boldsymbol{\Sigma}}_k$ 和卫星运动状态的等价协方差矩阵 $\bar{\boldsymbol{\Sigma}}_{\bar{X}_k}$,并基于 Sage 自适应滤波法求得这些协方差矩阵的参考值,便构成了一种综合自适应滤波定轨法。它不仅对观测值采用抗差估计,抵制观测异常的影响,而且对状态噪声矩阵采用 Sage 开窗法估计,并利用自适应因子 α 适时调整状态噪声矩阵,灵活地控制动力学模型噪声异常的影响。

当卫星轨道的动力学模型误差较小时,Sage 自适应滤波可有效地给出卫星动力学模型误差的协方差矩阵。利用开窗法确定卫星动力学模型的协方差矩阵,其窗口宽度对协方差矩阵的可靠性有直接影响:当卫星处于平稳状态时,适当增加窗口宽度可提高动力学模型的可靠性;但当卫星动力学模型误差较大时,增加窗口宽度会平滑卫星的瞬时扰动,而使轨道状态滤波值偏离正确的预测轨道。自适应抗差滤波对卫

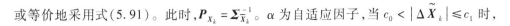

星轨道的异常扰动及各历元观测异常具有明显的控制作用,但当卫星动力学模型能可靠地描述卫星运动状态时,自适应抗差滤波由于未采用开窗法估计状态噪声协方差矩阵,因而可能忽略对历史状态信息的利用。

5.5.4 自适应定轨与约化动力定轨的比较

将自适应定轨法与约化动力定轨法进行比较[19,22,29],对这两种方法的实际应用是有意义的。

(1) 自适应定轨法和约化动力定轨法都试图通过引入适当参数平衡动力学模型信息和观测信息对轨道参数的贡献。在动力定轨结果中,动力模型误差的影响随着轨道弧段的增长而增大,甚至起主导作用,于是,实践中不得不选择合适的弧段来平衡动力模型误差的影响。在自适应定轨和约化动力定轨结果中,随着弧段长度及观测强度的增大,两种定轨技术都自动降低动力模型信息的权,以保持观测数据与动力模型信息的平衡,从而保证了卫星状态参数估计精度的提高。

(2) 当自适应定轨中的自适应因子 α_j 等于 0,而且约化动力定轨法中的相关长度 $\boldsymbol{\tau}$ 也为 0 时,两种方法都变成运动学定轨法。在运动定轨这一极限情形下,自适应定轨和约化动力定轨等价。

(3) 在另一极限情形下,即自适应定轨中自适应因子 $\alpha_j=1$,约化动力定轨中相关时间长度因子 $\boldsymbol{\tau}=\infty$,则两种技术都趋于动力学定轨。其差别在于自适应定轨通过调整模型预报状态的协方差矩阵 $\boldsymbol{\Sigma}_{\bar{X}}$ 来控制模型误差的影响,其中包括模型误差项的协方差矩阵 $\boldsymbol{\Sigma}_{w_j}$,约化动力定轨引入附加过程噪声项 δ 以弥补动力模型误差,但是设定模型误差协方差矩阵 $\boldsymbol{\Sigma}_w$ 为 0。

(4) 在融合动力模型信息和运动几何观测信息方面,自适应定轨比约化动力定轨简单,原理更清晰。自适应定轨仅使用一个参数 α_j 平衡动力模型信息与几何观测信息的贡献,而约化动力学定轨使用了 3 个参数 $\boldsymbol{\tau}$、$\boldsymbol{\sigma}$ 和 $\boldsymbol{\sigma}_0$。自适应定轨中的自适应因子是由动力模型预报状态与几何定轨状态之差确定的,而约化动力定轨技术中时间相关长度因子 $\boldsymbol{\tau}$ 的确定是依据经验确定的。

(5) 基于 Sage 开窗法估算状态协方差阵的综合自适应抗差滤波利用了卫星轨道平稳时的 Sage 开窗法、抗差滤波和自适应抗差滤波的优点。当卫星状态平稳时,它采用 Sage 自适应滤波法;当卫星动力学模型具有较大噪声时,它增大 Sage 开窗法估计的状态噪声的方差,从而能有效地削弱状态噪声异常对卫星状态的影响;当观测值出现异常时,它采用抗差权函数控制异常观测误差的影响。

参考文献

[1] 许其凤. 空间大地测量学——卫星导航与精密定位[M]. 北京: 解放军出版社, 2001.

[2] 刘林．航天器轨道理论[M]．北京：国防工业出版社，2000.
[3] MONTENBRUCK O, GILL E. Satellite orbits: models, methods and applications [M]. Berlin: Springer, 2000.
[4] 李济生．人造卫星精密轨道确定[M]．北京：解放军出版社，1995.
[5] The Navstar GPS Wing. Navstar GPS space segment / navigation user interfaces(IS-GPS-200) (revision H) [R]. Washington, DC: DAF,2014.
[6] The Navstar GPS Wing. Navstar GPS space segment / user segment L5 interfaces (ICD-GPS-705) (Revision 2) [R]. Washington, DC: DAF, 2005.
[7] The Navstar GPS Wing. Navstar GPS spaces segment / user segment L1C interfaces(IS-GPS-800) [R]. Washington, DC: DAF, 2008.
[8] FLIEGEL H F,GALLINI T E. Global positioning system radiation force model for geodetic applications [J]. Journal of Geophysical Research,1992(B1), 97: 559-568.
[9] BAR-SEVER Y E, RUSS K M. New and improved solar radiation models for GPS satellites based on flight data [R]. California:Jet Propulsion Laboratory California Institute of Technology, 1997.
[10] 周建华，徐波．异构星座精密轨道确定与自主定轨的理论与方法[M]．北京：科学出版社，2015.
[11] 宋小勇．COMPASS导航卫星定轨研究[D]．西安：长安大学，2009.
[12] Global Positioning System Directorate. Navstar GPS space segment/navigation user interfaces(IS-GPS-200)[R]. Washington, DC: DAF,2013.
[13] Global Positioning System Directorate. Navstar GPS space segment/user segment L5 interfaces(IS-GPS-705)[R]. Washington, DC: DAF,2013.
[14] Global Positioning System Directorate. Navstar GPS space segment/user segment L1C interface (IS-GPS-800)[R]. Washington, DC: DAF, 2013.
[15] 谢刚．全球导航卫星系统原理——GPS、格洛纳斯和伽利略系统 [M]．北京：电子工业出版社，2013.
[16] Russian Space Agency. GLONASS interface control document (V5.0) [R]. MOSCOW, 2008.
[17] 中国卫星导航系统管理办公室．北斗卫星导航系统空间信号接口控制文件公开服务信号(2.0版)[R]．北京：中国卫星导航系统管理办公室,2013.
[18] 崔先强，刘青，贾小林．北斗系统简约历书的初步设计分析[J]．导航定位学报，2014，2(2)：40-45.
[19] 秦显平．星载GPS低轨卫星定轨理论及方法研究[D]．郑州：解放军信息工程大学，2009.
[20] TAPLEY B D, BORN G H,SCHUTZ B E. Orbit determination fundamental and application [R]. Austin:Center of Space Research, 1986.
[21] YUNCK T P, WU S C, WU J T, et al. Precise tracking of remote sensing satellites with the global positioning system [J]. IEEE Transactions on Geoscience and Remote Sensing, 1990, 28(1): 108-116.
[22] 杨元喜、何海波、徐天河．论动态自适应滤波[J]．测绘学报,2001，30(4)：293-298.
[23] 胡国荣,欧吉坤．改进的高动态GPS定位自适应卡尔曼滤波方法[J]．测绘学报，1999，28(4)：290-294.

[24] MEHRA R K. On the identification of variances and adaptive Kalman filtering [J]. IEEE Transactions on Automatic Control, 1970(AC-15): 175-184.

[25] JAZWINSKI A H. Stochastic processes and filtering theory, mathematics in science and engineering [M]. New York: Academic Press, 1970.

[26] WU S C, YUNCK T P, THORNTON C L. Reduced-dynamic technique for precise orbit determination of low earth satellites [J]. Journal of Guidance, Control, and Dynamics, 1991, 14(1): 24-30.

[27] WANG J, STEWARD M, TSAKIRI M. Adaptive kalman filtering for integration of GPS with GLONASS and INS: international association of geodesy symposia (IAGSYMPOSIA, volume 121) [R]. Brimingham: Springer, 1999.

[28] YANG Y, HE H, XU G. Adaptively robust filtering for kinematic geodetic positioning [J]. Journal of Geodesy, 2001, 75(2/3): 109-116.

[29] YANG Y, WEN Y. Synthetically adaptive robust filtering for satellite orbit determination [J]. Science in China, Series D, 2004, 47(7): 585-592.

[30] YANG Y. Robust Bayesian estimation [J]. Bulletin Geodesique, 1991(65): 145-150.

[31] 杨元喜. 抗差估计理论及其应用[M]. 北京: 解放军出版社, 1993.

[32] 杨元喜、宋力杰、徐天河. 大地测量相关观测抗差估计理论[J]. 测绘学报, 2002, 31(2): 95-99.

[33] YANG Y. Robust estimation for dependent observations [J]. Manuscripta Geodaetica, 1994(19): 10-17.

[34] YANG Y, SONG L, XU T. Robust estimator for correlated observations based on bifactor equivalent weights [J]. Journal of Geodesy, 2002, 76(7): 353-358.

第6章　导航卫星自主定轨及其空间基准维持方法

6.1　自主定轨综述

全球卫星导航系统(GNSS)具备提供全球性、全天候、不间断的定位、导航与授时(PNT)服务的能力,而其正常、稳定的运行离不开地面运控系统的支持与维护。通常全球系统的正常维护需要在全球范围内合理布设运控站,从另一个角度来讲地面运控系统也成为导航系统的一个薄弱环节。目前,依赖惯性导航或天文导航等方式的卫星自主导航方法还难以满足精度要求,因此,基于星间链路的自主定轨技术被提出并应用于导航系统中。

自主定轨的概念是指在无法获取地面技术支持的情况下,导航系统通过星间链路进行星间测距、通信和星上数据处理,自主完成导航星历的更新,为用户提供高精度的导航、定位与授时服务。星间链路的作用包括:星间测距和测距信息传递,实现自主导航;转发测控信号,实现间接测控;传递时间同步信息、完好性检测信息等,实现星间同步。

基于星间测距的卫星自主定轨本质上是利用星间测距数据进行轨道改进的过程。地面跟踪系统基于L频段星地观测数据进行精密定轨,生成卫星精密轨道、长期预报轨道和钟差改正信息,并上注卫星;卫星基于星间链路完成星间测距;基于分布式系统,每颗卫星通过星载计算机进行滤波解算,完成星间链路对先验轨道的优化和改进,生成星历和钟差信息,并将结果传递给星座。简而言之,基于星间测距的轨道改进过程就是首先地面生成参考星历并上注、星间测距和数据传递、星上卡尔曼滤波及导航参数生成的过程。

BDS以建立"独立自主、开放兼容、技术先进、稳定可靠"的导航系统为目标[1],而基于星间链路的自主定轨技术是实现这一目标的有力保障。在自然灾害、人为失误和战争等特殊情况下,当地面运控站受到破坏无法向导航卫星上注星历和钟差时,星间链路成为维持导航系统正常运行的重要手段[2];在平时,星间链路为地面运控系统定轨提供了新的观测数据,弥补我国地面运控系统监测站分布区域性和稀疏性的缺陷[3],进一步改善星历、钟差和完好性监测精度,为用户提供更精确、更稳定、更可靠的导航、定位、授时等服务;此外,星间链路作为独立观测,也可以作为导航星历和钟差精度评定的外部检核资料[4]。

国内外关于自主定轨的理论研究成果丰富,多集中在理论算法和模拟计算方面,包括引起星间链路定轨秩亏原因及解决方案研究、自主定轨和时间同步算法研究等。目前,BDS已经在部分卫星上搭载了星间链路载荷,星间链路在轨测试正式展开,可以结合实测数据开展更深入的研究。

鉴于自主定轨对于导航系统的积极作用,星间链路建设已经成为提升全球导航系统自主运行能力的重要手段,是未来导航系统的发展趋势。基于自主定轨的理论与算法研究已取得丰富成果,美国的GPS、俄罗斯的GLONASS、欧盟的Galileo系统和中国的BDS均提出了星间链路的建设方案并积极开展星间链路建设[5-9]。

1）GPS星间链路技术

GPS是最早进行星间链路研究和在轨试验的全球导航系统[10],早期的GPS Block ⅡR/Ⅱ-M卫星受技术限制,星间链路采用的是时分多址(TDMA)的特高频(UHF)链路,工作频率为250~290MHz,可以实现星间测距和数据交换。GPS星座构型为24颗卫星,每颗卫星按一定的顺序在1.5s内完成星间的测距和通信,每条链路可以获得两个频点的双向观测量[11]。24颗卫星在36s完成一个轮询,即一个子帧,900s成为一个主帧(25个轮询),主帧内完成星间测距和数据交换,包括播发自身的星间观测值、星历、钟差信息等。

GPS Block ⅡF系列对星间链路功能进行了完善,增加了通用指令传输、遥测、上载数据和校正下行导航信息的差分数据等功能,使得星间链路成为实现导航系统自主运行和辅助导航、定位性能的重要手段。GPS Block ⅡF卫星的星间链路技术是卫星应对故障异常的备份手段,可实现自主运行60天,URE优于3m[12]。

GPSⅢ卫星预期通过星间链路技术实现“链接一颗,链接所有”,并计划以高频的Ka链路替代已经拥堵的UHF链路,工作频率为22.55~23.55GHz,星间链路采用4个指向固定的反射面天线[13-14],可同时建立3~4条星间链路。GPS Ⅲ的星间链路将承担更多的信息传递和通信任务,联合美国国内站,即可实现对导航星座的遥测、跟踪和控制[15]。除Ka频段星间链路外,GPS Ⅲ卫星也将先后实现激光星地、星间链路。

2）GLONASS星间链路技术

GLONASS在其新一代GLONASS-M卫星上搭载了基于时分、频分体制的S频段星间链路载荷,工作频点为2212.5MHz。该星座的星间测距和数据传递是分组实现的,将24颗卫星均分为4组,当一组卫星进行发射时,另外三组进行接收,如此,在40s内每组完成一次发射、接收的测量轮询。每次星间测量持续5min,间隔10min。

GLONASS同样计划在GLONASS-K卫星上增加激光星间链路,主要以同轨面链路为主,这样的设计是考虑到激光链路难以频繁地进行跟踪链路切换。

3）Galileo系统星间链路技术

欧洲航空局的Galileo系统针对星间链路的建设提出了GNSS+和ADVISE两个

方案。GNSS+方案计划采用TDMA体制下的C频段双频伪距测量[16]，工作频段为8.1GHz和10.1GHz，在300s内分别完成三个任务循环的测距和通信任务[17]。在特殊情况下，Galileo系统可开启6个地面站支持星间链路进行自主导航，定轨精度在14天内为米级；在正常情况下，星间链路将支持地面运控系统，联合星间/星地观测量进行卫星定轨和时间同步工作。ADVISE方案采用跳频时分多址体制下的单频载波进行星间测距和通信，以6个L频段地面站支持星间链路定轨，定轨精度优于10cm。Galileo系统还开展了星间光量子链路的论证工作，预期将量子密钥分发、时钟同步、光学测量和高速通信等多项功能集于一体[4]。

4）北斗导航系统星间链路技术

北斗卫星导航系统采用GEO+IGSO+MEO的混合星座构型，可以在不同轨道类型的卫星间形成星间链路，构成多层链路框架。在理想情况下，导航星座可以在任意两颗可见卫星之间构建星间链路，形成GEO-GEO链路、IGSO-IGSO链路、IGSO-MEO链路、GEO-MEO链路和MEO-MEO链路五种链路构型，但考虑技术条件的限制和不同类型链路对自主定轨的贡献，上述链路构型不可能全部实现，比如两颗相邻的高轨卫星间并不构成链路。

2015年起，BDS发射了5颗新一代试验卫星，星上搭载星间链路载荷并开展自主定轨在轨试验。BDS星间测距、通信是基于TDMA体制下的Ka频段链路进行的，每颗卫星按照一定的次序，在3s内完成测距和数据收发工作。此外，试验星与地面Ka频段锚固站建立星地链路辅助星间链路定轨，星地链路的测距、通信体制与星间链路完全一致。Ka频段星间/星地链路均采用双单向观测，通过双向数据求和消除钟差参数，保留卫星状态参数，通过双向数据作差，保留卫星钟差信息，如此达到分离卫星状态矢量和钟差参数的目的，并行开展定轨和时间同步任务。

2020年7月31日，北斗三号全球卫星导航系统正式开通，BDS Ⅲ卫星上均搭载了星间链路载荷。目前，我国基于北斗星间链路数据开展的自主定轨研究已取得一定的成果，证明了星间链路数据的加入对L频段导航卫星定轨精度和时间同步精度的贡献明显[18-19]。

6.2 北斗导航系统星间链路观测模型

6.2.1 双单向测距原理

北斗星间链路采用双单向测距模式，组合构成星间距离观测量和星间钟差观测量，将自主定轨和时间同步并行开展，由此减轻星载计算机的计算压力[20-21]。双单向测距简单来说包括前向和后向两个测距过程。前、后向数据求和，可以消除卫星钟差参数，求解卫星的轨道参数；前、后向数据作差，可以消除卫星轨道参数，求解卫星的钟差参数。如此,可以将卫星的轨道参数和钟差参数进行剥离。

双单向测距原理如图 6.1 所示,其测距过程可简单描述为:前向信号由卫星 A 在 t_1 时刻(钟面时:$T_C^A(t_1)$)发出,并被卫星 B 在 t_2 时刻(钟面时:$T_C^B(t_2)$)接收,该信号对应的伪距观测量为 $\tilde{\rho}_{BA}$,其中包括发射设备通道延迟 τ_{tr}^A、接收设备通道延迟 τ_{rc}^B 和空间延迟 $\tau_{sp}^{AB}(t_1+t_{tr}^A, t_2-t_{rc}^B)$。类似地,后向信号由卫星 B 在时刻 t_3(钟面时:$T_C^B(t_3)$)发出,并被卫星 A 在 t_4 时刻(钟面时:$T_C^A(t_4)$)接收,该信号对应的伪距观测量为 $\tilde{\rho}_{AB}$,其中包括发射设备的延迟 τ_{tr}^B、接收设备通道的延迟 τ_{rc}^A 和空间延迟 $\tau_{sp}^{BA}(t_3+t_{tr}^B, t_4-t_{rc}^A)$。

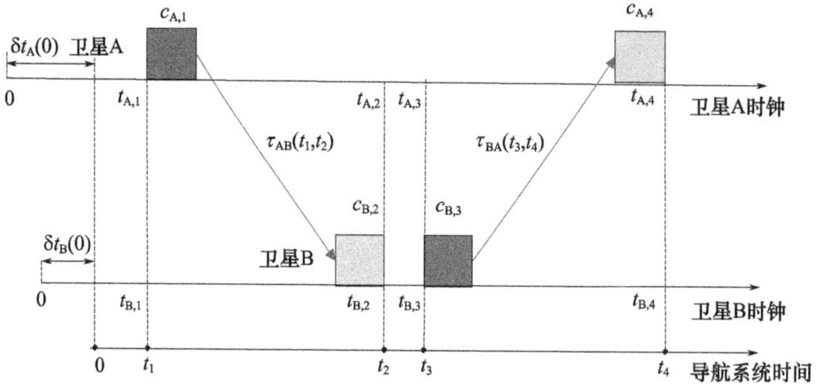

图 6.1 基于 TDMA 的双单向测距原理图[21](见彩图)

北斗导航系统 Ka 频段测距体制下的星间拓扑结构是动态建立的,较 UHF 频段难度更大。星间、星地链路分时段构建,卫星、锚固站间按照一定的顺序建立链路,并在一定的时间间隔内完成双向测距、数据交换等任务。这种星间拓扑建立模式降低了星间/星地观测量个数,限制了定轨的空间几何。

根据上述双单向测量的原理,得到双单向观测方程,表示如下[22]:

$$\tilde{\rho}_{AB} = \tau_{sp}^{AB}(t_3+t_{tr}^B, t_4-t_{tr}^A) + \tau_{rc}^A + \tau_{tr}^B = \\ |R_A(t_4) - R_B(t_3)| + c\cdot(\delta_{clk}^A(t_4) - \delta_{clk}^B(t_3)) + \tau_{rc}^A + \tau_{tr}^B + \delta_{cor}^{AB} \tag{6.1}$$

$$\tilde{\rho}_{BA} = \tau_{sp}^{BA}(t_1+t_{tr}^A, t_2-t_{tr}^B) + \tau_{rc}^B + \tau_{tr}^A = \\ |R_B(t_2) - R_A(t_1)| + c\cdot(\delta_{clk}^B(t_2) - \delta_{clk}^A(t_1)) + \tau_{rc}^B + \tau_{tr}^A + \delta_{cor}^{BA} \tag{6.2}$$

式中:$\tilde{\rho}_{AB}$、$\tilde{\rho}_{BA}$分别为 A、B 两星的星间伪距观测量;R_A,R_B 分别为 A、B 两星在对应时刻的位置;c 为光速;δ_{clk}为卫星在对应时刻的钟差;τ_{rc}、τ_{tr}分别为卫星接收、发射设备的通道时延;δ_{cor}为系统误差修正项,包括天线相位中心修正、相对论效应修正等。通常,将卫星接收和发射通道时延之和作为一个待估参数在自主定轨中进行解算。

6.2.2 双单向数据处理时间归算方法

6.2.2.1 预报星历修正法

将两观测归算至同一时刻[22]：

$$\tilde{\rho}_{AB}+d\rho_{AB}=\left|R_A(t_0)-R_B(t_0)\right|+c\cdot(\delta_{clk}^{A}(t_0)-\delta_{clk}^{B}(t_0))+\tau_{rc}^{A}+\tau_{tr}^{B}+\delta_{cor}^{AB} \tag{6.3}$$

$$\tilde{\rho}_{BA}+d\rho_{BA}=\left|R_B(t_0)-R_A(t_0)\right|+c\cdot(\delta_{clk}^{B}(t_0)-\delta_{clk}^{A}(t_0))+\tau_{rc}^{B}+\tau_{tr}^{A}+\delta_{cor}^{BA} \tag{6.4}$$

式中：c 为光速；

$$\begin{aligned}d\rho_{AB}=&\left|R_A(t_0)-R_B(t_0)\right|-\left|R_A(t_4)-R_B(t_3)\right|+\\&c\cdot(\delta_{clk}^{A}(t_0)-\delta_{clk}^{B}(t_0))-c\cdot(\delta_{clk}^{A}(t_4)-\delta_{clk}^{B}(t_3))\end{aligned} \tag{6.5}$$

$$\begin{aligned}d\rho_{BA}=&\left|R_B(t_0)-R_A(t_0)\right|-\left|R_B(t_2)-R_A(t_1)\right|+\\&c\cdot(\delta_{clk}^{B}(t_0)-\delta_{clk}^{A}(t_0))-c\cdot(\delta_{clk}^{B}(t_2)-\delta_{clk}^{A}(t_1))\end{aligned} \tag{6.6}$$

则双向观测可合并为

$$\begin{aligned}\tilde{\rho}(t_0)=&\frac{1}{2}(\tilde{\rho}_{AB}+d\rho_{AB}+\tilde{\rho}_{BA}+d\rho_{BA})=\\&\left|R_B(t_0)-R_A(t_0)\right|+\frac{1}{2}(\tau_{rc}^{B}+\tau_{tr}^{A}+\tau_{rc}^{A}+\tau_{tr}^{B}+\delta_{cor}^{AB}+\delta_{cor}^{BA})\end{aligned} \tag{6.7}$$

从式(6.7)可以看出，通过对双单向数据的归算，$\tilde{\rho}_{AB}(t_0)$ 等价于 t_0 时刻 A、B 两星同收同发的“虚拟”观测量，且消除了钟差参数。采用这种方式构建观测方程时，需要预先获取卫星的预报星历和钟差以计算 $d\rho_{AB}$、$d\rho_{BA}$。

6.2.2.2 简化的双单向数据处理方法

上面所介绍的双单向数据归算方法需要用预报星历和钟差对观测量进行修正，对于实时自主定轨而言计算略复杂，现介绍一种更为简单的双单向数据处理方法。

式(6.7)的等式两边都涉及 t_0 时刻的 A、B 两星位置，其中等式右边 $d\rho_{AB}$、$d\rho_{BA}$ 中的卫星位置是通过预报星历和预报钟差获得的，而等式右边的卫星位置是定轨过程中通过轨道积分获得的。假设采用同一组轨道计算式(6.7)中与卫星位置相关的量，则该式可等价为

$$\begin{aligned}\tilde{\rho}=&\frac{1}{2}(\tilde{\rho}_{AB}+\tilde{\rho}_{BA})=\\&\frac{1}{2}\begin{pmatrix}\left|R_A(t_4)-R_B(t_3)\right|+\left|R_B(t_2)-R_A(t_1)\right|+\\c\cdot(\delta_{clk}^{A}(t_4)-\delta_{clk}^{B}(t_3))+c\cdot(\delta_{clk}^{B}(t_2)-\delta_{clk}^{A}(t_1))\end{pmatrix}+\\&\frac{1}{2}(\tau_{rc}^{B}+\tau_{tr}^{A}+\tau_{rc}^{A}+\tau_{tr}^{B}+\delta_{cor}^{AB}+\delta_{cor}^{BA})\end{aligned} \tag{6.8}$$

忽略卫星钟速的影响，认为 $\delta_{clk}^{A}(t_4)=\delta_{clk}^{B}(t_3)=\delta_{clk}^{B}(t_2)=\delta_{clk}^{A}(t_1)$，则式(6.8)可进一步近似为

$$\tilde{\rho}=\frac{1}{2}(\tilde{\rho}_{AB}+\tilde{\rho}_{BA})=$$

$$\frac{1}{2}\left(\begin{array}{l}|R_{\mathrm{A}}(t_4)-R_{\mathrm{B}}(t_3)|+|R_{\mathrm{B}}(t_2)-R_{\mathrm{A}}(t_1)|+\\ \tau_{\mathrm{rc}}^{\mathrm{B}}+\tau_{\mathrm{tr}}^{\mathrm{A}}+\tau_{\mathrm{rc}}^{\mathrm{A}}+\tau_{\mathrm{tr}}^{\mathrm{B}}+\delta_{\mathrm{cor}}^{\mathrm{AB}}+\delta_{\mathrm{cor}}^{\mathrm{BA}}\end{array}\right) \tag{6.9}$$

与式(6.7)相比，通过式(6.9)构建观测方程，省去了通过预报星历和钟差计算 $\mathrm{d}\rho_{\mathrm{AB}}$、$\mathrm{d}\rho_{\mathrm{BA}}$ 的步骤，计算更为简便，更适用于实时处理。值得一提的是，在一个测距轮询内，各条链路观测量 $\tilde{\rho}$ 对应的时刻并不一致，在分布式定轨时各星无法传递同一时刻的卫星状态和对应的协方差信息，因此这种数据归算方式在分布式定轨中的应用需要进一步讨论，但对集中式定轨并没有影响。

在应用式(6.9)时应注意，观测文件中观测量所对应的时标并不是标准时，而是信号接收方根据钟面时给出的，包含卫星钟或地面钟的误差。因此，应用式(6.9)进行双单向数据处理时应当考虑卫星钟差的影响量级。

6.2.3 星间测距误差源

6.2.3.1 天线相位中心改正

无论星间观测或星地观测，伪距观测量所对应的均为发射天线相位中心和接收天线相位中心之间的距离，但无论卫星或地面站，提供的均是质心位置，可以通过修正卫星坐标或观测值的方式，实现天线相位中心修正。假设 $\Delta\boldsymbol{r}_{\mathrm{sant}}$ 为星体坐标系中表示的天线相位中心偏差，$\boldsymbol{e}_x$、$\boldsymbol{e}_y$、$\boldsymbol{e}_z$ 为惯性坐标系中表示的星体坐标系三轴的单位矢量，则天线相位中心偏差和卫星天线相位中心(惯性系)可以表示为

$$\Delta\boldsymbol{r}_{\mathrm{sant}}=(\boldsymbol{e}_x \quad \boldsymbol{e}_y \quad \boldsymbol{e}_z) \tag{6.10}$$

$$\boldsymbol{r}_{\mathrm{sant}}=\boldsymbol{r}_{\mathrm{s}}+\Delta\boldsymbol{r}_{\mathrm{sant}} \tag{6.11}$$

式中：$\boldsymbol{r}_{\mathrm{s}}$ 为卫星质心。卫星天线相位中心偏差引起的伪距误差可以表示为

$$\Delta\rho_{\mathrm{sant}}=\frac{(\boldsymbol{r}_{\mathrm{s}}-\boldsymbol{r}_{\mathrm{R}})}{|\boldsymbol{r}_{\mathrm{s}}-\boldsymbol{r}_{\mathrm{R}}|}\Delta\boldsymbol{r}_{\mathrm{sant}} \tag{6.12}$$

式中：$\boldsymbol{r}_{\mathrm{R}}$ 为接收机惯性系位置。

6.2.3.2 电离层延迟

电离层位于地球表面以上 50～1000km，会对穿过其中的电磁波产生延迟影响，L频段导航信号的电离层延迟影响量级可以达到百米级。电离层延迟可以通过多种经验模型进行修正，或组合不同频点的信号形成消电离层组合。星间观测信号的传播路径通常位于地表 1000km 处，而电子密集区域为地表以上 450km，传播路径远离电子密集的区域，因此电离层的影响较小。

双频消电离层组合并不适合受多径效应影响明显的 UHF 和 S 频段星间观测量，Rajan[23] 基于实测的 GPS 星间链路数据处理，提出消除多径的双频消电离层组合，其表达式为

$$\delta_{\mathrm{ion}}=(\rho_{\mathrm{fa}}-\rho_{\mathrm{fb}}-M)\frac{f_{\mathrm{b}}^2}{f_{\mathrm{a}}^2-f_{\mathrm{b}}^2} \tag{6.13}$$

式中：f_a、f_b 分别为星间链路两个频点的频率；ρ_{fa}、ρ_{fb}为对应频点的伪距观测量；M 为多径修正量，可以通过星间链路在本体坐标系下的高度角与方位角为自变量的分段三次多项式函数模型计算。

对于 Ka 频段星间/星地链路观测量而言，电离层延迟的影响量级为 mm 级，而观测量精度为 0.1m，因此可以忽略电离层延迟。

6.2.3.3 对流层延迟

对流层位于地球表面以上 40km 范围的大气层，其对电磁波的延迟影响与频率无关，与信号的高度角相关。对流层影响中干分量部分占对流层延迟影响的 90%，通常可以通过经验模型进行修正，湿分量部分仅占对流层延迟影响的 10%，但难以通过精确建模对其进行修正[24]。在精密定轨定位时，通常采用模型改正结合参数估计的方式修正对流层影响，计算公式为

$$\delta_{\text{trop}} = M_d F_d + M_w (F_w + c_w) \tag{6.14}$$

式中：F_d、F_w 分别为对流层干分量、湿分量在天顶方向的影响；c_w 为湿分量待估参数；M_d、M_w 为对流层映射函数，将接收机天顶方向的干分量及湿分量延迟分别映射到信号的传播路径方向。

对频率小于 30GHz 的无线电波可以采用 Saastamoinen 模型或 Hopfield 模型修正对流层，对频率大于 30GHz 的激光数据可以采用 Marini-Murray 模型修正对流层，这些模型仅适用于地面站位于地表的情况。Saastamoinen 模型的计算公式如下[25]：

$$\delta_{\text{trop}} = \frac{0.002277}{\cos z}\left[p + \left(\frac{1255}{T} + 0.05\right)e - B\tan^2 z\right] + \delta R \tag{6.15}$$

式中：z 为卫星天顶距；p 为大气压；e 为水蒸气压力；T 为温度；B 为与站址高度相关的函数；δR 为与卫星高度和高度角相关的函数（较少考虑）。通常 p、e、T 的先验值可以通过标准大气模型计算。

$$\begin{cases} p = p_r \cdot (1 - 0.0000226(h - h_r))^{5.225} \\ T = T_r - 0.0065(h - h_r) \\ H = H_r \cdot \mathrm{e}^{-0.0006396(h - h_r)} \end{cases} \tag{6.16}$$

式中：p_r、H_r、T_r 为参考高度 h_r 所对应的气压、湿度和温度。

导航卫星的轨道位于对流层之上，大部分星间链路数据并不受对流层延迟影响。当位于地球两侧的两颗导航星建链时，信号可能会通过对流层的高点，此时星间链路观测量会受到对流层延迟影响，但上述模型并不适用于这种情况下的对流层延迟修正。受对流层延迟影响的星间链路数据比例远小于不受影响的数据，大部分文献中对星间链路数据的处理都忽略了对流层延迟的影响。

6.2.3.4 相对论效应

星地链路数据处理中，相对论效应包括电磁波的引力时延和相对论效应引起的卫星钟频率变化。相对论效应引起的卫星钟频率变化指卫星钟相对地面钟空间运动状态的差异而引起的卫星钟频率变化，可通过卫星发射之前的频率修正和导航电文

钟差参数改正共同修正。

伪距误差计算公式为[26]

$$\Delta\rho^{AB} = \frac{2}{c}\boldsymbol{r} \cdot \dot{\boldsymbol{r}} \tag{6.17}$$

式中：$\boldsymbol{r}$、$\dot{\boldsymbol{r}}$ 分别为卫星的位置、速度矢量；c 为光速。

电磁波在引力场的作用下，其速度并不是在平直空间中的传播速度 c，而是恒小于 c 的变量，因此光在引力场中的传播时间与在平直空间传播的时间之差称为引力时延。其计算公式为

$$\Delta D = (1+\gamma)\frac{GM}{c^2}\ln\left(\frac{|\boldsymbol{r}_B(t_1)| + |\boldsymbol{r}_A(t_1-\Delta t_1)| + |\boldsymbol{r}_B(t_1) - \boldsymbol{r}_A(t_1-\Delta t_1)|}{|\boldsymbol{r}_B(t_1)| + |\boldsymbol{r}_A(t_1-\Delta t_1)| - |\boldsymbol{r}_B(t_1) - \boldsymbol{r}_A(t_1-\Delta t_1)|}\right) \tag{6.18}$$

式中：GM 相乘得到地心引力常数；γ 为后牛顿效应参数；$\boldsymbol{r}_B$、$\boldsymbol{r}_A$ 分别为卫星 A、B 的位置。

6.2.3.5 收、发设备通道延迟

通道延迟是信号在接收或发射设备内部传递时所产生的信号附加延迟，其量级大小与设备本身和环境温度等因素相关。众多学者的研究表明，通道延迟参数会以系统误差的形式影响定轨结果。Ka 频段双单向数据定轨中通道延迟参数的意义与 L 频段的码观测量之间的相对差分码偏差（DCB）类似，两者区别在于双单向数据的通道延迟参数是绝对延迟，而 DCB 是某一频率信号相对于基准频率信号的相对延迟。自主定轨中估计设备通道延迟是必要的[27]。从双单向观测方程可以看出，对于某一条链路而言，接收设备延迟和发射设备延迟是无法分离的，需要合并成一个参数进行求解。

6.3 自主定轨秩亏问题

6.3.1 自主定轨秩亏原因分析

假设 Walker 星座中卫星 S_1、S_2 在 T 时刻惯性系下的坐标分别为 $(x_1 \quad y_1 \quad z_1)^T$、$(x_2 \quad y_2 \quad z_2)^T$，对应的轨道根数分别为 $(a_1 \quad e_1 \quad i_1 \quad \Omega_1 \quad \omega_1 \quad f_1)$、$(a_2 \quad e_2 \quad i_2 \quad \Omega_2 \quad \omega_2 \quad f_2)$，假设在 J2000 坐标系下轨道根数与直角坐标系坐标存在转换关系[28]：

$$\begin{bmatrix} x_i \\ y_i \\ z_i \end{bmatrix} = r_i \begin{bmatrix} \cos u_i \cos\Omega_i - \sin u_i \cos i_i \sin\Omega_i \\ \cos u_i \sin\Omega_i + \sin u_i \cos i_i \cos\Omega_i \\ \sin u_i \sin i_i \end{bmatrix} \tag{6.19}$$

式中：$u_i = \omega_i + f_i$；$r_i = \dfrac{a_i(1-e_i^2)}{1+e_i\cos f_i}$。则 S_1、S_2 之间的几何距离 L 可以表示为

$$L = \sqrt{(x_1-x_2)^2 + (y_1-y_2)^2 + (z_1-z_2)^2} \tag{6.20}$$

将式(6.19)带入式(6.20),并考虑 Walker 星座的轨道特点,可以得到

$$
\begin{aligned}
L &= \sqrt{x_1^2+x_2^2+y_1^2+y_2^2+z_1^2+z_2^2-2x_1x_2-2y_1y_2-2z_1z_2} = \\
&\sqrt{r_1^2+r_2^2-2x_1x_2-2y_1y_2-2z_1z_2} = \\
&\sqrt{r_1^2+r_2^2-2r_1r_2\cos\alpha}
\end{aligned} \tag{6.21}
$$

$$
\begin{aligned}
\cos\alpha = {}& \sin u_1\sin u_2\cos i_1\cos i_2\cos(\Omega_1-\Omega_2)+\cos u_1\cos u_2\cos(\Omega_1-\Omega_2)+ \\
& \sin u_1\cos u_2\cos i_1\sin(\Omega_1-\Omega_2)+\cos u_1\sin u_2\cos i_2\sin(\Omega_1-\Omega_2)+ \\
& \sin u_1\sin u_2\sin_1\sin i_2
\end{aligned} \tag{6.22}
$$

从式(6.21)、式(6.22)可以看出,距离观测 L 仅能反映两星间 $\Omega_2-\Omega_1$ 的相对变化,并不能反映 Ω_1 和 Ω_2 自身的变化;当 S_1、S_2 位于同轨道面时,$\Omega_2=\Omega_1$,且 $i_1=i_2$,则式(6.22)可进一步变化为

$$
\begin{aligned}
\cos\alpha &= \sin u_1\sin u_2\cos i_1\cos i_2+\sin u_1\sin u_2\sin_1\sin i_2+\cos u_1\cos u_2 = \\
&\cos(u_1-u_2) = \\
&\cos(f_1-f_2)
\end{aligned} \tag{6.23}
$$

此时,近地点幅角 ω 和轨道倾角 i 在观测量 L 中也无法体现。可见,星间链路数据对轨道定向参数 Ω 是不可测的,同轨面的卫星的星间链路数据对 ω 也是不可测的。因此,仅依靠星间几何距离作为观测量进行卫星轨道测定不可避免地存在法方程秩亏的问题,长期定轨会出现整体的漂移和旋转问题。

6.3.2 自主定轨秩亏问题解决方案

从上述分析可知,仅利用星间链路定轨不可避免地存在法方程秩亏问题,也就是说,导航星座并没有任何与地球固连的时空基准信息,很难消除或抑制星座的整体平移和整体旋转,致使星座难以长时间自主运行[5,23]。因此,基于星间链路的导航卫星自主定轨的核心是卫星星座的空间基准维持和时间基准维持。

自主定轨的空间基准维持是指,在没有星地跟踪的情况下,卫星星座原有的空间基准保持不变,或只有微小的随机变化(高频变化),即卫星星座中各卫星所对应的坐标仍然对应于定义的坐标系统。空间基准维持的核心是控制整体星座坐标系统的平移、旋转和尺度变化。

现有实现卫星星座基准维持的常见方法有两种:一是在星上增加 X 射线脉冲星探测器或星敏感器以辅助星间链路定轨[29],但这两项技术距离真正的工程应用还有一段距离;二是增加锚固站,建立卫星与地面间的观测,协助处理导航卫星定轨的计算和管理工作。锚固站是目前较为可行的维持自主定轨空间基准的方法。

以上两种方法在维持自主定轨的空间基准时,都需要在星间观测网的基础上融合其他类型的观测数据。不同观测结构以及不同数据处理准则确定的卫星星座基准将会发生变化,即不同卫星观测类型以及不同的卫星轨道计算方法都可能对应不同的空间基准。于是,详细分析各类观测组合及各类轨道参数估计准则所对应的卫星

轨道基准具有理论和实践意义。

6.4 基于星地观测的卫星星座基准维持

设卫星在 t_k 时刻的运动状态矢量为[30]

$$\boldsymbol{X}_{\mathrm{s}}(t_k)=[\boldsymbol{R}^{\mathrm{T}}\quad \dot{\boldsymbol{R}}^{\mathrm{T}}\quad \boldsymbol{\alpha}^{\mathrm{T}}]^{\mathrm{T}} \tag{6.24}$$

式中：$\boldsymbol{X}_{\mathrm{s}}$ 为卫星的 n 维状态矢量；$\boldsymbol{R}$、$\dot{\boldsymbol{R}}$ 分别为卫星在惯性坐标系中的位置和速度矢量；$\boldsymbol{\alpha}$ 为力学模型参数矢量，且满足 $\dot{\boldsymbol{\alpha}}=0$。

已知 t_k 时刻卫星的参考运动状态矢量 $\boldsymbol{X}_{\mathrm{s}}^*(t_k)$，令 $\boldsymbol{x}_{\mathrm{s}}(t_k)$ 为参考运动状态的改正数矢量，即

$$\boldsymbol{x}_{\mathrm{s}}(t_k)=\boldsymbol{X}_{\mathrm{s}}(t_k)-\boldsymbol{X}_{\mathrm{s}}^*(t_k) \tag{6.25}$$

对卫星的运动方程进行积分，则得卫星的运动状态方程[31-32]

$$\boldsymbol{X}_{\mathrm{s}}(t_k)=\boldsymbol{\phi}(t_k,t_0)\boldsymbol{X}_{\mathrm{s}}(t_0) \tag{6.26}$$

式中：$\boldsymbol{X}_{\mathrm{s}}(t_0)$ 为卫星在 t_0 时刻的状态；$\boldsymbol{\phi}(t_k,t_0)$ 为状态转移矩阵。实际上卫星状态从 $\boldsymbol{X}_{\mathrm{s}}(t_0)$ 到 $\boldsymbol{X}_{\mathrm{s}}(t_k)$ 的转换必然存在模型误差，于是式(6.25)可进一步写成

$$\boldsymbol{X}_{\mathrm{s}}(t_k)=\boldsymbol{\phi}(t_k,t_0)\boldsymbol{X}_{\mathrm{s}}(t_0)+\boldsymbol{W}_k \tag{6.27}$$

式中：$\boldsymbol{W}_k$ 为模型误差矢量，相应的协方差矩阵为 $\boldsymbol{\Sigma}_{\boldsymbol{W}_k}$。

设卫星 i 与地面站 j 在 t_k 时刻的伪距观测量为 ρ_i，经各类误差改正后表示为 L_i，地面跟踪站坐标 $\boldsymbol{X}_{\mathrm{t}}$，一般观测量是卫星运动状态的非线性函数，用下式表示：

$$L_i=\boldsymbol{G}_i(\boldsymbol{X}_{\mathrm{t}},\boldsymbol{X}_{\mathrm{s}},t_k)+e_i \tag{6.28}$$

式中：e_i 为观测量 L_i 的误差，且满足 $E(e_i)=0$，$E(e_i^2)=\sigma_i^2$。如果将地面跟踪站坐标矢量 $\boldsymbol{X}_{\mathrm{t}}$ 固定，则线性化后的误差方程为

$$v_i=\tilde{\boldsymbol{A}}_{\mathrm{s}i}\hat{\boldsymbol{x}}_{\mathrm{s}}(t_k)-l_i \tag{6.29}$$

式中

$$\tilde{\boldsymbol{A}}_{\mathrm{s}i}=\partial \boldsymbol{G}_i/\partial X_{\mathrm{s}}\big|_{X_{\mathrm{t}},X_{\mathrm{s}}^*} \tag{6.30}$$

$$l_i=L_i-\boldsymbol{G}_i(X_{\mathrm{t}},X_{\mathrm{s}}^*,t_k) \tag{6.31}$$

且对于距离观测满足

$$\tilde{\boldsymbol{A}}_{\mathrm{s}i}=-\frac{1}{\rho_{0i}}[\Delta x_i\quad \Delta y_i\quad \Delta z_i] \tag{6.32}$$

式中

$$\Delta x_i=(x_{\mathrm{t}j}-x_{\mathrm{s}i}^*),\Delta y_i=(y_{\mathrm{t}j}-y_{\mathrm{s}i}^*),\Delta z_i=(z_{\mathrm{t}j}-z_{\mathrm{s}i}^*)$$

$$\rho_{0i}=(\Delta x_i^2+\Delta y_i^2+\Delta z_i^2)^{1/2}$$

式(6.29)只能求解卫星各个观测时刻的状态矢量改正量 $\boldsymbol{x}_{\mathrm{s}}(t)$，而卫星轨道确定一般采用批处理方法[30]，即确定某一历元时刻的状态矢量改正量 $\boldsymbol{x}_{\mathrm{s}}(t_0)$，简写为

$\boldsymbol{x}_{s0}$。将式(6.26)代入式(6.29)得

$$v_i = \boldsymbol{A}_{si}\hat{\boldsymbol{x}}_{s0} - l_i \tag{6.33}$$

式中：$\boldsymbol{A}_{si} = \tilde{\boldsymbol{A}}_{si}\boldsymbol{\phi}(t_k, t_0)$。设 t_k 观测时刻的观测矢量为 $\boldsymbol{L}_k = [L_1, L_2, \cdots, L_m]^{\mathrm{T}}$，自由项为 $\boldsymbol{l}_k = [l_1, l_2, \cdots, l_m]^{\mathrm{T}}$，相应协方差矩阵为 $\boldsymbol{\Sigma}_{l_k}$，残差矢量为 $\boldsymbol{V}_k = [v_1, v_2, \cdots, v_m]^{\mathrm{T}}$，星地间的观测方程系数矩阵为 $\boldsymbol{A}_{sk} = [\boldsymbol{A}_1^{\mathrm{T}}, \boldsymbol{A}_2^{\mathrm{T}}, \cdots, \boldsymbol{A}_m^{\mathrm{T}}]^{\mathrm{T}}$，则式(6.33)可以写为

$$\boldsymbol{V}_k = \boldsymbol{A}_{sk}\hat{\boldsymbol{x}}_{s0} - \boldsymbol{l}_k \tag{6.34}$$

假设各观测互不相关，各观测量 L_i 的先验权为 $p_i = \sigma_0^2/\sigma_i^2$，先验权矩阵为 $\boldsymbol{P}_k = \mathrm{diag}[p_1, p_2, \cdots, p_m]$，式中 σ_0^2 为方差因子。基于上述误差方程，利用带有误差的观测数据 $\boldsymbol{L}_k$ 和不精确的初始状态 $\boldsymbol{X}_{s0}^*$，基于特定准则(如最小二乘准则)，可以求出状态矢量改正量的“最佳”估值 $\hat{\boldsymbol{x}}_{s0}$。式(6.34)的最小二乘解为

$$\hat{\boldsymbol{x}}_{s0} = (\boldsymbol{A}_{sk}^{\mathrm{T}}\boldsymbol{P}_k\boldsymbol{A}_{sk})^{-1}\boldsymbol{A}_{sk}^{\mathrm{T}}\boldsymbol{P}_k\boldsymbol{l}_k \tag{6.35}$$

通过式(6.25)和式(6.26)，即可得到任一时刻的卫星状态矢量

$$\hat{\boldsymbol{X}}_s(t_k) = \boldsymbol{\phi}(t_k, t_0)(\hat{\boldsymbol{x}}_{s0} + \boldsymbol{X}_{s0}^*) \tag{6.36}$$

式(6.35)和式(6.36)给出了一种统计意义下的“最佳”轨道[30,33]。

如果观测有误差 $\Delta\boldsymbol{l}_t$，则对卫星轨道参数的影响为

$$\Delta\hat{\boldsymbol{x}}_s(\Delta\boldsymbol{l}_t) = (\boldsymbol{A}_{st}^{\mathrm{T}}\boldsymbol{P}_t\boldsymbol{A}_{st})^{-1}\boldsymbol{A}_{st}^{\mathrm{T}}\boldsymbol{P}_t\Delta\boldsymbol{l}_t \tag{6.37}$$

式中

$$\Delta l_t = L_i - \boldsymbol{G}_i(\boldsymbol{X}_t, \boldsymbol{X}_s^*, t_i) \approx L_i - \boldsymbol{A}_{ti}\boldsymbol{X}_t - \boldsymbol{A}_{sti}\boldsymbol{X}_s^* \tag{6.38}$$

$$\boldsymbol{A}_{ti} = \partial\boldsymbol{G}_i/\partial\boldsymbol{X}_t\big|_{X_t, X_s^*} \tag{6.39}$$

$$\boldsymbol{A}_{sti} = \{\partial\boldsymbol{G}_i/\partial\boldsymbol{X}_s\big|_{X_t, X_s^*}\}\boldsymbol{\phi}(t, t_0) \tag{6.40}$$

式(6.37)表明，卫星轨道及其坐标基准仅受星地观测误差的影响，而且这种影响具有随机性和抵偿性。

固定地面跟踪站坐标进行的卫星定轨，所确定的卫星轨道基准可称为“强基准”，即认为测定的卫星轨道及其星座的空间基准与地面跟踪站网的基准一致，如此确定的卫星星座基准不存在平移、旋转或缩放。但这种“强基准”的弱点是，地面跟踪站坐标的所有误差都将无条件地带入卫星轨道参数估计结果中。

为了分析地面跟踪站坐标的误差影响，可将误差方程式(6.33)表示成

$$\boldsymbol{v}_t = \boldsymbol{A}_t\hat{\boldsymbol{x}}_t + \boldsymbol{A}_{st}\hat{\boldsymbol{x}}_s - \boldsymbol{l}_t \tag{6.41}$$

若认为地面跟踪站坐标 $\boldsymbol{X}_t$ 没有误差，将其作为常数矢量看待，于是 $\hat{\boldsymbol{x}}_t = 0$，即误差方程式(6.41)变成式(6.34)。实际上，$\boldsymbol{X}_t$ 不可避免也存在误差 $\Delta\boldsymbol{X}_t$，由此而带来的轨道误差影响为

$$\Delta\hat{\boldsymbol{x}}_s(\Delta\boldsymbol{X}_t) = -(\boldsymbol{A}_{st}^{\mathrm{T}}\boldsymbol{P}_t\boldsymbol{A}_{st})^{-1}\boldsymbol{A}_{st}^{\mathrm{T}}\boldsymbol{P}_t\boldsymbol{A}_t\Delta\boldsymbol{X}_t \tag{6.42}$$

6.5 基于星地观测与星间观测组合的卫星星座基准维持

如果组合星地观测网与星间观测网数据,并进行统一处理,则选择不同的定轨计算方式将得到不同的卫星星座基准。

6.5.1 地面站坐标固定的组合定轨

首先假设星地观测矢量为 $\boldsymbol{L}_{\mathrm{t}}$,卫星 i、j 之间的伪距观测为 $\rho^{i,j}$,相应的观测矢量为 $\boldsymbol{L}_{\mathrm{s}}$。如果将所有地面跟踪站坐标 $\boldsymbol{X}_{\mathrm{t}}$ 固定,则观测误差方程表示为

$$\begin{cases}\boldsymbol{V}_{\mathrm{t}}=\boldsymbol{A}_{\mathrm{t}}\delta\hat{\boldsymbol{X}}_{\mathrm{s}}-\boldsymbol{l}_{\mathrm{t}}\\ \boldsymbol{V}_{\mathrm{s}}=\boldsymbol{B}_{\mathrm{s}}\delta\hat{\boldsymbol{X}}_{\mathrm{s}}-\boldsymbol{l}_{\mathrm{s}}\end{cases}\tag{6.43}$$

该误差方程与式(6.34)相同,其中 $\boldsymbol{l}_{\mathrm{t}}$ 的分量由式(6.31)计算;$\boldsymbol{V}_{\mathrm{s}}$ 为 $\boldsymbol{L}_{\mathrm{s}}$ 的残差矢量,$\boldsymbol{B}_{\mathrm{s}}$ 为设计矩阵,$\boldsymbol{l}_{\mathrm{s}}$ 为自由项,且

$$\boldsymbol{l}_{\mathrm{s}}=\boldsymbol{l}_{\mathrm{s}}(t_k)=\boldsymbol{B}_{\mathrm{s}}\boldsymbol{X}_{\mathrm{s}}^{*}(t_k)-\boldsymbol{L}_{\mathrm{s}}\tag{6.44}$$

目标函数为

$$\boldsymbol{V}_{\mathrm{t}}^{\mathrm{T}}\boldsymbol{P}_{\mathrm{t}}\boldsymbol{V}_{\mathrm{t}}+\boldsymbol{V}_{\mathrm{s}}^{\mathrm{T}}\boldsymbol{P}_{\mathrm{s}}\boldsymbol{V}_{\mathrm{s}}=\min\tag{6.45}$$

式中:$\boldsymbol{P}_{\mathrm{s}}$ 为星间观测矢量 $\boldsymbol{L}_{\mathrm{s}}$ 的权矩阵。参数解矢量为

$$\delta\hat{\boldsymbol{X}}_{\mathrm{s}}=(\boldsymbol{A}_{\mathrm{t}}^{\mathrm{T}}\boldsymbol{P}_{\mathrm{t}}\boldsymbol{A}_{\mathrm{t}}+\boldsymbol{B}_{\mathrm{s}}^{\mathrm{T}}\boldsymbol{P}_{\mathrm{s}}\boldsymbol{B}_{\mathrm{s}})^{-1}(\boldsymbol{A}_{\mathrm{t}}^{\mathrm{T}}\boldsymbol{P}_{\mathrm{t}}\boldsymbol{l}_{\mathrm{t}}+\boldsymbol{B}_{\mathrm{s}}^{\mathrm{T}}\boldsymbol{P}_{\mathrm{s}}\boldsymbol{l}_{\mathrm{s}})\tag{6.46}$$

该方法确定的卫星星座基准仍然是"强基准",因为地面跟踪站坐标没有得到任何改正,而星间观测只增加了卫星之间的几何联系和卫星星座基准的整体性,没有增加对地面跟踪站坐标的贡献。

6.5.2 地面站坐标弱约束的组合定轨

如果将地面跟踪站坐标进行弱约束,即将地面跟踪网点的所有坐标 $\boldsymbol{X}_{\mathrm{t}}$ 及其相应的协方差矩阵作为先验信息与卫星轨道参数 $\boldsymbol{X}_{\mathrm{s}}$ 整体求解,显然地面跟踪站坐标不再固定,通过星地观测和星间观测,不仅卫星轨道参数的精度得到改善,地面跟踪站的精度也可望获得提高,而且地面跟踪站坐标的误差不会强制转移到卫星轨道参数中。

设观测误差方程为

$$\begin{cases}\boldsymbol{V}_{\mathrm{t}}=\boldsymbol{A}_{\mathrm{t}}\delta\hat{\boldsymbol{X}}_{\mathrm{t}}+\boldsymbol{A}_{\mathrm{s}}\delta\hat{\boldsymbol{X}}_{\mathrm{s}}-\boldsymbol{l}_{\mathrm{t}}\\ \boldsymbol{V}_{\mathrm{s}}=\boldsymbol{B}_{\mathrm{s}}\delta\hat{\boldsymbol{X}}_{\mathrm{s}}-\boldsymbol{l}_{\mathrm{s}}\end{cases}\tag{6.47}$$

式中:$\delta\hat{\boldsymbol{X}}_{\mathrm{t}}$ 为跟踪站坐标近似值的改正数;$\boldsymbol{V}_{\mathrm{t}}$ 和 $\boldsymbol{V}_{\mathrm{s}}$ 为星地观测 $\boldsymbol{L}_{\mathrm{t}}$ 和星间观测量 $\boldsymbol{L}_{\mathrm{s}}$ 的残差矢量;$\boldsymbol{A}_{\mathrm{t}}$ 为地面跟踪站坐标矢量的系数矩阵;$\boldsymbol{l}_{\mathrm{t}}$ 和 $\boldsymbol{l}_{\mathrm{s}}$ 分别为自由项("观测"减"计算"),且

$$\begin{cases} \boldsymbol{l}_{\mathrm{t}} = \boldsymbol{A}_{\mathrm{t}}\overline{\boldsymbol{X}}_{\mathrm{t}} + \boldsymbol{A}_{\mathrm{s}}\boldsymbol{X}_{\mathrm{s}}^{*} - \boldsymbol{L}_{\mathrm{t}} \\ \boldsymbol{l}_{\mathrm{s}} = \boldsymbol{B}_{\mathrm{s}}\boldsymbol{X}_{\mathrm{s}}^{*} - \boldsymbol{L}_{\mathrm{s}} \end{cases} \tag{6.48}$$

相应的最小二乘估计准则为

$$\boldsymbol{V}_{\mathrm{t}}^{\mathrm{T}}\boldsymbol{P}_{\mathrm{t}}\boldsymbol{V}_{\mathrm{t}} + \boldsymbol{V}_{\mathrm{s}}^{\mathrm{T}}\boldsymbol{P}_{\mathrm{s}}\boldsymbol{V}_{\mathrm{s}} + \delta\hat{\boldsymbol{X}}_{\mathrm{t}}^{\mathrm{T}}\boldsymbol{\Sigma}_{\overline{X}_{\mathrm{t}}}^{-1}\delta\hat{\boldsymbol{X}}_{\mathrm{t}} = \min \tag{6.49}$$

式中：$\overline{\boldsymbol{X}}_{\mathrm{t}}$ 和 $\boldsymbol{\Sigma}_{\overline{X}_{\mathrm{t}}}$ 分别为跟踪站坐标 $\boldsymbol{X}_{\mathrm{t}}$ 的先验参数矢量和协方差矩阵。相应的参数解为

$$\begin{bmatrix} \delta\hat{\boldsymbol{X}}_{\mathrm{t}} \\ \delta\hat{\boldsymbol{X}}_{\mathrm{s}} \end{bmatrix} = \begin{bmatrix} \boldsymbol{A}_{\mathrm{t}}^{\mathrm{T}}\boldsymbol{P}_{\mathrm{t}}\boldsymbol{A}_{\mathrm{t}} + \boldsymbol{\Sigma}_{\overline{X}_{\mathrm{t}}}^{-1} & \boldsymbol{A}_{\mathrm{t}}^{\mathrm{T}}\boldsymbol{P}_{\mathrm{t}}\boldsymbol{A}_{\mathrm{s}} \\ \boldsymbol{A}_{\mathrm{s}}^{\mathrm{T}}\boldsymbol{P}_{\mathrm{t}}\boldsymbol{A}_{\mathrm{t}} & \boldsymbol{A}_{\mathrm{s}}^{\mathrm{T}}\boldsymbol{P}_{\mathrm{t}}\boldsymbol{A}_{\mathrm{s}} + \boldsymbol{B}_{\mathrm{s}}^{\mathrm{T}}\boldsymbol{P}_{\mathrm{s}}\boldsymbol{B}_{\mathrm{s}} \end{bmatrix}^{-1} \begin{bmatrix} \boldsymbol{A}_{\mathrm{t}}^{\mathrm{T}}\boldsymbol{P}_{\mathrm{t}}\boldsymbol{l}_{\mathrm{t}} \\ \boldsymbol{A}_{\mathrm{t}}^{\mathrm{T}}\boldsymbol{P}_{\mathrm{t}}\boldsymbol{l}_{\mathrm{t}} + \boldsymbol{B}_{\mathrm{s}}^{\mathrm{T}}\boldsymbol{P}_{\mathrm{s}}\boldsymbol{l}_{\mathrm{s}} \end{bmatrix} \tag{6.50}$$

顾及地面站点坐标先验信息的轨道测定，相应的卫星轨道基准对应于地基跟踪站的坐标基准，如此确定的基准不存在任何基准秩亏，基准意义明确。

6.5.3 地面站坐标和卫星先验轨道双弱约束的组合定轨

如果将地面跟踪站坐标 $\boldsymbol{X}_{\mathrm{t}}$ 和卫星轨道先验参数 $\boldsymbol{X}_{\mathrm{s}}$ 均作弱约束，即考虑 $\overline{\boldsymbol{X}}_{\mathrm{t}}$、$\boldsymbol{\Sigma}_{\overline{X}_{\mathrm{t}}}$ 和 $\overline{\boldsymbol{X}}_{\mathrm{s}}$、$\boldsymbol{\Sigma}_{\overline{X}_{\mathrm{s}}}$，则轨道测定目标函数为

$$\boldsymbol{V}_{\mathrm{t}}^{\mathrm{T}}\boldsymbol{P}_{\mathrm{t}}\boldsymbol{V}_{\mathrm{t}} + \boldsymbol{V}_{\mathrm{s}}^{\mathrm{T}}\boldsymbol{P}_{\mathrm{s}}\boldsymbol{V}_{\mathrm{s}} + \delta\hat{\boldsymbol{X}}_{\mathrm{t}}^{\mathrm{T}}\boldsymbol{\Sigma}_{\overline{X}_{\mathrm{t}}}^{-1}\delta\hat{\boldsymbol{X}}_{\mathrm{t}} + \delta\hat{\boldsymbol{X}}_{\mathrm{s}}^{\mathrm{T}}\boldsymbol{\Sigma}_{\overline{X}_{\mathrm{s}}}^{-1}\delta\hat{\boldsymbol{X}}_{\mathrm{s}} = \min \tag{6.51}$$

轨道参数解为

$$\begin{bmatrix} \delta\hat{\boldsymbol{X}}_{\mathrm{t}} \\ \delta\hat{\boldsymbol{X}}_{\mathrm{s}} \end{bmatrix} = \begin{bmatrix} \boldsymbol{A}_{\mathrm{t}}^{\mathrm{T}}\boldsymbol{P}_{\mathrm{t}}\boldsymbol{A}_{\mathrm{t}} + \boldsymbol{\Sigma}_{\overline{X}_{\mathrm{t}}}^{-1} & \boldsymbol{A}_{\mathrm{t}}^{\mathrm{T}}\boldsymbol{P}_{\mathrm{t}}\boldsymbol{A}_{\mathrm{s}} \\ \boldsymbol{A}_{\mathrm{s}}^{\mathrm{T}}\boldsymbol{P}_{\mathrm{t}}\boldsymbol{A}_{\mathrm{t}} & \boldsymbol{A}_{\mathrm{s}}^{\mathrm{T}}\boldsymbol{P}_{\mathrm{t}}\boldsymbol{A}_{\mathrm{s}} + \boldsymbol{B}_{\mathrm{s}}^{\mathrm{T}}\boldsymbol{P}_{\mathrm{s}}\boldsymbol{B}_{\mathrm{s}} + \boldsymbol{\Sigma}_{\overline{X}_{\mathrm{s}}}^{-1} \end{bmatrix}^{-1} \begin{bmatrix} \boldsymbol{A}_{\mathrm{t}}^{\mathrm{T}}\boldsymbol{P}_{\mathrm{t}}\boldsymbol{l}_{\mathrm{t}} \\ \boldsymbol{A}_{\mathrm{t}}^{\mathrm{T}}\boldsymbol{P}_{\mathrm{t}}\boldsymbol{l}_{\mathrm{t}} + \boldsymbol{B}_{\mathrm{s}}^{\mathrm{T}}\boldsymbol{P}_{\mathrm{s}}\boldsymbol{l}_{\mathrm{s}} \end{bmatrix} \tag{6.52}$$

依据地面跟踪站 3 坐标弱约束和卫星轨道参数弱约束，其卫星轨道的坐标基准仍然是地面基准的延伸，但由于加入了卫星轨道参数的先验约束，即卫星先验动力学信息参与了卫星轨道基准的确定，于是相应的轨道基准比原有地面基准略有弱化。

6.5.4 地面站坐标强约束、卫星轨道先验弱约束的组合定轨

如果将地面跟踪站坐标作强约束，而由卫星运动学方程积分而得到的卫星轨道参数作弱约束，即地面跟踪站坐标在卫星轨道确定过程中不得改正数，而卫星轨道参数则由两类观测（星地观测和星间观测）及卫星力学模型确定的轨道参数先验信息决定。此时的观测误差方程为

$$\begin{aligned} \boldsymbol{V}_{\mathrm{t}} &= \boldsymbol{A}_{\mathrm{s}}\delta\hat{\boldsymbol{X}}_{\mathrm{s}} - \boldsymbol{l}_{\mathrm{t}} \\ \boldsymbol{V}_{\mathrm{s}} &= \boldsymbol{B}_{\mathrm{s}}\delta\hat{\boldsymbol{X}}_{\mathrm{s}} - \boldsymbol{l}_{\mathrm{s}} \end{aligned} \tag{6.53}$$

相应的目标函数为

$$\boldsymbol{V}_{\mathrm{t}}^{\mathrm{T}}\boldsymbol{P}_{\mathrm{t}}\boldsymbol{V}_{\mathrm{t}} + \boldsymbol{V}_{\mathrm{s}}^{\mathrm{T}}\boldsymbol{P}_{\mathrm{s}}\boldsymbol{V}_{\mathrm{s}} + \delta\hat{\boldsymbol{X}}_{\mathrm{s}}^{\mathrm{T}}\boldsymbol{\Sigma}_{\overline{X}_{\mathrm{s}}}^{-1}\delta\hat{\boldsymbol{X}}_{\mathrm{s}} = \min \tag{6.54}$$

轨道参数解为

$$\delta\hat{\boldsymbol{X}}_{\mathrm{s}}=(\boldsymbol{A}_{\mathrm{s}}^{\mathrm{T}}\boldsymbol{P}_{\mathrm{t}}\boldsymbol{A}_{\mathrm{s}}+\boldsymbol{B}_{\mathrm{s}}^{\mathrm{T}}\boldsymbol{P}_{\mathrm{s}}\boldsymbol{B}_{\mathrm{s}}+\boldsymbol{\Sigma}_{\bar{X}_{\mathrm{s}}}^{-1})^{-1}(\boldsymbol{A}_{\mathrm{t}}^{\mathrm{T}}\boldsymbol{P}_{\mathrm{t}}\boldsymbol{l}_{\mathrm{t}}+\boldsymbol{B}_{\mathrm{s}}^{\mathrm{T}}\boldsymbol{P}_{\mathrm{s}}\boldsymbol{l}_{\mathrm{s}}) \tag{6.55}$$

将卫星轨道先验信息作为重要支撑信息参与基准调整，可以增强卫星星座的整体几何结构，即卫星轨道先验信息、星地观测信息和星间观测信息共同参与卫星轨道基准维持，这样的卫星基准将受到卫星运动方程提供的动力学信息和卫星间观测信息的约束，于是卫星基准是在强约束基准的基础上的进一步加强。

6.5.5 定轨算法分析

本节算例进行强基准支持下的星间/星地链路自主定轨，即星间/星地链路组合观测条件下固定地面站坐标的定轨方式。观测信息来源于北斗试验卫星 Ka 频段星间/星地链路测距值，其中参与建链的卫星为 I2S、M1S 和 M2S，与一个 Ka 频段锚固站，构成星间链路 3 条，星地链路 3 条，数据总长度为 8d(天)。各条链路的可视性如图 6.2 所示。

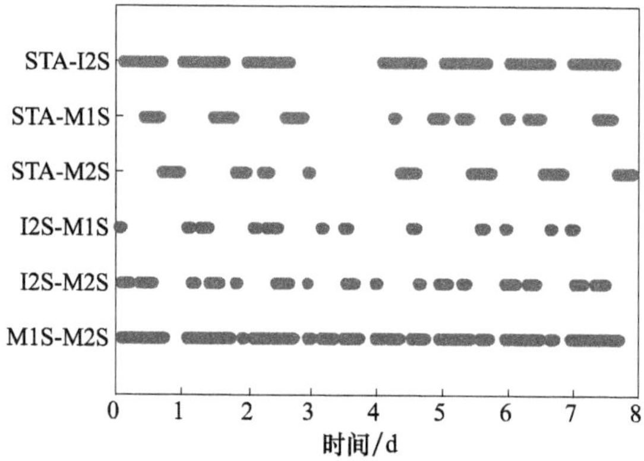

图 6.2 星间/星地链路可视性(见彩图)

从图 6.2 可以看出，星间/星地链路的空间几何较差，主要原因有两点：一是目前参与建链的卫星个数较少，星座构型较差；二是 BDS 星间链路采用 TDMA 体制，星间链路的拓扑结构是动态建立的，这从本质上决定星间链路数据量不可能像 L 频段数据一样丰富。在此星座构型下，每个历元仅能获得 1～2 个观测量，且若干弧段出现观测空白的情况。参与建链的两颗 MEO 位于同一轨道面，相对位置较为稳定，建立观测的弧段较长，因此同轨面链路的观测量更为丰富，连续性更好。而 IGSO 与两颗 MEO 卫星的相对位置则在不断变化，当地球对两星的视线存在遮挡时，无法形成星间观测，因此异轨面链路的数据量较少，且各可视弧段的长度较短。对于星地链路而言，地面锚固站对 IGSO 卫星的可视性较好，跟踪弧段远比两颗 MEO 卫星要长。总体来说，北斗 Ka 频段星间/星地链路数据呈现稀疏分布，观测数据并不能完整覆盖整个定轨弧段，部分区域会出现观测空白，这对定轨解算是较为不利的，尤其是逐历元处理的滤波定轨。

根据定轨的时效性要求，本算例分别采用批处理算法和扩展卡尔曼滤波器(EKF)算法开展自主定轨实验，分析自主定轨事后和实时精密定轨精度。

6.5.5.1 批处理定轨结果分析

基于批处理的定轨弧长为3d，滑动窗口1d，定轨中所采用的动力学模型和观测误差修正模型如表6.1所列，待估参数包括每颗卫星的初始位置、速度，BERN光压模型参数(5个)和卫星、锚固站的通道延迟参数。

将各弧段的定轨结果进行重叠弧段比较(3d重叠2d)，定轨精度见表6.2。以L频段精密定轨结果作为参考轨道与Ka频段轨道进行比较，统计结果见表6.2(L频段精密轨道重叠弧段径向误差为0.2～0.5m，切向为1～2m，法向为1m)。各弧段解算得到的通道延迟参数的稳定性见图6.3，观测残差见图6.4。

表6.1 批处理定轨策略

数据长度	8d
定轨弧长	3d
动力学模型	二体运动，地球非球形引力，三体引力，太阳光压，潮汐
光压模型	光压5参数，包括D、Y、B方向的常数项和B方向的周期项
系统误差	星间观测：天线相位中心。 星地观测：天线相位中心，相对论效应，对流层改正
对流层延迟	仅采用Saastamoinen模型修正对流层延迟干分量部分
天线相位中心	仅修正相位中心偏差(PCO)项
待估参数	初始时刻的卫星位置、速度，光压5参数和通道延迟参数
数据质量控制	不大于3sigma

表6.2 Ka频段星间/星地链路批处理定轨精度　　单位：m

精度评定	卫星号	R方向	T方向	N方向	三维位置
Ka频段轨道与L频段轨道互差(RMS)	I2S	0.676	2.305	1.799	3.001
	M1S	0.358	1.128	1.659	2.037
	M2S	0.341	1.263	1.697	2.143
重叠弧段(RMS)	I2S	0.096	0.780	0.640	0.982
	M1S	0.094	0.413	0.401	0.608
	M2S	0.103	0.259	0.473	0.689

分析上述定轨结果，可以得出以下几点结论：

(1) 星间/星地链路定轨重叠弧段精度在径向约为0.1m，三维方向优于1m。与L频段轨道相比，I2S卫星轨道径向互差约为0.7m，T、N方向互差在1.5～2.5m，三维位置互差小于3m；M1S、M2S卫星轨道径向互差小于0.5m，三维位置互差约为2m。总体来看，IGSO卫星的定轨精度较两颗MEO卫星定轨精度略差。

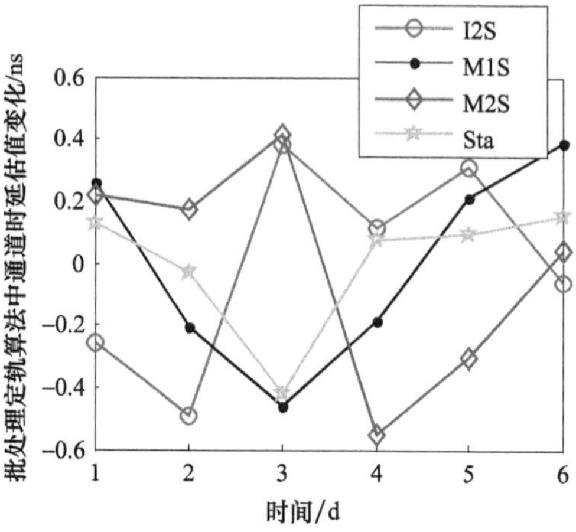

图 6.3 通道延迟参数的稳定性(见彩图)

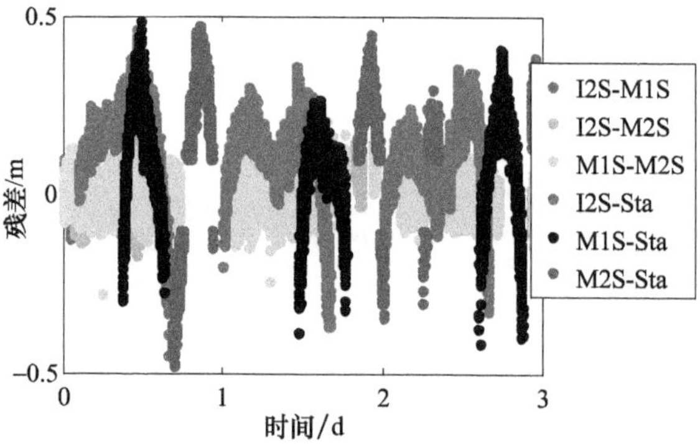

图 6.4 星间/星地链路观测残差(见彩图)

(2) 根据已有文献给出的全球监测网下的 BDS 精密定轨精度,IGSO 卫星和 MEO 卫星在径向重叠弧段精度优于 5cm,沿迹方向和法向的重叠弧段精度至少优于 20cm[34-35]。上述定轨精度与本节算例得到的自主定轨重叠弧段精度相比,径向精度是基本一致的,而沿迹方向和法向精度则明显优于自主定轨的结果。由此可见,星间链路对导航卫星径向精度的贡献是较为明显的,而在目前仅有一个锚固站支持的情况下,星间链路定轨在沿迹方向和法向并不能获得较好的精度结果。

(3) 分析图 6.4 可以看出,星间链路的观测残差在 −0.2 ~ 0.2m 之间起伏,残差序列基本呈现白噪声分布,而星地链路的观测残差在 −0.5 ~ 0.5m 之间起伏,残差序列呈现周期项变化,可能的原因是未修正的对流层湿分量在观测残差中有所体现。

(4) 通道延迟参数稳定性也是衡量定轨精度的重要指标,从图 6.3 可以看出,各弧段解算得到的通道延迟参数在 −0.6 ~ 0.6ns 之间浮动,表现出较好的稳定性。

6.5.5.2 EKF 实时定轨结果分析

基于 EKF 的定轨弧长为 8d,所采用的动力学模型和观测误差修正模型与

6.5.5.1 节批处理所采用的模型一致(表 6.1)。EKF 定轨的待估参数包括每颗卫星初始时刻的位置、速度和通道延迟参数。光压参数由历史批处理定轨结果给出,并在定轨中作为常数固定。卫星初始的位置、速度精度分别为 5m 和 0.00001m/s,位置、速度的状态噪声补偿分别为 $1.0\times10^{-11}m^2$、$1.0\times10^{-14}m^2/s^2$。

将自主定轨结果分别与 L 频段轨道进行比较,统计结果(RMS)见表 6.3,各链路残差见图 6.5,通道延迟参数变化情况见图 6.6,与批处理通道延迟之间的差异见图 6.7。

表 6.3 基于 EKF 的星间/星地链路定轨精度 单位:m

卫星号	R 方向	T 方向	N 方向
I2S	0.729	1.954	2.570
M1S	0.474	1.129	1.910
M2S	0.315	0.747	1.748

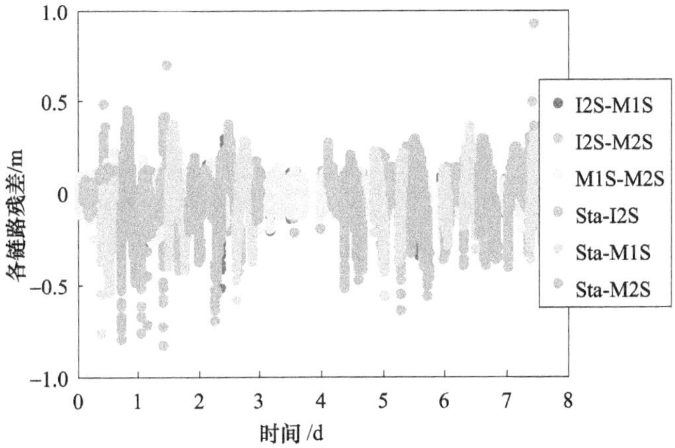

图 6.5 滤波定轨残差(见彩图)

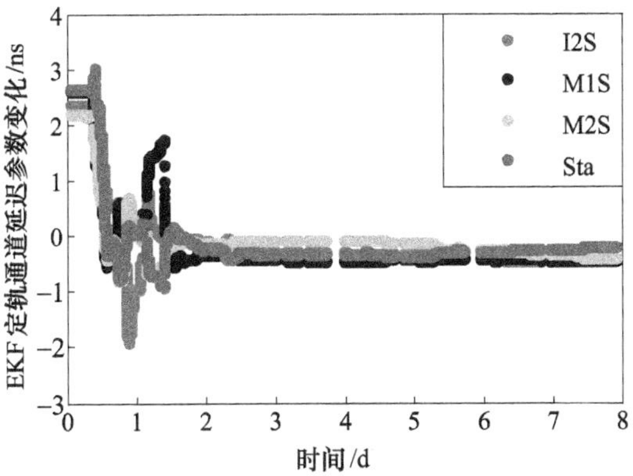

图 6.6 EKF 定轨通道延迟参数变化(见彩图)

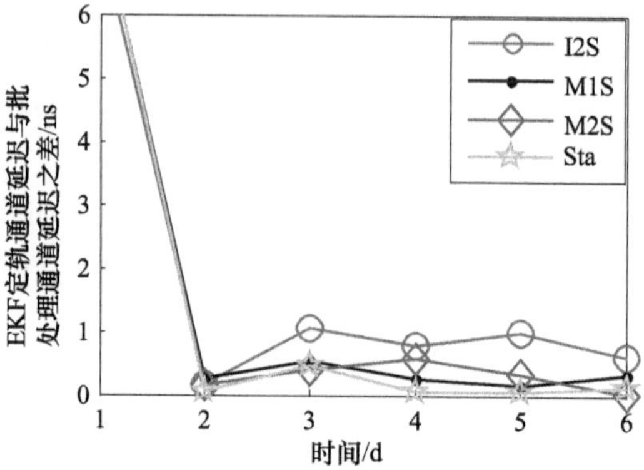

图 6.7　EKF 定轨通道延迟与批处理通道延迟之差(见彩图)

通过对 EKF 滤波定轨结果分析,可以得出以下结论:

(1) 与 L 频段精密轨道相比,EKF 定轨结果在径向差异为 0.3 ~ 0.7m,三维方向差异小于 3.5m。

(2) 滤波解算稳定后,通道延迟参数在小量级范围内浮动,与批处理解算的结果之间的差异小于 2ns。此外,从图 6.7 可以看出,通道延迟参数在滤波 24h 附近出现了明显的抖动,可能的原因是此时有新链路的观测信息加入。

(3) 从定轨残差可以看出,EKF 定轨残差表现出与批处理定轨残差相似的特性。星间链路残差呈现随机噪声特性,而星地链路残差具有明显的周期性变化特征,这可能是星地链路观测中包含未被修正的对流层延迟误差的影响所致。

(4) 对于 EKF 而言,滤波初始阶段会因初值误差的影响而出现发散的情况,经过观测信息的修正,滤波在一段时间后收敛。通常,滤波中各参数的收敛速度应该是同步的,本算例中位置、速度参数的收敛时间为 2h,而通道延迟参数的收敛时间却需要近 24h,可见卫星的状态参数和系统误差参数的收敛并不一致,主要是观测信息和动力学信息对通道延迟参数的贡献较弱造成的。

6.5.5.3　具有先验通道延迟参数约束的 EKF 定轨结果分析

由收、发设备本身引起的延迟在理论上是固定值,定轨中解算得到的通道延迟虽然会吸收一些系统误差的影响,但基本呈现出较好的稳定性。考虑到在现行星座构型下,各历元的观测信息对通道延迟参数的贡献有限,会影响滤波过程中通道延迟参数的收敛速度,可以采用历史定轨结果的通道延迟作为先验值对滤波定轨进行约束,相当于对通道延迟参数增加了虚拟观测信息。

具有先验通道延迟约束的星间/星地链路滤波定轨参数设置如下:卫星初始位置、速度分别为 5m 和 0.001m/s,位置、速度的噪声补偿分别为 $1.0\times10^{-11}\,\mathrm{m}^2$、$1.0\times10^{-14}\,\mathrm{m}^2/\mathrm{s}^2$。先验通道延迟参数来自批处理解算结果,并加入一定量级的误差,先验方差为加入误差的量级,为 $1\mathrm{ns}^2$。将约束定轨结果与 L 频段轨道进行比较,统计结果见表 6.4,通道延迟变化见图 6.8,与批处理通道延迟之间的差异见图 6.9。

表 6.4 具有先验通道延迟参数约束的 EKF 定轨精度 单位:m

卫星号	R 方向	T 方向	N 方向
I2S	0.604	1.854	2.195
M1S	0.552	1.151	1.867
M2S	0.408	0.874	1.685

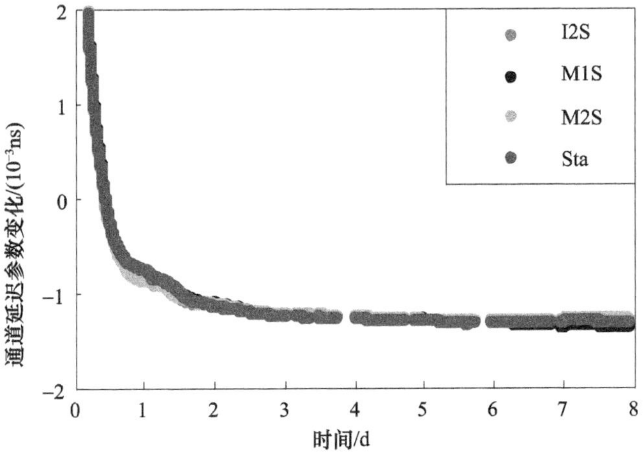

图 6.8 先验约束 EKF 定轨通道延迟参数变化(见彩图)

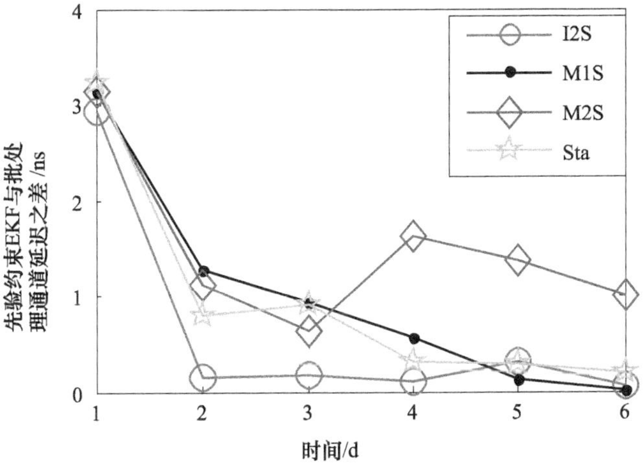

图 6.9 先验约束 EKF 与批处理通道延迟之差(见彩图)

对比图 6.6 与图 6.8 可以看出,通过对通道延迟参数施加先验约束可以提高参数的收敛速度。当先验信息精度为 1ns 时,通道延迟参数的收敛时间约为 2h。此外,通道延迟的加速收敛同样有利于定轨中位置、速度精度的提高,与批处理定轨结果的差异基本为 1.5m。

6.6 基于星间链路观测的卫星星座基准维持

6.6.1 基于星间链路观测的卫星弱基准

如果仅存在卫星与卫星之间的观测 $\boldsymbol{L}_s$,则通过对观测的平差处理,可以消除观测之间的矛盾,但并不能完全固定卫星星座的基准。为简便起见,将观测误差方程表示成

$$\boldsymbol{V}_s=\boldsymbol{B}_s\delta\hat{\boldsymbol{X}}_s-\boldsymbol{l}_s \tag{6.56}$$

式中:各符号的意义同 6.5 节。

由于缺少地面跟踪站观测信息,可采用卫星轨道先验弱约束解法,即将卫星先验外推轨道参数矢量 $\bar{\boldsymbol{X}}_s$ 及相应的协方差矩阵 $\boldsymbol{\Sigma}_{\bar{X}_s}$ 作为虚拟观测信息与实际星间观测信息一起求解。卫星星座构成的卫星网可称为贝叶斯(Bayes)网,见图 6.10。

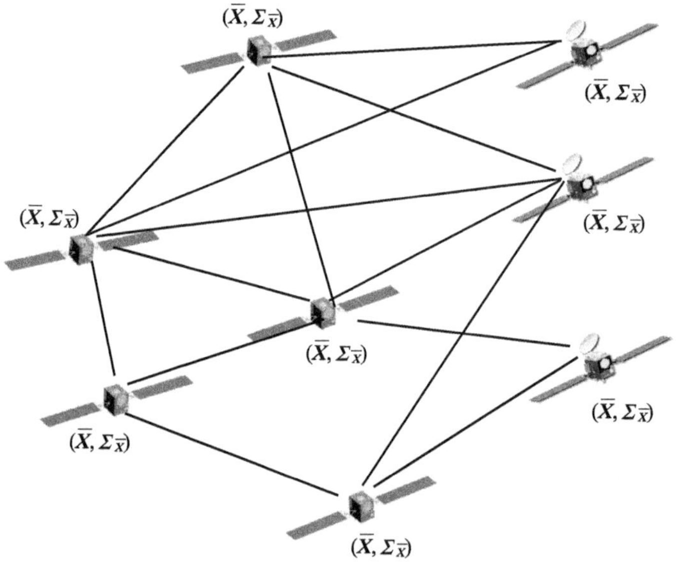

图 6.10 卫星星座 Bayes 网

若采用伪逆平差法确定卫星轨道,即采用如下准则:

$$\boldsymbol{V}_s^{\mathrm{T}}\boldsymbol{P}_s\boldsymbol{V}_s=\min \tag{6.57}$$

$$\delta\hat{\boldsymbol{X}}_s^{\mathrm{T}}\delta\hat{\boldsymbol{X}}_s=\min \tag{6.58}$$

则式(6.57)可以转换为

$$\boldsymbol{G}_s^{\mathrm{T}}\delta\hat{\boldsymbol{X}}_s=0 \tag{6.59}$$

式中：矩阵 $\boldsymbol{G}_s$ 的秩满足

$$\mathrm{Rk}(\boldsymbol{G}_s)=d \tag{6.60}$$

式中：Rk 为矩阵的秩符号；d 为秩亏参数个数，在自主卫星轨道测定条件下 $d=7$。考虑误差方程，$\boldsymbol{G}_s$ 还必须满足

$$\boldsymbol{B}_s\boldsymbol{G}_s=0 \tag{6.61}$$

相应的卫星轨道参数解为

$$\delta\hat{\boldsymbol{X}}_s=(\boldsymbol{B}_s^{\mathrm{T}}\boldsymbol{P}_s\boldsymbol{B}_s+\boldsymbol{G}_s\boldsymbol{G}_s^{\mathrm{T}})^{-1}\boldsymbol{B}_s^{\mathrm{T}}\boldsymbol{P}_s\boldsymbol{l}_s \tag{6.62}$$

如此确定的卫星基准相对于由卫星运动方程积分得到的卫星近似坐标 $\bar{\boldsymbol{X}}_s$ 所对应卫星星座的几何重心。这种坐标基准可称为“弱基准”，它不如前面两种基准的意义明确。

卫星星座的重心基准虽然没有具体的点与之对应，但是整个卫星星座的轨道参数精度分布均匀。需要注意的是，这样定义的卫星星座的空间基准与 $\bar{\boldsymbol{X}}_s$ 本身所在的坐标系略有差异。因为按式(6.35)确定的卫星轨道参数，只有星座几何质心点的坐标不变，即$\frac{1}{m}\sum_{i=1}^{m}\bar{X}_{s_i}$，$\frac{1}{m}\sum_{i=1}^{m}\bar{Y}_{s_i}$ 和$\frac{1}{m}\sum_{i=1}^{m}\bar{Z}_{s_i}$（$m$ 为星座的全部卫星个数）保持不变，而所有卫星的轨道参数均有所改变。显然，不管卫星星历多么精密，只要星间测量有误差，其所得到的卫星轨道的质心坐标与所定义的坐标也会有差异。当然，从严格意义上讲，没有任何一个坐标基准，通过测量计算传递后不是严格的，只是人们往往忽略这种微小的差异。

在所有卫星轨道参数改正数极小的条件下，进行卫星轨道的测定，卫星星座的平移、旋转将不受控制，若固定整体星座中两个卫星的轨道，则全部卫星的空间基准即随之确定。星间链路定轨中星座的旋转和漂移主要体现在轨道定向参数 Ω、i 和 ω 上，已有研究结果表明，附加轨道参数 Ω 和 i 先验弱约束的定轨方式即可抵偿轨道定向参数的旋转和漂移[36]，或者以卫星先验位置进行弱约束也可维持卫星星座的空间基准[37]。

综合 6.4 节、6.5 节，比对 3 种基准维持方式，我们认为弱基准应为优选方案，其基本理由是：

（1）6.5 节中星间、星地组合观测定轨所维持的基准充分利用了网中所有观测信息，计算结果具有可靠的统计精度，但此时卫星轨道的测定仍依赖地面跟踪网，并不能实现真正意义上的自主定轨。

（2）弱基准确定的导航星座基准虽称为弱基准，但平差计算利用了更多的观测信息，且卫星先验轨道信息同样是基于地面跟踪网事先精密定轨求得的，故基准的统计质量也较可靠。

（3）即使存在地面跟踪观测，如果采用弱基准定轨，则地面跟踪站误差（甚至异常误差），很容易从联合定轨中发现，且地面跟踪站坐标可通过平差得到改善。

（4）弱基准对应的平差计算较简单。

6.6.2 计算分析

本节算例验证弱基准支持下的星间链路定轨，即在仅有星间观测的条件下附加卫星先验轨道信息约束的定轨方式。观测数据为北斗试验卫星 I2S、M1S、M2S 的 Ka 频段星间测距，观测数据长度为 7d，数据处理方法为集中式 EKF，定轨策略如表 6.5 所列。将 Ka 频段星间、星地链路批处理定轨结果作为参考轨道进行精度评定，其轨道重叠弧段径向精度为 0.1m，三维位置精度约为 1.0m。

分别采用无基准和弱基准支持下的星间链路定轨，具体方案设计如表 6.6 所列。将历史批处理定轨结果进行轨道外推，并以此作为预报轨道，滤波初值由预报轨道给出，滤波中光压模型参数和通道延迟参数均采用批处理结果进行固定。当采用弱基准支持星间链路定轨时，将各历元的轨道倾角 i 和升交点赤经 Ω 的预报值作为虚拟观测量与星间链路数据一同解算。将两种方案下的自主定轨结果与参考轨道进行比较，统计结果（RMS）见表 6.7，将各卫星轨道定向参数与参考值之间的差异分别见图 6.11至图 6.13，考虑到北斗卫星均为近圆轨道，因此将 ω 和 M 合并为 $\omega+M$ 进行比较。

表 6.5 定轨策略

定轨弧长	7d
数据处理方法	集中式 EKF
动力学模型	二体，地球非球形摄动，日、月引力，太阳光压，固体潮
光压模型	ECOM 5 参数模型（D、Y、B 方向的常数项和 B 方向的周期项）
系统误差修正	天线相位中心，通道延迟
天线相位中心修正	PCO
待估参数	卫星位置、速度

表 6.6 定轨方案

方案	观测数据	基准支持方式	基准精度
方案 1	星间测距	无	
方案 2	Ka 频段星间测距和预报 i 和 Ω	弱基准	预报 i 和 Ω 的精度优于 0.015mas

表 6.7 两种方案下的星间链路定轨位置误差 单位：m

方案编号	卫星号	R 方向	T 方向	N 方向
方案 1	I2S	0.715	9.163	12.584
	M1S	0.231	7.989	5.133
	M2S	0.234	8.336	4.854
	12S	0.764	2.289	3.103
方案 2	M1S	0.381	2.176	1.840
	M2S	0.349	1.498	1.648

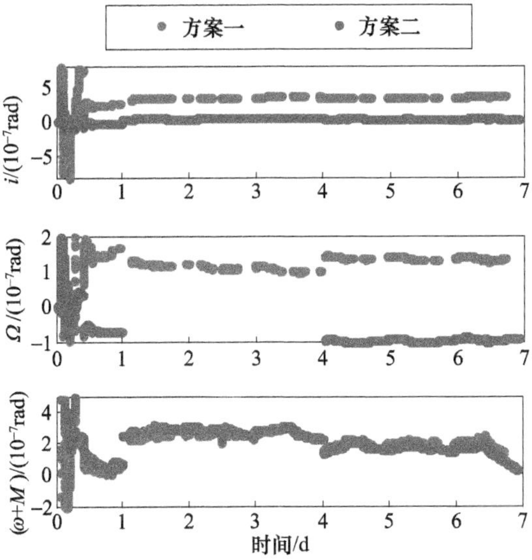

图6.11 I2S卫星轨道定向参数误差(见彩图)

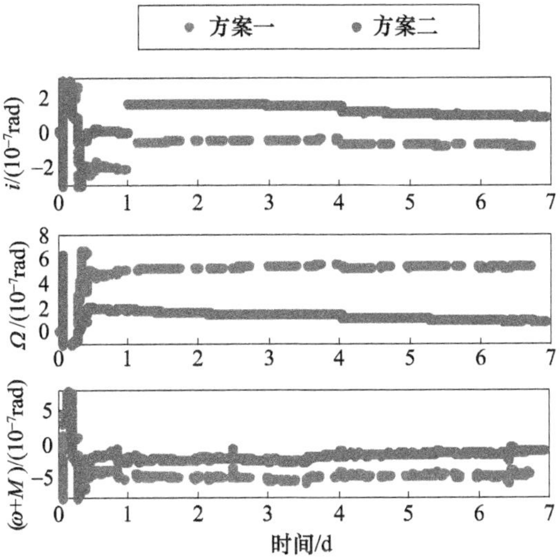

图6.12 M1S卫星轨道定向参数误差(见彩图)

通过对两种方案定轨结果分析,得出以下结论:

(1)从表6.7可以看出,无基准支持下的星间链路定轨精度并不理想,而弱基准支持下的定轨精度有明显改善。滤波收敛后,弱基准的定轨结果:径向优于0.8m,三维位置优于4m。说明弱基准可以有效解决星间链路定轨中的星座旋转和漂移问题。

(2)本节算例中所采用的弱基准是通过附加先验 i 和 Ω 约束实现的,从定轨结

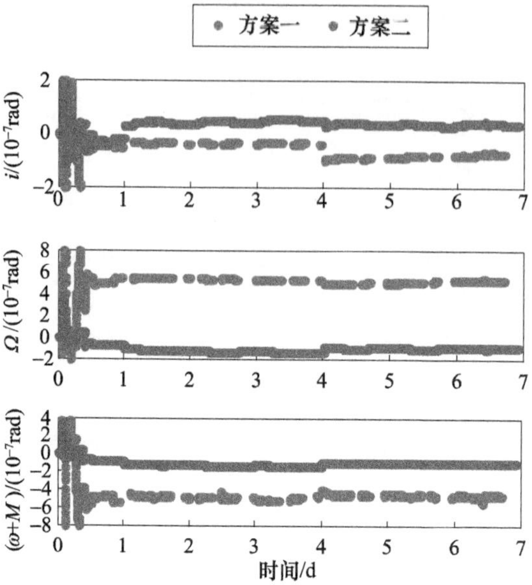

图 6.13 M2S 卫星轨道定向参数误差(见彩图)

果可以看出,仅对 i 和 Ω 施加先验约束可以同时改进 i、Ω 和 $\omega+M$ 的精度,说明星间链路观测数据的加入,使得本该独立的轨道定向参数间产生了相关性。

(3) 由于基于先验信息可以获取较高精度的 i 和 Ω 预报值,于是,基于弱基准的星间链路定轨可以对星座的旋转和漂移进行控制。必须说明,弱基准定轨只是在失去地面支持的情况下的一种选择,尽管计算简单,但是,先验轨道精度随时间推移,精度逐渐降低,基准的维持能力也会逐渐下降。

参考文献

[1] 谭述森. 北斗运行控制策略:第一届中国卫星导航学术年会论文集(CSNC2010)[C]. 北京:中国卫星导航系统管理办公室学术交流中心,2010.

[2] BAUER F H, HARTMAN K, LIGHT-SEY E G. Spaceborne GPS current status and future visions [C]//Proceedings of ION GPS-98. Nashville:The Institute of Navigation,1998.

[3] 谭述森. 北斗导航卫星系统的发展与思考[J]. 宇航学报,2008,29(2):391-396.

[4] GERLIN F, LAURENTI N, NALETTO G, et al. Design optimization for quantum communications in a GNSS intersatellite network [C]//2013 International Conference on Localization and GNSS (ICL-GNSS). Turin:IEEE,2013.

[5] RAJAN J. Highlights of GPS Ⅱ-R autonomous navigation[C]//Proceedings of Annual Meeting of the Institute of Navigation & CIGTF Guidance Test Symposium. Albuquerque:The Institute of Navigation,2002.

[6] REVNIVYCH S. Developments and plans of the GLONASS system [C]//UN/USA International Meeting of Experts the Use and Application of Global Navigation Satellite Systems. Vienna:UN/USA Workshop,2002.

[7] POLISCHUK G M,REVNIVYKH S G. Status and development of GLONASS [J]. Acta Astronautica, 2004,54:949-955.

[8] HERKLOTZ R L. Incorporation of cross-link range measurements in the orbit determination process to increase satellite constellation autonomy [D]. Cambridge: Massachusetts Institute of Technology,1987.

[9] FRANCISCO A F. Inter-satellite ranging and inter-satellite communication links for enhancing GNSS satellite broadcast navigation data[J]. Advances in Space Research,2011(47):786-801.

[10] CODIK A. Autonomous navigation of GPS satellites:a challenge for the future[J]. Navigation,1985, 32(3):221-232.

[11] MARTOCCIA D,BERNSTAIN H. GPS satellite timing performance using the autonomous navigation:proceedings of the ION GPS 1998[R]. Tennessee:The Institute of Navigation.

[12] FISHER S C,GHASSEMI K. GPS ⅡF the next-generation[J]. Proceedings of the IEEE,1999,87 (1):24-47.

[13] CLARK J,LANGER J,POWELL T. What GPS might have been-and what it could become [J]. Crosslinks,2010,11(1):70-77.

[14] BRINKMANN G,CREVALS S,FRYE J. An independent set approach for the communication network of the GPS Ⅲ system[J]. Discrete Applied Mathematics,2013,161(4):573-579.

[15] MAINE K P,ANDERSON P,Langer J. Crosslinks for the next-generation GPS[C]//IEEE Aerospace Conference. MT:IEEE,2003.

[16] SANCHEZ M,PULIDO J A,AMARILLO F,et al. Inter-satellite ranging and communication links in the frame of the GNSS infrastructure evolutions[C]//Proceedings of the 21st International Technical Meeting of the Satellite Division of the Institute of Navigation (ION GNSS 2008). GA: The Institute of Navigation,2008.

[17] ARNOLD D, PULIDO J, SOUALLE F, et al. GNSSPLUS, final report [R]. Spain: Deimos Space,2008.

[18] PAN J,HU X,ZHOU S,et al,Time synchronization of new-generation BDS satellites using inter-satellite link measurements[J]. Advances in Space Research,2018,61(1):145-153.

[19] 陈金平,胡小工,唐成盼,等. 北斗新一代试验卫星星钟及轨道精度初步分析[J]. 中国科学:物理学 力学 天文学,2016,46(1):281-291.

[20] FERNANDEZ F A. Inter-satellite ranging and inter-satellite communication links for enhancing GNSS satellite broadcast navigation data[J]. Advances in Space Research,2011,47(5):786-801.

[21] 朱俊. 基于星间链路的导航卫星轨道确定及时间同步方法研究[D]. 长沙:国防科技大学,2011.

[22] 唐成盼,胡小工,周善石,等. 利用星间双向测距数据进行北斗卫星集中式自主定轨的初步结果分析[J]. 中国科学:物理学 力学 天文学,2017,47(2):029501-029511.

[23] RAJAN J A,BRODIE P,RAWICZ H. Modernizing GPS autonomous navigation with anchor capabili-

ty[C]//Proceedings of ION GPS/GNSS 2003. Portland:The Institute of Navigation,2003.

[24] KOUBA J. Testing of global pressure/temperature (GPT) model and global mapping function (GMF) in GPS analyses[J]. Journal of Geodesy,2009(83):199-208.

[25] SAASTAMOINEN J. Contributions to the theory of atmospheric refraction[J]. B Géodes,1972,105(1):279-298.

[26] 魏子卿,葛茂荣. GPS 相对定位的数学模型[M]. 北京:测绘出版社,1995.

[27] 阮仁贵,冯来平,贾小林. 导航卫星星间/星地链路联合定轨中设备时延估计方法[J]. 测绘学报,2014,43(2):137-142.

[28] MONTENBRUCK O,GILL E. Satellite orbit models, methods, and application[M]. New York:Springer,2001.

[29] WOODFORK D W. The use of X-Ray pulsars for aiding GPS satellite orbit determination [D]. Ohio:Department of the Air Force Air University,2005.

[30] 文援兰,杨元喜,王威. 卫星精密轨道抗差估计[J]. 空间科学学报,2001(4):341-350.

[31] 李济生. 人造卫星精密轨道确定[M]. 北京:解放军出版社,1995.

[32] TAPLEY B D,BORN G,SCHUTZ B. Orbit determination fundamental and application [M]. Texas:Center of Space Research,1986.

[33] 杨元喜,文援兰. 卫星精密轨道综合自适应抗差滤波技术[J]. 中国科学 D 辑:地球科学,2003(11):1112-1119.

[34] ZHAO Q L,GUO J,LI M,et al. Initial results of precise orbit determination and clock determination for COMPASS navigation satellite system[J]. Journal of Geodesy,2013,87(5):475-486.

[35] LI Z H,GONG X Y,LIU W K. Influence of error and prior information to AOD of navigation satellites[J]. Geomatics and information science of Wuhan University,2011,36 (7):797-801.

[36] 宋小勇. COMPASS 导航卫星定轨研究[D]. 西安:长安大学,2008.

[37] REN X,YANG Y,ZHU J,et al. Orbit determination of the next-generation BeiDou satellites with intersatellite link measurements and a priori orbit constraints[J]. Advances in Space Research,2017(60):2155-2165.

第7章 GNSS观测量及误差源

7.1 原始观测方程

GNSS接收机通过接收导航卫星信号进行测距，一般可获得伪距和载波相位观测量，其观测方程分别为[1-3]

$$
\begin{aligned}
P_j^s = \rho^s + \mathrm{d}t_r - \mathrm{d}t^s + T^s + \mu_j I^s + d_{\mathrm{hd},j} + d_{\mathrm{hd},j}^s + e_j^s + \\
d_{\mathrm{sagnac}}^s + d_{\mathrm{tides}} + d_{\mathrm{rel}}^s + d_{\mathrm{ant},j} + d_{\mathrm{ant},j}^s + m_{\mathrm{P},j}^s
\end{aligned} \tag{7.1}
$$

$$
\begin{aligned}
\phi_j^s = \lambda_j \varphi_j^s = \rho^s + \mathrm{d}t_r - \mathrm{d}t^s + T^s - \mu_j I^s + \delta_{\mathrm{hd},j} + \delta_{\mathrm{hd},j}^s + \lambda_j M_j^s + \varepsilon_j^s + \\
d_{\mathrm{sagnac}}^s + d_{\mathrm{tides}} + d_{\mathrm{rel}}^s + d_{\mathrm{ant},j} + d_{\mathrm{ant},j}^s + d_{\mathrm{windup},j}^s + m_{\phi,j}^s
\end{aligned} \tag{7.2}
$$

式中：s 表示不同卫星；j 表示不同频率；P_j^s 为伪距观测量（m）；ϕ_j^s 为载波相位观测量（m）；$\lambda_j = c/f_j$ 为载波 L_j 的波长（m），$c = 299792458.0\mathrm{m/s}$，为真空中的光速，$f_j$ 为载波 L_j 的频率（Hz）；φ_j^s 为载波相位观测量（周）；$\rho^s = \| \boldsymbol{r}^s - \boldsymbol{r}_r \|$ 为惯性系下信号发射时刻的卫星天线相位中心位置$\boldsymbol{r}^s$ 到信号接收时刻的接收机天线相位中心位置$\boldsymbol{r}_r$ 之间的几何距离（m）；$\mathrm{d}t_r$、$\mathrm{d}t^s$ 分别为接收机和卫星的钟差（m）；T^s 为对流层延迟量（m）；$\mu_j = \lambda_j \kappa_j = \dfrac{f_1^2}{f_j^2} = \dfrac{\lambda_j^2}{\lambda_1^2}$为频率相关电离层延迟系数，$\kappa_j = \dfrac{f_1^2}{c \cdot f_j} = \dfrac{\lambda_j}{\lambda_1^2}$；$I^s$ 为载波 L_1 上的一阶电离层延迟量（m）；$d_{\mathrm{hd},j}$、$d_{\mathrm{hd},j}^s$分别为接收机和卫星的码硬件延迟（m）；$\delta_{\mathrm{hd},j}$、$\delta_{\mathrm{hd},j}^s$分别为接收机和卫星的载波相位硬件延迟（m）；$M_j^s = \varphi_{r,j} - \varphi_j^s + N_j^s$ 为非差模糊度（周），其中 $\varphi_{r,j}$、φ_j^s 分别为接收机和卫星的初始相位（小于1周），N_j^s 为非差整周模糊度；e_j^s、$\varepsilon_j^s = \lambda_j \upsilon_j^s$ 分别为伪距和载波相位测量误差（m），$\upsilon_j^s = \dfrac{\varepsilon_j}{\lambda_j}$为载波相位测量误差（周）；$d_{\mathrm{sagnac}}^s$为sagnac效应改正，也称为地球自转效应改正；$d_{\mathrm{tides}}$为地球固体潮、海潮和极移影响造成的潮汐改正（m）；d_{rel}^s为相对论效应改正（m）；$d_{\mathrm{ant},j}$、$d_{\mathrm{ant},j}^s$分别为接收机和卫星的天线相位中心改正（m）；$m_{\mathrm{P},j}^s$、$m_{\phi,j}^s$分别为伪距和载波相位受到的多径效应误差（m）；$d_{\mathrm{windup},j}^s$为相位绕转效应（wind-up）改正（m）。

在上述观测方程中有如下几个值得注意的要点。

（1）电离层延迟对载波相位是负值，而对伪距为正值。

（2）载波相位有整周模糊度，伪距观测值则没有。

（3）伪距的观测噪声一般小于码元长的1%（北斗B1I码噪声小于1.5m，B3I码噪声小于0.3m；GPS C/A码噪声小于3m，P码噪声小于0.3m），其多径效应最大可达 10 ~20 m,所以伪距不能提供高精度的测量结果,而载波相位的观测噪声一般小于波长的 1%(小于 2mm),其多径效应小于 0.25 波长[4],所以载波相位能应用于高精度测量。

(4)载波相位受周跳影响,而伪距没有周跳问题,因而伪距可用以辅助载波进行周跳检验与修复。

(5)初始相位 $\varphi_{r,j}$、φ_j^s 为小于 1 周的量,在没有周跳的连续观测时段中为常量,一般与非差整周模糊度 N_j^s 难以分离。

7.2 差分观测方程

由方程式(7.1)、式(7.2)可知,原始伪距和载波相位观测值受很多误差的影响,除了地球自转效应改正、潮汐影响和相对论效应等可通过模型较好地进行修正外,其他误差都难以精确修正,通常需要采用差分方法来消除或减弱这些误差影响,常用的差分形式有单差和双差。

站间单差(Δ):不同测站,同步观测相同卫星所得的观测值之差。站间单差观测值可以消除卫星钟差、卫星硬件延迟、卫星初始相位的影响,减弱卫星位置误差、卫星天线相位中心误差、大气延迟误差和固体潮误差的影响。

双差(∇Δ):不同测站,同步观测两颗卫星所得的站间单差之差。双差观测值可以消除接收机钟差、接收机硬件延迟和接收机初始相位的影响;但双差放大了多径效应和观测噪声的影响。

忽略卫星标识,伪距和载波相位的双差观测值方程通常写为[5]

$$\begin{aligned}\nabla\Delta P_j^s = {} & \nabla\Delta\rho^s + \nabla\Delta T^s + \mu_j \nabla\Delta I^s + \nabla\Delta e_j^s + \\ & \nabla\Delta d_{\text{sagnac}}^s + \nabla\Delta d_{\text{tides}} + \nabla\Delta d_{\text{ant},j} + \nabla\Delta d_{\text{ant},j}^s + \nabla\Delta m_{\text{P},j}^s \end{aligned} \tag{7.3}$$

$$\begin{aligned}\nabla\Delta\phi_j^s = \lambda_j \nabla\Delta\varphi_j^s = {} & \nabla\Delta\rho^s + \nabla\Delta T^s - \mu_j \nabla\Delta I^s + \lambda_j \nabla\Delta N_j^s + \nabla\Delta\varepsilon_j^s + \\ & \nabla\Delta d_{\text{sagnac}}^s + \nabla\Delta d_{\text{tides}} + \nabla\Delta d_{\text{ant},j} + \nabla\Delta d_{\text{ant},j}^s + \\ & \nabla\Delta d_{\text{windup},j}^s + \nabla\Delta m_{\phi,j}^s \end{aligned} \tag{7.4}$$

对于短基线,经过差分后,将显著减弱卫星位置误差、卫星天线相位中心误差、大气延迟误差影响,接收机天线相位中心误差一般在毫米级,被差分放大的多径效应和观测噪声成为主要误差,式(7.3)可进一步简化为

$$\nabla\Delta P_j^s = \nabla\Delta\rho^s + \nabla\Delta m_{\text{P},j}^s + \nabla\Delta e_j^s \tag{7.5}$$

$$\nabla\Delta\phi_j^s = \lambda_j \nabla\Delta\varphi_j^s = \nabla\Delta\rho^s + \lambda_j \nabla\Delta N_j^s + \nabla\Delta m_{\phi,j}^s + \nabla\Delta\varepsilon_j^s \tag{7.6}$$

而对于中长基线,双差残余误差,如卫星位置误差、大气延迟误差仍然较大,是影响模糊度整数估计和定位结果精度的主要误差,一般需要采用多频载波的组合观测值来进行数据处理。

7.3 多频组合观测量

利用多频载波和伪距观测量间的误差相关性，通过形成它们之间的线性组合，即各种组合观测量，可消除或减弱各种误差，并消去不关注参数等对数据处理的影响，以便周跳探测与修复、模糊度解算或提高定位精度。

7.3.1 三频组合观测量的定义

仍利用式(7.2)，舍弃部分参数项和上标 s 以简化表达式，以周为单位的三频相位组合观测量方程可表示如下[6-8]：

$$\varphi_{(i,j,k)} = i \cdot \varphi_1 + j \cdot \varphi_2 + k \cdot \varphi_3 = \frac{f_{(i,j,k)}}{c}(\rho + \mathrm{d}t_{\mathrm{r}} - \mathrm{d}t^s + T) - \kappa_{(i,j,k)} I + M_{(i,j,k)} + \upsilon_{(i,j,k)} \tag{7.7}$$

式中：$(\cdot)_{(i,j,k)} = i \cdot (\cdot)_1 + j \cdot (\cdot)_2 + k \cdot (\cdot)_3$，$i$、$j$、$k$ 为组合系数；$f_{(i,j,k)}$ 为组合频率；$\kappa_j = \frac{\mu_j}{\lambda_j} = \frac{\lambda_j}{\lambda_1^2} = \frac{f_1^2}{cf_j}$为电离层延迟影响系数；$M_{(i,j,k)}$ 为组合模糊度；$\upsilon_j = \frac{\varepsilon_j}{\lambda_j}$为以周为单位的载波相位测量误差。如果组合频率 $f_{(i,j,k)} \neq 0$，则式(7.7)可进一步表示为如下形式[8]：

$$\begin{aligned}\phi_{[i,j,k]} = \lambda_{(i,j,k)} \phi_{(i,j,k)} &= \frac{i \cdot f_1 \cdot \phi_1 + j \cdot f_2 \cdot \phi_2 + k \cdot f_3 \cdot \phi_3}{i \cdot f_1 + j \cdot f_2 + k \cdot f_3} = \\ &\rho + \mathrm{d}t_{\mathrm{r}} - \mathrm{d}t^s + T - \lambda_{(i,j,k)} \kappa_{(i,j,k)} I + \\ &\lambda_{(i,j,k)} M_{(i,j,k)} + \lambda_{(i,j,k)} \upsilon_{(i,j,k)} = \\ &\rho + \mathrm{d}t_{\mathrm{r}} - \mathrm{d}t^s + T - \mu_{[i,j,k]} I + \lambda_{(i,j,k)} M_{(i,j,k)} + \varepsilon_{[i,j,k]}\end{aligned} \tag{7.8}$$

式中

$$(\cdot)_{[i,j,k]} = \frac{i \cdot f_1 \cdot (\cdot)_1 + j \cdot f_2 \cdot (\cdot)_2 + k \cdot f_3 \cdot (\cdot)_3}{i \cdot f_1 + j \cdot f_2 + k \cdot f_3}$$

对于伪距组合观测值，同样有

$$\begin{aligned}P_{[i,j,k]} &= \frac{i \cdot f_1 \cdot P_1 + j \cdot f_2 \cdot P_2 + k \cdot f_3 \cdot P_3}{i \cdot f_1 + j \cdot f_2 + k \cdot f_3} = \\ &\rho + \mathrm{d}t_{\mathrm{r}} - \mathrm{d}t^s + T + \mu_{[i,j,k]} I + e_{[i,j,k]}\end{aligned} \tag{7.9}$$

尽管式(7.7)和式(7.8)中未要求组合系数 i、j、k 取整数值，但是由于任何有理数组合系数均可通过乘以一个共同的整数变为整数线性系数，因此只需考虑 i、j、k 取整数值的情形即可，由此也可以保证相应的双差组合模糊度仍具有整数特性。

由式(7.1)和式(7.2)并舍弃部分项以简化表达式，以距离为单位的三频伪距和相位组合观测量方程分别为[9]

$$\begin{aligned}P_{(x,y,z)} &= x \cdot P_1 + y \cdot P_2 + z \cdot P_3 = \\ &(x + y + z)(\rho + \mathrm{d}t_{\mathrm{r}} - \mathrm{d}t^s + T) + \mu_{(x,y,z)} I + e_{(x,y,z)}\end{aligned} \tag{7.10}$$

$$\phi_{(x,y,z)} = x \cdot \phi_1 + y \cdot \phi_2 + z \cdot \phi_3 = (x+y+z)(\rho + \mathrm{d}t_{\mathrm{r}} - \mathrm{d}t^s + T) - \mu_{(x,y,z)} I + B_{(x,y,z)} + \varepsilon_{(x,y,z)} \tag{7.11}$$

式中:$(\cdot)_{(x,y,z)} = x \cdot (\cdot)_1 + y \cdot (\cdot)_2 + z \cdot (\cdot)_3$;$B_j = \lambda_j M_j$ 为以距离为单位的模糊度项。为保持式(7.10)和式(7.11)表示的组合观测量中几何距离与原始观测量相同,则要求组合系数满足条件 $x+y+z=1$。

7.3.2 组合观测量特性分析

7.3.2.1 频率和波长

对于三频卫星导航系统,设 $f_1 = l_1 \cdot f_0$、$f_2 = l_2 \cdot f_0$、$f_3 = l_3 \cdot f_0$,l_1、l_2、l_3 为互质正整数(北斗系统:$l_1=763$,$l_2=620$,$l_3=590$;GPS:$l_1=154$,$l_2=120$,$l_3=115$),f_0 为相应GNSS的基准频率,则组合观测量的频率可进一步表示为[10-12]

$$f_{(i,j,k)} = i \cdot f_1 + j \cdot f_2 + k \cdot f_3 = (i \cdot l_1 + j \cdot l_2 + k \cdot l_3) \cdot f_0 = l \cdot f_0 \tag{7.12}$$

由式(7.12)可知组合频率 $f_{(i,j,k)}$ 等于组合系数(i,j,k)的整数线性组合值 l 与GNSS基准频率 f_0 的乘积,从而组合系数取整数的组合观测量波长为[12]

$$\lambda_{(i,j,k)} = \frac{c}{f_{(i,j,k)}} = \frac{c}{l \cdot f_0} = \frac{\lambda_0}{l} \tag{7.13}$$

式中:λ_0 为GNSS基准频率 f_0 对应的波长。可见整数 l 表征了组合观测量波长相对于基准波长 λ_0 的大小,l 取值越小,波长越大,因此 l 可作为表征波长大小的参数,定义其为巷数[10]。组合系数取整数的GNSS组合观测量有效波长的最大值为基准频率对应的波长 λ_0,如北斗系统为146.5m,GPS为29.3m。当然,也存在使频率为零的整数组合系数,相应波长为无穷大。

7.3.2.2 电离层延迟影响分析

电离层延迟误差与频率大小有关,通过多频组合能有效消除或减弱因电离层折射造成延迟所产生误差的影响,这也是多频组合观测量的主要优点之一。组合系数(i,j,k)相应的组合观测量的以周为单位的电离层折射影响系数 $\kappa_{(i,j,k)}$ 可表示为

$$\kappa_{(i,j,k)} = i \cdot \kappa_1 + j \cdot \kappa_2 + k \cdot \kappa_3 = \frac{f_1^2}{c}\left(\frac{i}{f_1} + \frac{j}{f_2} + \frac{k}{f_3}\right) = \frac{l_2 l_3 \cdot i + l_1 l_3 \cdot j + l_1 l_2 \cdot k}{l_2 l_3} \frac{1}{\lambda_1} \tag{7.14}$$

以米为单位的组合观测量的电离层折射影响系数 $\mu_{[i,j,k]}$ 可表示为

$$\mu_{[i,j,k]} = \lambda_{(i,j,k)} \kappa_{(i,j,k)} = \frac{i + (l_1/l_2) \cdot j + (l_1/l_3) \cdot k}{i + (l_2/l_1) \cdot j + (l_3/l_1) \cdot k} \tag{7.15}$$

由式(7.14)和式(7.15)可知,载波相位组合观测量的电离层延迟符号可正可负,与组合系数的取值有关。因此,载波相位组合观测量的电离层延迟与和其组合频率相同的真实载波信号的电离层延迟是不同的。

7.3.2.3 对流层延迟影响分析

对流层延迟误差与频率大小无关,即组合后的观测量同组合前各载波观测量上的对流层延迟误差在数值上没有变化。以周为单位时,组合观测量的对流层延迟误

差为 $T/\lambda_{(i,j,k)}$。可见，组合观测量的组合波长越大，以周为单位的对流层延迟误差就越小，通过选择恰当的组合系数 (i,j,k) 甚至可消除对流层延迟误差[13]。

7.3.2.4　多径与测量噪声分析

由于多径效应与频率和观测环境有关，且不易被分离出来，也很难对其进行定量分析，因此一般把多径效应与测量噪声合并为一项来考虑[14]。假设原始载波观测量间相互独立，由式(7.7)，根据误差传播定律，易知以周为单位的载波相位组合观测量的测量噪声可表示为

$$\sigma_{\varphi(i,j,k)} = \sqrt{i^2 \cdot \sigma_{v_1}^2 + j^2 \cdot \sigma_{v_2}^2 + k^2 \cdot \sigma_{v_3}^2} \tag{7.16}$$

式中：$\sigma_{v_j}(j=1,2,3)$ 为以周为单位的原始载波测量噪声标准差。进一步假设 $\sigma_{v_1} = \sigma_{v_2} = \sigma_{v_3} = \sigma_v$，则式(7.16)可写为

$$\sigma_{\varphi(i,j,k)} = \sqrt{i^2 + j^2 + k^2} \cdot \sigma_v = T_\varphi \cdot \sigma_v \tag{7.17}$$

式中：$T_\varphi = \sqrt{i^2 + j^2 + k^2}$ 为噪声放大系数。从式(7.17)可以看出，当组合系数取整数时，载波相位组合观测量以周为单位的组合测量噪声总是比单个载波测量噪声大。由式(7.17)可得以米为单位的载波相位组合观测量的测量噪声标准差为

$$\sigma_{\varphi[i,j,k]} = \lambda_{(i,j,k)} \cdot \sigma_{\varphi(i,j,k)} = \lambda_{(i,j,k)} \cdot T_\varphi \cdot \sigma_v \tag{7.18}$$

假设三频伪距观测量的测量噪声互相独立，且标准差 $\sigma_{e_1} = \sigma_{e_2} = \sigma_{e_3} = \sigma_e$，则三频伪距组合观测量的测量噪声标准差可表示为

$$\sigma_{P[i,j,k]} = \frac{\sqrt{(i \cdot f_1)^2 + (j \cdot f_2)^2 + (k \cdot f_3)^2}}{f_{(i,j,k)}} \cdot \sigma_e \tag{7.19}$$

从式(7.18)和式(7.19)可知，以距离为单位时，组合观测量测量噪声有可能比单个频率原始观测量的测量噪声小，如常用的窄巷组合。

同理，由式(7.11)，易知以距离为单位的载波相位组合观测量的测量噪声可表示为

$$\sigma_{\varphi(x,y,z)} = \sqrt{(x\lambda_1)^2 + (y\lambda_2)^2 + (z\lambda_3)^2} \cdot \sigma_v = T_\varphi \cdot \lambda\sigma_v \tag{7.20}$$

式中：$T_\varphi = \dfrac{\sqrt{(x\lambda_1)^2 + (y\lambda_2)^2 + (z\lambda_3)^2}}{\lambda}$ 为噪声放大系数，λ 为参考信号的载波波长。一般取 GPS L1 作为参考信号，即 $\lambda = 0.1903$ m，从而 T_φ 可表示组合观测量噪声相对 GPS L1 载波相位观测量噪声的放大倍数。

7.3.3　常用组合观测量

7.3.3.1　无几何组合观测量

无几何组合观测量定义：基于单个卫星的单频或多频观测值（伪距/载波），经线性组合消去接收机至卫星之间几何距离的组合观测值。本节主要指基于多频载波的线性组合而生成的无几何载波组合观测值。

由式(7.7)和式(7.11)可知，无几何(GF)组合观测量（即电离层残差组合）的组

合系数应分别满足如下条件：

$$\begin{cases} f_{(i,j,k)} = i \cdot f_1 + j \cdot f_2 + k \cdot f_3 = 0 \\ x + y + z = 0 \end{cases} \tag{7.21}$$

由此易得 GPS 和北斗系统常见的双频无几何组合观测量，见表 7.1。

表 7.1　GPS 和北斗系统常用双频无几何组合观测量

卫星导航系统	(x,y,z)	(i,j,k)	$\mu_{(x,y,z)}$	噪声放大系数 T_φ
GPS	(1, -1,0)	(60, -77,0)	-0.647	1.63
	(1,0, -1)	(115,0, -154)	-0.793	1.67
	(0,1, -1)	(0,23, -24)	-0.146	1.85
北斗系统	(1, -1,0)	(620, -763,0)	-0.514	1.60
	(1,0, -1)	(590,0, -763)	-0.672	1.65
	(0,1, -1)	(0,59, -62)	-0.158	1.80

无几何相位组合观测量与接收机至卫星的几何距离无关，消除了诸如轨道误差、接收机钟差、卫星钟差和对流层延迟误差的影响，仅包含电离层延迟误差和模糊度，适用于电离层研究、周跳探测以及载波噪声误差分析[15]。

7.3.3.2　无电离层组合观测量

中长基线条件下，电离层延迟严重影响模糊度解算以及定位精度，于是经常采用消除电离层延迟影响的组合观测量来进行数据处理，即无电离层(IF)组合。

1)常见双频载波无电离层组合观测量

由式(7.7)和式(7.11)可知，无电离层组合观测量的组合系数应分别满足如下条件：

$$\begin{cases} \kappa_{(i,j,k)} = \dfrac{f_1^2}{c}\left(\dfrac{i}{f_1} + \dfrac{j}{f_2} + \dfrac{k}{f_3}\right) = 0 \\ \mu_{(x,y,z)} = f_1^2\left(\dfrac{x}{f_1^2} + \dfrac{y}{f_2^2} + \dfrac{z}{f_3^2}\right) = 0 \qquad x + y + z = 1 \end{cases} \tag{7.22}$$

由此易得 GPS 和北斗系统常见双频无电离层组合观测量的组合系数，见表 7.2。

表 7.2　GPS 和北斗系统双频无电离层组合观测量的组合系数[11]

卫星导航系统	(x,y,z)			(i,j,k)			波长/cm	噪声放大系数 T_φ
GPS	2.5457	-1.5457	0	77	-60	0	0.63	3.23
	2.2606	0	-1.2606	154	0	-115	0.28	2.82
	0	12.2553	-11.2553	0	24	-23	12.47	21.78
北斗系统	2.9437	-1.9437	0	763	-620	0	0.07	3.83
	2.4872	0	-1.4872	763	0	-590	0.06	3.17
	0	10.5895	-9.5898	0	62	-59	4.04	18.15

从表7.2可知,GPS L1/L2、L1/L5无电离层组合波长分别为0.63cm和0.28cm,北斗系统B1/B3、B1/B2无电离层组合波长分别为0.07cm和0.06cm,无法直接求解其模糊度整数值。一般先求解相应的宽巷模糊度,然后将无电离层组合模糊度的求解转化为窄巷模糊度的求解。

对于精密定位而言,GPS L1/L5无电离层组合优于目前应用广泛的L1/L2无电离层组合,相应的噪声放大系数由3.23减小为2.82;北斗系统B1/B2无电离层组合稍优于GPS L1/L2无电离层组合,其噪声放大系数为3.17,而北斗系统B1/B3无电离层组合则差于GPS L1/L2无电离层组合,其噪声放大系数达到3.83;GPS L2/L5和北斗系统B3/B2无电离层组合的噪声放大系数分别达到了21.78和18.15,一般不用于定位。

2)三频最优无电离层载波组合观测量

根据如下条件[7]:

$$\begin{cases} x+y+z=1 \\ \mu_{(x,y,z)}=f_1^2\left(\dfrac{x}{f_1^2}+\dfrac{y}{f_2^2}+\dfrac{z}{f_3^2}\right)=0 \\ (x\lambda_1)^2+(y\lambda_2)^2+(z\lambda_3)^2=\min \end{cases} \tag{7.23}$$

可求得三频最优无电离层组合载波观测量的组合系数。可由如下不适定方程组

$$\begin{bmatrix} \dfrac{1}{\lambda_1} & \dfrac{1}{\lambda_2} & \dfrac{1}{\lambda_3} \\ \dfrac{1}{\lambda_1 f_1^2} & \dfrac{1}{\lambda_2 f_2^2} & \dfrac{1}{\lambda_3 f_3^2} \end{bmatrix}\begin{bmatrix} x\lambda_1 \\ y\lambda_2 \\ z\lambda_3 \end{bmatrix}=\begin{bmatrix} 1 \\ 0 \end{bmatrix} \tag{7.24}$$

的最小范数解来获得最优组合系数(x,y,z)。由此可得GPS和北斗系统三频最优无电离层组合观测量的线性组合系数如表7.3所列。

表7.3　GPS和北斗系统三频最优无电离层组合观测量的线性组合系数

卫星导航系统	(x,y,z)			噪声放大系数 T_φ
GPS	2.3522	-0.4964	-0.8557	2.69
北斗系统	2.6087	-0.5175	-1.0912	3.06

与表7.2中的双频无电离层组合比较可知,三频最优无电离层组合的噪声放大系数虽然小于双频组合,但改善非常有限:GPS由2.82减少到2.69,北斗系统由3.17减小到3.06。因此,使用三频最优无电离层组合取代双频无电离层组合进行定位对精度的改善有限。

7.3.3.3　无几何无电离层组合观测量

三频信号的重要优势之一是可同时消除几何距离和一阶电离层延迟影响,形成无几何无电离层(GFIF)组合观测量。由式(7.7)和式(7.11)可知,无几何无电离层组合观测量的组合系数应分别满足如下条件:

$$\begin{cases} f_{(i,j,k)} = i \cdot f_1 + j \cdot f_2 + k \cdot f_3 = 0 \\ \kappa_{(i,j,k)} = \dfrac{f_1^2}{c}\left(\dfrac{i}{f_1} + \dfrac{j}{f_2} + \dfrac{k}{f_3}\right) = 0 \end{cases} \tag{7.25}$$

$$\begin{cases} x + y + z = 0 \\ \mu_{(x,y,z)} = f_1^2\left(\dfrac{x}{f_1^2} + \dfrac{y}{f_2^2} + \dfrac{z}{f_3^2}\right) = 0 \end{cases} \tag{7.26}$$

易得其线性组合系统具有如下形式[7]：

$$i_{\mathrm{GFIF}} = i, \quad j_{\mathrm{GFIF}} = i \cdot \frac{f_2(f_3^2 - f_1^2)}{f_1(f_2^2 - f_3^2)}, \quad k_{\mathrm{GFIF}} = i \cdot \frac{f_3(f_1^2 - f_2^2)}{f_1(f_2^2 - f_3^2)} \tag{7.27}$$

$$x_{\mathrm{GFIF}} = x, \quad y_{\mathrm{GFIF}} = x \cdot \frac{f_2^2(f_3^2 - f_1^2)}{f_1^2(f_2^2 - f_3^2)}, \quad z_{\mathrm{GFIF}} = x \cdot \frac{f_3^2(f_1^2 - f_2^2)}{f_1^2(f_2^2 - f_3^2)} \tag{7.28}$$

式(7.27)和式(7.28)中，i 和 x 的取值不影响组合观测量特性。GPS 和北斗系统无几何无电离层组合观测量的线性组合系数见表 7.4。

表 7.4　GPS 和北斗系统无几何无电离层组合观测量的线性组合系数[12]

卫星导航系统	(x,y,z)			(i,j,k)			噪声放大系数 T_φ
GPS	1	-5.4212579352	4.4212579352	18095	-125892	107134	9.19
北斗系统	1	-4.2576658855	3.2576658855	83930	-439766	353587	6.86

无几何无电离层组合观测量消除了几何距离、接收机钟差、卫星钟差、对流层延迟误差和一阶电离层延迟误差的影响，仅包含模糊度、硬件延迟和测量噪声，适合于周跳探测、模糊度解算、硬件延迟变化监测、电离层研究和载波多径分析[16]。

7.3.3.4　伪距相位组合观测量

伪距相位组合观测量常用来修复周跳和解算模糊度，最常见的伪距相位组合观测量为由窄巷伪距与宽巷载波构成的 MW(Melbourne-Wubbena)组合观测量，即宽巷载波减窄巷伪距[17-18]：

$$\begin{aligned} \phi_{[1,-1,0]} - P_{[1,1,0]} &= \frac{f_1 \cdot \phi_1 - f_2 \cdot \phi_2}{f_1 - f_2} - \frac{f_1 \cdot P_1 + f_2 \cdot P_2}{f_1 + f_2} = \\ &\lambda_{(1,-1,0)}(\varphi_1 - \varphi_2) - \lambda_{(1,1,0)}\left(\frac{P_1}{\lambda_1} + \frac{P_2}{\lambda_2}\right) = \\ &\lambda_{(1,-1,0)} M_{(1,-1,0)} + \lambda_{(1,-1,0)}(v_1 - v_2) - \\ &\lambda_{(1,1,0)}\left(\frac{e_1}{\lambda_1} + \frac{e_2}{\lambda_2}\right) \end{aligned} \tag{7.29}$$

MW 组合消除了卫星位置误差、卫星钟差、接收机钟差、对流层延迟误差、电离层延迟误差等，仅受多径效应和观测噪声的影响，经过多历元的平滑，可以获得宽巷模糊度 $M_{(1,-1,0)}$，也可以用于周跳的探测与修复。

由式(7.8)和式(7.9)可知，基于伪距相位组合求解组合模糊度通用公式可表示如下：

$$\hat{M}_{(i,j,k)}=\frac{\phi_{[i,j,k]}-P_{[m,n,l]}}{\lambda_{(i,j,k)}}=\varphi_{(i,j,k)}-\frac{P_{[m,n,l]}}{\lambda_{(i,j,k)}}=$$

$$M_{(i,j,k)}-\frac{\mu_{[i,j,k]}+\mu_{[m,n,l]}}{\lambda_{(i,j,k)}}I+v_{(i,j,k)}-\frac{e_{[m,n,l]}}{\lambda_{(i,j,k)}} \tag{7.30}$$

忽略上式中的电离层延迟项,由式(7.17)和式(7.18)易得组合模糊度估值精度为

$$\sigma_{\hat{M}_{(i,j,k)}}=\sqrt{\sigma^2_{\varphi_{(i,j,k)}}+\frac{\sigma^2_{P_{[m,n,l]}}}{\lambda^2_{(i,j,k)}}}=$$

$$\sqrt{T^2_{\varphi}\cdot\sigma^2_v+\frac{(m\cdot f_1)^2+(n\cdot f_2)^2+(l\cdot f_3)^2}{\lambda^2_{(i,j,k)}f^2_{(m,n,l)}}\cdot\sigma^2_e} \tag{7.31}$$

式中:取载波测量精度 $\sigma_v=0.02$ 周、伪距测量精度 $\sigma_e=0.6$ m,由此通过宽巷载波减窄巷伪距组合观测量计算 GPS 和北斗系统宽巷模糊度的估值精度见表 7.5。

表 7.5 GPS 和北斗系统通过宽巷载波减窄巷伪距组合观测量计算宽巷模糊度的估值精度

$[i,j,k]$	$[m,n,l]$	$\lambda_{(i,j,k)}$/m		$\sigma_{\hat{M}_{(i,j,k)}}$/周	
		GPS	北斗系统	GPS	北斗系统
(1,-1,0)	(1,1,0)	0.862	1.025	0.497	0.417
(1,0,-1)	(1,0,1)	0.751	0.847	0.571	0.506
(0,1,-1)	(0,1,1)	5.861	4.884	0.078	0.091

从表 7.5 可知,对于 GPS 和北斗系统,利用宽巷载波减窄巷伪距组合估计宽巷组合(0,1,-1)模糊度的精度优于 0.1 周,单历元直接取整即可可靠获得其模糊度整数值。而对于宽巷组合(1,-1,0)和(1,0,-1),则可采用多历元平滑的方法求取其模糊度整数值。

7.4 误差源及其处理策略

从卫星发射信号,信号经过各种介质传播到接收机,在接收机接收信号并进行信号处理的整个过程中受到各种误差的影响,这些误差大体可以分为三类[15]:第一类与电磁波传播有关,如对流层折射误差、电离层折射误差和多径效应误差;第二类与钟频率有关,如相对论效应、卫星和接收机钟差;第三类与参考基准有关,如卫星轨道误差、天线相位中心误差、地球自转效应以及地球固体潮影响等。在这些误差源中,有些可以通过精确建模进行改正,有些可以用一定方法消除或减弱,有些则必须用参数进行补偿。

7.4.1 卫星轨道误差

卫星轨道误差:卫星星历中表示的卫星轨道与真正轨道之间的不符值。

卫星星历可分为广播星历和精密星历两类。广播星历可通过导航电文获得，精密星历由国际 GNSS 服务(IGS)中心提供，GPS 星历产品相关情况见表 7.6。目前有三个 IGS 分析中心提供北斗精密星历，即欧洲定轨中心(CODE)、德国地学中心(GFZ)和我国的武汉大学，整体上北斗精密星历对应的空间信号距离误差(SISRE)约为 30cm，而如果仅考虑 IGSO/MEO 卫星，则其 SISRE 将优于 10cm[19]，北斗广播星历精度情况见表 7.7。

表 7.6 GPS 星历产品相关情况[20]

星历类型	精度	延迟	更新时间	来源
广播星历	轨道：约 100cm(1DmRMS) 钟差：约 5ns(RMS) 约 2.5ns(STD)	实时	每 2h	广播电文
超快预报星历	轨道：约 5cm(1DmRMS) 钟差：约 3ns(RMS) 约 1.5ns(STD)	实时	03、09、15、21 UTC	IGS
超快星历	轨道：约 3cm(1DmRMS) 钟差：约 150ps(RMS) 约 50ps(STD)	3 ~ 9h	03、09、15、21 UTC	IGS
快速星历	轨道：约 2.5cm(1DmRMS) 钟差：约 75ps(RMS) 约 25ps(STD)	17 ~ 41h	17 UTC，每天	IGS
精密星历	轨道：约 2.5cm(1DmRMS) 钟差：约 75ps(RMS) 约 20ps(STD)	12 ~ 18 天	每周四	IGS

注：1DmRMS 表示将 X、Y、Z 方向的三维误差分量合成为一维标量误差后计算所得的均方根误差；STD 表示标准差

表 7.7 北斗广播星历精度[21]

卫星类型	轨道精度/m	钟差/ns
GEO	约 1.8	小于 6
IGSO/MEO	小于 1.2	小于 4

从表 7.7 可知，目前北斗广播星历精度约为 2m，与 GPS 广播星历精度相比还有一定差距，其原因是：①北斗监测站区域分布导致几何结构弱、轨道外推精度低；②北斗 GEO 卫星本身观测几何差，且力学模型精度低；③其他力学模型(如太阳光压模型、相位中心改正等)还需要精化等。

差分解算模式可以大大消除大部分卫星位置误差，但残余误差仍会对中长基线产生影响。长度为 l 的 GNSS 基线因卫星轨道误差 Δr 所引起的误差 Δl 可用下式来估算[22]：

$$\Delta l(\mathrm{m}) \approx \frac{l(\mathrm{km})}{h(\mathrm{km})} \cdot \Delta r(\mathrm{m}) \tag{7.32}$$

式中:h 为卫星轨道高度。根据上述公式,取 $h=20000\text{km}$。表7.8列出了不同卫星轨道误差对不同长度基线所引起的基线误差。

表7.8　卫星位置误差引起的基线误差

卫星位置误差/m	基线长度/km	基线绝对误差/mm	基线相对误差/10^{-6}
10	1	0.5	0.5
	10	5	0.5
	50	25	0.5
	100	50	0.5
	500	250	0.5
2	1	0.1	0.1
	10	1	0.1
	50	5	0.1
	100	10	0.1
	500	50	0.1

由表7.8可以看出:广播星历(2m)对小于50km的基线测量影响基本可以忽略,对超过50km的基线测量则需要考虑用其他方法来进一步减弱卫星位置误差的影响,如采用超快预报星历,对于事后处理的用户,更有效的方法是采用精密星历,并采用差分解算基本可以消除卫星位置误差的影响。对于北斗GEO卫星,尽管其广播轨道精度比IGSO和MEO差,但由于其轨道高度达到36000km,因此差分对其轨道误差的削弱作用将更为显著。

7.4.2　卫星钟误差

卫星钟误差定义:卫星钟频率漂移引起的卫星钟时间与GNSS标准时之间的差值称为卫星钟误差。

卫星钟误差可以通过广播星历和精密卫星钟差两种方式提供。广播星历一般以二阶多项式形式提供卫星钟误差:

$$dt^s = a_0 + a_1(t - t_{oc}) + a_2(t - t_{oc})^2 \tag{7.33}$$

式中:a_0 为钟偏(s);a_1 为钟速(s/s);a_2 为钟漂(s/s^2);t_{oc} 为钟差参数参考时刻;t 为当前时刻。经过二阶多项式改正后,卫星钟差仍会残余0.3~4m误差[23]。残余误差大小主要与卫星类型和钟差参数龄期相关。一般情况下,星历参数上行注入卫星时,其误差最小,随着钟差参数龄期的增大而逐渐恶化。对GPS而言,当钟差参数龄期为零时,钟差误差一般约为0.8m,24h后(下一次上行注入)为1~4m,平均龄期对应的钟差误差约为1.1m[23]。北斗GEO卫星在中国境内的上行注入周期一般为1h,钟差误差约为0.6m;而对于北斗IGSO和MEO卫星,部分时段不能以1h周期上行注入导航电文参数,在离开中国上空的几小时后,其钟差误差将逐渐恶化至数米。

对于 GPS 卫星,可以使用 IGS 提供的精密卫星钟差产品,精度可达 0.1ns,具体见表 7.6。目前,IGS 分析中心提供的精密卫星钟差有 4 种,采样间隔分别为 15min、5min、30s 和 5s。IGS 分析中心的 CODE 从 2004 年 1 月 24 日开始提供间隔 30s 的精密卫星钟差数据,从 2008 年 5 月 4 日开始提供间隔 5s 的精密卫星钟差数据。用户可以通过内插得到卫星钟差。对于 15min 和 5min 间隔的钟差可以采用多项式内插,而 30s 和 5s 间隔的钟差可直接采用线性内插。

7.4.3 卫星天线相位中心偏差

卫星天线相位中心偏差定义:卫星天线相位中心和卫星质心之间的偏差。

IGS 提供的精密星历相对于卫星的质心,广播星历相对于卫星天线相位中心。GNSS 信号是从相位中心发出的。因此,在利用精密星历时就必须顾及卫星天线质量中心和相位中心之间的偏差。卫星天线相位中心偏差(PCO)是指卫星质心与卫星天线相位中心之间的距离,即卫星天线相位中心在卫星体坐标系中的位置,不同的卫星天线,其相位中心偏心误差也不一样,误差改正公式为[1]

$$\Delta \boldsymbol{r}^s = \boldsymbol{R}\Delta \boldsymbol{r} \tag{7.34}$$

式中:$\boldsymbol{R}=[\boldsymbol{e}_x,\boldsymbol{e}_y,\boldsymbol{e}_z]$为卫星载体姿态矩阵,$\boldsymbol{e}_z$ 为卫星质心指向地球质心方向的单位矢量,$\boldsymbol{e}_x$ 为太阳质心、地球质心与卫星质心确定的平面内与$\boldsymbol{e}_z$ 垂直的方向的单位矢量,$\boldsymbol{e}_y$ 为第 3 个方向的单位矢量,与$\boldsymbol{e}_x$ 和$\boldsymbol{e}_z$ 成右手系;$\Delta\boldsymbol{r}=[\Delta x,\Delta y,\Delta z]^{\mathrm{T}}$ 为天线相位中心在星体坐标系中的位置。

卫星天线相位中心偏心与卫星的类型有关,目前 IGS 官方产品提供 GPS 和 GLONASS 卫星天线的 PCO 和相位中心变化(PCV)参数,发布在 ANTEX 格式(Antenna Exchange Format)文件中,用户可以从 ftp://igs.org/pub/station/general/igs08_****.atx 文件中提取。

目前北斗卫星天线相位中心改正主要有以下 3 种方法[24]:①国际多 GNSS 试验(MGEX)工程使用的 PCO 参数,即 $\Delta x=0.6\mathrm{m}$,$\Delta y=0.0\mathrm{m}$,$\Delta z=1.1\mathrm{m}$;②卫星制造商公布的 PCO 参数,即 $\Delta x=0.634\mathrm{m}$,$\Delta y=-0.003\mathrm{m}$,$\Delta z=1.075\mathrm{m}$;③欧洲空间局(ESA)/欧洲空间运行中心(ESOC)使用北斗三频观测值解算得到的改正模型,其针对北斗 IGSO 和 MEO 卫星给出了 PCO 和 PCV 改正模型。

7.4.4 相对论效应

依据相对论理论,卫星和接收机在惯性空间中的运动速度不同,以及卫星和接收机所在位置的地球引力位不同,由此将导致卫星钟产生频率漂移[15]:

$$\frac{\Delta f}{f}=\frac{1}{c^2}\left(\frac{GM}{R_{\mathrm{E}}}-\frac{3}{2}\frac{GM}{a}+\frac{v_{\mathrm{E}}^2}{2}\right)-\frac{2\sqrt{GM\cdot a}}{c^2}e\cos E\frac{\mathrm{d}E}{\mathrm{d}t} \tag{7.35}$$

式中:c 为光速;GM 相乘得到地心引力常数;R_{E} 为地球半径;v_{E} 为地球运动速度;a 为 GNSS 卫星轨道半长轴;e 为 GNSS 卫星轨道偏心率;E 为 GNSS 卫星的偏近点角。式

(7.35)中,第一项为圆形轨道时的广义相对论效应引起的频率误差,在卫星发射前将 GNSS 卫星钟频率进行调整,以消除其影响。第二项为由轨道偏心率产生的周期性部分,此频率误差引起的距离误差改正公式为

$$d_{\mathrm{rel}}^{s} = -\frac{2\sqrt{GM \cdot a}}{c} e\sin E = -\frac{2}{c}\boldsymbol{r}^{s} \cdot \dot{\boldsymbol{r}}^{s} \tag{7.36}$$

式中:$\boldsymbol{r}^s$ 和 $\dot{\boldsymbol{r}}^s$ 分别代表卫星的位置矢量和速度矢量。

除了狭义相对论效应产生的卫星钟频率漂移外,广义相对论效应还包括由于地球引力场引起的信号传播的几何延迟,常称为引力延迟,计算公式为[15]

$$d_{\mathrm{G}} = \frac{2GM}{c^2}\ln\frac{r^s + r_{\mathrm{r}} + \rho}{r^s + r_{\mathrm{r}} - \rho} \tag{7.37}$$

式中:r^s 和 r_{r} 分别为卫星和接收机到地球质心的距离;ρ 为卫星到接收机的距离。

7.4.5 地球自转效应

地球自转效应误差定义:导航信号从卫星发射到接收机接收期间地球自转引起的距离误差。

由于在卫星信号发射到接收机接收信号的时间内地球在自转,所以在地固系中计算星地几何距离时会引入一种地球自转效应或 sagnac 效应,其距离误差改正公式为[25]

$$d_{\mathrm{sagnac}} = \frac{\omega_{\mathrm{E}}}{c}(x^s y_{\mathrm{r}} - y^s x_{\mathrm{r}}) \tag{7.38}$$

式中:ω_{E} 为地球自转角速度;x^s、y^s 和 x_{r}、y_{r} 分别为卫星和接收机空间直角坐标的 x 和 y 分量。也可以采取直接改正卫星空间直角坐标的方式改正地球自转效应的影响,即[23]

$$\begin{bmatrix} x^s \\ y^s \\ z^s \end{bmatrix}_{\text{改正后}} = \begin{bmatrix} \cos(\omega_{\mathrm{E}} \cdot \tau^s) & \sin(\omega_{\mathrm{E}} \cdot \tau^s) & 0 \\ -\sin(\omega_{\mathrm{E}} \cdot \tau^s) & \cos(\omega_{\mathrm{E}} \cdot \tau^s) & 0 \\ 0 & 0 & 1 \end{bmatrix} \begin{bmatrix} x^s \\ y^s \\ z^s \end{bmatrix}_{\text{改正前}} \tag{7.39}$$

式中:τ^s 为卫星的信号传输时间。

7.4.6 对流层延迟误差

对流层延迟误差定义:导航卫星信号经过对流层和平流层时由于其折射而产生的附加时间延迟量。

对流层位于大气的最低层,其高度因纬度而不同,在低纬度地区平均高度为 17 ~ 18km,在中纬度地区平均为 10 ~ 12km,极地平均为 8 ~ 9km,集中了约 75% 的大气质量和 90% 以上的水汽质量。

对流层延迟泛指非电离大气对电磁波的折射。由于折射的 80% 发生在对流层,

所以通常称为对流层折射。对流层延迟的 80% ~90% 是由大气中干燥气体引起的，称为干分量；其余 10% ~20% 是由水汽引起的，称为湿分量。在天顶方向，干分量延迟为 2 ~3m，湿分量延迟为 1 ~80cm。对流层延迟主要与气候、气压、温度、湿度和卫星仰角有关。干分量随时间变化较慢，约 2cm/12h。湿分量主要与水汽分布相关，随时间和空间变化较快，其变化量可达干分量变化量的 3 倍。对于仰角为 3°的卫星，对流层总延迟最大可达 50m。在相对测量中，当流动站与基准站的高差超过 6000m 时，如果不修正对流层延迟，则由对流层延迟引起的高程误差可达 5m。

卫星仰角为 E 的观测值所受到的对流层延迟可以写为

$$T^s = d_h^z \cdot \mathrm{mf}(E, a_h, b_h, c_h) + d_w^z \cdot \mathrm{mf}(E, a_w, b_w, c_w) \tag{7.40}$$

式中：T^s 为对流层总延迟；d_h^z、d_w^z 分别为天顶干分量延迟和天顶湿分量延迟；$\mathrm{mf}(E, a_h, b_h, c_h)$、$\mathrm{mf}(E, a_w, b_w, c_w)$ 分别为干分量延迟、湿分量延迟的映射函数。用上述模型计算对流层延迟，其精度主要取决于对流层天顶延迟模型、映射函数以及地面气象元素的精度。

映射函数的函数模型一般为[26]

$$\mathrm{mf}(E, a, b, c) = \frac{1 + \dfrac{a}{1 + \dfrac{b}{1 + c}}}{\sin E + \dfrac{a}{\sin E + \dfrac{b}{\sin E + c}}} \tag{7.41}$$

式中：a、b、c 为数值较小的常数，干分量和湿分量分别采用不同的系数（a_h, b_h, c_h）和（a_w, b_w, c_w）。

GNSS 高精度数据处理中，通常采用精度较高的 NMF/Saastamoinen 模型[27]、GMF/GPT-ZHD 模型[28-29]、VMF1/ECMWF-ZHD 模型[30]。

NMF/Saastamoinen 模型中，Saastamoinen 模型的干分量和湿分量分别为

$$d_h^z = 10^{-6} K_1 R_d \frac{p}{g_m} \tag{7.42}$$

$$d_w^z = \frac{0.002277}{g_m}\left(\frac{1255}{T} + 0.05\right)e \tag{7.43}$$

式中：$K_1 = 77.604$ 为大气折射常数；$R_d = 8.314/28.9644$ 为干气的气体常数；p 为干气压（mbar）；e 为湿气压（mbar）；T 为绝对温度（K）；g_m 为平均重力，$g_m \approx 9.784(1 - 0.002626\cos 2\varphi - 0.00028H)$，$\varphi$、$H$ 分别为用户纬度和高程（km）。NMF 模型以 15°间隔的列表给出各参数数值[27]，同时考虑了季节性变化。NMF 模型不仅精度相对较高[31]，而且应用方便，不需要气象参数，只需测站坐标和年积日即可获得相应的映射函数值。

VMF1/ECMWF-ZHD 模型基于欧洲中期天气预报中心气象资料推导得到，采用全球格网（经度 2.5°×纬度 2.0°），每 6h 为每个格网点给出一组系数（包括映射函数参数、天顶干分量和天顶湿分量），供内插使用。VMF1 事后模型滞后时间至少 34h，

非商业用户也可以申请获得其预报模型。VMF1/ECMWF-ZHD 模型的对流层延迟改正精度最高，不过需要从外部获取 VMF1/ECMWF-ZHD 模型参数信息，应用不方便，而且其事后模型也不利于实时应用。

GMF/GPT-ZHD 是一个经验模型，输入参数只需测站位置和年积日即可获得高精度的对流层延迟改正。GMF 模型参数（均值和年变化量）由 ECMWF 三年数据推导获得，以 9 阶球谐函数形式给出。GPT-ZHD 则由 9 阶球谐函数形式的全球气压温度模型计算获得测站的气压和温度，再结合 Saastamoinen 等经验模型，计算获对流层天顶延迟。GPT 模型考虑了地域和季节性变化，相对于仅仅考虑基于高程变化的气压模型而言[32]，模型精度有进一步的改进。

目前多数 IGS 分析中心一般将 GMF 作为映射函数模型[33]。GMF 模型具有更好的全球适用性[34]，虽然精度稍稍低于 VMF1/ECMWF-ZHD 模型，但不需要外部数据支持，应用更为方便。

需要指出的是，对流层天顶延迟模型是气象元素的函数，如果气象元素存在误差，将直接影响对流层天顶延迟的精度。例如，在炎热潮湿的天气里，仅 1% 的相对湿度误差将导致 4mm 的对流层天顶延迟误差，进而导致大于 1cm 的高程误差，而 1℃的温度误差将导致 27mm 的对流层天顶延迟误差，进而引起近 8cm 的高程误差[14]。对流层延迟对高精度基线测量的影响分两种情况：

（1）相对对流层延迟：流动站与基准站之间的对流层延迟差值，对高程的影响特别显著。所引起的高程误差为[35-36]

$$\Delta h=\frac{\Delta T^{s}}{\sin E_{\min}} \tag{7.44}$$

式中：ΔT^s 为相对对流层延迟；$E_{\min}$ 为卫星截止角。当 $E_{\min}=20°$ 时，1mm 的 ΔT^s 将导致 3mm 的高程误差。

（2）绝对对流层延迟：流动站与基准站之间对流层延迟相同值，主要影响基线的尺度因子[35-36]。

$$\frac{\Delta l}{l}=\frac{T^{s}}{R_{\mathrm{E}}\sin E_{\min}} \tag{7.45}$$

式中：T^s 为绝对对流层延迟；l 和 Δl 分别为基线长度和基线误差；R_{E} 为地球半径。当 $E_{\min}=20°$ 时，2m 的 T^s 将导致约 10^{-6} 的尺度误差。

在高精度定位应用中，一般先采用对流层模型进行修正，然后将残余分量作为湿分量残余延迟进行估计。通常采用确定性模型或随机性模型进行估计。如果用确定性模型，根据天气条件变化快慢情况和测量时间的长短，$\Delta d_{\mathrm{w}}^{z}$ 可为单个常数变量、分时段的多个常数变量、多项式函数（以时间为自变量）或梯度函数[37-38]，用最小二乘法来估计。如果用随机性模型，$\Delta d_{\mathrm{w}}^{z}$ 可以是随机游走或一阶 Gauss-Markov 的随机变量，用卡尔曼滤波来处理[39]。

7.4.7 电离层延迟误差

电离层延迟误差定义：导航卫星信号经过电离层时由于其折射而产生的附加时间延迟量。

电离层是离地面50～1000km之间的大气层。电离层对通过的GNSS信号会产生折射作用，使相位的传播速度加快（相速度），而使伪距传播速度（群速度）减慢。电离层折射对GNSS测距的影响，最小为1～3m，最大可达150m。

电离层状态受11年太阳黑子周期、季节周期和日周期所支配。太阳扰动和磁暴又使电离层发生不规则变化。电离层为散射介质，其折射与频率有关。如果忽略高阶项，伪距的电离层延迟可以写为

$$I = \frac{40.3 \cdot \mathrm{TEC}}{f^2} \tag{7.46}$$

式中：f为载波频率；TEC为卫星信号传播路径上的总电子量。载波相位的电离层延迟与伪距的电离层延迟，大小相等，符号相反。

根据电离层性质，一般可采用以下4种方法减小电离层延迟误差影响。

（1）利用导航电文提供的Klobuchar模型来修正电离层延迟，不过其预报精度较差，一般用于精度要求较低的导航用户。

（2）差分技术可以大大减小电离层折射的影响，不过其残余误差随基线长度的增加而增大。对于导航应用，有效距离一般约为150km。对于高精度RTK测量应用，有效距离约10km；当基线长度超过10km时，由于残余的电离层折射误差较大，会导致模糊度整数估计成功率显著下降。

（3）用双频无电离层组合观测值消除电离层延迟误差，是高精度伪距导航、长基线高精度测量、精密单点定位最常用的方法，即

$$\begin{cases} P_{\mathrm{IF}} = \dfrac{f_1^2}{f_1^2 - f_2^2} P_1 - \dfrac{f_2^2}{f_1^2 - f_2^2} P_2 \\ \phi_{\mathrm{IF}} = \dfrac{f_1^2}{f_1^2 - f_2^2} \phi_1 - \dfrac{f_2^2}{f_1^2 - f_2^2} \phi_2 \end{cases} \tag{7.47}$$

（4）采用电离层加权模型[40-41]，主要用于提高中长基线模糊度解算成功率，以补偿电离层延迟对模糊度解算的影响。每个历元的每颗卫星都需要引入一个电离层延迟的伪观测值I_{v}：

$$I_{\mathrm{v}} = \frac{I}{f^2 \cos Z'} + \varepsilon_I \tag{7.48}$$

式中：I_{v}的数学期望值为0；Z'为该点观测卫星的天顶距，待估参数I的验前方差σ_I^2可以根据基线长度来给定。电离层加权模型有两种极端情况：一种是$\sigma_I^2 = 0$，认为$I_{\mathrm{v}} = 0$，完全忽略电离层误差的影响，称为电离层常数模型，适用于短基线的GNSS静态或动态测量；另一种是$\sigma_I^2 \to \infty$，电离层误差没有任何约束，每个历元每颗卫星的电

离层误差都作为未知参数来估计，称为电离层浮点模型。如果伪距观测值不参与估计，则它等价于无电离层组合观测值 ϕ_{IF}。

相对于电离层浮点模型，只要 σ_1^2 取值适当，电离层加权模型在保证模糊度解算可靠性的同时，也可以缩短模糊度成功解算的观测时间。

7.4.8　相位绕转效应

相位绕转效应(Wind-up)定义：接收机天线与卫星天线相对转动所产生的载波相位观测值与理论值之间的差异。

由于 GNSS 信号通过右旋极性波传播，因此载波相位观测量与卫星天线和接收机天线的相对指向相关，接收机天线与卫星天线相对转动就会影响载波相位的测量，这一现象即相位绕转效应。对于接收机天线，其旋转引起的相位观测值变化，各卫星相同，可被接收机钟差吸收。而对于缓慢旋转的卫星天线，引起的相位观测值变化却各不相同。相位绕转效应对于几百千米以内的基线解算影响很小，可以忽略。相位绕转效应对精密单点定位的影响较为明显，可能会导致位置和钟差的解算误差达到分米量级。相位绕转改正表达式为[42]

$$\begin{cases} \boldsymbol{D}^s = \boldsymbol{x}^s - \boldsymbol{k}\cdot(\boldsymbol{k}\cdot\boldsymbol{x}^s) - \boldsymbol{k}\times\boldsymbol{y}^s \\ \boldsymbol{D}_r = \boldsymbol{x}_r - \boldsymbol{k}\cdot(\boldsymbol{k}\cdot\boldsymbol{x}_r) + \boldsymbol{k}\times\boldsymbol{y}_r \\ \Delta\phi = \mathrm{sign}(\boldsymbol{k}\cdot(\boldsymbol{D}^s\times\boldsymbol{D}_r))\arccos\left(\dfrac{\boldsymbol{D}^s\cdot\boldsymbol{D}_r}{|\boldsymbol{D}^s||\boldsymbol{D}_r|}\right) \\ N = \mathrm{Int}\left(\dfrac{\Delta\Psi_{\mathrm{pre}} - \Delta\phi}{2\pi}\right) \\ \Delta\Psi = 2N\pi + \Delta\phi \end{cases} \tag{7.49}$$

式中：$\boldsymbol{k}$ 为卫星指向接收机的单位矢量；$\boldsymbol{x}^s$、$\boldsymbol{y}^s$ 为卫星天线姿态单位矢量；$\boldsymbol{x}_r$、$\boldsymbol{y}_r$ 为接收机天线姿态单位矢量；$\Delta\Psi$ 为 Wind-up 相位改正量；$\Delta\Psi_{\mathrm{pre}}$ 为之前的 Wind-up 相位改正值；Int(·)表示取整。

7.4.9　接收机天线相位中心偏差

接收机天线相位中心偏差定义：接收机天线相位中心相对于天线几何中心的偏差，称为天线相位中心偏差(PCO)。天线相位中心将随卫星信号高度角和方位角变化而发生微小变化，称为天线相位中心变化(PCV)。

天线相位中心偏差和天线相位中心变化由生产厂商提供，也可由专业测量机构进行标定，供高精度用户使用。NGS 收集了市面上绝大多数 GNSS 接收机天线的 PCO 和 PCV 数据，用户可以访问有关网页(http://www.ngs.noaa.gov/ANTCAL)获得这些数据。

7.4.10　潮汐效应

1)固体潮

固体潮效应定义：日月对弹性地球的引力作用，使地球表面产生周期性的涨落而引起点位坐标的变化。

地球固体潮的影响在径向可达到 30cm，在水平方向可达到 5cm，该影响包含与纬度相关的永久潮汐和半周日、周日潮汐的周期部分，永久部分在中纬度地区径向可达 12cm。固体潮影响测站坐标的变化量用下式进行改正，精度达到毫米级[1]：

$$\Delta \boldsymbol{r}_{\text{solid}} = \sum_{j=2}^{3} \frac{GM_j\, r^4}{GM\, r_j^3}\left\{3l_2(\boldsymbol{r}_j \cdot \boldsymbol{r})\boldsymbol{r}_j + \left[3\left(\frac{h_2}{2} - l_2\right)\cdot(\boldsymbol{r}_j \cdot \boldsymbol{r})^2 - \frac{h_2}{2}\right]\cdot \boldsymbol{r}\right\} + [-0.025\sin\phi\cos\phi\sin(\theta_g + \lambda)]\cdot \boldsymbol{r} \tag{7.50}$$

式中：GM_j 相乘的结果为摄动天体的引力常数；GM 相乘的结果为中心天体（地球）的引力常数；$\boldsymbol{r}_j$ 为摄动天体在地心参考系中的单位位置矢量；$\boldsymbol{r}$ 为台站在地心参考系中的单位位置矢量；r 为台站到地心的距离；r_j 为摄动天体到地心的距离；l_2、h_2 分别为二阶正常化 Love 和 Shida 常数；ϕ、λ 分别为台站纬度和经度；θ_g 为格林尼治平恒星时。

2）海洋潮

海洋潮效应：日月引力作用可引起全球海水分布的变化，导致海岸地区负载的变化，进而引起海岸表面垂直和水平位移。

海洋潮效应的垂直和水平分量可分别达到 5cm 和 2cm。对于离海岸较远（大于 1000km）的测站，海洋负载潮引起的形变可以忽略。海洋负载潮模型参考文献[1]和[43]。

3）极潮

极潮效应：地壳对地球自转轴指向偏移所引起的弹性响应。

极潮效应引起的垂直方向和水平方向的最大形变分别可达到 25mm 和 7mm。利用二阶 Love 和 Shida 常数，可得纬度、经度和高程的形变改正[1]：

$$\begin{cases} \Delta\varphi_{\text{pole}} = -9\cos2\varphi(X_p\cos\lambda - Y_p\sin\lambda) \\ \Delta\lambda_{\text{pole}} = +9\cos2\varphi(X_p\sin\lambda + Y_p\cos\lambda) \\ \Delta h_{\text{pole}} = -32\sin2\varphi(X_p\cos\lambda - Y_p\sin\lambda) \end{cases} \tag{7.51}$$

式中：X_p 和 Y_p 是用角秒表示的地极坐标。

7.4.11 多径效应和观测噪声

多径效应定义：GNSS 接收机天线，除了直接收到卫星所发射的信号外，还可能收到天线周围地物反射的卫星信号，这种现象称为多径效应。

多径效应不仅影响观测值的精度，严重时还会使信号失锁，是 GNSS 短基线高精度测量的主要误差源。

多径效应对伪距的影响最大可达伪距码元长度的 1/2[44]。对 GPS C/A 码而言，多径的影响可能达到 10～20m，最严重时可能高达 100m；对 P 码的影响最大可达 10m 左右。相比较而言，多径效应对载波相位的影响较小，最大影响为 1/4 周[4]，一般情况下,其影响约为1cm左右。多径效应的影响与卫星信号方向、反射系数以及反射物距离有关,由于测量环境复杂多变,多径效应难以模型化,也不能用差分方法来消除或减弱。一般采用预防性措施来减弱多径效应的影响,如天线远离反射物、天线上设置抑径板、改善码和相位跟踪环路等。数据处理中,一般把多径效应作为偶然误差来处理。

除多径误差及上述其他具有系统性质的误差外,GNSS观测中还含有剩余的白噪声影响。不同卫星的观测值噪声之间一般是独立的。观测值噪声与码相关模式、接收机机动状态和卫星仰角有关。GPS C/A码的观测噪声一般为1.5m,但受信噪比影响,C/A码的观测噪声在0.2~3m之间变化。GPS P码的观测噪声为10~30cm。载波相位的噪声一般为波长的1%,对于不同的接收机类型和信噪比,载波相位的观测噪声在0.1%~10%之间变化。

总体而言,GNSS观测量随机噪声一般包含观测噪声和多径效应,它与接收机类型、卫星仰角高低和具体测量环境等因素有关。不同类型接收机的观测噪声不同,低仰角观测量比高仰角观测量的观测噪声大,而多径效应则与具体测量环境有关。

在数据处理中,一般认为各卫星的观测噪声水平近似相同,且不随时间变化,即各卫星的相位观测值都具有相等的单位权。为了更精确地反映各卫星的观测值噪声水平,可采用卫星仰角来估计卫星的观测精度:

$$\sigma = \frac{\sigma_0}{\sin E} \tag{7.52}$$

式中:E是卫星高度角。

7.5　北斗卫星端多径误差

随着北斗卫星导航系统的发展,其导航、定位和授时等服务性能逐步得到了评估与验证[45-46],北斗卫星导航系统信号也体现出一些不同于其他GNSS信号的特性。Hauschild等[47]通过对北斗二号首颗MEO卫星信号进行分析,首次发现北斗B1和B2频点信号伪距观测量中存在长期变化的系统性偏差。Montenbruck等[48]通过MGEX站数据分析,进一步指出北斗三频信号伪距观测量均存在系统性偏差,且该偏差变化范围为0.4~0.6m,类似现象在GPS SVN49卫星上也出现过[49]。相关研究指出,此类误差可能由卫星端多径误差引起[50],简称为北斗卫星端多径。图7.1以GPS、Galileo系统、QZSS和BDS 4颗卫星MP(多径)序列为例对北斗卫星端多径进行了描述。从图7.1中可以看出GPS、Galileo系统和QZSS卫星MP时间序列均表现出白噪声特性,而北斗卫星MP序列中则包含一个系统性偏差,即北斗卫星端多径误差。该星上多径误差与高度角相关,在MEO卫星上最大可达1m。

目前,有关北斗卫星端多径研究主要集中在两个方面:一是北斗卫星端多径误差改正问题;二是北斗卫星端多径误差影响分析。

有关北斗卫星端多径误差改正问题，现有研究主要是对卫星端多径误差进行建模，并构造相应改正模型。Wanninger 等[51] 首次系统地研究了北斗二号三频信号卫星端多径的特性，指出该卫星端多径误差与高度角及频率相关，并建立了 IGSO 和 MEO 卫星各信号卫星端多径的高度角分段线性改正模型。Lou 等[52] 通过估计星间差分小数误差对北斗 GEO、IGSO 和 MEO 三类卫星端多径误差进行建模，并给出了相应的与高度角相关的多项式改正模型。Zou 等[53] 通过改进已有方法，对北斗每颗 IGSO 和 MEO

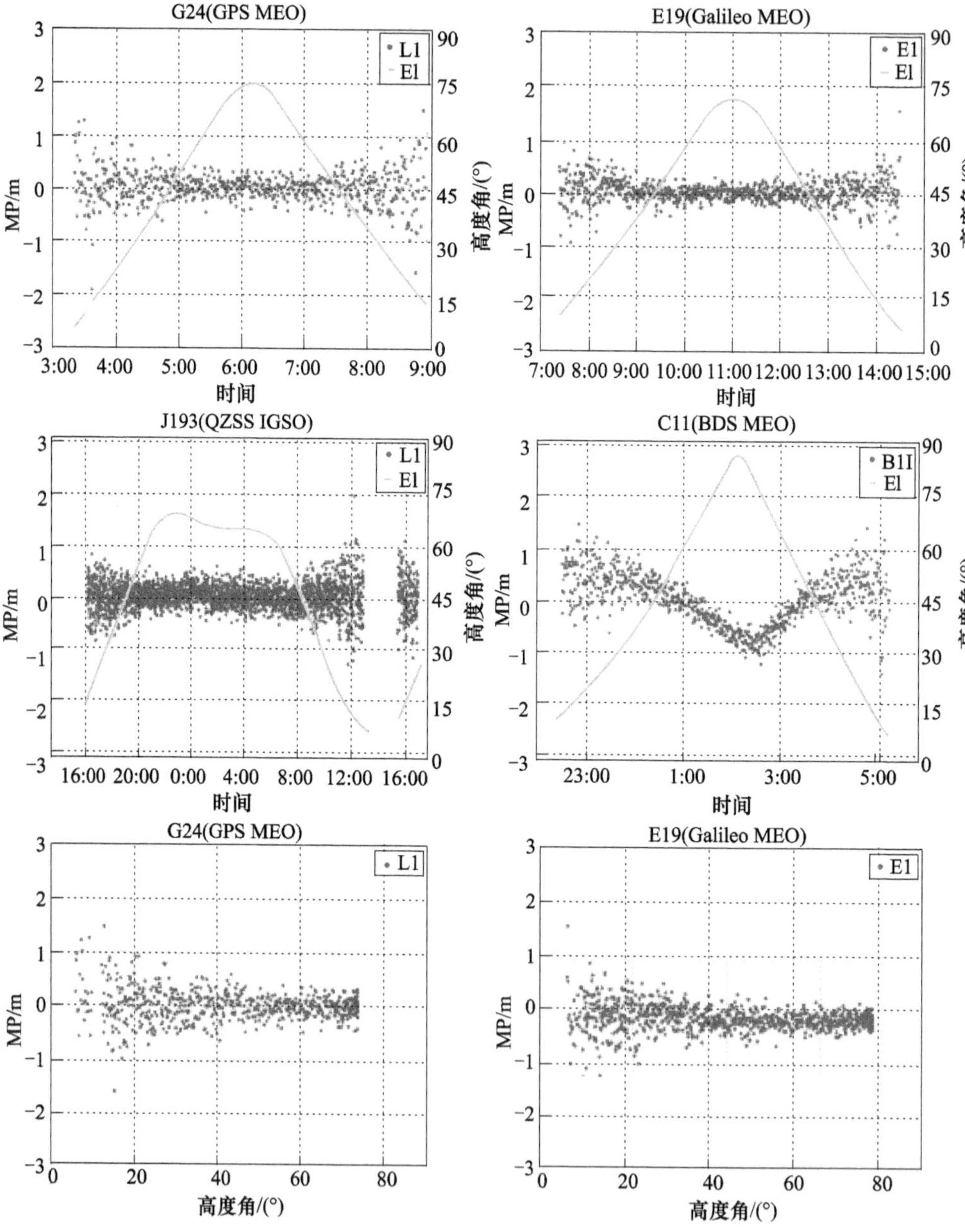

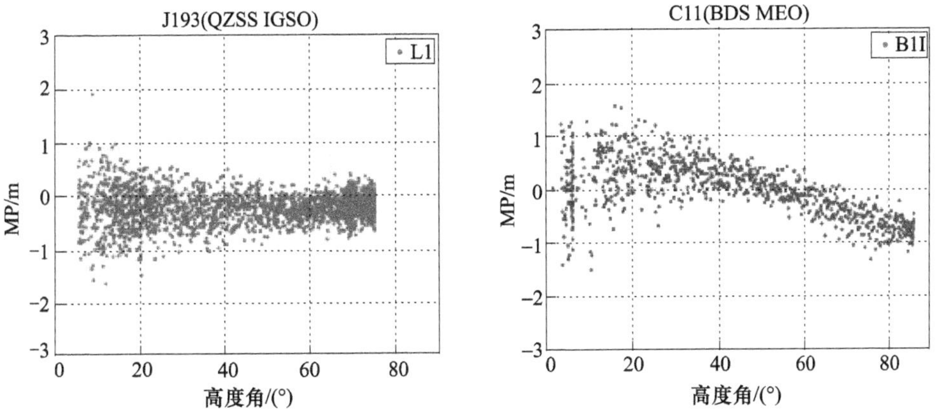

图7.1 GNSS MP序列时间序列及其与高度角的关系图(见彩图)

卫星端多径进行单独建模,并给出了与高度角相关的多项式改正模型。也有学者采用天底角作为自变量[54],通过国际GNSS监测评估系统(iGMAS)和MGEX监测站数据分析,构建了北斗IGSO和MEO卫星端多径的分段线性改正模型,并通过FY3C低轨卫星数据对北斗三类卫星端多径误差进行了进一步的分析。此外,也有学者[55]通过卡尔曼滤波修正方法对北斗卫星端多径误差进行改正,取得了良好的改正效果。

有关北斗卫星端多径的影响分析,主要集中在其对长基线宽巷模糊度解算及PPP宽巷非整周偏差(FCB)解算的影响上。Zhang等[56]研究了北斗星上多径在MW组合中的特性,并初步分析了其对宽巷模糊度解算的影响,指出卫星端多径误差会严重影响长基线双差宽巷模糊度的解算。北斗卫星端多径对宽巷模糊度解算的影响,采用模型改正后,长基线双差宽巷模糊度解算成功率显著提高[57]。北斗卫星端多径误差对PPP宽巷FCB解算的影响,也可通过模型进行改正[54],修正后宽巷FCB重复精度显著提高。

7.5.1 北斗二号卫星端多径改正模型

目前,较常用的改正模型为Wanninger改正模型,该改正模型依据MP组合,建立基于高度角的分段线性改正模型,具体模型如表7.9所列。

表7.9 Wanninger北斗卫星端多径改正模型[51]

高度角/(°)		0	10	20	30	40	50	60	70	80	90
IGSO	B1	-0.55	-0.40	-0.34	-0.23	-0.15	-0.04	0.09	0.19	0.27	0.35
	B2	-0.71	-0.36	-0.33	-0.19	-0.14	-0.03	0.08	0.17	0.24	0.33
	B3	-0.27	-0.23	-0.21	-0.15	-0.11	-0.04	0.05	0.14	0.19	0.32
MEO	B1	-0.47	-0.38	-0.32	-0.23	-0.11	0.06	0.34	0.69	0.97	1.05
	B2	-0.40	-0.31	-0.26	-0.18	-0.06	0.09	0.28	0.48	0.64	0.69
	B3	-0.22	-0.15	-0.13	-0.10	-0.04	0.05	0.14	0.27	0.36	0.47

表 7.9 给出了北斗 IGSO 和 MEO 卫星三频信号的改正模型在高度角每隔 10°处的节点值。假设节点值表示为 Corr(i)($i=1\sim9$),floor(·)表示向下取整,ceil(·)表示向上取整,某一卫星高度角为 E,令 $E'=E/10$,则其星端多径改正值 MP(E)可根据如下公式计算:

$$MP(E)=\mathrm{Corr}(\mathrm{floor}(E'))+(E'-\mathrm{floor}(E'))(\mathrm{Corr}(\mathrm{ceil}(E'))-\mathrm{Corr}(\mathrm{floor}(E'))) \quad (7.53)$$

中国学者基于 MW 组合[52],通过计算星间单差小数误差,采用 3 次多项式拟合模型建立了北斗二号卫星端多径改正模型,其模型可表示为

$$MP(E)=a_0+a_1\cdot E+a_2\cdot E^2+a_3\cdot E^3 \quad (7.54)$$

式中:a_0、a_1、a_2、a_3 为模型改正系数,a_0 常取为 0,具体改正模型系数如表 7.10 所列。

表 7.10　北斗二号卫星端多径改正模型系数[52]

系数	GEO			IGSO			MEO		
	B1	B2	B3	B1	B2	B3	B1	B2	B3
a_1	-0.436	-0.275	-0.048	-0.590	-0.257	-0.102	-0.946	-0.598	-0.177
a_2	1.158	1.087	0.566	1.624	0.995	0.748	2.158	1.635	0.652
a_3	-0.333	-0.452	-0.185	-0.645	-0.381	-0.307	-0.642	-0.556	-0.178

需要指出的是由于 GEO 卫星高度角变化较小,其星端多径误差近似为一个常数,采用 MP 组合无法有效分离其星端多径误差和其他误差项,故 Wanninger 改正模型中没有 GEO 卫星相应改正模型。而基于 MW 组合的改正模型可对 GEO 卫星星端多径误差进行改正。

7.5.2 北斗二号星端多径误差影响

北斗卫星端多径的存在将会影响 MW 组合的特性,进而影响宽巷模糊度的解算,在长基线条件下,双差无法消除星端多径影响,因此双差宽巷模糊度的解算会受到北斗卫星端多径的影响[56-57]。

为分析北斗二号卫星端多径误差对长基线双差宽巷模糊度解算的影响,以 MGEX 站 CUT0-JFNG 长基线为例,表 7.11 给出了北斗二号卫星端多径改正前和改正后双差宽巷模糊度固定的成功率,及其与平滑时间的关系。其中在统计双差宽巷模糊度取整固定成功率时,以对连续弧段双差宽巷 MW 组合序列的均值取整作为双差宽巷模糊度的真值。

从表 7.11 可以看出:改正后双差宽巷模糊度固定的成功率得到了显著提高:单历元取整成功率从 52.7% 提升到 61.4%,而随着平滑时间的增加,改正效果更加明显;当平滑时间为 20 个历元时,改正后的模糊度固定成功率即可达到 95.5%,而改正前的模糊度固定成功率仅为 68.4%。同时可以发现,北斗二号卫星端多径误差会导致双差宽巷模糊度的平滑收敛缓慢,此时若不对北斗二号卫星端多径误差进行改正,平滑时间的增加也无法有效提升长基线双差宽巷模糊度固定的成功率。

表7.11 改正前和改正后的长基线双差宽巷模糊度固定成功率 单位:%

卫星对	0历元		20历元		40历元		60历元		80历元	
	×	√	×	√	×	√	×	√	×	√
C06-C07	62.3	66.3	82.8	90.8	83.5	94.5	84.5	96.5	86.0	100.0
C06-C08	62.2	66.0	82.5	100.0	90.2	100.0	92.0	100.0	94.4	100.0
C06-C09	50.8	65.5	62.8	91.9	66.2	95.6	64.4	100.0	59.3	100.0
C06-C10	56.0	57.6	79.1	95.0	85.3	96.3	87.3	100.0	88.9	100.0
C12-C14	32.5	51.5	34.6	100.0	38.5	100.0	44.6	100.0	50.7	100.0
平均值	52.7	61.4	68.4	95.5	72.7	97.3	74.6	99.3	75.9	100.0

注:×表示改正前的成功率;√表示改正后的成功率

7.5.3 北斗全球系统试验卫星伪距多径

目前,中国已建成北斗全球卫星导航系统,采用先试验,后组网策略,2015年以来先后共发射5颗全球系统试验卫星。试验卫星在播发全球系统新信号的同时,也播发北斗二号B1I和B3I/Q信号[58-59]。为评估北斗全球系统信号是否存在星端多径误差,分别计算了北斗二号和北斗全球系统试验卫星的MEO和IGSO卫星的相同信号B1I和B3I的伪距多径误差。MEO卫星伪距多径误差时间序列对比见图7.2;IGSO卫星伪距多径误差时间序列对比见图7.3;图7.4给出了所有MEO和IGSO卫星的B1I和B3I的伪距多径RMS统计结果。

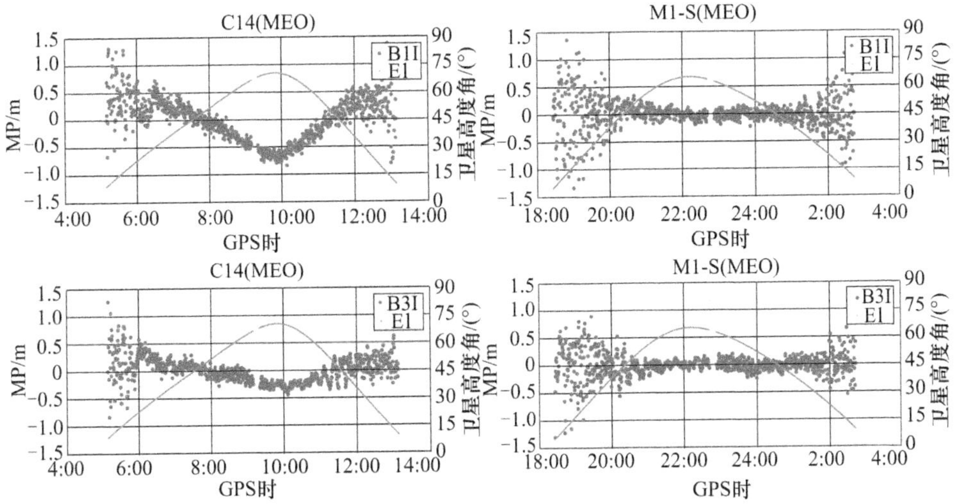

图7.2 MEO卫星B1I和B3I信号伪距多径对比情况(C14为北斗二号MEO卫星,M1-S为北斗全球系统试验卫星MEO卫星)(见彩图)

从图7.2、图7.3和图7.4可以看出,北斗全球系统试验卫星B1I和B3I信号伪距多径RMS小于北斗二号同类卫星,北斗二号卫星伪距多径RMS中存在星端多径误差，导致其 RMS 统计结果较差，而北斗全球系统试验卫星 B1I 和 B3I 信号伪距多径 RMS 中未见明显类似性星端多径系统性误差。此外，不同类型卫星相比，IGSO 卫星的伪距多径效应明显小于 MEO 卫星。

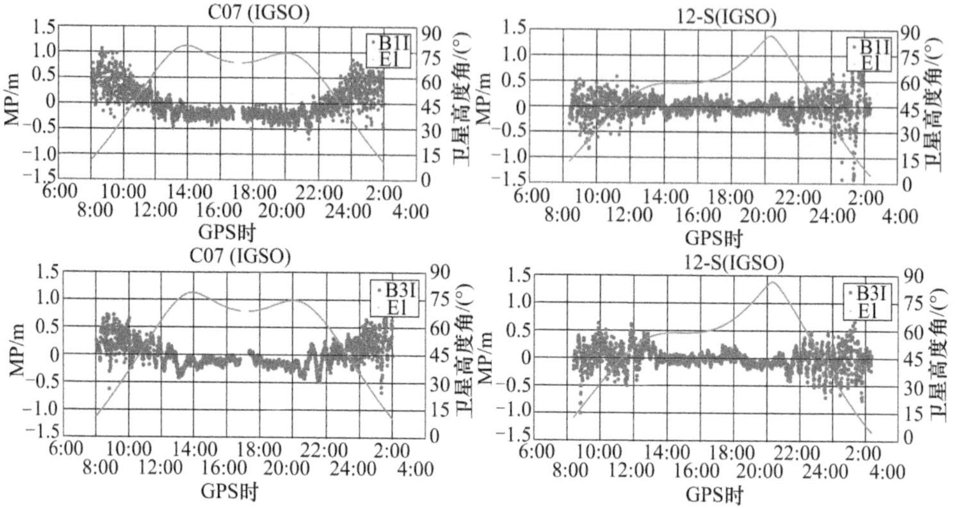

图 7.3　IGSO 卫星 B1I 和 B3I 信号伪距多径误差时间序列对比情况（C07 为北斗二号 IGSO 卫星，I2-S 为北斗全球系统试验卫星 IGSO 卫星）（见彩图）

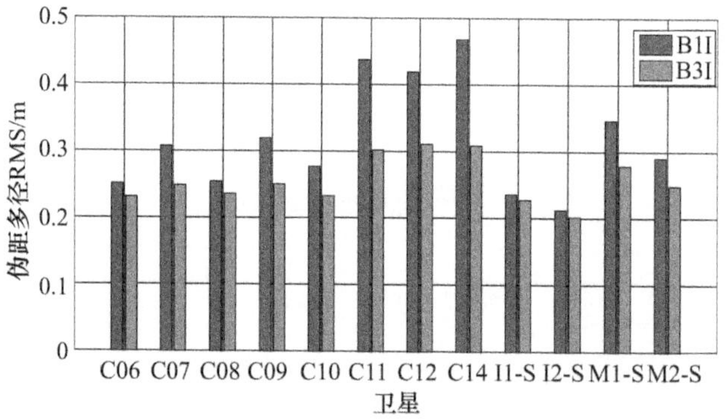

图 7.4　MEO 和 IGSO 卫星 B1I 和 B3I 的伪距多径 RMS 统计结果（Ci 表示北斗二号系列卫星，I 和 M 表示北斗全球系统试验卫星）（见彩图）

参考文献

[1] ABDEL-SALAM M. Precise point positioning using un-differenced code and carrier phase observations [D]. Calgary: University of Calgary, 2005.

[2] 阮仁贵. GPS 非差相位精密单点定位研究[D]. 郑州：解放军信息工程大学，2009.

[3] 黄健．动态 GPS 精密单点定位方法研究[D]．郑州:解放军信息工程大学,2013.
[4] GEORGIADOU Y,KLEUSBERG A. On carrier phase multipath effects in relative GPS positioning [J]. Manuscripta Geodaetica,1988(13):172-179.
[5] SEEBER G. Satellite geodesy foundations,methods,and applications [M]. Berlin:Walter de Gruyter, 1993:159-161.
[6] 韩绍伟．GPS 组合观测值理论及应用[J]．测绘学报,1995,24(2):8-13.
[7] 李金龙．GNSS 三频精密定位数据处理方法研究[D]．郑州:解放军信息工程大学硕士论文,2011.
[8] 李博峰．混合整数 GNSS 函数模型及随机模型参数估计理论与方法[D]．上海:同济大学,2010.
[9] 伍岳．第二代导航卫星系统多频数据处理理论及应用[D]．武汉:武汉大学,2005.
[10] COCARD M,BOURGON S,KAMALI O,et al. A systematic investigation of optimal carrier-phase combinations for modernized triple-frequency GPS [J]. Journal of Geodesy,2008(82):555-564.
[11] 李金龙．北斗/GPS 多频实时精密定位理论与算法[D]．郑州:解放军信息工程大学,2014.
[12] LI J,YANG Y,HE H,et al. An analytical study on the carrier-phase linear combinations for triple-frequency GNSS [J]. Journal of Geodesy,2017,91(2):151-166.
[13] RICHERT T,EL-SHEIMY N. Optimal linear combinations of triple frequency carrier phase data from future global navigation satellite systems [J]. GPS Solution,2007(11):11-19.
[14] 何海波．高精度 GPS 动态测量及质量控制[D]．郑州:解放军信息工程大学,2002.
[15] 魏子卿,葛茂荣．GPS 相对定位的数学模型[M]．北京:测绘出版社,1997.
[16] SIMSKY A. Three's the charm:triple-frequency combinations in future GNSS [J]. Inside GNSS, 2006(4):38-41.
[17] MELBOURNE W G. The case for ranging in GPS based geodetic systems [C]//Proceedings of 1st International Symposium on Precise Positioning with the Global Positioning System. Clyde Goad:International Association of Geodesy,1985.
[18] Wübbena G. Software developments for geodetic positioning with GPS using TI 4100 code and carrier measurements[C]//Proceedings of 1st International Symposium on Precise Positioning with the Global Positioning System. Clyde Goad:International Association of Geodesy,1985.
[19] MONTENBRUCK O, STEIGENBERGER P, PRANGE L. et al. The multi-GNSS experiment (MGEX) of the international GNSS service (IGS)-achievements, prospects and challenges [J]. Advances in Space Research,2017(59):1671-1697.
[20] IGS products [EB/OL]. [2017-12-29]. http://www. igs. org/products.
[21] 曾琪,吴多,刘万科．基于长期数据的北斗广播星历精度评估[J]．大地测量与地球动力学, 2016,36(11):958-962.
[22] BAUERSIMA I. NAVSTAR/global positioning system (GPS) Ⅱ [J]. Mitteilungen der Satelliten-Beobachtungsstation Zimmerwald,1983(10):908-913.
[23] KAPLAN E D,HEGARTY C J. Understanding GPS:principals and applications[M]. 2nd ed. Norwood:Artech House,2006.
[24] 黄观文,张睿,张勤,等．BDS 卫星天线相位中心改正模型比较[J]．大地测量与地球动力学,

2015,35(4):658-661.

[25] HOFMANN-WELLLENHOF B,LICHTENEGGER H,COLLIONS J. GPS theory and practice [M]. 2nd ed. Wien:Springer-Verlag,1993.

[26] MARINI J W. Correction of satellite tracking data for an arbitrary tropospheric profile [J]. Radio Sci,1972,7(2):223-231.

[27] NIELL A. Global mapping functions for the atmosphere delay at radio wavelengths [J]. Journal of Geophysical Research,1996(101(B2)):3227-3246.

[28] STEIGENBERGER P,BOEHM J,TESMER V. Comparison of GMF/GPT with VMF1/ECMWF and implications for atmospheric loading [J]. Journal of Geodesy,2009,83(10):943-951.

[29] KOUBA J. Testing of global pressure/temperature (GPT) model and global mapping function (GMF) in GPS analyses [J]. Journal of Geodesy,2009,83(3-4):199-208.

[30] BOEHM J,WERL B,SCHUH H. Troposphere mapping functions for GPS and very long baseline interferometry from european centre for medium-range weather forecasts operational analysis data [J]. Journal of Geophysical Research,2006(111):B02406.

[31] HAY C,WONG J. Enhancing GPS tropospheric delay prediction at the master control station [J]. GPS World,2000,11(1):56-63.

[32] TREGONING P,HERRING T A. Impact of a priori zenith hydrostatic delay errors on GPS estimates of station heights and zenith total delays [J]. Geophysical Research Letter,2006(33):L23303.

[33] RAY J,GRIFFITHS J. Overview of IGS products & analysis center modeling[C]//International GNSS Service Analysis Center Workshop 2008. Florida:GNSS Service Analysis Center,2008.

[34] BEOHM J,NEILL A,TREGONING P,et al. Global mapping function (GMF):a new empirical mapping function based on numerical weather model data [J]. Geophysical Research Letters,2006(33):L07304.

[35] 欧吉坤. GPS 测量的大气折射改正的研究[J]. 测绘学报,1998,27(1):31-36.

[36] BEUTLER G,BAUERSIMA I,GURTNER W,et al. Atmospheric refraction and other important biases in GPS carrier phase observations,in atmospheric effects on geodetic space measurements [J]. Monograph,1988(12):15-43.

[37] DAVIS J L,ELGERED G,NIELL A E,et al. Ground-based measurement of gradients in the "wet" radio refractivity of air[J]. Radio Science,1993(28):1003-1018.

[38] DODSON A H,SHARDLOW P J,HUBBARD L C M,et al. Wet tropospheric effects on precise relative GPS height determination [J]. Journal of Geodesy,1996(70):188-202.

[39] TRALLI D M,LICHTE S M. Stochastic estimation of tropospheric path delays in global positioning system geodetic measurement [J]. Bulletin Geodesique,1990(64):127-159.

[40] ODIJK D. Stochastic modelling of the ionosphere for fast GPS ambiguity resolution[C]//Geodesy beyond 2000-The challenges of the first decade,IAG General Assembly (Vol. 121). Birmingham: International Association of Geodesy,1999.

[41] TEUNISSEN P J G. The ionosphere-weighted GPS baseline precision in canonical form [J]. Journal of Geodesy,1998,72:107-117.

[42] WU J,WU S,HAJJ G A,et al. Effects of antenna orientation on GPS carrier phase [J]. Manuscripta

Geodaetica,1993(18):91-98.

[43] WITCHAYANGKOON B. Elements of precise point positioning [D]. Orono:University of Maine,2000.

[44] GOLDHIRSH J,VOGEL W J. Mobile Satellite System Fade Statistics for Shadowing and Multipath from Roadside Trace at UHF and L-Band [J]. IEEE Transactions on Antennas and Propagation, 1989,37(4):489-498.

[45] YANG Y,LI J,XU J,et al. Contribution of the compass satellite navigation system to global PNT users [J]. Chinese Science Bulletin,2011,56(21):1734-1740.

[46] YANG Y,LI J,WANG A,et al. Preliminary assessment of the navigation and positioning performance of BeiDou regional navigation satellite system [J]. Science China Earth Science,2014,57(1): 144-152.

[47] HAUSCHILD A,MONTENBRUCK O,SLEEWAEGEN J M,et al. Characterization of compass M-1 signals [J]. GPS Solutions,2012,16(1):117-126.

[48] MONTENBRUCK O,RIZOS C,WEBER R,et al. Getting a grip on Multi-GNSS the international GNSS service MGEX campaign [J]. GPS World,2013,24(7):44-49.

[49] SPRINGER T,DILSSNER F. SVN49 and other GPS anomalies[J]. Inside GNSS,2009(4):32-36.

[50] SIMSKY A,DE W,WILLEMS T,et al. First field experience with L5 signals:DME interference reality check[C]//22nd International Meeting of the Satellite Division of The Institute of Navigation (ION GNSS 2009). GA:The Institute of Navigation,2009.

[51] WANNINGER L,BEER S. BeiDou satellite-induced code pseudo-range variations:diagnosis and therapy [J]. GPS Solutions,2015,19(4):639-648.

[52] LOU Y,GONG X,GU S,et al. Assessment of code bias variations of BDS triple-frequency signals and their impacts on ambiguity resolution for long baselines [J]. GPS Solutions,2017,21(1):177-186.

[53] ZOU X,LI Z,LI M,et al. Modeling BDS pseudorange variations and models assessment [J]. GPS Solutions,2017,21(4):1-8.

[54] 阮仁桂,贾小林,冯来平. BDS 卫星星内多径及其对宽巷 FCB 解算的影响分析[J]. 测绘学报,2017,46(8):961-970.

[55] 汪捷,何锡扬. 北斗卫星伪距多路径系统偏差的修正方法及其对单频 PPP 的影响分析[J]. 测绘学报,2017,46(7):841-847.

[56] ZHANG X,HE X,LIU W. Characteristics of systematic errors in the BDS Hatch-Melbourne-Wübbena combination and its influence on wide-lane ambiguity resolution [J]. GPS Solutions,2016,21(1): 265-277.

[57] 许扬胤,杨元喜,何海波,等. 北斗星上多径对宽巷模糊度解算的影响分析[J]. 测绘科学技术学报,2017,34(1):24-30.

[58] 李金龙,唐斌,郭海荣,等. 新一代北斗试验卫星伪距质量初步评估[J]. 导航定位与授时,2017,4(4):64-71.

[59] YANG Y,XU Y,LI J,et al. Progress and performance evaluation of BeiDou global navigation satellite system:data analysis based on BDS-3 demonstration system [J]. Science China Earth Sciences, 2018(61):614-624.

第8章 GNSS伪距单点定位与测速

8.1 伪距定位原理

8.1.1 伪距定位算法

忽略天线相位中心偏差、潮汐效应等亚米级参数,并将接收机硬件延迟与接收机钟差合并处理,$\mathrm{d}t_{\mathrm{r},j}=\mathrm{d}t_{\mathrm{r}}+d_{\mathrm{hd},j}$。假设根据导航电文参数计算的卫星钟差为 $\mathrm{d}t_{\mathrm{eph}}^{s}=\mathrm{d}t^{s}-d_{\mathrm{hd,eph}}^{s}$,其中 $d_{\mathrm{hd,eph}}^{s}$ 为导航电文钟差参数中包含的硬件延迟,$\mathrm{tgd}_{j}^{s}=d_{\mathrm{hd},j}^{s}-d_{\mathrm{hd,eph}}^{s}$ 为卫星端硬件延迟改正,其他符号含义同第7章,则GNSS伪距观测方程可表示为

$$P_{j}^{s}=\rho^{s}+\mathrm{d}t_{\mathrm{r},j}-\mathrm{d}t_{\mathrm{eph}}^{s}+\mathrm{tgd}_{j}^{s}+T^{s}+\mu_{j}I^{s}+d_{\mathrm{sagnac}}^{s}+d_{\mathrm{rel}}^{s}+m_{\mathrm{P},j}^{s}+e_{j}^{s} \tag{8.1}$$

式中:$s=1,\cdots,n$ 表示卫星序号。上式线性化后可得

$$P_{j}^{s}=\bar{\rho}^{s}+\frac{\partial\rho^{s}}{\partial\boldsymbol{r}_{\mathrm{r}}^{\mathrm{T}}}\Delta\boldsymbol{r}_{\mathrm{r}}+\mathrm{d}t_{\mathrm{r},j}-\mathrm{d}t_{\mathrm{eph}}^{s}+\mathrm{tgd}_{j}^{s}+T^{s}+\mu_{j}I^{s}+d_{\mathrm{sagnac}}^{s}+d_{\mathrm{rel}}^{s}+m_{\mathrm{P},j}^{s}+e_{j}^{s} \tag{8.2}$$

式中

$$\frac{\partial\rho^{s}}{\partial\boldsymbol{r}_{\mathrm{r}}^{\mathrm{T}}}=-\frac{(\boldsymbol{r}^{s}-\bar{\boldsymbol{r}}_{\mathrm{r}})^{\mathrm{T}}}{\bar{\rho}^{s}}=\begin{bmatrix}\dfrac{\bar{x}_{\mathrm{r}}-x^{s}}{\bar{\rho}^{s}} & \dfrac{\bar{y}_{\mathrm{r}}-y^{s}}{\bar{\rho}^{s}} & \dfrac{\bar{z}_{\mathrm{r}}-z^{s}}{\bar{\rho}^{s}}\end{bmatrix}^{\mathrm{T}} \tag{8.3}$$

式中:$\bar{\rho}^{s}$ 为根据接收机近似位置 $\bar{\boldsymbol{r}}$ 计算的卫星 s 至接收机间几何距离,$\bar{\rho}^{s}=|\boldsymbol{r}^{s}-\bar{\boldsymbol{r}}_{\mathrm{r}}|$;卫星位置 $\boldsymbol{r}^{s}$ 由广播星历计算获得;卫星钟差 $\mathrm{d}t_{\mathrm{eph}}^{s}$、硬件延迟改正 tgd_{j}^{s}、对流层延迟 T^{s}、电离层延迟 I^{s}、地球自转效应改正 d_{sagnac}^{s}、相对论效应改正 d_{rel}^{s} 分别按照模型计算相应改正数,假设接收机钟差近似值为 $\overline{\mathrm{d}t}_{\mathrm{r},j}$,代入式(8.2)可得伪距观测值的误差方程为

$$\boldsymbol{V}=\underbrace{\begin{bmatrix}\dfrac{\bar{x}_{\mathrm{r}}-x^{1}}{\bar{\rho}^{1}} & \dfrac{\bar{y}_{\mathrm{r}}-y^{1}}{\bar{\rho}^{1}} & \dfrac{\bar{z}_{\mathrm{r}}-z^{1}}{\bar{\rho}^{1}} & 1\\ \dfrac{\bar{x}_{\mathrm{r}}-x^{2}}{\bar{\rho}^{2}} & \dfrac{\bar{y}_{\mathrm{r}}-y^{2}}{\bar{\rho}^{2}} & \dfrac{\bar{z}_{\mathrm{r}}-z^{2}}{\bar{\rho}^{2}} & 1\\ \vdots & \vdots & \vdots & \vdots\\ \dfrac{\bar{x}_{\mathrm{r}}-x^{n}}{\bar{\rho}^{n}} & \dfrac{\bar{y}_{\mathrm{r}}-y^{n}}{\bar{\rho}^{n}} & \dfrac{\bar{z}_{\mathrm{r}}-z^{n}}{\bar{\rho}^{n}} & 1\end{bmatrix}}_{A}\underbrace{\begin{bmatrix}\Delta\boldsymbol{r}_{\mathrm{r}}\\ \Delta\mathrm{d}t_{\mathrm{r},j}\end{bmatrix}}_{\Delta X}-\underbrace{\begin{bmatrix}l_{j}^{1}\\ l_{j}^{2}\\ \vdots\\ l_{j}^{n}\end{bmatrix}}_{L}\quad\boldsymbol{P} \tag{8.4}$$

式中：$l_j^s = P_j^s - (\bar{\rho}^s + \overline{\mathrm{d}t}_{\mathrm{r},j} - \mathrm{d}t_{\mathrm{eph}}^s + \mathrm{tgd}_j^s + T^s + \mu_j I^s + d_{\mathrm{sagnac}}^s + d_{\mathrm{rel}}^s)$；$\boldsymbol{P}$ 为观测值权矩阵。根据最小二乘原理，即可获得未知参数的改正数估值：

$$\Delta \boldsymbol{X} = (\boldsymbol{A}^{\mathrm{T}}\boldsymbol{P}\boldsymbol{A})^{-1}\boldsymbol{A}^{\mathrm{T}}\boldsymbol{P}\boldsymbol{L} \tag{8.5}$$

估值的协因数矩阵为

$$\boldsymbol{Q}_{\Delta X} = (\boldsymbol{A}^{\mathrm{T}}\boldsymbol{P}\boldsymbol{A})^{-1} \tag{8.6}$$

在GNSS多星座条件下，可见卫星数目增多，卫星观测几何结构极大改善，可显著提高全球用户的定位、导航与授时(PNT)服务的精确性、完好性、连续性和可用性。因此，越来越多的用户接收机采用GNSS多系统组合定位工作方式。在实现GNSS组合定位的过程中，需要考虑不同卫星导航系统之间时空基准的差异，具体参见2.2节和2.4节。下面以BDS和GPS双系统为例，描述GNSS多系统组合定位原理(仅考虑不同卫星导航系统之间的时间系统偏差，不考虑坐标系统偏差)。

考虑到用户接收机实时定位时，通常需要解算对应时间基准的接收机钟差，而不同导航系统单独解算的接收机钟差之间存在未知的系统时间偏差，且对于不同接收机该偏差值一般不相同。因此，在GNSS多系统组合定位解算中，一般将该偏差与接收机三维位置和接收机钟差一并解算。根据式(8.1)，选取GPS时作为时间基准，GPS和北斗卫星的伪距观测方程分别为

$$\begin{cases} P_j^{s,\mathrm{G}} = \rho^{s,\mathrm{G}} + \mathrm{d}t_{\mathrm{r},j}^{\mathrm{G}} - \mathrm{d}t_{\mathrm{eph}}^{s,\mathrm{G}} + \mathrm{tgd}_j^{s,\mathrm{G}} + T^{s,\mathrm{G}} + \mu_j I^{s,\mathrm{G}} + d_{\mathrm{sagnac}}^{s,\mathrm{G}} + d_{\mathrm{rel}}^{s,\mathrm{G}} + m_{\mathrm{P},j}^{s,\mathrm{G}} + e_j^{s,\mathrm{G}} \\ P_j^{s,\mathrm{B}} = \rho^{s,\mathrm{B}} + \mathrm{d}t_{\mathrm{r},j}^{\mathrm{G}} + \mathrm{d}t_{\mathrm{GB}} - \mathrm{d}t_{\mathrm{eph}}^{s,\mathrm{B}} + \mathrm{tgd}_j^{s,\mathrm{B}} + T^{s,\mathrm{B}} + \mu_j I^{s,\mathrm{B}} + d_{\mathrm{sagnac}}^{s,\mathrm{B}} + d_{\mathrm{rel}}^{s,\mathrm{B}} + m_{\mathrm{P},j}^{s,\mathrm{B}} + e_j^{s,\mathrm{B}} \end{cases} \tag{8.7}$$

式中：上标“G”和“B”分别表示GPS和北斗系统；$\mathrm{d}t_{\mathrm{GB}}$表示BDS相对于GPS的系统时间偏差；其他含义同式(8.1)。

按照式(8.2)和式(8.3)对GNSS多系统伪距观测方程进行线性化和误差改正，从而得到误差观测方程：

$$\begin{bmatrix} \boldsymbol{V}_{\mathrm{G}} \\ \boldsymbol{V}_{\mathrm{B}} \end{bmatrix} = \begin{bmatrix} \frac{\bar{x}_{\mathrm{r}} - x^{1,\mathrm{G}}}{\bar{\rho}^{1,\mathrm{G}}} & \frac{\bar{y}_{\mathrm{r}} - y^{1,\mathrm{G}}}{\bar{\rho}^{1,\mathrm{G}}} & \frac{\bar{z}_{\mathrm{r}} - z^{1,\mathrm{G}}}{\bar{\rho}^{1,\mathrm{G}}} & 1 & 0 \\ \vdots & \vdots & \vdots & \vdots & \vdots \\ \frac{\bar{x}_{\mathrm{r}} - x^{n,\mathrm{G}}}{\bar{\rho}^{n,\mathrm{G}}} & \frac{\bar{y}_{\mathrm{r}} - y^{n,\mathrm{G}}}{\bar{\rho}^{n,\mathrm{G}}} & \frac{\bar{z}_{\mathrm{r}} - z^{n,\mathrm{G}}}{\bar{\rho}^{n,\mathrm{G}}} & 1 & 0 \\ \frac{\bar{x}_{\mathrm{r}} - x^{1,\mathrm{B}}}{\bar{\rho}^{1,\mathrm{B}}} & \frac{\bar{y}_{\mathrm{r}} - y^{1,\mathrm{B}}}{\bar{\rho}^{1,\mathrm{B}}} & \frac{\bar{z}_{\mathrm{r}} - z^{1,\mathrm{B}}}{\bar{\rho}^{1,\mathrm{B}}} & 0 & 1 \\ \vdots & \vdots & \vdots & \vdots & \vdots \\ \frac{\bar{x}_{\mathrm{r}} - x^{m,\mathrm{B}}}{\bar{\rho}^{m,\mathrm{B}}} & \frac{\bar{y}_{\mathrm{r}} - y^{m,\mathrm{B}}}{\bar{\rho}^{m,\mathrm{B}}} & \frac{\bar{z}_{\mathrm{r}} - z^{m,\mathrm{B}}}{\bar{\rho}^{m,\mathrm{B}}} & 0 & 0 \end{bmatrix} \underbrace{\begin{bmatrix} \Delta\hat{\boldsymbol{r}}_{\mathrm{r}} \\ \Delta \mathrm{d}\hat{t}_{\mathrm{r},j}^{\mathrm{G}} \\ \Delta \mathrm{d}\hat{t}_{\mathrm{GB}} \end{bmatrix}}_{\Delta\hat{X}} - \begin{bmatrix} \boldsymbol{L}_{\mathrm{G}} \\ \boldsymbol{L}_{\mathrm{B}} \end{bmatrix}, \quad \text{权矩阵为} \begin{bmatrix} \boldsymbol{P}_{\mathrm{G}} \\ \boldsymbol{P}_{\mathrm{B}} \end{bmatrix} \tag{8.8}$$

同样根据最小二乘原理进行迭代求解，即可获得待估参数的改正数。根据上述原理，GNSS 多系统组合定位解算时，每增加 1 种卫星导航系统的伪距观测量，待估参数就相应增加 1 个系统时间偏差。

8.1.2 伪距误差修正

GNSS 伪距单点定位主要需要考虑的误差改正数包括卫星钟差、相对论效应、卫星硬件延迟偏差、地球自转效应、电离层延迟、对流层延迟等。

1）卫星钟差修正计算

在单点定位中，卫星钟差 dt^s_{eph} 可使用卫星基本导航信息中的 t_{oc}、a_0、a_1、a_2 进行修正，计算公式如下：

$$dt^s_{eph} = a_0 + a_1(t - t_{oc}) + a_2(t - t_{oc})^2 \tag{8.9}$$

式中：t 表示卫星信号发射时刻，通常利用伪距观测时刻减去伪距传播时延得到。需要注意的是，对于不同的卫星导航系统，使用导航电文钟差参数计算得到的卫星钟差 dt^s_{eph} 中包含的卫星硬件延迟是不相同的。GPS 卫星钟差中包含了 L1P(Y) 和 L2P(Y) 双频无电离层组合伪距硬件延迟，BDS 卫星钟差中包含了 B3I 单频伪距硬件延迟，因此对于 GPS L1P(Y)/L2P(Y) 双频无电离层组成伪距定位和 BDS B3I 单频伪距定位，式(8.1)中的硬件延迟改正值 tgd^s_j 为零。

2）相对论效应修正计算

在导航卫星发射前，已有意用卫星钟基准频率调低的方法来解决相对论效应中的频率偏差，剩余的周期性部分可采用下式进行改正：

$$d^s_{rel} = -Fe\sqrt{A}\sin(E_k) \tag{8.10}$$

相对论效应改正时，所需要的卫星轨道偏心率 e、卫星轨道半长轴的开方 $\sqrt{A}$、卫星轨道偏近点角 E_k 均由本星星历参数计算得到；F 为常数，可通过 $F = -2\sqrt{\mu}/c^2$ 计算得到，地球万有引力参数值 μ 和光速 c 均为已知常量。

3）卫星硬件延迟修正计算

BDS 导航电文中播发两个硬件延迟修正参数[1]，即 T_{GD1}、T_{GD2}，分别定义为卫星 B1 频点发射链路时延 τ_{B1}、B2 频点发射链路时延 τ_{B2} 相对于 B3 频点发射链路时延 τ_{B3} 之差，用公式表示为

$$\begin{cases} T_{GD1} = \tau_{B1} - \tau_{B3} \\ T_{GD2} = \tau_{B2} - \tau_{B3} \end{cases} \tag{8.11}$$

对于北斗 B3 频点单频用户，不需要进行硬件延迟修正，对于北斗 B1、B2 频点单频用户，需要分别按照下式进行硬件延迟修正，即有 $tgd^s_{B1} = T_{GD1}$、$tgd^s_{B2} = T_{GD2}$。对于 B1/B2 或 B1/B3 双频用户，硬件延迟修正值分别如下：

$$tgd^s_{B1/B2} = c \cdot \frac{\gamma_{12} \cdot T_{GD1} - T_{GD2}}{\gamma_{12} - 1} \qquad \gamma_{12} = \frac{f^2_{B1}}{f^2_{B2}} = \frac{\lambda^2_{B2}}{\lambda^2_{B1}} \tag{8.12}$$

$$\mathrm{tgd}^{s}_{\mathrm{B1/B3}} = c \cdot \frac{\gamma_{13}}{\gamma_{13}-1} T_{\mathrm{GD1}} \qquad \gamma_{13} = \frac{f^2_{\mathrm{B1}}}{f^2_{\mathrm{B3}}} = \frac{\lambda^2_{\mathrm{B3}}}{\lambda^2_{\mathrm{B1}}} \tag{8.13}$$

GPS 在 L1C/A 测距信号上播发 1 个硬件延迟修正参数，即 T_{GD}，用公式表示为[2]

$$T_{\mathrm{GD}} = \frac{\tau_{\mathrm{L1P(Y)}} - \tau_{\mathrm{L2P(Y)}}}{1 - f^2_{\mathrm{L1}}/f^2_{\mathrm{L2}}} \tag{8.14}$$

对于 GPS 单频 L1P(Y)、L2 P(Y)用户，硬件延迟修正值分别如下：

$$\mathrm{tgd}^{s}_{\mathrm{L1P(Y)}} = c \cdot T_{\mathrm{GD}} \tag{8.15}$$

$$\mathrm{tgd}^{s}_{\mathrm{L2P(Y)}} = c \cdot \gamma \cdot T_{\mathrm{GD}} \qquad \gamma = \frac{f^2_{\mathrm{L1}}}{f^2_{\mathrm{L2}}} = \frac{\lambda^2_{\mathrm{L2}}}{\lambda^2_{\mathrm{L1}}} \tag{8.16}$$

GPS L1P(Y)/L2 P(Y)双频用户不需进行卫星硬件延迟修正。对于 GPS L1C/A 单频用户，在可以获得 L1C/A 与 L1P(Y)间信号硬件延迟改正值 $\mathrm{ISC}_{\mathrm{L1C/A}}$ 的情况下，硬件延迟修正值如下：

$$\mathrm{tgd}^{s}_{\mathrm{L1C/A}} = c \cdot (T_{\mathrm{GD}} - \mathrm{ISC}_{\mathrm{L1C/A}}) \tag{8.17}$$

4）地球自转效应修正

地球自转效应改正距离修正值计算公式如下：

$$d^{s}_{\mathrm{sagnac}} = \frac{\omega_{\mathrm{E}}}{c}(x^{s} \cdot \bar{y}_{\mathrm{r}} - y^{s} \cdot \bar{x}_{\mathrm{r}}) \tag{8.18}$$

式中：符号含义同公式(7.38)。

5）电离层延迟修正

BDS 和 GPS 用户都是利用 8 参数 Klobuchar 模型来进行电离层延迟修正。

首先，计算用户和穿刺点的地心张角 ψ：

BDS：

$$\psi = \frac{\pi}{2} - E - \arcsin\left(\frac{R}{R+h} \cdot \cos E\right) \tag{8.19}$$

GPS：

$$\psi = \frac{0.0137}{E+0.11} - 0.022 \tag{8.20}$$

式中：R 表示地球半径，取值为 6378km；E 表示卫星高度角，单位为 rad；h 表示平均电离层高度，北斗系统取值为 375km，GPS 取值为 350km。

其次，计算电离层穿刺点 M 的位置。北斗系统计算穿刺点 M 时采用地理纬度 ϕ_M、地理经度 λ_M，而 GPS 计算穿刺点 M 时采用地磁纬度 ϕ_M、地理经度 λ_M。

BDS：

$$\begin{cases} \phi_M = \arcsin(\sin\phi_{\mathrm{u}} \cdot \cos\psi + \cos\phi_{\mathrm{u}} \cdot \sin\psi \cdot \cos A) \\ \lambda_M = \lambda_{\mathrm{u}} + \arcsin\dfrac{\sin\psi \cdot \sin A}{\cos\phi_M} \end{cases} \tag{8.21}$$

GPS：

$$\begin{cases}\phi_i = \phi_u + \psi\cos A & |\phi_i| \leqslant 0.416 \\ \lambda_i = \lambda_u + \dfrac{\psi\sin A}{\cos\phi_i} & \end{cases} \tag{8.22}$$

$$\phi_M = \phi_i + 0.064\cos(\lambda_i - 1.617) \tag{8.23}$$

式中：ϕ_u 为用户地理纬度；λ_u 为用户地理经度；A 为卫星方位角；ψ 为用户和穿刺点的地心张角。上述所有角度的单位均为 rad。

然后，计算卫星信号视距方向的电离层延迟改正 $I_z(t)$，单位为 s。对于北斗系统，电离层延迟改正计算公式如下：

$$I_z(t) = \begin{cases} F\left[5\times10^{-9} + A_2\cos\left[\dfrac{2\pi(t-50400)}{A_4}\right]\right] & |t-50400| < A_4/4 \\ F(5\times10^{-9}) & |t-50400| \geqslant A_4/4 \end{cases} \tag{8.24}$$

式中：t 为接收机至卫星连线与电离层交点（穿刺点 M）处的地方时（取值范围为 0 ~ 86400），单位为 s，计算公式为 $t = (t_E + \lambda_M \cdot 43200/\pi)$［取模 86400］；$A_2$ 为白天电离层延迟余弦曲线的幅度，用 α_n 系数求得

$$A_2 = \begin{cases} \sum\limits_{n=0}^{3} \alpha_n |\phi_M|^n & A_2 \geqslant 0 \\ 0 & A_2 < 0 \end{cases} \tag{8.25}$$

A_4 为余弦曲线的周期，单位为 s，用 β_n 系数求得

$$A_4 = \begin{cases} 172800 & A_4 \geqslant 172800 \\ \sum\limits_{n=0}^{3} \beta_n |\phi_M|^n & 172800 > A_4 \geqslant 72000 \\ 72000 & A_4 < 72000 \end{cases} \tag{8.26}$$

F 为倾斜因子，可用下式计算：

$$F = \frac{1}{\sqrt{1-\left(\dfrac{R}{R+h}\cdot\cos E\right)^2}} \tag{8.27}$$

对于 GPS，电离层延迟改正计算公式如下：

$$I_z(t) = \begin{cases} F\left[5\times10^{-9} + \mathrm{AMP}\left(1-\dfrac{x^2}{2}+\dfrac{x^4}{24}\right)\right] & |x| < 1.57 \\ F(5\times10^{-9}) & |x| \geqslant 1.57 \end{cases} \tag{8.28}$$

式中：AMP 表示白天电离层延迟余弦曲线的幅度，用 α_n 系数求得

$$\mathrm{AMP} = \begin{cases} \sum\limits_{n=0}^{3} \alpha_n \phi_M^n & \mathrm{AMP} \geqslant 0 \\ 0 & \mathrm{AMP} < 0 \end{cases} \tag{8.29}$$

x 表示根据接收机至卫星连线与电离层交点(穿刺点 M)处的地方时 t 转化的弧度,计算公式为

$$x=\frac{2\pi(t-50400)}{\mathrm{PER}} \tag{8.30}$$

式中:PER 表示余弦曲线的周期,单位为 s,用 β_n 系数求得

$$\mathrm{PER}=\begin{cases}\sum_{n=0}^{3}\beta_n\phi_M^n & \mathrm{PER}\geqslant 72000\\ 72000 & \mathrm{PER}<72000\end{cases} \tag{8.31}$$

F 的计算公式为

$$F=1.0+16.0\times[0.53-E]^3 \tag{8.32}$$

在计算出单频信号的电离层延迟后,根据电离层延迟量与频率平方成反比的关系,可求出其他频点卫星信号的电离层延迟。

6)对流层延迟修正

对于米级定位精度的导航用户,可以采用航空无线电技术委员会(RTCA)推荐的 EGNOS 对流层模型[3-4]:

$$d_{\mathrm{trop}}=(d_{\mathrm{h}}^{z}+d_{\mathrm{w}}^{z})\cdot \mathrm{mf}(E) \tag{8.33}$$

式中:d_{trop} 为对流层总延迟;d_{h}^{z} 为天顶干分量延迟;d_{w}^{z} 为天顶湿分量延迟;$\mathrm{mf}(E)$ 为映射函数。其中天顶干分量和湿分量分别为

$$\begin{cases}d_{\mathrm{h}}^{z}=10^{-6}\cdot K_1\cdot R_{\mathrm{d}}\dfrac{p}{g_{\mathrm{m}}}\cdot\left(1-\dfrac{\beta\cdot H}{T}\right)^{\frac{g}{R_{\mathrm{d}}\cdot\beta}}\\ d_{\mathrm{w}}^{z}=\dfrac{10^{-6}K_2\cdot R_{\mathrm{d}}}{g_{\mathrm{m}}\cdot(\lambda+1)-\beta\cdot R_{\mathrm{d}}}\cdot\dfrac{e}{T}\cdot\left(1-\dfrac{\beta\cdot H}{T}\right)^{\frac{(\lambda+1)\cdot g}{R_{\mathrm{d}}\cdot\beta}-1}\end{cases} \tag{8.34}$$

式中:$K_1=77.604\mathrm{K/mbar}$($1\mathrm{bar}=0.1\mathrm{MPa}$);$K_2=382000\mathrm{K^2/mbar}$;$R_{\mathrm{d}}=287.054\mathrm{J/(kg\cdot K)}$;$g_{\mathrm{m}}\approx 9.784\mathrm{m/s^2}$;$g=9.80665\mathrm{m/s^2}$;$p$ 为海平面气压(mbar);H 为接收机海拔高(m);T 为海平面气温(K);e 为海平面水汽压(mbar);β 为温度垂直梯度(K/m);λ 为水汽梯度(无单位)。

EGNOS 模型中 5 个气象参数的均值和季节性变化量见表 8.1 和表 8.2。

表 8.1 EGNOS 模型气象参数的平均值

$\varphi/(°)$	p_0/mbar	T_0/K	e_0/mbar	β_0/(K/m)	λ_0
≤15	1013.25	299.65	26.31	6.30×10^{-3}	2.77
30	1017.25	294.15	21.79	6.05×10^{-3}	3.15
45	1015.75	283.15	11.66	5.58×10^{-3}	2.57
60	1011.75	272.15	6.78	5.39×10^{-3}	1.81
≥75	1013.00	263.65	4.11	4.53×10^{-3}	1.55

表 8.2　EGNOS 模型气象参数的季节性变化值

φ/(°)	Δp/mbar	ΔT/K	Δe/mbar	$\Delta\beta$/(K/m)	$\Delta\lambda$
≤15	0.00	0.00	0.00	0.00×10^{-3}	0.00
30	-3.75	7.00	8.85	0.25×10^{-3}	0.33
45	-2.25	11.00	7.24	0.32×10^{-3}	0.46
60	-1.75	15.00	5.36	0.81×10^{-3}	0.74
≥75	-0.50	14.00	3.39	0.62×10^{-3}	0.30

利用表 8.1 和表 8.2 中的参数，可以计算出相应的 5 个气象参数 ξ：

$$\xi(\varphi,D)=\xi_0(\varphi)-\Delta\xi(\varphi)\cdot\cos\frac{2\pi(D-D_{\min})}{365.25}\tag{8.35}$$

式中：φ 为接收机纬度；D 为年积日；$D_{\min}=28$（北纬），或 $D_{\min}=211$（南纬）；ξ_0、$\Delta\xi$ 分别为接收机高程相应的气象参数的均值和季节性变化量。

映射函数 mf(E) 可以表示为

$$\mathrm{mf}(E)=\frac{1.001}{\sqrt{0.002001+\sin^2E}}\tag{8.36}$$

该映射函数仅在仰角大于 5°时有效。

8.1.3　定位精度估算

从式（8.5）可知，伪距单点定位误差主要取决于设计矩阵 $\boldsymbol{A}$、观测权矩阵 $\boldsymbol{P}$ 和综合误差矢量 $\boldsymbol{L}$，$\boldsymbol{L}$ 一般称为用户等效距离误差（UERE）矢量。UERE 是多种误差的代数和，定义如下：

$$\mathrm{UERE}=e_{\mathrm{eph}}+e_{\mathrm{clock}}+e_{\mathrm{iono}}+e_{\mathrm{trop}}+e_{\mathrm{mp}}+e_{\mathrm{noise}}\tag{8.37}$$

式中：e_{eph} 和 e_{clock} 分别为卫星星历误差和卫星钟误差；e_{iono} 和 e_{trop} 分别为电离层和对流层误差；e_{mp} 和 e_{noise} 分别为多径误差和测量噪声。其中，卫星星历误差和卫星钟误差代数和定义为空间信号距离误差（SISRE）或用户测距误差（URE）：

$$\mathrm{SISRE}=e_{\mathrm{eph}}+e_{\mathrm{clock}}\tag{8.38}$$

用户等效距离误差（UERE）精度为

$$\sigma_{\mathrm{UERE}}=\sqrt{\sigma_{\mathrm{eph}}^2+\sigma_{\mathrm{clock}}^2+\sigma_{\mathrm{iono}}^2+\sigma_{\mathrm{trop}}^2+\sigma_{\mathrm{mp}}^2+\sigma_{\mathrm{noise}}^2}\tag{8.39}$$

用户测距精度（URA）为

$$\mathrm{URA}=\sigma_{\mathrm{SISRE}}^2=\sigma_{\mathrm{eph}}^2+\sigma_{\mathrm{clock}}^2\tag{8.40}$$

假设所有卫星用户等效距离误差之间独立且精度相等，则单点定位精度可用如下公式进行估算：

$$\sigma_{\mathrm{P}}=\mathrm{PDOP}\cdot\sigma_{\mathrm{UERE}}\tag{8.41}$$

式中：位置精度衰减因子（PDOP）$=\sqrt{\mathrm{trace}\left[(\boldsymbol{A}^{\mathrm{T}}\boldsymbol{A})^{-1}\right]_{(1:3,1:3)}}$。

8.2 测速原理

利用 GNSS 可以比较经济、快速、可靠地确定运动载体的速度。它可以应用于星载、机载、车载、舰载以及武器试验与测试等速度测量。虽然这些应用对速度的精度要求从几分米/秒到毫米/秒不等，但 GNSS 都能够满足。本节主要介绍 GNSS 测速的基本原理，包括三种 GNSS 测速方法的基本原理及其比较分析，以及各种误差对速度测量的影响和相应的处理方法。

GNSS 测速大致有三种方法：第一种是基于 GNSS 高精度定位结果，通过位置差分来获取速度；第二种是利用 GNSS 原始多普勒观测值直接计算速度；第三种是利用载波相位中心差分所获得的多普勒观测值来计算速度[5-6]。这三种方法都源于速度的数学定义公式，不过由于计算思路不同，所利用的观测量也不同，各种方法都做了不同程度的近似假设，所以它们最后所确定的速度精度也将不同。下面先介绍这几种方法的基本原理，然后对这几种方法进行分析比较。

8.2.1 位置差分法

假设利用载波相位观测值已获得载体在历元 t 和 $t+\Delta t$ 的位置矢量 $\boldsymbol{r}_t$ 和 $\boldsymbol{r}_{t+\Delta t}$，则载体速度为

$$\dot{\boldsymbol{r}}_{t+\Delta t/2}=\frac{\boldsymbol{r}_{t+\Delta t}-\boldsymbol{r}_t}{\Delta t} \tag{8.42}$$

式中：Δt 为采样间隔。由上式所确定的速度，是载体在采样间隔 Δt 内的平均速度。如果载体做匀速运动，则平均速度可以代表历元 $t+\Delta t/2$ 的载体的瞬时速度。由此可以看出，相对于当前历元而言，用这种方法确定速度在时间上有一定的滞后。为了便于结果比较，可利用历元 $t-\Delta t$ 和 $t+\Delta t$ 的位置矢量 $\boldsymbol{r}_{t-\Delta t}$ 和 $\boldsymbol{r}_{t+\Delta t}$，来求得历元 t 的载体瞬时速度：

$$\dot{\boldsymbol{r}}_t=\frac{\boldsymbol{r}_{t+\Delta t}-\boldsymbol{r}_{t-\Delta t}}{2\Delta t} \tag{8.43}$$

如果采样间隔 Δt 趋近于 0，则该平均速度即瞬时速度。显然，Δt 越小，该位置差分法的精度越高。不过，在实际测量中，Δt 越小，高频噪声放大就越大，因此 Δt 也不宜过小。

8.2.2 多普勒频移法

GNSS 多普勒频移观测方程为

$$\lambda_j\dot{\varphi}_j^s=\dot{\rho}^s+\mathrm{d}\dot{t}_r-\mathrm{d}\dot{t}^s+\dot{T}^s-\mu_j\dot{I}^s+\dot{m}_{\phi,j}^s+\dot{\varepsilon}_j^s \tag{8.44}$$

式中：符号“($\dot{}$)”表示相应变量对时间的变化率；$\dot{\varphi}_j^s$ 为多普勒频移观测值（Hz

或周/s);λ_j 为载波波长(m)。忽略电离层、对流层、多径效应等微量变化率,则可得

$$\lambda_j \dot{\varphi}_j^s = \frac{(\boldsymbol{r}_r - \boldsymbol{r}^s)^T}{\rho^s}(\dot{\boldsymbol{r}}_r - \dot{\boldsymbol{r}}^s) + d\dot{t}_r - d\dot{t}^s + \dot{\varepsilon}_j^s \tag{8.45}$$

式中:卫星位置$\boldsymbol{r}^s$、卫星速度 $\dot{\boldsymbol{r}}^s$ 和卫星钟速 $d\dot{t}^s$ 可以根据导航电文计算得到;$\boldsymbol{r}_r$、ρ^s 可以事先利用伪距单点定位确定。假设接收机速度近似值为 $\dot{\boldsymbol{r}}_r^0$,接收机钟速近似值为 $d\dot{t}_r^0$,则多普勒频移观测值测速误差方程可表示如下:

$$\boldsymbol{V} = \begin{bmatrix} \frac{(\boldsymbol{r}_r - \boldsymbol{r}^1)^T}{\rho^1} & 1 \\ \frac{(\boldsymbol{r}_r - \boldsymbol{r}^2)^T}{\rho^2} & 1 \\ \vdots & \vdots \\ \frac{(\boldsymbol{r}_r - \boldsymbol{r}^n)^T}{\rho^n} & 1 \end{bmatrix} \begin{bmatrix} \Delta\dot{\boldsymbol{r}}_r \\ \Delta d\dot{t}_r \end{bmatrix} - \begin{bmatrix} \dot{l}_j^1 \\ \dot{l}_j^2 \\ \vdots \\ \dot{l}_j^n \end{bmatrix} \tag{8.46}$$

式中

$$\dot{l}_j^s = \lambda_j \dot{\varphi}_j^s - \left(\frac{(\boldsymbol{r}_r - \boldsymbol{r}^s)^T}{\rho^s}(\dot{\boldsymbol{r}}_r^0 - \dot{\boldsymbol{r}}^s) + d\dot{t}_r^0 - d\dot{t}^s \right)$$

由以上误差方程,根据最小二乘原理即可解算得到接收机速度和接收机钟速的估值。

8.2.3 载波相位中心差分法

利用历元 $t-\Delta t$ 和 $t+\Delta t$ 的载波相位观测值 $\varphi_j^s(t-\Delta t)$ 和 $\varphi_j^s(t+\Delta t)$,作中心差分,也可以获得历元 t 多普勒频移观测值:

$$\dot{\varphi}_j^s(t) = \frac{\varphi_j^s(t+\Delta t) - \varphi_j^s(t-\Delta t)}{2 \cdot \Delta t} \tag{8.47}$$

式中:Δt 为采样间隔;$\dot{\varphi}_j^s(t)$ 为历元 t 的多普勒频移观测值。然后用它代替原始多普勒频移观测值,利用式(8.44)、式(8.46)可以确定载体的速度。

8.2.4 3 种测速方法的分析比较

虽然上述 3 种测速方法的公式不同,但它们都源于速度的基本数学定义,即速度矢量 $\boldsymbol{v}$ 为位置矢量 $\boldsymbol{r}$ 对时间的导数:

$$\boldsymbol{v} = \frac{\partial \boldsymbol{r}}{\partial t} = \dot{\boldsymbol{r}} \tag{8.48}$$

只是作了不同程度的近似,才表现为不同的形式。历元 t 的载波相位(假设模糊度已经固定,方程中不再含有模糊度参数)或伪距观测值误差方程可写为

$$V = A\hat{r} - L \quad P \tag{8.49}$$

式中：A 为设计矩阵；L 为自由项；r 为含有位置矢量的未知参数；P 为观测值权矩阵。未知参数最小二乘估值为

$$\hat{r} = (A^{T}PA)^{-1}A^{T}PL = N^{-1}U \tag{8.50}$$

式中：$N = A^{T}PA$；$U = A^{T}PL$。则测站相应的速度为

$$\dot{\hat{r}} = \frac{\partial \hat{r}}{\partial t} = N^{-1}\frac{\partial U}{\partial t} + \frac{\partial N^{-1}}{\partial t}U \tag{8.51}$$

若上式中的 N 和 U 用历元 $t-\Delta t$ 和历元 $t+\Delta t$ 相应的中心差分值来代替，即

$$\frac{\partial N^{-1}}{\partial t} = \frac{N^{-1}(t+\Delta t) - N^{-1}(t-\Delta t)}{2\cdot\Delta t} \tag{8.52}$$

$$N = \frac{N(t+\Delta t) + N(t-\Delta t)}{2} \tag{8.53}$$

$$\frac{\partial U}{\partial t} = \frac{U(t+\Delta t) - U(t-\Delta t)}{2\cdot\Delta t} \tag{8.54}$$

$$U = \frac{U(t+\Delta t) + U(t-\Delta t)}{2} \tag{8.55}$$

则有

$$\dot{\hat{r}} = \frac{N(t+\Delta t)^{-1}U(t+\Delta t) - N(t-\Delta t)^{-1}U(t-\Delta t)}{2\cdot\Delta t} = \frac{\hat{r}(t+\Delta t) - \hat{r}(t-\Delta t)}{2\cdot\Delta t} \tag{8.56}$$

式(8.56)即位置中心差分法的公式。基于逆矩阵求导公式：

$$\frac{\partial N^{-1}}{\partial t} = -N^{-1}\dot{N}N^{-1} = -N^{-1}(\dot{A}^{T}PA + A^{T}P\dot{A})N^{-1} \tag{8.57}$$

又

$$\frac{\partial U}{\partial t} = \dot{A}^{T}PL + A^{T}P\dot{L} \tag{8.58}$$

顾及式(8.49)，式(8.51)可以写为

$$\dot{\hat{r}} = N^{-1}\frac{\partial U}{\partial t} + \frac{\partial N^{-1}}{\partial t}U = -N^{-1}(\dot{A}^{T}PA + A^{T}P\dot{A})N^{-1}U + N^{-1}\dot{A}^{T}PL + N^{-1}A^{T}P\dot{L} =$$

$$N^{-1}\dot{A}^{T}P(L - AN^{-1}U) + N^{-1}A^{T}P(\dot{L} - \dot{A}N^{-1}U) = N^{-1}A^{T}P(\dot{L} - \dot{A}\hat{r}) \tag{8.59}$$

式(8.59)即原始多普勒频移观测值求解速度的公式。如果用

$$\dot{L} = \frac{L(t+\Delta t) - L(t-\Delta t)}{2\cdot\Delta t} \tag{8.60}$$

代替式(8.59)中的 $\dot{L}$，即载波相位中心差分确定速度的公式。基于上面推导分析，可以比较清楚地看出3种速度确定方法的区别。下面分别从数据处理难易程度、速度精度、采样间隔和实时性4个方面来进行比较。

1）数据处理难易程度

位置中心差分法的数据处理难度最大。因为用它来确定高精度的速度，需基于

载波相位的高精度定位结果,而用载波相位定位的数据处理比较复杂。原始多普勒频移法的数据处理难度最小,它用原始多普勒频移和伪距观测值即可获得高精度的速度。载波相位中心差分法与原始多普勒频移法的数据处理难度很相近,仅多了载波相位中心差分计算多普勒频移这一步骤。

不过需要说明的是,在实际测量应用中,如果已经用载波相位确定了高精度位置,那么作为位置参数的副产品,基于位置中心差分的速度计算是最简单的。

2) 速度精度

位置中心差分法是基于式(8.52)至式(8.55)的近似方法,载波相位中心差分法也是基于式(8.60)的近似方法,而式(8.52)至式(8.55)和式(8.60)只有在载体做匀速运动时才成立,所以它们的速度精度不仅与载波相位观测值的精度有关,而且还受到载体运动状态的影响。如果载体做匀速运动,则其速度精度主要取决于载波相位观测值的精度;但如果载体运动不符合匀速运动,则其速度精度必定受影响,而且速度变化越大,速度测量误差就越大。如果载体做非匀速运动,则它对位置中心差分法测速的影响要大于载波相位中心差分法。因为载波相位中心差分法只受到式(8.60)误差的影响,而位置中心差分法却受到式(8.52)至式(8.55)误差的影响,其中仅式(8.54)的误差影响就相当于或大于式(8.60)的误差影响。

原始多普勒频移法是比较精确的方法,其速度精度主要取决于多普勒频移观测值的精度,基本不受载体运动状态的影响。

一般情况下,载波相位观测值的精度在数值上优于多普勒频移观测值,如果载体做匀速运动,位置中心差分法和载波相位中心差分法所确定的速度精度将高于原始多普勒频移法。但是,如果载体速度变化比较大,则原始多普勒频移法所确定的速度精度将优于位置中心差分法和载波相位中心差分法。

3) 采样间隔

位置中心差分法和载波相位中心差分法都要求载体做匀速运动,而载体一般只有在较短的时间内才会保持匀速运动,因此这两种方法都要求采样间隔不能过大。

4) 实时性

位置中心差分法和载波相位中心差分法要用到前后历元的观测值,在时间上都滞后一个历元。原始多普勒频移可以利用当前历元的观测值来实时确定速度,没有时间滞后。

8.3 接收机自主完好性监测(RAIM)算法

卫星导航系统完好性定义:导航系统发生任何故障或者误差超限,无法用于导航和定位时,系统向用户及时报警的能力。

当系统无法满足完好性要求时,会导致服务安全性下降,严重时会导致重大安全事故的发生。因此,卫星导航系统完好性关系着导航用户,特别是航空等涉及生命安全用户的安全，是一个关键的性能指标。随着GPS导航系统的现代化及GLONASS、Galileo系统、北斗系统的全面建设和投入运行，卫星导航用户定位精度显著提高，特别是一些新技术的出现，如精密单点定位(PPP)技术、网络RTK技术，已使厘米级甚至毫米级定位成为可能，可以满足绝大部分用户对定位精度的需求[7]。与之相比，决定用户安全性能的导航系统完好性问题变得更加突出。目前民航系统将卫星导航作为飞机导航的辅助手段而不是单一的主控手段，从用户安全的角度考虑，导航系统的完好性具有比精度更加重要的地位。

实现GNSS完好性监测的方法可分为两大类：

一类是面向系统级完好性的外部增强方法，主要包括地面完好性通道(GIC)技术和卫星自主完好性监测(SAIM)技术等[8]。GIC技术主要由监测站负责卫星观测数据的收集和处理，生成相应的完好性信息，然后通过一定的完好性信息广播体制实时广播给用户使用。

完好性信息主要指GNSS卫星“可用”或“不可用”状态及与卫星有关的误差限值，用户可由此确定观测卫星是否可用，并计算得到定位误差限值。GIC是一种完全独立于系统的监测方法，能对故障做出快速反应，不需要多余的GNSS观测量，且故障较容易识别并排除。当然大量的地面监测站和同步卫星，增加了系统的复杂性和资金投入。SAIM技术是将完好性监测功能直接设置在导航卫星之中，每个卫星的SAIM子系统只用于监测该卫星本身的测距信号，不受地域的限制，能在1s内发出告警信息，从而满足所有用户对告警时间的要求。外部增强方法属于系统完好性顶层设计范畴。

另一类是面向用户级完好性的内部增强方法，即接收机自主完好性监测(RAIM)。

接收机自主完好性监测定义：利用接收机内部的卫星观测冗余信息来实现导航卫星故障的识别和剔除。

GNSS本身通过运行控制系统能够进行卫星故障监测，并随导航电文信息播发给用户，但对于这种不可预料的故障，做出告警反应的时间通常为几分钟甚至更久。这对于民用航空导航显然太慢，不能满足需求。既然系统无法保证故障的反应时间，那么卫星故障的快速监测只有在用户端进行，因而出现了接收机自主完好性监测方法。接收机自主完好性监测概念最早由Kalafus于1987年引入。不过，RAIM要求较为苛刻，需要几何关系较好的5颗星来检测是否有故障，几何关系较好的6颗星来识别出故障卫星。最典型的情况是发现一颗有问题的卫星对定位结果的影响。也可利用载体上其他辅助设备如高度计、惯性导航系统(INS)等提供的信息，来增加RAIM所需的冗余信息，提高RAIM的可用性，减少完好性空洞，并可在一定程度上提高RAIM算法的性能。内部增强方法属于用户终端完好性设计范畴。

目前，较好的RAIM算法还是仅利用当前伪距观测量的“快照(Snapshot)”方法，包括Lee于1986年提出的伪距比较法、Parkinson于1988年提出的最小二乘残差法和 Sturza 于 1988 年提出的奇偶矢量法。这 3 种方法对于存在一个故障偏差情况都有较好效果,并且具有等效性。美国联邦航空管理局(FAA)已批准,利用 RAIM 技术,GPS 可用作远洋航路阶段的主要导航手段,用作本土航路到非精密进近的辅助导航手段。

本节主要基于较为简便、直观的最小二乘残差法来介绍 RAIM 算法的三项基本功能:可用性检测、故障检测和故障排除。

8.3.1 可用性检测

在进行用户自主完好性监测之前,首先要判定卫星几何条件是否满足故障检测的基本要求,判断故障检测算法的可用性,以避免在卫星几何分布不好时,某颗较差的卫星尽管产生较大的定位误差,而残差却很小导致的漏检[9]。一般利用水平保护级(HPL)进行故障检测的可用性保证。

当存在卫星故障时,检验统计量残差平方和(SSE)的 SSE/σ_0^2 服从非中心化 χ^2 分布,且 SSE/σ_0^2 应大于限值 T^2;若小于 T^2,则为漏检。给定漏检概率 P_{MD},有如下概率公式:

$$\Pr(SSE/\sigma_0^2 < T^2) = \int_0^{T^2} f_{\chi^2(n-4,\lambda)}(x)\,dx = P_{MD} \tag{8.61}$$

通过上式可求得非中心化参数 λ。水平精度衰减因子变化的限值 $\delta HDOP_T$ 与水平告警门限(HAL)以及非中心化参数 λ 的关系为

$$\delta HDOP_T = HAL/(\sigma_0\sqrt{\lambda}) \tag{8.62}$$

故障检测前,根据下式实时计算各卫星对应的水平精度衰减因子变化 $\delta HDOP_i$,并取其中的最大值为 $\delta HDOP_{max}$。

$$\delta HDOP_{max} = \underset{i}{Max}(\delta HDOP_i) = \underset{i}{Max}\left(\sqrt{\frac{\boldsymbol{H}_{1i}^2 + \boldsymbol{H}_{2i}^2}{\boldsymbol{Q}_{V_{ii}}}}\right) \tag{8.63}$$

式中:$\boldsymbol{H} = (\boldsymbol{A}^T\boldsymbol{PA})^{-1}\boldsymbol{A}^T$;$\boldsymbol{Q}_V$ 为残差 V 的协方差矩阵,$\boldsymbol{Q}_V = \boldsymbol{P}^{-1} - \boldsymbol{A}(\boldsymbol{A}^T\boldsymbol{PA})^{-1}\boldsymbol{A}^T$。

可得水平保护级为

$$HPL = \underset{i}{Max}\left(\sqrt{\frac{\boldsymbol{H}_{1i}^2 + \boldsymbol{H}_{2i}^2}{\boldsymbol{Q}_{V_{ii}}}}\right) \cdot \sigma_0\sqrt{\lambda} \tag{8.64}$$

经简单推导,HPL 也可写成以下形式[10]:

$$HPL = \underset{i}{Max}\left(\sqrt{\frac{\boldsymbol{H}_{1i}^2 + \boldsymbol{H}_{2i}^2}{\boldsymbol{P}_i\boldsymbol{S}_{ii}}}\right) \cdot \sigma_0\sqrt{\lambda} = \underset{i}{Max}\left(\sigma_i\sqrt{\frac{\boldsymbol{H}_{1i}^2 + \boldsymbol{H}_{2i}^2}{\boldsymbol{S}_{ii}}}\right) \cdot \sqrt{\lambda} \tag{8.65}$$

式中:$\boldsymbol{H} = (\boldsymbol{A}^T\boldsymbol{PA})^{-1}\boldsymbol{A}^T\boldsymbol{P}$;$\boldsymbol{S}$ 为灵敏矩阵,$\boldsymbol{S} = \boldsymbol{I} - \boldsymbol{A}(\boldsymbol{A}^T\boldsymbol{PA})^{-1}\boldsymbol{A}^T\boldsymbol{P}$;$\sigma_i$ 为每个观测值的标准差。

若 HPL > HAL,则表明 RAIM 不可用,反之可用。与水平方向的计算方法类似,垂直方向采用垂直保护级(VPL)来确定卫星几何是否可用。

8.3.2　故障检测

GNSS线性化伪距观测方程式如下所示：

$$L = Ax + \varepsilon \quad P \tag{8.66}$$

式中：L 为观测伪距与近似计算伪距差值的 n 维矢量；n 为卫星数；A 为观测矩阵；x 为待解参数矢量；ε 为 n 维观测伪距噪声矢量。

根据最小二乘原理，矢量 x 的最小二乘解为

$$\hat{x} = (A^{T}PA)^{-1}A^{T}PL = x + (A^{T}PA)^{-1}A^{T}P\varepsilon \tag{8.67}$$

伪距残差矢量为

$$V = L - \hat{L} = (I - A(A^{T}PA)^{-1}A^{T}P)L = (I - A(A^{T}PA)^{-1}A^{T}P)\varepsilon \tag{8.68}$$

令 $S = I - A(A^{T}PA)^{-1}A^{T}P$，则式(8.68)可简化为

$$V = SL = S\varepsilon \tag{8.69}$$

验后单位权中误差为

$$\hat{\sigma} = \sqrt{\frac{\mathrm{SSE}}{n-4}} = \sqrt{\frac{V^{T}PV}{n-4}} = \sqrt{\frac{\varepsilon^{T}\mathrm{SPS}\varepsilon}{n-4}} \tag{8.70}$$

在系统正常情况下，伪距误差矢量 ε 中的各个分量是相互独立的正态分布随机误差，均值为零，方差为 σ_0^2，依据统计分布理论，SSE/σ_0^2 服从自由度为 $n-4$ 的 χ^2 分布；若 ε 的均值不为零，则 SSE/σ_0^2 服从自由度为 $n-4$ 的非中心化 χ^2 分布，非中心化参数 $\lambda = E(\mathrm{SSE})/\sigma_0^2$，可作二元假设，即

无故障假设H0：$E(\varepsilon)=0$，则 $\mathrm{SSE}/\sigma_0^2 \sim \chi^2(n-4)$。

有故障假设H1：$E(\varepsilon)\neq 0$，则 $\mathrm{SSE}/\sigma_0^2 \sim \chi^2(n-4,\lambda)$。

根据假设条件，当无伪距故障时，系统处于正常检测状态，如果出现检测告警，则为误警。给定误警概率 P_{FA}，有如下概率等式：

$$\Pr(\mathrm{SSE}/\sigma_0^2 < T^2) = \int_0^{T^2} f_{\chi^2(n-4)}(x)\,\mathrm{d}x = 1 - P_{\mathrm{FA}} \tag{8.71}$$

通过式(8.71)确定 SSE/σ_0^2 的检测限值 T，则 $\hat{\sigma}$ 的检测限值为 $\sigma_T = \sigma_0 T/\sqrt{n-4}$，如果 $\hat{\sigma} > \sigma_T$，则表示检测到故障，将向用户发出告警信息。

8.3.3　故障识别

巴尔达提出的数据探测法是较好的粗差识别方法，它是最小二乘残差法识别故障的基本方法。其思想是假定平差系统中只有一个观测值存在粗差，并纳入函数模型，用统计假设检验方法检测粗差并剔除粗差。剔除含有粗差的观测值后，建立新的平差系统，若仍存在粗差，则再假定只存在一个粗差，逐次不断进行，直至判断不再含有粗差。可以作如下统计假设检验：

无故障假设H0：$E(\hat{\boldsymbol{\sigma}}_{V_i})=0$；有故障假设H1：$E(\hat{\boldsymbol{\sigma}}_{V_i})\neq 0$。

检验统计量采用正态分布标准化残差[11-21]

$$w_i = \frac{|\boldsymbol{V}_i|}{\hat{\sigma}_{V_i}} = \frac{|\boldsymbol{V}_i|}{\sigma_0\sqrt{\boldsymbol{Q}_{V_{ii}}}} \tag{8.72}$$

也有等价形式

$$w_i = \frac{|\boldsymbol{V}_i|}{\hat{\sigma}_{V_i}} = \frac{|\boldsymbol{V}_i|}{\sigma_i\sqrt{\boldsymbol{S}_{ii}}} \tag{8.73}$$

当原假设成立时，$w_i \sim N(0,1)$。

n 颗卫星可得到 n 个检测统计量，给定总体误警概率 P_{FA}，则每个统计量的误警概率为 P_{FA}/n，有下式成立：

$$P(w > T_{\mathrm{d}}) = \frac{2}{\sqrt{2\pi}}\int_{T_{\mathrm{d}}}^{\infty} \mathrm{e}^{-\frac{x^2}{2}}\mathrm{d}x = P_{\mathrm{FA}}/n \tag{8.74}$$

通过式(8.74)可以计算得到检测门限 T_{d}。对于每个检测统计量 w_i，分别与 T_{d} 比较，若 $w_i > T_{\mathrm{d}}$，则表示第 i 颗卫星有故障，应将之排除在导航解之外。

8.4 自适应卡尔曼滤波导航算法

卡尔曼滤波导航算法可以改进 GNSS 定位精度，提高恶劣条件下的 GNSS 定位可用性，尤其是当卫星数不足 4 颗时，卡尔曼滤波仍可能给出导航定位结果，利用卡尔曼预报信息还可以进行 GNSS 异常观测值的自适应处理，同时卡尔曼滤波也是组合导航的基本算法，便于 GNSS 与其他导航系统组合。

Kalman 滤波应用于 GNSS 动态定位，主要问题是如何充分利用位置的预报信息。该问题包括两个方面：首先是如何获取比较可靠的预报信息；其次是如何正确评估预报信息的精度。GPS 动态测量中，卡尔曼滤波的预报信息一般基于载体在采样间隔内保持匀速或匀加速状态的假设，采用比较简单的常速度模型或常加速度模型。而在实际测量中，这个假设很难满足，所以卡尔曼滤波的预报信息存在误差，而且采样间隔越大，其预报误差就越大。标准卡尔曼滤波认为预报误差是白噪声，服从零均值的正态分布，并利用动态噪声协方差矩阵 $\boldsymbol{\Sigma}_{w_k}$ 来控制它对当前信息的影响。如果预报误差较大，则 $\boldsymbol{\Sigma}_{w_k}$ 的取值相应增大；如果预报误差较小，则 $\boldsymbol{\Sigma}_{w_k}$ 的取值相应减小。当 $\boldsymbol{\Sigma}_{w_k}$ 为无穷大时，卡尔曼滤波就完全忽略预报信息，相当于历元观测最小二乘平差；当 $\boldsymbol{\Sigma}_{w_k}$ 为零时，卡尔曼滤波就完全接受预报信息，相当于加权最小二乘法。所以，卡尔曼滤波中，$\boldsymbol{\Sigma}_{w_k}$ 的取值很关键，它直接影响卡尔曼滤波估值的精度。$\boldsymbol{\Sigma}_{w_k}$ 应当真实地反映预报信息的误差，它不能过大，否则会降低预报信息的作用，也不能太小，否则会夸大预报信息的精度，并减小当前历元信息的作用，严重时甚至会引起滤波发散。

一般 GPS 动态测量中，载体在大部分时间内平稳运行，但也有机动运行的时候，突然加减速或拐弯等。载体运行平稳，位置预报误差一般较小，$\boldsymbol{\Sigma}_{w_k}$ 的取值也应该较小。载体机动运行时，位置预报误差一般较大，$\boldsymbol{\Sigma}_{w_k}$ 的取值也应该较大。而在经典卡尔曼滤波中，$\boldsymbol{\Sigma}_{w_k}$ 为事先给定的常数矩阵，很难兼顾这两种情况。此时一般用自适应卡尔曼处理这种情形。自适应卡尔曼滤波能在滤波过程中自适应地评估预报信息的精度，并在此基础上加以利用。

卡尔曼滤波状态方程和观测方程分别为

$$\boldsymbol{X}_k = \boldsymbol{\Phi}_{k,k-1}\boldsymbol{X}_{k-1} + \boldsymbol{W}_k \tag{8.75}$$

$$\boldsymbol{L}_k = \boldsymbol{A}_k\boldsymbol{X}_k + \boldsymbol{e}_k \tag{8.76}$$

式中：$\boldsymbol{X}_k$ 为 t_k 时刻的 m 维状态矢量；$\boldsymbol{X}_{k-1}$ 为 t_{k-1} 时刻的 m 维状态矢量；$\boldsymbol{\Phi}_{k,k-1}$ 为 $m\times m$ 阶状态转移矩阵；$\boldsymbol{W}_k$ 为 $m\times 1$ 阶模型噪声矢量；$\boldsymbol{L}_k$ 为 t_k 时刻的 n 维观测矢量；$\boldsymbol{A}_k$ 为 $n\times m$ 阶设计矩阵；也称观测矩阵；$\boldsymbol{e}_k$ 为 $n\times 1$ 阶观测噪声矢量。

卡尔曼滤波用于动态导航定位时，运动模型通常采用常速度模型：

$$\begin{bmatrix} \boldsymbol{X}(t+1) \\ \dot{\boldsymbol{X}}(t+1) \end{bmatrix} = \begin{bmatrix} \boldsymbol{I} & \Delta t\cdot \boldsymbol{I} \\ 0 & \boldsymbol{I} \end{bmatrix}\begin{bmatrix} \boldsymbol{X}(t) \\ \dot{\boldsymbol{X}}(t) \end{bmatrix} + \boldsymbol{W}(t) \tag{8.77}$$

式中：$\boldsymbol{I}$ 为 3×3 阶的单位矩阵；Δt 为前后时间之差；$\boldsymbol{W}(t)$ 为模型误差矢量。对于常量 Δt，相应于 $\boldsymbol{W}(t)$ 的方差矩阵为

$$\boldsymbol{\Sigma}_{W(t)} = \begin{bmatrix} S_{11}\boldsymbol{q} & S_{12}\boldsymbol{q} \\ S_{21}\boldsymbol{q} & S_{22}\boldsymbol{q} \end{bmatrix} \tag{8.78}$$

式中：$\boldsymbol{q}$ 为速度系统噪声的谱密度矩阵，为 3×3 阶对角阵。S_{ij} 为

$$\begin{cases} S_{11} = \mathrm{diag}\{S_{11}(i)\} = (-3 + 2\alpha_i\Delta t + 4\mathrm{e}^{-\alpha_i\Delta t} - \mathrm{e}^{-2\alpha_i\Delta t})/2\alpha_i^3 \\ S_{12} = S_{21} = \mathrm{diag}\{S_{12}(i)\} = (1 - 2\mathrm{e}^{-\alpha_i\Delta t} + \mathrm{e}^{-2\alpha_i\Delta t})/2\alpha_i^2 \\ S_{23} = \mathrm{diag}\{S_{23}(i)\} = (1 - \mathrm{e}^{-2\alpha_i\Delta t})/2\alpha_i \end{cases}$$

当 $\alpha_i\to 0$（即前后历元相关性极大）时，$\boldsymbol{\Sigma}_{W(t)}$ 为

$$\boldsymbol{\Sigma}_{W(t)} = \begin{bmatrix} \frac{1}{3}q\Delta t^3 & \frac{1}{2}q\Delta t^2 \\ \frac{1}{2}q\Delta t^2 & q\Delta t \end{bmatrix} \tag{8.79}$$

在卡尔曼滤波过程中引入自适应因子 α_k，用 $\alpha_k\boldsymbol{P}_k$ 代替原来的预测状态权阵 $\boldsymbol{P}_k$，来调节观测信息和预报信息对状态估值的贡献，自适应滤波解的表达式[13-15]为

$$\hat{\boldsymbol{X}}_k = (\boldsymbol{A}_k^{\mathrm{T}}\boldsymbol{P}_k\boldsymbol{A}_k + \alpha_k\boldsymbol{P}_{\overline{X}_k})^{-1}(\boldsymbol{A}_k^{\mathrm{T}}\boldsymbol{P}_k\boldsymbol{L}_k + \alpha_k\boldsymbol{P}_{\overline{X}_k}\overline{\boldsymbol{X}}_k) \tag{8.80}$$

式中：$\boldsymbol{P}_k$ 和 $\boldsymbol{P}_{\overline{X}_k}$ 分别为 $\boldsymbol{L}_k$ 和 $\overline{\boldsymbol{X}}_k$ 的权矩阵，它们是相应协方差矩阵的逆矩阵；α_k 为自适应因子，满足 $0\leqslant\alpha_k\leqslant 1$。若 $\alpha_k=0$，则自适应滤波解即 k 历元的几何导航解或单历元平差解；若 $\alpha_k=1$，则自适应滤波解即正常的卡尔曼滤波解。α_k 起着调节动力模型信息与观测信息的功能。

国内有学者曾提出基于状态不符值、基于预测残差和基于方差分量估计建立自

适应因子[15-18]。实际应用时,可以根据观测信息的冗余情况合理选择自适应因子计算方法。

参考文献

[1] 中国卫星导航系统管理办公室. 北斗卫星导航系统空间信号接口控制文件公开服务信号(2.1版)[R]. 北京:中国卫星导航系统管理办公室,2016.

[2] Global Positioning System Directorate. Navstar GPS space segment/navigation user interfaces, IS-GPS-200H [R]. Washington,DC:DAF,2013.

[3] RTCA. Minimum operational performance standards for global positioning system/wide area augmentation system airborne equipment (RTCA DO-229B,Issued 10)[S]. Washington,DC:RTCA,1999.

[4] PENNA N. Assessment of EGNOS tropospheric correction model [J]. Journal of Navigation,2001,54(1):37-55.

[5] RYAN S,LACHAPELLE G,CANNON M E. DGPS kinematic carrier phase signal simulation analysis in the velocity domain[C]//Proceedings of ION GPS 1997. Missouri:The Institute of Navigation,1997.

[6] SZARMES M,RYAN S,LACHAPELLE G. DGPS High accuracy aircraft velocity determination using doppler measurements [C]//Proceedings of the International Symposium on Kinematic Systems (KIS). Banff,AB:KIS,1997.

[7] 秘金钟. GNSS完备性监测方法、技术与应用[D]. 武汉:武汉大学,2010.

[8] 李作虎. 卫星导航系统性能监测及评估方法研究[D]. 郑州:信息工程大学测绘学院,2012.

[9] 陈金平. GPS完好性增强研究[D]. 郑州:信息工程大学测绘学院,2001.

[10] KAPLAN E D,HEGARTY C J. Understanding GPS:principals and applications[M]. 2nd ed. Norwood,MA:Artech House,2006:352.

[11] BAARDA W. A testing procedure for use in geodetic networks [R]. Netherlands:Publications on Geodesy,New Series 2,No. 5,1968.

[12] HEWITSON S,LEE H K,WANG J. Localizability analysis for GPS/Galileo receiver autonomous integrity monitoring [J]. Journal of Navigation,2004,57(2):245-259.

[13] TEUNISSEN P J G,SALZMANN M A. A recursive slippage test for use in state-space filtering [J]. Manuscripta Geodaetica,1989,14(6):383-390.

[14] 何海波. 高精度GPS动态测量及质量控制[D]. 郑州:信息工程大学,2002.

[15] 杨元喜. 自适应动态导航定位[M]. 北京:测绘出版社,2006.

[16] YANG Y,GAO W. Influence comparison of adaptive factors on navigation results [J]. The Journal of Navigation,2005,58(3):471-478.

[17] YANG Y,GAO W. An optimal adaptive Kalman filter [J]. Journal of Geodesy,2006(80):177-183.

[18] YANG Y,GAO W. An new learning statistic for adaptive filter based on predicted residuals [J]. Progress in Natural Science,2006,16(8):833-837.

第 9 章　GNSS 局域差分定位技术

GNSS 导航定位时，受到卫星相关误差、大气传播延迟误差、接收机相关误差的影响，即使经过模型修正后仍有数米甚至 10 余米的残余误差的影响，因此 GNSS 定位精度一般为 10 ~ 20m。不过，由于卫星轨道误差、卫星钟差、电离层延迟、对流层延迟具有较强的空间和时间相关性，可利用差分 GNSS（DGNSS）技术来提高 GNSS 定位精度。

DGNSS 技术处理误差方法大致包括两种：一种是将观测值的各项误差作为整体，按照标量形式进行处理，称为局域差分全球卫星导航系统（LADGNSS），这种处理方法获得的误差受距离限制，距离参考站越远，定位精度越差。常见的局域差分实现系统有 DGNSS、载波相位实时动态（RTK）测量系统、地基增强系统（GBAS）等。另一种是将观测值各项误差分别按照矢量形式进行处理，称为广域差分全球卫星导航系统（WADGNSS）。这种方法可以较为精确地获得卫星轨道三维误差、卫星钟差、电离层误差等，系统实现较为复杂，但基本不受距离限制。其具体实现系统包括各国的广域差分增强系统、全球差分系统等。

9.1　伪距差分基本原理

9.1.1　概述

DGNSS：利用卫星相关误差、大气传播延迟误差在时间和空间的相关性来进行误差修正。

在已知点上安置 GNSS 参考接收机，静态同步观测 GNSS 卫星，基于已知点坐标，反算出各卫星的伪距误差量值，并将各卫星的误差量值作为差分伪距改正数，通过数据链发送给附近的 GNSS 接收机，这些接收机利用接收的伪距差分改正数来修正本地相应卫星的伪距误差，以减少伪距误差影响，从而提高定位精度[1]。表 9.1 对 GNSS 标准定位和差分定位的误差进行了比较：由于参考接收机和用户接收机在同一时间观测相同的卫星，经过差分修正，卫星时钟误差几乎完全去除，绝大部分卫星星历误差也被削弱；在差分服务区内，电离层和对流层延迟误差影响也显著减小，残余的电离层和对流层误差由参考接收机和用户接收机间的距离决定。当两者距离较远时，对流层延迟和电离层延迟的时空一致性程度减小，可能使差分后残余误差增大。另一方面，参考接收机和用户接收机的多径效应误差和接收机噪声是不相关的，因此经过差分处理后，不但不能减弱反而会增大其影响。

表 9.1 GNSS 测量误差[2]

误差类型	定位方法	
	标准定位	差分定位
卫星钟差模型	1 ~ 2 m(RMS)	0.0 m
卫星星历	1 ~ 2 m(RMS)	0.1 m(RMS)
对流层延迟	海平面天顶方向约 2 m	0.2 m(RMS)加海拔高度影响
电离层延迟	天顶方向 2 ~ 10 m	0.2 m(RMS)
多径	码:1 ~ 5 m 载波:1 ~ 5 cm	天线间不相关
接收机噪声	码:0.5 m(RMS) 载波:1 ~ 2 mm(RMS)	接收机间不相关

9.1.2 伪距 DGNSS 原理

9.1.2.1 差分改正数生成

GNSS 伪距差分信息有两种形式:一是直接播发原始观测值;另一种是播发伪距改正数。在导航应用中多采用伪距差分改正数的方法,因为播发 GNSS 伪距改正数至少有 3 个优点:一是伪距改正数所需的通信传输量较少;二是伪距改正数与参考站具体信息无关,无须传输精确的参考站坐标和天线类型等附加信息;三是与参考站相关的信息,如天线相位中心、多径效应已经在参考站进行了处理,便于用户终端灵活地进行多参考站的伪距改正数组网应用。

为了便于兼容应用,GNSS 差分改正数的生成一般应该满足海事无线电技术委员会(RTCM)的 RTCM 104 DGNSS V2. X 标准[3]要求:①伪距及伪距变化率为当前历元的最优估值,不应外推预报;②参考站计算的误差改正数不应扣除电离层延迟;③参考站计算的误差改正数不应扣除对流层延迟;④除非用于时间传递,参考站计算的误差改正数应该扣除其接收机钟差;⑤参考站计算的误差改正数应经过数据处理以尽量减小多径误差影响;⑥参考站计算的误差改正数应该扣除卫星钟误差影响,其卫星钟差计算采用导航电文播发的钟差参数;⑦伪距观测值应同步测量获得。

根据上述第②和第③个要求,用户终端在应用符合上述标准的误差改正数时,不应该利用大气模型从伪距观测值中扣除电离层延迟和对流层延迟。如果需要进行大气模型改正(如距离参考站较远,或者高差较大),则用户终端需同时考虑参考站(基于参考站坐标)和用户端的大气改正(基于流动站坐标估值)。

利用参考站已知坐标和 GNSS 导航电文提供卫星星历和卫星钟差信息,同时顾及地球自转改正、相对论效应改正,不进行电离层延迟和对流层延迟改正,可计算获得当前观测时刻 t_0 相应的卫星 j 的伪距改正数 $\Delta P^j(t_0)$:

$$
\begin{aligned}
\Delta P^j(t_0) &= (\rho_0^j - c \cdot \mathrm{d}t_s^j + d_{rel}^j) - P^j = \\
&- (\Delta r_s^j + \Delta \mathrm{d}t_s^j - d_{rel}^j + \mathrm{d}_{iono}^j + d_{trop}^j + c \cdot \mathrm{d}t_r + \mathrm{MP}^j + \varepsilon_P^j)
\end{aligned}
\tag{9.1}
$$

式中：P 为伪距观测值；ρ_0 为星地距离计算值；$\mathrm{d}t_s$ 为卫星钟差计算值；c 为光速；Δr_s^j 为卫星 j 的卫星星历三维误差导致的标量误差；$\Delta \mathrm{d}t_s^j$ 为卫星 j 钟差改正后残余的误差；d_{rel} 为相对论效应；d_{iono} 为电离层延迟；d_{trop} 为对流层延迟；$\mathrm{d}t_r$ 为接收机钟差；MP 为多径效应；ε_p 为伪距噪声。

式(9.1)伪距改正数需要扣除接收机钟差的影响，以大幅度减小伪距改正数的数值范围，同时也避免接收机钟差的跳变影响伪距改正数的一阶连续性，以满足 RTCM 标准的要求：伪距改正数应该为慢变的连续函数，以满足一阶函数拟合的需要[4]。一种计算参考站接收机钟差的方法是对式(9.1)的伪距改正数取均值：

$$c \cdot \mathrm{d}\hat{t}_r = \frac{1}{M}\sum_{j=1}^{M} \Delta P^j(t_0) \tag{9.2}$$

式中：M 为参考站的观测卫星数。当卫星数不变时，上式计算所得接收机钟差一般为相关时间较为明显的连续慢变量，不过当卫星有升降时就会出现跳变。另外由于含有电离层延迟、对流层延迟等误差，计算所得钟差并不精确，存在慢变的偏差。对于非精确时间传递的应用而言，该慢变偏差将被用户终端的钟差吸收，并不影响用户终端的定位精度。对于钟差估值跳变的影响，主要取决于用户终端的算法。如果用户终端不对钟差进行建模，采用最小二乘法进行差分定位解算，或者采用双差处理消除接收机钟差，则参考站钟差估值跳变将不会对用户终端的位置计算产生影响。不过，如果用户终端采用卡尔曼滤波算法，对接收机钟差进行建模处理，就要求参考站钟差估值为连续的变慢量，不要出现跳变，否则将影响定位结果[4]。因此需要利用式(9.2)计算得到的参考站钟差值进行滤波。

9.1.2.2 用户终端算法

流动站用户终端R在时刻 t 接收到参考站B播发的 t_0 时刻的伪距改正数 $\Delta P_B^j(t_0)$ 及其变化率 $\Delta \dot{P}_B^j(t_0)$，利用该伪距改正数来修正流动站的单频伪距 P_R^j，获得伪距误差修正后的伪距：

$$\begin{aligned}\tilde{P}_R^j &= P_R^j + \Delta P_B^j(t_0) + \Delta \dot{P}_B^j(t_0)(t - t_0) - c \cdot \mathrm{d}t_s^j + d_{rel}^j = \\ &\rho_R^j + c\mathrm{d}t_{R,r} + \Delta r_{RB}^j + c\Delta \mathrm{d}t_{B,r} + c\mathrm{d}t_{RB,s}^j + d_{RB,trop} + d_{RB,iono} + M_{RB,P}^j + \varepsilon_{RB,P}^j \approx \\ &\rho_R^j + c\mathrm{d}t_{R,r} + M_{RB,P}^j + \varepsilon_{RB,P}^j\end{aligned} \tag{9.3}$$

式中：$c\Delta \mathrm{d}t_{B,r}$ 为参考站接收机钟差修正后的残余误差，在流动站数据处理中，将被 $c\mathrm{d}t_{R,r}$ 吸收，一般不会影响定位结果，不过将影响定时结果；$\Delta r_{RB}^j = \Delta r_R^j - \Delta r_B^j$，为卫星星历修正的残余误差；$c\mathrm{d}t_{RB,s}^j = c(\mathrm{d}t_{R,s}^j - \mathrm{d}t_{B,s}^j)$，为卫星钟差修正的残余误差；$\Delta r_{RB}^j$、$c\mathrm{d}t_{RB,s}^j$ 的量值一般接近于0；$d_{RB,trop} = d_{R,trop} - d_{B,trop}$，为对流层延迟修正后的残余误差；$d_{RB,iono} = d_{R,iono} - d_{B,iono}$，为电离层延迟修正后的残余误差；$d_{RB,trop}$、$d_{RB,iono}$ 量值与流动站与参考站之间距离相关，其相对误差影响分别为$(1\sim3)\times10^{-6}$和$(1\sim50)\times10^{-6}$。$M_{RB,P}^j$、$\varepsilon_{RB,P}^j$ 分别为参考站和流动站的叠加多径和噪声，由于参考站和流动站的多径效应和伪距噪声相关性很小，因此经过误差修正后，其量值将增大。

流动站用户终端基于伪距误差修改后的伪距 $\tilde{P}_R^j$，可以计算获得较高精度的位置结果。由于电离层延迟量值较大，其相对误差也较大，在很大程度上限制了差分 GNSS 的定位精度。在 150km 之内，差分 GNSS 定位精度一般为 1 ~ 5m。

同时，流动站用户终端还应该利用参考站播发的完好性信息，及时处理因地面段或卫星段故障而导致的观测值异常，确保流动站用户的导航性能。

9.2 GNSS 信标差分系统

9.2.1 系统简介

GNSS 信标差分系统利用传统无线电信标导航（RBN）的指向标发射台，加播 DGNSS 改正数，构成 RBN/GNSS 系统，既保持了传统信标系统的性能，又增加了精度较高的 DGNSS 信息，具有建设费用低、传播距离远、信号稳定、定位精度高等特点，已经成为众多国家沿海港口、重要水域和水道的重要导航手段。

美国海岸警卫队（USCG）从 1994 年开始逐步在沿美国海岸和内河建成了海岸差分 GPS（MDGPS），以消除当时 GPS SA 影响（已于 2000 年 5 月 1 日取消），用于海上安全导航[5]。1999 年，MDGPS 进一步扩展建设成为覆盖美国内陆的国家差分 GPS（NDGPS），它包括一个由 85 个点组成的广播点网和两个控制站，其中海岸警卫队维护 49 个海岸站，美国交通部维护 29 个内陆站，美国陆军工程兵团维护 7 个 NDGPS 站。内陆单重覆盖约 92%，双重覆盖约 65%。

目前近 50 个国家参照美国标准建设了无线电信标导航（RBN）/差分 GPS（DGPS）。日本海上保安厅在日本沿海共建设 27 个台站，在东京建设一个监控中心。加拿大海岸警卫队建设的 RBN/DGPS 包括 22 个台站和 1 个监控中心[6]。澳大利亚 RBN/DGPS 包括 16 个台站和 1 个监控中心。我国也在 1997 年布设了“中国沿海无线电指向标-差分 GPS”，由 20 个 RBN/DGPS 基准站组成，形成了从鸭绿江口到北海，覆盖我国沿海港口、重要水域和水道的差分 GPS 导航服务网络[7]。

9.2.2 系统组成

RBN/DGNSS 主要由参考站、完好性监测站、播发台、监控中心、地面通信网和 DGNSS 用户接收机组成，如图 9.1 所示[8-9]。

参考站由 2 台高性能的 GNSS 接收机组成，互为热备份。GNSS 天线位置精确已知，通过跟踪观测 GNSS 卫星，计算每颗卫星的伪距修正信息，并将伪距校正量、基准台频率、识别码等信息，按 RTCM 104 2. X 协议经信息调制后，通过路由器发送至播发台。

播发站用于播发指向信号，依规定的强度和速率播发 DGNSS 修正信息和指向标状况及基准台状况信息。

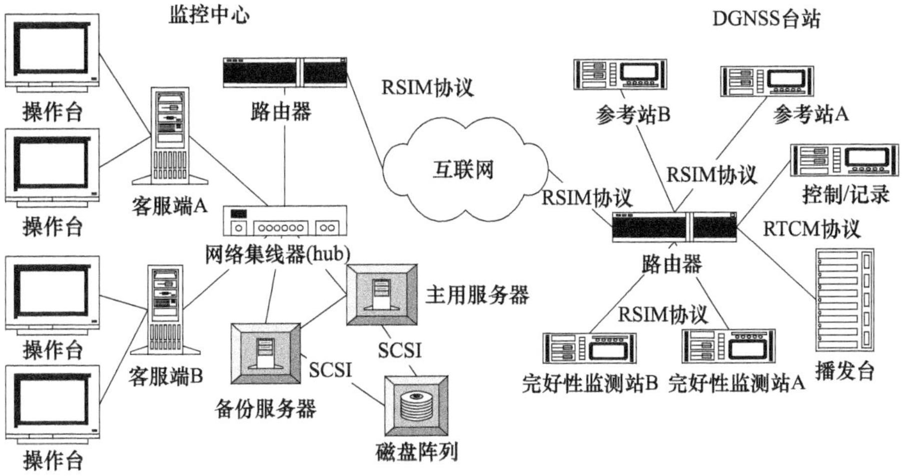

RSIM—差分参考站完好性监测标准；SCSI—微型计算机系统接口。

图 9.1　RBN/DGNSS 组成框图

完好性监控站由导航 GNSS 接收机、指向标接收机和完好性监控计算机组成。完好性监测站无线接收播发站播发的差分信息，从伪距改正数和定位结果两个层面，检验差分信息是否超限。如果监测结果超限，将及时向监控中心和参考站告警。完好性监测台的布设有两种方式，一种是与基准台设在一起的零基线共址方式，另一种是将完好性监测台设在覆盖区内的远方，所谓远方监测台。

监控中心可对远方 DGNSS 台站的功能及性能参数进行实时系统状态监测与控制，设置台站工作参数，以及收集和管理来自各台站的各种监测数据。

地面通信网主要用于连接监控中心和播发站。

DGNSS 用户接收机主要由接收解调 GNSS 差分信息的信标接收机以及应用差分信息进行差分定位的 GNSS 接收机两部分组成，为用户提供导航定位服务。

9.2.3　广播信息的完好性监测

RBN/DGNSS 的可靠性和可用性取决于其广播信息的完好性。每个广播站配备两套完好性监测设备，互相备份，提供系统可靠性。RBN/DGNSS 完好性监测服务主要监测广播信号和信息内容（差分改正数的精度）的完好性。当监测参数超过指定门限时，将生成适当的告警信息，并定期向参考站反馈完好性信息，确保参考站当前完好性状态，同时也记录测量参数，用于事后分析。

9.2.3.1　完好性监测站设备性能要求

完好性监测站的 GNSS 接收机要求至少能同时连续跟踪 12 颗卫星，伪距精度优于 30cm，伪距变化率精度优于 4cm/s，首次定位时间不超过 30min（冷启动）和 5min（温启动）。

完好性监测站的指向标接收机要求能够接受以 50bit/s、100bit/s 或 200bit/s 速率播发的 RTCM 1、3、5、6、7、9、15、16 消息类型，能够接收参考站生成的 9 颗卫星的 RTCM 改正数信息，99% 功率带宽内信噪比为 10dB 时，最大误码率小于 10^{-3}，可对广播信号的低信号强度进行告警，可对消息错误率进行检测和报告，可监测伪距改正数的龄期，如果龄期超过 RSIM 信息 16 设定的阈值，则通过 RSIM 信息 17 向监控中心报警。

9.2.3.2 RBN/DGNSS 完好性监测流程

RBN/DGNSS 完好性监测处理流程如图 9.2 所示。

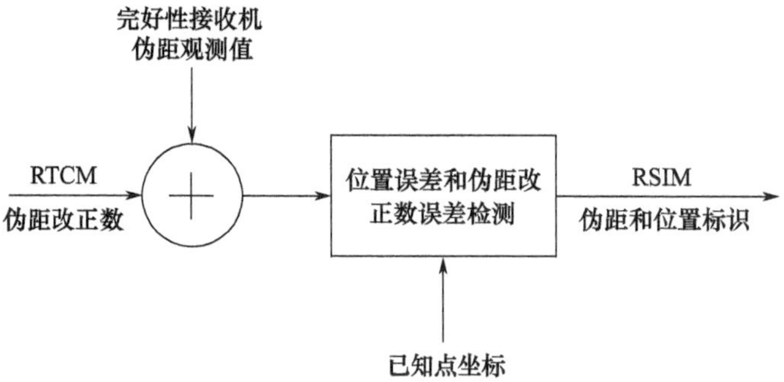

图 9.2 RBN/DGNSS 完好性监测处理流程图

1）伪距改正数误差监测

参考式(9.3)，完好性监测站 GNSS 接收机的伪距观测值为 P_{R}^{j} ($j=1,\cdots,M$；M 为卫星数)，利用参考站 B 播发的伪距改正数 $\Delta P_{\mathrm{B}}^{j}(t_0)$ 及其变化率 $\Delta \dot{P}_{\mathrm{B}}^{j}(t_0)$ 进行修正，获得伪距误差修改后的伪距：

$$\begin{aligned}\tilde{P}_{\mathrm{R}}^{j} &= P_{\mathrm{R}}^{j} + \Delta P_{\mathrm{B}}^{j}(t_0) + \Delta \dot{P}_{\mathrm{B}}^{j}(t_0)(t-t_0) - c\cdot \mathrm{d}t_{\mathrm{s}}^{j} + d_{\mathrm{rel}}^{j} = \\ &\rho_{\mathrm{R}}^{j} + c\mathrm{d}t_{\mathrm{R,r}} + M_{\mathrm{RB,P}}^{j} + \varepsilon_{\mathrm{RB,P}}^{j}\end{aligned} \tag{9.4}$$

基于完好性监测站的已知坐标和卫星星历，计算获得卫星至 GNSS 完好性监测接收机之间的几何距离 $\rho_{\mathrm{R},0}^{j}$。将式(9.4)中修改后的伪距与 $\rho_{\mathrm{R},0}^{j}$ 进行比较，获得伪距残差：

$$\begin{aligned}V_{\mathrm{P}}^{j} &= \rho_{\mathrm{R}}^{j} + c\mathrm{d}t_{\mathrm{R,r}} + M_{\mathrm{RB,P}}^{j} + \varepsilon_{\mathrm{RB,P}}^{j} - \rho_{\mathrm{R},0}^{j} = \\ &\Delta\rho_{\mathrm{R}}^{j} + c\mathrm{d}t_{\mathrm{R,r}} + M_{\mathrm{RB,P}}^{j} + \varepsilon_{\mathrm{RB,P}}^{j}\end{aligned} \tag{9.5}$$

对式(9.5)取平均作为接收机钟差估值 $c\mathrm{d}\hat{t}_{\mathrm{R,r}}$，各伪距残差 V_{P}^{j} 减去接收机钟差，获得修正后的伪距残差 $\tilde{V}_{\mathrm{P}}^{j}$，反映了伪距未改正误差 $\Delta\rho_{\mathrm{R}}^{j}$、多径影响以及伪距噪声的综合影响。根据 RSIM 消息 19 按照某频度（通过 RSIM 消息 1 设定）向监控中心上报各卫星 $\tilde{V}_{\mathrm{P}}^{j}$ 结果。通常各卫星 $\tilde{V}_{\mathrm{P}}^{j}$ 的均方根误差数值应小于 1m。

2）伪距改正数变化率误差监测

将参考站播发的伪距改正数变化率与完好性监测站GNSS接收机计算的伪距改

正数变化率进行比较，获得伪距改正数变化率的误差 $\tilde{V}_{\mathrm{P}}^{j}$，并通过 RSIM 消息 19 向监控中心上报。

3）差分位置误差监测

利用参考站播发的伪距改正数信息，对完好性监测站 GNSS 接收机的伪距观测值进行修正，获得误差修正后的伪距观测值，并计算定位结果。将该差分位置结果与完好性监测站坐标真值进行比较，获得差分位置的误差，并通过 RSIM 消息 18 向监控中心上报。

4）用户差分距离误差（UDRE）监测

将参考站生成的UDRE与伪距改正数误差 $\tilde{V}_{\mathrm{P}}^{j}$进行比较。如果UDRE偏低，即在一段时间内，UDRE 小于 $|\tilde{V}_{\mathrm{P}}^{j}|$ 的时间百分比，大于某阈值（通过 RSIM 消息 16 设置），则通过 RSIM 消息 17 生成 UDRE 过低告警。

5）告警生成

如果水平位置误差超过设置阈值（包括持续时间和误差阈值，可通过 RSIM 消息 16 设定），则在 1s 之内生成 RSIM 消息 20 的告警信息。

如果伪距改正数误差超过设置阈值（包括持续时间和误差阈值，可通过 RSIM 消息 16 设定），则在 1s 之内生成 RSIM 消息 20 的告警信息。

在卫星数、HDOP 或 UDRE 超过设定门限时，在 1s 之内将 RSIM 消息 20 中的 Position Flag 设置为未被监测（2，unmonitored）。

9.2.3.3 参考站完好性处理

利用完好性监测站通过 RSIM 消息 20 反馈的完好性信息，对参考站 GNSS 接收机进行适当处理。如当某卫星标示“剔除”时，可重新跟踪环路，或者停用该卫星，并通过 RTCM 消息告知用户终端停用该卫星。

9.2.4 RBN/DGNSS 性能[5]

1）精度

在服务区域内，定位精度优于 10m（95%）。通常情况下，参考站误差量值约为 0.5m，随距离而增加的误差量值约为 1m/150km，用户终端误差量值约为 1.5m。因此，对于性能较好的终端，其多径效应和噪声误差小于 0.3m，在 300km 之内可实现优于 3m 的定位精度。

2）用户可用性与参考站可用性

用户可用性与参考站可用性、信号传播可用性和信号是否多重覆盖等因素有关。参考站可用性定义为一个月之内 DGNSS 播发站正常播发健康有效的伪距差分信息的时间比例。在 GNSS 星座健康完整的情况下（如 HDOP < 2.3），其可用性要求优于 99.7%。信号传播可用性与大气区域扰动、信号发射功率等影响相关，其可用性应该优于 99%。对于多个参考站覆盖的区域，用户可用性将高于单个参考站的可用性，

为99.9%。

3）RBN/DGNSS完好性

差分系统完好性是指系统及时告知用户关于差分改正数超限或不健康的能力。

差分系统完好性基于完好性监测站来完成，完好性监测站利用已知坐标，来评估伪距改正数和差分定位结果是否在规定范围（如保护门限12.6m[5]）之内，如果超过门限，应该及时在指定告警时间内告知用户[5-6]。

告警时间：从告警条件产生时刻到告警信息最后比特（如不可用信息，或取消告警信息等）到达用户天线时刻之间的时间。

对于200bit/s信息传输率，告警时间应该小于2s；对于100bit/s信息传输率，告警时间应该小于4s；对于50bit/s信息传输率，告警时间应该小于8s[5]。该告警信息时间包含可能最长的信息长度和信息头。

4）覆盖区域

海上接收场强在75mV/m时，作用距离为300km，在陆地上，接收场强在100mV/m时，作用距离为300km。在美国内陆NDGPS基本已经实现了双重覆盖，日本、加拿大、澳大利亚以及我国沿海也建立了RBN/DGPS。随着北斗卫星导航系统的建成，目前我国正在对现有RBN/DGPS台站进行升级改造，建设兼容GPS和北斗系统的信标差分系统。

9.2.5 美国NDGPS未来发展[10]

1）美国NDGPS现状

相对于其他增强系统，NDGPS的优点在于[10]：实时提供差分信息、1～3m定位精度、基于约10m保护门限的10s完好性告警时间、基于双重覆盖和冗余设备的高可靠性、可绕过地面遮挡而双重覆盖美国全境、免费服务的公共基础设施、易于使用等。NDGPS已经在交通、测绘、气象、农业等领域得到广泛应用。正在研究中的高精度国家差分GPS（HA－NDGPS）可为美国全境提供水平精度优于10cm、高程精度优于20cm（95%）的服务，完好性告警时间1s，将催生出更多领域的应用。

不过受到年度经费预算的限制，避免GPS增强系统的重复建设和维护，美国NDGPS未来如何发展，或维持现状，或退役，或被其他系统替代，这是一个正在讨论和评估的问题。

2）美国NDGPS的可能替代系统

目前，NDGPS的替代系统包括WAAS、网络RTK和现代化GPS等。

对于WAAS，在开阔地带NDGPS和WAAS性能相当。不过，WAAS信息是通过GEO卫星播发的，NDGPS的差分信息是利用中波进行播发的，因而WAAS信息容易受到遮挡，而NDGPS信息却能绕过复杂环境（如地形、地物、树林等）开展应用。因此，WAAS在内陆复杂环境中的应用，仍难以替代NDGPS。

网络RTK技术是目前比较可行的替代系统，可满足陆地上高精度定位需求。不过,网络 RTK 应用存在需要采用高精度接收机、培训成本高、启动时间长等弱点。另外,网络 RTK 设计目的在于高精度测量,其覆盖范围和完好性保证也难以满足众多导航应用的需求,尤其是陆地复杂环境、偏远地区以及海上等条件下的导航应用需求。

GPS 现代化将对 NDGPS 带来很大的冲击。GPS Ⅲ定位精度优于 1m,完好性告警时间 1s;因此在 GPS Ⅲ全星座部署完成后,NDGPS 将逐步退出米级服务;其后续发展应用或可逐步转为提供亚米级、厘米级的高精度服务。在 GPS Ⅲ全星座部署之前,L2C 将发布告警时间为 6s 的完好性信息,也会对近期 NDGPS 发展产生一定的影响。

9.3　GNSS 地基增强系统

GNSS 地基增强系统(GBAS):广义而言,GNSS 地基增强系统泛指利用地基通信链路播发 GNSS 差分改正数和完好性监测信息,来提升用户导航定位性能的 GNSS 差分系统,即利用一定区域分布的 GNSS 参考站采集的原始观测数据,经中心站数据处理,生成 GNSS 差分改正数及完好性信息,并利用地基通信链路播发给用户,以提升用户的导航定位的精度、完好性、可用性和连续性。狭义而言,GNSS 地基增强系统专指面向航空应用的局域差分增强系统,即利用布设于机场内的 GNSS 参考站,经中心站的数据处理,生成航空应用所需的 GNSS 差分改正数及完好性信息,再通过地基通信链路播发给航空用户,以提升航空用户导航的精度、完好性、可用性和连续性。在国内的某些行业或领域,GNSS 地基增强系统也会用来专指面向全国用户的连续运行参考站(CORS)系统。鉴于国际上已将 GNSS 地基增强系统作为专有名词,专指面向航空应用的局域差分增强系统,本节也主要面向航空应用对 GNSS 地基增强系统进行介绍。

随着全球航空运输业的飞速发展,空中交通流量急剧增加,空域拥挤和飞行延误情况日益严重,基于传统的航空运输系统难以满足未来航空运输的需求。因此 1983 年,国际民航组织(ICAO)提升了基于卫星导航、卫星通信和数据通信的新航行系统(CNS/ATM(天文导航系统/空中交通管理系统))概念。新一代航空运输系统建设相继在航空发达国家启动,例如美国的新一代航空运输系统(NextGen)、欧洲的单一欧洲天空交通管理研究(SESAR)计划以及中国新一代民航运输系统(CNATS)。

对于导航系统:新航行系统将逐步引入区域导航能力,并使其符合所需的导航性能;采用 GNSS 星基增强系统(SBAS)用于飞机航路导航和非精密进近已成主要趋势;无方向信标系统、甚高频全向信标台和测距设备将逐步退役;保留并发展惯性导航系统(INS),发展组合导航。GNSS 地基增强系统有望逐步取代仪表着陆系统(ILS)实现精密进近。

对于飞机精密进近和着陆引导,目前应用最为广泛的是 ILS。该系统利用地面发射的两束无线电信号实现航向道和下滑道指引,建立一条由跑道指向空中的虚拟路径，飞机通过机载接收设备，确定自身与该路径的相对位置，使飞机沿正确方向飞向跑道并且平稳下降高度，最终实现安全着陆。该系统能在气象条件恶劣和能见度差的条件下为驾驶员提供引导信息，保证飞机安全进入和着陆。

ILS 已于 1947 年由国际民航组织确认作为国际标准着陆设备。其优点是能在复杂气象条件下为飞机提供精确直观的引导着陆信息，可根据气象和机场条件选择不同的工作类型(决断高度和跑道视距)，使用国际通用的标准设备。不过，ILS 存在几个局限性限制了其进一步应用[11-12]：①只能提供单一而又固定的下滑道，使得大型飞机接近城市和居民区飞行时产生低空噪声污染；其固定的下滑角很小，对于具有短距起降和垂直起降的飞机，不能发挥其优越性。②工作频率方面，工作频道仅有 40 个，对地理上密集的机场不够用；净空要求高，对地形环境很敏感，易受邻近地形、建筑物、空中及地面飞机反射信号的干扰，使航道和下滑道弯曲；在日常运行中，保护区如有车辆误入，也会导致信号不稳，影响航班进场，严重情况下导致航班复飞；工作频道接近调频广播频率，在设备运行中易受到调频台的干扰。③天线尺寸大，安装调整不方便。④需要定期校飞，检测设备精准度。如二类盲降，要求每 4 个月进行一次飞行校验，由专门的飞机对盲降设备的精确度进行校验。⑤一套仪表系统只能负责一条跑道，多跑道机场则需要安装多套系统。

为保证飞行安全，民航精密进近和着陆引导在精度、完好性、可用性和连续性等方面对 GNSS 提出了很高的要求。国际民航组织提出采用 GBAS 技术(美国称为局域增强系统(LAAS)，后续将会采用国际通用名称 GBAS)。GBAS 在通过局域差分技术提高 GNSS 定位精度的基础上，还增强了完好性监测算法，提高系统完好性、可用性、连续性的指标，可为机场空域范围内的飞机提供 Ⅰ 类精密进近(CAT Ⅰ)甚至更高标准的精密进近以及着陆引导服务。

与 ILS 相比，GNSS 解决了航路设计受限于地面设施的问题，具有如下优点[9,11]：

(1) 可在全球范围为飞机的起飞、离港、航路、进近、着陆全过程提供高精度定位服务。

(2) 每个机场只需要一套 GBAS，占地少，资金投入小，更有利于后期运行维护。

(3) ILS 只能采用单一的直线进近方式，而 GBAS 可以采用角度进近、直线进近、区间进近、平行进近或曲线进近等多种进近方式，大大提高了终端空域飞行路线的灵活性，提高了空域利用率，节省了时间和油料。可以避开障碍物或是噪声敏感区或拥挤空域，优化设计进近路线。灵活的进近路线可有效解决机场复杂地形和气象条件下进近着陆引导问题。

(4) 可缩小飞行横向和纵向间隔，增加空域容量，防止过度拥挤情况发生，提供更快捷的进离港服务，缩短地面和空中等待时间。

(5) 提供场面引导与监视，为飞机在滑行阶段提供全天候的引导与监视服务。而 ILS 只能提供在飞行着陆时期的引导。

(6) 高程测量精度高，可有效减小撞地危险。

(7) 在大雾天气情况下,可实现自动盲降,极大提高飞行安全和机场运营效率。

(8) 校飞频度低。

综合上述,GBAS 可以提高机场运行效率,可以在航线设计上采用先进的飞行程序从而提高机场和终端区容量,并降低机场着陆引导设备成本。因此空中交通管理系统从现有陆基导航系统向星基导航系统过渡已成为未来发展的必然趋势。

目前,美国、澳大利亚、巴西等国家的共 14 个机场安装了 GBAS,用于 CAT Ⅰ精密进近着陆引导。美国联邦航空管理局(FAA)正在基于现有成熟技术研发 LAAS 单频 CAT Ⅲ(GSAT - D),然后根据双频 GPS 星座进展情况,适时开展 LAAS 双频 CAT Ⅲ研究,以提高可用性。

GBAS 应用于飞机精密进近和着陆引导,其核心原理仍是基于局域差分 GNSS 技术。为进一步改善定位精度,GBAS 通常利用相位平滑伪距技术对参考站和用户端观测数据进行平滑,平滑时间为 100s[13-14]。在局域差分定位精度已得到大量验证的情况下,其完好性是当前以及后续一段时间研究的重点问题,因此本节主要针对 GBAS 的完好性解决方案进行介绍。

9.3.1　航空应用对卫星导航性能的需求

9.3.1.1　民用航空飞行过程

如图 9.3 所示,航空导航分为航路(enroute operation)、终端区(terminal area operation)、进近(approach operation)和地面滑行(surface operation)4 个阶段。

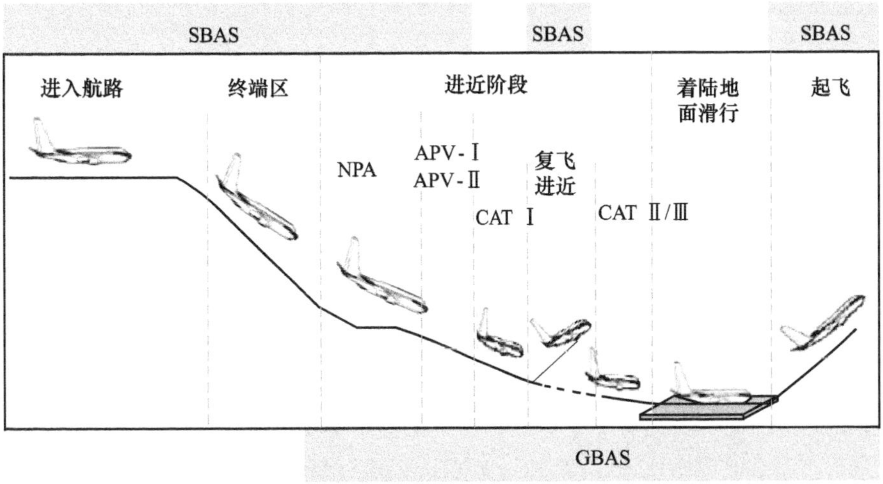

图 9.3　民用航空的飞行阶段

1) 地面滑行

地面滑行阶段包括跑道滑行、着陆和起飞过程(departure)。起飞过程可定义为飞机由静止、滑行到起飞、爬升,直至进入终端区飞行阶段这一过程。

2）航路

航路飞行阶段是指飞机爬升到航路高度开始到进入目的地终端区这一过程。航路阶段包含远洋航路和内陆航路。远洋航路还包括比较偏僻的区域，其主要特点是交通密度低，缺乏独立的监控覆盖。内陆航路交通密度较高，飞机飞行线路宽度也窄。内陆航路一般有独立的监控覆盖。

3）终端区

终端区阶段主要包括两个过程，一是从飞机起飞到飞离终端区这一过程，二是飞机从进入终端区到初始进近点这一过程。

4）进近阶段

进近阶段可定义为从飞机初步获得着陆目标开始到下降至能够清晰可视机场跑道为止。这一过程是飞机飞行阶段中最有难度、最具风险的过程（图 9.4）。当飞机进入进近阶段时，首先被引导至初始进近点（IAP），然后调整方向对准跑道进入最终进近点（FAP），开始进近过程[15]。整个进近过程可进一步被划分为非精密进近（NPA）、垂直引导进近（APV）、精密进近（PA）三个阶段。由最终进近点到跑道入口的最佳距离为 9.3km（5nm），最大距离为 19km（10nm）[16]。

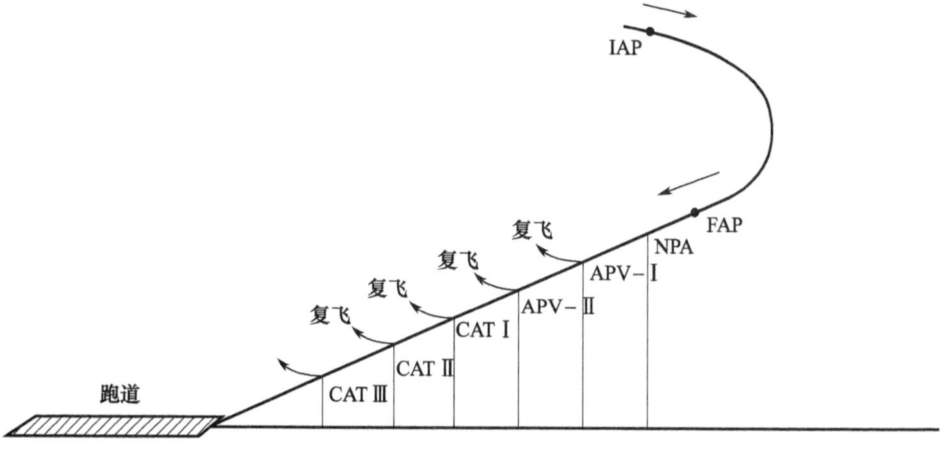

图 9.4　飞机进近程序图

对于 GBAS 辅助的非精密进近仅仅提供水平方向的定位信息，又称为水平方向导航（lateral navigation）；垂直方向的引导信息通常由气压计提供；然后飞机被引导至复飞进近点（MAP）（图 9.4）。复飞进近点的最小下降高度（MDA）通常在240 ~ 90m。

APV 是相对较新的概念。从导航设备的角度来说，APV 可以被分为两大类。一类是基于气压计的垂向引导，一类是基于 GNSS 的垂向引导。因此 ICAO 基于 GNSS 定义了两类 APV 服务——APV-Ⅰ（APV-Baro）和APV-Ⅱ（APV-SBAS）。除此之外，还有一类与 APV 要求类似的垂向引导服务——带垂直引导的航向定位性能（LPV），该过程也主要包含 LPV-250 及 LPV-200 两个阶段。

根据导航系统的决断高度(DH)和跑道可视距离(RVR),可将精密进近着陆分为3类。

Category Ⅰ(CAT Ⅰ):进近允许飞机下降至60m(DH),并且最小RVR不小于550m。

Category Ⅱ(CAT Ⅱ):进近允许飞机下降至60~30m,并且最小RVR不小于350m。

Category Ⅲ(CAT Ⅲ):主要为自动着陆设计。根据地面设备的质量及机载导航系统对故障的容忍度,又可分为三个子类。CAT Ⅲa:DH小于30m,或者RVR大于200m但不限制DH。CAT Ⅲb:DH小于15m,或者RVR在200~50m但不限制DH。CAT Ⅲb支持自动着陆和滑跑。CAT Ⅲc:没有DH限制,RVR在200~50m但不限制DH。CAT Ⅲc支持自动着陆、滑跑及滑行。

图9.5显示了3类精密进近的过程。

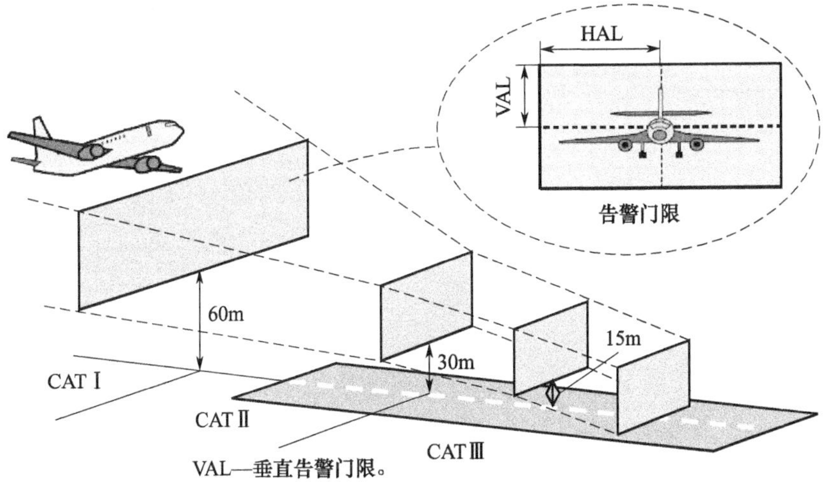

图9.5 飞机精密进近示意图(见彩图)

5) 进近失败(MA)

进近失败又称为复飞。导致进近失败的主要原因有跑道在判决高度不可见、错过进近点、设备故障、交通冲突等。遇到异常状况时,飞行员需要根据自己的判断或者接受空管的指令停止进近,选择复飞,将飞机拉高到一定高度,等待下一次进近。

9.3.1.2 民用航空不同飞行阶段对GNSS性能的需求

国际民用航空组织认为导航系统的必备导航性能主要包括4个方面:精度、完好性、连续性和可用性。

精度:导航观测量及其解算位置结果背离真实的程度。通常用中误差 σ 及其相应限值来描述;误差限值为 2σ,表示95%的误差绝对值小于 2σ。

完好性:当系统不能用于导航时及时向用户发出告警的能力。完好性通常包括4个参数:告警门限(alert limit)、示警耗时(time to alert)、示警能力和完好性风险(integrity risk)。告警限值为当用户定位误差超过系统规定的某一限值,系统向用户发出警报,这一限值称为系统的报警限值。示警耗时为当用户定位误差超过报警限值,系统向用户发出警报的时刻与系统向用户显示这一警报时刻的时间差。示警能力是指在系统覆盖区域内系统不能向用户发出警报的面积百分比。完好性风险是指在示警能力以内的用户定位误差超过报警限值且超过示警耗时,系统却没有向用户发出警报的现象的概率。

连续性:在整个预定飞行阶段满足精度和完好性的可能性。连续性风险是飞行进近开始后被探测到异常中断导航的可能性。

可用性:系统能为运载体提供可用的导航服务的时间百分比。系统只有满足精度、完好性和连续性 3 种性能后才能称为可用。卫星导航系统的可用性是由移动的卫星、一定的覆盖区域等因素决定的,可能需要很长时间来重复卫星出现的故障,确定导航系统的可用性也需要很多年。

表 9.2 为国际民用航空组织定义的不同飞行阶段对 GNSS 的性能需求。

表 9.2　GNSS 用于导航的性能要求[17]

飞行阶段	精度(95%)		完好性				连续性	可用性
	水平	垂直	风险	HAL	VAL	告警时间		
远洋	3.7km	N/A	10^{-7}/h	7.4km	N/A	5min	$[(1-10^{-4})\sim(1-10^{-8})]$/h	0.99 ~ 0.9999
航路				3.7km	N/A			
终端	0.74km	N/A	10^{-7}/h	1.85km	N/A	15s	$[(1-10^{-4})\sim(1-10^{-8})]$/h	0.99 ~ 0.9999
NPA	220m	N/A	10^{-7}/h	556km	N/A	10s	$[(1-10^{-4})\sim(1-10^{-8})]$/h	0.99 ~ 0.9999
APV-Ⅰ	16.0m	20.0m	2×10^{-7}	40m	50m	10s	$(1-8\times10^{-6})/(15s)$	0.99 ~ 0.9999
APV-Ⅱ	16.0m	8.0m	2×10^{-7}	40m	20m	6s	$(1-8\times10^{-6})/(15s)$	0.99 ~ 0.9999
CAT Ⅰ	16.0m	6.0 ~ 4.0m	2×10^{-7}	40m	35 ~ 10m	6s	$(1-8\times10^{-6})/(15s)$	0.99 ~ 0.9999
注:CAT Ⅱ/Ⅲ性能要求在制定中								

LAAS 最小航空系统性能标准(MASPS)对地基增强系统(GBAS)划分了不同等级的服务,表 9.3 给出不同等级服务与不同进近阶段的对应关系[14]。

表 9.3　GBAS 进近服务等级

GBAS 服务等级	服务所对应的典型操作
A	垂直引导进近(APV-Ⅰ性能指标)
B	垂直引导进近(APV-Ⅱ性能指标)
C	精密进近(CAT Ⅰ最低标准)
D	精密进近(CAT Ⅲb 最低标准)(有其他航空设备辅助)
E	精密进近(CAT Ⅱ/Ⅲb 最低标准)
F	精密进近(CAT Ⅲb 最低标准)

MASPS 对 GBAS 服务等级的划分,其对精度、完好性、连续性的性能需求规定见表 9.4。

表 9.4 GBAS 性能要求[14]

GBAS 服务等级 (GSL)	精度(95%)		完好性			故障的最大概率	
			告警门限		告警时间	完好性风险	连续性风险
	垂直	水平	垂直	水平			
GSL A	16.0m	20.0m	40.0m	50.0m	10s	$(1\sim2)\times10^{-7}/(150s)$	$(1\sim8)\times10^{-6}/(15s)$
GSL B	16.0m	8.0m	40.0m	20.0m	6s	$(1\sim2)\times10^{-7}/(150s)$	$(1\sim8)\times10^{-6}/(15s)$
GSL C	16.0m	4.0m	40.0m	20.0m	6s	$(1\sim2)\times10^{-7}/(150s)$	$(1\sim8)\times10^{-6}/(15s)$
GSL D	5.0m	2.9m	17.0m	10.0m	2s	$10^{-9}/(15s)$(水平) $10^{-9}/(30s)$(垂直)	$(1\sim8)\times10^{-6}/(15s)$
GSL E	5.0m	2.9m	17.0m	10.0m	2s	$10^{-9}/(15s)$(水平) $10^{-9}/(30s)$(垂直)	$(1\sim4)\times10^{-6}/(15s)$
GSL F	5.0m	2.9m	17.0m	10.0m	2s	$10^{-9}/(15s)$(水平) $10^{-9}/(30s)$(垂直)	$(1\sim2)\times10^{-6}/(15s)$(水平) $(1\sim2)\times10^{-6}/(30s)$(垂直)

9.3.2 GNSS 地基增强系统(GBAS)基本组成

GBSA 基本组成如图 9.6 所示,它主要包括参考站、监控中心、数据传输链路和用户端设备。

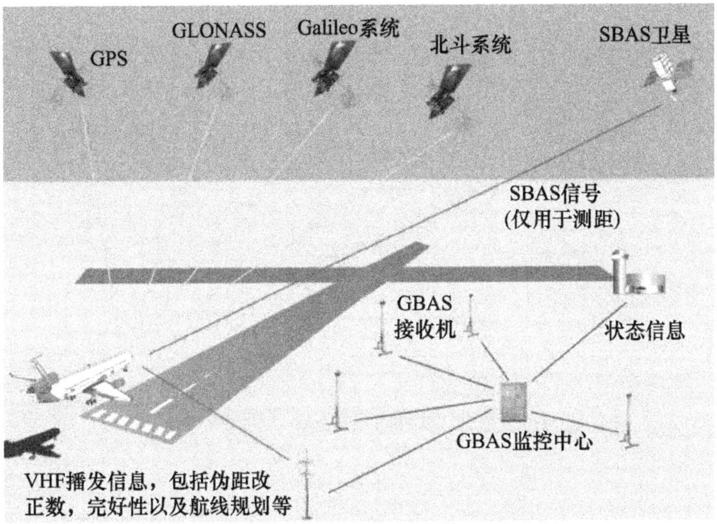

图 9.6 GBAS 组成示意图(见彩图)

1) 参考站

参考站的主要设备是 GNSS 接收机,用来观测 GNSS 卫星导航信号,并将观测值送至地面监控站。在航空精密进近中,通常需要在机场附近布设 3 ~4 个参考站。参考站 GNSS 天线可抑制多径,其坐标精确已知。

2）监控中心

监控中心接收各参考站传输来的观测数据，经统一数据处理后，送数据链路。数据处理工作包括计算并组合来自参考站接收机的差分改正数，确定广播的差分改正数及卫星空间信号的完好性，执行关键参数的质量控制统计，验证广播给用户的数据正确性。

3）数据传输链路

主要指中心站向流动站接收机的数据广播链路。数据传输链路担负着监控中心与用户端设备之间的数据通信任务。数据通信的质量直接影响整个系统效能的发挥。数据链子系统的主要功能包括差分信息数据调制及解调，以及差分信息及完好信息无误发送及接收。当前，通常通过甚高频（VHF）频段来播发差分改正及完好性信息。

4）用户端设备

用户端设备主要包括信号接收设备、用户处理器和导航控制器。

信号接收设备不仅接收来自 GNSS 的信号，还要接收来自地面站广播的差分改正及完好性信息。用户处理器对 GNSS 观测数据进行差分定位计算，同时确定垂直及水平定位误差保护水平，以决定当前的导航误差是否超限。导航控制器主要用来控制显示导航参数，进一步与自动驾驶仪连接后实现飞机自动进近着陆。

9.3.3 地面站完好性监测

作为与生命安全（safety-of-life）密切相关的系统，局域增强系统对可靠性和完好性要求非常高。为了确保完好性，美国斯坦福大学的研究人员提出了一套比较完整的完好性监测算法[18~21]，包括信号质量监测（SQM）、数据质量监测（DQM）、观测量质量监测（MQM）、多参考站一致性监测（MRCC）、标准差和均值监测（$\sigma-\mu$QM）及电文范围监测（MFRT）6 个方面，如图 9.7 所示[19]。

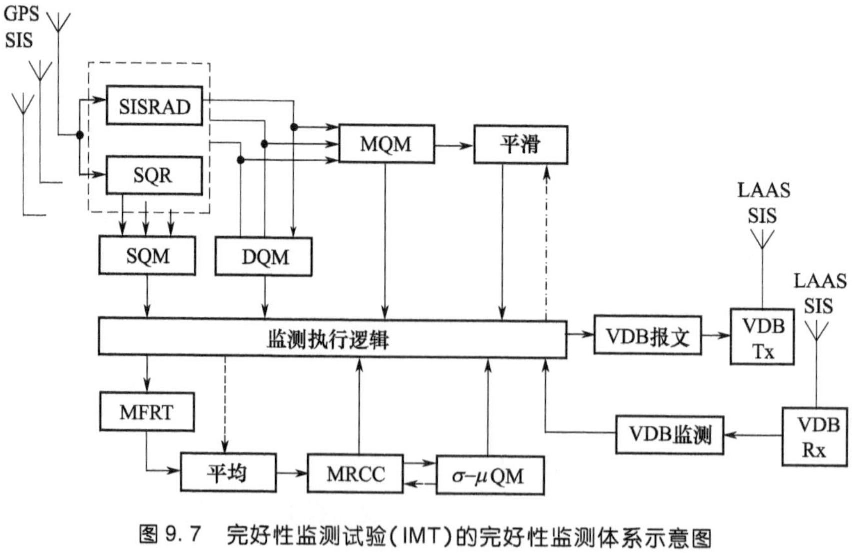

图 9.7 完好性监测试验（IMT）的完好性监测体系示意图

SQM 主要用于监测 GNSS 卫星信号功率和伪随机码形状是否符合性能要求[21]。参考站监测接收机可采用多组不同相关宽度的码相关器跟踪伪距,用来分析伪随机码信号是否存在畸变。码信号变形导致的严重错误偶有发生,1993 年 GPS SVN19 卫星出现波形畸变。畸变发生前,垂直定位误差为 1 ~2m,产生畸变期间则骤然增大至 8.5m 左右。此外,SQM 还对卫星信号的功率和伪距-载波离散进行监测。

DQM 主要用于验证卫星导航电文是否可靠。DQM 通常在两种情况下验证卫星星历和钟差数据的正确性:①监测到新的卫星。有新的卫星出现时,DQM 会在随后的 6h 内对其进行监测。主要是每 5min 比较一次根据广播星历和最近的历书计算的卫星位置差异,确保两者的差异在 7000m 之内。该阈值是根据历书的精度来设置的。②导航电文更新。导航电文更新时,DQM 算法同样需要根据新老电文计算卫星位置,确保其差值不超过 250m。

MQM 主要探测当前历元观测值是否存在由 GNSS 卫星钟或监测接收机故障引起的异常[22]。MQM 包括三个监测,其中两个用于载波相位的突跳、阶跳、变率或加速度异常监测,一个用于伪距异常监测。①对于每颗观测卫星,将其最新 10 个载波相位观测值拟合为二项多项式,获得载波相位的变化率和加速度。如果载波相位观测值的变化率或加速度超过相应阈值,则认为载波相位存在异常。②对于伪距异常监测,利用上历元的载波相位平滑伪距,加上载波相位前后两历元的距离差,可获得一个预报伪距值。将当前历元原始伪距与预报伪距作差,从而可获得伪距新息。若连续 3 个历元中,至少有 2 个历元的伪距新息超过阈值,则认为伪距观测值存在异常;若只有当前 1 个历元的伪距新息超过阈值,则相位平滑伪距时不采用伪距观测量,而仅仅使用载波观测量进行更新。

MRCC 主要用于隔离参考站接收机的故障。目前主要通过计算 B 值[23]的方式进行检验。假定在某历元共有 M 台接收机观测卫星 n,则对于接收机 $m(m=1,\cdots,M)$,其 B 值可由如下公式求得:

$$B_m = \frac{1}{M}\sum_{i=1}^{M}\mathrm{PRC}_{i,n} - \frac{1}{M-1}\sum_{\substack{i=1\\ i\neq m}}^{M}\mathrm{PRC}_{i,n} \tag{9.6}$$

式中:$\mathrm{PRC}_{i,n}$ 为接收机 i 对卫星 n 的伪距改正数;$\frac{1}{M}\sum_{i=1}^{M}\mathrm{PRC}_{i,n}$ 为 M 台接收机相对于卫星 n 的伪距改正数均值;$\frac{1}{M-1}\sum_{\substack{i=1\\ i\neq m}}^{M}\mathrm{PRC}_{i,n}$ 为 M-1 台接收机(排除接收机 m)相对于卫星 n 的伪距改正数均值;B_m 反映了接收机 m 的伪距偏差估值,若 B_m 超限,则说明接收机 m 观测值异常。

标准差及均值监测的主要目的是验证伪距差分改正数真实误差是否服从数学期望为 0、标准差为地面播发值 $\sigma_{\mathrm{pr\_gnd}}$ 的高斯分布。用户将使用 $\sigma_{\mathrm{pr\_gnd}}$ 来生成保护级(PL),基于伪距改正数零均值高斯分布假设前提,如果伪距改正数误差均值非零或实际标准差超出地面播发值,则需要将 $\sigma_{\mathrm{pr\_gnd}}$ 适当膨胀,否则会导致严重威胁。目前常用的监测方法有两种:一种是 sigma-mean 法[24-25],将接收机 m 相对于卫星 n 的 $B_{m,n}$ 值进行标准化,获得 $B_{\text{normal},m,n} = B_{m,n}/(\sigma_{\text{pr\_gnd},n}/\sqrt{M-1})$,再对 $B_{\text{normal},m,n}$ 在一段时间内采集独立样本(多径相关时间 100s,观测值 2Hz, $B_{m,n}$ 样本间隔 200s,则 1h 有 18 个独立样本),计算其均值和标准差,并分别利用正态分布和 χ^2 分布进行检验。另一种是累积和(Cumulative SUM)算法[24-25],可在更短观测时间内监测其异常分布。

电文范围监测的主要目的是保证 GBAS 播发的伪距改正数及其变化率在置信范围内。对于 GPS,其伪距改正数的变化范围应该在 ±125m 内,伪距改正数变化率的变化范围应该在 ±0.8m/s 内。

9.3.4 局部电离层异常监测

在正常情况下,电离层梯度的变化范围为 2~5mm/km(1 σ),其对局域增强系统用户定位精度的影响不超过 10cm(1 σ)[2]。然而,在太阳风暴引起的电离层异常情况下,在距离约 20km 时电离层延迟差异超过 7m[26],电离层空间梯度的变化达 316mm/km。如果 GBAS 完好性监测中不考虑这种电离层延迟快速变化,则将会对飞机精密进近造成严重的安全隐患。

除了上述太阳风暴引起电离层梯度的异常变化外,还有一种电离层现象——等离子泡(plasma bubble)也可能对局域增强系统的完好性产生影响。等离子泡是赤道附近的低纬度地区经常发生的一种现象,对电离层的影响主要表现在 2 方面:一是电离层梯度;二是电离层闪烁[27]。目前关于等离子泡对局域增强系统影响的研究较少。因此,本节中所阐述的电离层异常主要指前者。

由于上述现象是在 ICAO GNSS 小组完成局域增强系统国际标准制定后发现的,因此目前的研究重点是在尽量不变动现有 GBAS 标准体系的情况下,如何对电离层异常进行监测。

1) 电离层异常模型

对电离层异常建模比较困难,该现象与三维空间、速度、加速度、平滑时间、最大基线长度及时间等因素密切相关[28-29]。比较实用的办法是用简单的线性模型来描述。图 9.8 是简化的电离层异常模型。该模型主要通过 3 个参数来描述电离层的异常变化:电离层风暴梯度、波前(wave front)推进速度及波前的宽度。

2) 电离层异常监测

目前地面参考站的电离层异常监测方案主要是沿跑道方向布设 2~3 个参考站,利用其观测量确定电离层梯度或构建相关的统计量。

如图 9.9 所示,假定沿机场跑道布设了两个相距不远的参考站 A 和 B。根据式(9.1),扣除接收机钟差影响,两个参考站的伪距差分改正数分别为

$$\begin{cases}\Delta P_{\text{A}}^{j} = -(\Delta r_{\text{A},s}^{j} + \Delta \text{d}t_{\text{A},s}^{j} + d_{\text{A,iono}}^{j} + d_{\text{A,trop}}^{j} + \text{MP}_{\text{A}}^{j} + \varepsilon_{\text{A,P}}^{j}) \\ \Delta P_{\text{B}}^{j} = -(\Delta r_{\text{B},s}^{j} + \Delta \text{d}t_{\text{B},s}^{j} + d_{\text{B,iono}}^{j} + d_{\text{B,trop}}^{j} + \text{MP}_{\text{B}}^{j} + \varepsilon_{\text{B,P}}^{j})\end{cases} \tag{9.7}$$

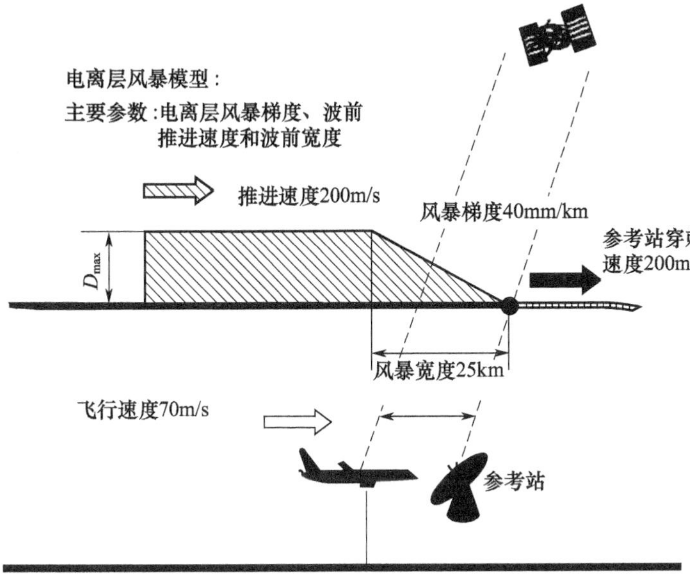

图 9.8　电离层异常模型示意图

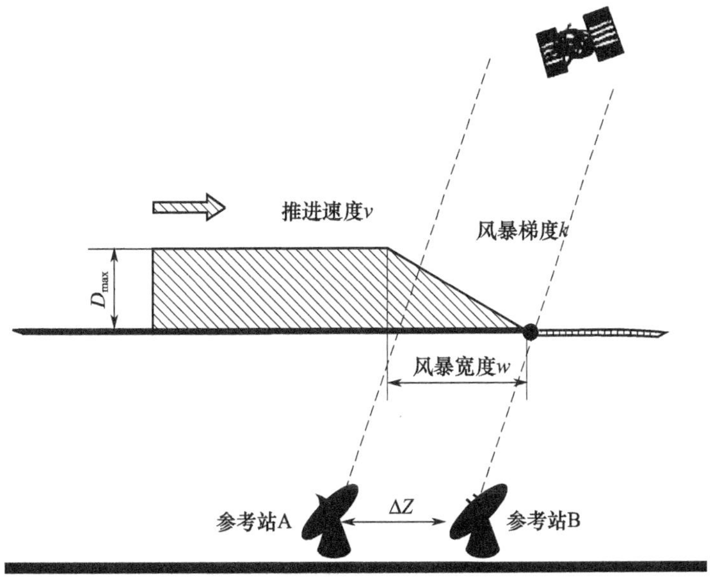

图 9.9　地面站电离层异常监测示意图

式中各符号含义同式(9.1)。由于 GBAS 两参考站距离较近，因此卫星星历误差、卫星钟差残余误差、对流层延迟近似相等，将两式作差，忽略多径和噪声影响，可得两参考站之间的电离层延迟差值：

$$\Delta d^{j}_{AB,iono} = \Delta P^{j}_{A} - \Delta P^{j}_{B} = d^{j}_{B,iono} - d^{j}_{A,iono} \tag{9.8}$$

则电离层梯度 α 可表示为

$$\alpha = \frac{\Delta d^{j}_{\mathrm{AB,iono}}}{L_{\mathrm{AB}}} \tag{9.9}$$

式中：L_{AB} 为两个参考站 A 和 B 之间的距离。若电离层梯度 α 大于设定的阈值(如 350mm/km)[30],则认为存在电离层梯度异常。

3）基于用户端的电离层异常监测

在单频条件下,基于用户端的电离层异常监测主要有两种方式:一种是 RTCA 推荐的伪码-载波发散监测算法(CCDMA)[14,31](简称码相观测量发散度监测算法);另一种是波音公司提出的双平滑电离层梯度监测算法(DSIGMA)[28-29]。

CCDMA 是通过在飞机上安装机载设备来探测局部电离层的异常。采用低通滤波降低噪声的影响,可得码相发散值为

$$D_t = (1-k)D_{t-1} + k \cdot \delta D_t \tag{9.10}$$

式中：$\delta D_t = (1-k)\delta D_t + k \cdot (|P_t - \Phi_t| - |P_{t-1} - \Phi_{t-1}|)$，$k$ 为权因子,其值可取采样间隔 200s，P_t、Φ_t 分别为 t 时刻的伪距和载波相位观测量。当码相发散值 D_t 持续 20min 超过给定的阈值 0.0125m/s 时,机载导航系统应该将相应卫星排除,除非该卫星通过 RAIM 算法验证[31]。

在发现电离层异常变化对局域增强系统有影响时,LAAS MASPS 已经基本完成,其机载导航设备及相关配置也已完成设计并开展大量试验验证。为了降低电离层异常的影响,同时又尽可能少地改动相关标准及硬件设施,美国波音公司提出了 DSIGMA[28-29]。其主要思路是:①地面监控中心除了生成一套基于 100s 平滑的差分改正数以外,再生成一套基于 30s 平滑的改正数。②通过 GBAS VHF 数据广播电文 Type 1 的内容,用户端同样对本地伪距进行 100s 平滑,并基于接收到的 Type 1 电文,计算 100s 平滑的差分导航解。③定义电文 Type 11,播发 30s 平滑的改正数结果。用户端同样对本地伪距进行 30s 平滑,并基于 Type 11 电文,计算 30s 平滑的差分导航解。④比较两种导航解,若高程或水平方向差异超过阈值(阈值可为 2m),在剔除部分卫星后,基于相同卫星组,仍难以实现导航解差异不超限,则宣告服务不可用。

9.3.5 差分增强信息格式

数据传输系统担负着参考站与用户端之间的数据通信任务。数据通信的质量直接影响整个系统效能的发挥。数据传输系统的主要功能包括差分信息数据调制及解调、差分信息及完好性信息的无误发送及接收。目前,GBAS 等局域增强系统主要通过甚高频频段来广播差分信息。RTCA SC-159 制定了 VHF 数据广播的报文结构。频率为 108～117.95MHz,带宽为 25kHz,采用 TDMA 模式,传播速度为每秒 2 帧,每帧包含 8 个时间段[31]。本节对 GBAS VHF 数据广播电文进行简单介绍。

目前已定义的有 10 种电文(表 9.5),其中 Type 1、Type 11 这 2 种电文可用于区域差分增强系统(表 9.6,表 9.7)。Type 7 留为军用,Type 8 留作测试用。

表 9.5 GBAS VHF 数据广播电文及播发速率

电文类型	电文名称	最小广播速率	最大广播速率
1	差分改正数,100s平滑	对于每种观测值类型,所有观测值数据块,一帧一次	对于每种观测值类型,所有观测值数据块,一帧一次
2	GBAS参考站位置相关数据	每20个连续帧一次	一帧一次
3	空	N/A	N/A
4	最后着陆相关数据	—	—
	终端区相关数据		
5	测距源可用性(可选)	—	—
6	为载波差分改正数预留	—	—
7	为军用预留	—	—
8	为测试预留	—	—
11	差分改正数,30s平滑	对于每种观测值类型,所有观测值数据块,一帧一次	对于每种观测值类型,所有观测值数据块,一帧一次
101	GRAS伪距改正数	—	—

表 9.6 电文类型1(Type 1)格式

数据内容		比特位	范围	分辨力
修正 Z 计数		14	0 ~ 1199.9s	0.1s
附加信息标记		2	0 ~ 3	1
观测值个数		5	0 ~ 18	1
观测值类型		3	0 ~ 7	1
星历降相关参数		8	$0 \sim 1.275 \times 10^{-3}$ m/m	5×10^{-6} m/m
星历 CRC		8	—	—
		8		
数据源可用持续时间		8	0 ~ 2540s	10s
观测值数据块($i = 1 \sim N$)				
第i个观测值数据块	测距源 ID	8	1 ~ 255	1
	数据标识(IOD)	8	0 ~ 255	1
	伪距改正数(PRC)	16	327.67m	0.01m
	距离变化率改正数(RRC)	16	32.67 m/s	0.001m/s
	σ_{pr_gnd}	8	0 ~ 5.08m	0.02m
	B_1	8	±6.35m	0.05m
	B_2	8	±6.35m	0.05m
	B_3	8	±6.35m	0.05m
	B_4	8	±6.35m	0.05m

表 9.7　电文类型 11(Type 11)格式

<table>
<tr><th colspan="2">数据内容</th><th>比特位</th><th>范围</th><th>分辨力</th></tr>
<tr><td colspan="2">修正 Z 计数</td><td>14</td><td>0 ~ 1199.9s</td><td>0.1s</td></tr>
<tr><td colspan="2">附加信息标记</td><td>2</td><td>0 ~ 3</td><td>1</td></tr>
<tr><td colspan="2">观测值个数</td><td>5</td><td>0 ~ 18</td><td>1</td></tr>
<tr><td colspan="2">观测值类型</td><td>3</td><td>0 ~ 7</td><td>1</td></tr>
<tr><td colspan="2">星历降相关参数</td><td>8</td><td>$0 \sim 1.275 \times 10^{-3}$ m/m</td><td>5×10^{-6} m/m</td></tr>
<tr><td colspan="5">观测值数据块($i = 1 \sim N$)</td></tr>
<tr><td rowspan="5">第 i 个观测值数据块</td><td>测距源 ID</td><td>8</td><td>1 ~ 255</td><td>1</td></tr>
<tr><td>伪距改正数(PRC)</td><td>16</td><td>327.67m</td><td>0.01m</td></tr>
<tr><td>距离变化率改正数(RRC)</td><td>16</td><td>32.67 m/s</td><td>0.001m/s</td></tr>
<tr><td>$\sigma_{pr\_gnd,100}$</td><td>8</td><td>0 ~ 5.08m</td><td>0.02m</td></tr>
<tr><td>$\sigma_{pr\_gnd,30}$</td><td>8</td><td>0 ~ 5.08m</td><td>0.02m</td></tr>
</table>

电文 Type 1 发送经过 100s 相位平滑伪距的差分改正数及改正数变化率信息。改正数及改正数变化率各占 16 个比特位，伪距改正数精度为 0.01m，范围是 327.67m；改正数变化率为 0.001m/s，范围是 32.67 m/s。改正数的变化范围相对原始观测值要小得多。除了改正数信息外，电文 Type 1 还播发地面接收机的标准差及 B 值信息，用以完成完好性计算。

电文 Type 11 发送经过 30s 相位平滑伪距的差分改正数及改正数变化率信息。与电文 Type 1 类似，改正数及改正数变化率各占 16 个比特位，伪距改正数精度为 0.01m，有效范围为 327.67m；改正数变化率为 0.001m/s，有效范围是 32.67m/s。该电文信息主要用于单频情况下的电离层异常监测。

当前，在电文 Type 1 和 Type 11 中，对于不同卫星导航系统的改正数信息主要是通过测距源 ID 来标识的。在电文中只定义了 GPS 及 GLONASS 的 SBAS 改正数信息范围。目前，正在论证在电文中加入北斗改正数等信息。

9.3.6　用户终端数据处理

1）伪距改正数的卫星选择使用条件

机载接收机接收并应用地面监控中心的伪距改正数，必须符合以下所有条件：①所有参与定位卫星的星历 CRC 与消息 Type 1 播发的星历 CRC 必须一致；②所有参与定位卫星的伪距改正数来自相同的地面站，其参考时间也相同；③消息 Type 1 播发 σ_{pr_gnd} 有效；④伪距改正数的 IOD 与机载接收机的星历数据期号(IODE)、钟差数据期号(IODC)相匹配；⑤当前时间与参考时间应小于 10s。

2）伪距修正

$$\tilde{P}_{\mathrm{R}}^{j}=\bar{P}_{\mathrm{R}}^{j}+\Delta P_{\mathrm{B}}^{j}(t_0)+\Delta\dot{P}_{\mathrm{B}}^{j}(t_0)(t-t_0)-c\cdot \mathrm{d}t_{s}^{j}+d_{\mathrm{rel}}^{j}+d_{\mathrm{trop}}^{j} \tag{9.11}$$

式中：$\bar{P}_{\mathrm{R}}^{j}$ 为载波相位平滑伪距；其他参数含义同式(9.3)；对流层延迟修正模型为

$$d_{\mathrm{trop}}=\frac{N_{\mathrm{R}}h_0\times 10^{-6}}{\sqrt{0.002+\sin^2\theta}}\left(1-\mathrm{e}^{-\frac{\Delta h}{h_0}}\right) \tag{9.12}$$

式中：N_{R} 和 h_0 分别为 GBAS Type 2 电文中定义的折射系数和对流层大气高程；Δh 为飞机海拔高度；θ 为卫星高度角。

3）位置计算

利用 8.2 节介绍的 RAIM 算法，可获得未知参数的改正数及其协方差矩阵：

$$\Delta\hat{\boldsymbol{x}}=(\boldsymbol{A}^{\mathrm{T}}\boldsymbol{P}\boldsymbol{A})\boldsymbol{A}^{\mathrm{T}}\boldsymbol{P}\boldsymbol{L}=\boldsymbol{S}\cdot\boldsymbol{L} \tag{9.13}$$

$$\boldsymbol{\Sigma}_{\Delta\hat{x}}=(\boldsymbol{A}^{\mathrm{T}}\boldsymbol{P}\boldsymbol{A})^{-1} \tag{9.14}$$

式中：$\boldsymbol{S}$ 为敏感矩阵；$\boldsymbol{P}$ 为观测值权矩阵。

$$\boldsymbol{P}^{-1}=\begin{bmatrix}\sigma_1^2 & & & \\ & \sigma_2^2 & & \\ & & \ddots & \\ & & & \sigma_n^2\end{bmatrix} \tag{9.15}$$

式中：σ_j^2 为卫星 j 相应的误差修正后伪距的方差。

$$\sigma_j^2=\sigma_{\mathrm{pr\_gnd},j}^2+\sigma_{\mathrm{air},j}^2+\sigma_{\mathrm{trop},j}^2+\sigma_{\mathrm{iono},j}^2 \tag{9.16}$$

式中：σ_{air} 为用户端差分残余误差的中误差；σ_{trop} 为对流层延迟残余误差的中误差；σ_{iono} 为电离层延迟残余误差的中误差；$\sigma_{\mathrm{pr\_gnd}}$ 为地面站播发改正数误差的中误差。其中 σ_{trop} 为[31]

$$\sigma_{\mathrm{trop}}=\sigma_{\mathrm{N}}h_0\frac{10^{-6}}{\sqrt{0.002+\sin^2\theta}}\left(1-\mathrm{e}^{-\frac{\Delta h}{h_0}}\right) \tag{9.17}$$

式中：σ_{N} 为折射系数的中误差，也由 GBAS Type 2 电文提供。

σ_{iono} 计算公式为[31]

$$\sigma_{\mathrm{iono}}=F_{\mathrm{PP}}\sigma_{\mathrm{vig}}(x_{\mathrm{air}}+2\tau v_{\mathrm{air}}) \tag{9.18}$$

式中：F_{PP} 为倾斜因子，$F_{\mathrm{PP}}=\left[1-\left(\frac{R_{\mathrm{e}}\cos\theta}{R_{\mathrm{e}}+h_{\mathrm{I}}}\right)^2\right]^{-\frac{1}{2}}$，$R_{\mathrm{e}}$ 为地球半径，取 6378.1363km，h_{I} 为电离层厚度，取 350km；σ_{vig} 为垂直电离层梯度的中误差，正常情况下 σ_{vig} 的值为 0.002～0.004m/km；航空精密进近中，地面站需要向用户播发 σ_{vig} 的保守值，以便用户根据自身位置和速度计算 σ_{iono}；x_{air} 为飞机到参考接收机间的距离；τ 为相位平滑滤波器的平滑时间，通常取 100s；v_{air} 为飞机的水平飞行速度，为50～70m/s。

机载接收机噪声中误差 σ_{air} 计算公式为[31]

$$\sigma_{\mathrm{air}}(\theta)=\sqrt{\sigma_{\mathrm{mp}}^2(\theta)+\sigma_{\mathrm{noise}}^2(\theta)+\sigma_{\mathrm{divg}}^2} \tag{9.19}$$

$$\sigma_{mp}^{2}(\theta)=0.13+0.53\exp\left(-\frac{\theta}{10}\right) \tag{9.20}$$

$$\sigma_{noise}^{2}(\theta)=a_0+a_1\exp\left(-\frac{\theta}{\theta_c}\right) \tag{9.21}$$

式中：σ_{mp}、σ_{noise} 分别为残余的多径效应和接收机噪声的中误差，σ_{noise} 取值需代表接收机当前噪声的中误差，包括热噪声、干扰、通道间时延偏差、滤波初始化误差等；θ 为卫星高度角(°)；σ_{divg} 代表机载接收机滤波器初始化或重启时，其伪码-载波发散值相对于稳态值的偏差。σ_{noise}、σ_{divg} 取值方法参见文献[31]。

4）精度估值(95%)和保护级

机载接收机输出位置估值时，还需要输出相应的水平精度估值(HFOM)(95%)、垂直精度估值(VFOM)(95%)，以及水平保护级(HPL)、垂直保护级(VPL)和侧向保护级(LPL)。

HFOM、VFOM 分别为

$$\mathrm{VFOM}=2\sqrt{\sum_{i=1}^{N}s_{3,i}^{2}\sigma_{i}^{2}} \tag{9.22}$$

$$\mathrm{HFOM}=2d_{major} \tag{9.23}$$

式中：$d_{major}=\sqrt{\frac{d_x^2+d_y^2}{2}+\sqrt{\left(\frac{d_x^2-d_y^2}{2}\right)^2+d_{xy}^2}}$，$d_x^2=\sqrt{\sum_{i=1}^{N}s_{1,i}^{2}\sigma_i^2}$，$d_y^2=\sqrt{\sum_{i=1}^{N}s_{2,i}^{2}\sigma_i^2}$，$d_{xy}^2=\sqrt{\sum_{i=1}^{N}s_{1,i}s_{2,i}\sigma_i^2}$；$s_{i,j}$ 为敏感矩阵 $\boldsymbol{S}$ 的第 i 行第 j 列元素。

水平保护级 $\mathrm{HPL_{POS}}$ 为

$$\mathrm{HPL_{POS}}=\max\{\mathrm{HPL_{H0}},\mathrm{HPL_{H1}},\mathrm{HPB_e}\} \tag{9.24}$$

式中：$\mathrm{HPL_{H0}}$、$\mathrm{HPL_{H1}}$ 分别为零假设(H0)和备择假设(H1)条件下的水平保护级。

$$\mathrm{HPL_{H0}}=10d_{major} \tag{9.25}$$

$$\mathrm{HPL_{H1}}=\max[\mathrm{HPL_{H1}}[j]] \tag{9.26}$$

$$[\mathrm{HPL_{H1}}[j]]=|B_{j\_H}|+K_{md\_POS\_hrz}d_{major\_H1} \tag{9.27}$$

式中：$B_{j\_H}=\sqrt{\left(\sum_{i=1}^{N}s_{1,i}B_{i,j}\right)^2+\left(\sum_{i=1}^{N}s_{2,i}B_{i,j}\right)^2}$，$B_{i,j}$ 表示参考站接收机 j 卫星 i 对应的 B 值(在消息 Type1 中播发)；$K_{md\_POS\_hrz}=5.3$；d_{major_H1} 计算公式同 d_{major}，只是将 $\sigma_{i\_H1}^2$ 替代 σ_i^2 即可。$\sigma_{i\_H1}^2$ 计算公式为

$$\sigma_{i\_H1}^{2}=\left(\frac{M}{M-1}\right)\sigma_{pr\_gnd,i}^{2}+\sigma_{air,i}^{2}+\sigma_{trop,i}^{2}+\sigma_{iono,i}^{2} \tag{9.28}$$

式中：M 为地面站计算卫星 i 伪距改正数的接收机数量。

$$\mathrm{HPB_e}=\max(\mathrm{HPB_e}[k]) \tag{9.29}$$

$$\mathrm{HPB_e}[k]=|s_{hrz,k}|x_{air}P_k+K_{md\_e\_POS\_hrz}d_{major} \tag{9.30}$$

式中：$\mathrm{HPB_e}[k]$ 为 GPS 卫星 k 的星历误差水平边界值；P_k 为消息 Type1 播发的星历

降相关参数；$K_{md\_e\_POS\_hrz} = K_{md\_e\_POS}$；$x_{air}$ 为飞机与GBAS参考站之间的斜距(m)。

垂直保护级 VPL_{Apr} 为[31]

$$VPL_{Apr} = \max[VPL_{Apr\_H0}, VPL_{Apr\_H1}] \tag{9.31}$$

$$VPL_{Apr\_H0} = K_{ffmd}\sqrt{\sum_{i=1}^{N} s_{Apr\_vert,i}^{2}\sigma_{i}^{2}} + D_{v} \tag{9.32}$$

$$VPL_{Apr\_H1} = \max[VPL_{Apr\_H1}[j]] + D_{v} \tag{9.33}$$

$$VPL_{Apr\_H1}[j] = |B_{j\_Apr\_vert}| + K_{md}\sigma_{Apr\_vert\_H1} \tag{9.34}$$

$$B_{j\_Apr\_vert} = \sum_{i=1}^{N} s_{Apr\_vert,i}B_{i,j} \tag{9.35}$$

$$\sigma_{Apr\_vert\_H1}^{2} = \sum_{i=1}^{N} s_{Apr\_vert,i}^{2}\sigma_{i\_H1}^{2} \tag{9.36}$$

$$s_{Apr\_vert,i} = s_{3,i} + s_{1,i}\cdot\tan\theta_{GPA} \tag{9.37}$$

式中：K_{ffmd}、K_{md} 为漏检乘数因子(无单位)，根据参与伪距改正数计算的地面站接收机数量而取值；θ_{GPA} 为进近阶段的下滑角；D_v 表示基于30s和100s平滑伪距定位的垂直定位结果差异的方差，根据不同GBAS服务等级而取值。

LPL的计算方法与 VPL_{Apr} 类似，详见文献[31]。

9.4 GNSS多频RTK技术

GNSS RTK技术：基于GNSS载波相位观测值实现实时动态厘米级相对定位的局域差分技术。

在RTK作业模式下，基准站通过数据链将伪距、载波观测值及相关信息(如基站坐标)播发给流动站，流动站利用自身观测数据和基准站数据，组成差分观测方程，在快速实时解算模糊度后，给出厘米级定位结果。流动站可处于静止状态，也可处于运动状态，在数分钟甚至几秒之内即可获取高精度定位结果，测量效率大幅提升，成果检核及时，避免返工作业，是目前高精度测量中应用最为广泛的技术手段。

RTK测量技术仍属于局域差分技术范畴，其处理误差的方法与伪距差分相同，其核心技术在于载波相位数据处理，包括周跳实时检测与修复、载波相位模糊度快速可靠解算和差分信息协议等。

RTK测量技术一般采用双频观测值进行定位。在多星座条件下，多系统单频RTK已经成为可能，有利于低成本高精度应用的推广。同时北斗系统已经播发三频信号，在高精度测量方面比双频RTK具有更高的可靠性，因此三频RTK也是本节的重点介绍内容。

9.4.1 多频GNSS周跳实时探测与修复

GNSS载波相位测量中，载波相位观测量由不足一周的小数部分和整周部分组成。

小数部分直接测量,而整周部分则借助计数器来累计。在整个观测时间内,如果整周计数不产生错误,则相位观测量初始模糊度保持不变。然而,由于建筑物或树木等的遮挡、电离层电子含量变化剧烈、载体高动态机动、多径效应、低仰角卫星、接收机内置软件的设计不周全等原因,会导致信号失锁,引起整周计数错误,从而产生周跳现象。由于动态测量环境比较复杂,有时候可能只有一颗卫星失锁,有时候可能多颗甚至所有卫星都失锁;有时候信号失锁时间比较短,有时候信号失锁时间可能达好几分钟。

周跳给相位观测量的初始模糊度引入了整周数的偏差,如果周跳不能及时被发现并正确处理,则将持续影响后续历元定位结果,如数值仅为一周的周跳就会导致数十厘米的定位误差。这对于高精度测量是无法接受的,因此,需建立一种可靠的周跳探测与修复方法。

周跳探测与修复分如下 4 个步骤:

(1) 周跳探测,主要解决两个问题:本历元是否存在周跳?如果存在周跳,是哪颗或哪些卫星存在周跳?

(2) 周跳计算,解决周跳有多大的问题。

(3) 周跳确认修复,即测试周跳计算是否正确,并将确认后的周跳加入载波观测量。

(4) 对于无法修复的周跳,将引入新的模糊度参数,并重新解算模糊度。

GNSS 动态测量中,周跳的探测与修复方法有很多种,大致可以分为两类:第一类方法既可以用于单频观测量,又可以用于多频观测量,如卡尔曼滤波、多普勒频移法、改进的三差法、最小二乘粗差探测法等。基于卡尔曼滤波的 DIA 方法,即偏差的检验(detection)、标识(identification)和修正(adaptation),该方法不能有效地区分动态方程偏差和观测量偏差,当载体做变速运动或信号失锁时间较长(如超过 3s)时,就不能有效地检验、标识并修正周跳,所以该方法仅适用于载体做匀速运动且失锁时间较短的情况,多普勒法也要求载体做匀速运动,且失锁时间不能过长,该方法可用于基准站的周跳检验及修复,不宜用于流动站的周跳检验及修复。改进的三差法、最小二乘粗差探测法则要求至少有 4 颗卫星没有周跳,而且三差法还要求失锁时间不超过 3s。第二类方法只能用于双频或三频观测量,如电离层残差法、伪距载波相位组合法等。电离层残差法和伪距载波相位组合法是双频或多频周跳探测与修复的常用方法,即使载体做变速运动,且失锁时间超过几分钟,仍能比较有效地探测并修复周跳。不过,仅利用单颗卫星的信息来修复周跳,可靠性较差。为此,国内有学者研究提出了最小二乘周跳搜索算法,该方法是在综合利用电离层残差法和伪距载波相位组合法的基础上,利用多颗卫星的双频观测量信息来探测修复长基线动态测量中的周跳。该方法可靠性高,不过需要至少观测 5 颗卫星。上述方法一般都有一定的适用范围。

关于 GNSS 双频周跳探测与修复的相关研究已经比较成熟,本节主要讨论 GNSS 3频周跳探测与修复。GNSS 三频载波组合应用将进一步增强周跳的实时探测与修复能力。针对多频组合观测量的一些优良特性(长波长、弱电离层等),可利用多频组合观测量对原始观测量进行周跳探测与修复,给出多频组合观测量进行周跳探测的方法,包括噪声残差法、伪距载波相位组合法、最小二乘搜索法等。

9.4.1.1 无几何相位组合探测三频周跳

双频情况下,只能形成一个无几何相位组合,即电离层残差组合,存在许多不敏感周跳组合无法探测。三频情况下,可以形成无穷多个无几何相位组合,通过选取两个线性无关的三频无几何相位组合来探测周跳,可减少不敏感周跳组合数量,提高周跳探测性能。

1) 三频周跳探测的无几何相位组合检测量

假设 δN_1、δN_2、δN_3 分别为载频 f_1、f_2、f_3 上的周跳值,对式(7.2)求历元差,可得

$$\begin{aligned}\delta\Phi_{[\alpha,\beta,\gamma]} = {} & \alpha\cdot\delta\Phi_1+\beta\cdot\delta\Phi_2+\gamma\cdot\delta\Phi_3= \\ & (\alpha+\beta+\gamma)\cdot(\delta\rho+\delta \mathrm{d}t_{\mathrm{r}}-\delta \mathrm{d}t_{\mathrm{s}}+\delta d_{\mathrm{trop}})-\eta_{[\alpha,\beta,\gamma]}\delta d_{\mathrm{iono}}+\delta M_{[\alpha,\beta,\gamma],\Phi}+ \\ & \alpha\lambda_1\delta\varepsilon_{1,\Phi}+\beta\lambda_2\delta\varepsilon_{2,\Phi}+\gamma\lambda_3\delta\varepsilon_{3,\Phi}+\alpha\lambda_1\delta N_1+\beta\lambda_2\delta N_2+\gamma\lambda_3\delta N_3\end{aligned} \tag{9.38}$$

选择系数组$[\alpha,\beta,\gamma]$满足 $\alpha+\beta+\gamma=0$,消除几何距离、卫星钟差、接收机钟差和对流层延迟参数,则式(9.38)可写为

$$\begin{aligned}\delta\Phi_{[\alpha,\beta,\gamma]} = {} & \alpha\lambda_1\delta N_1+\beta\lambda_2\delta N_2+\gamma\lambda_3\delta N_3+\alpha\lambda_1\delta\varepsilon_{1,\Phi}+\beta\lambda_2\delta\varepsilon_{2,\Phi}+ \\ & \gamma\lambda_3\delta\varepsilon_{3,\Phi}-\eta_{[\alpha,\beta,\gamma]}\delta d_{\mathrm{iono}}+\delta M_{[\alpha,\beta,\gamma],\Phi}\end{aligned} \tag{9.39}$$

如果数据采样率较高,载频 f_1 上历元间电离层延迟变化一般在亚厘米级水平,选取使电离层影响系数 $\eta_{[\alpha,\beta,\gamma]}$ 较小的系数组$[\alpha,\beta,\gamma]$,则可忽略历元间电离层延迟变化影响。忽略历元间相位多径延迟变化项 $\delta M_{[\alpha,\beta,\gamma],\Phi}$,则式(9.39)可写为

$$\delta\Phi_{[\alpha,\beta,\gamma]}=\alpha\lambda_1\delta N_1+\beta\lambda_2\delta N_2+\gamma\lambda_3\delta N_3+\alpha\lambda_1\delta\varepsilon_{1,\Phi}+\beta\lambda_2\delta\varepsilon_{2,\Phi}+\gamma\lambda_3\delta\varepsilon_{3,\Phi} \tag{9.40}$$

假设不同载波测量噪声(以周为单位)的标准差相等,设为 $\sigma_{\varepsilon,\Phi}$,则无几何(GF)相位组合观测量历元差 $\delta\Phi_{[\alpha,\beta,\gamma]}$ 的噪声标准为

$$\sigma_{\mathrm{gf}}=\sqrt{2}\cdot\sqrt{(\alpha\lambda_1)^2+(\beta\lambda_2)^2+(\gamma\lambda_3)^2}\cdot\sigma_{\varepsilon,\Phi} \tag{9.41}$$

选择一定的置信水平,则无几何相位组合周跳探测条件如下[32]:

$$\frac{|\alpha\cdot\delta\Phi_1+\beta\cdot\delta\Phi_2+\gamma\cdot\delta\Phi_3|}{\sqrt{2}\cdot\sqrt{(\alpha\lambda_1)^2+(\beta\lambda_2)^2+(\gamma\lambda_3)^2}}\geqslant l\cdot\sigma_{\varepsilon,\Phi} \tag{9.42}$$

式中:l 取值为3(99.7%的置信水平)或4(99.9%的置信水平)。

2) 三频周跳探测的无几何相位组合系数选取

系数组$[\alpha,\beta,\gamma]$满足 $\alpha+\beta+\gamma=0$ 的无几何相位组合有无穷多组,因此需要给定一些约束或标准,以便确定组合系数的选取范围以及评判不同系数组之间的优劣。为减小历元间电离层变化项对周跳探测的影响,应该选择组合系数$[\alpha,\beta,\gamma]$,使无几何相位结合电离层延迟 I_{gf}满足如下条件[32]:

$$I_{\mathrm{gf}}=\frac{\eta_{[\alpha,\beta,\gamma]}}{\sqrt{(\alpha\lambda_1)^2+(\beta\lambda_2)^2+(\gamma\lambda_3)^2}}=\frac{\alpha+\beta\cdot f_1^2/f_2^2+\gamma\cdot f_1^2/f_3^2}{\sqrt{(\alpha\lambda_1)^2+(\beta\lambda_2)^2+(\gamma\lambda_3)^2}}=\min \tag{9.43}$$

以减少历元间电离层延迟变化对周跳探测的影响。同时,为减少多径效应影响,应使

α、β、γ 取值较小。为此,将组合系数的取值限定在范围 $-4\sim+4$ 内,同时为使无几何相位组合对每个载波上的周跳都敏感,组合系数均取非零值,搜索电离层延迟影响较小的无几何相位组合,结果见表 9.8。

表 9.8　GPS、北斗系统电离层延迟影响较小的无几何相位组合[32]

$[\alpha,\beta,\gamma]$	GPS		北斗系统		$[\alpha,\beta,\gamma]$	GPS		北斗系统	
	$\eta_{[\alpha,\beta,\gamma]}$	I_{gf}	$\eta_{[\alpha,\beta,\gamma]}$	I_{gf}		$\eta_{[\alpha,\beta,\gamma]}$	I_{gf}	$\eta_{[\alpha,\beta,\gamma]}$	I_{gf}
[0,1,-1]	-0.1463	-0.4146	-0.1579	-0.4607	[1,2,-3]	-1.0859	-1.1715	-0.9883	-1.0945
[1,-1,0]	-0.6469	-2.0896	-0.5145	-1.6895	[1,3,-4]	-1.2322	-0.9706	-1.1462	-0.9278
[1,0,-1]	-0.7933	-2.4943	-0.6724	-2.1419	[2,-3,1]	-1.1476	-1.3282	-0.8710	-1.0324
[1,-4,3]	-0.2080	-0.1657	-0.0407	-0.0334	[2,1,-3]	-1.7329	-1.9510	-1.5028	-1.7255
[1,-3,2]	-0.3543	-0.3883	-0.1986	-0.2240	[3,-4,1]	-1.7945	-1.5473	-1.3855	-1.2212
[1,-2,1]	-0.5006	-0.8589	-0.3566	-0.6284	[3,1,-4]	-2.5261	-2.1165	-2.1752	-1.8553
[1,1,-2]	-0.9396	-1.5757	-0.8304	-1.4252	[4,-3,-1]	-2.7341	-2.5158	-2.2159	-2.0624

从表 9.8 可看出,与双频无几何相位组合相比,三频无几何相位组合可以具有更小的电离层延迟影响,如[0,1,-1]、[1,-4,3]、[1,-3,2]、[1,-2,1]电离延迟影响均小于双频组合[1,-1,0]。

3）三频周跳探测的不敏感组合

使用无几何相位组合探测周跳,存在一些特殊的周跳组合不易被探测。如果周跳组合满足下式[32],即不敏感周跳组合:

$$\frac{|\alpha\lambda_1\delta N_1+\beta\lambda_2\delta N_2+\gamma\lambda_3\delta N_3|}{\sqrt{2}\cdot\sqrt{(\alpha\lambda_1)^2+(\beta\lambda_2)^2+(\gamma\lambda_3)^2}}<l\cdot\sigma_{\varepsilon,\Phi} \tag{9.44}$$

从式(9.44)可以看出,不敏感周跳组合随无几何相位组合系数的变化而不同,当然也与周跳探测时设定的置信水平有关。然而,也存在一类周跳组合,所有无几何相位组合都不能探测出来,这类组合可由如下关系导出。由于

$$\alpha\lambda_1\delta N_1+\beta\lambda_2\delta N_2+\gamma\lambda_3\delta N_3=\frac{c}{f_0}\left(\alpha\frac{\delta N_1}{n_1}+\beta\frac{\delta N_2}{n_2}+\gamma\frac{\delta N_3}{n_3}\right) \tag{9.45}$$

如果$\frac{\delta N_1}{n_1}=\frac{\delta N_2}{n_2}=\frac{\delta N_3}{n_3}=k$,则

$$\alpha\lambda_1\delta N_1+\beta\lambda_2\delta N_2+\gamma\lambda_3\delta N_3=k\lambda_0(\alpha+\beta+\gamma)=0 \tag{9.46}$$

对于特定的无几何相位组合,根据式(9.44)可搜索出在一定范围内的不敏感周跳组合,对于某特定无几何相位组合的不敏感周跳组合可以用其他无几何相位组合来探测。由于无几何相位组合系数满足 $\alpha+\beta+\gamma=0$,所有系数组中只有两组是线性无关的,因此只能选取两个无几何相位组合来探测周跳。除满足式(9.46)的不敏感周跳组合外,通过选取两个合适的无几何相位组合,可保证在 99.7% 的置信水平下不存在其他不敏感周跳组合。表 9.9 为 GPS、北斗系统无几何组合观测量在置信水

平为99.7%、99.9%的情况下200周以内的不敏感周跳组合个数。

表9.9　GPS、北斗系统无几何周跳探测组合

序号	组合一	组合二	GPS			北斗系统		
			I_{gf}	99.7%	99.9%	I_{gf}	99.7%	99.9%
1	[1,-4,3]	[1,1,-2]	-0.1657,-1.5757	2	6	-0.0334,-1.4252	6	12
2	[1,-3,2]	[1,1,-2]	-0.3883,-1.5757	2	6	-0.2240,-1.4252	4	8
3	[1,-2,1]	[1,1,-2]	-0.8589,-1.5757	2	6	-0.6284,-1.4252	2	6
4	[1,-2,1]	[1,3,-4]	-0.8589,-0.9706	2	12	-0.6284,-0.9278	6	8
5	[1,-2,1]	[1,2,-3]	-0.8589,-1.1715	2	12	-0.6284,-1.0945	2	8
6	**[1,-1,0]**		**-2.0896**	**36**	**64**			

4）双频周跳探测的无几何相位组合检测量

由于三频组合噪声模型存在部分不敏感周跳,需要利用其他方法进行周跳探测。为了可靠地探测周跳,可以利用基于双频载波观测值的电离层残差法进行探测。

电离层残差组合定义:基于电离层残差法的检测量为

$$\begin{cases}\varphi_{I,12}=\varphi_1-\dfrac{f_1}{f_2}\varphi_2=N_1-\dfrac{f_1}{f_2}N_2-\dfrac{f_2^2-f_1^2}{f_2^2}\cdot\dfrac{I}{Cf_1}+\varepsilon_I\\ \varphi_{I,13}=\varphi_1-\dfrac{f_1}{f_3}\varphi_3=N_1-\dfrac{f_1}{f_3}N_3-\dfrac{f_3^2-f_1^2}{f_3^2}\cdot\dfrac{I}{Cf_1}+\varepsilon_I\end{cases}\tag{9.47}$$

式(9.47)消除了接收机至卫星的几何距离、轨道误差、接收机钟差、卫星钟差和对流层延迟差,仅与电离层延迟、组合模糊度和观测值噪声有关,所以一般称它为电离层残差组合。

另外,电离层残差组合还将电离层延迟的影响减小了约33%、49%$\left(\text{对于北斗系统},\dfrac{f_2^2-f_1^2}{f_2^2}\approx 67\%,\dfrac{f_3^2-f_1^2}{f_3^2}\approx 51\%\right)$,且与载体的运动状态无关,可用于静态或动态测量中零差、单差或双差载波相位观测值的周跳检测。在没有周跳时,电离层残差组合随时间变化缓慢。一旦有周跳产生,它就会有比较显著的变化。因此其相邻历元的差值可以用来检测周跳。其差值为

$$\begin{cases}\delta\varphi_{I12}=\varphi_{I,k+1}-\varphi_{I,k}=\delta N_{I12}-\dfrac{f_2^2-f_1^2}{f_2^2}\cdot\dfrac{\delta I}{Cf_1}+\delta\varepsilon_{I12}\\ \delta\varphi_{I13}=\varphi_{I13,k+1}-\varphi_{I13,k}=\delta N_{I13}-\dfrac{f_3^2-f_1^2}{f_3^2}\cdot\dfrac{\delta I}{Cf_1}+\delta\varepsilon_{I13}\\ \delta N_{I12}=\delta N_1-\dfrac{f_1}{f_2}\delta N_2\\ \delta N_{I13}=\delta N_1-\dfrac{f_1}{f_3}\delta N_3\end{cases}\tag{9.48}$$

式中：δN_1、δN_2、δN_3 分别表示载波相位观测值 φ_1、φ_2、φ_3 的周跳；δI、$\delta\varepsilon_I$ 分别表示电离层延迟和观测值噪声的变化量。如果观测值没有周跳，即 δN_1、δN_2、δN_3 都为零，则 $|\delta\varphi_I|$ 一般小于 0.05 周。但是如果 $|\delta\varphi_I|$ 超过 0.28 周，则认为在 $k+1$ 历元观测值存在周跳，即 δN_1、δN_2、δN_3 不都为零。$\delta\varphi_I$ 对周跳很敏感，可以检测出数值最小的周跳。不过，电离层残差法无法分清 φ_1 还是 φ_2 有周跳，需要其他方法进一步确认。

9.4.1.2 伪距相位组合周跳探测与修复

伪距相位组合法探测和修复周跳的能力主要取决于电离层延迟和多径效应在历元间的变化，以及伪距和载波相位观测噪声、载波波长的大小等。单频观测情况下，由于载波波长太短，所以单频伪距相位组合法估计周跳的精度差，不能检测数值较小的周跳。双频观测情况下，可以利用双频载波观测量获得波长较长的组合观测量以提高周跳估计的精度，例如韩绍伟博士采用波长约为 0.86 m 的 $\varphi_{1,-1}$ 和波长约为 14.65 m 的 $\varphi_{-7,9}$ 探测和修复周跳，显著提高了周跳估计的精度。但由于 $\varphi_{1,-1}$ 组合的波长仍然较短，受伪距观测噪声影响大，因此其探测与修复周跳的精度依然不够理想。三频情况下，可以形成具有更长波长、更小噪声、更小电离层影响等优良特性的组合观测量，有利于提高周跳探测和修复的精度。本节讨论伪距相位组合探测周跳的阈值条件，并从提高周跳确定成功率出发，以组合周跳估值标准差最小为原则选取了不同伪距噪声条件下的三频最优伪距相位组合。

1）三频周跳探测的伪距相位组合检测量

三频伪距、相位组合观测量方程可简写为[32]

$$P_{abc}=\rho+\beta_{abc}I_1+M_{P_{abc}}+cd_{P_{abc}}+\varepsilon_{P_{abc}} \qquad a,b,c\in\mathbb{R},\ a+b+c=1 \tag{9.49}$$

$$\varphi_{ijk}\lambda_{ijk}=\rho-\beta_{ijk}I_1+N_{ijk}\lambda_{ijk}+m_{\varphi_{ijk}}\lambda_{ijk}+cd_{\varphi_{ijk}}+\varepsilon_{\varphi_{ijk}}\lambda_{ijk} \qquad i,j,k\in\mathbb{Z} \tag{9.50}$$

式中：$P_{abc}=a\cdot P_1+b\cdot P_2+c\cdot P_3$ 为伪距组合观测量；$\varphi_{ijk}=i\cdot\varphi_1+j\cdot\varphi_2+k\cdot\varphi_3$ 为相位组合观测量；ρ 为卫星至接收机的几何距离（包括卫星钟差、接收机钟差、对流层误差等与频率无关的误差）；I_1 为载频 f_1 上的电离层延迟；$N_{ijk}=i\cdot N_1+j\cdot N_2+k\cdot N_3$ 和 $\lambda_{ijk}=c/(i\cdot f_1+j\cdot f_2+k\cdot f_3)$ 分别为相位组合观测量的模糊度和波长；$M_{P_{abc}}$、$M_{\varphi_{ijk}}$ 分别为伪距组合观测量和相位组合观测量的多径误差；$\varepsilon_{P_{abc}}=\alpha\cdot\varepsilon_{P_1}+b\cdot\varepsilon_{P_2}+c\cdot\varepsilon_{P_3}$、$e_{\varphi_{ijk}}=i\cdot e_{\varphi_1}+j\cdot e_{\varphi_2}+k\cdot e_{\varphi_3}$ 分别为伪距组合观测量和相位组合观测量的观测噪声，其中 e_{φ_i} 和 ε_{P_i} 分别为载频 f_i 上载波和伪距观测噪声；$\beta_{abc}=a+b\cdot\dfrac{f_1^2}{f_2^2}+c\cdot\dfrac{f_1^2}{f_3^2}$、$\beta_{ijk}=\dfrac{i+j\cdot f_1/f_2+k\cdot f_1/f_3}{i+j\cdot f_2/f_1+k\cdot f_3/f_1}$ 分别为伪距组合观测量和相位组合观测量的电离层延迟影响系数；N_i 为载频 $f_i(i=1,2,3)$ 上的整周模糊度；c 为真空中的光速；$d_{P_{abc}}$ 和 $d_{\varphi_{ijk}}$ 分别为伪距组合观测量和相位组合观测量的硬件时延；$\mathbb{R}$、$\mathbb{Z}$ 分别代表实数集和整数集。由式（9.49）减式（9.50）可得

$$N_{ijk}=(\varphi_{ijk}-M_{\varphi_{ijk}}-e_{\varphi_{ijk}})-\frac{P_{abc}-M_{P_{abc}}-\varepsilon_{P_{abc}}}{\lambda_{ijk}}+K_{ijk,abc}\cdot I_1-\frac{cd_{\varphi_{ijk}}-cd_{P_{abc}}}{\lambda_{ijk}} \tag{9.51}$$

式中：$K_{ijk,abc}=(\eta_{ijk}+\eta_{abc})/\lambda_{ijk}$，定义其为伪距相位组合观测量的电离层影响系数，单位为 m^{-1}。将 N_{ijk} 在相邻历元 t_1 和 t_0 之间求差可得

$$\delta N_{ijk}=N_{ijk}(t_1)-N_{ijk}(t_0)=$$
$$\delta\varphi_{ijk}-\delta M_{\varphi_{ijk}}-\delta e_{\varphi_{ijk}}-\frac{\delta P_{abc}-\delta M_{P_{abc}}-\delta\varepsilon_{P_{abc}}}{\lambda_{ijk}}+K_{ijk,abc}\cdot\delta I_1 \tag{9.52}$$

式中：δ 表示在历元 t_1 和 t_0 之间求差。由于硬件时延随时间变化缓慢，因此在相邻历元求差时可消除硬件时延项。由于难以对多径效应建立有效的数学模型，所以忽略历元间相位多径延迟变化项 $\delta M_{\varphi_{ijk}}$、伪距多径延迟变化项 $\delta M_{P_{abc}}/\lambda_{ijk}$。假设历元间载频 f_1 上电离层延迟变化 δI_1 很小，如果系数 $K_{ijk,abc}$ 较小，则 $K_{ijk,abc}\cdot\delta I_1$ 也可忽略，于是可得历元间相位组合观测量模糊度差估值，即相位组合观测量周跳估值如下：

$$\delta\hat{N}_{ijk}=\delta\varphi_{ijk}-\delta P_{abc}/\lambda_{ijk}=\varphi_{ijk}(t_1)-\varphi_{ijk}(t_0)-[P_{abc}(t_1)-P_{abc}(t_0)]/\lambda_{ijk} \tag{9.53}$$

假设载波相位观测量之间、载波相位观测量与伪距观测量之间不相关，且前后历元观测量间也不相关，以周为单位的载波观测噪声标准差 $\sigma_{\varepsilon,\varphi_1}=\sigma_{\varepsilon,\varphi_2}=\sigma_{\varepsilon,\varphi_3}=\sigma_{\varepsilon,\varphi}$，伪距组合观测量噪声标准差为 $\sigma_{\varepsilon,P_{abc}}$，则根据式(9.53)可得 $\delta\hat{N}_{ijk}$ 标准差为

$$\sigma_{\delta\hat{N}_{ijk}}=\sqrt{2}\cdot\sqrt{(i^2+j^2+k^2)\cdot\sigma^2_{\varepsilon,\varphi}+\sigma^2_{\varepsilon,P_{abc}}/\lambda^2_{ijk}}=\sqrt{2}\cdot S_{ijk,abc}\cdot\sigma_{\varepsilon,\varphi} \tag{9.54}$$

式中：$S_{ijk,abc}=\sqrt{(i^2+j^2+k^2)+\lambda_{ijk}^{-2}(\sigma_{\varepsilon,P_{abc}}/\sigma_{\varepsilon,\varphi})^2}$。从而根据以下条件探测周跳，若

$$|\delta\hat{N}_{ijk}|=|\delta\varphi_{ijk}-\delta P_{abc}/\lambda_{ijk}|>l\cdot\sigma_{\delta\hat{N}_{ijk}} \tag{9.55}$$

式中：l 取 3 或 4（分别对应 99.7%、99.9% 的置信水平），则表明相应相位组合观测量发生周跳。

2）三频周跳估值的取整成功率

根据式(9.53)可知 $\delta\hat{N}_{ijk}\sim N(\delta N_{ijk},\sigma^2_{\delta\hat{N}_{ijk}})$，其中 δN_{ijk} 为相位组合观测量周跳值，设与 $\delta\hat{N}_{ijk}$ 最接近的整数为 $\delta\breve{N}_{ijk}$，即 $\delta\breve{N}_{ijk}=\mathrm{int}[\delta\hat{N}_{ijk}]$，则 $\delta\breve{N}_{ijk}$ 取整数 i 的概率为[33]

$$P(\delta\breve{N}_{ijk}=i)=\int_{(i-\delta N_{ijk})-\frac{1}{2}}^{(i-\delta N_{ijk})+\frac{1}{2}}\frac{1}{\sqrt{2\pi}\sigma_{\delta\hat{N}_{ijk}}}\exp\left\{-\frac{1}{2}z^2/\sigma^2_{\delta\hat{N}_{ijk}}\right\}\mathrm{d}z \tag{9.56}$$

从而由相位组合观测量周跳估值 $\delta\hat{N}_{ijk}$ 通过直接取整获得正确周跳值 δN_{ijk} 的概率为[33]

$$P(\delta\breve{N}_{ijk}=\delta N_{ijk})=P\left(|\delta\breve{N}_{ijk}-\delta N_{ijk}|\leqslant\frac{1}{2}\right)=2\Phi\left(\frac{1}{2\sigma_{\delta\hat{N}_{ijk}}}\right)-1 \tag{9.57}$$

式中：$\Phi(x)=\int_{-\infty}^{x}\frac{1}{\sqrt{2\pi}}\exp\left(-\frac{1}{2}z^2\right)\mathrm{d}z$。由式(9.55)可知，$\delta\hat{N}_{ijk}$ 的标准差越小，取整成功率就越高。如当 $\sigma_{\delta\hat{N}_{ijk}}<0.25$ 周和 $\sigma_{\delta\hat{N}_{ijk}}<0.15$ 周时取整成功率分别大于 95.5%

和 99.9%。

3）三频周跳的确定与确认

为了能探测并修复基础载波周跳，需要三个组合系数线性无关的相位组合观测量，假设其组合系数分别为(i_1,j_1,k_1)、(i_2,j_2,k_2)、(i_3,j_3,k_3)，相应的组合周跳值分别为 $\delta N_{i_1j_1k_1}$、$\delta N_{i_2j_2k_2}$、$\delta N_{i_3j_3k_3}$，则组合周跳值与基础载波周跳值之间的关系为

$$\boldsymbol{Y}=\begin{bmatrix}\delta N_{i_1j_1k_1}\\ \delta N_{i_2j_2k_2}\\ \delta N_{i_3j_3k_3}\end{bmatrix}=\begin{bmatrix}i_1 & j_1 & k_1\\ i_2 & j_2 & k_2\\ i_3 & j_3 & k_3\end{bmatrix}\begin{bmatrix}\delta N_1\\ \delta N_2\\ \delta N_3\end{bmatrix}=\boldsymbol{HX} \tag{9.58}$$

式中：δN_1、δN_2、δN_3 分别为载频 f_1、f_2、f_3 上的周跳值。为保证由式(9.58)能恢复基础载波周跳值，不仅要求 $\boldsymbol{H}$ 矩阵可逆，而且要求 $\boldsymbol{H}$ 矩阵的逆矩阵元素也全为整数，即 $\boldsymbol{H}$ 矩阵是可容许的（$\boldsymbol{H}$ 矩阵的矩阵元素全为整数且 $\boldsymbol{H}$ 矩阵的行列式 $\det(\boldsymbol{H})=\pm 1$），从而由 $\boldsymbol{X}=\boldsymbol{H}^{-1}\boldsymbol{Y}$ 可唯一确定基础载波周跳值。

周跳确定后，利用确定的周跳值修复历元基础载波观测量，并重新计算 $\delta\hat{N}_{i_1j_1k_1}$、$\delta\hat{N}_{i_2j_2k_2}$ 和 $\delta\hat{N}_{i_3j_3k_3}$，如果 $\delta\hat{N}_{i_1j_1k_1}<l\cdot\sigma_{\delta\hat{N}_{i_1j_1k_1}}$，$\delta\hat{N}_{i_2j_2k_2}<l\cdot\sigma_{\delta\hat{N}_{i_2j_2k_2}}$，$\delta\hat{N}_{i_3j_3k_3}<l\cdot\sigma_{\delta\hat{N}_{i_3j_3k_3}}$ 同时满足，则确认周跳修复正确。

9.4.1.3 最小二乘搜索法探测并修复周跳

无几何相位组合法和伪距载波相位组合法，这两种方法都是基于单个卫星的非差、单差或双差载波相位观测值来检测并修复周跳。为了增加周跳探测与修复的可靠性，可以用最小二乘法作进一步验证，如果修复不正确，则需要重新修复模糊度。有时，这两种方法不能给出唯一的周跳值，此时则需要基于最小二乘原理来搜索周跳。本节将基于动态测量的三差观测值模型，利用最小二乘法来验证上述两种方法所修复的周跳，也可以用来搜索周跳。

假设第 k_1 和 k_2 历元之间信号失锁，而且第 k_1 历元的模糊度 N 已经成功解算，其位置 X_{k_1} 已精确求得，则第 k_1 和 k_2 历元的三差观测误差方程可以写为

$$\boldsymbol{V}_{k_2,k_1}=\boldsymbol{A}_{k_2}\mathrm{d}\hat{\boldsymbol{X}}_{k_2}+\delta\boldsymbol{N}-\boldsymbol{l}_{k_2,k_1}\quad \boldsymbol{\Sigma}_{k_2,k_1}^{-1} \tag{9.59}$$

$$\boldsymbol{l}_{k_2,k_1}=\boldsymbol{l}_{k_2}-\boldsymbol{l}_{k_1} \tag{9.60}$$

式中：$\mathrm{d}\hat{\boldsymbol{X}}_{k_2}$ 为 k_2 历元的位置参数；$\boldsymbol{A}_{k_2}$ 为设计矩阵；$\delta\boldsymbol{N}$ 为周跳；$\boldsymbol{l}$ 为观测值矢量；$\boldsymbol{\Sigma}$ 为观测值方差协方差矩阵。三差消除了原双差观测值中的模糊度参数，以及大部分的电离层延迟和对流层延迟，只含有 k_2 历元的位置参数和周跳。如果不存在周跳或周跳 $\delta\boldsymbol{N}$ 已经成功修复，则利用最小二乘法，可以求得位置参数 $\mathrm{d}\hat{\boldsymbol{X}}_{k_2}$，相应的残差平方和 $\boldsymbol{V}_{k_2,k_1}^{\mathrm{T}}\boldsymbol{\Sigma}_{k_2,k_1}^{-1}\boldsymbol{V}_{k_2,k_1}$ 也很小。如果周跳 δN 修复不正确，则残差平方和就较大。所以可以根据残差平方和的大小来判断周跳修复是否正确，如果残差平方和超过某一限值，则认为周跳修复不正确，而限值可以通过统计没有周跳或周跳已经修复的残差平方

和来确定。

对于修复不正确而需要重新修复的周跳,以及没有唯一确定的周跳,也可以用如下方法来进行搜索。对于每一组备选周跳 $\delta\boldsymbol{N}$, 都可以获得相应的参数估值和残差:

$$\mathrm{d}\hat{\boldsymbol{X}}_{k_2} = (\boldsymbol{A}_{k_2}\boldsymbol{\Sigma}_{k_2,k_1}^{-1}\boldsymbol{A}_{k_2})^{-1}\boldsymbol{A}_{k_2}^{\mathrm{T}}\boldsymbol{\Sigma}_{k_2,k_1}^{-1}(\boldsymbol{l}_{k_2,k_1} - \delta\boldsymbol{N}) \tag{9.61}$$

$$\boldsymbol{V}_{k_2,k_1} = \boldsymbol{A}_{k_2}\mathrm{d}\hat{\boldsymbol{X}}_{k_2} - (\boldsymbol{l}_{k_2,k_1} - \delta\boldsymbol{N}) \tag{9.62}$$

相应的残差平方和为

$$\Omega = \boldsymbol{V}_{k_2,k_1}^{\mathrm{T}}\boldsymbol{\Sigma}_{k_2,k_1}^{-1}\boldsymbol{V}_{k_2,k_1} \tag{9.63}$$

实际上,此时对参数估值和残差并不感兴趣,而只关心残差平方和 Ω 的值。将式(9.59)、式(9.60)代入式(9.61),就可以直接获得残差平方和 Ω 与周跳的关系:

$$\Omega = (\boldsymbol{l}_{k_2,k_1} - \delta N)^{\mathrm{T}}\boldsymbol{\Sigma}_V^{-1}(\boldsymbol{l}_{k_2,k_1} - \delta\boldsymbol{N}) \tag{9.64}$$

$$\boldsymbol{\Sigma}_V^{-1} = \boldsymbol{\Sigma}_{k_2,k_1}^{-1} - \boldsymbol{\Sigma}_{k_2,k_1}^{-1}\boldsymbol{A}_{k_2}(\boldsymbol{A}_{k_1}^{\mathrm{T}}\boldsymbol{\Sigma}_{k_2,k_1}^{-1}\boldsymbol{A}_{k_2})^{-1}\boldsymbol{A}_{k_1}^{\mathrm{T}}\boldsymbol{\Sigma}_{k_2,k_1}^{-1} \tag{9.65}$$

式(9.65)显示,对于每一组备选周跳 $\delta\boldsymbol{N}$, 不用计算参数估值和残差,就可以直接获得相应的残差平方和 Ω, 从而减少了一些不必要的计算,加快了搜索速度。还可综合利用电离层残差法、伪距载波相位组合法和多普勒频移法限制周跳的搜索范围,提高周跳搜索的速度和可靠性。确认准则为次最小残差平方和与最小残差平方和的比值在统计上最小:

$$\mathrm{Ratio} = \frac{\Omega_{次最小}}{\Omega_{最小}} \tag{9.66}$$

如果 Ratio 大于3,使 Ω 最小的周跳就被确认为正确的周跳。如果 Ratio 小于3,则搜索失败,周跳无法修复,需引入新的模糊度参数,重新解算模糊度。

9.4.2 GNSS 多频 RTK 模糊度解算

9.4.2.1 几何模式模糊度解算

几何模式模糊度解算就是利用多颗卫星的双差观测信息(包括载波和伪距)以及多颗卫星之间的几何约束来求解模糊度。下面介绍几何模式模糊度解算方法中应用最广泛的最小二乘模糊度降相关平差(LAMBDA)方法。

GNSS 双差观测方程的线性化形式可表示如下:

$$\boldsymbol{L} = \boldsymbol{A}\boldsymbol{X} + \boldsymbol{B}\boldsymbol{N} + \boldsymbol{\Delta} = [\boldsymbol{A} \quad \boldsymbol{B}]\begin{bmatrix}\boldsymbol{X}\\ \boldsymbol{N}\end{bmatrix} + \boldsymbol{\Delta} \qquad \boldsymbol{X} \in \mathbb{R}, \boldsymbol{N} \in \mathbb{Z} \tag{9.67}$$

式中: $\boldsymbol{L}$ 为 GNSS 数据矢量,通常由单频、双频或三频双差伪距和载波相位观测量的 OMC(observed-minus-computed)组成; $\boldsymbol{X}$、$\boldsymbol{N}$ 均为未知参数矢量, $\boldsymbol{X}$ 通常为基线分量和大气延迟参数(如对流层延迟、电离层延迟参数)组成,属于实数矢量 $\mathbb{R}$; $\boldsymbol{N}$ 由以周为单位的双差整周模糊度组成,属于整数矢量 $\mathbb{Z}$; $\boldsymbol{A}$、$\boldsymbol{B}$ 分别为相应未知参数矢量的系数矩阵;$\boldsymbol{\Delta}$ 为随机噪声。

求解式(9.67)表示的 GNSS 观测模型属于整数最小二乘问题,其解算过程一般分为如下三步[34]:

1) 计算整周模糊度的实数解 $\hat{\boldsymbol{N}}$

将式(9.67)写成误差方程式如下:

$$\boldsymbol{V} = \boldsymbol{A}\hat{\boldsymbol{X}} + \boldsymbol{B}\hat{\boldsymbol{N}} - \boldsymbol{L} = [\boldsymbol{A} \quad \boldsymbol{B}]\begin{bmatrix}\hat{\boldsymbol{X}} \\ \hat{\boldsymbol{N}}\end{bmatrix} - \boldsymbol{L} \quad \boldsymbol{P} \tag{9.68}$$

式中:$\boldsymbol{V}$ 为残差矢量;$\boldsymbol{P}$ 为双差观测量的权矩阵。忽略模糊度矢量 $\boldsymbol{N}$ 的整数特性,依据最小二乘准则:

$$\Omega = (\boldsymbol{A}\hat{\boldsymbol{X}} + \boldsymbol{B}\hat{\boldsymbol{N}} - \boldsymbol{L})^{\mathrm{T}}\boldsymbol{P}(\boldsymbol{A}\hat{\boldsymbol{X}} + \boldsymbol{B}\hat{\boldsymbol{N}} - \boldsymbol{L}) = \min \qquad \boldsymbol{X},\boldsymbol{N} \in \mathbb{R} \tag{9.69}$$

求解未知参数矢量估值。相应法方程为

$$\begin{bmatrix}\boldsymbol{A}^{\mathrm{T}}\boldsymbol{PA} & \boldsymbol{A}^{\mathrm{T}}\boldsymbol{PB} \\ \boldsymbol{B}^{\mathrm{T}}\boldsymbol{PA} & \boldsymbol{B}^{\mathrm{T}}\boldsymbol{PB}\end{bmatrix}\begin{bmatrix}\hat{\boldsymbol{X}} \\ \hat{\boldsymbol{N}}\end{bmatrix} = \begin{bmatrix}\boldsymbol{A}^{\mathrm{T}}\boldsymbol{PL} \\ \boldsymbol{B}^{\mathrm{T}}\boldsymbol{PL}\end{bmatrix} \tag{9.70}$$

可简写为

$$\begin{bmatrix}\boldsymbol{N}_{11} & \boldsymbol{N}_{12} \\ \boldsymbol{N}_{21} & \boldsymbol{N}_{22}\end{bmatrix}\begin{bmatrix}\hat{\boldsymbol{X}} \\ \hat{\boldsymbol{N}}\end{bmatrix} = \begin{bmatrix}\boldsymbol{U}_1 \\ \boldsymbol{U}_2\end{bmatrix} \tag{9.71}$$

解法方程(9.70)可获得 $\boldsymbol{X}$ 和 $\boldsymbol{N}$ 的实数估值及其协方差矩阵如下:

$$\begin{cases}\hat{\boldsymbol{N}} = (\boldsymbol{N}_{22} - \boldsymbol{N}_{21}\boldsymbol{N}_{11}^{-1}\boldsymbol{N}_{12})^{-1}(\boldsymbol{U}_2 - \boldsymbol{N}_{21}\boldsymbol{N}_{11}^{-1}\boldsymbol{U}_1) \\ \boldsymbol{\Sigma}_{\hat{N}} = (\boldsymbol{N}_{22} - \boldsymbol{N}_{21}\boldsymbol{N}_{11}^{-1}\boldsymbol{N}_{12})^{-1}\end{cases} \tag{9.72}$$

$$\begin{cases}\hat{\boldsymbol{X}} = \boldsymbol{N}_{11}^{-1}(\boldsymbol{U}_1 - \boldsymbol{N}_{12}\hat{\boldsymbol{N}}) \\ \boldsymbol{\Sigma}_{\hat{X}} = \boldsymbol{N}_{11}^{-1} + \boldsymbol{N}_{11}^{-1}\boldsymbol{N}_{12}\boldsymbol{\Sigma}_{\hat{N}}\boldsymbol{N}_{21}\boldsymbol{N}_{11}^{-1}\end{cases} \tag{9.73}$$

$$\boldsymbol{\Sigma}_{\hat{X}\hat{N}} = \boldsymbol{N}_{11}^{-1}\boldsymbol{N}_{12}\boldsymbol{\Sigma}_{\hat{N}} \tag{9.74}$$

2) 将整周模糊度实数解 $\hat{\boldsymbol{N}}$ 约束为整数解 $\breve{\boldsymbol{N}}$

基于如下准则将模糊度实数解 $\hat{\boldsymbol{N}}$ 固定为整数解 $\breve{\boldsymbol{N}}$:

$$\Omega' = (\hat{\boldsymbol{N}} - \breve{\boldsymbol{N}})^{\mathrm{T}}\boldsymbol{\Sigma}_{\hat{N}}^{-1}(\hat{\boldsymbol{N}} - \breve{\boldsymbol{N}}) = \min \tag{9.75}$$

由于模糊度实数解的各分量之间高度相关,使得模糊度搜索空间被极度地拉长,从而使搜索效率很低。因此需要对模糊度实数解进行降相关处理,降低它们之间的相关性,提高搜索效率。模糊度降相关处理由整数变换矩阵 $\boldsymbol{Z}$ 来实现,即

$$\hat{z} = \boldsymbol{Z}^{\mathrm{T}}\hat{\boldsymbol{N}}, \quad \boldsymbol{\Sigma}_{\hat{z}} = \boldsymbol{Z}^{\mathrm{T}}\hat{\boldsymbol{N}}\boldsymbol{Z}, \quad \breve{z} = \boldsymbol{Z}^{\mathrm{T}}\breve{\boldsymbol{N}} \tag{9.76}$$

从而有

$$\begin{aligned}\Omega' = & (\hat{\boldsymbol{N}} - \breve{\boldsymbol{N}})^{\mathrm{T}} \boldsymbol{\Sigma}_{\hat{N}}^{-1} (\hat{\boldsymbol{N}} - \breve{\boldsymbol{N}}) = \\ & (\hat{\boldsymbol{N}} - \breve{\boldsymbol{N}})^{\mathrm{T}} Z Z^{-1} \Sigma_{\hat{N}}^{-1} Z^{-\mathrm{T}} Z^{\mathrm{T}} (\hat{\boldsymbol{N}} - \breve{\boldsymbol{N}}) = \\ & (Z^{\mathrm{T}}\hat{\boldsymbol{N}} - Z^{\mathrm{T}}\breve{\boldsymbol{N}})^{\mathrm{T}} Z^{-1} \boldsymbol{\Sigma}_{\hat{N}}^{-1} \boldsymbol{Z}^{-\mathrm{T}} (\boldsymbol{Z}^{\mathrm{T}}\hat{\boldsymbol{N}} - \boldsymbol{Z}^{\mathrm{T}}\breve{\boldsymbol{N}}) = \\ & (\hat{z} - \breve{z})^{\mathrm{T}} \Sigma_{\hat{z}}^{-1} (\hat{z} - \breve{z})\end{aligned} \tag{9.77}$$

由于变换后的模糊度矢量 $\hat{z}$ 的各分量之间的相关性大大减弱,利用式(9.76)来搜索 $\breve{z}$ 的效率显著提高。经过搜索获得唯一确认的 $\breve{z}$ 后,可由下式获得模糊度整数解:

$$\breve{\boldsymbol{N}} = \boldsymbol{Z}^{-\mathrm{T}} \breve{z} \tag{9.78}$$

3) 整周模糊度整数解 $\breve{\boldsymbol{N}}$ 回代计算未知参数矢量 $\boldsymbol{X}$ 的整数解 $\breve{\boldsymbol{X}}$

将整周模糊度整数解 $\breve{\boldsymbol{N}}$ 回代式(9.73),计算整数模糊度条件下未知参数矢量 $\boldsymbol{X}$ 的估值,即整数解 $\breve{\boldsymbol{X}}$:

$$\begin{cases}\breve{\boldsymbol{X}} = \boldsymbol{N}_{11}^{-1}(\boldsymbol{U}_1 - \boldsymbol{N}_{12}\breve{\boldsymbol{N}}) = \hat{\boldsymbol{X}} - \boldsymbol{N}_{11}^{-1}(\hat{\boldsymbol{N}} - \breve{\boldsymbol{N}}) = \hat{\boldsymbol{X}} - \boldsymbol{\Sigma}_{\hat{X}\hat{N}}\boldsymbol{\Sigma}_{\hat{N}}^{-1}(\hat{\boldsymbol{N}} - \breve{\boldsymbol{N}}) \\ \boldsymbol{\Sigma}_{\breve{X}} = \boldsymbol{N}_{11}^{-1} = \boldsymbol{\Sigma}_{\hat{X}} - \boldsymbol{\Sigma}_{\hat{X}\hat{N}}\boldsymbol{\Sigma}_{\hat{N}}\boldsymbol{\Sigma}_{\hat{N}\hat{X}}\end{cases} \tag{9.79}$$

式(9.79)显示了模糊度约束为整数时对其他参数的影响。

9.4.2.2 无几何模式模糊度解算

无几何模式模糊度解算就是只利用一颗卫星单路双差观测信息(包括载波和伪距),而不依赖其他卫星信息来求解模糊度。针对 Galileo 系统提出的三频模糊度解算(TCAR)方法[35],以及后来针对 GPS 提出来的递进模糊度整数解(CIR)方法[36]均为无几何模式模糊解算。两种方法实质上是等价的,都是消除几何误差影响的 bootstrapping 算法[37],即根据不同载波组合观测量的波长及其误差特点,采用简单的四舍五入取整逐级求解波长由大到小的各组合模糊度,最终确定原始整周模糊度。本节将给出 CIR 方法的基本原理和计算步骤,并分析影响 CIR 单历元模糊度解算成功率的误差因素。

CIR 方法是结合波长越长、整周模糊度就越容易固定的思想,基于无几何模式,采用不同组合观测量来逐步确定超宽巷(EWL)、宽巷(WL)、窄巷(NL)整周模糊度。首先,用测距精度高的伪距观测量解算 EWL 整周模糊度,在此基础上,用模糊度固定后的 EWL 组合观测量计算 WL 整周模糊度,最后,用模糊度固定后的 WL 组合观测量解算 NL 整周模糊度。在每一步计算过程中,都消除了观测方程中与几何有关的分量,整个解算过程(图 9.10)都基于无几何模式,其具体计算步骤如下[32,36]:

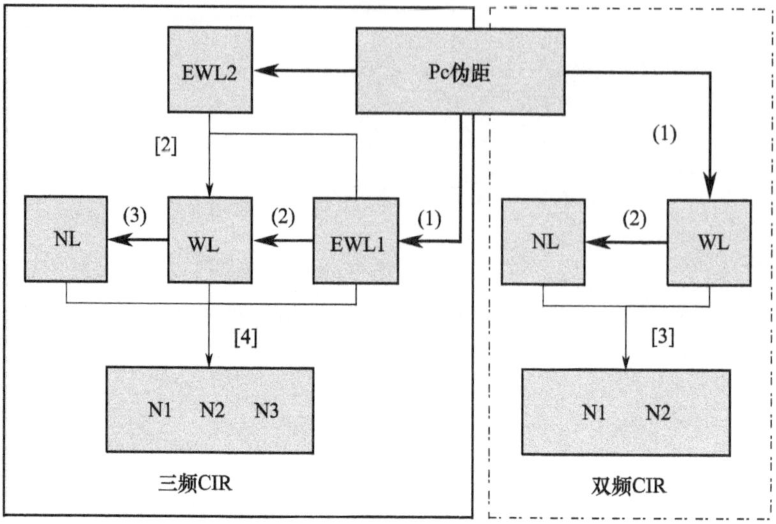

图 9.10 CIR 方法计算流程图

(1)利用伪距解算超宽巷(EWL)模糊度。

基于超宽巷载波相位组合值 $\varphi_{(i,j,k)}$ 和伪距组合值 $P_{(m,n,l)}$,可得双差超宽巷模糊度浮点解如下:

$$\Delta\nabla\hat{N}_{\text{EWL}} = \Delta\nabla\varphi_{(i,j,k)} - \frac{\Delta\nabla P_{(m,n,l)}}{\lambda_{(i,j,k)}} =$$

$$\Delta\nabla N_{(i,j,k)} - \frac{\beta_{(i,j,k)} + \beta_{(m,n,l)}}{\lambda_{(i,j,k)}}\Delta\nabla d_{\text{iono}} + \Delta\nabla\varepsilon_{(i,j,k),\varphi} - \frac{\Delta\nabla\varepsilon_{(m,n,l),P}}{\lambda_{(i,j,k)}} \tag{9.80}$$

式中:符号参见式(9.49)、式(9.50);$\Delta\nabla$为双差符号。

取超宽巷模糊度浮点解到最近整数,可以得到超宽巷模糊度整数解 $\Delta\nabla\breve{N}_{\text{EWL}} = \text{round}\Delta\nabla[\hat{N}_{\text{EWL}}]$。对于 GPS 和北斗系统,超宽巷组合观测量 $\varphi_{(0,1,-1)}$ 波长分别为 5.861m 和 4.884m,短基线情况下,忽略的双差电离层延迟误差和双差测量噪声一般很小,因而超宽巷组合模糊度极易固定。超宽巷组合模糊度一旦固定,超宽巷组合观测量将成为精确的双差观测量,可用来解算宽巷模糊度。

(2) 利用模糊度已固定的超宽巷组合观测量解算宽巷(WL)模糊度。

模糊度已固定的超宽巷组合观测量可表示如下:

$$(\Delta\nabla\varphi_{\text{EWL}} - \Delta\nabla N_{\text{EWL}})\cdot\lambda_{\text{EWL}} = \Delta\nabla\rho - \beta_{\text{EWL}}\cdot\Delta\nabla d_{\text{iono}} + \Delta\nabla\varepsilon_{\text{EWL}}\lambda_{\text{EWL}} \tag{9.81}$$

式中:符号参见式(9.49)、式(9.50)。则宽巷组合观测量可表示如下:

$$(\Delta\nabla\varphi_{\text{WL}} - \Delta\nabla N_{\text{WL}})\cdot\lambda_{\text{WL}} = \Delta\nabla\rho - \beta_{\text{WL}}\cdot\Delta\nabla d_{\text{iono}} + \Delta\nabla\varepsilon_{\text{WL}}\lambda_{\text{WL}} \tag{9.82}$$

式(9.81)减式(9.82)化简得

$$\Delta\nabla N_{\text{WL}} = \Delta\nabla\varphi_{\text{WL}} - (\Delta\nabla\varphi_{\text{EWL}} - \Delta\nabla N_{\text{EWL}})\frac{\lambda_{\text{EWL}}}{\lambda_{\text{WL}}} +$$

$$\frac{\beta_{WL}-\beta_{EWL}}{\lambda_{WL}}\Delta\nabla d_{iono}-\Delta\nabla\varepsilon_{WL}+\Delta\nabla\varepsilon_{WL}\frac{\lambda_{EWL}}{\lambda_{WL}} \tag{9.83}$$

从而双差宽巷模糊度浮点解为

$$\Delta\nabla\hat{N}_{WL}=\Delta\nabla\varphi_{WL}-(\Delta\nabla\varphi_{EWL}-\Delta\nabla N_{EWL})\frac{\lambda_{EWL}}{\lambda_{WL}}=$$

$$\Delta\nabla N_{WL}-\frac{\beta_{WL}-\beta_{EWL}}{\lambda_{WL}}\Delta\nabla d_{iono}+\Delta\nabla\varepsilon_{WL}-\Delta\nabla\varepsilon_{EWL}\frac{\lambda_{EWL}}{\lambda_{WL}} \tag{9.84}$$

当超宽巷和宽巷组合观测量的双差电离层误差和双差测量噪声小于宽巷组合观测量波长的一半时，可得宽巷模糊度整数解 $\Delta\nabla\breve{N}_{WL}=\mathrm{round}[\Delta\nabla\hat{N}_{WL}]$。

对于GPS，宽巷组合观测量 $\varphi_{(1,-1,0)}$、$\varphi_{(1,0,-1)}$ 的波长分别为0.862m和0.751m，可由超宽巷组合观测量 $\varphi_{(0,1,-1)}$ 计算其模糊度，也可由超宽巷组合观测量 $\varphi_{(-1,8,-7)}$ 或 $\varphi_{(1,-6,5)}$ 结合超宽巷组合观测量 $\varphi_{(0,1,-1)}$ 直接推导出，如：

$$\begin{cases}\Delta\nabla\breve{N}_{(1,-1,0)}=\Delta\nabla\breve{N}_{(1,-6,5)}+5\Delta\nabla\breve{N}_{(0,1,-1)}\\ \Delta\nabla\breve{N}_{(1,0,-1)}=\Delta\nabla\breve{N}_{(1,-6,5)}+6\Delta\nabla\breve{N}_{(0,1,-1)}\end{cases} \tag{9.85}$$

对BDS，宽巷组合观测量 $\varphi_{(1,-1,0)}$、$\varphi_{(1,0,-1)}$ 的波长分别为1.025m和0.847m，可由超宽巷组合观测量 $\varphi_{(0,1,-1)}$ 计算其模糊度，同样也可由超宽巷组合观测量 $\varphi_{(-1,6,-5)}$ 或 $\varphi_{(1,-5,4)}$ 结合超宽巷组合观测量 $\varphi_{(0,1,-1)}$ 直接推导出，如：

$$\begin{cases}\Delta\nabla\breve{N}_{(1,-1,0)}=\Delta\nabla\breve{N}_{(1,-5,4)}+4\Delta\nabla\breve{N}_{(0,1,-1)}\\ \Delta\nabla\breve{N}_{(1,0,-1)}=\Delta\nabla\breve{N}_{(1,-5,4)}+5\Delta\nabla\breve{N}_{(0,1,-1)}\end{cases} \tag{9.86}$$

宽巷模糊度一旦固定，宽巷组合观测量将成为更加精确的双差距离观测量，可用来解算窄巷模糊度。

(3) 利用模糊度已固定的宽巷组合观测量解算窄巷(NL)模糊度。

窄巷组合观测量可表示为

$$\Delta\nabla\varphi_{NL}\lambda_{NL}=\Delta\nabla\rho-\beta_{NL}\cdot\Delta\nabla d_{iono}+\Delta\nabla\varepsilon_{NL}\lambda_{NL}+\Delta\nabla N_{NL}\lambda_{NL} \tag{9.87}$$

类似地，式(9.81)减式(9.87)化简可得

$$\Delta\nabla N_{NL}=\Delta\nabla\varphi_{NL}-(\Delta\nabla\varphi_{WL}-\Delta\nabla N_{WL})\frac{\lambda_{WL}}{\lambda_{NL}}+\frac{\beta_{NL}-\beta_{WL}}{\lambda_{NL}}\Delta\nabla d_{iono}-$$

$$\Delta\nabla\varepsilon_{NL}+\Delta\nabla\varepsilon_{WL}\frac{\lambda_{WL}}{\lambda_{NL}} \tag{9.88}$$

从而双差窄巷模糊度浮点解为

$$\Delta\nabla\hat{N}_{NL}=\Delta\nabla\varphi_{NL}-(\Delta\nabla\varphi_{WL}-\Delta\nabla N_{WL})\frac{\lambda_{WL}}{\lambda_{NL}}=$$

$$\Delta\nabla N_{NL}-\frac{\beta_{NL}-\beta_{WL}}{\lambda_{NL}}\Delta\nabla d_{iono}+\Delta\nabla\varepsilon_{NL}-\Delta\nabla\varepsilon_{WL}\frac{\lambda_{WL}}{\lambda_{NL}} \tag{9.89}$$

当宽巷和窄巷组合观测量的双差电离层误差和双差测量噪声小于窄巷组合波长

的一半时，可得窄巷模糊度整数解 $\Delta\nabla\breve{N}_{NL} = \mathrm{round}\Delta\nabla[\hat{N}_{NL}]$。

对于 GPS，窄巷组合观测量 $\varphi_{(0,0,1)}$ 的波长为 0.255m，可由宽巷组合观测量 $\varphi_{(1,-1,0)}$ 或 $\varphi_{(1,0,-1)}$ 计算其模糊度。对于 BDS，窄巷组合观测量 $\varphi_{(0,0,1)}$ 的波长为 0.248m，同样可由宽巷组合观测量 $\varphi_{(1,-1,0)}$ 或 $\varphi_{(1,0,-1)}$ 计算其模糊度。

(4) 原始载波整周模糊度 N_1、N_2、N_3 的推导。

通过以上 3 个步骤，可以得到超宽巷、宽巷、窄巷组合观测量模糊度的双差整数解，它们与原始载波整周模糊度之间的关系如下：

$$\begin{bmatrix} \Delta\nabla N_{EWL} \\ \Delta\nabla N_{WL} \\ \Delta\nabla N_{NL} \end{bmatrix} = \begin{bmatrix} i_E & j_E & k_E \\ i_W & j_W & k_W \\ i_N & j_N & k_N \end{bmatrix} \begin{bmatrix} \Delta\nabla N_1 \\ \Delta\nabla N_2 \\ \Delta\nabla N_3 \end{bmatrix} = \mathbf{Z} \cdot \begin{bmatrix} \Delta\nabla N_1 \\ \Delta\nabla N_2 \\ \Delta\nabla N_3 \end{bmatrix} \tag{9.90}$$

可见，要恢复原始载波整周模糊度，要求由超宽巷、宽巷、窄巷组合观测量组合系数组成的矩阵 **Z** 满足可容许条件，从而有

$$\begin{bmatrix} \Delta\nabla N_1 \\ \Delta\nabla N_2 \\ \Delta\nabla N_3 \end{bmatrix} = \mathbf{Z}^{-1} \begin{bmatrix} \Delta\nabla N_{EWL} \\ \Delta\nabla N_{WL} \\ \Delta\nabla N_{NL} \end{bmatrix} \tag{9.91}$$

由此便可推导出原始载波整周模糊度。

相对于双频无几何模式模糊度解算而言，三频 CIR 在伪距和宽巷组合观测量之间增加了一个超宽巷组合观测量，从而提高了宽巷模糊度单历元解算成功率，而对窄巷模糊度单历元解算成功率贡献不大，对减少窄巷模糊度解算的双差电离层延迟误差影响也没有贡献。

在短基线情况下，电离层延迟误差可通过双差来消除，模糊度解算主要受观测噪声影响，而 EWL/WL/NL 模糊度解算所受噪声影响都不大，当载波相位受多径影响时，每一步受噪声影响大小也不会超过 0.4 周。

随着基线长度的增加，电离层延迟误差随之增大，即使在观测噪声可以忽略的情况下，双差电离层延迟误差仍将导致第三步窄巷模糊度不能正确解算，从而在超宽巷和宽巷模糊度正确固定的情况下，也不可能恢复原始载波相位模糊度。因此，CIR 方法仅适用于短基线单历元实时模糊度解算。

9.4.2.3 无几何无电离层模式模糊度解算

针对几何模式和无几何模式模糊度解算方法均无法有效快速可靠解算中长基线窄巷模糊度的问题，Hatch 使用三频最优无电离层延迟组合观测量来平滑由超宽巷和宽巷组合观测量构成的无电离层组合观测量，提出了一种中长基线窄巷模糊度解算方法[38]。李博峰基于两个模糊度易于固定的超宽巷组合观测量与一个窄巷组合观测量构造了无几何和无电离层模型来求解中长基线窄巷模糊度，通过多历元浮点模糊度平均值取整即可固定中长基线模糊度[39]。本节借鉴 GPS 双频无电离层组合观测量模糊度分解思想[40]，通过对三频载波 Geo-Iono-Free 组合观测量模糊度进行

分解,利用两个容易固定的超宽巷模糊度来估计窄巷模糊度,由此求解窄巷模糊度只受二阶电离层延迟误差和载波测量噪声影响,通过多历元平滑即可准确固定中长基线的窄巷模糊度,而不受基线长度的限制。基于此提出一种无几何无电离层模式模糊度解算(GFIFAR)方案[32]如下。

(1)基于伪距观测量直接计算两个超宽巷或宽巷模糊度。

(2)基于三频载波 Geo-Iono-Free 组合模糊度分解来解算窄巷模糊度。

第一步主要受伪距测量噪声、伪距多径效应误差、载波测量噪声以及载波多径效应误差影响,第二步主要受载波测量噪声和多路效应影响。两步均与轨道误差、双差对流层延迟误差、双差电离层延迟误差无关,因此可用于中长基线模糊度解算。

1)中长基线超宽巷、宽巷模糊度解算

(1)利用伪距直接计算超宽巷模糊度 $N_{(0,1,-1)}$。

由前面分析可知,超宽巷模糊度 $N_{(0,1,-1)}$ 的求解不受双差电离层延迟误差影响,于是,在中长基线条件下,也可以单历元求解,其求解公式为

$$N_{(0,1,-1)}=\text{round}\left[\varphi_{(0,1,-1)}-\frac{P_{(0,1,1)}}{\lambda_{(0,1,-1)}}\right] \tag{9.92}$$

在载波噪声标准差 $\sigma_{\varepsilon,\varphi}=0.01$ 周、伪距噪声标准差 $\sigma_{\varepsilon,P}=0.3\text{m}$ 的条件下,$\hat{N}_{(0,1,-1)}$ 单历元取整成功率分别为99.87%和99.37%[32]。

(2)利用伪距直接或间接计算宽巷模糊度 $N_{(1,-1,0)}$ 或 $N_{(1,0,-1)}$。

利用伪距直接计算宽巷模糊度 $N_{(1,-1,0)}$ 和 $N_{(1,0,-1)}$,其估值标准差均大于0.4周,模糊度估值单历元取整成功率将小于78%[32],需要多个历元模糊度估值取平均以提高模糊度估值取整成功率,因而其求解公式如下:

$$N_{(1,-1,0)}=\text{round}\left[\varphi_{(1,-1,0)}-\frac{P_{(1,1,0)}}{\lambda_{(1,-1,0)}}\right]_{\text{Num}} \tag{9.93}$$

$$N_{(1,0,-1)}=\text{round}\left[\varphi_{(1,0,-1)}-\frac{P_{(1,0,1)}}{\lambda_{(1,0,-1)}}\right]_{\text{Num}} \tag{9.94}$$

式中:$[\ ]_{\text{Num}}$ 表示[ ]内数据 Num 个历元平均值。

2)中长基线窄巷模糊度解算

两个超宽巷或宽巷模糊度可以使用伪距-载波的无几何无电离层组合模式进行快速解算,其解算过程与几何距离、双差电离层延迟误差无关,只与伪距和载波噪声有关,且这些超宽巷、宽巷组合模糊度的组合系数之和均为0。在两个组合系数之和为0的超宽巷、宽巷模糊度已经固定的情况下,为了恢复原始载波整周模糊度,还需要求解第三个窄巷模糊度,其组合系数一般为1[32]。下面介绍利用三频载波 Geo-Iono-Free(无几何无电离层组合模式)组合观测量模糊度分解来求解窄巷模糊度的方法。

在双差情形下,三频载波无几何无电离层组合观测量消除了几何距离、接收机钟差、卫星钟差、对流层延迟误差、硬件延迟和一阶电离层延迟误差的影响,仅包含模糊

度和测量噪声,其组合观测值可表示如下:

$$\varphi_{(i_{gif},j_{gif},k_{gif})} = N_{(i_{gif},j_{gif},k_{gif})} + \varepsilon_{(i_{gif},j_{gif},k_{gif}),\varphi} \tag{9.95}$$

式中:i_{gif}、j_{gif}、k_{gif} 为 Geo-Iono-Free 组合系数。Geo-Iono-Free 组合模糊度 $N_{(i_{gif},j_{gif},k_{gif})}$ 可分解为窄巷模糊度 $N_{(i,j,k)}$、超宽巷模糊度 $N_{(m,n,l)}$ 和宽巷(或超宽巷)模糊度 $N_{(u,v,w)}$ 的线性组合,即

$$N_{(i_{gif},j_{gif},k_{gif})} = c_{ijk} \cdot N_{(i,j,k)} + c_{lmn} \cdot N_{(l,m,n)} + c_{uvw} \cdot N_{(u,v,w)} \tag{9.96}$$

式中:i、j、k、l、m、n、u、v、w 均为整数;c_{ijk}、c_{lmn}、c_{uvw} 均为非零实系数。进而可得第三个组合模糊度的估值为[32]

$$\hat{N}_{(i,j,k)} = \frac{1}{c_{ijk}}\varphi_{(i_{gif},j_{gif},k_{gif})} - \frac{c_{lmn}}{c_{ijk}}N_{(l,m,n)} - \frac{c_{uvw}}{c_{ijk}}N_{(u,v,w)} = N_{(i,j,k)} + \frac{1}{c_{ijk}}\varepsilon_{(i_{gif},j_{gif},k_{gif}),\varphi} \tag{9.97}$$

设载波测量噪声标准差为 $\sigma_{\varepsilon,\varphi}$,在已知两个整数组合模糊度的情况下,第三个整数组合模糊度估值标准差为

$$\sigma_{N_{(i,j,k)}} = \frac{1}{c_{ijk}} \cdot \sqrt{i_{gif}^2 + j_{gif}^2 + k_{gif}^2} \cdot 2\sigma_{\varepsilon,\varphi} \tag{9.98}$$

由此可知,在两个整数组合模糊度已经确定的情况下,利用 Geo-Iono-Free 组合观测量来求解第 3 个线性无关的整数组合模糊度时,其估值标准差仅与此整数组合模糊度相应的线性组合系数以及 Geo-Iono-Free 组合观测量测量噪声有关。

通过计算分析可知,GPS 和 BDS 窄巷模糊度解算所需时间相当,假设数据采样率为 1s 且不考虑观测量历元间的相关性,当 $\sigma_{\varepsilon,\varphi}=0.01$ 周时,理论上 10min 左右固定窄巷模糊度的成功率将高于 98% 。

9.5 网络 RTK 技术

常规 GNSS RTK 作业通常会受到距离因素的限制。随着流动站与基准站之间距离增大,差分后电离层延迟、对流层延迟和卫星轨道误差也随之逐渐增大,不仅影响 RTK 定位精度,甚至导致模糊度无法固定。因此实际作业中流动站距离基准站一般不超过 10~20km。这在一定程度上限制了 RTK 的使用效率。为了在更大范围内更高效地应用 GNSS RTK 开展作业,GNSS 网络 RTK 技术应运而生。

GNSS 网络 RTK 技术定义:基于区域分布的连续运行的若干 GNSS 参考站,利用地面通信网络构成基准站网,经数据处理中心进行集中数据处理后,面向区域内用户提供 GNSS 伪距和载波观测数据、误差改正数、状态等信息,从而实现较大范围的高精度相对定位的 GNSS RTK 定位技术。

GNSS 网络 RTK 技术的基本原理,基于区域分布的连续运行参考站,通过参考站之间的高精度相对定位,可反算出各参考站间的电离层延迟、对流层延迟和卫星轨道

等误差改正数，再通过拟合与内插算法获得用户所处位置的误差改正数，以减弱GNSS RTK观测数据中的误差影响，进而实现实时动态高精度定位。

网络RTK定位技术大致有3种：虚拟参考站（VRS）技术、区域改正数（FKP）技术和主辅站（MAC）技术。本节将对这3种技术的数据处理方法进行简要介绍。

9.5.1　网络RTK系统组成

网络RTK系统一般由基准站部分、数据传输部分、数据处理中心和用户（流动站）部分组成。

1）基准站部分

基准站系统的主要功能是为数据处理中心提供基准站的原始观测数据，并通过地面网络发送给数据处理中心。

基准站不直接面向流动站提供服务，基准站只受数据处理中心的控制，只为数据处理中心提供原始观测数据服务，如伪距、载波相位以及卫星星历等信息。

2）数据传输部分

数据传输部分包括连接数据处理中心与基准站、数据处理中心与流动站之间的链路。数据处理中心与基准站一般采用有线通信方式，将各基准站的原始数据传入数据处理中心，将数据处理中心的控制指令传至各基准站；数据处理中心与流动站之间一般采用无线通信方式，将流动站的概略坐标通过无线方式传入数据处理中心，并将数据处理中心所计算出的流动站处的差分改正信息传至流动站。

3）数据处理中心

数据处理中心是整个网络RTK系统的神经中枢。主要功能包括参考站数据采集与质量监控、中心站数据处理与分析、各流动站所需数据的生成与播发等。其中，参考站间整周模糊度实时快速解算、空间相关误差建模、数据播发等是数据处理中心需要解决的关键技术。参考站间整周模糊度实时快速解算可基于参考站坐标静态已知、大气延迟的先验估值进行参数约束，还可利用超快星历减弱卫星轨道误差影响，再利用中长基线模糊度解算方法，来实时快速解算参考站间各独立基线的整周模糊度。空间相关误差建模、数据播发方法，不同网络RTK的解决思路均差异不大，将在后面进行介绍。

4）用户（流动站）部分

用户部分是网络RTK系统的服务对象。网络RTK系统可同时为多个用户提供差分服务。流动站接收到中心站播发的数据，经过RTK数据处理，即可获得厘米级定位结果。

9.5.2　虚拟参考站技术

虚拟参考站（VRS）技术：基于连续运行的参考站网，通过中心站的数据处理，在流动站附近构建一个虚拟的数字化的参考站，并采用拟合内插算法生成虚拟参考站的观测数据，再向流动站进行播发，以便流动站使用常规 RTK 即可实现高精度相对定位的网络 RTK 技术。

在虚拟参考站技术中，数据处理中心实时接收各参考站的原始观测数据，通过解算获得参考站间整周模糊度，进而反算出弥散性（电离层延迟）误差和非弥散性（主要包括对流层延迟、卫星轨道）误差的站间相对差值。中心站基于流动站发来的概略坐标，构建一个虚拟参考站，首先通过内插算法获得虚拟参考站相对于主参考站的电离层和几何距离（主要）的相对差值，其次利用虚拟参考站和主参考站的坐标和卫星星历，将主参考站的观测值归算至虚拟参考站，然后再顾及弥散性误差和非弥散性误差的站间相对差值，即可获得虚拟参考站的观测值。最后中心站将虚拟参考站的观测数据按照常规 RTK 的数据协议发送给流动站，流动站利用常规 RTK 算法即可实现高精度实时定位。

9.5.2.1 VRS 中心站数据处理方法

1）VRS 观测值的归算

参考站和虚拟参考站的坐标精确已知，再利用广播星历，可分别获得参考站 A 和虚拟参考站 V 至卫星的几何距离 ρ_{A} 和 ρ_{V} 。假设主参考站载波和伪距观测值分别为 $\boldsymbol{\Phi}_{\mathrm{A}}$ 和 P_{A}，则可将主参考站观测值归算至虚拟参考站：

$$\boldsymbol{\Phi}'_{\mathrm{V}} = \boldsymbol{\Phi}_{\mathrm{A}} - \rho_{\mathrm{A}} + \rho_{\mathrm{V}} \tag{9.99}$$

$$P'_{\mathrm{V}} = P_{\mathrm{A}} - \rho_{\mathrm{A}} + \rho_{\mathrm{V}} \tag{9.100}$$

式(9.99)仅对几何距离进行了归算，而观测值所含的电离层、对流层等误差仍是参考站处的误差，需要进一步将该误差变更为虚拟参考站处的误差。

2）VRS 误差改正数的计算

中心站通过解算获得参考站间整周模糊度 $\Delta\nabla N$ 后，再利用参考站坐标精确已知的条件，基于双频双差载波观测方程，可计算获得弥散性误差双差后的差值 $\Delta\nabla I$ 和非弥散误差的双差后差值 $\Delta\nabla T$：

$$\Delta\nabla T = \frac{f_1^2}{f_1^2 - f_2^2}(\Delta\nabla\boldsymbol{\Phi}_1 - \Delta\nabla N_1) - \frac{f_2^2}{f_1^2 - f_2^2}(\Delta\nabla\boldsymbol{\Phi}_2 - \Delta\nabla N_2) - \Delta\nabla\rho \tag{9.101}$$

$$\Delta\nabla I = \frac{f_2^2}{(f_1^2 - f_2^2)}[(\Delta\nabla\boldsymbol{\Phi}_1 - \Delta\nabla N_1) - (\Delta\nabla\boldsymbol{\Phi}_2 - \Delta\nabla N_2)] \tag{9.102}$$

式中：下标 1、2 为频率号；f 为观测值频率。

基于分布式多参考站，可获得多组 $\Delta\nabla I$ 和 $\Delta\nabla T$ 。由于 $\Delta\nabla I$ 和 $\Delta\nabla T$ 与测站空间位置密切相关，因此可利用测站空间分布，通过距离线性内插、低次曲面拟合等算法，获得虚拟参考站处的弥散性误差双差后的差值 $\Delta\nabla I_{\mathrm{V}}$ 和非弥散误差双差后差值 $\Delta\nabla T_{\mathrm{V}}$。

3）VRS 载波观测值的生成

虚拟参考站载波观测值频点 1 和频点 2 相应的双差误差改正数分别为

$$\begin{cases}\Delta\nabla r_{\Phi1} = \Delta\nabla T - \Delta\nabla I \\ \Delta\nabla r_{\Phi2} = \Delta\nabla T - \dfrac{f_2^2}{f_1^2}\Delta\nabla I\end{cases} \tag{9.103}$$

进而可获得虚拟参考站的虚拟载波观测值为

$$\Phi_{V} = \Phi'_{V} - \Delta\nabla r_{\Phi} = (\Phi_{A} - \rho_{A} + \rho_{V}) - \Delta\nabla r_{\Phi} \tag{9.104}$$

式中:参考卫星相应的误差改正数可设置为零。

4) VRS伪距观测值的生成

虚拟参考站伪距观测值频点1和频点2相应的双差误差改正数分别为

$$\begin{cases}\Delta\nabla r_{P1} = \Delta\nabla T + \Delta\nabla I \\ \Delta\nabla r_{P2} = \Delta\nabla T + \dfrac{f_2^2}{f_1^2}\Delta\nabla I\end{cases} \tag{9.105}$$

进而可获得虚拟参考站的虚拟伪距观测值为

$$P_{V} = P'_{V} - \Delta\nabla r_{P} = (\Phi_{A} - \rho_{A} + \rho_{V}) - \Delta\nabla r_{P} \tag{9.106}$$

在生成虚拟参考站的虚拟观测值后,中心站即可依据相应的数据传输协议,将该观测值播发给相应流动站。

9.5.2.2 VRS流动站数据处理方法

流动站在接收到虚拟参考站的观测数据之后,其数据处理与常规的流动站RTK数据处理方法完全相同。

由于虚拟参考站的电离层延迟、对流层延迟和轨道误差都进行了内插改进,与流动站处的误差比较相近,经差分后,其误差得到消除或较大削弱,因此流动站动态定位的精度可达到厘米级,并且其初始化时间将大大减少。

9.5.2.3 VRS技术的优缺点

VRS优势:①流动站端所接收的数据格式和数据内容与传统RTK一致,无须对流动站进行升级改造;②误差改正数在中心站计算,降低了流动站的复杂度。

VRS的主要缺点:需要双向通信,增加了系统复杂度,用户容量也受到一定限制。

9.5.3 区域改正数技术

FKP是德语"区域改正数"(Flächen Korrektur Parameter)的首字母缩写,该算法由Geo++公司提出,并通过RTCM Type 59播发。其主要思想是分别对弥散性误差和非弥散性误差构建与空间位置相关的区域改正数模型,并将区域改正数模型参数广播给用户。该区域用户共用同一区域改正数,用户数量不受限制。

9.5.3.1 FKP中心站数据处理方法

根据FKP白皮书[41],FKP方法利用GNSS参考站已知坐标和观测数据等信息,采用卡尔曼滤波估计表9.10中的非差参数,模糊度固定后,可得到如下参数估值:

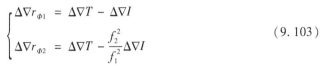

$$\hat{x}=[\hat{T}_k^i \quad \hat{I}_{j,k}^i \quad \hat{O}_k^i \quad \hat{t}_k^i \quad \hat{M}_{j,k}^i \quad \mathrm{d}\hat{t}_k \quad \mathrm{d}\hat{T}^i \quad \hat{r}^i] \tag{9.107}$$

表 9.10 FKP 技术使用的函数模型和随机模型

参数	函数模型	随机模型
卫星钟差 t^i	2 次多项式	白噪声模型
轨道误差 O	—	一阶 Gauss-Markov 模型
电离层延迟 I	单层模型,每个卫星一个参数	一阶 Gauss-Markov 模型
对流层延迟 T	Hopfield 模型,映射参数可采用 NMF 模型	一阶 Gauss-Markov 模型
多径模型 M	高度角相关加权	一阶 Gauss-Markov 模型
接收机钟差 t_k	—	白噪声模型
相对论效应误差 r	相对论效应模型	一阶 Gauss-Markov 模型
潮汐效应误差 $\mathrm{d}T$	潮汐模型	一阶 Gauss-Markov 模型
观测噪声	—	白噪声模型
整周模糊度	固定后为常数	

基于上述估值,数据处理中心可分别计算得到各参考站相对于主参考站的各卫星的误差量值,并针对不同卫星的两类误差类型(弥散型,与频率相关的电离层误差;非弥散型,与频率不相关的误差,主要为对流层误差和轨道误差),分别构建与空间位置相关的区域改正数模型,然后将各卫星的两类区域改正数模型参数单向广播给用户。

9.5.3.2 FKP 流动站数据处理方法

流动站(参考站和流动站都投影到同一椭球面上)在获得区域改正数后,可计算得到流动站各卫星的两类误差改正数为[42]:

$$\begin{cases}\Delta T=6.37(N_0(B-B_{\mathrm{R}})+E_0(L-L_{\mathrm{R}})\cos(B_{\mathrm{R}}))\\ \Delta I=6.37H(N_I(B-B_{\mathrm{R}})+E_I(L-L_{\mathrm{R}})\cos(B_{\mathrm{R}}))\end{cases} \tag{9.108}$$

式中:ΔI 为弥散型误差改正数;ΔT 为非弥散型误差改正数;N_I、E_I 和 N_0、E_0 分别为弥散型误差和非弥散型误差在北方向和东方向的改正参数;B_{R}、L_{R} 为参考站坐标;(B,L) 为流动站坐标;$H=1+16(0.53-E/\pi)^3$;E 是以弧度为单位的卫星高度角。相应的流动站 GPS L1、L2 的误差延迟 δr_1,δr_2 可表示为

$$\begin{cases}\delta r_1=\Delta T+(120/154)\cdot\Delta I\\ \delta r_2=\Delta T+(154/120)\cdot\Delta I\end{cases} \tag{9.109}$$

在 FKP 技术中,中心站向用户播发主参考站的坐标、天线和观测值信息,同时也向用户播发主参考站的坐标和各卫星的改正参数 N_I、E_I、N_0 和 E_0。流动接收机在接收到这些信息后,首先利用自己的概略坐标,计算出该概略坐标处的弥散误差和非弥散误差,然后计算出 GPS L1、L2 的误差改正,最后与主参考站组成双差观测方程,进行 RTK 定位。

9.5.3.3　FKP技术的优缺点

FKP与VRS在数学原理上是等价性的，主要区别在于插值计算的实现方式。FKP模式下，插值计算主要由流动站接收机完成；而VRS模式下，插值计算主要由中心站完成。

相对于VRS模式，FKP优势是可采用单向播发方式，中心站不需要接收来自流动站的任何信息，其用户数量不受限制，也可以采用双向通信方式，较为灵活地为用户提供更优的改正数参数。

FKP模式不足之处在于：对于较大区域而言，单一的线性拟合模型不够精细，导致FKP单向广播模式无法根据流动站的位置提供最优的改正参数；另一个主要问题在于，FKP模式下的流动站除了接收传统的RTCM格式的参考站坐标和观测数据外，还需要另外接收区域改正参数，使得流动站算法相对复杂一些。

9.5.4　主辅站技术

主辅站（MAC）技术是Leica公司提出的GNSS网络RTK数据处理技术，实质上是一种改进的FKP技术，主要为解决FKP技术非标准数据格式带来的应用问题。MAC技术主要借鉴了FKP技术的分区播发改正数、区域改正数分为弥散和非弥散两类播发的思想。其主要的技术改进点在于：在对多参考站之间的模糊度归算至同一模糊度水平后，网络RTK改正数以辅站相对于主站的单差改正数（扣除星地几何距离和接收机钟差）形式播发。主辅站网络改正数没有进行拟合或内插，完全基于真实的参考站数据和星历计算获得，因此具有可追溯性。

9.5.4.1　MAC中心站数据处理方法

中心站数据处理的大致流程为：①中心站实时收集各参考站传输过来的原始观测数据；②中心站进行数据处理，计算各参考站间的整周模糊度，并将各参考站载波观测量归算至同一整周模糊度水平；③中心站接收流动站的单点定位信息，就近选择合适的主参考站和辅助参考站；④将主参考站观测值和主辅站区域改正数信息以RTCM 3.X格式播发给流动站。

中心站数据处理的一项主要任务是将各参考站的载波相位观测值归算到同一整周模糊度水平，以利于流动站利用多参考站信息进行数据处理。以单基线为例，中心站计算获得主辅两参考站基线间的双差模糊度，在引入参考卫星的单差模糊度后，可获得各卫星的单差模糊度，再将此单差模糊度引入辅站观测值，可获得模糊度归算后的辅助参考站的观测值。此时该主辅两站即具有同一整数模糊度水平。中心站在计算获得各参考站间的双差模糊度后，通过关联基线的依次递推，可获得各参考站模糊度归算后的观测数据，因此这些关联参考站即具有同一整周模糊度水平。流动站在获得多个关联参考站的观测数据后，由于各参考站观测值具有同一整周模糊度水平，即使流动站进行参考站切换，也不需要进行模糊度初始化。

在上述单基线数据处理中，模糊度以双差整周未知数形式进行解算。在将双差整数模糊度转换为单差模糊度时,需要引入一个共同的偏差量值,即参考卫星的单差模糊度,该偏差量值可根据计算需要而设定。由于各卫星载波观测值引入的偏差量值相同,在进行双差组合时,该偏差将被消除,进而恢复出双差模糊度,因此不影响后续的定位结果。

为了便于流动站使用,中心站需要向流动站播发流动站附近关联的多个参考站的坐标和观测数据。为了降低参考站网数据的播发量,主辅站技术对播发信息进行了优化处理。优化措施主要有两类:一是以差分形式无损压缩播发量。对于主参考站,播发完整的信息,包括观测值和坐标信息;对于关联的辅参考站,播发其相对于主参考站的单差改正数(扣除星地几何距离和接收机钟差)及坐标差,可大幅度减小播发数据量。单差改正信息可以用于内插流动站所在点位的误差,也可重建辅参考站的完整改正数信息。主站或辅站非差改正数为[43]

$$\delta\Phi_{s,i} = \rho_s - \Phi_{s,i} - N_{s,i}\lambda_i + c\cdot \mathrm{d}t_{s,i} + d_{\mathrm{ant},s,i} \tag{9.110}$$

式中:下标 s 表示参考站;i 表示频点;$\Phi_{s,i}$ 为参考站 s 频点 i 的载波观测值(m);ρ_s 为卫星至参考站 s 之间的几何距离;$N_{s,i}$ 为模糊度;λ_i 为波长;$\mathrm{d}t_{s,i}$ 为参考站 s 接收机钟差;$d_{\mathrm{ant},s,i}$ 为参考站 s 频点 i 相应的天线相位中心改正数。主辅站单差改正数为[43]

$$\begin{aligned}\Delta\delta\Phi_{\mathrm{AM},i} &= \delta\Phi_{\mathrm{A},i} - \delta\Phi_{\mathrm{M},i} = \\ &\Delta\rho_{\mathrm{AM}} - \Delta\Phi_{\mathrm{AM},i} - \Delta N_{\mathrm{AM},i}\lambda_i + c\cdot\Delta\mathrm{d}t_{\mathrm{AM},i} + \Delta d_{\mathrm{ant,AM},i}\end{aligned} \tag{9.111}$$

式中:下标 M 表示主参考站;A 表示辅参考站。

二是将误差进行分类以优化播发频度。类似于 FKP 技术,将单差改正数可进一步分解为弥散性改正数(载波相位电离层延迟单差改正数)和非弥散性改正数(载波相位几何距离单差改正数)。其中,弥散性单差改正数为

$$\Delta\delta\Phi_{\mathrm{AM}}^{\mathrm{disp}} = \frac{f_j^2}{f_j^2 - f_i^2}\Delta\delta\Phi_{\mathrm{AM},i} - \frac{f_j^2}{f_j^2 - f_i^2}\Delta\delta\Phi_{\mathrm{AM},j} \tag{9.112}$$

式中:i、j 表示频点。非弥散性单差改正数为

$$\Delta\delta\Phi_{\mathrm{AM}}^{\mathrm{non-disp}} = \frac{f_i^2}{f_i^2 - f_j^2}\Delta\delta\Phi_{\mathrm{AM},i} - \frac{f_j^2}{f_i^2 - f_j^2}\Delta\delta\Phi_{\mathrm{AM},j} \tag{9.113}$$

弥散性改正数为电离层延迟改正数,随时间变化较快,其播发频率需要较高。非弥散性改正数主要为对流层延迟和轨道误差,随时间变化相对较慢,可适当降低播发频度,以减少网络传输的数据量。

9.5.4.2 MAC 流动站数据处理方法

流动站在接收到主参考站完整观测数据和各辅站相对于主站的单差改正数信息后,首先利用各辅站的单差改正数信息进行内插,获得流动站的单差改正数。若采用反距离加权平均插值法,则流动站弥散性单差改正数和非弥散性单差改正数分别为

$$\Delta\delta\Phi_{\mathrm{RM}}^{\mathrm{disp}} = \frac{\sum_{i=1}^{n}\Delta\delta\Phi_{\mathrm{A}_i\mathrm{M}}^{\mathrm{disp}}/D_i}{\sum_{i=1}^{n}1/D_i} \tag{9.114}$$

$$\Delta\delta\Phi_{\mathrm{RM}}^{\mathrm{non-disp}}=\frac{\sum_{i=1}^{n}\Delta\delta\Phi_{\mathrm{A}_i\mathrm{M}}^{\mathrm{non-disp}}/D_i}{\sum_{i=1}^{n}1/D_i} \tag{9.115}$$

式中：n 表示辅站 A 的个数；D_i 表示流动站 R 至辅站 A_i 的平面距离。

其次，流动站与主参考站观测值组单差形成单差观测值，并利用上述单差改正数进行修正。后续数据处理与常规的流动站 RTK 数据处理方法相同，不再赘述。

9.5.4.3　主辅站技术的优缺点

相对于 VRS、FKP 技术，主辅站技术的主要特点是：流动站可恢复出有所参考站原始数据，具有可追溯性，流动站数据处理也非常灵活；各参考站的载波相位观测值归算到同一整周模糊度水平，便于流动站数据处理；也支持单向和双向通信模式。缺点是随着参考站数量的增加，需要播发的数据量将不断增加。

参考文献

[1] TEASLEY S P, HOOVER W M, JOHNSON C R. Differential GPS navigation: proceedings of position, navigation, and location symposium (PLANS 80) [C]. Atlantic City: Curran Associates, 1980.

[2] MISRA P, ENGE P. 全球定位系统——信号、测量与性能：第2版[M]. 罗鸣，等译. 北京：电子工业出版社，2008.

[3] RTCM Special Committee No. 104. RTCM recommended standards for differential GNSS (global navigation satellite systems) service (Version 2.3) [S]. Washington, DC: RTCM Special Committee No. 104, 2001.

[4] FARRELL J A, BARTH M. The Global positioning system and inertial navigation [M]. New York: McGraw-Hill, 1999.

[5] GENE W. USCG differential GPS navigation service [R]. Washington, DC: USCG DGPS Operations Officer, 2001.

[6] Canadian Coast Guard. Canadian marine differential global positioning system (DGPS) broadcast standard [S]. Canada: Canadian Coast Guard, 2007.

[7] 李鲜枫. 中国沿海无线电指向标(RBN)——差分全球定位系统(DGPS)[C]//中国全球定位系统技术应用协会第六次年会. 昆明：中国全球定位系统技术应用协会，2001.

[8] WOLFE D B, JUDY C L, HAUKKALA E J, et al. Engineering the world's largest DGPS network [C]//Proceedings of the Institute of Navigation Annual Meeting. San Diego: The institute of Navigation, 2000.

[9] CLEVELAND A, WOLFE D, PARSONS M. Next generation differential GPS architecture [C]// ION GNSS 18th. International Technical Meeting of the Satellite Division. Long Beach: The Institute of Navigation, 2005.

[10] Federal Highway Administration. NDGPS assessment final report [R]. Washington, DC: ARINC Incorporated for US Department of Transportation, 2009.

[11] 白悦. 新一代民航机场设施的技术框架体系[J]. 中国民用航空,2009(6):43-45.
[12] 吴建勋. 仪表着陆系统浅谈[J]. 科技资讯,2012,5:10-14.
[13] HATCH R. The synergism of GPS code and carrier measurements[C]//Proceedings of the 3rd International Geodetic Symposium on Satellite Doppler Positioning. New Mexico:IAC,1982.
[14] RTCA. Minimum aviation system performance standards for the local area augmentation system (LAAS) (RTCA/DO-245A,RTCA SC-159) [S]. Washington D C:RTCA Inc.,2004.
[15] 牛飞. GNSS 完好性增强理论与方法研究[D]. 郑州:信息工程大学,2008.
[16] 徐宝纲,李程,谢进一,等. 仪表飞行程序设计原理[M]. 北京:清华大学出版社,2012.
[17] International Civil Aviation Organization. Guide for ground based augmentation system implementation [R]. ICAO-SAM,2013.
[18] LUO M,PULLEN S,ZHANG J,et al. Development and testing of the standford LAAS ground facility prototype[C]// Proceedings of ION NTM 2000. Anaheim:The Institute of Navigation.
[19] NORMARK P,XIE G,AKOS D,et al. The next generation integrity monitor testbed for ground system development and validation testing[C]// Proceedings of ION GPS 2001. Salt Lake City:The Institute of Navigation.
[20] PULLEN S,LUO M,XIE G,et al. GBAS validation methodology and test results from the Standford LAAS integrity monitor testbed[C]// Proceedings of ION GPS 2000. Salt Lake City:The Institute of Navigation,2000.
[21] PULLEN S,LUO M,XIE G,et al. LAAS ground facility design improvements to meet proposed requirements for category Ⅱ/Ⅲ operations[C]// Proceedings of ION GPS 2002. Portland:The Institute of Navigation,2002.
[22] PHELTS R,AKOS D,ENGE P. SQM validation report:ICAO GNSSP WGB meeting [C]. Seattle WA:ICAO,2000.
[23] XIE G,PULLEN S,LUO M,et al. Integrity design and updated test results for the Stanford LAAS integrity monitor testbed[C]// Proceedings of ION NTM 2001. Albuquerque NM:The Institute of Navigation.
[24] LEE J,PULLEN S,ENGE P. Sigma-mean monitoring for the local area augmentation of GPS [J]. IEEE Transactions on Aerospace and Electronic Systems,2006,42(2):625-635.
[25] LEE J,PULLEN S,ENGE P. Sigma overbounding using a position domain method for the local area augmentation of GPS [J]. IEEE Aerospace and Electronic Systems,2009,45(4):1262-1274.
[26] Datte-Barua S,WALTER T. Using WAAS ionospheric data to estimate LAAS short baseline gradients[C]// Proceedings of ION NTM 2002. Anaheim:The Institute of Navigation,2002.
[27] SUSUMU S,TAKAYUKI Y,NAOKI F. Study of effects of the plasma bubble on GBAS by a three-dimensional ionospheric delay model[C]// ION GNSS 22th International Technical Meeting of the Satellite Division. Savannah:The Institute of Navigation,2009.
[28] MURPHY T,HARRIS M. Mitigation of ionospheric gradient threats for GBAS to support CAT Ⅱ/Ⅲ [C]// ION GNSS 19th International Technical Meeting of the Satellite Division. Fort Worth:The Institute of Navigation,2006.
[29] MURPHY T,HARRIS M. More ionosphere anomaly mitigation considerations for category Ⅱ/Ⅲ

GBAS [C]// ION GNSS 20th International Technical Meeting of the Satellite Division. TX:The Institute of Navigation,2007.

[30] LEE J,JUNG S,BANG E,et al. Long term monitoring of ionospheric anomalies to support the local area augmentation system[C]// ION GNSS 23th International Technical Meeting of the Satellite Division. Portland:The Institute of Navigation,2010.

[31] RTCA. GNSS-based precision approach local augmentation system(LAAS) signal-in-space interface control document (RTCA/DO - 246D, RTCA SC - 159) [R]. Washington DC: RTCA Inc.,2008.

[32] 李金龙. 北斗/GPS多频实时精密定位理论与算法. 信息工程大学[D]. 郑州:信息工程大学,2014.

[33] TUENISSEN P J G. Success probability of integer GPS ambiguity rounding and bootstrapping [J]. Journal of Geodesy,1998(72):606-612.

[34] TUENISSEN P J G. The least-squares ambiguity decorrelation adjustment: a method for fast GPS ambiguity estimation [J]. Journal of Geodesy,1995(70):65-82.

[35] FORSSELL B,MARTIN-NEIRA M,HARRIS R A. Carrier phase ambiguity resolution in GNSS-2 [C]// Proceedings of ION GPS 1997. Kansas City:The Institute of Navigation,1997.

[36] JUNG J,ENGE P,PERVAN B. Optimization of cascade integer resolution with three civil GPS frequencies[C]// Proceedings of ION GPS 2000. Salt Lake City:The Institute of Navigation,2002.

[37] TUENISSEN P J G,JOOSTEN P,TIBERIUS C. A comparison of TCAR,CIR and LAMBDA GNSS ambiguity resolution[C]// Proceedings of ION GPS 2002. Portland:The Institute of Navigation,2002.

[38] HATCH R. A new three-frequency, geometry-free technique for ambiguity resolution[C]// Proceedings of ION GNSS 2006. Fort Worth:The Institute of Navigation,2006.

[39] 李博峰,沈云中,周泽波. 中长基线三频GNSS模糊度的快速算法[J]. 测绘学报,2009,38(4):296-301.

[40] 何海波. 高精度GPS动态测量及质量控制[D]. 郑州:信息工程大学,2002.

[41] WUBBENA G S W. State space approach for precise real time positioning in GPS reference networks [C]// International Symposium on Kinematic Systems in Geodesy, Geomatics and Navigation. Banff:KIS-2001,2001.

[42] WUBBENA G, ANDREAS B. RTCM Message Type59-FKP for transmission of FKP version 1.0 [R]. Garbsen:Geo++® GmbH,2002.

[43] RTCM Special Committee No. 104. RTCM standard 10403.2 differential GNSS (global navigation satellite system) services,version 3 [S]. Washington,DC:RTCM Special Committee No. 104,2013.

第 10 章　GNSS 广域差分定位技术

由于受各类误差的影响,GPS 伪距单点定位精度为 10~20m;如果人为加入选择可用性(SA)误差,定位误差将达 100m。其定位精度和完好性性能无法满足民用航空的使用需求。虽然局域差分系统可将 GPS 定位精度提升至米级左右,不过其定位精度随着距离的增加逐步降低,有效差分距离一般不超过 150km。如果仅依赖局域差分提高 GNSS 性能,以满足民航洲际飞行的需求,则需要建设大量的参考站,工程建设、运行和维护成本较高。因此广域差分定位技术应运而生[1-2]。

广域差分定位技术的核心思想是,利用多个地面参考站监测 GNSS 卫星,由中心站计算生成卫星星历三维误差、卫星钟误差、电离层格网误差等改正数。由于广域差分对这 3 类误差进行了矢量分离,因此其定位精度在服务区域比较均匀,基本不受距离因素的影响。除了提供矢量误差改正数外,广域差分还提供卫星完好性、GEO 卫星测距功能,有效增强了 GNSS 的定位精度、完好性、可用性和连续性等性能[3]。

广域差分增强系统主要包括 2 大类:一类是基于伪距的星基增强系统(SBAS)。SBAS 主要面向民用航空用户,建设目标是满足海洋、边远地区和国内的航路、终端区、非精密进近和 I 类精密进近的机载无线电导航基础设施。目前 SBAS 主要有美国的 WAAS、欧洲的 EGNOS、日本的多功能卫星(星基)增强系统(MSAS)、印度的 GPS 辅助型地球静止轨道卫星增强导航(GAGAN)、俄罗斯的差分校正和监测系统(SDCM)和中国的北斗星基增强系统。前五者技术体制相近,信号格式互相兼容。而北斗差分增强系统与北斗系统进行了集成建设,尤其是北斗二号的广域差分增强系统,充分考虑了北斗系统星座构成的特殊性,广域差分采用了等效钟差和电离层格网的技术方案。另一类是基于载波相位的全球差分增强系统(GcGPS),其终端定位技术称为精密单点定位(PPP)技术。GcGPS 利用载波相位,精确确定并实时预报 GNSS 卫星轨道和卫星钟差改正数(精度优于厘米级),并将这些改正数通过通信卫星或互联网面向全球高精度测量用户播发,可获得 20~30cm 精度的实时动态精密单点定位(RT-PPP)结果。采用事后精密星历进行静态精密单点定位,定位精度优于厘米级。目前 IGS 组织通过互联网方式以 RTCM 状态空间改正(SSR)协议免费向全球用户提供 RT-PPP 所需的精密轨道和钟差信息。基于RT-PPP 的商业系统有 NavCom 公司的 StarFire 系统和 Fugro 公司的 OmniSTAR 系统等。

10.1　GPS 广域差分增强技术

美国联邦航空局规定,所有航空用的 GPS 接收机必须具有 RAIM 功能,并且已批准具有RAIM功能的GPS接收机在越洋和边远区域航行阶段可作为主用导航系统,在本土航路、终端区和非精密进近阶段可作为辅助导航系统。不过,在全球的局部地区和特定时间,由于GPS星座几何结构的原因,其RAIM可用性并不可用,此时GPS定位并不能保证其结果的可信度。

1990年,Enge[4]提出利用GEO卫星播发GPS完好性,以及SA误差的粗略改正数,可满足非精密进近需求。同年,Kee和P arkinson[1]提出广域差分全球定位系统(WADGPS),布设少量的差分参考站,可在广大地域大幅提升GPS定位精度。美国联邦航空管理局(FAA)综合两者思想,提出广域增强系统(WAAS)概念,利用GEO卫星同时播发系统完好性和WADGPS误差改正数,以满足I类精密进近需求。美国于1993年开始建设WAAS[3],2000年正式开通运行。目前WAAS定位精度约为3m,垂直导航的不可用时间约为1min/(20h),水平导航的不可用时间约为1min/(1500h);由于WAAS具有较高的完好性和可用性,因此WAAS已经从辅助导航系统变成为主用导航系统。欧洲的EGNOS、日本的MSAS、印度的GAGAN与WAAS类似,也主要针对GPS进行增强,属于广域差分增强技术范畴;它们都遵循国际民航组织制定的星基增强系统标准,不仅技术体制相近,而且互相兼容。国际民航组织将这些系统称为星基增强系统(SBAS)。

SBAS主要由若干监测站、中心站、数据链路和用户终端组成。监测站利用双频接收机获得双频伪距和载波相位观测值,经数据处理后,通过地面通信网络传输给SBAS主控站。主控站对各监测站数据进行综合处理,生成卫星星历误差改正数、卫星钟差改正数、电离层格网改正数和卫星完好性信息等,再通过GEO卫星,以信号频率向地面广播调制有增强信息的导航信号;地面接收机同时接收GPS卫星和SBAS卫星信号,为用户提供高性能的导航服务。SBAS同时向用户提供完好性信息,当GPS信号存在误导危险时,可在6s之内发布给用户。

SBAS的技术特点如下:

(1) GEO播发增强信息的载波频率和GPS卫星载波频率一致,GPS接收机无需增加额外的通信链即可接收WAAS差分信息。

(2) GEO卫星实时传输能力强,覆盖地域广。

(3) GEO卫星发射C/A码测距信号,有效提高了用户的定位精度和可靠性。

10.1.1 卫星轨道、钟差改正数生成算法

GPS广域增强系统参考站网同步对卫星进行观测,利用观测数据,采用最小二乘原理,可实时解算GPS卫星的星历误差和星钟误差。

GPS卫星的定轨系统方程为

$$\boldsymbol{X}''_{\mathrm{S}}(t) = -\frac{GM}{|\boldsymbol{X}_{\mathrm{S}}(t)|}\boldsymbol{X}_{\mathrm{S}}(t) + \sum_{i=1}^{n} F_i(\boldsymbol{X}_{\mathrm{S}}(t), \boldsymbol{Q}(t)) \tag{10.1}$$

$$\boldsymbol{Y}(t) = G(\boldsymbol{X}_{\mathrm{S}}(t), \boldsymbol{R}(t)(\boldsymbol{x}_{\mathrm{P}}(t) + \Delta\boldsymbol{x}), \boldsymbol{P}(t)) + \boldsymbol{W}(t) \tag{10.2}$$

式(10.1)为卫星运动方程:右边第一项为质点地球引力加速度;第二项为作用在卫星上的摄动加速度。其中:$\boldsymbol{X}_S(t)$为惯性系中的卫星位置矢量;GM相乘得到地心引力常数;$\boldsymbol{Q}(t)$为力模型参数矢量。式(10.2)为观测方程,其中$\boldsymbol{x}_P(t)$为地固系坐标系中的测站坐标;$\Delta\boldsymbol{x}$、$\boldsymbol{R}(t)$为地固系到惯性系的平移参数和旋转矩阵;$\boldsymbol{P}(t)$为描述观测值中其他误差影响的附加模型参数矢量;$\boldsymbol{W}(t)$为噪声矢量。

式(10.1)为一个二阶常微分方程组,其解由卫星轨道初值(卫星在某一时刻的位置和速度矢量)和力模型参数唯一确定。卫星定轨就是利用GPS观测数据,根据式(10.2)求精确的轨道初值和力模型参数。

为了将观测方程线性化,需要卫星位置矢量对卫星轨道初值和力模型参数的偏导数。将式(10.1)的右边记为$\boldsymbol{R}$,然后对待估力模型参数(记为$\boldsymbol{Q}$)求偏导:

$$\frac{\partial \boldsymbol{X}''}{\partial \boldsymbol{Q}}=\frac{\partial \boldsymbol{R}}{\partial \boldsymbol{X}}\frac{\partial \boldsymbol{X}}{\partial \boldsymbol{Q}}+\frac{\partial \boldsymbol{R}}{\partial \boldsymbol{X}'}\frac{\partial \boldsymbol{X}'}{\partial \boldsymbol{Q}}+\frac{\partial \boldsymbol{R}}{\partial \boldsymbol{Q}} \tag{10.3}$$

顾及GPS卫星定轨中考虑的力模型都与卫星速度无关,同时用$\boldsymbol{H}$表示$\boldsymbol{X}$对$\boldsymbol{Q}$的偏导数,则得到卫星运动的变分方程:

$$\boldsymbol{H}''=\frac{\partial \boldsymbol{R}}{\partial \boldsymbol{X}}\boldsymbol{H}+\frac{\partial \boldsymbol{R}}{\partial \boldsymbol{Q}} \tag{10.4}$$

卫星定轨的基本思想为:根据卫星轨道的初值和力模型参数的近似值,用数值积分的方法,求出卫星运动方程和相应的变分方程的数值解,即卫星位置和速度矢量及其对卫星轨道初值和力模型的偏导数。然后根据式(10.2)建立相应的线性观测方程,估计出精确的卫星轨道初值和力模型参数。最后,用估计出的卫星轨道初值和力模型参数,对卫星运动方程积分,以得到精确的卫星轨道。

卫星轨道确定的精度主要取决于观测方程的精度和力模型的精度,也取决于卫星初始坐标与跟踪站间构成的几何图形强度等。在这些影响精度的因素中,某些可以用观测值线性组合消除或降低其影响,某些必须用精确的数学模型处理。

GPS广域增强系统用于实时定位服务,因此需要实时高精度星历。而实时高精度星历只能根据卫星定轨的结果外推出来。

在主控站上如何实时确定卫星钟差是广域增强系统的核心问题之一。WAAS在实时确定精密卫星轨道的基础上,再求解GPS卫星钟差改正数,并将外推星历的剩余误差合并到卫星钟差中。

来自各个参考站的非差平滑伪距观测值中,已加入了电离层延迟、对流层延迟改正,可以认为只含有卫星位置误差、卫星钟差和接收机钟差未知参数,模型如下:

$$\rho_i^j=[\boldsymbol{r}^j+\mathrm{d}\boldsymbol{r}^j-\boldsymbol{r}_i]\cdot\boldsymbol{e}_i^j+\mathrm{d}b_i-\mathrm{d}B^j+v_i^j \tag{10.5}$$

式中:i为参考站;j为卫星;ρ_i^j为第i参考站对第j卫星的平滑伪距(已经消除电离层延迟和对流层延迟影响);$\boldsymbol{r}^j$是第j颗卫星的广播星历位置矢量;$\boldsymbol{r}_i$是第i参考站的位置矢量;$\boldsymbol{e}_i^j$是第i参考站到第j颗卫星的单位矢量;$\mathrm{d}b_i$是第i参考站接收机钟差;$\mathrm{d}B^j$是第j颗卫星的钟差;v_i^j是相应伪距观测量的测量噪声。式(10.5)的集合形式可写为

$$\left\{ \{ \mathrm{d}\rho_i^j = \rho_i^j - [\boldsymbol{r}^j - \boldsymbol{r}_i] \cdot \boldsymbol{e}_i^j = \mathrm{d}\boldsymbol{r}^j \cdot \boldsymbol{e}_i^j + \mathrm{d}b_i - \mathrm{d}B^j + v_i^j \}_{j=1}^{K} \right\}_{i=1}^{m} \tag{10.6}$$

通常的计算方法可以基于几何原理,就是将GPS卫星位置误差、卫星钟差和接收机钟差都设为未知参数,利用式(10.5)列出方程,按最小二乘法一并求解。该算法简单快速,但对观测数据质量非常敏感,容易引起多类误差的交叉感染,而且卫星位置误差和钟差的完全分离非常困难。

根据卫星轨道误差变化缓慢且具有系统性的特点,可先用双差组合方法消去接收机钟差和卫星钟差参数。在此基础上,确定并外推卫星轨道,如此,可以分离轨道误差和卫星钟差。首先以参考站 m 为基准作单差组合消去卫星钟差 $\mathrm{d}B^j$,得单差观测量:

$$\left\{ \{ \Delta \mathrm{d}\rho_{i,m}^j = \mathrm{d}\boldsymbol{r}^j (\boldsymbol{e}_i^j - \boldsymbol{e}_m^j) + \Delta \mathrm{d}b_{i,m} + v_{i,m}^j \}_{j=1}^{K} \right\}_{i=1}^{m-1} \tag{10.7}$$

式中:Δ 为单差算子;$\Delta \mathrm{d}b_{i,m}$为第 i 参考站接收机相对于参考站 m 接收机的钟差。再以卫星 k_i 作为参考卫星,消去接收机钟差 $\Delta \mathrm{d}b_{i,m}$形成双差观测量:

$$\left\{ \{ \Delta\nabla \mathrm{d}\rho_{i,m}^j = \mathrm{d}\boldsymbol{r}^j (\boldsymbol{e}_i^j - \boldsymbol{e}_m^j - \boldsymbol{e}_i^{kj} + \boldsymbol{e}_m^{ki}) + \Delta \mathrm{d}b_{i,m} + v_{i,m}^{j,ki} \}_{j=1}^{Ki-1} \right\}_{i=1}^{m-1} \tag{10.8}$$

式中:$\Delta\nabla$为双差算子。

利用式(10.8)进行实时轨道改进,再基于实时定轨结果外推精密星历,并进行GPS广播星历改正。然后把卫星轨道作为已知值,用消去了卫星钟差参数的单差伪距式(10.7)来确定接收机钟差 $\Delta \mathrm{d}b_{i,m}$。最后用经过卫星星历和接收机钟差改正后的非差伪距观测值来确定卫星钟差 $\mathrm{d}B^j$。这样,可以将外推星历的剩余误差合并到卫星钟差中,保证差分改正信息的一致性。

10.1.2 电离层延迟改正数生成算法

电离层延迟随时间、地点的改变而变化,具有较强的随机特性。在大区域范围内,难以用少量参数来精确拟合电离层延迟。为了提高电离层误差改正数的精度,同时兼顾应用的便利性,WAAS采用基于单层模型的格网技术来修正电离层误差[5-7]。

电离层格网改正技术是基于一种人为规定的单层球面格网,如图10.1所示。该球面的中心与地心重合,半径 $r = r_{\mathrm{E}} + h_{\mathrm{I}}$。其中 r_{E} 为地球半径,h_{I} 是电离层电子密度最大处的平均高度(通常为350~400km)。在球面上定义相应的经线和纬线,经纬线相交处即电离层格网点。在北纬55°和南纬55°之间,格网点的间隔一般为5°,高纬度地区格网点的经差一般为10°和15°。地面监测网实时计算和播发各格网点的垂直电离层延迟改正值,用户则可利用格网内插法获得较为精确的电离层延迟改正。

电离层格网改正步骤如下:

(1) 各参考站接收机观测GPS卫星,利用其双频观测值计算获得电离层延迟,并转换为对应穿刺点的电离层垂直延迟。电离层穿刺点(IPP)是指参考站接收机至卫星的连线与单层电离层球面的交点,如图10.1所示。

(2) 主控站利用所有参考站的电离层数据,估计出每个电离层格网点(IGP)的垂直延迟及其相应格网点电离层垂直延迟改正数误差(GIVE)值。GIVE 定义为概率 99.9% 的误差限值(相当于 3.3σ)。

(3) 将各格网点电离层改正数及其 GIVE 值通过地球同步卫星进行播发,数据更新周期为 2~5min。

(4) 用户接收到格网点电离层改正数据后,利用其电离层穿刺点所在格网 4 个顶点的改正数据,采用内插法求得用户的电离层延迟改正及其误差,如图 10.2 所示。

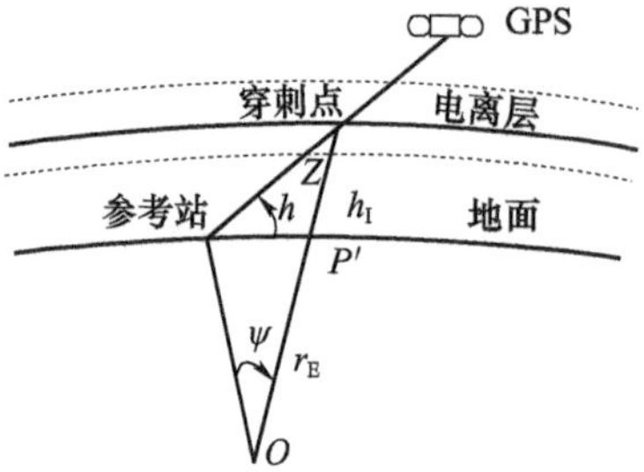

图 10.1 电离层延迟历经路径图

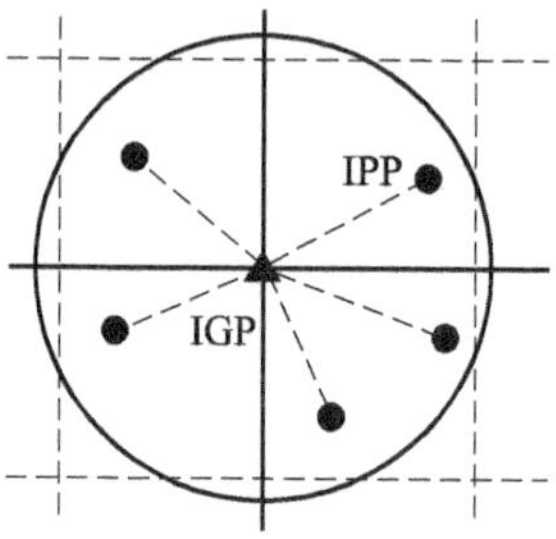

图 10.2 电离层延迟格网图

GPS 参考站网观测 GPS 卫星,在单层电离层球面上形成许多离散的穿刺点。为了获得格网球面上任意格网点 j 的电离层垂直延迟值,可用其周围一定范围的穿刺点,采用加权插值法获得,其计算式如下[5]:

$$I_{\mathrm{IGP},v}^{j} = \sum_{i=1}^{n}\left(\frac{I_{\mathrm{norm},j}}{I_{\mathrm{norm},i}}\right)\frac{W_{ij}}{\sum_{h=1}^{n} W_{Kj}} I_{\mathrm{IPP},v}^{i} \tag{10.9}$$

式中:$I_{\mathrm{norm},j}$、$I_{\mathrm{norm},i}$ 为由 Klobuchar 电离层模型估算的格网点 j 及穿刺点 i 的垂直电离层延迟;n 为参与计算的穿刺点个数;W_{ij}、W_{Kj} 为穿刺点 i、K 至格网点 j 的权。应用 Klobuchar模型,可反映地磁经纬度及时间季节的变化对电离层变化的影响,确保格网模型的连续性。

权 W_{ij} 一般简单地取为距离的倒数,也可结合来自平滑的电离层延迟方差估计值 σ^2 赋权,即

$$W_{ij} = \sqrt{1/\sigma^2 + 1/d_{ij}^2} \tag{10.10}$$

式中:$d_{ij} = (r_E + h_I)\cos^{-1}[\sin\phi_i \sin\phi_j + \cos\phi_i \cos\phi_j \cos(\lambda_i - \lambda_j)]$;$\phi_i$、$\lambda_i$ 是穿刺点 i 的纬度和经度;ϕ_j、λ_j 是格网点 j 的纬度和经度。当距离 d_{ij} 为 0 时,直接用该穿刺点的延迟值。

GIVE 是广域增强系统完好性的一项重要指标,可利用各参考站电离层延迟误差估计值进行计算:

$$\mathrm{GIVE} = 1/\sum_{i=1}^{n} \varepsilon_i^2 \tag{10.11}$$

用户接收到广域增强系统广播的格网点电离层延迟后，可采用内插法计算用户穿刺点的电离层延迟。利用穿刺点所在格网顶点的校正数据进行加权计算。用户穿刺点的垂直电离层延迟 I_U 计算公式为

$$I_U = \sum_{j=1}^{K} W_j \cdot I_{IGP,v}^{j} \tag{10.12}$$

式中：K 为用于内插的格网点个数，一般为4，如图10.3所示。但当4个格网点中的某个点不可用时，如果剩余的3个点包围了用户穿刺点，则用这3个点计算，如图10.4所示。否则，无法计算得到用户穿刺点的延迟值。

当 K 为4时，权可取为

$$\begin{cases} W_1 = W(x,y) \\ W_2 = W(1-x,y) \\ W_3 = W(1-x,1-y) \\ W_4 = W(x,1-y) \end{cases} \tag{10.13}$$

当 K 为3时，权可取为

$$\begin{cases} W_1 = y \\ W_2 = 1-x-y \\ W_3 = x \end{cases} \tag{10.14}$$

式中：$x = \Delta\lambda/(\lambda_2 - \lambda_1)$；$y = \Delta\phi/(\phi_2 - \phi_1)$；权 $W(x,y)$ 可用简单的双线性模型表示，即 $W(x,y) = xy$。

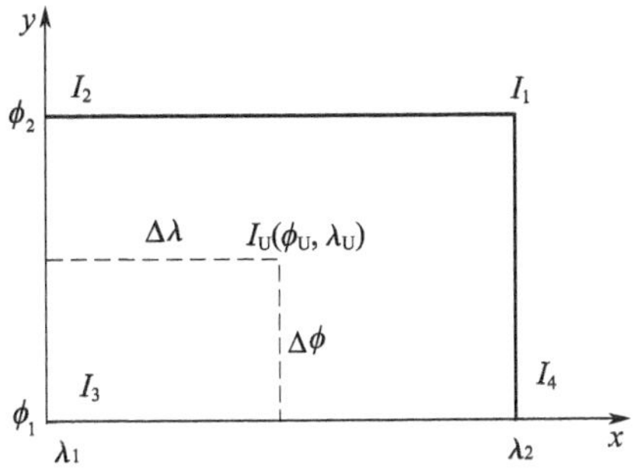

图10.3　4个点内插示意图

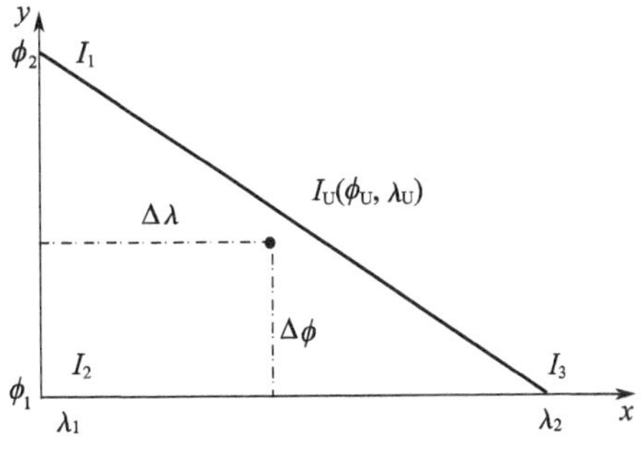

图10.4　3个点内插示意图

利用用户穿刺点的倾斜因子 F_U，相应的倾斜电离层延迟估计为

$$I_{U,S} = F_U \cdot I_U \tag{10.15}$$

用户视线方向的电离层延迟误差可用同样的插值方法计算，计算式如下：

$$\sigma_{UIVE}^2 = \sum_{j=1}^{K} W_j \cdot \sigma_{GIVE,j}^2 \tag{10.16}$$

$$\sigma_{UIRE}^2 = F_U^2 \sigma_{UIVE}^2 \tag{10.17}$$

式中：σ_{GIVE}^2 由GIVE得到；σ_{UIVE}^2 表示用户穿刺点电离层垂直改正误差的方差；σ_{UIRE}^2 为

相应的电离层视线改正误差的方差。

10.2 北斗二号广域增强技术

北斗二号卫星导航区域系统星座的5颗GEO卫星相对地球几乎静止不动，且地面监测站分布区域受限，因此卫星轨道解算的DOP值较大，定轨精度一般较差。为了提高卫星轨道精度，北斗运控系统采用了卫星钟偏差与卫星轨道分离计算的方法。首先通过星地时间双向同步技术，精确确定卫星钟差偏差；在此基础上，将卫星钟偏差作为已知量从伪距观测方程中扣除，继而进一步估计卫星轨道。之后再对卫星轨道和钟差进行预报，将预报轨道和预报钟差上行注入卫星，作为基本导航信息进行播发。这些基本导航信息的更新率为1h。

北斗卫星导航区域系统中，广域增强与基本导航进行了一体化设计。不过，同样由于卫星运动较慢的特点，以及地面监测站分布区域受限的原因，北斗广域增强技术中，不仅轨道误差改正数与钟差误差改正数难以分离，而且轨道误差改正数也难以实现矢量分离。因此不再将轨道误差改正数与钟差误差改正数进行矢量分离估计，而采用等效钟差改正数的方法来进行广域增强。

10.2.1 北斗二号等效钟差改正数生成算法

等效钟差定义：基于实时观测数据，在扣除基本导航误差的基础上，将残余误差作为整体，称为等效钟差。

等效钟差改正数主要包括卫星钟差参数的残余误差、轨道误差等。该方法与局域差分技术有些类似，区别在于等效钟差改正数不包含电离层延迟误差。

基于监测站多频伪距观测值，消去电离层延迟后，经过载波相位平滑伪距之后，可得伪距观测方程：

$$P_i^j = \rho^j + c(\mathrm{d}t_{\mathrm{r}} - \mathrm{d}t_{\mathrm{s}}^j) + d_{\mathrm{trop}}^j + d_{\mathrm{rel}} + d_{\mathrm{tides}} + d_{\mathrm{hd}(i,\mathrm{P},\mathrm{r})}^i + d_{\mathrm{hd}(i,\mathrm{P},\mathrm{s})}^j + m_{i,\mathrm{P}}^j + \varepsilon_{i,\mathrm{P}}^j \tag{10.18}$$

式中：j 表示不同卫星号；i 表示不同频率的载波 $L_i(i=1,2,3)$；P_i^j 为伪距观测量(m)；ρ^j 为信号发射时刻的卫星位置 $\boldsymbol{r}_{\mathrm{s}}$ 到信号接收时刻的接收机天线位置 $\boldsymbol{r}_{\mathrm{r}}$ 间的几何距离(m)，$\rho = |\boldsymbol{r}_{\mathrm{s}} - \boldsymbol{r}_{\mathrm{r}}|$；$\mathrm{d}t_{\mathrm{s}}^j$、$\mathrm{d}t_{\mathrm{r}}$ 分别为卫星 j 和接收机的钟差(s)；d_{trop}^j 为对流层的延迟量(m)；d_{rel} 为相对论效应(m)；d_{tides} 为地球潮汐延迟(m)；$d_{\mathrm{hd}(i,\mathrm{P},\mathrm{s})}^j$、$d_{\mathrm{hd}(i,\mathrm{P},\mathrm{r})}^i$ 分别为卫星和接收机的硬件延迟(m)；$\mathrm{m}_{i,\mathrm{P}}^j$ 为伪距多径效应(m)；$\varepsilon_{i,\mathrm{P}}^j$ 为伪距观测噪声(m)。

卫星至监测站的几何距离 ρ_0 可以利用监测站已知坐标和基本导航参数中卫星轨道信息计算得到；卫星钟偏差 $\mathrm{d}t_{\mathrm{s}}$ 也可以利用基本导航参数信息计算得到；接收机钟差 $\mathrm{d}t_{\mathrm{r}}$ 及其硬件时延 $d_{\mathrm{hd}(i,\mathrm{P},\mathrm{r})}^i$ 一般通过站间双向时间比对测量得到；对流层延迟 d_{trop} 和潮汐改正 d_{tides} 通过模型计算得到。将这些计算结果代入式(10.18)，可获得 j

的伪距误差改正数：

$$\Delta P_i^j = p_i^j - (\rho_0^j + c\mathrm{d}t_\mathrm{r} - c\mathrm{d}t_\mathrm{s}^j + d_\mathrm{trop}^j + d_\mathrm{rel}^j + d_\mathrm{tides} + d_{\mathrm{hd}(i,\mathrm{P},\mathrm{r})}) \tag{10.19}$$

式中：ΔP 包括卫星轨道误差、卫星钟差的残余误差、卫星硬件延迟、接收机硬件时延残余误差、多径效应、伪距噪声等误差。将该卫星的 n 个监测站的伪距误差改正数取均值，即为该卫星各频点伪距的等效钟差：

$$\Delta P_i^j = \frac{1}{n}\sum_{k=1}^{n}(\Delta P_i^j)_k \tag{10.20}$$

10.2.2　北斗二号电离层格网算法

北斗二号电离层格网计算方法同 WAAS。只是鉴于中国区域电离层分布很不均匀，且部分地域电离层变化梯度较大，为了更好地拟合电离层延迟，为用户提供精度更高的电离层延迟修正，北斗二号广域增强采用了 320 个格网点的电离层模型[8]。格网模型覆盖东经 70°~145°、北纬 7.5°~55°范围。按经纬度 5°×2.5°进行划分，形成 320 个格网点。

编号为 1~160 的格网点以经纬度 5°×5°进行划分，覆盖东经 70°~145°、北纬 10°~55°范围；编号为 161~320 的格网点以经纬度 5°×5°进行划分，覆盖东经 70°~145°、北纬 7.5°~52.5°范围。先播发编号为 1~160 的格网点信息，持续时间 3min；之后再播发编号为 161~320 的格网点信息，持续时间也为 3min。整个北斗电离层格网更新时间为 6min。

10.2.3　北斗二号广域增强终端算法

北斗二号广域差分信息包括卫星等效钟差改正数和电离层天顶方向延迟格网参数等。

10.2.3.1　等效钟差改正

根据卫星导航电文中提供的钟差参数，在卫星信号发射时刻 $\boldsymbol{T}^j$，计算得到的卫星钟差为 δt^j。此外，北斗二号广域差分信息提供等效钟差改正参数 Δt^i。故经广域差分改正后的卫星钟钟差，即总的卫星钟误差改正之和为 $\delta T^i = \delta t^j + \Delta t^j$。

10.2.3.2　电离层格网改正

用户接收机利用电离层格网计算电离层延迟修正，其基本步骤如下。

1）计算用户视线电离层穿刺点的经纬度

采用单层电离层模型，即把整个电离层中的自由电子沿垂直方向压缩至高度为 h 的一个单层上，用它来代替整个电离层。h 的值一般取 350~400km。卫星信号传播路径与该单层的交点称为穿刺点（图 10.5）。穿刺点的经纬度 λ_pp 和 φ_pp 的计算分为两步：首先，计算用户及穿刺点在地心的张角 $\boldsymbol{\Psi}_\mathrm{pp}$：

$$\boldsymbol{\Psi}_\mathrm{pp} = \frac{\pi}{2} - E - \arcsin\left(\frac{R}{R+h}\cdot\cos E\right)\quad(\mathrm{rad}) \tag{10.21}$$

式中:R 为地球半径;E 为卫星高度角;h 为电离层单层高度。然后计算穿刺点经纬度:

$$\begin{cases}\varphi_{pp}=\arcsin(\sin\varphi_U\cos\Psi_{pp}+\cos\varphi_U\sin\Psi_{pp}\cos A)\\ \lambda_{pp}=\lambda_U+\arcsin\left(\dfrac{\sin\Psi_{pp}\sin A}{\cos\varphi_{pp}}\right)\quad(\text{rad})\end{cases}\tag{10.22}$$

式中:λ_U 和 φ_U 分别为用户的经度和纬度;A 为卫星的方位角。

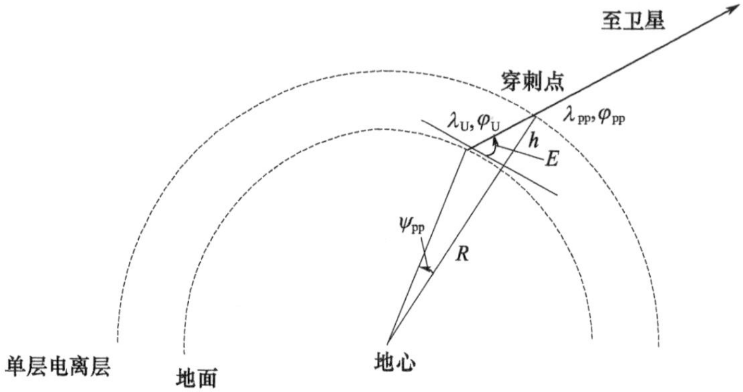

图 10.5　电离层穿刺点示意图

2)确定穿刺点所在的格网单元

系统将经度 70°~145°、纬度 10°~55°区域按经纬度 5°×5°进行划分,形成 160 个格网点。当各 IGP 号不大于 160 时对应的经纬度为

$$L=70+\text{Int}((\text{IGP}-1)/10)\times 5\tag{10.23}$$

$$B=5+(\text{IGP}-\text{Int}((\text{IGP}-1)/10)\times 10)\times 5\tag{10.24}$$

东经 70°~145°、北纬 7.5°~52.5°的区域按经纬度 5°×5°进行划分,形成 160 个格网点。当 IGP 号大于 160 时,对应的经纬度为

$$L=70+\text{Int}((\text{IGP}-161)/10)\times 5\tag{10.25}$$

$$B=2.5+(\text{IGP}-161-\text{Int}((\text{IGP}-161)/10)\times 10)\times 5\tag{10.26}$$

3)取格网单元的 4 个格网点处的垂直延迟计算穿刺点处的垂直延迟

用户机格网电离层延迟修正指导性拟合算法借助于图 10.6。

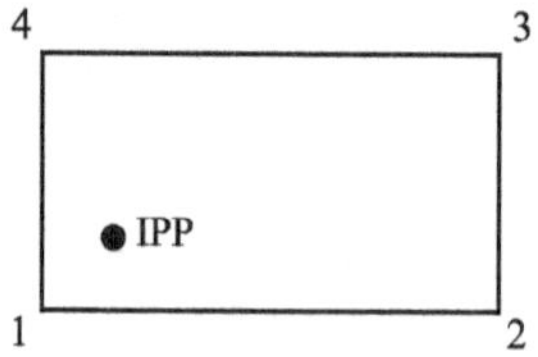

图 10.6　用户穿刺点与格网点示意图

图10.6给出了用户穿刺点与所在格网单元的示意图，其中IPP是用户机与某一颗卫星连线对应电离层穿刺点所在的地理位置，用地理经纬度(φ_p,λ_p)表示。周围4个格网点的位置分别用$(\varphi_i,\lambda_i)(i=1,\cdots,4)$表示，格网点播发的天顶方向电离层延迟用$VTEC_i(i=1,\cdots,4)$表示。穿刺点与4个格网点的距离权值分别用$\omega_i(i=1,\cdots,4)$表示。

用户穿刺点所在的周围格网至少有3个格网点标识为有效时，可根据这些有效格网点上播发的天顶方向电离层延迟采用双线性内插法计算穿刺点处的电离层延迟。

$$\text{Ionodelay}_p=\frac{\sum_{i=1}^{4}\omega_i\cdot \text{VTEC}_i}{\sum_{i=1}^{4}\omega_i} \tag{10.27}$$

定义$x_p=\dfrac{\lambda_p-\lambda_1}{\lambda_2-\lambda_1}$，$y_p=\dfrac{\varphi_p-\varphi_1}{\varphi_4-\varphi_1}$，则权值分别为

$$\omega_1=(1-x_p)\cdot(1-y_p) \tag{10.28}$$

$$\omega_2=x_p\cdot(1-y_p) \tag{10.29}$$

$$\omega_3=x_p\cdot y_p \tag{10.30}$$

$$\omega_4=(1-x_p)\cdot y_p \tag{10.31}$$

若在该观测历元某一格网点标识为无效，则对应的权值为0。

4）将垂直延迟换算为观测路径的倾斜延迟

求得穿刺点天顶方向的电离层延迟改正V_{pp}后，再乘上倾斜因子，即可转化为信号传播路径上的电离层延迟改正，其中倾斜因子F为

$$F=\left[1-\left(\frac{R\cos E}{R+h}\right)^2\right]^{-\frac{1}{2}} \tag{10.32}$$

GIVE表示IGP垂直电离层延迟误差99.9%的置信度，故IGP垂直电离层延迟改正的精度估值σ_{GIVE}与GIVE之间的关系为

$$\text{GIVE}=3.29\sigma_{\text{GIVE}} \tag{10.33}$$

IPP天顶方向电离层延迟改正的精度估值可内插得到，即

$$\sigma_{\text{UIVE}}^2=\sum_{i=1}^{n}W_i\cdot\sigma_{\text{GIVE}_i}^2 \qquad n=3,4 \tag{10.34}$$

式中：$W_i=\omega_i/\sum_{j=1}^{n}\omega_j$。

最终传播路径上的电离层延迟改正及其精度估值为

$$I=F\cdot V_{pp} \tag{10.35}$$

$$\sigma_{\text{UIVE}}^2=F^2\cdot\sigma_{\text{UIVE}}^2 \tag{10.36}$$

采用上述方法计算出的电离层延迟为B1信号传播路径上的电离层延迟$I_{B1}(t)$。根据电离层延迟量与频率平方成反比的关系，可求出北斗其他频点卫星信号的单频

电离层延迟。

10.3 全球精密差分系统——GNSS精密单点定位

基于伪距的单点定位、局域差分定位、广域差分定位技术，其精度一般都在米级甚至更低，而且受差分站点分布及范围的限制，差分站点之外的观测站误差无法使用差分定位服务，于是难以满足GNSS高精度定位的需求。1997年，美国JPL的Zumbeger提出了精密单点定位(PPP)技术，该技术无需和任何基准站同步观测，利用单台接收机即可在全球任意地方进行高精度定位。从定位模式上来看，精密单点定位可归为全球精密差分定位系统。

精密单点定位技术，先利用全球分布的若干IGS跟踪站数据计算出精密卫星轨道和卫星钟差参数，并将这些精密参数通过广播链路播发给广大用户。用户再利用这些精密卫星轨道和卫星钟差参数，结合单台接收机采集的双频数据，计算得到厘米级精度的测站坐标，同时也解算非差整周模糊度、接收机钟差及对流层延迟等参数。

精密单点定位中有如下关键点：①卫星定轨精度需达到厘米级水平，由于IGS及其分析中心提供的精密星历精度达2cm，可供精密单点定位使用；②卫星钟差改正精度需达到亚纳秒量级，除JPL提供30s间隔的钟差外，IGS及其他分析中心均提供15min和5min间隔的钟差，可以通过内插的方法得到所需时刻的钟差；③精密单点定位解算时需考虑固体潮、海潮、天线相位中心偏差等精确改正模型。

10.3.1 精密单点定位系统简介

GNSS PPP得以实现的前提是采用高精度的卫星星历和钟差参数。对于后处理PPP，可以采用IGS事后精密星历和钟差产品进行解算。对于实时PPP(RT-PPP)，可以通过互联网实时获取IGS组织提供的实时精密轨道和钟差修正信息进行实时PPP解算。对于商业用户，可以通过通信卫星获得NavCom StarFire系统、Furgo OmniSTAR系统或Veripos TerraStar系统提供的实时精密轨道和钟差改正数进行PPP解算。

StarFire从1999年4月开始运行，基本覆盖全球，在北纬76°到南纬76°的地球表面，都能提供高精度定位服务；StarFire在全球有80多个基准站，两个数据处理中心(位于北美)，通过Inmarsat海事通信卫星面向全球提供高精度定位服务。OmniSTAR系统的参考站100多个，通过地球同步静止轨道通信卫星或互联网，主要面向陆地用户提供VBS(实时精度优于1m,99%)、HP(10cm)、XP(优于10cm)、G2(GPS及GLONASS)4种商业服务。TerraStar系统在全球建立了超过80个参考站，在英国Aberdeen和新加坡拥有两个控制中心，通过7颗Inmarsat海事卫星向全球用户提供实时PPP服务。IGS RT-PPP服务全球共有150个参考站，8个IGS数据分析中心通过互联网实时提供高精度差分产品服务。

全球精密差分系统主要由全球参考站网、数据处理中心、注入站、数据链路和用户接收机等部分组成。参考站全球分布，确保每颗 GNSS 卫星都有多个参考站可观测。参考站配备两台 GNSS 双频测量型接收机互为热备份，进行实时观测，并将原始观测数据发送至数据处理中心。部分参考站还配备至少一台 GNSS 用户终端，从通信卫星接收差分信息，从用户角度监测通信卫星信号强度和系统性能[9]。数据处理中心一般包括两个处理中心，同时实时接收全部参考站的观测数据，分别进行数据处理和生成全球差分改正数信息。数据处理中心基于所有参考站数据，利用实时定轨软件，每分钟进行一次轨道改进；基于部分配备原子钟的参考站，并利用预报轨道，每秒钟进行卫星钟差解算[10]；之后与广播星历的轨道和钟差值作差，获得全球差分改正数。这些改正数一般不包括电离层延迟误差，用户可利用双频观测值消除电离层延迟影响。差分改正数播发链路一般包括互联网和通信卫星两种方式，其中通信卫星以 L 频率（1525～1565MHz）播发改正数信息。用户接收机实时对 GNSS 信号进行观测，同时接收通信卫星或网络播发的差分信息，经过实时 PPP 数据处理，获得高精度定位结果。

下面主要介绍终端 PPP 数学模型、统计模型以及 PPP、PPP-RTK 和 PPP 模糊度整数解算等相关算法。

10.3.1.1 精密单点定位的数学模型

1）观测模型

基于式（7.1）和式（7.2），构建无电离层（IF）组合的非差观测值方程：

$$\begin{cases} P_{\mathrm{IF}} = \rho + c(\mathrm{d}t_{\mathrm{r}} - \mathrm{d}t_{\mathrm{s}}) + d_{\mathrm{trop}} + d_{\mathrm{sagnac}} + d_{\mathrm{rel}} + d_{\mathrm{windup}} + d_{\mathrm{ant,r}} + d_{\mathrm{ant,s}} + \\ \qquad d_{\mathrm{tides}} + d_{\mathrm{hd,s}} + d_{\mathrm{hd,r}} + m_{\mathrm{P}} + \varepsilon_{\mathrm{P}} \\ \Phi_{\mathrm{IF}} = \rho + c(\mathrm{d}t_{\mathrm{r}} - \mathrm{d}t_{\mathrm{s}}) + d_{\mathrm{trop}} + d_{\mathrm{sagnac}} + d_{\mathrm{rel}} + d_{\mathrm{windup}} + d_{\mathrm{ant,r}} + d_{\mathrm{ant,s}} + \\ \qquad d_{\mathrm{tides}} + d_{\mathrm{hd,s}} + d_{\mathrm{hd,r}} + m_{\Phi} + \dfrac{f_1^2 \lambda_1}{f_1^2 - f_2^2}(\varphi_{\mathrm{r},0} - \varphi_{\mathrm{s},0}) + \dfrac{cf_1 N_1 - cf_2 N_2}{f_1^2 - f_2^2} + \varepsilon_{\Phi} \end{cases} \tag{10.37}$$

式中：符号含义同式（7.1）和式（7.2）；下标 r 表示与接收机相关量，下标 s 表示与卫星相关量；初始相位 $\varphi_{\mathrm{r},0}$、$\varphi_{\mathrm{s},0}$是小于一周的未知量，且在未发生不可修复的周跳的连续观测时段内是常量，很难与整周模糊度进行分离，一般将其整合至整周模糊度参数中去，为

$$\tilde{N} = \frac{f_1^2 \lambda_1}{f_1^2 - f_2^2}(\varphi_{\mathrm{r},0} - \varphi_{\mathrm{s},0}) + \frac{cf_1 N_1 - cf_2 N_2}{f_1^2 - f_2^2} \tag{10.38}$$

实际观测中，硬件延迟 $d_{\mathrm{hd,s}}$、$d_{\mathrm{hd,r}}$很难确定，接收机硬件延迟通常被接收机钟差吸收，卫星的硬件延迟则被模糊度和观测误差吸收。对流层延迟可分解为可通过模型改正的干延迟 d_{h} 和需要滤波估计的湿延迟 d_{w}，湿延迟可分解为 $d_{\mathrm{w}} = d_{\mathrm{w}}^{Z} \cdot m_{\mathrm{w}}(E)$，其中，$d_{\mathrm{w}}^{Z}$ 为测站天顶方向湿延迟，$m_{\mathrm{w}}(E)$为湿延迟映射函数，其取值与卫星高度角 E 有关。为简化模型，将可用模型估计的各项误差记为 d，即

$$d = d_{\mathrm{h}} + d_{\mathrm{sagnac}} + d_{\mathrm{rel}} + d_{\mathrm{windup}} + d_{\mathrm{ant,r}} + d_{\mathrm{ant,s}} + d_{\mathrm{tides}} \tag{10.39}$$

此时,传统消电离层模型可简化为

$$\begin{cases} P_{\mathrm{IF}} = \rho + c(\mathrm{d}t_{\mathrm{r}} - \mathrm{d}t_{\mathrm{s}}) + d_{\mathrm{w}}^{Z} \cdot m_{\mathrm{w}}(E) + d + m_{\mathrm{P}} + \varepsilon_{\mathrm{P}} \\ \phi_{\mathrm{IF}} = \rho + c(\mathrm{d}t_{\mathrm{r}} - \mathrm{d}t_{\mathrm{s}}) + d_{\mathrm{w}}^{Z} \cdot m_{\mathrm{w}}(E) + d + m_{\phi} + \tilde{N} + \varepsilon_{\phi} \end{cases} \tag{10.40}$$

事后 PPP 一般采用 IGS 提供的最终产品,精密星历格式为 SP3,采样间隔为 15min,精度约为 2.0cm。IGS 及其分析中心提供的精密卫星钟差有 4 种,采样间隔分别为 15min、5min、30s 和 5s。一般采用 5s 或 30s 间隔的钟差数据。计算卫星位置和卫星钟差时,可分别采用九阶和五阶的拉格朗日插值多项式对 SP3 星历和钟差内插得到。

对于实时 PPP(RT-PPP)而言,可以通过通信卫星或互联网实时接收精密卫星星历和精密钟差改正数,对广播星历和钟差进行修正,以消除广播星历误差影响。

对于观测方程中的卫星硬件延迟偏差、卫星天线相位中心偏差、Sagnac 效应、相对论效应、对流层延迟、相位绕转效应(wind-up)、地球潮汐(含固体潮、海洋潮、极潮),采用较为精确的模型进行修正,具体修正模型见 7.4 节。

2)观测量的统计模型

观测值的统计模型是指观测量的先验方差-协方差矩阵。由于观测量是通过线性组合得到的,首先需要给出原始观测量的统计模型,然后根据观测量的物理统计模型和组合观测量之间的线性关系确立组合观测量的统计模型。

假设 GNSS 接收机观测到的各颗卫星、各个频点的伪距和载波相位观测量均不相关,因此原始观测量的方差-协方差矩阵是对角阵,对角线元素由观测量的类型(伪距和相位观测量)和观测噪声决定。

一般认为各卫星间的载波相位方差比与相应卫星间伪距方差比近似相等,则各卫星的载波相位与伪距的方差比为常数,即

$$\sigma_{\phi}^{2} / \sigma_{P}^{2} = C_{\phi/P} \tag{10.41}$$

式中:$C_{\phi/P}$为载波相位与伪距的方差比常数。因此,给出相位观测量之间的方差比即可确定原始伪距观测量的方差-协方差矩阵。

相位观测量的随机噪声包含观测噪声和多径效应,它与接收机类型、卫星仰角高低和具体测量环境等因素有关。一般采用卫星仰角函数法[11-12]给出观测值的先验方差。

3)待估参数的统计模型

PPP 的待估参数有接收机坐标、观测各颗卫星的相位模糊度、对流层天顶方向湿延迟、接收机钟差。在动态测量过程中,接收机的位置是处于持续变化状态,若同一个卫星的相位模糊度发生无法修复的周跳,则需要重新设置参数,对流层天顶湿延迟分量随着时间和环境的变化也发生变化,接收机钟差则由接收机钟本身的稳定程度决定,具有很大的随机性。下面按照这些未知参数的变化特征,给出相应的统计

模型。

(1) 位置坐标。进行GPS动态测量时,接收机随运动载体无规则地运动,其位置坐标增量 $\boldsymbol{r}_{\mathrm{r}}$ 随时间变化,为无先验信息的随机量。因此其状态转移矩阵 $\boldsymbol{\Phi}$ 为零矩阵,过程噪声为白噪声:

$$\begin{cases}\boldsymbol{\Phi}(\boldsymbol{r}_{\mathrm{r}})=0\\ E(\boldsymbol{r}_{\mathrm{r}})=0,\quad \mathrm{Cov}(\boldsymbol{r}_{\mathrm{r}})=\sigma_{\mathrm{r}}^{2}\end{cases}\tag{10.42}$$

式中:σ_{r} 为根据经验给出的位置坐标的过程噪声标准差。

(2) 载波相位模糊度。模糊度在未发生不可修复周跳时,其为一常数值,没有过程噪声,此时,其状态转移系数为1,过程噪声为0:

$$\begin{cases}\boldsymbol{\Phi}(\tilde{\boldsymbol{N}}^{i})=1\\ E(\tilde{\boldsymbol{N}}^{i})=\tilde{\boldsymbol{N}}_{0}^{i},\quad \mathrm{Cov}(\tilde{\boldsymbol{N}}^{i})=0\end{cases}\tag{10.43}$$

式中:$\tilde{\boldsymbol{N}}_{0}^{i}$ 为滤波收敛后的模糊度。

当发生不可修复周跳时,模糊度发生变化,需要重新解算。此时,其统计模型为白噪声模型:

$$\begin{cases}\boldsymbol{\Phi}(\tilde{\boldsymbol{N}}^{i})=0\\ E(\tilde{\boldsymbol{N}}^{i})=0,\quad \mathrm{Cov}(\tilde{\boldsymbol{N}}^{i})=\sigma_{\tilde{N}}^{2}\end{cases}\tag{10.44}$$

式中:$\sigma_{\tilde{N}}$ 为经验给出的模糊度的过程噪声标准差。

(3) 对流层天顶方向湿延迟。对流层天顶方向湿延迟分量的随机噪声可用随机游走过程描述:

$$\begin{cases}\boldsymbol{\Phi}(d_{\mathrm{trop}})=1\\ E(d_{\mathrm{trop}})=0,\quad \mathrm{Cov}(d_{\mathrm{trop}})=q_{\mathrm{trop}}^{2}\tau\end{cases}\tag{10.45}$$

式中:τ 为相关时间。

(4) 接收机钟差。由于部分接收机钟存在钟跳问题,通常用白噪声过程来描述,过程噪声可取无穷大:

$$\begin{cases}\boldsymbol{\Phi}(c\Delta t_{\mathrm{r}})=0\\ E(c\Delta t_{\mathrm{r}})=0,\quad \mathrm{Cov}(c\Delta t_{\mathrm{r}})=\infty\end{cases}\tag{10.46}$$

4) PPP数据预处理

在精密单点定位中,必须首先进行数据预处理,包括野值剔除、周跳探测与修复、相位平滑伪距等,以得到"干净"的非差相位观测值和伪距观测值。数据预处理工作的好坏,直接关系到精密单点定位的平差处理和解算精度。在精密单点定位数据预处理中,有周跳探测与修复常电离层组合法、多项式拟合法、Turboedit方法[14]等,其中Turboedit方法比较有效。TurboEdit方法使用MW组合进行周跳检测,MW组合的公式为[15-16]

$$N_\sigma = \varphi_1 - \varphi_2 - \frac{(f_1 - f_2)}{c} \cdot \frac{f_1 P_1 + f_2 P_2}{f_1 + f_2} \tag{10.47}$$

式中：N_σ 为 MW 宽巷组合观测值；其余符号含义同式(7.1)和式(7.2)。

该组合消除了几何距离、电离层、对流层、卫星钟差、接收机钟差和其他系统误差影响，仅与组合模糊度和观测噪声有关。在没有周跳情况下，该组合表现为一变化为 1～2 周的近似常量。图 10.7 显示的是 GPS 某卫星 MW 组合的变化情况，其变化范围为 $0.6 < N_\sigma < 1.7$，不超过 2 周。图 10.8 显示的是 MW 组合历元间差值的变化，其变化不超过 0.1 周。

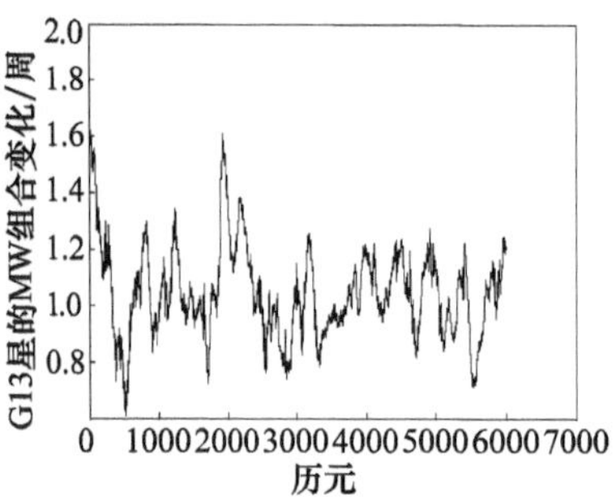

图 10.7 MW 组合变化

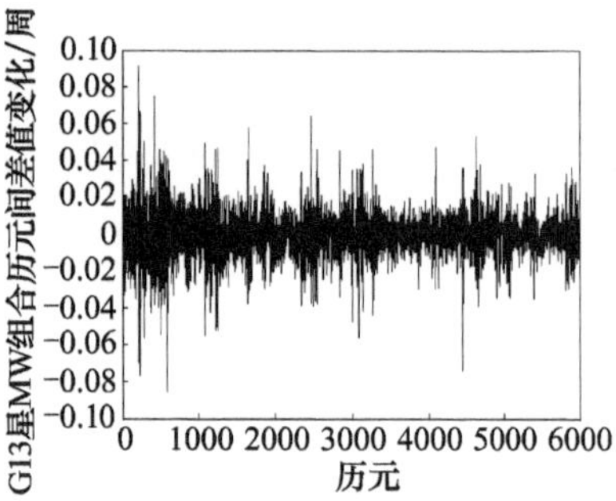

图 10.8 MW 组合历元间差值的变化

在没有周跳的情况下，MW 组合变化仅受观测噪声影响，N_σ 与其均值 $E(N_\sigma)$ 的距离 $|N_\sigma - E(N_\sigma)|$ 小于 4 倍的标准差 $\sigma(N_\sigma)$，其中 $E(N_\sigma)$ 和 $\sigma^2(N_\sigma)$ 的计算公式为[14]

$$E(N_\sigma) = \frac{1}{k}\sum_{i=1}^{k} N_{\sigma,i} \tag{10.48}$$

$$\sigma^2(N_\sigma) = \frac{1}{k}\sum_{i=1}^{k} [N_{\sigma,i} - E(N_\sigma)]^2 \tag{10.49}$$

$E(N_\sigma)$ 和 $\sigma^2(N_\sigma)$ 的递推值 $E_k(N_\sigma)$ 和 $\sigma_k^2(N_\sigma)$ 分别为

$$E_k(N_\sigma) = E_{k-1}(N_\sigma) + \frac{1}{k}(N_{\delta,k} - E_{k-1}(N_\sigma)) \tag{10.50}$$

$$\sigma_k^2(N_\sigma) = \sigma_{k-1}^2 + \frac{1}{k}[(N_{\delta,k} - E_k(N_\sigma))^2 - \sigma_{k-1}^2(N_\sigma)] + \frac{1}{k^2}\left(1 - \frac{1}{k}\right)(N_{\delta,k} - E_{k-1}(N_\sigma))^2 \tag{10.51}$$

未发生周跳时，N_σ 具有以下两个特点。

(1) $|N_{\delta,k} - E_{k-1}(N_\sigma)| < 4\sigma_k(N_\sigma)$。

(2) N_σ 变化小于 1 周。

因此可用下式来检测周跳和粗差：

$$|N_{\delta,k} - E_{k-1}(N_\sigma)| \geq 4\sigma_k(N_\sigma) \tag{10.52}$$

$$|N_{\delta,k+1} - N_{\delta,k}| \leq 1 \tag{10.53}$$

若$|N_{\delta,k}-E_{k-1}(N_\sigma)|\geqslant 4\sigma_k(N_\sigma)$,则第 k 历元观测数据出现了异常。此时若$|N_{\delta,k+1}-N_{\delta,k}|\leqslant 1$,则说明发生了周跳;若$|N_{\delta,k+1}-N_{\delta,k}|\geqslant 1$,则认为该异常为观测粗差。TurboEdit 方法用于周跳探测不但能准确发现周跳,还能区分观测异常误差和周跳。

电离层残差法可用来进行周跳探测,电离层残差组合可表示为

$$\varphi_I=N_1-\frac{f_1}{f_2}N_2-\frac{f_2^2-f_1^2}{f_2^2}\cdot\frac{I}{cf_1}+\varepsilon_I \tag{10.54}$$

电离层残差组合消除了接收机至卫星的几何距离、轨道误差、接收机钟差、卫星钟差和对流层延迟差,仅与电离层延迟、组合模糊度和观测值噪声有关。在没有周跳时,该组合随时间变化缓慢;一旦有周跳产生,该组合就会产生比较显著的变化。因此利用相邻历元的差值来检测周跳。其差值为

$$\delta\varphi_I=\varphi_{I,k+1}-\varphi_{I,k}=\delta N_I-\frac{f_2^2-f_1^2}{f_2^2}\cdot\frac{\delta I}{cf_1}+\delta\varepsilon_I \tag{10.55}$$

式中:$\delta N_I=\delta N_1-\delta N_2\cdot f_1/f_2$ 为电离层残差组合模糊度,δN_1、δN_2 分别为载波相位 φ_1、φ_2 的周跳;δI、$\delta\varepsilon_I$ 分别为电离层延迟和观测值噪声的变化量。如果$|\delta\varphi_I|$超过0.28周[17],则认为观测值存在周跳。

10.3.1.2　精密单点定位参数估计

精密单点定位通常采用卡尔曼滤波进行 PPP 解算,卡尔曼滤波算法可参考8.4节。

卡尔曼滤波状态矢量包括测站坐标增量、接收机钟差、对流层天顶方向湿延迟和各卫星各频点的载波模糊度等参数。卡尔曼滤波随机噪声参数需要先验给出,这些参数设置得合理与否对对滤波结果具有重要影响。针对不同的应用场合,这些参数设置也将随之变化。本节针对动态情况给出这些未知参数的随机噪声参数参考值。

状态矢量中的测站坐标增量包含 Δx_k、Δy_k、Δz_k 三个方向分量,初始值均为0;接收机钟差初始值为0;对流层天顶方向湿延迟初始值为0;卫星的载波模糊度由载波相位减去伪距观测值给出初始先验值。

状态转移矩阵 $\boldsymbol{\Phi}$ 中:坐标增量的对应元素为0;接收机钟差的对应元素为0;对流层天顶方向湿延迟的对应元素为1;模糊度的对应元素为1。

初始噪声取值时,坐标的初始噪声按照载体的运动状态而定:一般汽车、船只等载体取为 $1\times10^4\,\mathrm{m}^2$,而飞机等高速载体取为 $1\times10^6\,\mathrm{m}^2$;对流层天顶方向湿延迟的初始噪声为 $0.25\,\mathrm{m}^2$;接收机钟的初始噪声为 $9\times10^{10}\,\mathrm{m}^2$;载波模糊度的初始噪声为 $1\times10^4\,\mathrm{m}^2$。

过程噪声矩阵 $\boldsymbol{W}$ 对应的协方差矩阵 $\boldsymbol{Q}$ 为对角线矩阵,其中,坐标增量的对应值由白噪声统计模型给出,噪声与初始噪声一样取 $1\times10^4\,\mathrm{m}^2$ 或 $1\times10^6\,\mathrm{m}^2$。接收机钟差的对应值由白噪声统计模型给出,噪声为 $9\times10^{10}\,\mathrm{m}^2$,对流层天顶方向湿延迟的对应值由随机游走模型给出,过程噪声为 $0.25\Delta t\ (\mathrm{m}^2)$,其中 Δt 为历元间隔时间,单位为 h。不发生周跳时,模糊度的噪声为0,发生周跳时,模糊度的噪声取 $1\times10^4\,\mathrm{m}^2$。

观测矢量 Z 则包含所有卫星的消电离层伪距和载波相位观测值。观测噪声对应的协方差矩阵 $\boldsymbol{R}$ 采用仰角函数法确定，载波与伪距权比取 100，假设观测值之间相互独立。

利用卡尔曼滤波进行 PPP 解算，经过 15 ~ 30min，即可获得精度优于 10cm 的定位结果。

图 10.9 给出了 221 个 IGS 站进行双频静态 PPP 定位解算得到的统计结果，平面定位精度优于 6mm，高程优于 9mm。图 10.10 给出了 180 个 IGS 站进行单频静态 PPP 解算得到的统计结果，平面定位精度优于 10mm，高程优于 15mm。图 10.11 给出了船载 GPS 动态测量的天线布施情况，期间船舱升起两次，其他时间平稳行驶。图 10.12 给出了船载 GPS 高程方向的双频动态 PPP 定位结果，从结果上看，动态 PPP 定位能够较好地描述船体的运动特征，定位精度优于 10cm。

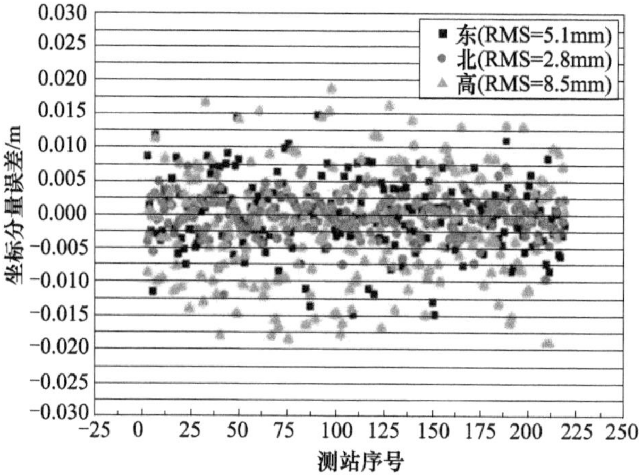

图 10.9 双频静态 PPP 定位精度统计（见彩图）

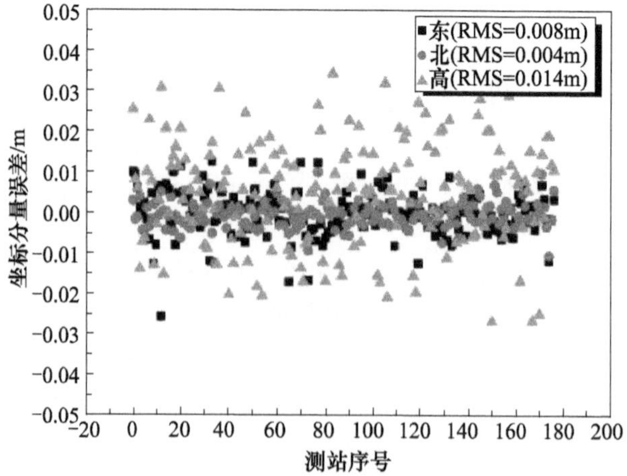

图 10.10 单频静态 PPP 定位精度统计（见彩图）

图 10.11　船载 GPS 测量天线安装图

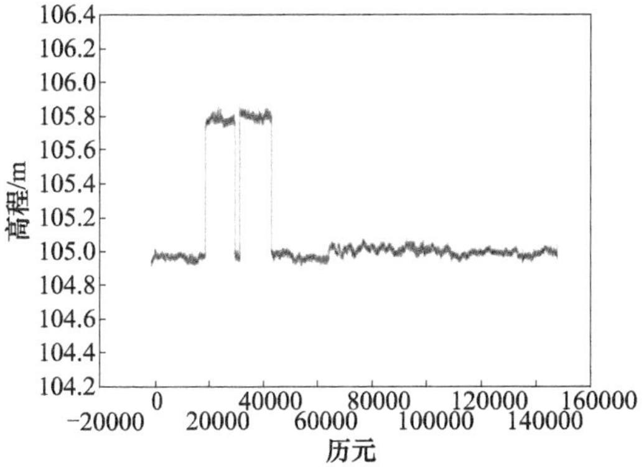

图 10.12　船载 GPS 高程方向的双频动态 PPP 结果

10.3.2　基于基准站信息的实时动态精密单点定位技术

常用的 PPP 技术由于采用双频无电离层组合观测值，而忽略卫星和接收机的相位偏差，导致其模糊度参数不再具备整数特性，无法实现 PPP 模糊度固定，因此其收敛时间较长，难以适用于实时高精度定位。针对上述问题，本节介绍一种基于基准站信息的实时动态精密单点定位(PPP-RTK)技术，该方法可充分利用基准站的改正信息，来提高精密单点定位的收敛速度以及定位精度。

PPP-RTK 方法本质上是一种非差/星间单差模式的网络 RTK 技术，利用该技术可以有效实现 PPP 与网络 RTK 技术的统一。按照基准站修正信息的不同，PPP-RTK 技术可分为如下 3 种类型。

(1) 星间单差 PPP-RTK 技术定义：直接根据单基准站或多基准站的伪距和载波相位观测值，利用已知的测站坐标，通过一系列预处理，得出每一颗卫星的伪距和相位修正参数向用户站进行播发，用户站利用修正后的伪距和载波相位观测数据直接进行 PPP 定位。

这种算法实质是一种星间单差算法，数学模型简单，实现容易，但作用距离有限。

主要算法和成果见参考文献[18－19]。

(2) 广域差分 PPP-RTK 技术定义:利用全球少量 IGS 跟踪站组成服务端观测网实时计算卫星钟修正信息、卫星轨道修正参数、卫星相位小数偏差产品,然后在用户站上对 PPP 观测方程中的宽巷模糊度和窄巷模糊度分别进行固定,最终固定 PPP 的 LC 组合模糊度值,实现用户站的高精度 PPP 快速定位。

这种算法实质上是在传统 PPP 算法基础上实现了模糊度固定,从而提高了 PPP 的精度,但由于观测值中的对流层误差等并没有精确修正,因此在收敛速度和精度上仍然差于区域的 RTK 技术。主要算法和成果见参考文献[20－29]。

(3) 区域增强 PPP-RTK 技术定义:利用一定范围如城市区域多个基准站数据,形成实时基准站观测网络,通过实时数据处理,解析出测区内高精度的实时轨道、高频实时钟差、卫星和接收机相位偏差小数、对流层延迟、电离层延迟等区域精细改正产品,实时提供给用户进行固定模糊度的 PPP 定位。

该方法本质是将参考站间双差模糊度通过添加适当的基准转换为非差模糊度的形式,从而利用参考站处消除模糊度影响的载波相位非差观测值残差对每颗可视卫星方向分别建模,用户则在 PPP 数据处理模式下通过固定星间单差模糊度实现快速精密定位。相比"星间单差 PPP-RTK 技术",本方法可快速固定模糊度,误差源解析更加严格,定位精度和收敛时间更佳,也是目前国际上应用于高精度实时 PPP 定位的主流方法。主要算法和成果见参考文献[22－28,30－33]。

下面以星间单差 PPP-RTK 技术为例,简要介绍其数学模型和计算流程。

10.3.2.1 基准站改正 PPP 的解算原理

GNSS 线性化后的观测方程可写为

$$\hat{\boldsymbol{L}}_1=\boldsymbol{L}_1-\boldsymbol{\varphi}_{\mathrm{model1}}=\boldsymbol{A}_1\boldsymbol{X}_1+\boldsymbol{B}_1\mathrm{d}t_1+\boldsymbol{C}_1\boldsymbol{N}_3+\boldsymbol{d}_{\mathrm{trop1}}+\boldsymbol{\varphi}_{\mathrm{others1}}+\boldsymbol{\varepsilon}_1 \tag{10.56}$$

式中:$\boldsymbol{X}_1$ 包括未知坐标参数(x,y,z);$\mathrm{d}t_1$ 为流动站上的接收机钟差;$\boldsymbol{N}_3$ 为无电离层组合模糊度参数;$\boldsymbol{d}_{\mathrm{trop1}}$ 为对流层延迟参数;$\boldsymbol{L}_1$ 为码和相位的 LC 组合观测值;$\boldsymbol{\varphi}_{\mathrm{model1}}$ 为包括对流层、相对论效应、地球自转、海潮、固体潮、天线相位中心等可利用模型改正的误差总和,即对部分观测误差进行模型化改正;$\boldsymbol{\varphi}_{\mathrm{others1}}$ 为其他如大气残余误差、轨道误差、卫星钟差误差等无法利用精确模型改正的误差总和;$\boldsymbol{\varepsilon}_1$ 为其他观测值误差;$\boldsymbol{A}_1$ 为 $2n\times3$ 维系数矩阵;$\boldsymbol{B}_1$ 为元素均为 -1 的 $2n\times1$ 维系数矩阵;$\boldsymbol{C}_1$ 为 $2n\times n$ 维系数矩阵,因测距码观测方程中没有模糊度参数,故 $\boldsymbol{C}_1$ 形式为$[\boldsymbol{0}\quad \boldsymbol{I}]^{\mathrm{T}}$。

利用上述推导的观测模型,可采用卡尔曼滤波或序贯平差的方法进行非差精密单点定位计算。

1) 基准站改正信息获取

基准站上的 GNSS 观测方程可写为

$$\hat{\boldsymbol{L}}_2=\boldsymbol{L}_2-\boldsymbol{\varphi}_{\mathrm{model2}}=\boldsymbol{A}_2\boldsymbol{X}_2+\boldsymbol{B}_2\mathrm{d}t_2+\boldsymbol{C}_2\boldsymbol{N}_4+\boldsymbol{d}_{\mathrm{trop2}}+\boldsymbol{\varphi}_{\mathrm{others2}}+\boldsymbol{\varepsilon}_2 \tag{10.57}$$

具体参数几何意义和矩阵形式同式(10.56)。因基准站的测站坐标已知,若不

考虑观测残差 ε_2，则可以获得扣除模型化误差的星地观测距离和实际距离的差值 $\delta\boldsymbol{V}$，形式如下：

$$\delta\boldsymbol{V}=\hat{\boldsymbol{L}}_2-\boldsymbol{A}_2\boldsymbol{X}_2=\boldsymbol{B}_2\mathrm{d}t_2+\boldsymbol{C}_2\boldsymbol{N}_4+\boldsymbol{d}_{\mathrm{trop2}}+\boldsymbol{\varphi}_{\mathrm{others2}} \tag{10.58}$$

$\delta\boldsymbol{V}$ 中包含了基准站的接收机钟差、组合模糊度值、卫星轨道误差、卫星钟差误差、模型化后的大气误差和潮汐误差等观测误差。其中：接收机钟差和组合模糊度值可以被流动站上的相应参数吸收，此项误差不受距离影响；而卫星轨道误差、卫星钟差误差与测站无关，也不受测站距离影响；对于模型化后的残余大气误差、潮汐误差等与地理位置相关的观测误差，则与基准站和流动站的距离相关，但这种模型化后的残差与距离的相关性要远远小于本身未模型化误差的相关性。

如果测区内有多个基准站，则其综合改正信息的获取过程如下：假设测区共有 n 个基准站，这些基准站提供的改正信息分别为 $\delta\boldsymbol{V}_1,\cdots,\delta\boldsymbol{V}_n$。对于流动站而言，基准站距离越短，两者受与地理位置相关的误差影响程度越接近。假设这种误差共性程度与距离成反比，即不同基准站改正信息的影响因子 $p_i=1/s_i$，其中 s_i 为基准站 i 到流动站的距离。此时，可得到 n 个基准站对流动站的综合改正信息如下：

$$\delta\bar{\boldsymbol{V}}=\sum_{i=1}^{n}(p_i\delta V_i)/\sum_{i=1}^{n}p_i \tag{10.59}$$

式(10.59)提供的基准站综合改正信息中不可避免地存在粗差现象，需对其进行数据预处理，可采用抗差估计方法进行削弱和消除。

2）星间单差 PPP-RTK 数学模型

若将式(10.56)基准站的改正信息改正到流动站精密单点定位的观测值上，即对观测值进行求差法改正，则流动站的观测方程可表示为如下形式：

$$\begin{aligned}(\hat{\boldsymbol{L}}_1-\delta\boldsymbol{V})=&\boldsymbol{A}_1\boldsymbol{X}_1+\boldsymbol{B}_1\mathrm{d}t_1+\boldsymbol{C}_1\boldsymbol{N}_3+\boldsymbol{d}_{\mathrm{trop1}}+\boldsymbol{\varphi}_{\mathrm{others1}}+\boldsymbol{\varepsilon}_1-\\&(\boldsymbol{B}_2\mathrm{d}t_2+\boldsymbol{C}_2\boldsymbol{N}_4+\boldsymbol{d}_{\mathrm{trop_2}}+\boldsymbol{\varphi}_{\mathrm{others2}})\end{aligned} \tag{10.60}$$

当基准站和流动站观测相同卫星时，有

$$\boldsymbol{B}_1=\boldsymbol{B}_2,\boldsymbol{C}_1=\boldsymbol{C}_2 \tag{10.61}$$

则式(10.60)可表示为

$$\begin{aligned}(\hat{\boldsymbol{L}}_1-\delta\boldsymbol{V})=&\boldsymbol{A}_1\boldsymbol{X}_1+\boldsymbol{B}_1(\mathrm{d}t_1-\mathrm{d}t_2)+\boldsymbol{C}_1(\boldsymbol{N}_3-\boldsymbol{N}_4)+\\&(\boldsymbol{d}_{\mathrm{trop1}}-\boldsymbol{d}_{\mathrm{trop2}})+(\boldsymbol{\varphi}_{\mathrm{others1}}-\boldsymbol{\varphi}_{\mathrm{others2}})+\boldsymbol{\varepsilon}_1\end{aligned} \tag{10.62}$$

设 $\Delta\mathrm{d}t=\mathrm{d}t_1-\mathrm{d}t_2$，$\Delta\boldsymbol{N}=\boldsymbol{N}_3-\boldsymbol{N}_4$，$\Delta\boldsymbol{d}_{\mathrm{trop}}=\boldsymbol{d}_{\mathrm{trop1}}-\boldsymbol{d}_{\mathrm{trop2}}$，$\Delta\boldsymbol{\varphi}_{\mathrm{other}}=(\boldsymbol{\varphi}_{\mathrm{others1}}-\boldsymbol{\varphi}_{\mathrm{others2}})$，$\hat{\boldsymbol{L}}_{1(\mathrm{new})}=\hat{\boldsymbol{L}}_1-\delta\boldsymbol{V}$，则式(10.62)可以写成

$$\hat{\boldsymbol{L}}_{1(\mathrm{new})}=\boldsymbol{A}_1\boldsymbol{X}_1+\boldsymbol{B}_1\Delta\mathrm{d}t+\boldsymbol{X}_1\Delta\boldsymbol{N}+\Delta\boldsymbol{d}_{\mathrm{trop}}+\Delta\boldsymbol{\varphi}_{\mathrm{other}}+\boldsymbol{\varepsilon}_1 \tag{10.63}$$

比较式(10.63)和式(10.56)可发现，虽然二者形式完全相同，观测方程系数矩阵也没有变化，而且 $\Delta\mathrm{d}t$ 与 $\mathrm{d}t_1$ 具有相同的随机特性，$\Delta\boldsymbol{N}$ 与 $\boldsymbol{N}_3$ 均是常数，但是，在式(10.63)中，卫星轨道误差和卫星钟差等共性误差被基本消除，观测方程具有更高的

精度。对于求差改正后的对流层残差,需要在观测方程中对其进行参数估计,以进一步减弱其影响。

10.3.2.2 星间单差 PPP-RTK 技术特点

理论上,基于基准站改正信息的 PPP 解算模型与差分相对定位模型是等价的[19],但这种等价是一种弱等价关系,即在不考虑观测噪声的情况下,两种方法的解是完全等价的。考虑到基于基准站 PPP 算法相比双差定位法具有更小的观测噪声,数据利用率更高,因此可认为这种算法收敛后解的可靠性和精度优于相对定位。

本节讨论的 PPP 解算模型是基于常用的 LC 无电离层组合观测量,事实上,这种基于基准站改正信息的 PPP 解算模型可以拓展至 L1(单频)、L1 + L2(双频)、超宽巷、宽巷等观测量中。实际作业中,当基准站与流动站相距较近时,流动站的电离层误差可以通过基准站提供的改正信息得到有效补偿,此时,无须通过双频组合观测量消除电离层 1 阶项误差。单一的观测模型(如 L1 或 L1 + L2 模型)可以保留组合模糊度的整数特性,有效地固定模糊度值,提高收敛速度和定位精度。

本节讨论方法与现有定位方法的区别和特点:

首先,相比常用的精密单点定位方法,本节探讨的方法具有更高的观测值修正精度,且解算模型与 PPP 模型一致。在没有基准站修正信息的情况下,本节算法等价于常用精密单点定位。在有基准站修正信息的情况下,本节算法定位精度大大优于常用精密单点定位。另外,本节探讨的方法可以直接获取特定坐标基准下的测站坐标,与相对定位功能类似。

其次,相比双差相对定位观测方程,本节算法的观测值噪声更小,精度和可靠性更高。同时,本节算法并不是直接在两测站间组建单差观测方程,而是在基准站上独立计算其改正信息后播发给流动站,流动站上对观测文件进行改正后,利用 PPP 算法进行求解,基准站和流动站上的数据处理过程相互独立。与相对定位法需要基准站和流动站间要实时组建双差观测方程相比,本节算法流动站上的计算工作量更小,数据利用率更高。

最后,与网络 RTK 技术或虚拟参考站技术比较,容易发现,网络 RTK 技术或者虚拟参考站技术需要至少 3 个以上基准站,本节探讨的算法对基准站数目无要求。而网络 RTK 技术或虚拟参考站技术仍然是一种短距离差分技术,且需要昂贵的核心技术保密的商业处理软件进行解算。而本节探讨的方法不依赖复杂的 CORS 或网络 RTK 软件,不需要中央处理器,仅需要精密单点定位软件即可实现。

10.3.3 精密单点定位模糊度整数解算技术

对于常用精密单点定位技术,其非差原始相位观测值模糊度本身具有整数特性,但由于受到未校准的相位硬件延迟(UPD)的影响,在实际参数估计中,PPP 非差模糊度参数为实数解。相位未校准硬件延迟包括整数部分和小数部分,其整数部分不会影响模糊度的整数特性,UPD 中的非整周偏差(FCB)导致模糊度为实数解。国内外学者通过对接收机端和卫星端UPD的研究指出,可以利用区域或全球参考站网络的观测数据,估计包含FCB的产品,流动站用户利用这个产品可以恢复PPP模糊度的整数特性,采用一定的算法搜索和固定模糊度即可实现PPP模糊度固定解。

PPP模糊度固定的实现有两方面的关键技术:①如何有效分离模糊度参数中的小数部分;②如何有效完成整数模糊度的搜索与固定。对于模糊度的搜索与固定可采用LAMBDA算法进行计算。而如何有效分离FCB,恢复非差模糊度的整数特性,则成为实现PPP模糊度固定的难点,通常直接将分离模糊度参数中的小数部分的算法称为相应的PPP模糊度固定算法。

郑艳丽[33]依据FCB与其他参数的耦合性质,将PPP模糊度固定算法总结分为4类:基于FCB的PPP模糊度固定算法、基于整数钟的PPP模糊度固定算法、基于实数模糊度的PPP模糊度固定算法以及基于非差改正数的PPP模糊度固定算法。下面简要介绍这4类方法。

1) 基于FCB的PPP模糊度固定算法

基于FCB的PPP模糊度固定算法通过直接估计FCB弱化小数部分影响,实现PPP模糊度固定。基于FCB的算法首先由Gabor与Nerem于1999年提出[34],这种算法采用无电离层组合观测模型,由于无电离层组合模糊度不具有整数特性,在整数模糊度分离过程中需将无电离层组合模糊度表示成宽巷和窄巷模糊度组合的形式,分别固定宽巷和窄巷模糊度。Gabor的算法中将宽巷整数模糊度和宽巷FCB一起带入无电离层组合观测值求解窄巷实数模糊度。由于宽巷FCB估计会存在误差,所以容易将这种误差带入至窄巷FCB中。Ge的算法[20]对此进行了改进,在估计窄巷模糊度实数解时,只将宽巷整数模糊度代入无电离层组合模糊度中,避免了宽巷FCB估计误差对窄巷FCB的影响,流动站的定位结果只与窄巷FCB的精度有关。Ge的算法中通过对非模糊度组星间单差的方式消除了接收机端的UPD,张小红的算法[30-31]则通过设定某个测站上接收机端的UPD为基准,获得了非差形式的FCB估值。还有学者[27,29]采用非差非组合观测模型,利用原始的P1、P2、L1、L2进行精密单点定位,服务端直接估计LI和L2上的FCB,用户端固定L1和L2的模糊度实现PPP模糊度固定解。基于FCB的PPP模糊度固定算法流程如图10.13所示。

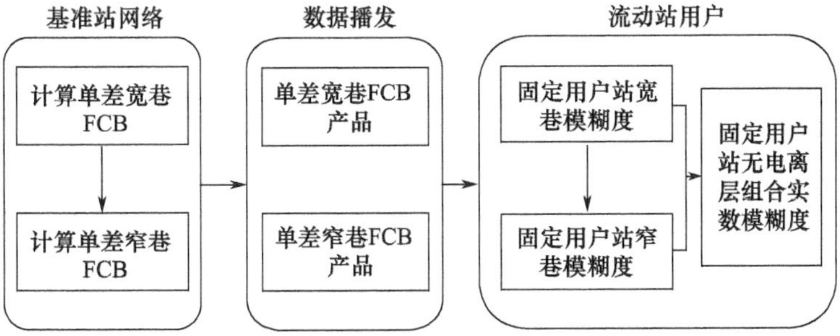

图10.13 基于FCB的PPP模糊度固定算法流程

2）基于整数钟的 PPP 模糊度固定算法

Laurichesse[35]等从钟差估计的角度，提出了一种利用包含窄巷 FCB 的钟差产品实现非差窄巷模糊度分离与固定的算法。Collins[36-37]在 Laurichesse 的算法基础上，认为载波相位观测方程中引入了含有伪距硬件延迟的卫星钟差，这是造成模糊度非整数特性的原因，提出了一种钟差去耦的 PPP 模糊度固定算法。与 Laurichesse 的算法相比，Collins 的算法计算每个历元的宽巷 FCB，同时需要将伪距钟差播发给用户，数据传播量明显增加。Gabor 和 Nerem、Ge 等都对宽巷 FCB 的性质进行了分析，宽巷 FCB 变化微小而缓慢，并且只要保证优于 0.25 周的精度，就能够满足模糊度固定的需求，所以宽巷 FCB 不需要每个历元估计。另外，在 Laurichesse 的算法中，为相位观测值提供钟差基准的是包含窄巷 FCB 的“整数钟”，伪距观测值已经失去了其钟差基准的意义，用户在实现模糊度固定时并不需要 Collins 算法中所提供的伪距钟差产品。

基于“整数钟”的 PPP 模糊度固定算法的实现由 3 部分组成：服务端宽巷 FCB 与“整数钟”估计、数据播发和流动站 PPP 模糊度固定，算法流程如图 10.14 所示。“整数钟”的估计过程大致为：估计非差宽巷 FCB，利用非差宽巷 FCB 固定非差宽巷模糊度，然后估计包含窄巷 FCB 的卫星钟差。流动站用户利用非差宽巷 FCB 和“整数钟”实现宽巷和窄巷模糊度的固定。

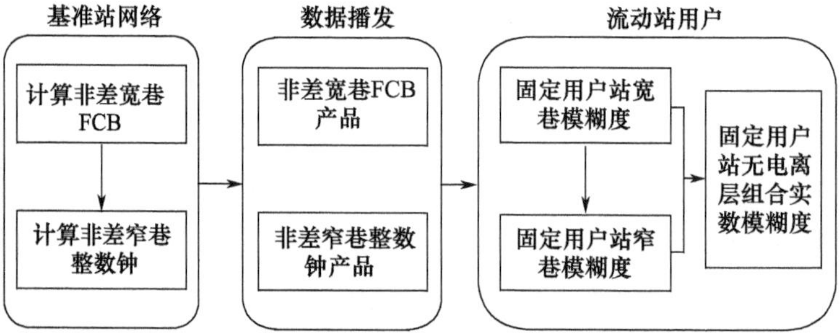

图 10.14　基于“整数钟”的 PPP 模糊度固定算法流程

3）基于实数模糊度的 PPP 模糊度固定算法

Bertiger[38]提出了一种直接将包含 FCB 的非差实数模糊度以及模糊度参数的时间跨度信息播发给用户，供用户端实现 PPP 模糊度固定解的算法。该算法具体的实现过程由 3 部分组成：基准站实数模糊度估计、实数模糊度播发和流动站端双差约束定位。具体的算法流程如图 10.15 所示。这种算法采用无电离层组合观测模型，估计基准站的宽巷实数模糊度和无电离层组合实数模糊度，并播发给流动站用户。流动站用户利用本身的实数模糊度和基准站端的实数模糊度组成双差模糊度，固定双差模糊度，利用双差整数模糊度约束实现单站 PPP 模糊度固定解。

服务端采用MW组合估计非差宽巷实数解，利用通常PPP的实数解估计非差无电离层实数模糊度。流动站采用相同的方法估计非差宽巷和非差无电离层组合实数模糊度。流动站接收到服务端播发的模糊度之后，将自身非差实数模糊度与基准站的非差实数模糊度组成双差，消除接收机端和卫星端相位未校准硬件延迟的影响。

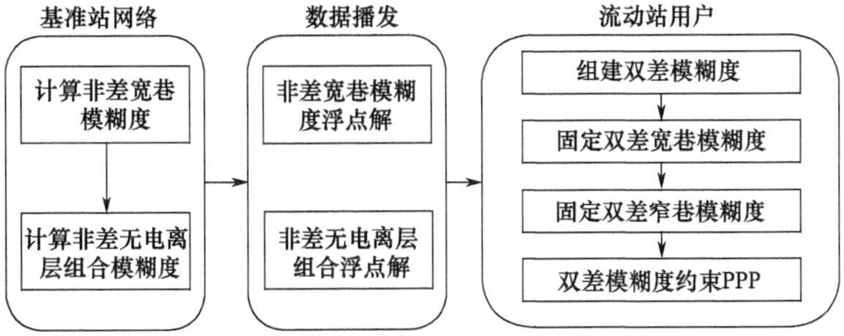

图10.15 基于实数模糊度的PPP模糊度固定算法流程

4）基于非差改正数的PPP模糊度固定算法

Ge[23]在2010年提出了一种基于非差改正数的网络RTK算法。这种算法计算基准站含有电离层、对流层、轨道误差、接收机端和卫星端相位未校准硬件延迟偏差等的卫星信号传播路径上的非差改正数。流动站用户接收邻近测站的非差改正数信息，采用一定的内插算法内插出流动站的非差改正数，对相应的观测值进行改正。采用单差PPP模式，可以实现与网络RTK模式精度相当的定位效果。有学者[39]在该算法的基础上引入两个观测频率模糊度之间的线性关系，使用高度角和方位角最接近的原则选择基准卫星，实现非差模式的长距离单历元网络RTK法。

基于非差改正数的网络RTK算法可以分3部分实现：基准站网络非差改正数计算，单站非差改正数播发，流动站单差PPP模糊度固定，算法流程如图10.16所示。该算法首先采用现有的双差处理模式固定参考站网络的双差模糊度，利用转换矩阵将双差模糊度转换为非差模糊度，得到的非差模糊度保持了双差模糊度之间的相互关系。利用非差观测方程与非差整数模糊度即可得到包含大气信息，相位未校准硬件延迟偏差，轨道误差等信息的非差改正数信息。流动站用户利用其近似位置和参考站网络的站点信息，自动选择附近的几个参考站，接收邻近测站的非差改正数信息，采用相应的内插算法求得流动站处的非差改正数，恢复流动站PPP模糊度整数特性，实现PPP模糊度固定解。

由上述分析可知，基于整数钟的PPP模糊度固定算法与基于FCB的PPP模糊度固定算法可以利用稀疏的参考站网络，估计每颗卫星上的FCB或整数钟产品，只需播发每颗卫星上的改正信息，就能够实现流动站的模糊度固定。可以证

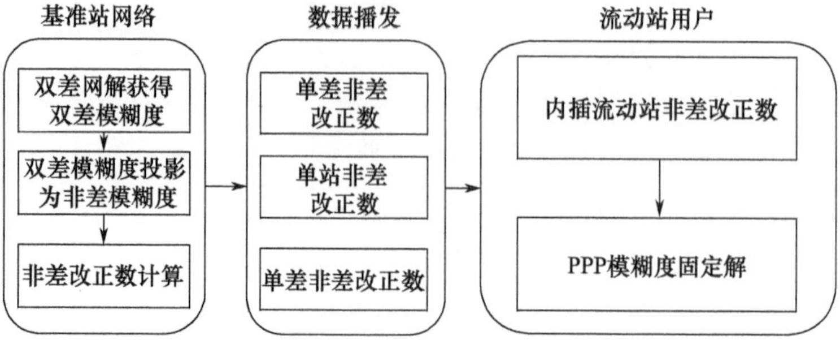

图 10.16 基于非差改正数的 PPP 模糊度固定算法

明,基于整数钟的算法和基于 FCB 算法是等价的[25,29]。文献[25]利用全球 IGS 站数据对两种算法的定位结果进行了比较分析,结果表明,两种 PPP 模糊度固定算法的定位精度基本相当。然而,基于整数钟的模糊度固定算法需要利用精密的卫星轨道,其中包含 FCB 的整数钟产品,这是与现有的 IGS 精密钟差产品完全独立的钟差产品。而基于 FCB 的 PPP 模糊度固定算法可以利用 IGS 分析中心的精密轨道和钟差产品估计 FCB,采用 IGS 精密轨道、精密钟差和 FCB 产品就可以实现测站的 PPP 模糊度固定解。精密钟差估计技术经过十多年的发展已经非常成熟,很多科研和商业机构已经拥有相对完善的控制中心与处理系统。多家机构已经开始提供实时的精密钟差产品,并形成了从控制中心到用户端定位的一整套实现方案,因此基于 FCB 的 PPP 模糊度固定算法具有非常广泛的应用基础。考虑到这两种算法的等价性,基于 FCB 的 PPP 模糊度固定算法具有更广阔的发展空间。

综上所述,精密单点定位技术利用全球精密差分系统通过通信卫星或互联网播发全球差分改正数,在无基站条件可以实现静态精度优于 10cm、动态精度 20～30cm 的定位,在精准农业、海洋测绘、海上石油勘采、陆地测绘等领域具有广阔应用前景。在军事上也有重要应用,如 StarFire 已经成功应用于全球鹰无人机定位、美国国防高级研究计划局(DARPA)机器人挑战大赛、未爆炸弹清除、美国海军水道测量等领域都已成功应用 PPP 技术。

为了进一步提高 PPP 的收敛时间和定位精度,PPP 整数模糊度解算和基于基准站信息的精密单点定位算法 PPP-RTK 都是比较有效的方法。利用基准站信息还可有效分离出影响 PPP 模糊度固定的相位未校准硬件延迟误差等,能显著提高定位收敛速度,改善实时定位精度。基于基准站改正信息的精密单点定位算法 PPP-RTK,利用精确的基准站坐标和误差改正模型,可获得基准站上的观测误差改正,同时利用基准站和流动站在误差影响上存在的近似共性关系,对流动站的观测值进行修正。该算法不改变常用的 PPP 解算模型,在收敛时间和定位精度方面都有较大改善,而解算结果却与差分相对定位结果近似等价。

10.4 北斗三号广域增强技术

10.4.1 星基增强服务

北斗三号系统利用3颗GEO卫星，向中国及周边地区用户提供符合国际民航组织标准的单频增强和双频多星座增强免费服务，旨在实现一类垂直引导进近（APV-Ⅰ）指标和Ⅰ类精密进近指标。

北斗三号系统通过3颗GEO卫星下行信号向中国及周边地区的用户广播星基增强电文，其中包括差分信息（星历改正数、时钟改正数、格网电离层延迟改正数等）和完好性信息（用户差分距离误差、格网电离层垂直误差、双频距离误差、降效参数等）。配备北斗SBAS接收机的用户接收基本导航广播电文的同时，接收北斗SBAS GEO卫星播发的增强电文，利用电文中的差分信息对卫星的位置钟差进行改正，利用格网电离层改正数计算穿刺点电离层延迟，提高伪距定位精度，利用电文中的完好性信息计算保护级，确定当前服务是否能够使用，如果保护级大于告警门限，立刻向用户发出告警。

10.4.2 精密单点定位服务

北斗三号系统利用3颗GEO卫星，向中国及周边地区用户提供动态分米级、静态厘米级的高精度定位免费服务，该服务为开放服务。第一阶段实现双系统增强，第二阶段具备对四大GNSS核心星座的增强能力。

北斗三号系统通过3颗GEO卫星下行信号向中国及周边地区的用户广播精密单点定位电文，其中包括星历改正数、时钟改正数、卫星群时间延迟（TGD）参数。具备精密单点定位功能的接收机，接收基本导航广播电文的同时，接收GEO卫星播发的精密单点定位电文，利用电文中的差分信息对卫星的位置钟差进行改正，利用双频相位观测量组合消除电离层延迟，利用卫星TGD参数对相位观测量进行改正，能在30min内实现模糊度收敛，模糊度收敛以后，可以得到双频载波相位定位动态分米级、静态厘米级的精度。

参考文献

[1] KEE C, PARKINSON B W, AXELRAD P. Wide area differential GPS navigation[J]. Journal of the U. S. Institute of Navigation, 1991, 38(2): 991-998.

[2] KEE C. Wide area differential GPS (WADGPS)[D]. California: Stanford University, 1994.

[3] LOH R, WULLSCHLEGER V, ELROD B, et al. The U. S. wide-area augmentation system (WAAS)[J]. Journal of the Institute of Navigation, 1995, 42(3): 710-778.

[4] EEGE P K. Architecture for a civil integrity network using Inmarsat[C]//Proceedings of 3rh International Technical Meeting of the Satellite Division (ION GPS 1990). Colorado Springs:The Institute of Navigation,1990.

[5] El-ARINI M B,HEGARTY C J,FERNOW J P,et al. Development of an error budget for a GPS wide area augmentation system (WAAS)[C]// Proceedings of The Institute of Navigation National Technical Meeting. San Diego:The Institute of Navigation,1994.

[6] El-ARINI M B,CONKER R S,ALBERTSON T W,et al. Comparison of real time ionospheric algorithms for a GPS wide-area augmentation system (WAAS)[J]. Journal of the Institute of Navigation,1995,41(4):393-412.

[7] FAA. Specification for the wide area augmentation system (FAA-E-2892C)[R]. Washington,DC:FAA,1997.

[8] 中国卫星导航系统管理办公室. 北斗卫星导航系统空间信号接口控制文件公开服务信号(2.1版)[R]. 北京:中国卫星导航系统管理办公室,2016.

[9] DIXON K. StarFire:A global SBAS for sub-decimeter precise point positioning[C]// Proceedings of ION GNSS 2006. Fort Worth:The Institute of Navigation,2006.

[10] GE M,CHEN J,DOUSA J,et al. A computationally efficient approach for estimating high-rate satellite clock corrections in realtime[J]. GPS Solution,2012(16):9-15.

[11] HARTINGER H,BRUNNER F K. Variance of GPS phase observations:the sigma-e model [J]. GPS Solutions,1999,2(4):35-43.

[12] HAN S. Quality-control issues relating to instantaneous ambiguity resolution for real-time GPS kinematic positioning[J]. Journal of Geodesy,1997,71(7):351-361.

[13] 魏子卿,葛茂荣. GPS相对定位的数学模型[M]. 北京:测绘出版社,1997.

[14] BLEWITT G. An automatic editing algorithm for GPS data[J]. Geophysical Research Letter,1990,17(3):199-202.

[15] MELBOURNE W G. The case for ranging in GPS-base geodetic systems[C]//Proceeding of the First International Symposium on Precise Positioning with the Global Positioning System. Maryland:IAG,1985.

[16] WUBBENA G. Software developments for geodetic positioning with GPS using TI4100 code and carrier measurements[C]//Proceeding of the First International Symposium on Precise Positioning with the Global Positioning System. Maryland:IAG,1985.

[17] GOAD C C. Precise positioning with the global positioning system[C]//Proceedings of the Third International symposium on inertial technology for surveying and geodesy. Canada:IAG,1985.

[18] 涂锐,黄观文,张勤,等. 基于单基准站改正信息和电离层参数估计的单频精密单点定位算法[J]. 武汉大学学报(信息科学版),2012,37(2):170-173.

[19] 黄观文,涂锐,张勤,等. 基于基准站改正信息的实时动态精密单点定位算法[J]. 大地测量与地球动力学,2010,36(6):135-139.

[20] GE M,GENDT G,DICK G,et al. Improving carrier-phase ambiguity resolution in global GPS network solutions[J]. Journal of Geodesy,2005,79(1-3):103-110.

[21] GE M,GENDT G,DICK G,et al. A new data processing strategy for huge GNSS global networks

[J]. Journal of Geodesy,2006,80(4):199-203.

[22] GE M,GENDT G,ROTHACHER M,et al. Resolution of GPS carrier-phase ambiguities in precise point positioning (PPP) with daily observations[J]. Journal of Geodesy,2008,82(7):389-399.

[23] GE M,ZOU X,DICK G,et al. An alternative network RTK approach based on un-differenced observation corrections[C]//Proceedings of ION GNSS 2010. Salt Lake City:The Institute of Navigation,2010.

[24] GENG J,TEFERLE F N,MENG X,et al. Towards PPP-RTK:ambiguity resolution in real-time precise point positioning[J]. Advances in Space Research,2010a,47:1664-1673.

[25] GENG J,MENG X,DODSON A H,et al. Integer ambiguity resolution in precise point positioning: method comparison[J]. Journal of Geodesy,2010b,84:569-581.

[26] GENG J H. Rapid integer ambiguity resolution in GPS precise point positioning[R]. Nottingham: University of Nottingham,2010.

[27] LI X,ZHANG X,GE M. Regional reference network augmented precise point positioning for instantaneous ambiguity resolution[J]. Journal of Geodesy,2011,85(3):151-158.

[28] LI X. Improving real-time PPP ambiguity resolution with ionospheric characteristic consideration [C]//Proceedings of ION GNSS 2012. Nashville:The institute of Navigation,2012.

[29] 张宝成,欧吉坤,蒋振伟. 精密单点定位整周模糊度快速固定[J]. 地球物理学报,2012,55(7):2203-2210.

[30] 张小红,李星星,郭斐,等. 基于服务系统的实时精密单点定位技术及应用研究[J]. 地球物理学报,2010,53(6):1308-1314.

[31] 张小红. 非差模糊度整数固定解 PPP 新方法及实验[J]. 武汉大学学报(信息科学版),2010,35(6):657-660.

[32] 邹璇,唐卫明,葛茂荣,等. 基于非差观测的网络实时动态定位方法及其在连续运行基准站跨网服务中的应用[J]. 测绘学报,2011(40):1-5.

[33] 郑艳丽. GPS 非差精密单点定位模糊度固定理论与方法研究[D]. 武汉:武汉大学,2013.

[34] GABOR M J,NEREM R S. GPS carrier phase ambiguity resolution using satellite-satellite single difference[C]//Proceedings of ION GNSS 12th International Technical Meeting of the Satellite Division. Nashville:The Institute of Navigation,1999.

[35] LAURICHCSSE D,MCRCICR F. Integer ambiguity resolution on un-differenced GPS phase measurements and its application to PPP[C]//Proceedings of ION GNSS 20th International Technical Meeting of the Satellite Division. Fort Worth:The Institute of Navigation,2007.

[36] COLLINS P,LAHAYC F,HEROUX P,et al. Precise point positioning with ambiguity resolution using the decoupled clock model[C]//Proceedings of ION GNSS 21st International Technical Meeting of the Satellite Division. Savannah:The Institute of Navigation,2008.

[37] COLLINS P,BISNATH S,LAHAYE F,et al. Un-differenced GPS ambiguity resolution using the decoupled clock model and ambiguity datum fixing[J]. Navigation,2010,57(2):123-135.

[38] BERTIGER W,DESAI S D,HAINES B,et al. Single receiver phase ambiguity resolution with GPS data[J]. Journal of Geodesy,2010,84(5):327-337.

[39] 祝会忠. 基于非差改正数的长距离单历元 GNSS 网络 RTK 算法研究[D]. 武汉:武汉大学,2012.

第 11 章　GNSS 伪卫星综合定位原理

所谓伪卫星(PL)就是地基或空基导航信号发射机,除运行轨道与实际导航卫星不同外,其余功能基本相近,故得名 GNSS 伪卫星。伪卫星可以发射类卫星导航信号,与真实导航卫星一起,提高卫星导航定位的精度、完好性、可用性,进而实现增强 GNSS 的目的。进一步,单独使用 4 个或更多伪卫星还可以构成区域独立的定位系统。伪卫星可以应用于室内、矿坑等可视卫星数较少的场合;在地下采矿场、战场复杂电磁环境等完全无法收到卫星导航信号的场合下,伪卫星系统甚至能够完全替代卫星导航系统[1]。

伪卫星最早出现在 20 世纪 70 年代的美国尤马试验场(Yuma proving ground),发射模拟的 GPS 卫星信号,用于 GPS 卫星发射上天之前的原理验证。2002 年,在霍洛曼空军基地(Holloman air force base)构建了"倒 GPS"(inverted GPS range),以测试验证 GPS 现代化信号体制[2]。20 世纪 90 年代早期,斯坦福大学将伪卫星用于改进载波相位差分定位的可靠性和完好性[3-7],并应用于航空精密进近与着陆。在同一时期,RTCA 研究了伪卫星作为 LAAS 的组成部分,用于精密进近的相关标准[8]。不过在 2005 年之后 LAAS 不再包含伪卫星内容。1994 年,美国成立了 IntegriNautics 公司,研发商业应用的伪卫星;2004 年公司改名为 Novariant;2010 年将伪卫星技术售与 Trimble 公司应用于采矿。20 世纪 90 年代后期和 2000 年左右,伪卫星技术逐步应用于室内和市区[9-12],包括厘米级的载波相位差分应用和基于伪距的米级定位应用。2003 年,澳大利亚 Locata 公司研制了一种新的伪卫星系统 LocataNet[13],采用 2.4GHz 频段的双频载波可实现厘米级定位;已经应用于美国空军白沙导弹试验场,用于 GPS 信号被干扰条件下的武器制导性能评估。2008 年日本 QZSS ICD 规定了室内短信系统(IMES)的信号结构[14],IMES 虽然不能用于测距,不过其频率与 GPS L1 相同,通过直接播发位置信息的方式用于室内定位,本质上也是一种伪卫星。

不过,伪卫星大范围推广应用需要解决下面几个问题:一是合法性问题,目前与现有 GNSS 信号频率相同或相近的伪卫星应用不符合国际电信联盟(ITU)规定,不能大规模应用;二是对现有 GNSS 接收机干扰问题,这种干扰可通过脉冲发射方式来减弱其影响;三是远近效应问题,距离伪卫星较近时的信号强度远高于距离伪卫星较远时的信号强度,于是,若使用伪卫星技术进行导航定位,则要求接收机具有较大的信号动态范围;四是伪卫星时间同步问题,可采用非同步组网模式(图 11.1)、同步组网模式、非组网模式(如 IMES)等方式;五是伪卫星位置标定问题,伪卫星位置误差将直接影响接收机定位精度;六是非线性算法问题,尤其对于室内定位,伪卫星与接收机距离较近,导航解算将成为一个高度非线性问题,需要对现有算法进行改进[4]。

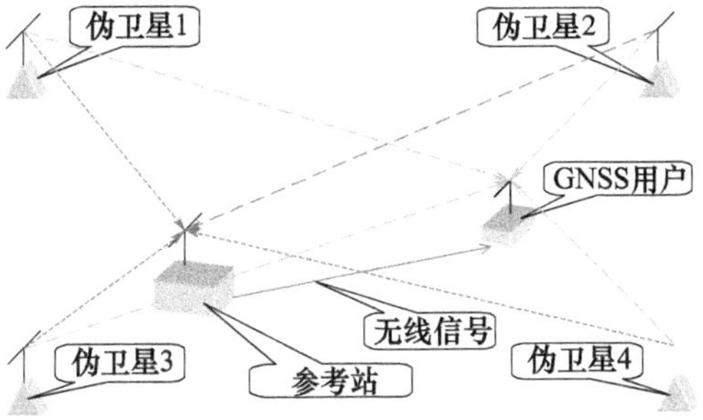

图 11.1 非同步组网模式[26](见彩图)

原则上,伪卫星的频率可以与现有 GNSS 信号频率相同或相近。其优点是 GNSS 接收机硬件不用做修改,仅对软件进行改进即可接收处理伪卫星信号;其缺点是可能对其他非合作 GNSS 接收机产生干扰[15-16]。由于 ITU 规定:任何对航空无线电导航业务(ARNS)和卫星无线电导航业务(RNSS)产生干扰的频率应用都是不允许的,因此与 GNSS 频率相近的伪卫星目前仅允许在特定区域应用,ICAO 的航空应用标准也于 2005 年不再将伪卫星作为 GBAS 的组成部分。但是,最近欧洲邮电管理委员会(CEPT)经过论证认为 1559～1610MHz 频段可以用于室内和室外伪卫星[17-20],即将批准该项伪卫星应用的决议。这引起了 GNSS 专家的忧虑和不安,认为该决议将对欧洲 GNSS 安全应用构成较大威胁[21-22]。

本章从伪卫星系统应用模式、伪卫星信号设计、伪卫星平台定位技术、伪卫星时间同步和自主定位技术、Locata 系统等方面讨论伪卫星定位技术。

11.1 伪卫星系统应用模式

伪卫星系统应用模式主要包括独立组网、局域星座增强、局域信号增强、局域差分增强 4 大类,其中后三类可与 GNSS 联合组网应用。

1) 独立组网

在没有空间导航卫星支持条件下,在室内或近空间的多个伪卫星能够独立组网,为服务区内用户连续提供一定精度的导航定位服务。其中近空间飞行器的位置确定依靠地面(比如激光测距,“倒 GNSS”等)完成。伪卫星独立组网可以提高卫星导航系统战时的可靠性,尤其是在空间卫星或者地面控制系统被干扰或者被摧毁条件下,在区域独立组网,可为区域内卫星导航用户提供连续实时可靠的导航定位服务。伪卫星独立组网模式包括非同步组网模式、同步组网模式和独立工作模式,详见 11.4 节。

2）局域星座增强

在室内或地下、丛林，可见的 GNSS 卫星数量和几何结构可能不满足定位需求，可通过引入伪卫星增强 GNSS 星座。在 GNSS 卫星导航系统支持下，伪卫星能够增加用户可见星数目，改善用户定位几何因子，提高用户定位精度。其中伪卫星依靠 GNSS 卫星导航系统完成位置确定。伪卫星区域星座增强，可有效改善 GNSS 战时空间星座不可用、用户定位几何因子变差的情况，从而提高区域范围内用户的定位精度和精确制导武器的制导精度以及可靠性。

3）局域信号增强

在 GNSS 支持下，伪卫星能够播发功率增强的导航信号，提高用户的抗干扰能力。伪卫星的导航信号功率可增加 40dB，不仅可保障用户在更强干扰信号条件下正常工作，而且将迫使敌军为实施有效干扰而不断增加信号功率，从而加大了干扰源被发现、定位和被摧毁的概率。

4）局域差分增强

局域差分增强模式是伪卫星星座增强模式与 DGNSS 模式的组合。在差分增强模式下，伪卫星具有两种功能：一是与导航卫星一样，向用户发射与导航卫星信号相似的卫星导航信号，通过改善用户定位几何来提高用户定位精度；二是与差分 GNSS 参考站接收机一样，接收 GNSS 卫星信号，反算出伪距改正数，并将误差改正数传送给用户，以修正用户的定位结果，从而提高用户定位精度。

11.2 伪卫星信号设计

11.2.1 远近效应问题

由于 GNSS 导航卫星距离地面遥远，其信号强度在地面及近空的变化都不大。但是伪卫星距离接收机一般较近，其信号强度随距离变化而显著变化，如在距离伪卫星 100m 处信号强度比距离 1000m 处的信号强度高 20dB。为了能同时接收所有伪卫星信号，就要求接收机在 ADC 量化位数和伪随机码互相关隔离度方面具有足够的动态适应范围。如果接收机 ADC 量化位数较低，近距离伪卫星信号将导致接收机 ADC 饱和，从而导致弱信号被强信号屏蔽。不同卫星的伪随机码之间并非完全正交，都存在或多或少的码间干扰问题；如果强弱信号功率电平差异超过码间隔离度（如 GPS C/A 码间隔离度为 21.6dB），则接收机在捕获信号较弱的卫星时，由于强信号的干扰，可能会导致接收机错误地锁定信号较强的卫星，造成信号假锁。另外，如果伪卫星信号与 GNSS 卫星信号频率相同或相近，则伪卫星也会对 GNSS 卫星信号产生类似的 ADC 饱和及码间干扰问题。

减弱远近效应影响的技术有很多[3]，目前较为有效的大致包括三类：①码分多址（CDMA）[15]。利用不同伪卫星的伪随机码之间的互相关特性来削弱信号之间的干扰。一般要求伪卫星的伪码码速率达到几十 Mchip/s。②频分多址(FDMA)[8]。类似于 GLONASS 信号,各伪卫星之间的载波频率可以不同,与 GNSS 信号的频率也可以不相同,以此来解决各信号之间的同频码间干扰或 ADC 量化屏蔽问题。目前,一般的设计方案是采用与 GNSS 频率略有偏离或较大偏离的信号,不过各伪卫星信号频率都相同。③时分多址(TDMA)。各伪卫星在不同时段依次播发低占空比的短脉冲信号,可完全避免伪卫星之间的远近效应问题,同时对 GNSS 信号的干扰时间也很短,大大降低对 GNSS 卫星信号的影响。在 3 种方法中,TDMA 是伪卫星信号体制的优选方案[3],不过伪卫星系统可以综合利用这 3 类方法来减弱远近效应影响。

11.2.2 信号结构设计

伪卫星信号结构设计包括伪随机码、脉冲图案和载波频率 3 个方面。

伪随机码设计要求能用于测距,同时要求对现有 GNSS 信号和其他伪卫星信号的干扰要小,并具有较好的自相关和互相关特性。

脉冲图案设计需要考虑远近效应和对现有 GNSS 信号的影响,其设计参数主要包括脉冲同步和脉冲持续时间。对于非同步脉冲,各伪卫星脉冲信号在时间上可能有重叠从而导致干扰,影响接收机跟踪性能,甚至导致失锁。对于同步脉冲,各伪卫星按照设定时间槽位依次播发脉冲信号,同时其他伪卫星静默,可避免互相干扰,只是需要各伪卫星具有一致的参考时间。脉冲持续时间主要与伪卫星数相关,脉冲持续时间越短,时间槽位越多,伪卫星数就越多;脉冲持续时间不能过短,否则会影响跟踪性能;也不能过长,否则会影响 GNSS 信号的跟踪性能。

载波中心频率设计可以考虑与 GNSS 某频率相同或者稍与 GNSS 频率偏离但仍在其频带内,也可在其频带之外。

伪卫星信号结构设计根据应用环境的不同差别较大,现有的 GPS 伪卫星信号脉冲设计方法主要有 3 种:一种是 RTCM 推荐的伪卫星信号;二是 RTCA 推荐的伪卫星信号;三是 Locata 信号。

RTCM 伪卫星信号结构于 1983 年提出[23-24],该方案采用 GPS C/A 的同族码序列,保证标准 GPS 接收机只进行微小修改即可同时接收卫星信号和伪卫星信号。RTCM 伪卫星的脉冲宽度为码周期(1ms)的 1/11,约为 90.91μs(93 个码片)。每个周期一个脉冲,每 10 个周期后连续发送两个脉冲保证平均 10% 的占空比。脉冲发射期间,伪卫星信号功率使接收机前端饱和。脉冲位置随码周期在 11 个可能的时间片内变化。这种变化主要用于阻止频谱混叠效应。经过 10 个周期(10ms)后,一个完整的伪卫星扩频码周期发送完毕。另外,11 个脉冲位置在 10 个数据位,即 200ms 间隔周期内也在发生变化,这样经过 200ms 后所有可能的脉冲位置都会被遍历。RTCM 伪卫星载波中心频率与 GPS L1 频率相同。

RTCA 方案是 2000 年由 RTCA 的专门委员会 SC-159 为 LAAS 推荐的伪卫星信

号方案。该方案更注重测距性能，采用 GPS P 码中截短的伪随机码，码速率为 10.23Mchip/s，可更好地抑制多径效应，其伪距噪声也更小。与 RTCM 推荐的脉冲方式不同，RTCA的脉冲位置更加随机。脉冲位置由 19 阶移位寄存器输出确定，移位寄存器以 511.5kHz 驱动，该频率为码速率的 1/20。移位寄存器的重复周期为 1.025s，被截短后的移位寄存器周期为 1s。1s 内脉冲个数为 1997，平均占空比约 2.7%。该方案对于标准接收机将会产生一定的影响，因为在固定时间内脉冲个数不确定。这意味着在一个码周期（1ms）内可能会有多个脉冲，也可能会没有脉冲。约 12% 的脉冲间距大于 1ms，而且最大间距超过 3ms。如果接收机没有进行调整以适应该变化，则接收机有可能无法捕获信号或导致信号失锁。RTCA 伪卫星载波中心频率也与 GPS L1 频率相同。

LocataNet 选择 2414.28MHz 和 2465.43MHz 双频信号[25]，对 GNSS 信号基本没有干扰，也利于载波模糊度解算。LocataNet 选用 GPS C/A 相同的同族伪随机码序列，码速率为 10.23Mchip/s。采用 CDMA 和 TDMA 相结合的信号体制，脉冲持续时间为 0.1ms。1 个脉冲对应 1 个时间槽位，10 个时间槽位为 1 帧，可供 10 个伪卫星分配。在 200 帧内，各伪卫星的时间槽位在各帧中的位置分配服从伪随机门控序列，200ms 为周期重复应用。

11.3 伪卫星时间同步处理技术

非同步组网模式中，伪卫星系统由若干伪卫星、一个参考站和用户机组成，如图 11.1所示。各伪卫星都有各自独立的时钟，其时间并不同步。由于各伪卫星时间不同步，因此距离测量含有伪卫星钟差，因而影响定位。该问题可用差分方法来解决。在伪卫星覆盖区域内，设置一个位置已知的参考站，对各伪卫星进行观测，计算出各伪卫星钟差，并通过无线链路播发给用户。用户接收到钟差信息后进行伪距误差改正，即可通过计算获得其位置信息。这种模式需要构建参考站和用户之间的无线数据传输链路。

同步组网模式中，伪卫星系统由一个参考站，一个“主”伪卫星、若干“从”伪卫星和用户机组成，如图 11.2 所示。参考站、“主”伪卫星和“从”伪卫星的位置都精确已知，因此基于参考站观测值，可以计算获得各“从”伪卫星相对于“主”伪卫星的时间同步误差。参考站再将这些时间同步误差通过数据链路发送给各“从”伪卫星，各“从”伪卫星调整时钟，实现与“主”伪卫星的时间同步。在实现时间同步之后，用户机仅用伪卫星信号即可实现定位，也不需要构建参考站和用户之间的无线传输链路。

独立工作模式，如 IMES，各伪卫星可以直接将自身位置播发给用户，不需要组网应用，因此不需要各 IMES 伪卫星之间进行时间同步。

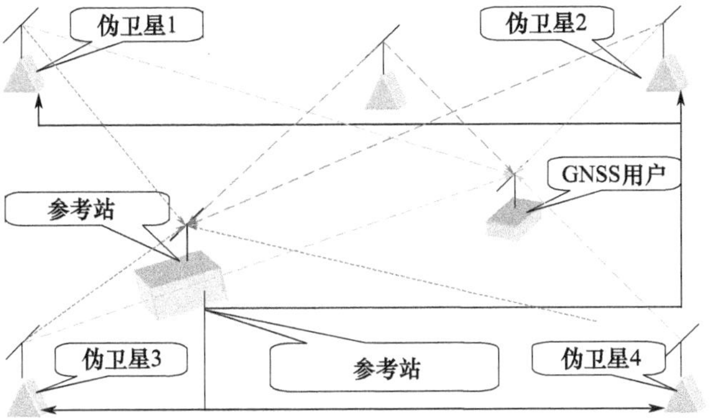

图 11.2　同步组网模式[26]（见彩图）

11.4　伪卫星平台定位方法

伪卫星平台精密定位主要采用导航卫星定位方法和地面监测站定位方法。利用导航卫星进行伪卫星平台定位的方法与普通地面用户和空中用户定位相同。不过，为了增强伪卫星平台的抗干扰能力，伪卫星上的 GNSS 接收机可以采用阵列天线、GNSS/惯性导航深耦合等技术。本节主要介绍地面监测站定位方法在运动伪卫星平台定位中的应用。

利用地面监测站对运动伪卫星平台（其载体为近空间飞行器，如飞艇）进行定位的方法可以分为两大类：倒 GNSS 定位法和地面收发系统定位法。倒 GNSS 定位的系统组成如图 11.3 所示。系统由一组分布于地面的监测接收机、参考伪卫星和中心控制站组成。与通常卫星定位不同，倒 GNSS 定位是利用一组固定的接收机跟踪和确定运动伪卫星平台的位置。地面接收机除接收运动伪卫星发射的导航信号外，同时接收参考伪卫星（也可利用导航卫星代替）的导航信号，所有接收机观测数据都通过通信网络送往控制中心，控制中心对所有观测数据进行组合，进而确定运动伪卫星平台的精确位置。为了消除地面监测接收机之间时间同步误差造成的影响，构造单差或双差观测值：

$$\Delta\rho_{\mathrm{sb}}^{i} = \left|\boldsymbol{X}^{i} - \boldsymbol{X}_{\mathrm{s}}(t_{\mathrm{s}}^{i})\right| - \left|\boldsymbol{X}^{i} - \boldsymbol{X}_{\mathrm{b}}(t_{\mathrm{b}}^{i})\right| + c\cdot\delta t_{\mathrm{s}} - c\cdot\delta t_{\mathrm{b}} + \Delta d_{\mathrm{ion}} + \Delta d_{\mathrm{trop}} + \Delta m_{\mathrm{pmulti}} + \Delta\varepsilon_{\mathrm{p}} \quad i = 1,2,\cdots,n \tag{11.1}$$

$$\nabla\Delta\phi_{\mathrm{sb}}^{1i} = \left|\boldsymbol{X}^{1} - \boldsymbol{X}_{\mathrm{s}}(t_{\mathrm{s}}^{1})\right| - \left|\boldsymbol{X}^{i} - \boldsymbol{X}_{\mathrm{s}}(t_{\mathrm{s}}^{i})\right| - \left|\boldsymbol{X}^{1} - \boldsymbol{X}_{\mathrm{b}}(t_{\mathrm{b}}^{1})\right| + \left|\boldsymbol{X}^{i} - \boldsymbol{X}_{\mathrm{b}}(t_{\mathrm{b}}^{i})\right| + \nabla\Delta N_{\mathrm{ab}}^{1i} + \nabla\Delta d_{\mathrm{ion}} + \nabla\Delta d_{\mathrm{trop}} + \nabla\Delta m_{\phi\mathrm{multi}} + \nabla\Delta\varepsilon_{\phi} \quad i = 1,2,\cdots,n \tag{11.2}$$

式中：$\boldsymbol{X}^i$ 为第 i 个地面监测接收机位置矢量；$\boldsymbol{X}_{\mathrm{s}}$ 为运动伪卫星平台位置矢量；$\boldsymbol{X}_{\mathrm{b}}$ 为参考伪卫星位置矢量；t_{s}^i 和 t_{b}^i 分别为到达第 i 个地面监测接收机的信号对应的发射时刻，这里的发射时刻指伪卫星的钟面时间，在普通导航卫星定位中，接收机接收所有

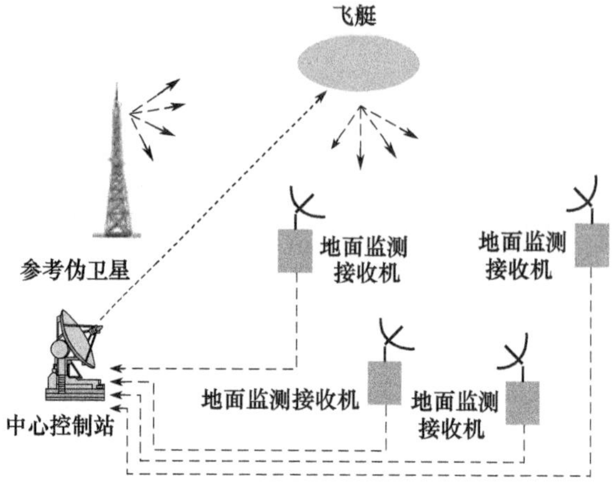

图 11.3　倒 GNSS 定位

卫星信号的时刻是相同的,但是在倒 GNSS 定位中,由于接收机之间钟差和伪卫星到接收机之间的距离不同,接收机接收到的伪卫星信号发送时刻存在偏差,即观测方程中 t_s^i 和 t_b^i 对于每个接收机各不相同,但是,如果假定所有接收机时间同步精度为 1ms,而伪卫星平台(主要指近空间飞行器)运动速度小于 1m/s,则时钟不同步引起的运动伪卫星平台的位置变化小于 1mm,可以忽略不计,另外,运动伪卫星平台与监测接收机之间的最大距离约为 200km,信号传播时间引起的伪卫星平台位置变化小于 0.8mm,所以可近似认为所有观测方程中,运动伪卫星平台位置不变;Δ 为单差算符;$\nabla\Delta$ 为双差算符;d_{ion}、d_{trop} 分别为电离层延迟和对流层延迟;m_{pmulti}、m_{ϕ} 分别为伪距和载波相位观测值多径,ε_{p}、ε_{ϕ} 分别为伪距和载波相位噪声;N 为载波模糊度。

采用地面收发系统可实现对运动伪卫星平台进行精密定位。按照地面设备功能不同可细分为三种类型:单收系统、单发系统和收发系统。3 种系统的组成和工作过程简单介绍如下。

(1) 单收系统:地面监测接收机同步接收运动伪卫星平台发射的测距信号,其伪距和载波相位观测数据通过通信网络送往控制中心,解算运动伪卫星平台位置,最后通过通信链路回传给运动伪卫星平台。这种工作模式至少需要 4 个地面监测接收机同时对运动伪卫星平台进行观测,且要求 4 个地面监测接收机保持严格时间同步,还需要地面控制中心保持与伪卫星平台的通信。

(2) 单发系统:地面监测站不接收伪卫星平台信号,只发射导航信号。运动伪卫星平台至少接收 4 个地面监测站发射的导航信号,然后进行自主定位计算,确定运动伪卫星平台的精确位置。该工作模式要求 4 个地面监测站保持高精度时间同步。

(3) 收发系统:运动伪卫星平台至少与 3 个地面监测站建立双向测距通信链路,定位计算由运动伪卫星平台(主要为近空间飞行器,如飞艇)完成,如图 11.4 所示。这种工作模式下,所有地面监测站测量并同步转发运动伪卫星平台测距信号,运动伪

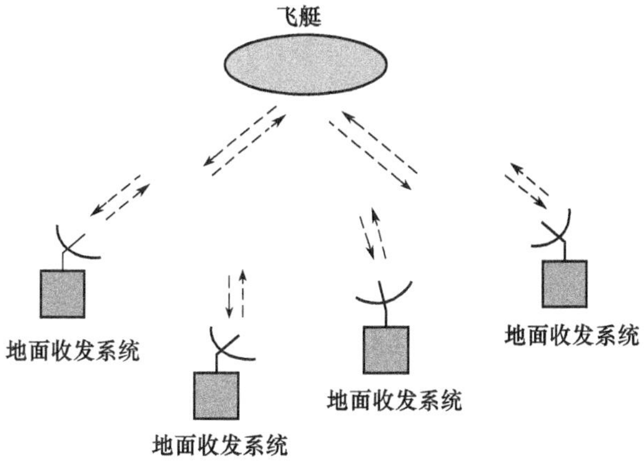

图 11.4　地面收发定位

卫星平台接收地面监测站测距数据,同时测量各地面监测站转发的上行导航信号。基于上述双向测距数据和地面监测站测距数据即可计算出运动伪卫星平台的精确位置。

以上几种运动伪卫星平台定位方法在系统配置要求上不尽相同,定位性能也有所差别,下面对几种定位方法的特点进行简单分析。

(1) 倒 GNSS 定位方法需要建立参考站发射伪卫星信号,为了能够让所有参与运动伪卫星平台定位的地面监测接收机接收到参考伪卫星信号,参考站一般选择高塔或山顶,对系统建设的要求较高。不过,倒 GNSS 定位方法不需要各监测接收机之间进行严格的时间同步。

(2) 采用地面的单发系统和单收系统,系统设置和建设简单,但是要求所有地面监测站保持严格时间同步。

(3) 采用地面收发系统是一种较理想的运动伪卫星平台定位方法,这种方法对于地面监测站的布设没有特殊要求,对地面监测站间的时间同步要求也不如单发系统和单收系统严格。利用伪随机码或载波相位测距方法可测量运动伪卫星平台与地面监测站之间的距离。但这种方法的一个特殊要求是地面监测站与运动伪卫星平台之间必须存在通信链路,以便将地面监测站的测距信息传递给运动伪卫星平台,运动伪卫星平台在此基础上才能计算得到最终的距离观测值。

11.5　Locata 系统

11.5.1　概述

Locata 系统是由澳大利亚 Locata 公司研制的一种地基伪卫星定位系统,称为 LocataNet。Locata 系统采用类 GNSS 定位技术的地基局域网络,利用地基伪卫星发射强信号,可在任何内部、外部环境中使用。Locata 系统不仅可以与 GNSS 组合应用,同时也可以独立使用,如用于仓库、露天矿场、城市峡谷等区域定位[27]。

Locata 系统的主要设备为 LocataLite 收发设备(即伪卫星)和 Locata 接收机。LocataLite 收发设备可以发射类 GNSS 的信号,为其他 Locata 接收机提供伪卫星信号;LocataLite 收发设备还内置了 Locata 接收机,可以接收其他伪卫星信号以测量伪卫星之间的距离,用于伪卫星的自主定位。4 个或以上 LocataLite 收发设备,可采用 TimeLoc 时间精确同步技术和自主定位技术,构成 LocataNet。在 LocataNet 中,Locata 接收机可跟踪多个 LocataLite 信号,实现独立组网定位,也可以与 GNSS 组合定位。

11.5.2 Locata 系统自主定位和时间同步技术

11.5.2.1 LocataNet 伪卫星自主定位技术

LocataNet 应用于定位,首先需要精确标定 LocataLite 的位置。LocataNet 构建过程如下[28-29]:

(1) 利用 GNSS 确定 LocataLite1 的位置,LocataLite1 开始发射伪卫星信号。

(2) LocataLite2 也利用 GNSS 确定其位置,同时接收 LocataLite1 信号,实现与 LocataLite1 信号的时间同步。LocataLite2 也发射伪卫星信号。同样步骤,实现 LocataLite3 和 LocataLite4 的 GNSS 定位和时间同步。

(3) 4 个位置精确已知且时间精确同步的 LocataLite 构成了最简的 LocataNet,可以独立于 GNSS 提供定位服务。

(4) 后续的 LocataLite-n 可以逐步加入 LocataNet 中,LocataLite-n 可以不再利用 GNSS,仅利用之前的已经成功组网的 LocataLite 就可以实现 LocataLite-n 的精确定位和时间同步,并加入 LocataNet,为其他 Locata 接收机提供伪卫星信号。

(5) 第 5 个及以后的 LocataLite 可以放置在室内,实现室内定位;也可以放置在室外,与 GNSS 实现联合定位。

LocataNet 具有如下优点:一是可以利用 GNSS 或已有的 LocataNet 实现自主测量定位,使得 LocataNet 易于安装和扩展覆盖区域,包括覆盖室内、矿坑等区域,LocataNet可以根据需要独立灵活构建;二是 LocataLite 信号功率可以灵活调整,提高其信号的抗干扰和穿透能力,也可以大幅扩展其覆盖区域;三是可以与 GNSS 一起实现室内外无缝定位;四是时间精确同步达到纳秒级,可以实现厘米级的单点定位。

11.5.2.2 TimeLoc 时间同步技术

LocataLite 之间的精确同步是 Locata 系统的核心技术。Locata 采用了 TimeLoc 自主同步技术[28-29],通过地基收发机相互播发和接收伪卫星信号,实现高精度单点定位,并不依赖于 GNSS 信号。

借助于 TimeLoc 同步技术,无需原子钟、无需外部电缆、无需参考站辅助,利用

LocataLite 收发设备接收其他伪卫星的单向测距信号即可实现高精密定位，进而获得高精度时间同步。两个 LocataLite（A 和 B）之间的 TimeLoc 同步过程如下[28-29]。

（1）LocataLite A 发射伪卫星信号。

（2）LocataLite B 跟踪测量 LocataLite A 发射的伪卫星信号。

（3）LocataLite B 发射自身的伪卫星信号。

（4）LocataLite B 计算 LocataLite A 信号和自身 LocataLite B 信号之间的差值。该差值包括 LocataLite A、LocataLite B 之间的钟差以及二者之间的几何距离。

（5）LocataLite B 利用直接数字合成技术调整本地振荡器，与 LocataLite A 进行精确时间同步。同时持续监测其差值，保持差值为零，维持时间同步。

（6）利用 LocataLite A、LocataLite B 的精确位置，修正 LocataLite A、LocataLite B 之间的几何距离，实现 TimeLoc 时间同步。

利用上述 TimeLoc 技术，无需参考 LocataLite，只需观测 LocataNet 其中的任意一个 LocataLite，即可实现与 LocataLite 整网的时间同步，这使得 LocataLite 地点选择非常灵活，可以实现室内或偏远地区的伪卫星覆盖。

11.5.3　Locata 系统性能

至 2013 年 1 月，Locata 系统已经开展了 3 次大型试验，包括在澳大利亚威尔士库马机场附近的一个大约 600 平方英里（1 平方英里 ≈ 2.59 km^2）LocataNet 网的 2 次试验、2011 年 10 月美国空军 746 试验中队在白沙导弹靶场开展的 1 次飞行试验。其中前 2 次是开发方的技术试验，后 1 次是使用方美国空军进行的演示验证试验。

美国空军 746 测试中队在白沙导弹靶场的 LocataNet 试验区域约 800 平方英里（约 2000 km^2）部署了 10 个 LocataLite 站点，对飞机进行了比对定位。以 GPS/惯导组合系统为参考基准，对 LocataNet 载波相位定位结果进行比对分析，结果表明：Locata 东向、北向、垂直、三维定位精度分别为 6cm、6cm、15cm、18cm，如表 11.1 所列。

表 11.1　Locata 与美国空军参考解相比的定位性能[30]

定位方向	伪码定位误差 RMS/m	载波定位误差 RMS/m
东向	0.070	0.062
北向	0.105	0.060
高程	0.201	0.151
3D	0.245	0.174

此次美国空军验证了在 GPS 不可用的情况下，Locata 能够在大范围内提供厘米级的定位能力，使得 Locata 将成为未来定位和导航系统的重要选择，也将成为美国国防部未来导航系统测试与评估新的最高标准参考系统。美国空军认为，Locata 系

统不仅满足 2010 年所签订合同中规定的极其严格的跟踪和定位要求，甚至在多个方面性能更优。美国空军确认的 Locata 系统特点[30]如下。

（1）定位精度高。在没有 GPS 的情况下，对距离 50km、时速 550km 的飞机，Locata 系统定位精度为水平 6cm、垂直 15cm，其误差相当于 1 美元钞票的大小。

（2）时间同步快。在整个测试过程中，Locata 系统运行数秒后，白沙导航靶场的整个网络即可实现纳秒级精度的时间同步，甚至在恶劣天气中仍然能保持同步。

（3）远距离接收效果好。Locata 系统的发射机如果与放大器相连接，可提升远距离信号的接收效果。如果与 10W 放大器相连，飞机在距离 100km 处可定位；连接更高功率的放大器，可实现更远距离的定位。

（4）高动态性能。在白沙导弹靶场飞行测试之前，商业 Locata 系统仅被用于轿车、卡车、推土机、钻车等地面交通工具的区域定位。而在美国空军此次测试中，飞行速度高达 560km/h，飞行高度达 10000m，验证了 Locata 系统可满足飞机动态作战机动（如倾斜飞行，角速度和直线加速等）情况下的使用需求。

另外，LocataLite 伪卫星集成了发射机、接收机，构成一个自主定位网络，使得 Locata系统能够任意配置，以满足具体的、个性化的需求。即使在需求最苛刻的环境下，也可以确保系统的完好性。

参考文献

[1] WANG J. Pseudolite applications in positioning and navigation: progress and problems [J]. Journal of Global Positioning, 2002, 1(1): 48-56.

[2] BRACY B L. Inverted GPS range for modernized GPS field testing[C]//Proceedings of the 58th Annual Meeting of the Institute of Navigation and CIGTF 21st Guidance Test Symposium. Albuquerque: The Institute of Navigation, 2002.

[3] STEWART H C. GPS pseudolites: theory, design and applications[D]. California: Stanford University, 1997.

[4] BORIS S P. Navigation integrity for aircraft precision landing using the global positioning system [D]. California: Stanford University, 1996.

[5] DAVID G L. Aircraft landing using GPS: development and evaluation of a real time system for kinematic positioning using the global positioning system[D]. California: Stanford University, 1996.

[6] COHEN C E, PERVAN B S, COBB H S, et al. Real time cycle ambiguity resolution using a pseudolite for precision landing of aircraft with GPS[C]// The Second International Symposium on Differential Satellite Navigation Systems DSNS'93. Amsterdam: IAG, 1993.

[7] ZIMMERMAN K R, COHEN C E, LAWRENCE D G, et al. Multi-frequency pseudolites for instantaneous carrier ambiguity resolution: proceedings of US institute of navigation GPS-2000[C]. Salt Lake City: The Institute of Navigation, 2000.

[8] DIERENDONCK A J V, PAT F, CHRIS H. Proposed airport pseudolite signal specification for GPS

precision approach local area augmentation systems[C]// Proceedings of the International Technical Meeting of the Satellite Division of the Institute of Navigation (ION GPS 1997). Kansas: The Institute of Navigation, 1997.

[9] CHRISTIAN A. Experiences using pseudolites to augment GNSS in urban environments[C]// Proceedings of the 11th International Technical Meeting of the Satellite Division of the Institute of Navigation (ION GPS 1998). Nashville: The Institute of Navigation, 1998.

[10] CHANGDON K, HAEYOUNG J, DOOHEE Y, et al. Development of indoor navigation system using asynchronous pseudolites[C]//Proceedings of the International Technical Meeting of the Satellite Division of the Institute of Navigation (ION GPS 2000). Salt Lake City: The Institute of Navigation, 2000.

[11] STEFAN S, TUOMAS J, TIMO S, et al. Indoor navigation using a GPS receiver[C]//Proceedings of the 14th International Technical Meeting of the Satellite Division of the Institute of Navigation (ION GPS 2001). Salt Lake City: The institute of Navigation, 2001.

[12] STEFAN S, TIMO J. Synchronized pseudolites—the key to indoor navigation[C]//Proceedings of the International Technical Meeting of the Satellite Division of the Institute of Navigation (ION GPS 2002). Portland: The Institute of Navigation, 2002.

[13] BARNES J, RIZOS C, WANG J, et al. High precision indoor and outdoor positioning using locataNet [J]. Journal of Global Positioning Systems, 2003, 2(2): 73-82.

[14] Japan Aerospace Exploration Agency. Quasi- zenith satellite system navigation service- interface specification for QZSS[R]. Tokyo: Japan Aerospace Exploration Agency, 2010.

[15] NDILI A. GPS pseudolite signal design[C]//Proceedings of ION GPS 1994. Salt Lake City: The Institute of Navigation, 1994.

[16] KANLI M. Limitations of pseudolite systems using off-the-shelf GPS receivers[J]. Journal of Global Positioning Systems, 2004, 3(2): 154-166.

[17] MARTIN S, KUHLEN H, ABT T. Interference and regulatory aspects of GNSS pseudolites [J]. Journal of Global Positioning Systems, 2007, 6(2): 98-107.

[18] ECC Report 128. Compatibility studies between pseudolites and services in the frequency bands 1164-1215, 1215-1300, and 1559-1610 MHz[R]. CEPT: Electronic Communications Committee, 2009.

[19] ECC Report 183. Regulatory framework for outdoor pseudolites[R]. CEPT: Electronic Communications Committee, 2013.

[20] ECC Report 168. Regulatory framework for indoor GNSS pseudolites[R]. Miesbach: Electronic Communications Committee, 2011.

[21] ECC Recommendation (11)08. Framework for authorization regime of indoor global navigation satellite system (GNSS) pseudolites in the band 1559-1610 MHz[R]. CEPT: Electronic Communications Committee, 2011.

[22] ZIMMERMAN K R, SWIEK F M. Proposed european (CEPT) regulation would allow harmful interferers into an ARNS & RNSS radiofrequency band within europe[R]. Europe: GPS Innovation Alliance, 2014.

[23] DEE A D, PETER G. Move to allow GNSS- interfering pseudolites emerges in europe[J]. Inside

GNSS,2014(9):3-31.

[24] THOMAS A S. RTCM SC-104 recommended pseudolite signal specification[J]. Journal of the Institute of Navigation,1986,33(1):42-59.

[25] CHEONG J W,WIE X,POLITI N,et al. Characteristing the signal structure of locata's pseudolite-based positioning system[C]//Proceedings of the International Global Navigation Satellite Systems Society IGNSS Symposium. Queensland:The Institute of Navigation,2009.

[26] BADEA V,ERIKSSON R. Indoor navigation with pseudolites (fake GPS sat.)[D]. Sweden:University of Linkoping,2005.

[27] RIZOS C,LILLY B,ROBERTSON C,et al. Open cut mine machinery automation: going beyond GNSS with Locata[C]//Proceedings of the 2nd International Future Mining Conference. Sydney: Australasian Institute of Mining & Metallurgy Publication Series 14,2011.

[28] LEMASTER E A. Self-calibrating pseudolite arrays:theory and experiment[D]. California:Stanford University,2002.

[29] BARNES J,RIZOS C,WANG J,et al. High precision indoor and outdoor positioning using locataNet [C]//2003 International Symposium on GPS/GNSS. Tokyo:The Institute of Navigation, 2003.

[30] TRUNZO A,BENSHOOF P,AMT J. The UHARS non-GPS based positioning system[C]//24th International Technical Meeting of the Satellite Division of the Institute of Navigation. Portland:The Institute of Navigation,2011.

第12章　GNSS/INS组合导航理论与技术

随着人们对动态载体的跟踪精度、连续性和可靠性要求的提高,依靠单一传感器进行导航、跟踪与控制已不能满足用户需求。为了充分发挥各种导航系统的优势,并克服单一导航系统的缺陷,提高导航定位精度、连续性和完好性,以满足现代化军事、经济发展的需求,多传感器组合导航已经成为导航定位领域研究的热点。在组合导航系统中,常用的传感器有全球卫星导航系统(GNSS)、惯性导航系统(INS)、天文导航系统(CNS)、Doppler导航系统、地形匹配导航系统、影像匹配导航、航位推算导航等。这些传感器系统各有优缺点,经合理配置,可适用于不同场合的导航与制导。其中,GNSS/INS组合导航是应用最广泛的一种组合导航系统,因为INS是一种自主导航系统,它能够为动态载体提供位置速度姿态等导航信息;而GNSS具有很高的定位精度和可靠性,将这两种互补性很强的导航系统组合起来,可有效利用GNSS和INS的优点,在系统间取长补短,以减小系统误差影响,提高导航系统的性能。

12.1　INS数据处理

12.1.1　INS坐标系统

INS计算涉及4种坐标系:惯性坐标系、地固坐标系、当地水平坐标系和载体坐标系。下面给出具体定义及其相互之间的转换关系。

1) 惯性坐标系(i系)

惯性坐标系是INS导航计算的基本坐标系,是右手系,它的坐标轴不随地球旋转和加速而改变,原点为地球质心,X轴指向平春分点,Y轴与X、Z轴正交,Z轴平行于地球自转轴。

2) 地固坐标系(e系)

地固坐标系在测量领域应用广泛,如GPS使用的WG-S84就是一种地固坐标系,是右手系。地固坐标系在第2章中已经给出定义和描述,这里不再重复。

3) 当地水平坐标系(l系)

当地水平坐标系也就是地理坐标系,是右手系,按照坐标轴的选取顺序和指向不同分为东北天坐标系和北东地坐标系。本章采用东北天坐标系,原点为传感器的质心,X轴指向地理东向,Y轴指向地理北向,Z轴与X、Z轴正交(指向地理天向）。

东北天坐标系与北东地坐标系的转换关系为

$$\begin{bmatrix} x \\ y \\ z \end{bmatrix}_{\mathrm{ENU}} = \begin{bmatrix} 0 & 1 & 0 \\ 1 & 0 & 0 \\ 0 & 0 & -1 \end{bmatrix} \begin{bmatrix} x \\ y \\ z \end{bmatrix}_{\mathrm{NED}} \tag{12.1}$$

式中：$[x \quad y \quad z]_{\mathrm{ENU}}$为东北天坐标；$[x \quad y \quad z]_{\mathrm{NED}}$为北东地坐标。

4）载体坐标系（b 系）

载体坐标系以 INS 三轴的中心作为坐标原点，是右手系，原点为 INS 三轴中心，X 轴指向载体的右方，Y 轴指向载体的前向，Z 轴与 X、Z 轴正交。

由地固坐标系和惯性坐标系的定义可知，两者的 Z 轴一致，X 轴相差一个 $\omega_e t$ 角，只需要绕 Z 轴顺时针旋转 $\omega_e t$ 角，其旋转矩阵为

$$\boldsymbol{R}_e^i = (\boldsymbol{R}_i^e)^{\mathrm{T}} = \begin{bmatrix} \cos(-\omega_e t) & \sin(-\omega_e t) & 0 \\ -\sin(-\omega_e t) & \cos(-\omega_e t) & 0 \\ 0 & 0 & 1 \end{bmatrix} \tag{12.2}$$

式中：ω_e 为地球自转角速度；t 为地球旋转时间。

地固坐标系到当地水平坐标系的转换可以通过绕 X 和 Z 轴的两次旋转得到，其旋转矩阵为

$$\boldsymbol{R}_e^l = (\boldsymbol{R}_l^e)^{\mathrm{T}} = \boldsymbol{R}_X(90-B)\boldsymbol{R}_Z(L+90) = \begin{bmatrix} -\sin(L) & \cos(L) & 0 \\ -\sin(B)\cos(L) & -\sin(B)\sin(L) & \cos(B) \\ \cos(B)\cos(L) & \cos(B)\sin(L) & \sin(B) \end{bmatrix} \tag{12.3}$$

式中：B 为地理纬度；L 为地理经度。

载体坐标系到当地水平坐标系的转换可以通过绕 Z、X 和 Y 轴的三次旋转得到，其旋转矩阵为

$$\boldsymbol{R}_b^l = (\boldsymbol{R}_l^b)^{\mathrm{T}} = \boldsymbol{R}_Z(y)\boldsymbol{R}_X(-p)\boldsymbol{R}_Y(-r)$$

$$\boldsymbol{R}_b^l = \begin{bmatrix} \cos r\cos y + \sin r\sin p\sin y & \cos p\sin y & \sin r\cos y - \cos r\sin p\sin y \\ -\cos r\sin y + \sin r\sin p\cos y & \cos p\cos y & -\sin r\sin y - \cos r\sin p\cos y \\ -\sin r\cos p & \sin p & \cos r\cos p \end{bmatrix} \tag{12.4}$$

式中：y 为载体的航向角；p 为载体的俯仰角；r 为载体的翻滚角。

这里需要说明的是，在上面这种旋转方式中，航向角是指载体坐标系经过两次旋转之后绕 Z 轴逆时针旋转的角度，也可表达成

$$\boldsymbol{R}_b^l = (\boldsymbol{R}_l^b)^{\mathrm{T}} = \boldsymbol{R}_Z(-y)\boldsymbol{R}_X(-p)\boldsymbol{R}_Y(-r) \tag{12.5}$$

在这种表达式中，航向角是指载体坐标系经过两次旋转之后绕 Z 轴顺时针旋转的角度，因此在计算过程中一定要区别开。本章导航坐标系主要采用的是地固坐标系，因此载体坐标系向导航坐标系的转换矩阵为

$$\boldsymbol{R}_{\mathrm{b}}^{\mathrm{e}}=(\boldsymbol{R}_{\mathrm{e}}^{\mathrm{b}})^{\mathrm{T}}=\boldsymbol{R}_{\mathrm{l}}^{\mathrm{e}}\cdot\boldsymbol{R}_{\mathrm{b}}^{\mathrm{l}} \tag{12.6}$$

12.1.2　力学编排

INS 力学编排的任务就是按照合适的数学模型由 INS 观测量(角速度和比力)计算出载体导航定位参数(位置、速度和姿态)。具体来说分为两步:一是利用陀螺仪测得的载体相对于惯性参考系的旋转角速度,计算出载体坐标系到导航坐标系的转换矩阵;二是将加速度计测得的载体坐标系相对于惯性坐标系的加速度转换到导航坐标系,减去正常重力和 Coriolis 加速度,然后得到载体的导航定位信息。力学编排过程可以通过一个导航方程表达[1]:

$$\begin{bmatrix}\dot{\boldsymbol{R}}_{\mathrm{b}}^{\mathrm{e}}\\ \dot{\boldsymbol{v}}^{\mathrm{e}}\\ \dot{\boldsymbol{r}}^{\mathrm{e}}\end{bmatrix}=\begin{bmatrix}\boldsymbol{R}_{\mathrm{b}}^{\mathrm{e}}(\boldsymbol{\Omega}_{ei}^{\mathrm{b}}+\boldsymbol{\Omega}_{i\mathrm{b}}^{\mathrm{b}})\\ \boldsymbol{f}^{\mathrm{e}}-2\boldsymbol{\Omega}_{ie}^{\mathrm{e}}\boldsymbol{v}^{\mathrm{e}}+\boldsymbol{\gamma}^{\mathrm{e}}\\ \boldsymbol{v}^{\mathrm{e}}\end{bmatrix}=\begin{bmatrix}\boldsymbol{R}_{\mathrm{b}}^{\mathrm{e}}(-\boldsymbol{\Omega}_{ei}^{\mathrm{b}}+\boldsymbol{\Omega}_{i\mathrm{b}}^{\mathrm{b}})\\ \boldsymbol{R}_{\mathrm{b}}^{\mathrm{e}}\boldsymbol{f}^{\mathrm{b}}-2\boldsymbol{\Omega}_{ie}^{\mathrm{e}}\boldsymbol{v}^{\mathrm{e}}+\boldsymbol{\gamma}^{\mathrm{e}}\\ \boldsymbol{v}^{\mathrm{e}}\end{bmatrix} \tag{12.7}$$

式中:$\boldsymbol{R}_{\mathrm{b}}^{\mathrm{e}}$ 为载体坐标系 b 至地固坐标系 e 的转换矩阵;$\boldsymbol{r}$ 为载体位置矢量;$\boldsymbol{v}$ 为载体速度矢量;$\boldsymbol{\gamma}$ 为正常重力矢量;$\boldsymbol{f}$ 为比力观测值矢量;$\boldsymbol{\Omega}$ 为角度矢量 ω 的反对称矩阵,$\boldsymbol{\Omega}=\begin{bmatrix}0&-\omega_z&-\omega_y\\ \omega_z&0&-\omega_x\\ -\omega_y&\omega_x&0\end{bmatrix}$,例如 $\boldsymbol{\Omega}_{ei}^{\mathrm{b}}$ 就是矢量 $\boldsymbol{\omega}_{ei}^{\mathrm{b}}$ 的反对称矩阵。

计算姿态转换矩阵通常有微分方程法、四元数法、数值积分解法等。通常采用四元数法计算转换矩阵[1],分为三步:

1) 计算载体坐标系相对于地固坐标系的旋转角增量

陀螺仪测得的角速度是载体的旋转角速度和地固坐标系相对于惯性空间的角速度之和,因此在计算载体姿态转换矩阵之前需要从观测量中将地固坐标系相对于惯性空间的角速度去掉:

$$\Delta\boldsymbol{\theta}_{\mathrm{eb}}^{\mathrm{b}}=\Delta\boldsymbol{\theta}_{i\mathrm{b}}^{\mathrm{b}}-\Delta\boldsymbol{\theta}_{ie}^{\mathrm{b}}=\boldsymbol{\omega}_{i\mathrm{b}}^{\mathrm{b}}\Delta t-\boldsymbol{\omega}_{ie}^{\mathrm{b}}\Delta t=\boldsymbol{\omega}_{i\mathrm{b}}^{\mathrm{b}}\Delta t-\boldsymbol{R}_{\mathrm{e}}^{\mathrm{b}}\boldsymbol{\omega}_{ie}^{\mathrm{e}}\Delta t \tag{12.8}$$

式中:$\Delta\boldsymbol{\theta}$ 是角度增量;$\boldsymbol{\omega}_{i\mathrm{b}}^{\mathrm{b}}$ 是观测得到的角速度;$\boldsymbol{\omega}_{ie}^{\mathrm{e}}=(0\quad 0\quad \omega_{\mathrm{e}})^{\mathrm{T}}$。

2) 四元数更新

$$\begin{bmatrix}q_1\\ q_2\\ q_3\\ q_4\end{bmatrix}_{k+1}=\begin{bmatrix}q_1\\ q_2\\ q_3\\ q_4\end{bmatrix}_{k}+\begin{bmatrix}c&s\Delta\theta_z^{\mathrm{b}}&-s\Delta\theta_y^{\mathrm{b}}&s\Delta\theta_x^{\mathrm{b}}\\ -s\Delta\theta_z^{\mathrm{b}}&c&s\Delta\theta_x^{\mathrm{b}}&s\Delta\theta_y^{\mathrm{b}}\\ s\Delta\theta_y^{\mathrm{b}}&-s\Delta\theta_x^{\mathrm{b}}&c&s\Delta\theta_z^{\mathrm{b}}\\ -s\Delta\theta_x^{\mathrm{b}}&-s\Delta\theta_y^{\mathrm{b}}&-s\Delta\theta_z^{\mathrm{b}}&c\end{bmatrix}\cdot\begin{bmatrix}q_1\\ q_2\\ q_3\\ q_4\end{bmatrix}_{k} \tag{12.9}$$

式中:$c=\cos\dfrac{|\theta|}{2}-1$;$s=\dfrac{1}{|\theta|}\sin\dfrac{|\theta|}{2}$;$\theta=\sqrt{(\Delta\theta_x^{\mathrm{b}})^2+(\Delta\theta_y^{\mathrm{b}})^2+(\Delta\theta_z^{\mathrm{b}})^2}$。

3) 计算坐标转换矩阵

由四元数通过下式得到姿态矩阵:

$$
\boldsymbol{R}_{\mathrm{b}}^{\mathrm{e}}=\begin{bmatrix} q_1^2-q_2^2-q_3^2+q_4^2 & 2(q_1q_2-q_3q_4) & 2(q_1q_3+q_1q_3) \\ 2(q_1q_2+q_3q_4) & -q_1^2+q_2^2-q_3^2-q_4^2 & 2(q_2q_3-q_1q_4) \\ 2(q_1q_3-q_2q_4) & 2(q_2q_3-q_1q_4) & -q_1^2-q_2^2+q_3^2+q_4^2 \end{bmatrix} \tag{12.10}
$$

姿态转换矩阵得到之后，计算载体的导航定位信息，计算步骤如下：

1）计算地固坐标系中的比力

观测的比力属于载体坐标系中的值，需要转换成地固坐标系中的相应值。因为 $\boldsymbol{R}_{\mathrm{b}}^{\mathrm{e}}$ 随时间而变，不能直接用上面计算的 $\boldsymbol{R}_{\mathrm{b}}^{\mathrm{e}}$ 转换，而是需要用这段时间的平均值，因此地固系中的比力为

$$
\boldsymbol{f}^{\mathrm{e}}=(\boldsymbol{R}_{\mathrm{b}}^{\mathrm{e}})_{k+1}(\boldsymbol{I}-\frac{1}{2}\boldsymbol{S}^{\mathrm{b}})\boldsymbol{f}^{\mathrm{b}} \tag{12.11}
$$

式中：$\boldsymbol{f}^{\mathrm{b}}$ 为载体坐标系中比力观测值；$\boldsymbol{S}^{\mathrm{b}}$ 为角度增量 $\Delta\theta$ 的反对称矩阵；$\boldsymbol{I}$ 为 3×3 阶对角矩阵。

2）计算 Coriolis 加速度及正常重力

Coriolis 加速度是由载体运动的角速度引起的，计算公式为

$$
\boldsymbol{\Omega}_{ie}^{\mathrm{e}}\boldsymbol{v}^{\mathrm{e}}=2\begin{bmatrix} 0 & -\omega_{\mathrm{e}} & 0 \\ \omega_{\mathrm{e}} & 0 & 0 \\ 0 & 0 & 0 \end{bmatrix}\begin{bmatrix} v_x^{\mathrm{e}} \\ v_y^{\mathrm{e}} \\ v_z^{\mathrm{e}} \end{bmatrix} \tag{12.12}
$$

正常重力 $\boldsymbol{\gamma}^{\mathrm{e}}$ 为

$$
\boldsymbol{\gamma}^{\mathrm{e}}=\frac{a_1}{p}\begin{bmatrix} (c_1+c_2t^2+c_3t^4+c_4t^6)x^{\mathrm{e}} \\ (c_1+c_2t^2+c_3t^4+c_4t^6)y^{\mathrm{e}} \\ (d_1+d_2t^2+d_3t^4+d_4t^6)z^{\mathrm{e}} \end{bmatrix}+\begin{bmatrix} \omega_{\mathrm{e}}^2x^{\mathrm{e}} \\ \omega_{\mathrm{e}}^2y^{\mathrm{e}} \\ 0 \end{bmatrix} \tag{12.13}
$$

其中

$$
c_1=a_2,\qquad d_1=a_2+b_1
$$

$$
c_2=a_3-b_1,\quad d_2=c_2+b_1
$$

$$
c_3=a_4-b_2,\quad d_3=c_3+b_3
$$

$$
c_4=a_5-b_3,\quad d_4=c_4
$$

$$
a_1=-\frac{fM}{\rho^2}
$$

$$
a_2=1+\frac{3}{2}J_2\left(\frac{a}{\rho}\right)^2-\frac{15}{8}J_4\left(\frac{a}{\rho}\right)^4+\frac{35}{16}J_6\left(\frac{a}{\rho}\right)^6
$$

$$
a_3=-\frac{9}{2}J_2\left(\frac{a}{\rho}\right)^2+\frac{75}{4}J_4\left(\frac{a}{\rho}\right)^4-\frac{735}{16}J_6\left(\frac{a}{\rho}\right)^6
$$

$$
a_4=-\frac{175}{8}J_4\left(\frac{a}{\rho}\right)^4+\frac{2205}{16}J_6\left(\frac{a}{\rho}\right)^6
$$

$$
a_5=-\frac{1617}{16}J_6\left(\frac{a}{\rho}\right)^6
$$

$$b_1=3J_2\left(\frac{a}{\rho}\right)^2-\frac{15}{2}J_4\left(\frac{a}{\rho}\right)^4+\frac{105}{8}J_6\left(\frac{a}{\rho}\right)^6$$

$$b_2=\frac{35}{2}J_4\left(\frac{a}{\rho}\right)^4-\frac{945}{12}J_6\left(\frac{a}{\rho}\right)^6$$

$$b_3=\frac{693}{8}J_6\left(\frac{a}{\rho}\right)^6$$

$$\rho=\sqrt{(x^{\mathrm{e}})^2+(y^{\mathrm{e}})^2+(z^{\mathrm{e}})^2}$$

式中:f 为地球扁率;M 为地球质量;J_2、J_4、J_6 分别为地球重力场二阶、四阶和六阶带球谐系数。

3) 计算第 $k+1$ 历元载体位置和速度

$$\Delta\boldsymbol{v}^{\mathrm{e}}=(\boldsymbol{f}^{\mathrm{e}}-2\boldsymbol{\Omega}_{ie}^{\mathrm{e}}\boldsymbol{v}^{\mathrm{e}}+\boldsymbol{\gamma}^{\mathrm{e}})\Delta t \tag{12.14}$$

$$\boldsymbol{v}_{k+1}^{\mathrm{e}}=\boldsymbol{v}_k^{\mathrm{e}}+0.5\times(\Delta\boldsymbol{v}_k^{\mathrm{e}}+\Delta\boldsymbol{v}_{k+1}^{\mathrm{e}}) \tag{12.15}$$

$$\boldsymbol{r}_{k+1}^{\mathrm{e}}=\boldsymbol{r}_k^{\mathrm{e}}+0.5\times(\boldsymbol{v}_k^{\mathrm{e}}+\boldsymbol{v}_{k+1}^{\mathrm{e}})\Delta t \tag{12.16}$$

式中:$\Delta\boldsymbol{v}$ 为历元间速度增量;Δt 为历元采样间隔时间。

4) 计算载体姿态角

由式(12.3)计算得到的 $\boldsymbol{R}_{\mathrm{e}}^{\mathrm{l}}$ 和式(12.10)计算得到的 $\boldsymbol{R}_{\mathrm{b}}^{\mathrm{e}}$,进而可得 $\boldsymbol{R}_{\mathrm{b}}^{\mathrm{e}}=\boldsymbol{R}_{\mathrm{e}}^{\mathrm{l}}\times\boldsymbol{R}_{\mathrm{b}}^{\mathrm{e}}$。根据姿态转换矩阵 $\boldsymbol{R}_{\mathrm{b}}^{\mathrm{l}}$ 确定载体的三个姿态角:

$$\begin{cases}y=a\tan(\boldsymbol{R}_{\mathrm{b}}^{\mathrm{l}}(1,2)/\boldsymbol{R}_{\mathrm{b}}^{\mathrm{l}}(2,2)) & 0^\circ\leqslant y<360^\circ\\ p=a\tan(\boldsymbol{R}_{\mathrm{b}}^{\mathrm{l}}(3,2)) & -90^\circ<p<90^\circ\\ r=a\tan(-\boldsymbol{R}_{\mathrm{b}}^{\mathrm{l}}(3,1)/\boldsymbol{R}_{\mathrm{b}}^{\mathrm{l}}(3,3)) & -90^\circ<r<90^\circ\end{cases} \tag{12.17}$$

12.1.3 误差方程

在组合导航卡尔曼滤波中,将误差小量作为待估参数,其动力学模型方程是建立在 INS 误差方程基础上的,本节给出地固坐标系中 INS 误差方程的推导过程。

对式(12.7)中的第二个方程两边微分可得速度误差为[1-2]

$$\begin{aligned}\delta\dot{\boldsymbol{v}}^{\mathrm{e}}&=\delta\boldsymbol{R}_{\mathrm{b}}^{\mathrm{e}}\boldsymbol{f}^{\mathrm{b}}+\boldsymbol{R}_{\mathrm{b}}^{\mathrm{e}}\delta\boldsymbol{f}^{\mathrm{b}}-2\,\boldsymbol{\Omega}_{ie}^{\mathrm{e}}\delta\boldsymbol{v}^{\mathrm{e}}+\delta\boldsymbol{\gamma}^{\mathrm{e}}=\boldsymbol{\Omega}^{\phi}\,\boldsymbol{R}_{\mathrm{b}}^{\mathrm{e}}\boldsymbol{f}^{\mathrm{b}}+\boldsymbol{R}_{\mathrm{b}}^{\mathrm{e}}\boldsymbol{a}-2\,\boldsymbol{\Omega}_{ie}^{\mathrm{e}}\delta\boldsymbol{v}^{\mathrm{e}}+\boldsymbol{N}^{\mathrm{e}}\delta\boldsymbol{r}=\\&-\boldsymbol{F}^{\mathrm{e}}\boldsymbol{\varphi}+\boldsymbol{R}_{\mathrm{b}}^{\mathrm{e}}\boldsymbol{a}-2\,\boldsymbol{\Omega}_{ie}^{\mathrm{e}}\delta\boldsymbol{v}^{\mathrm{e}}+\boldsymbol{N}^{\mathrm{e}}\delta\boldsymbol{r}\end{aligned} \tag{12.18}$$

式中:$\delta\boldsymbol{v}^{\mathrm{e}}$ 为速度误差;$\boldsymbol{F}^{\mathrm{e}}=\begin{bmatrix}0 & f_z^{\mathrm{e}} & -f_y^{\mathrm{e}}\\ -f_z^{\mathrm{e}} & 0 & f_x^{\mathrm{e}}\\ f_y^{\mathrm{e}} & -f_x^{\mathrm{e}} & 0\end{bmatrix}$;$\boldsymbol{\varphi}=[\phi_x\quad\phi_y\quad\phi_z]^{\mathrm{T}}$;$\boldsymbol{a}$ 为加速度计偏置;$\boldsymbol{N}^{\mathrm{e}}=\dfrac{kM}{r^3}\begin{bmatrix}-1+\dfrac{3x^2}{r^2} & \dfrac{3xy}{r^2} & \dfrac{3xz}{r^2}\\ \dfrac{3xy}{r^2} & -1+\dfrac{3y^2}{r^2} & \dfrac{3yz}{r^2}\\ \dfrac{3xz}{r^2} & \dfrac{3yz}{r^2} & -1+\dfrac{3z^2}{r^2}\end{bmatrix}+\begin{bmatrix}\omega_{\mathrm{e}}^2 & & \\ & \omega_{\mathrm{e}}^2 & \\ & & 0\end{bmatrix}$,$(x\quad y\quad z)$ 为载体在地

固坐标系中的位置坐标，$r=\sqrt{x^2+y^2+z^2}$。

比较式(12.18)中$\boldsymbol{f}^{\mathrm{b}}$系数可知$\delta\boldsymbol{R}_{\mathrm{b}}^{\mathrm{e}}=\boldsymbol{\Omega}^{\phi}\boldsymbol{R}_{\mathrm{b}}^{\mathrm{e}}$，对该式求导可得

$$\delta\dot{\boldsymbol{R}}_{\mathrm{b}}^{\mathrm{e}}=\dot{\boldsymbol{\Omega}}^{\phi}\boldsymbol{R}_{\mathrm{b}}^{\mathrm{e}}+\boldsymbol{\Omega}^{\phi}\dot{\boldsymbol{R}}_{\mathrm{b}}^{\mathrm{e}}=\dot{\boldsymbol{\Omega}}^{\phi}\boldsymbol{R}_{\mathrm{b}}^{\mathrm{e}}+\boldsymbol{\Omega}^{\phi}\boldsymbol{R}_{\mathrm{b}}^{\mathrm{e}}\boldsymbol{\Omega}_{\mathrm{eb}}^{\mathrm{b}} \tag{12.19}$$

又由$\dot{\boldsymbol{R}}_{\mathrm{b}}^{\mathrm{e}}=\boldsymbol{R}_{\mathrm{b}}^{\mathrm{e}}\boldsymbol{\Omega}_{\mathrm{eb}}^{\mathrm{b}}$，两边微分得

$$\delta\dot{\boldsymbol{R}}_{\mathrm{b}}^{\mathrm{e}}=\delta\boldsymbol{R}_{\mathrm{b}}^{\mathrm{e}}\boldsymbol{\Omega}_{\mathrm{eb}}^{\mathrm{b}}+\boldsymbol{R}_{\mathrm{b}}^{\mathrm{e}}\delta\boldsymbol{\Omega}_{\mathrm{eb}}^{\mathrm{b}}=\boldsymbol{\Omega}^{\phi}\boldsymbol{R}_{\mathrm{b}}^{\mathrm{e}}\boldsymbol{\Omega}_{\mathrm{eb}}^{\mathrm{b}}+\boldsymbol{R}_{\mathrm{b}}^{\mathrm{e}}\delta\boldsymbol{\Omega}_{\mathrm{eb}}^{\mathrm{b}} \tag{12.20}$$

比较式(12.19)与式(12.20)可知

$$\dot{\boldsymbol{\Omega}}^{\phi}\boldsymbol{R}_{\mathrm{b}}^{\mathrm{e}}=\boldsymbol{R}_{\mathrm{b}}^{\mathrm{e}}\delta\boldsymbol{\Omega}_{\mathrm{eb}}^{\mathrm{b}} \tag{12.21}$$

右乘$\boldsymbol{R}_{\mathrm{e}}^{\mathrm{b}}$可得

$$\dot{\boldsymbol{\Omega}}^{\phi}=\boldsymbol{R}_{\mathrm{b}}^{\mathrm{e}}\delta\boldsymbol{\Omega}_{\mathrm{eb}}^{\mathrm{b}}\boldsymbol{R}_{\mathrm{e}}^{\mathrm{b}} \tag{12.22}$$

结合$\boldsymbol{\omega}_{\mathrm{eb}}^{\mathrm{b}}=\boldsymbol{\omega}_{i\mathrm{b}}^{\mathrm{b}}-\boldsymbol{R}_{\mathrm{e}}^{\mathrm{b}}\boldsymbol{\omega}_{i\mathrm{e}}^{\mathrm{e}}$，可得姿态角误差为

$$\dot{\boldsymbol{\varphi}}=-\boldsymbol{\Omega}_{i\mathrm{e}}^{\mathrm{e}}\boldsymbol{\varphi}+\boldsymbol{R}_{\mathrm{b}}^{\mathrm{e}}\varepsilon \tag{12.23}$$

位置误差为

$$\delta\dot{\boldsymbol{r}}=\delta\boldsymbol{v} \tag{12.24}$$

陀螺漂移和加速度计偏置一般视为 Gauss-Markov 过程，其误差方程分别为

$$\dot{\varepsilon}=-\frac{1}{\boldsymbol{T}_{\varepsilon}}\varepsilon+\boldsymbol{\omega}_{\varepsilon},\quad \dot{a}=-\frac{1}{\boldsymbol{T}_{a}}a+\boldsymbol{\omega}_{a} \tag{12.25}$$

式中：$\boldsymbol{T}_{\varepsilon}$、$\boldsymbol{T}_{a}$分别为 Gauss-Markov 过程相关时间；$\boldsymbol{\omega}_{\varepsilon}$、$\boldsymbol{\omega}_{a}$分别为驱动白噪声。

12.1.4 INS 随机误差

惯性元件误差是影响惯导系统精度的主要因素。惯性元件的标度因数、安装偏角、随机误差以及温度变化对导航精度的影响，都可以等效为惯性元件误差，即陀螺漂移和加速度计零位偏置。陀螺漂移和加速度计零位偏置可以分为常值部分、斜坡部分和随机部分，其中：常值部分、斜坡部分属于系统性的误差，可以用确定的函数关系来表达；而随机部分是由随机干扰引起的，不能用确定的函数表示。

另外，在惯性元件中，加速度计的精度一般比陀螺仪的精度高出一个量级，一般通过建立固定模型对其进行补偿，基本上能够满足要求，因此陀螺漂移成为影响导航精度的主要因素。所以众多学者在对加速度计误差补偿的基础之上着重研究了陀螺漂移的误差特性。对陀螺漂移中的系统性误差，可以通过测试标定出漂移误差并分离出各误差系数，然后建立误差模型进行性能分析和误差补偿。国内外在陀螺仪测试及误差建模方面已做了大量工作，最早可追溯到 20 世纪 50 年代，一开始只包含三项误差模型，到 70 年代提出相对较完善的十项误差模型，对单个的陀螺仪测试提出了较为成熟的八位置方法。目前力矩反馈法是广泛应用的一种漂移测试方法。陀螺漂移中的随机误差比较复杂，不能用固定的数学模型表达，本节主要针对陀螺仪的随

机误差进行分析和讨论。

INS惯性元件随机误差包含多种噪声类型,不同的噪声在统计性质上具有不同的特点,对这些特点进行判断,可以对不同类型的噪声进行识别。

1）角度随机游走

角度(速度)随机游走也称为白噪声。在惯性测量元件输出信号中,引起角度随机游走的误差源有光源噪声、光电探测器噪声、电子噪声以及数字系统产生的噪声(量化、采样噪声)等。

其功率谱密度为[3-4]

$$S(f) = Q^2 \tag{12.26}$$

式中:f为频率分量;Q^2是角度随机游走系数,即白噪声方差。则角度随机游走的Allan方差为

$$\sigma^2(T) = \frac{Q^2}{T} \tag{12.27}$$

式中:T为相关时间。

图12.1和图12.2给出角度随机游走的双对数功率谱密度和Allan方差。图12.1中直线的斜率为0,图12.2中直线的斜率是-0.5。从图中可以看出,角度随机游走的功率谱密度是常数,但是无法确定其系数值的大小;在Allan方差图上可以确定系数值的大小$Q = \sigma \cdot \sqrt{T}$。

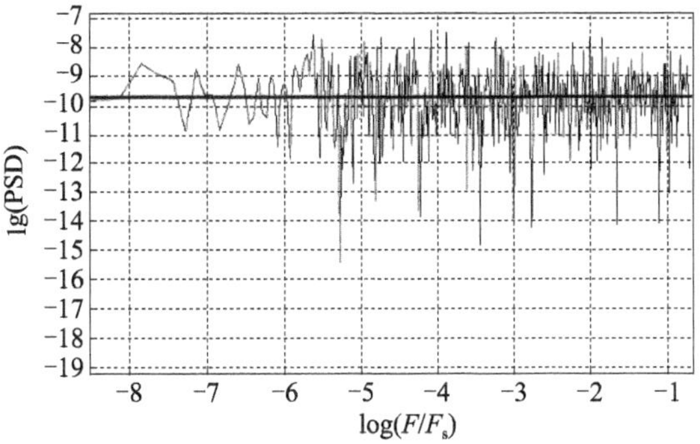

图12.1　角度随机游走功率谱密度(见彩图)

2）速率随机游走

速率随机游走也称为随机游走调频。速率随机游走是宽带角加速率的功率谱密度积分的结果,引起速率随机游走的噪声源尚有待研究。

速率随机游走的功率谱密度函数和Allan方差[3-4]分别为

$$S(f) = \left(\frac{K}{2\pi}\right)^2 \frac{1}{f^2} \tag{12.28}$$

$$\sigma^2(T) = \frac{K^2 T}{3} \tag{12.29}$$

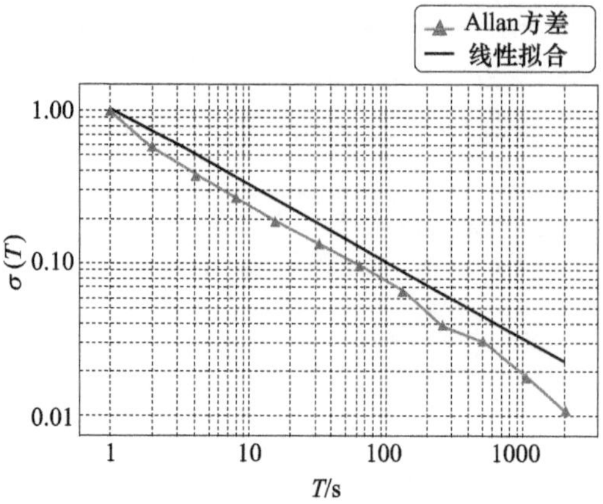

图 12.2 角度随机游走 Allan 方差(见彩图)

式中:K 是速率随机游走系数。

图 12.3 和图 12.4 给出速率随机游走的双对数谱密度和 Allan 方差。图 12.3 中直线的斜率是 -2,图 12.4 中直线的斜率是 0.5,速率随机游走的系数可以由 Allan 方差确定,$K=\sqrt{\frac{3}{T}}\sigma$。

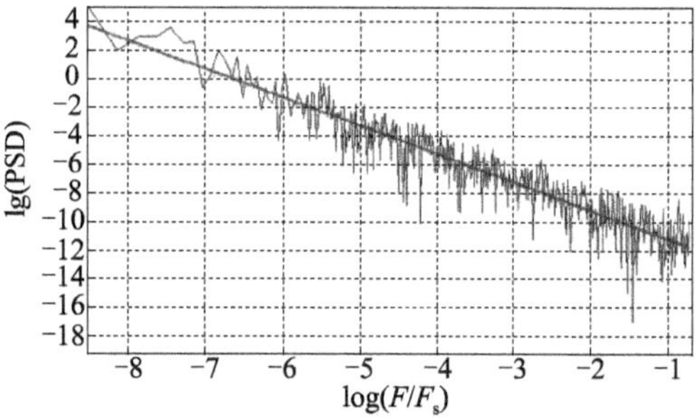

图 12.3 速率随机游走功率谱密度(见彩图)

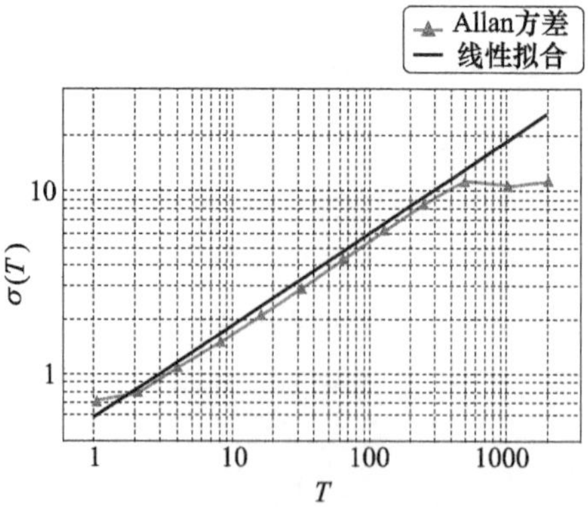

图 12.4 速率随机游走 Allan 方差(见彩图)

3) Gauss-Markov 过程

Gauss-Markov 过程一般是用具有有限相关时间的指数衰减函数描述,其可能噪声源为机械抖动。Gauss-Markov 过程的功率谱密度函数和 Allan 方差[3-4]分别为

$$S(f)=\frac{(q_c T_c)^2}{1+(2\pi f T_c)^2} \tag{12.30}$$

$$\sigma^2(T)=\frac{(q_c T_c)^2}{T}\left[1-\frac{T_c}{2T}\left(3-4\mathrm{e}^{-\frac{T}{T_c}}+\mathrm{e}^{-\frac{2T}{T_c}}\right)\right] \tag{12.31}$$

式中:q_c 是驱动白噪声的方差;T_c 是相关时间。

当 $T >> T_c$ 时,$\sigma^2(T)=\frac{(q_c T_c)^2}{T}$,即角度随机游走,$Q=q_c T$;当 $T \ll T_c$ 时,$\sigma^2(T)=\frac{(q_c)^2}{3}T$,即速率随机游走。

Gauss-Markov 过程的功率谱密度图与速率随机游走相同,图 12.5 给出其 Allan 方差图。从图 12.5 可以看出,Gauss-Markov 过程是高频速率随机游走和低频角度随机游走的叠加,当$\frac{T}{T_c}=1.89$ 时,其系数 $q_c\sqrt{T_c}=\frac{\sigma}{0.437}$,从 Allan 方差图中很难将这两种系数相区分,但可以从图中选择多个点分别解算这两个系数。

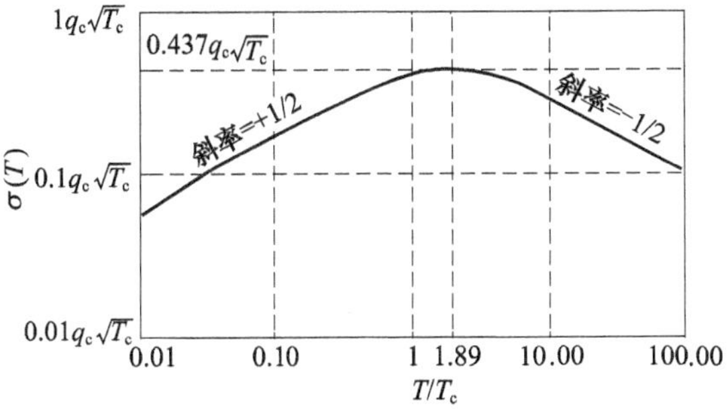

图 12.5　Gauss-Markov 过程 Allan 方差

4) 零偏不稳定性

零偏不稳定性也称为闪烁调频。引起零偏不稳定性的噪声源有惯性元件中的放电组件、电路噪声、环境噪声以及其他可能产生随机闪烁的部件。

零偏不稳定性的功率谱密度函数和 Allan 方差[3,5]分别为

$$S(f)=\begin{cases}\left(\frac{B_2}{2\pi}\right)\frac{1}{f} & f\leqslant f_0\\ 0 & f>f_0\end{cases} \tag{12.32}$$

式中:B 为零偏不稳定性系数;f_0 为截止频率。

Allan 方差为

$$\sigma^2(T)\frac{2B^2}{\pi}\left[\ln 2-\frac{\sin^3 x}{2x^2}(\sin x+4\cos x)+C_i(2x)-C_i(4x)\right] \tag{12.33}$$

式中：$x=\pi f_0 T$；C_i 为余弦函数组合。

图 12.6 和图 12.7 给出零偏不稳定性的双对数功率谱密度和 Allan 方差，图 12.6中直线的斜率是 -1，图 12.7 中直线的斜率是 1。当 $T \gg 1/f_0$ 时，零偏不稳定性的斜率为 0；当 $T=1$ 时，其系数 $B=\sigma\sqrt{\dfrac{\pi}{2\ln 2}}$。

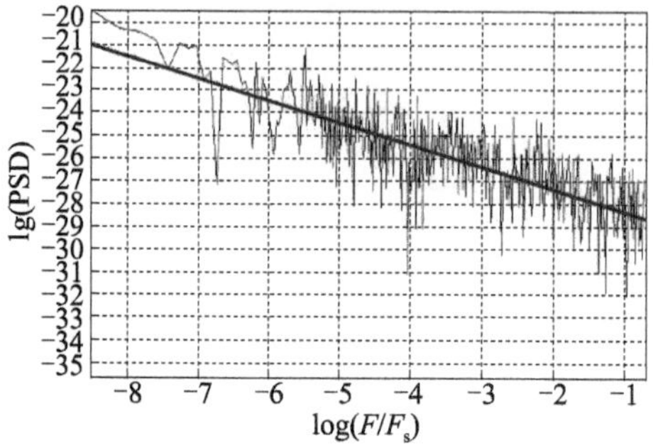

图 12.6　零偏不稳定性功率谱密度（见彩图）

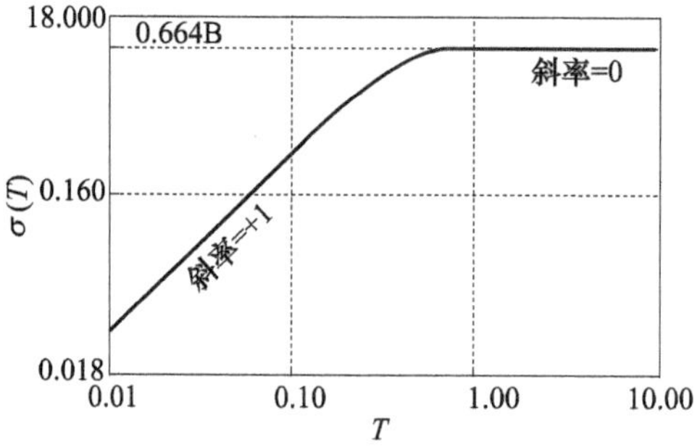

图 12.7　零偏不稳定性 Allan 方差

5）量化噪声

量化噪声也称为闪烁调相噪声。量化噪声是由惯性元件输出信号的离散化或量化性质造成的，量化噪声代表了惯性元件的最低分辨力水平。

量化噪声的功率谱密度函数和 Allan 方差[3,6]分别为

$$S(f)=\frac{4Q_z^2}{T}\sin^2(\pi fT)\approx\frac{4Q_z^2}{T_z}(\pi fT_z)^2 \qquad f\ll\frac{1}{2T_z} \tag{12.34}$$

$$\sigma^2(T)=\frac{3Q_z^2}{T^2} \tag{12.35}$$

式中：T_z 为信号的采样间隔；Q_z 为量化噪声的系数。

图 12.8 和图 12.9 给出量化噪声的双对数功率谱密度和 Allan 方差，图 12.8 中直线的斜率为 1，图 12.9 中直线的斜率是 -1。量化噪声的系数可以由 Allan 方差确定，$Q_z=\dfrac{\sigma T}{\sqrt{3}}$。

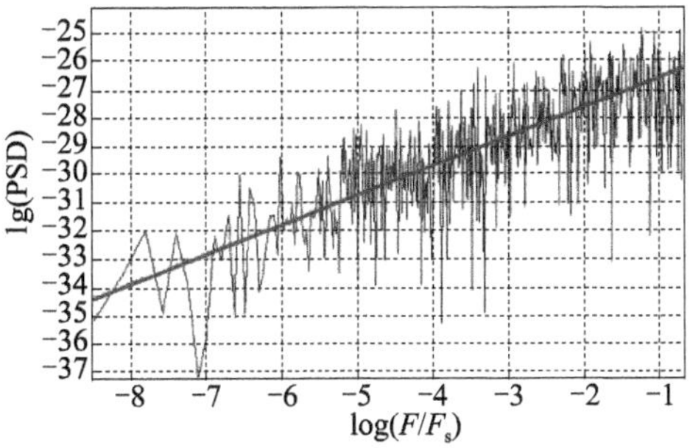

图 12.8　量化噪声功率谱密度（见彩图）

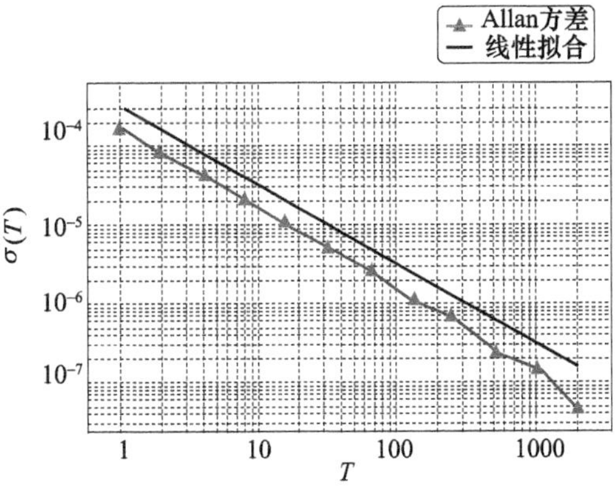

图 12.9　量化噪声 Allan 方差（见彩图）

6）周期噪声

周期噪声也是陀螺信号中经常出现的一种噪声，尤其是在光纤陀螺信号中。

图 12.10 和图 12.11 分别给出周期噪声功率谱密度和 Allan 方差，由图可知：在谱密度图中周期噪声在所对应的频率处具有很强的能量冲击；而在 Allan 方差图中，尽管能够分辨出来，但是并不能确定具体的系数。

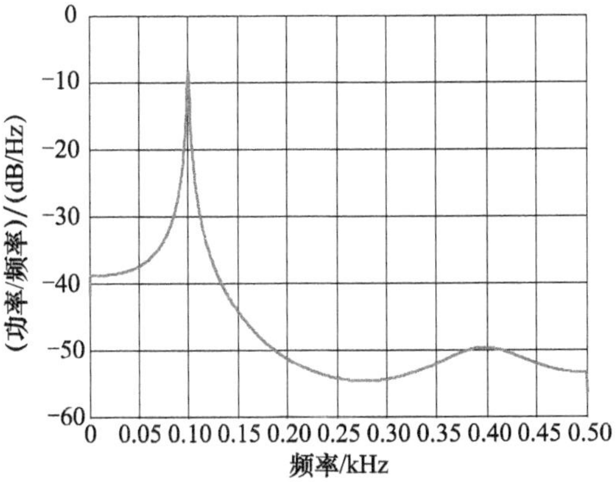

图 12.10　周期噪声功率谱密度

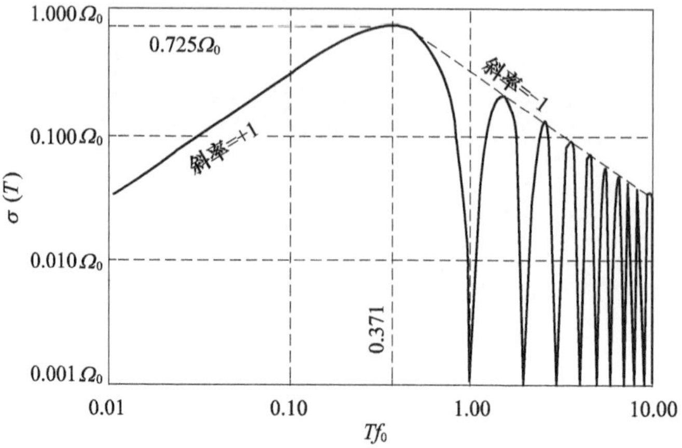

图 12.11 周期噪声 Allan 方差

通过对这 6 种噪声的功率谱密度和 Allan 方差分析可知[3-4]:角度随机游走、速率随机游走以及量化噪声是相对比较简单的 3 种噪声,也是最经常出现在 INS 信号中的 3 种噪声,可以通过 Allan 方差图中的斜率分辨出来;而 Gauss-Markov 过程以及零偏不稳定性是比较复杂的 2 种噪声,需要对全图进行综合分析才能分辨出来;周期噪声的特性尽管可以从 Allan 方差图中看出,但是并不能得到其噪声频率的系数,而功率谱密度图恰好弥补了这一点。因此在对惯性元件随机误差进行分析时,需要将这两种分析方法结合使用。一般来说,上面所给出的几种不同的 INS 随机噪声会出现在不同的频段上[3],这样就有助于我们通过 Allan 方差辨别出 INS 输出信号中存在的随机噪声。

12.2 GNSS/INS 组合模式

GNSS/INS 的组合方式可以分为松组合、紧组合以及深组合。松组合是直接利用 GNSS 输出的导航信息与 INS 进行组合,接收机本身保持独立,这种方式结构简单,易于工程实现;紧组合是利用 GNSS 的原始观测数据(伪距、伪距率或者载波相位)与 INS 进行组合,这种方式观测量不相关,在卫星少于 4 颗的情况下,也能在较短的时间里实现 GNSS/INS 数据融合;深组合是一种 GNSS 和 INS 相互辅助的模式,可以利用 INS 辅助 GPS 跟踪环,提高 GPS 的抗干扰能力和动态跟踪能力[7-8],这是一种深层次的组合方式。

12.2.1 松耦合组合导航

松组合导航:以 GNSS 与 INS 的导航结果之差作为观测量而进行的 GNSS/INS 组合导航解算。

图 12.12 给出了采用闭环校正的 GNSS/INS 松耦合结构图。

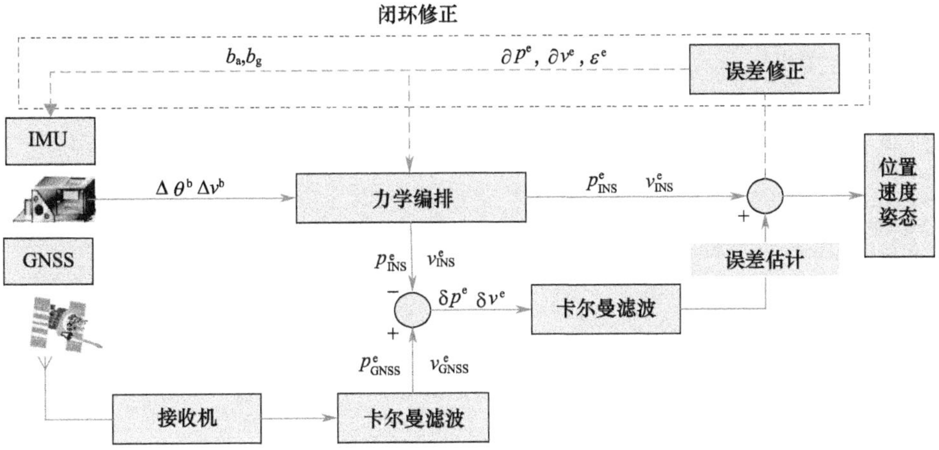

图12.12 GNSS/INS松耦合结构图

12.2.1.1 松耦合状态方程

以地固坐标系为导航坐标系，系统状态参数为十五维，分别为三维位置 δx、δy、δz，三维速度 $\delta\dot{x}$、$\delta\dot{y}$、$\delta\dot{z}$，三维姿态误差 ϕ_x、ϕ_y、ϕ_z 以及三维陀螺漂移 ε_x、ε_y、ε_z 和三维加速度计偏移 a_x、a_y、a_z，则GNSS/INS组合导航系统连续状态方程[1]为

$$\dot{\boldsymbol{X}}_k = \boldsymbol{F}_k\boldsymbol{X}_k + \boldsymbol{G}_k\boldsymbol{W}_k \tag{12.36}$$

式中：$\boldsymbol{F}_k$ 为连续系统的状态转移矩阵；$\boldsymbol{G}_k$ 为系统的动态噪声矩阵；$\boldsymbol{W}_k$ 为系统的过程白噪声矢量；$\boldsymbol{X}_k$ 为十五维未知参数矢量[2]：

$$\boldsymbol{F}_k = \begin{bmatrix} \boldsymbol{0}_{3\times3} & \boldsymbol{I}_{3\times3} & \boldsymbol{0}_{3\times3} & \boldsymbol{0}_{3\times3} & \boldsymbol{0}_{3\times3} \\ \boldsymbol{N}^e_{3\times3} & -2(\boldsymbol{\Omega}^e_{ie})_{3\times3} & -\boldsymbol{F}^e_{3\times3} & \boldsymbol{0}_{3\times3} & (\boldsymbol{R}^e_b)_{3\times3} \\ \boldsymbol{0}_{3\times3} & \boldsymbol{0}_{3\times3} & -(\boldsymbol{\Omega}^e_{ie})_{3\times3} & (\boldsymbol{R}^e_b)_{3\times3} & \boldsymbol{0}_{3\times3} \\ \boldsymbol{0}_{3\times3} & \boldsymbol{0}_{3\times3} & \boldsymbol{0}_{3\times3} & (-/\tau_\varepsilon)_{3\times3} & \boldsymbol{0}_{3\times3} \\ \boldsymbol{0}_{3\times3} & \boldsymbol{0}_{3\times3} & \boldsymbol{0}_{3\times3} & \boldsymbol{0}_{3\times3} & (-/\tau_a)_{3\times3} \end{bmatrix}$$

$$\boldsymbol{G}_k = \begin{bmatrix} \boldsymbol{0}_{3\times3} & \boldsymbol{0}_{3\times3} & \boldsymbol{0}_{3\times3} & \boldsymbol{0}_{3\times3} \\ \boldsymbol{0}_{3\times3} & (\boldsymbol{R}^e_b)_{3\times3} & \boldsymbol{0}_{3\times3} & \boldsymbol{0}_{3\times3} \\ (\boldsymbol{R}^e_b)_{3\times3} & \boldsymbol{0}_{3\times3} & \boldsymbol{0}_{3\times3} & \boldsymbol{0}_{3\times3} \\ \boldsymbol{0}_{3\times3} & \boldsymbol{0}_{3\times3} & \boldsymbol{I}_{3\times3} & \boldsymbol{0}_{3\times3} \\ \boldsymbol{0}_{3\times3} & \boldsymbol{0}_{3\times3} & \boldsymbol{0}_{3\times3} & \boldsymbol{I}_{3\times3} \end{bmatrix}$$

$$\boldsymbol{W}_k = \begin{bmatrix} \omega_\varepsilon \\ \omega_a \\ \omega_{b\varepsilon} \\ \omega_{ba} \end{bmatrix}, \quad \boldsymbol{Q} = \begin{bmatrix} (\boldsymbol{q}_\varepsilon)_{3\times3} & \boldsymbol{0}_{3\times3} & \boldsymbol{0}_{3\times3} & \boldsymbol{0}_{3\times3} \\ \boldsymbol{0}_{3\times3} & (\boldsymbol{q}_a)_{3\times3} & \boldsymbol{0}_{3\times3} & \boldsymbol{0}_{3\times3} \\ \boldsymbol{0}_{3\times3} & \boldsymbol{0}_{3\times3} & (\boldsymbol{q}_{b\varepsilon})_{3\times3} & \boldsymbol{0}_{3\times3} \\ \boldsymbol{0}_{3\times3} & \boldsymbol{0}_{3\times3} & \boldsymbol{0}_{3\times3} & (\boldsymbol{q}_{ba})_{3\times3} \end{bmatrix}$$

$$X_k = (\delta x \quad \delta y \quad \delta z \quad \delta\dot{x} \quad \delta\dot{y} \quad \delta\dot{z} \quad \phi_x \quad \phi_y \quad \phi_z \quad \varepsilon_x \quad \varepsilon_y \quad \varepsilon_z \quad a_x \quad a_y \quad a_z)^{\mathrm{T}}$$

式中:ω_ε 为陀螺仪白噪声;ω_a 为加速度计白噪声;$\omega_{b\varepsilon}$为陀螺仪一阶 Markov 驱动白噪声;ω_{ba}为加速计一阶 Markov 驱动白噪声;q 为噪声方差;τ 为 Markov 过程相关时间。

将式(12.36)离散化,可得

$$\boldsymbol{X}_k = \boldsymbol{\Phi}_{k,k-1}\boldsymbol{X}_{k-1} + \boldsymbol{w}_k \tag{12.37}$$

式中:$\boldsymbol{X}_k$、$\boldsymbol{X}_{k-1}$分别为 k 和 $k-1$ 历元的状态矢量;$\boldsymbol{w}_k$ 为动力学模型噪声矢量,其协方差矩阵为 $\boldsymbol{\Sigma}_{w_k}$;$\boldsymbol{\Phi}_{k,k-1}$为离散后的状态转移矩阵,具体表达式为[2,9]:

$$\boldsymbol{\Phi}_{k,k-1} \approx \boldsymbol{I}_{15\times 15} + \boldsymbol{F}_k \cdot \Delta t \tag{12.38}$$

$$\boldsymbol{Q}_k \approx \frac{1}{2}(\boldsymbol{\Phi}_{k,k-1}\boldsymbol{G}_k\boldsymbol{Q}\boldsymbol{G}_k^{\mathrm{T}} + \boldsymbol{G}_k\boldsymbol{Q}\boldsymbol{G}_k^{\mathrm{T}}\boldsymbol{\Phi}_{k,k-1}^{\mathrm{T}})\Delta t \tag{12.39}$$

式中:Δt 为卡尔曼滤波时间间隔。

12.2.1.2 松耦合观测方程

以 GNSS 和 INS 输出的位置和速度之差作为观测量,构造量测方程。设 GNSS、INS 在地固坐标系中的位置和速度输出分别为 $\boldsymbol{r}_{\mathrm{GNSS}}$、$\boldsymbol{v}_{\mathrm{GNSS}}$和 $\boldsymbol{r}_{\mathrm{ins}}$、$\boldsymbol{v}_{\mathrm{ins}}$,这里 $\boldsymbol{r}_{\mathrm{ins}}$、$\boldsymbol{v}_{\mathrm{ins}}$是由惯性导航力学编排得到,则令

$$\boldsymbol{L}_k = \begin{bmatrix} \boldsymbol{r}_{\mathrm{ins}} - \boldsymbol{r}_{\mathrm{GNSS}} \\ \boldsymbol{v}_{\mathrm{ins}} - \boldsymbol{v}_{\mathrm{GNSS}} \end{bmatrix} \tag{12.40}$$

误差方程为

$$\boldsymbol{V}_k = \boldsymbol{A}_k\hat{\boldsymbol{X}}_k - \boldsymbol{L}_k \tag{12.41}$$

式中:$\boldsymbol{A}_k$ 为量测矩阵;$\boldsymbol{L}_k$ 为观测矢量,其协方差矩阵为 $\boldsymbol{\Sigma}_k$;$\boldsymbol{V}_k$ 为残差矢量;$\hat{\boldsymbol{X}}_k$ 为状态参数矢量。

这种组合方式的优点如下:

(1) 可靠性比较高,当 GNSS 或 INS 有一个出现故障的时候,组合导航系统仍然可以继续给出导航结果,保证定位的完整性。

(2) 观测方程比较简单,有助于进行实时解算。

其缺点是:GNSS 需要单独给出导航结果与 INS 进行组合,所以至少需要 4 颗卫星,而且观测方程和状态方程都含有 INS 输出,因而存在相关性。

因此,当 INS 精度较低,GNSS 失锁频繁且时间较长时,这种组合方式并不适用。

12.2.2 紧耦合组合导航

在 GNSS/INS 紧组合导航中,系统的状态由两部分组成:一是 INS 的误差状态;二是 GNSS 的误差状态,观测量由 INS 导航结果推算的伪距、伪距率与 GNSS 观测得到的伪距、伪距率作差得到。图 12.13 给出了采用闭环校正的 GNSS/INS 紧耦合结构图。

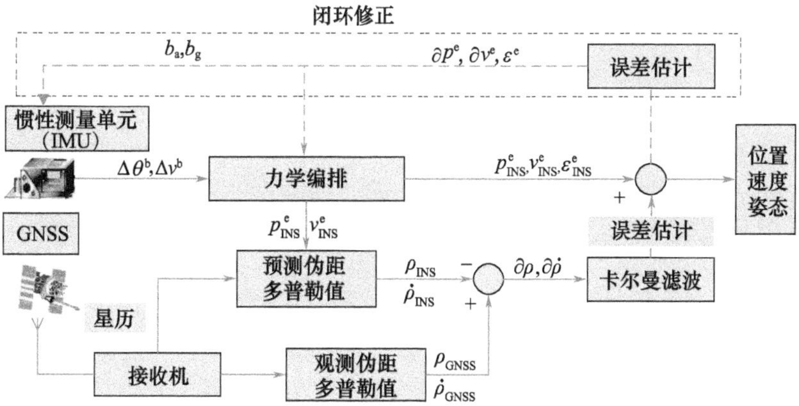

图 12.13　GNSS/INS 紧耦合结构图

12.2.2.1　紧耦合状态方程

以地固坐标系为导航坐标系，INS 的误差状态方程与松组合中的状态方程相同。GNSS 状态参数通常取两个与时间相关的误差[9]：一是与接收机钟误差等效的距离误差 $C\delta t_u$；二是与接收机钟频率误差等效的距离率误差 $C\delta t_{ru}$，它们的连续状态方程分别为

$$C\delta\dot{t}_u = C\delta t_{ru} + \omega_{tu},\quad C\delta\dot{t}_{ru} = -C\beta\delta t_{ru} + \omega_{tru} \tag{12.42}$$

式中：β 为误差相关时间；ω_{tu}、ω_{tru} 为相应的驱动白噪声。

将式(12.42)写成矩阵形式，即

$$\dot{\boldsymbol{X}}_{Gk} = \boldsymbol{F}_{Gk}\boldsymbol{X}_{Gk} + \boldsymbol{G}_{Gk}\boldsymbol{W}_{Gk} \tag{12.43}$$

将 INS 误差状态方程与 GNSS 误差状态方程合并，则可以得到 GNSS/INS 紧组合系统的连续状态方程

$$\begin{bmatrix}\dot{\boldsymbol{X}}_{Ik}\\ \dot{\boldsymbol{X}}_{Gk}\end{bmatrix} = \begin{bmatrix}\boldsymbol{F}_{Ik} & \boldsymbol{0}\\ \boldsymbol{0} & \boldsymbol{F}_{Gk}\end{bmatrix}\begin{bmatrix}\boldsymbol{X}_{Ik}\\ \boldsymbol{X}_{Gk}\end{bmatrix} + \begin{bmatrix}\boldsymbol{G}_{Ik} & \boldsymbol{0}\\ \boldsymbol{0} & \boldsymbol{G}_{Gk}\end{bmatrix}\begin{bmatrix}\boldsymbol{W}_{Ik}\\ \boldsymbol{W}_{Gk}\end{bmatrix} \tag{12.44}$$

将式(12.44)离散化简写可得

$$\boldsymbol{X}_k = \boldsymbol{\Phi}_{k,k-1}\boldsymbol{X}_{k-1} + \boldsymbol{w}_k \tag{12.45}$$

式中：$\boldsymbol{X}_k$ 和 $\boldsymbol{X}_{k-1}$ 分别为 k 和 $k-1$ 历元的状态矢量；$\boldsymbol{w}_k$ 为动力学模型噪声矢量，其协方差矩阵为 $\boldsymbol{\Sigma}_{w_k}$；$\boldsymbol{\Phi}_{k,k-1}$ 为离散后的状态转移矩阵。

12.2.2.2　紧耦合观测方程

1）伪距差观测方程

由 INS 力学编排可以得到载体的位置 $(x_1\quad y_1\quad z_1)^{\mathrm{T}}$，由卫星星历可以确定卫星的位置 $(x_S\quad y_S\quad z_S)^{\mathrm{T}}$，则可以得到伪距 ρ_1[9]：

$$\rho_{1j} = [(x_1 - x_{Sj})^2 + (y_1 - y_{Sj})^2 + (z_1 - z_{Sj})^2]^{1/2} \tag{12.46}$$

将式(12.46)在载体位置 $(x\quad y\quad z)^{\mathrm{T}}$ 进行线性化，则有

$$\rho_{1j} = r_j + e_{j1}\delta x + e_{j2}\delta y + e_{j3}\delta z \tag{12.47}$$

式中：r_j 为载体与卫星 j 的真实距离；e_{j1}、e_{j2}、e_{j3} 为卫星观测方向对 3 个坐标轴的方向余弦。

同时，GNSS 接收机观测得到的伪距，扣除电离层误差、对流层误差、卫星钟差等改正之后可得

$$\rho_{Gj} = r_j + \delta t_u + v_{\rho j} \tag{12.48}$$

则伪距差观测方程为

$$\delta\rho_j = \rho_{Ij} - \rho_{Gj} = e_{j1}\delta x + e_{j2}\delta y + e_{j3}\delta z - \delta t_u - v_{\rho j} \tag{12.49}$$

2）伪距率差观测方程

载体相对于 GNSS 卫星有相对运动，则 INS 推算得到的载体速度与卫星 j 之间的伪距变化率[9]为

$$\dot{\rho}_{Ij} = e_{j1}(\dot{x}_I - \dot{x}_{Sj}) + e_{j2}(\dot{y}_I - \dot{y}_{Sj}) + e_{j3}(\dot{z}_I - \dot{z}_{Sj}) \tag{12.50}$$

式中：$(\dot{x}_I \quad \dot{y}_I \quad \dot{z}_I)^T$ 为 INS 推算得到的载体速度；$(\dot{x}_S \quad \dot{y}_S \quad \dot{z}_S)^T$ 为由星历计算的卫星速度。

接收机测得的伪距变化率为

$$\dot{\rho}_{GIj} = e_{j1}(\dot{x} - \dot{x}_{Sj}) + e_{j2}(\dot{y} - \dot{y}_{Sj}) + e_{j3}(\dot{z} - \dot{z}_{Sj}) + \delta t_{ru} + v_{\dot{\rho}j} \tag{12.51}$$

式中：$(\dot{x} \quad \dot{y} \quad \dot{z})^T$ 为载体的速度值；$\dot{\rho}_{GIj} = f_d\lambda_1$，$f_d$ 为多普勒观测值，λ_1 为 L_1 载波的波长。

将式（12.50）与式（12.51）作差，就可以得到伪距率差观测方程为

$$\delta\dot{\rho}_j = \dot{\rho}_{Ij} - \dot{\rho}_{Gj} = e_{j1}\delta\dot{x} + e_{j2}\delta\dot{y} + e_{j3}\delta\dot{z} - \delta t_{ru} - v_{\rho j} \tag{12.52}$$

若可以观测到 n 颗卫星，则组合导航的观测方程为

$$\begin{bmatrix} \boldsymbol{L}_{\rho k} \\ \dot{\boldsymbol{L}}_{\dot{\rho} k} \end{bmatrix} = \begin{bmatrix} \boldsymbol{A}_{\rho 1,n\times 3} & \boldsymbol{0}_{n\times 3} & \boldsymbol{0}_{n\times 3} & \boldsymbol{0}_{n\times 3} & \boldsymbol{0}_{n\times 3} & \boldsymbol{A}_{\rho 2,n\times 2} \\ \boldsymbol{0}_{n\times 3} & \boldsymbol{A}_{\dot{\rho} 1,n\times 3} & \boldsymbol{0}_{n\times 3} & \boldsymbol{0}_{n\times 3} & \boldsymbol{0}_{n\times 3} & \boldsymbol{A}_{\dot{\rho} 2,n\times 3} \end{bmatrix} \begin{bmatrix} \boldsymbol{X}_{Ik} \\ \boldsymbol{X}_{Gk} \end{bmatrix} + \begin{bmatrix} \boldsymbol{V}_{\rho k} \\ \boldsymbol{V}_{\dot{\rho} k} \end{bmatrix} \tag{12.53}$$

式中

$$\boldsymbol{A}_{\rho 1,n\times 3} = \boldsymbol{A}_{\dot{\rho} 1,n\times 3} = \begin{bmatrix} e_{11} & e_{12} & e_{13} \\ \vdots & \vdots & \vdots \\ e_{n1} & e_{n2} & e_{n3} \end{bmatrix}, \quad \boldsymbol{A}_{\rho 2,n\times 2} = \begin{bmatrix} -1 & 0 \\ \vdots & \vdots \\ -1 & 0 \end{bmatrix}, \quad \boldsymbol{A}_{\dot{\rho} 2,n\times 2} = \begin{bmatrix} 0 & -1 \\ \vdots & \vdots \\ 0 & -1 \end{bmatrix}$$

这种组合方式的优点如下：

（1）当 GNSS 卫星少于 4 颗时，GNSS 观测量仍然可以参与计算；

（2）观测量之间不相关；

（3）运算精度较高，速度较快；

（4）有助于进行 GNSS 观测粗差检测[7-8]；

（5）如果 GNSS 采用相位观测量，则 INS 的导航结果可以辅助 GNSS 进行周跳探测和模糊度的搜索[7-8]。

缺点是:

(1) 数据处理比较复杂,计算量大;

(2) 滤波结果的稳定性不高。

12.2.3 深耦合组合导航

在 3 种组合模式中,深组合模式是导航解精度最高、硬件实现最难的一种组合模式,但是在高动态环境下或干扰环境下,GNSS 信号失锁时,这种组合模式可以实现信号重捕。

在 GNSS 信号接收时,环路中滤波器的频率带宽与干扰噪声的大小是一对矛盾,为了减小观测干扰噪声就要求频率带宽较窄,但是频率带宽的宽窄又会影响到载体高动态的要求。利用 INS 信息对 GNSS 接收机的载波环、码环进行辅助,可以减小环路的等效带宽,从而增加 GNSS 接收机在高动态或者强干扰环境下的跟踪能力[2,10-12],见图 12.14。经过分析和实验表明:经过 INS 速度信息对 GNSS 跟踪环路进行辅助之后,能较好地解决环路中滤波器频率带宽与干扰噪声大小的矛盾,GNSS 接收机的跟踪性能、抗干扰性能有较大提高[13-14]。

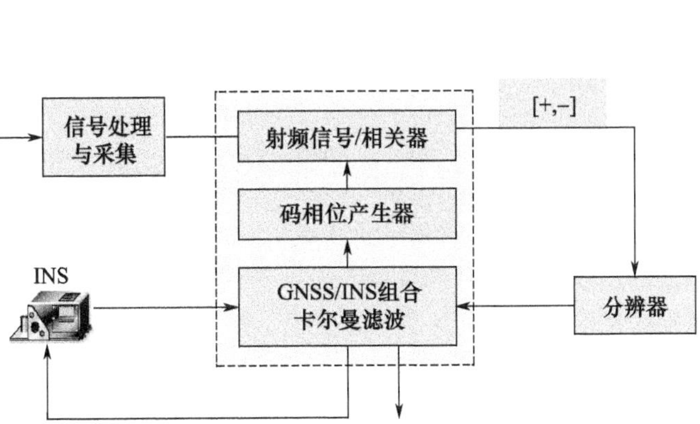

图 12.14　GNSS/INS 深耦合结构图

随着 GNSS 定姿和定向技术逐渐成熟并走向实用,一种包含 GNSS 位置、速度、姿态信息的全信息组合技术也正成为一种新的 GNSS/INS 组合模式[15-16],该模式在一定程度上解决了组合导航系统姿态角误差可观测性不好的问题,可以提高中低精度 INS 的姿态角误差。

12.2.4 GNSS/INS 组合校正方式

GNSS/INS 组合滤波之后,有两种方式对 INS 误差进行校正,一是开环校正(输出校正),二是闭环校正(反馈校正)[9]。开环校正和闭环校正的原理如图 12.15、图12.16 所示。

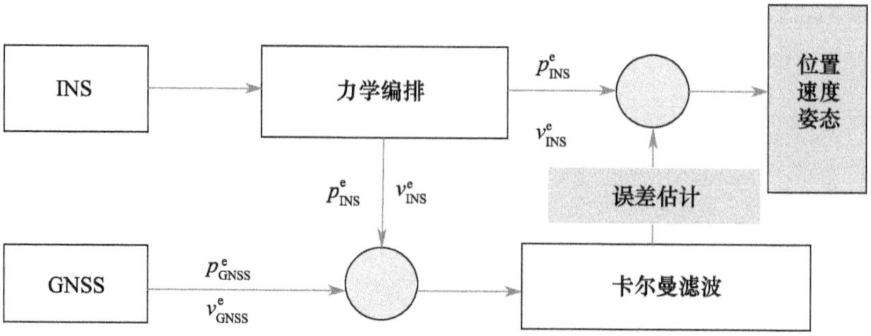

图 12.15 GNSS/INS 组合导航开环校正

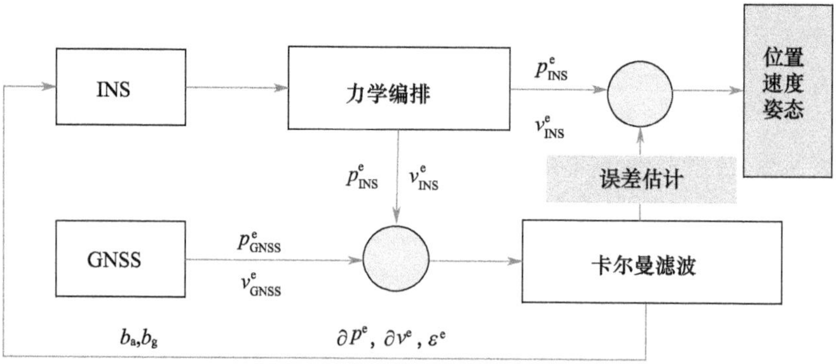

图 12.16 GNSS/INS 组合导航闭环校正

从图中看出,开环校正是用卡尔曼滤波的误差估计值对 INS 的导航结果进行修正,以改善最后的导航精度,但是对 INS 内部的误差状态并不作调整。闭环校正就是将卡尔曼滤波的误差估值反馈到 INS 内部对误差状态进行校正,在力学编排中校正惯性元件的输出,从而校正姿态矩阵以及位置和速度[17]。

仅从数学模型角度出发,开环校正与闭环校正具有一致性,校正后的系统误差是相同的。但是由于滤波器的状态参数是误差小量,状态方程是非线性的,在线性化的过程中取一阶近似值而略去了高阶项,如果长时间工作而没有对 INS 进行校正,那么误差就不再是小量,状态模型就会与实际模型不吻合,导致误差增大。因此对于精度较低的 INS 不适合采用开环校正,尽量采用闭环校正[2,17]。另外,在闭环校正中如果对 INS 误差进行了正确的修正,那么在每次卡尔曼滤波更新之前就需要将预测状态矢量置零[2,18]。

12.3 GNSS/INS 模型误差补偿

在 GNSS/INS 组合导航卡尔曼滤波中,获得最优估计的前提就是需要可靠的函数模型和随机模型[19-20]。但是在实际应用中,无论是动力学模型、观测模型或者随机模型都不可能没有误差,有时甚至出现粗差,这样就会导致滤波结果次优,甚至发散。随机模型误差表现在观测噪声矩阵或者状态噪声矩阵不符合实际观测精度,或者偏离状态预测值的精度。函数模型误差包含动力学模型误差和观测模型误差,具体分动力学模型系统误差、观测模型系统误差、系统有色噪声误差、观测有色噪声误差、线性化截断误差以及外界异常扰动引起的误差等。

12.3.1　随机模型误差补偿

12.3.1.1　状态噪声影响分析

在 GNSS/INS 组合导航中,随机模型误差包含观测噪声模型误差、初始状态噪声模型误差以及过程噪声模型误差。一般地,选取 GNSS 伪距、多普勒频移、载波相位或者 GNSS 的导航解作为观测量,其观测随机误差模型一般比较容易确定。理论证明,初始状态噪声模型误差仅在开始历元对滤波结果有影响,随着时间的延续,其影响会越来越小。因此,过程噪声模型误差是 GNSS/INS 组合导航主要误差源之一,而精确确定 INS 惯性元件随机误差模型是解决这一问题的主要途径之一。

以 12.2.1 节松耦合导航为例,状态噪声协方差矩阵可表示为

$$\boldsymbol{Q}_k \approx \frac{1}{2}(\boldsymbol{\Phi}_{k,k-1}\boldsymbol{G}_k\boldsymbol{Q}\,\boldsymbol{G}_k^{\mathrm{T}} + \boldsymbol{G}_k\boldsymbol{Q}\,\boldsymbol{G}_k^{\mathrm{T}}\,\boldsymbol{\Phi}_{k,k-1}^{\mathrm{T}})\Delta t \tag{12.54}$$

将离散化后的状态转移矩阵 $\boldsymbol{\Phi}_{k,k-1}$、系统噪声矩阵 $\boldsymbol{G}_k$ 代入式(12.54),可得

$$\boldsymbol{Q}_k = \begin{bmatrix} 0 & \frac{1}{2}\boldsymbol{H}_{\mathrm{a}}\Delta t & 0 & 0 & 0 \\ \frac{1}{2}\boldsymbol{H}_{\mathrm{a}}\Delta t & \boldsymbol{R}_{\mathrm{a}} & -\frac{1}{2}\boldsymbol{F}^{\mathrm{e}}\boldsymbol{H}_{\varepsilon}\Delta t & 0 & \frac{1}{2}(\boldsymbol{R}_{\mathrm{b}}^{\mathrm{e}})\boldsymbol{q}_{\mathrm{ba}}\Delta t \\ 0 & -\frac{1}{2}\boldsymbol{H}_{\varepsilon}\boldsymbol{F}^{\mathrm{e}}\Delta t & \boldsymbol{R}_{\varepsilon} & \frac{1}{2}(\boldsymbol{R}_{\mathrm{b}}^{\mathrm{e}})\boldsymbol{q}_{\mathrm{b}\varepsilon}\Delta t & 0 \\ 0 & 0 & \frac{1}{2}\boldsymbol{q}_{\mathrm{b}\varepsilon}(\boldsymbol{R}_{\mathrm{b}}^{\mathrm{e}})\Delta t & \frac{1}{2}\left(-\frac{\Delta t}{\tau_{\varepsilon}}\boldsymbol{q}_{\mathrm{b}\varepsilon} - \boldsymbol{q}_{\mathrm{b}\varepsilon}\frac{\Delta t}{\tau_{\varepsilon}} - 2\,\boldsymbol{q}_{\mathrm{b}\varepsilon}\right) & 0 \\ 0 & \frac{1}{2}\boldsymbol{q}_{\mathrm{ba}}(\boldsymbol{R}_{\mathrm{b}}^{\mathrm{e}})\Delta t & 0 & 0 & \frac{1}{2}\left(-\frac{\Delta t}{\tau_{\mathrm{a}}}\boldsymbol{q}_{\mathrm{ba}} - \boldsymbol{q}_{\mathrm{ba}}\frac{\Delta t}{\tau_{\mathrm{a}}} - 2\,\boldsymbol{q}_{\mathrm{ba}}\right) \end{bmatrix} \tag{12.55}$$

式中

$$\begin{cases} \boldsymbol{H}_{\mathrm{a}} = \boldsymbol{R}_{\mathrm{b}}^{\mathrm{e}}\,\boldsymbol{q}_{\mathrm{a}}(\boldsymbol{R}_{\mathrm{b}}^{\mathrm{e}})^{\mathrm{T}} \\ \boldsymbol{R}_{\mathrm{a}} = \frac{1}{2}(-2\,\boldsymbol{\Omega}_{ie}^{\mathrm{e}}\Delta t + \boldsymbol{I})\boldsymbol{H}_{\mathrm{a}} + \frac{1}{2}\boldsymbol{H}_{\mathrm{a}}(-2\,\boldsymbol{\Omega}_{ie}^{\mathrm{e}}\Delta t + \boldsymbol{I}) \\ \boldsymbol{H}_{\varepsilon} = \boldsymbol{R}_{\mathrm{b}}^{\mathrm{e}}\,\boldsymbol{q}_{\varepsilon}(\boldsymbol{R}_{\mathrm{b}}^{\mathrm{e}})^{\mathrm{T}} \\ \boldsymbol{R}_{\varepsilon} = \frac{1}{2}(-2\,\boldsymbol{\Omega}_{ie}^{\mathrm{e}}\Delta t + \boldsymbol{I})\boldsymbol{H}_{\varepsilon} + \frac{1}{2}\boldsymbol{H}_{\varepsilon}(-2\,\boldsymbol{\Omega}_{ie}^{\mathrm{e}}\Delta t + \boldsymbol{I}) \end{cases} \tag{12.56}$$

式(12.55)、式(12.56)中相关符号含义见式(12.36)。

闭环校正中,卡尔曼滤波估值及其协方差矩阵的表达式为

$$\hat{\boldsymbol{X}}_k = \boldsymbol{K}_k \boldsymbol{L}_k \tag{12.57}$$

$$\boldsymbol{\Sigma}_{\hat{X}_k} = (\boldsymbol{A}_k^{\mathrm{T}} \boldsymbol{P}_k \boldsymbol{A}_k + \boldsymbol{P}_{\bar{X}_k})^{-1} \hat{\sigma}^2 \tag{12.58}$$

式中：$\boldsymbol{K}_k = \boldsymbol{\Sigma}_{\bar{X}_k} \boldsymbol{A}_k^{\mathrm{T}} (\boldsymbol{A}_k \boldsymbol{\Sigma}_{\bar{X}_k} \boldsymbol{A}_k^{\mathrm{T}} + \boldsymbol{\Sigma}_k)^{-1}$；$\boldsymbol{\Sigma}_{\hat{X}_k}$为状态预测矢量的协方差矩阵。

1）状态噪声对卡尔曼滤波估值的影响

在卡尔曼滤波解中，$\boldsymbol{\Sigma}_k$ 一般为固定值，$\boldsymbol{\Sigma}_{\hat{X}_{k-1}}$在卡尔曼滤波收敛后变化也较小，这里短时间内视为不变，以松组合为例，令

$$\boldsymbol{\Sigma}_k = \begin{bmatrix} (\boldsymbol{m}_{\mathrm{p}}^2)_{3\times3} & \boldsymbol{0}_{3\times3} \\ \boldsymbol{0}_{3\times3} & (\boldsymbol{m}_{\mathrm{v}}^2)_{3\times3} \end{bmatrix}, \quad \boldsymbol{\Phi}_{k,k-1} \boldsymbol{\Sigma}_{\hat{X}_{k-1}} \boldsymbol{\Phi}_{k,k-1}^{\mathrm{T}} = ((b_{ij})_{5\times5}) \qquad i=1,\cdots,5;j=1,\cdots,5 \tag{12.59}$$

式中：$\boldsymbol{m}_{\mathrm{p}}^2$、$\boldsymbol{m}_{\mathrm{v}}^2$ 分别为位置、速度观测值方差。则将状态噪声协方差阵代入卡尔曼滤波方程的增益矩阵$\boldsymbol{K}_k$ 中，可得

$$\boldsymbol{K}_k = \begin{bmatrix} \boldsymbol{b}_{11} & \boldsymbol{b}_{12} + \frac{1}{2}\boldsymbol{H}_{\mathrm{a}}\Delta t \\ \boldsymbol{b}_{21} + \frac{1}{2}\boldsymbol{H}_{\mathrm{a}}\Delta t & \boldsymbol{b}_{22} + \boldsymbol{R}_{\mathrm{a}} \\ \boldsymbol{b}_{31} & \boldsymbol{b}_{32} - \frac{1}{2}\boldsymbol{H}_{\varepsilon}\boldsymbol{F}^{\mathrm{e}}\Delta t \\ \boldsymbol{b}_{41} & \boldsymbol{b}_{42} \\ \boldsymbol{b}_{51} & \boldsymbol{b}_{52} + \frac{1}{2}\boldsymbol{q}_{\mathrm{ba}}(\boldsymbol{R}_{\mathrm{b}}^{\mathrm{e}})\Delta t \end{bmatrix} \begin{bmatrix} \boldsymbol{b}_{11} + \boldsymbol{m}_p^2 & \boldsymbol{b}_{12} + \frac{1}{2}\boldsymbol{H}_{\mathrm{a}}\Delta t \\ \boldsymbol{b}_{21} + \frac{1}{2}\boldsymbol{H}_{\mathrm{a}}\Delta t & \boldsymbol{b}_{22} + \boldsymbol{m}_v^2 + \boldsymbol{R}_{\mathrm{a}} \end{bmatrix}^{-1} \tag{12.60}$$

那么

$$\boldsymbol{K}_k = \frac{1}{|A|} \begin{bmatrix} \boldsymbol{b}_{11} & \boldsymbol{b}_{12} + \frac{1}{2}\boldsymbol{H}_{\mathrm{a}}\Delta t \\ \boldsymbol{b}_{21} + \frac{1}{2}\boldsymbol{H}_{\mathrm{a}}\Delta t & \boldsymbol{b}_{22} + \boldsymbol{R}_{\mathrm{a}} \\ \boldsymbol{b}_{31} & \boldsymbol{b}_{32} - \frac{1}{2}\boldsymbol{H}_{\varepsilon}\boldsymbol{F}^{\mathrm{e}}\Delta t \\ \boldsymbol{b}_{41} & \boldsymbol{b}_{42} \\ \boldsymbol{b}_{51} & \boldsymbol{b}_{52} + \frac{1}{2}\boldsymbol{q}_{\mathrm{ba}}(\boldsymbol{R}_{\mathrm{b}}^{\mathrm{e}})\Delta t \end{bmatrix} \begin{bmatrix} \boldsymbol{b}_{22} + \boldsymbol{m}_v^2 + \boldsymbol{R}_{\mathrm{a}} & -\boldsymbol{b}_{21} - \frac{1}{2}\boldsymbol{H}_{\mathrm{a}}\Delta t \\ -\boldsymbol{b}_{12} - \frac{1}{2}\boldsymbol{H}_{\mathrm{a}}\Delta t & \boldsymbol{b}_{11} + \boldsymbol{m}_p^2 \end{bmatrix} \tag{12.61}$$

令

$$\boldsymbol{K}_k = [\boldsymbol{K}_{k1} \quad \boldsymbol{K}_{k2}] \tag{12.62}$$

式中

$$
\boldsymbol{K}_{k1}=\frac{1}{|A|}\begin{bmatrix}
\boldsymbol{b}_{11}(\boldsymbol{b}_{22}+\boldsymbol{m}_v^2+\boldsymbol{R}_{\mathrm{a}})-\left(\boldsymbol{b}_{12}+\frac{1}{2}\boldsymbol{H}_{\mathrm{a}}\Delta t\right)^2\\
\left(\boldsymbol{b}_{21}+\frac{1}{2}\boldsymbol{H}_{\mathrm{a}}\Delta t\right)(\boldsymbol{b}_{22}+\boldsymbol{m}_v^2+\boldsymbol{R}_{\mathrm{a}})-(b_{22}+R_{\mathrm{a}})\left(b_{12}+\frac{1}{2}H_{\mathrm{a}}\Delta t\right)\\
\boldsymbol{b}_{31}(\boldsymbol{b}_{22}+\boldsymbol{m}_v^2+\boldsymbol{R}_{\mathrm{a}})-\left(\boldsymbol{b}_{32}-\frac{1}{2}\boldsymbol{H}_{\varepsilon}\boldsymbol{F}^{\mathrm{e}}\Delta t\right)\left(\boldsymbol{b}_{12}+\frac{1}{2}\boldsymbol{H}_{\mathrm{a}}\Delta t\right)\\
\boldsymbol{b}_{41}(\boldsymbol{b}_{22}+\boldsymbol{m}_v^2+\boldsymbol{R}_{\mathrm{a}})-\boldsymbol{b}_{42}\left(\boldsymbol{b}_{12}+\frac{1}{2}\boldsymbol{H}_{\mathrm{a}}\Delta t\right)\\
\boldsymbol{b}_{51}(\boldsymbol{b}_{22}+\boldsymbol{m}_v^2+\boldsymbol{R}_{\mathrm{a}})-\left(\boldsymbol{b}_{52}+\frac{1}{2}\boldsymbol{q}_{\mathrm{ba}}(\boldsymbol{R}_{\mathrm{b}}^{\mathrm{e}})\Delta t\right)\left(\boldsymbol{b}_{12}+\frac{1}{2}\boldsymbol{H}_{\mathrm{a}}\Delta t\right)
\end{bmatrix}
$$

$$
\boldsymbol{K}_{k2}=\frac{1}{|A|}\begin{bmatrix}
-\boldsymbol{b}_{11}\left(\boldsymbol{b}_{12}+\frac{1}{2}\boldsymbol{H}_{\mathrm{a}}\Delta t\right)+\left(\boldsymbol{b}_{12}+\frac{1}{2}\boldsymbol{H}_{\mathrm{a}}\Delta t\right)(\boldsymbol{b}_{11}+\boldsymbol{m}_p^2)\\
-\left(\boldsymbol{b}_{12}+\frac{1}{2}\boldsymbol{H}_{\mathrm{a}}\Delta t\right)^2+(\boldsymbol{b}_{22}+\boldsymbol{R}_{\mathrm{a}})(\boldsymbol{b}_{11}+\boldsymbol{m}_p^2)\\
-\boldsymbol{b}_{31}\left(\boldsymbol{b}_{12}+\frac{1}{2}\boldsymbol{H}_{\mathrm{a}}\Delta t\right)+\left(\boldsymbol{b}_{32}-\frac{1}{2}\boldsymbol{H}_{\varepsilon}\boldsymbol{F}^{\mathrm{e}}\Delta t\right)(\boldsymbol{b}_{11}+\boldsymbol{m}_p^2)\\
-\boldsymbol{b}_{41}\left(\boldsymbol{b}_{12}+\frac{1}{2}\boldsymbol{H}_{\mathrm{a}}\Delta t\right)+\boldsymbol{b}_{42}(\boldsymbol{b}_{11}+\boldsymbol{m}_p^2)\\
\boldsymbol{b}_{51}\left(\boldsymbol{b}_{12}+\frac{1}{2}\boldsymbol{H}_{\mathrm{a}}\Delta t\right)-\left(\boldsymbol{b}_{52}+\frac{1}{2}\boldsymbol{q}_{\mathrm{ba}}(\boldsymbol{R}_{\mathrm{b}}^{\mathrm{e}})\Delta t\right)(\boldsymbol{b}_{11}+\boldsymbol{m}_p^2)
\end{bmatrix}
$$

式中：$\frac{1}{|\boldsymbol{A}|}$为$\boldsymbol{A}_k\boldsymbol{\Sigma}_{X_k}\boldsymbol{A}_k^{\mathrm{T}}+\boldsymbol{\Sigma}_k$ 的行列式。

由上可以看出，当$\boldsymbol{\Sigma}_{\hat{X}_{k-1}}$收敛之后，位置误差参数和速度误差参数受到加速度计白噪声的影响，姿态角参数受到加速度计和陀螺仪白噪声的影响，陀螺漂移参数受到加速度计白噪声的影响，加速度偏置参数受到加速度计白噪声和有色噪声的影响。由此可知，能否精确估计惯性元件误差的谱密度，很大程度上影响着组合导航卡尔曼滤波的估计精度。

2）状态噪声对状态矢量协方差矩阵的影响

由于卡尔曼滤波估值协方差矩阵推算比较复杂，仅以两步推算为例。设初始状态协方差矩阵为$\boldsymbol{\Sigma}_{\hat{X}_0}$，噪声矩阵为$\boldsymbol{Q}_0$，观测协方差矩阵为$\boldsymbol{\Sigma}_1^{-1}$。则第 1 历元时刻$\boldsymbol{\Sigma}_{\hat{X}_1}$的协方差矩阵为

$$
\boldsymbol{\Sigma}_{\hat{X}_1}=(\boldsymbol{A}_1^{\mathrm{T}}\boldsymbol{\Sigma}_1^{-1}\boldsymbol{A}_1+(\boldsymbol{\Phi}_{k,k-1}\boldsymbol{\Sigma}_{\hat{X}_0}\boldsymbol{\Phi}_{k,k-1}^{\mathrm{T}}+\boldsymbol{Q}_0)^{-1})^{-1} \tag{12.63}
$$

忽略 $\boldsymbol{A}_1^{\mathrm{T}}\boldsymbol{\Sigma}_1^{-1}\boldsymbol{A}_1$ 的影响，则

$$
\boldsymbol{\Sigma}_{\hat{X}_1}\approx\boldsymbol{\Phi}_{k,k-1}\boldsymbol{\Sigma}_{\hat{X}_0}\boldsymbol{\Phi}_{k,k-1}^{\mathrm{T}}+\boldsymbol{Q}_0 \tag{12.64}
$$

那么$\boldsymbol{\Sigma}_{X_2}$的协方差矩阵为

$$
\boldsymbol{\Phi}_{k,k-1}\boldsymbol{\Sigma}_{\hat{X}_1}\boldsymbol{\Phi}_{k,k-1}^{\mathrm{T}}+\boldsymbol{Q}_1\approx\boldsymbol{\Phi}_{k,k-1}\boldsymbol{\Phi}_{k,k-1}\boldsymbol{\Sigma}_{\hat{X}_0}\boldsymbol{\Phi}_{k,k-1}^{\mathrm{T}}\boldsymbol{\Phi}_{k,k-1}^{\mathrm{T}}+\boldsymbol{\Phi}_{k,k-1}\boldsymbol{Q}_0\boldsymbol{\Phi}_{k,k-1}^{\mathrm{T}}+\boldsymbol{Q}_1 \tag{12.65}
$$

由式(12.65)可知,位置参数的方差与加速度计的白噪声谱密度相关性较强,速度参数的方差与陀螺仪和加速度计的白噪声以及加速度计的一阶 Markov 驱动白噪声谱密度强相关,姿态参数的方差与陀螺仪白噪声以及一阶 Markov 驱动白噪声强相关,随机漂移和加速度偏置与其对应的驱动白噪声强相关。

12.3.1.2 Sage-Husa 自适应滤波

在实际噪声未知的情况下,为了减小状态噪声和观测噪声矩阵与实际噪声存在的误差,Sage-Husa 等提出一种实时估计状态噪声和观测噪声矩阵的方法,这种算法已经在许多工程领域得到应用[21]。在 GNSS/INS 组合导航中,观测噪声的状态协方差阵一般比较容易获得,而状态协方差阵很难求得,因此可以利用 sage 滤波自适应地估计状态协方差阵。

卡尔曼滤波中,许多计算和推导都与残差矢量、新息矢量以及状态不符值有关,首先介绍这几个概念。

残差矢量为

$$\boldsymbol{V}_k = \boldsymbol{A}_k\hat{\boldsymbol{X}}_k - \boldsymbol{L}_k \tag{12.66}$$

新息矢量为

$$\bar{\boldsymbol{V}}_k = \boldsymbol{A}_k\bar{\boldsymbol{X}}_k - \boldsymbol{L}_k \tag{12.67}$$

状态不符值为

$$\boldsymbol{V}_{\bar{X}_k} = \hat{\boldsymbol{X}}_k - \bar{\boldsymbol{X}}_k \tag{12.68}$$

顾及$\hat{\boldsymbol{X}}_k = \bar{\boldsymbol{X}}_k + \boldsymbol{K}_k(\boldsymbol{L}_k - \boldsymbol{A}_k\bar{\boldsymbol{X}}_k)$,可得

$$\boldsymbol{\Sigma}_{W_k} = \boldsymbol{\Sigma}_{V_{\bar{X}_k}} + \boldsymbol{\Sigma}_{\hat{X}_k} - \boldsymbol{\Phi}_{k,k-1}\boldsymbol{\Sigma}_{\hat{X}_{k-1}}\boldsymbol{\Phi}_{k,k-1}^{\mathrm{T}} \tag{12.69}$$

又 $E(\boldsymbol{V}_{\bar{X}_k}) = \boldsymbol{0}$,则$\boldsymbol{V}_{\bar{X}_k}$的协方差估值可取为

$$\hat{\boldsymbol{\Sigma}}_{V_{\bar{X}_k}} = \frac{1}{N}\sum_{j=0}^{N} \boldsymbol{V}_{\bar{X}_{k-j}} \boldsymbol{V}_{\bar{X}_{k-j}}^{\mathrm{T}} \tag{12.70}$$

将式(12.69)改成估值形式,即可求得$\boldsymbol{\Sigma}_{W_k}$的估值$\hat{\boldsymbol{\Sigma}}_{W_k}$。

$$\hat{\boldsymbol{\Sigma}}_{W_k} = \hat{\boldsymbol{\Sigma}}_{V_{\bar{X}_k}} + \boldsymbol{\Sigma}_{\hat{X}_k} - \boldsymbol{\Phi}_{k,k-1}\boldsymbol{\Sigma}_{\hat{X}_{k-1}}\boldsymbol{\Phi}_{k,k-1}^{\mathrm{T}} \tag{12.71}$$

然而,由式(12.71)估计$\hat{\boldsymbol{\Sigma}}_{W_k}$存在如下问题。

(1) 表达式中含有 k 历元的状态参数估值的协方差矩阵$\boldsymbol{\Sigma}_{\hat{X}_k}$,而$\boldsymbol{\Sigma}_{\hat{X}_k}$的求解往往需要先求得$\hat{\boldsymbol{\Sigma}}_{W_k}$。

(2) $\hat{\boldsymbol{\Sigma}}_{W_k}$中含有$\boldsymbol{\Sigma}_{V_{\bar{X}_k}}$,而$\boldsymbol{\Sigma}_{V_{\bar{X}_k}}$是由 N 个历元的$\boldsymbol{V}_{\bar{X}_j} = \hat{\boldsymbol{X}}_j - \bar{\boldsymbol{X}}_j$ 求得,其中包含 t_k 历元的$\hat{\boldsymbol{X}}_k - \bar{\boldsymbol{X}}_k$,这也要求先解$\hat{\boldsymbol{\Sigma}}_{W_k}$。

(3) 即使可以用 t_{k-1} 之前 N 个历元的 $\boldsymbol{V}_{\bar{X}_j}$ 估算 $\hat{\boldsymbol{\Sigma}}_{V_{\bar{X}_k}}$ 和 $\hat{\boldsymbol{\Sigma}}_{W_k}$,并由此作为 $\hat{\boldsymbol{\Sigma}}_{W_k}$ 的近似,但由于 $k-1$ 历元状态有时不能可靠地反映 k 历元的状态扰动,且由 N 个历元 $\boldsymbol{V}_{\bar{X}_j}\boldsymbol{V}_{\bar{X}_j}^{\mathrm{T}}$ 的平均值来估计 $\hat{\boldsymbol{\Sigma}}_{V_{\bar{X}_k}}$ 也不能反映 t_k 历元的状态噪声水平,尤其当运动状态产生大的扰动时,这种 $\boldsymbol{\Sigma}_{W_k}$ 的"自适应估计"很难保证 $\hat{\boldsymbol{\Sigma}}_{W_k}$ "适应"于实际运动载体的动态噪声水平。

(4) 为了避免上述前两个问题,可以直接估计 $\hat{\boldsymbol{\Sigma}}_{W_k}$。考虑到 $\boldsymbol{V}_{\bar{X}_k}$ 与 $\bar{\boldsymbol{V}}_k$ 的关系, $\boldsymbol{V}_{\bar{X}_k}$ 可表示成

$$\boldsymbol{V}_{\bar{X}_k} = -\boldsymbol{K}_k\bar{\boldsymbol{V}}_k \tag{12.72}$$

则有

$$\boldsymbol{\Sigma}_{V_{\bar{X}_k}} = \boldsymbol{K}_k\boldsymbol{\Sigma}_{\bar{V}_k}\boldsymbol{K}_k^{\mathrm{T}} \tag{12.73}$$

顾及 $\hat{\boldsymbol{\Sigma}}_{\bar{V}_k} = \frac{1}{N}\sum_{j=1}^{N}\bar{\boldsymbol{V}}_{k-j}\bar{\boldsymbol{V}}_{k-j}^{\mathrm{T}}$,则可求得 $\boldsymbol{\Sigma}_{V_{\bar{X}_k}}$ 的估计。

$$\hat{\boldsymbol{\Sigma}}_{V_{\bar{X}_k}} = \boldsymbol{K}_k\hat{\boldsymbol{\Sigma}}_{\bar{V}_k}\boldsymbol{K}_k^{\mathrm{T}} \tag{12.74}$$

在稳态情况下,可以直接由 $\hat{\boldsymbol{\Sigma}}_{\bar{V}_k}$ 近似代替 $\hat{\boldsymbol{\Sigma}}_{W_k}$,即有

$$\hat{\boldsymbol{\Sigma}}_{W_k} = \boldsymbol{K}_k\hat{\boldsymbol{\Sigma}}_{\bar{V}_k}\boldsymbol{K}_k^{\mathrm{T}} \tag{12.75}$$

分析上式可知:

(1) 当观测无异常、模型存在较大误差时, $\bar{\boldsymbol{V}}_k = \boldsymbol{A}_k\bar{\boldsymbol{X}}_k - \boldsymbol{L}_k$ 会增大,状态噪声矩阵 $\hat{\boldsymbol{\Sigma}}_{W_k}$ 增大,因此会降低状态矢量的权比,重用观测信息。

(2) 但是当观测存在较大异常时, $\bar{\boldsymbol{V}}_k = \boldsymbol{A}_k\bar{\boldsymbol{X}}_k - \boldsymbol{L}_k$ 仍然会增大,而且会将这种异常归咎于模型误差,这时重用观测信息就会造成滤波结果偏离真值。

12.3.1.3 状态噪声谱密度估计

状态噪声谱密度估计是指估计陀螺仪和加速度计输出信号中高频白噪声的谱密度。

1) 基于直接估计法的状态噪声谱密度估计

所谓直接估计法,就是在扣除信号中有用信号的基础上,将计算的标准偏差作为噪声信号的谱密度[2]:

$$q_0 = \sqrt{\frac{\sum_{i=1}^{n}(s_i - s_0)^2}{n}} \tag{12.76}$$

式中: s_i 为陀螺仪或者加速度计观测到的信号; s_0 为有用信号,一般取信号的平均值; n 为信号长度。

2）基于小波变换的状态噪声谱密度估计

在惯性元件输出信号的低频部分中，不仅包含有用信号，还包含各种低频有色噪声，采用信号的平均值，不能够将所有低频部分的噪声完全去掉，由此计算的谱密度也不能够完全代表白噪声的谱密度。

因此采用小波多分辨分析将信号中的低频噪声去掉，然后再计算剩余白噪声的谱密度[22]：

$$q_0 = \sqrt{\frac{\sum_{i=1}^{n} s_i'^2}{n}} \tag{12.77}$$

式中：s'_i 为经过小波多分辨分析去掉低频信号之后的白噪声。

3）基于 Allan 方差的状态噪声谱密度估计

利用 Allan 方差计算信号中白噪声（即角度随机游走）的谱密度，其计算公式为

$$q_0 = \sigma\sqrt{T} \tag{12.78}$$

式中：σ 为 Allan 均方差；T 为时间长度。

12.3.2 动力学模型误差补偿

动力学模型误差主要包括系统误差、有色噪声误差、线性化截断误差以及异常扰动误差等，为了减小动力学模型误差对导航解的影响，本节分别介绍 4 种动力学误差补偿算法。

12.3.2.1 动力学模型误差直接估计

INS 随机误差包含两部分高频白噪声和低频有色噪声，对低频有色噪声的描述，在应用中，一般将陀螺随机漂移和加速度计中的相关噪声看成一阶 Markov 过程[19]，其参数是根据经验设定，不适合实际应用。而且，陀螺仪和加速度计输出信号受到多种复杂因素的干扰，单纯利用一阶 Markov 过程并不能完全反映随机漂移中的相关噪声，应该根据实际输出信号情况，建立合适的误差模型[23-24]。

1）基于自回归（AR）模型的动力学模型补偿

以 AR(3) 模型为例，令陀螺随机误差 ε 和加速度计随机误差 a 为

$$\varepsilon_{i,k} = \alpha_{i1}\varepsilon_{i,k-1} + \alpha_{i2}\varepsilon_{i,k-2} + \alpha_{i3}\varepsilon_{i,k-3} + \omega_i^{\varepsilon} \quad \omega_i^{\varepsilon} \sim N(0,(\sigma_i^{\varepsilon})^2);i = x,y,z$$

$$a_{i,k} = \beta_{i1}a_{i,k-1} + \beta_{i2}a_{i,k-2} + \beta_{i3}a_{i,k-3} + \omega_i^{a} \quad \omega_i^{a} \sim N(0,(\sigma_i^{a})^2);i = x,y,z$$

式中：α、β 为 AR(3) 模型系数；ω^{ε}、ω^{a} 为驱动白噪声。利用 AR(3) 模型代替 GNSS/INS 组合导航动力学模型中的一阶 Markov 过程，则 GNSS/INS 松组合导航状态转移矩阵为

$$\boldsymbol{X}_k = \boldsymbol{\Phi}_{k,k-1}\boldsymbol{X}_{k-1} + \boldsymbol{w}_k \tag{12.79}$$

式中

$$\boldsymbol{X}_k = (\delta x_k \quad \delta y_k \quad \delta z_k \quad \delta\dot{x}_k \quad \delta\dot{y}_k \quad \delta\dot{z}_k \quad \phi_{xk} \quad \phi_{yk} \quad \phi_{zk} \quad \varepsilon_{x,k} \quad \varepsilon_{y,k} \quad \varepsilon_{z,k} \quad a_{x,k}$$

$a_{y,k}\quad a_{z,k}\quad \varepsilon_{x,k-1}\quad \varepsilon_{y,k-1}\quad \varepsilon_{z,k-1}\quad a_{x,k-1}\quad a_{y,k-1}\quad a_{z,k-1}\quad \varepsilon_{x,k-2}\quad \varepsilon_{y,k-2}\quad \varepsilon_{z,k-2}$
$a_{x,k-2}\quad a_{y,k-2}\quad a_{z,k-2})^{\mathrm{T}}$

$$\boldsymbol{X}_{k-1}=(\delta x_{k-1}\quad \delta y_{k-1}\quad \delta z_{k-1}\quad \delta\dot{x}_{k-1}\quad \delta\dot{y}_{k-1}\quad \delta\dot{z}_{k-1}\quad \phi_{x,k-1}\quad \phi_{y,k-1}\quad \phi_{z,k-1}$$
$$\varepsilon_{x,k-1}\quad \varepsilon_{y,k-1}\quad \varepsilon_{z,k-1}\quad a_{x,k-1}\quad a_{y,k-1}\quad a_{z,k-1}\quad \varepsilon_{x,k-2}\quad \varepsilon_{y,k-2}\quad \varepsilon_{z,k-2}\quad a_{x,k-2}\quad a_{y,k-2}$$
$$a_{z,k-2}\quad \varepsilon_{x,k-3}\quad \varepsilon_{y,k-3}\quad \varepsilon_{z,k-3}\quad a_{x,k-3}\quad a_{y,k-3}\quad a_{z,k-3})^{\mathrm{T}}$$

$$\boldsymbol{\Phi}_{k,k-1}=$$
$$\begin{bmatrix}
\boldsymbol{I}_{3\times3} & \boldsymbol{I}_{3\times3}\cdot\Delta t & \boldsymbol{0}_{3\times3} & \boldsymbol{0}_{3\times3} & \boldsymbol{0}_{3\times3} & \boldsymbol{0}_{3\times3} & \boldsymbol{0}_{3\times3} & \boldsymbol{0}_{3\times3} & \boldsymbol{0}_{3\times3}\\
\boldsymbol{N}^{\mathrm{e}}_{3\times3}\cdot\Delta t & -2\Omega^{\mathrm{e}}_{\mathrm{ie}}\cdot\Delta t+\boldsymbol{I}_{3\times3} & -\boldsymbol{F}^{\mathrm{e}}_{3\times3}\cdot\Delta t & \boldsymbol{0}_{3\times3} & \boldsymbol{R}^{\mathrm{e}}_{\mathrm{b}}\cdot\Delta t & \boldsymbol{0}_{3\times3} & \boldsymbol{0}_{3\times3} & \boldsymbol{0}_{3\times3} & \boldsymbol{0}_{3\times3}\\
\boldsymbol{0}_{3\times3} & \boldsymbol{0}_{3\times3} & -\Omega^{\mathrm{e}}_{\mathrm{ie}}\cdot\Delta t+\boldsymbol{I}_{3\times3} & \boldsymbol{R}^{\mathrm{e}}_{\mathrm{b}}\cdot\Delta t & \boldsymbol{0}_{3\times3} & \boldsymbol{0}_{3\times3} & \boldsymbol{0}_{3\times3} & \boldsymbol{0}_{3\times3} & \boldsymbol{0}_{3\times3}\\
\boldsymbol{0}_{3\times3} & \boldsymbol{0}_{3\times3} & \boldsymbol{0}_{3\times3} & \boldsymbol{M}_{\varepsilon1,3\times3} & \boldsymbol{0}_{3\times3} & \boldsymbol{M}_{\varepsilon2,3\times3} & \boldsymbol{0}_{3\times3} & \boldsymbol{M}_{\varepsilon3,3\times3} & \boldsymbol{0}_{3\times3}\\
\boldsymbol{0}_{3\times3} & \boldsymbol{0}_{3\times3} & \boldsymbol{0}_{3\times3} & \boldsymbol{0}_{3\times3} & \boldsymbol{M}_{a1,3\times3} & \boldsymbol{0}_{3\times3} & \boldsymbol{M}_{a2,3\times3} & \boldsymbol{0}_{3\times3} & \boldsymbol{M}_{a3,3\times3}\\
\boldsymbol{0}_{3\times3} & \boldsymbol{0}_{3\times3} & \boldsymbol{0}_{3\times3} & \boldsymbol{0}_{3\times3} & \boldsymbol{0}_{3\times3} & \boldsymbol{I}_{3\times3} & \boldsymbol{0}_{3\times3} & \boldsymbol{0}_{3\times3} & \boldsymbol{0}_{3\times3}\\
\boldsymbol{0}_{3\times3} & \boldsymbol{0}_{3\times3} & \boldsymbol{0}_{3\times3} & \boldsymbol{0}_{3\times3} & \boldsymbol{0}_{3\times3} & \boldsymbol{0}_{3\times3} & \boldsymbol{I}_{3\times3} & \boldsymbol{0}_{3\times3} & \boldsymbol{0}_{3\times3}\\
\boldsymbol{0}_{3\times3} & \boldsymbol{0}_{3\times3} & \boldsymbol{0}_{3\times3} & \boldsymbol{0}_{3\times3} & \boldsymbol{0}_{3\times3} & \boldsymbol{0}_{3\times3} & \boldsymbol{0}_{3\times3} & \boldsymbol{I}_{3\times3} & \boldsymbol{0}_{3\times3}\\
\boldsymbol{0}_{3\times3} & \boldsymbol{0}_{3\times3} & \boldsymbol{0}_{3\times3} & \boldsymbol{0}_{3\times3} & \boldsymbol{0}_{3\times3} & \boldsymbol{0}_{3\times3} & \boldsymbol{0}_{3\times3} & \boldsymbol{0}_{3\times3} & \boldsymbol{I}_{3\times3}
\end{bmatrix}$$

$$\boldsymbol{M}_{\varepsilon1}=\begin{bmatrix}\alpha_{x1}&0&0\\0&\alpha_{y1}&0\\0&0&\alpha_{z1}\end{bmatrix},\quad \boldsymbol{M}_{\varepsilon2}=\begin{bmatrix}\alpha_{x2}&0&0\\0&\alpha_{y2}&0\\0&0&\alpha_{z2}\end{bmatrix},\quad \boldsymbol{M}_{\varepsilon3}=\begin{bmatrix}\alpha_{x3}&0&0\\0&\alpha_{y3}&0\\0&0&\alpha_{z3}\end{bmatrix}$$

$$\boldsymbol{M}_{a1}=\begin{bmatrix}\beta_{x1}&0&0\\0&\beta_{y1}&0\\0&0&\beta_{z1}\end{bmatrix},\quad \boldsymbol{M}_{a2}=\begin{bmatrix}\beta_{x2}&0&0\\0&\beta_{y2}&0\\0&0&\beta_{z2}\end{bmatrix},\quad \boldsymbol{M}_{12}=\begin{bmatrix}\beta_{x3}&0&0\\0&\beta_{y3}&0\\0&0&\beta_{z3}\end{bmatrix}$$

$$\boldsymbol{Q}=\begin{bmatrix}\boldsymbol{Q}_{1,15\times15}&0_{15\times12}\\0_{12\times15}&0_{12\times12}\end{bmatrix}$$

式中：$\boldsymbol{Q}_{1,15\times15}$与式(12.55)中的$\boldsymbol{Q}_k$一致，其中

$$q_{\mathrm{b}\varepsilon}=\mathrm{diag}\{(\sigma_x^{\varepsilon})^2,(\sigma_y^{\varepsilon})^2,(\sigma_z^{\varepsilon})^2\}$$
$$q_{\mathrm{ba}}=\mathrm{diag}\{(\sigma_x^{a})^2,(\sigma_y^{a})^2,(\sigma_z^{a})^2\}$$

2）基于 ARMA 模型的动力学模型补偿

陀螺信号具有较强的自相关拖尾、较弱的互相关截尾（图 12.17，图 12.18），单纯用 AR 模型来描述动力学模型误差可能导致模型不能完全反映真实的误差变化规律。

以 ARMA(3,3)模型为例，令陀螺随机误差 ε 和加速度计随机误差 a 为

$$\varepsilon_{i,k}=\alpha_{i1}\varepsilon_{i,k-1}+\alpha_{i2}\varepsilon_{i,k-2}+\alpha_{i3}\varepsilon_{i,k-3}+\omega^{\varepsilon}_{i,k}+c_{i1}\omega^{\varepsilon}_{i,k-1}+c_{i2}\omega^{\varepsilon}_{i,k-2}+c_{i3}\omega^{\varepsilon}_{i,k-3}$$
$$a_{i,k}=\beta_{i1}a_{i,k-1}+\beta_{i2}a_{i,k-2}+\beta_{i3}a_{i,k-3}+\omega^{a}_{i,k}+d_{i1}\omega^{a}_{i,k-1}+d_{i2}\omega^{a}_{i,k-2}+d_{i3}\omega^{a}_{i,k-3}$$

式中：$\alpha_{ij}(i=x,y,z;j=1,2,3)$，$c_{ij}(i=x,y,z;j=1,2,3)$为陀螺随机误差 $\boldsymbol{\Sigma}_i$ 的

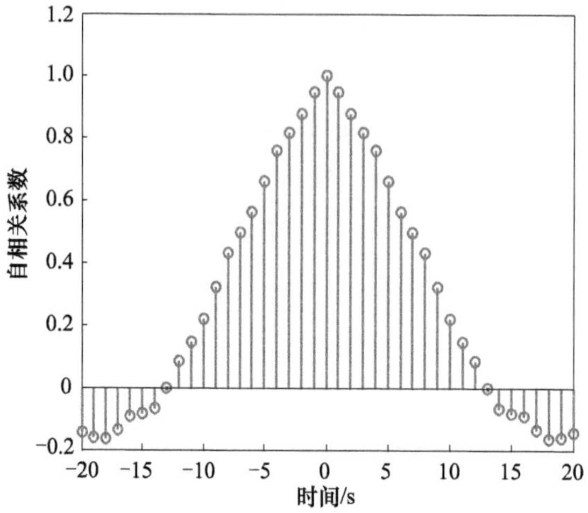

图 12.17　陀螺信号自相关系数图(见彩图)

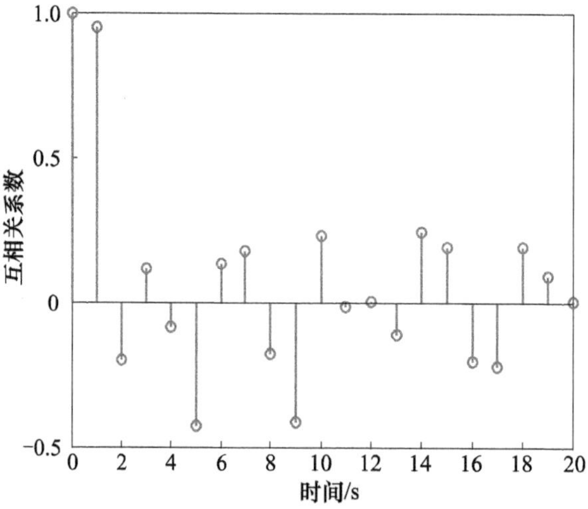

图 12.18　陀螺信号互相关系数图(见彩图)

ARMA 模型系数;$\beta_{ij}(i = x,y,z;j = 1,2,3)$,$d_{ij}(i = x,y,z;j = 1,2,3)$为加速度计随机误差 a_i 的 ARMA 模型系数;$\omega_i^{\varepsilon} \sim N(\mathbf{0},(\sigma_i^{\varepsilon})^2)$;$\omega_i^{a} \sim N(\mathbf{0},(\sigma_i^{\alpha})^2)$。

其状态方程与式(12.79)类似,其过程噪声矩阵 $\boldsymbol{Q}_k$ 中 $q_{\mathrm{b}\varepsilon}$,$q_{\mathrm{ba}}$ 分别为

$$q_{\mathrm{b}\varepsilon} = \mathrm{diag}\{(1 + c_{x1}^2 + c_{x2}^2 + c_{x3}^2)(\sigma_x^{\varepsilon})^2 \quad (1 + c_{y1}^2 + c_{y2}^2 + c_{y3}^2)(\sigma_y^{\varepsilon})^2 \quad (1 + c_{z1}^2 + c_{z2}^2 + c_{z3}^2)(\sigma_z^{\varepsilon})^2\}$$

$$q_{\mathrm{ba}} = \mathrm{diag}\{(1 + d_{x1}^2 + d_{x2}^2 + d_{x3}^2)(\sigma_x^{a})^2 \quad (1 + d_{y1}^2 + d_{y2}^2 + d_{y3}^2)(\sigma_y^{a})^2 \quad (1 + d_{z1}^2 + d_{z2}^2 + d_{z3}^2)(\sigma_z^{a})^2\}$$

3) 基于卡尔曼滤波的估计算法

一阶 AR 模型的建模有时存在较大误差,尤其是陀螺仪误差变化显著时。实际上可以在卡尔曼滤波算法递推公式的基础上直接给出模型误差的最小二乘估计,如此,可以避免对模型误差进行建模,直接根据滤波表达式之间的关系给出模型误差的

估值。

设卡尔曼滤波线性形式为

$$\boldsymbol{L}_k = \boldsymbol{A}_k \boldsymbol{X}_k + \boldsymbol{e}_k \tag{12.80}$$

$$\boldsymbol{X}_k = \boldsymbol{\Phi}_{k,k-1}\boldsymbol{X}_{k-1} + \boldsymbol{q}_k + \boldsymbol{w}_k \tag{12.81}$$

式中：$\boldsymbol{e}_k$ 为观测噪声矢量，其协方差矩阵为$\boldsymbol{\Sigma}_k$，权矩阵为$\boldsymbol{P}_k = \boldsymbol{\Sigma}_k$；$\boldsymbol{w}_k$ 为系统状态噪声矢量，其协方差矩阵为$\boldsymbol{\Sigma}_{w_k}$；$\boldsymbol{q}_k$ 为动力学模型误差矢量，且可以简单表示为与一阶时间相关的变量，即

$$\dot{\boldsymbol{q}}_k = \frac{1}{T_{q_k}}\boldsymbol{q}_k + \boldsymbol{\varepsilon}_k \tag{12.82}$$

式中：$\boldsymbol{\varepsilon}_k$ 为白噪声序列；T_{q_k}为相关时间。

将式(12.82)离散化，可得

$$\boldsymbol{q}_k = \boldsymbol{H}_{k,k-1}\boldsymbol{q}_{k-1} + \boldsymbol{\xi}_k \tag{12.83}$$

式中：$\boldsymbol{H}_{k,k-1}$为离散化后的系数矩阵；$\boldsymbol{\xi}_k$ 为离散化后的高斯白噪声序列。

将式(12.81)代入式(12.80)得

$$\begin{aligned}\boldsymbol{L}_k &= \boldsymbol{A}_k(\boldsymbol{X}_k) + \boldsymbol{e}_k = \\ &\boldsymbol{A}_k(\boldsymbol{\Phi}_{k,k-1}\boldsymbol{X}_{k-1} + \boldsymbol{q}_k + \boldsymbol{w}_k) + \boldsymbol{e}_k = \\ &\boldsymbol{A}_k \boldsymbol{\Phi}_{k,k-1}\boldsymbol{X}_{k-1} + \boldsymbol{A}_k \boldsymbol{q}_k + \boldsymbol{A}_k \boldsymbol{w}_k + \boldsymbol{e}_k\end{aligned} \tag{12.84}$$

则滤波预报残差矢量$\bar{\boldsymbol{V}}_k$ 为

$$\begin{aligned}\bar{\boldsymbol{V}}_k &= \boldsymbol{L}_k - \boldsymbol{A}_k\bar{\boldsymbol{X}}_k = \\ &\boldsymbol{L}_k - \boldsymbol{A}_k \boldsymbol{\Phi}_{k,k-1}\hat{\boldsymbol{X}}_{k-1} = \\ &\boldsymbol{A}_k \boldsymbol{\Phi}_{k,k-1}\boldsymbol{X}_{k-1} + \boldsymbol{A}_k \boldsymbol{q}_k + \boldsymbol{A}_k \boldsymbol{w}_k + \boldsymbol{e}_k - \boldsymbol{A}_k \boldsymbol{\Phi}_{k,k-1}\hat{\boldsymbol{X}}_{k-1} = \\ &\boldsymbol{A}_k \boldsymbol{\Phi}_{k,k-1}(\boldsymbol{X}_{k-1} - \hat{\boldsymbol{X}}_{k-1}) + \boldsymbol{A}_k \boldsymbol{w}_k + \boldsymbol{e}_k + \boldsymbol{A}_k \boldsymbol{q}_k\end{aligned} \tag{12.85}$$

令

$$\boldsymbol{\varepsilon}_k = \boldsymbol{A}_k \boldsymbol{\Phi}_{k,k-1}(\boldsymbol{X}_{k-1} - \hat{\boldsymbol{X}}_{k-1}) + \boldsymbol{A}_k \boldsymbol{w}_k + \boldsymbol{e}_k \tag{12.86}$$

则有

$$\bar{\boldsymbol{V}}_k = \boldsymbol{A}_k \boldsymbol{q}_k + \boldsymbol{\varepsilon}_k \tag{12.87}$$

式中：$\boldsymbol{\varepsilon}_k$ 的均值和方差为

$$E(\boldsymbol{\varepsilon}_k) = \boldsymbol{A}_k \boldsymbol{\Phi}_{k,k-1}(E(\boldsymbol{X}_{k-1} - \hat{\boldsymbol{X}}_{k-1})) + \boldsymbol{A}_k E(\boldsymbol{w}_k) + E(\boldsymbol{e}_k) = 0 \tag{12.88}$$

$$\boldsymbol{\Sigma}_{\varepsilon_k} = E(\boldsymbol{\varepsilon}_k \boldsymbol{\varepsilon}_k^{\mathrm{T}}) = \boldsymbol{\Sigma}_{\overline{V}_k} = \boldsymbol{A}_k \Sigma_{\overline{X}_k}\boldsymbol{A}_k^{\mathrm{T}} + \boldsymbol{\Sigma}_k \tag{12.89}$$

式中：下标$\bar{\boldsymbol{V}}_k$、$\boldsymbol{\varepsilon}_k$ 表示无动力学模型误差 $\boldsymbol{q}_k$ 情况下，典型卡尔曼滤波的滤波预报残差。

显然，在观测噪声$\boldsymbol{e}_k$ 和动力学模型噪声$\boldsymbol{w}_k$ 满足零均值高斯分布时，$\boldsymbol{\varepsilon}_k$ 也满足零均值高斯分布。

基于式(12.87)，给出了模型误差$\boldsymbol{q}_k$ 的最小二乘估值[25]

$$\hat{\boldsymbol{q}}_k = (\boldsymbol{A}_k^{\mathrm{T}} \Sigma_{\varepsilon_k}^{-1}\boldsymbol{A}_k)^{-1}\boldsymbol{A}_k^{\mathrm{T}} \boldsymbol{\Sigma}_{\varepsilon_k}^{-1} \bar{\boldsymbol{V}}_k = (\boldsymbol{A}_k^{\mathrm{T}} \boldsymbol{\Sigma}_{\overline{V}_k}^{-1}\boldsymbol{A}_k)^{-1}\boldsymbol{A}_k^{\mathrm{T}} \boldsymbol{\Sigma}_{\overline{V}_k}^{-1} \bar{\boldsymbol{V}}_k \tag{12.90}$$

$$\boldsymbol{\Sigma}_{q_k} = (\boldsymbol{A}_k^{\mathrm{T}} \boldsymbol{\Sigma}_{\bar{V}_k}^{-1} \boldsymbol{A}_k)^{-1} \sigma_0^2 \tag{12.91}$$

式中:σ_0^2 为单位权方差,且

$$\sigma_0^2 = \frac{(\bar{\boldsymbol{V}}_k - \boldsymbol{A}_k \boldsymbol{q}_k)^{\mathrm{T}} \boldsymbol{\Sigma}_{\bar{V}_k}^{-1} (\bar{\boldsymbol{V}}_k - \boldsymbol{A}_k \boldsymbol{q}_k)}{n-m} \tag{12.92}$$

式中:n 为观测量个数,m 为状态参数个数,且 $n>m$。

从上述算法的推导过程可知,模型误差$\boldsymbol{q}_k$ 的估计是基于最小二乘估计原理给出的,所以算法对观测信息的冗余情况有严格的要求,即观测信息个数必须大于状态参数个数。此外,模型误差估值$\hat{\boldsymbol{q}}_k$ 是基于预报残差信息 $\bar{\boldsymbol{V}}_k$给出的。而 $\bar{\boldsymbol{V}}_k = \boldsymbol{L}_k - \boldsymbol{A}_k \bar{\boldsymbol{X}}_k$,其中包含观测信息$\boldsymbol{L}_k$,如果$\boldsymbol{L}_k$ 含有误差,则该误差会直接影响$\hat{\boldsymbol{q}}_k$,因此必须确保观测信息的质量可靠。观测信息存在冗余时,可以基于抗差等价权原理[26]对观测误差影响进行控制,当然该算法需要进行一定的迭代计算。

组合导航系统中观测信息个数一般小于状态参数个数,则上述算法不可用,需要基于卡尔曼滤波算法对组合导航动力学模式进行误差估计。

鉴于模型误差主要具有慢变时间相关的特点,此处将模型误差$\boldsymbol{q}_k$ 近似为一阶时间相关模型,见式(12.82)。则基于式(12.83)的模型误差离散化方程,可得模型误差$\boldsymbol{q}_k$ 的预报矢量和协方差矩阵分别为

$$\begin{cases} \bar{\boldsymbol{q}}_k = \boldsymbol{H}_{k,k-1} \boldsymbol{q}_{k-1} \\ \boldsymbol{\Sigma}_{\bar{q}_k} = \boldsymbol{H}_{k,k-1} \boldsymbol{\Sigma}_{q_{k-1}} \boldsymbol{H}_{k,k-1}^{\mathrm{T}} + \boldsymbol{\Sigma}_{\xi_k} \end{cases} \tag{12.93}$$

式中:$\boldsymbol{\Sigma}_{\xi_k}$为相应的模型噪声协方差矩阵。

基于卡尔曼滤波算法原理即可计算相应的模型误差估值$\hat{\boldsymbol{q}}_k$,该算法的优点是对观测信息的冗余情况无特别要求,但也存在对模型误差的一阶时间相关近似。

模型误差$\boldsymbol{q}_k$ 的滤波估值为

$$\begin{cases} \hat{\boldsymbol{q}}_k = \bar{\boldsymbol{q}}_k + \tilde{\boldsymbol{K}}_k (\bar{\boldsymbol{V}}_k - \boldsymbol{A}_k \bar{\boldsymbol{q}}_k) \\ \tilde{\boldsymbol{K}}_k = \boldsymbol{\Sigma}_{\bar{q}_k} \boldsymbol{A}_k^{\mathrm{T}} (\boldsymbol{A}_k \boldsymbol{\Sigma}_{q_k} \boldsymbol{A}_k^{\mathrm{T}} + \boldsymbol{\Sigma}_{\bar{V}_k})^{-1} \\ \boldsymbol{\Sigma}_{\hat{q}_k} = [\boldsymbol{I} - \tilde{\boldsymbol{K}}_k \boldsymbol{A}_k] \boldsymbol{\Sigma}_{\bar{q}_k} \end{cases} \tag{12.94}$$

基于上式计算的模型误差矢量估值$\hat{\boldsymbol{q}}_k$,即可对动力学模型预报信息 $\bar{\boldsymbol{X}}_k$进行修正,方法同前。此外,该直接计算模型误差$\boldsymbol{q}_k$ 的方法,其核心是误差转移矩阵$\boldsymbol{H}_{k,k-1}$未知,于是仍然存在对模型误差$\boldsymbol{q}_k$ 的建模近似问题。

12.3.2.2 基于非线性滤波的动力学模型误差补偿算法

在实际应用中,动力学模型方程或观测方程往往为非线性,于是需要处理非线性滤波问题。对非线性方程的线性化,取至一阶项,导致滤波算法存在高阶项截断误差影响,尤其当非线性方程的非线性强度较大时,这种误差会致使滤波器不稳定,甚至发散。

为了减小这种模型误差对导航解的影响,也可以采用非线性滤波算法,减弱这种离散化误差的影响,从而降低动力学模型误差对导航解的影响。无迹卡尔曼滤波(UKF)是常用的方法。UKF 的基本思想是由被估计量的均值和方差产生一些特殊的样本点(Sigma 点),这些样本点经过状态方程和观测方程传播后,加权产生状态参数的均值和方差[27]。

设非线性动力学模型方程和线性观测方程分别为

$$\boldsymbol{X}_k = f(\boldsymbol{X}_{k-1}, \boldsymbol{w}_k) \tag{12.95}$$

$$\boldsymbol{L}_k = \boldsymbol{A}_k \boldsymbol{X}_k + \boldsymbol{e}_k \tag{12.96}$$

式中:$f(\cdot)$为动力学模型方程的非线性函数;其余符号与前面章节相同。假设动力学模型方程为非线性,观测方程为线性,则 UKF 计算步骤如下。

1)状态参数初始化

$$\hat{\boldsymbol{X}}_0 = E[\boldsymbol{X}_0]$$

$$\boldsymbol{\Sigma}_{\hat{X}_0} = E[(\boldsymbol{X}_0 - \hat{\boldsymbol{X}}_0)(\boldsymbol{X}_0 - \hat{\boldsymbol{X}}_0)^{\mathrm{T}}] \tag{12.97}$$

2)计算 Sigma 样点($k = 1, \cdots, \infty$)

$$\boldsymbol{\chi}_{k-1} = [\hat{\boldsymbol{X}}_{k-1} \quad \hat{\boldsymbol{X}}_{k-1} + \sqrt{(m+\lambda)\boldsymbol{\Sigma}_{\hat{X}_{k-1}}}, \hat{\boldsymbol{X}}_{k-1} - \sqrt{(m+\lambda)\boldsymbol{\Sigma}_{\hat{X}_{k-1}}}] \tag{12.98}$$

式中:m 为状态参数个数;$\lambda = a^2(m+\kappa) - m$ 为尺度因子,a 表示 Sigma 点到 $\hat{\boldsymbol{X}}_{k-1}$ 的距离,一般取 $1 \times 10^{-4} \leqslant a \leqslant 1$,$\kappa$ 为常数,设置为 0 或 $3 - m$。$(\sqrt{(m+\lambda)\boldsymbol{\Sigma}_{\hat{X}}})_i$ 是矩阵平方根的第 i 列,可通过 Cholesky 分解获得。

3)时间更新

$$\bar{\boldsymbol{\chi}}_k = f(\boldsymbol{\chi}_{k-1}, \boldsymbol{w}_k) \tag{12.99}$$

$$\bar{\boldsymbol{X}}_k = \sum_{i=0}^{2m} W_i^m \bar{\boldsymbol{\chi}}_{k,i} \tag{12.100}$$

$$\boldsymbol{\Sigma}_{\bar{X}_k} = \sum_{i=0}^{2m} W_i^c (\bar{\boldsymbol{\chi}}_{k,i} - \bar{\boldsymbol{X}}_k)(\bar{\boldsymbol{\chi}}_{k,i} - \bar{\boldsymbol{X}}_k)^{\mathrm{T}} + \boldsymbol{\Sigma}_{\boldsymbol{w}_k} \tag{12.101}$$

式中:$\bar{\boldsymbol{X}}_k$ 为状态方程预报值,$\boldsymbol{\Sigma}_{\bar{X}_k}$为其协方差矩阵估计式。

$$\begin{cases} W_0^m = \lambda/(m+\lambda) \\ W_0^c = \lambda/(m+\lambda) + (1 - \alpha^2 + \beta) \\ W_i^m = W_i^c = 0.5/(m+\lambda) \qquad i = 1, \cdots, 2m \end{cases} \tag{12.102}$$

式中:β 用于融入随机变量 X 的验前信息,对于高斯分布取 $\beta = 2$ 最优[28]。

4)测量更新

$$\bar{\boldsymbol{y}}_k = \boldsymbol{A}_k \bar{\boldsymbol{\chi}}_k \tag{12.103}$$

$$\bar{\boldsymbol{L}}_k = \sum_{i=0}^{2m} \boldsymbol{W}_i^m \bar{\boldsymbol{y}}_{k,i} \tag{12.104}$$

$$\boldsymbol{\Sigma}_{\bar{V}_k} = \sum_{i=0}^{2m} \boldsymbol{W}_i^c (\bar{\boldsymbol{y}}_{k,i} - \bar{\boldsymbol{L}}_k)(\bar{\boldsymbol{y}}_{k,i} - \bar{\boldsymbol{L}}_k)^{\mathrm{T}} + \boldsymbol{\Sigma}_k \tag{12.105}$$

式中：预报残差矢量 $\bar{\boldsymbol{V}}_k = \boldsymbol{L}_k - \bar{\boldsymbol{L}}_k$。

$$\boldsymbol{\Sigma}_{\bar{X}_k L_k} = \sum_{i=0}^{2m} \boldsymbol{W}_i^c (\bar{\boldsymbol{\chi}}_{k,i} - \bar{\boldsymbol{X}}_k)(\bar{\boldsymbol{y}}_{k,i} - \bar{\boldsymbol{L}}_k)^{\mathrm{T}} \tag{12.106}$$

$$\hat{\boldsymbol{X}}_k = \bar{\boldsymbol{X}}_k + \boldsymbol{K}_k(\boldsymbol{L}_k - \bar{\boldsymbol{L}}_k) \tag{12.107}$$

$$\boldsymbol{K}_k = \boldsymbol{\Sigma}_{\bar{X}_k \bar{L}_k}(\boldsymbol{\Sigma}_{\bar{V}_k})^{-1} \tag{12.108}$$

$$\boldsymbol{\Sigma}_{\hat{X}_k} = \boldsymbol{\Sigma}_{\bar{X}_k} - \boldsymbol{K}_k \boldsymbol{\Sigma}_{\bar{V}_k} \boldsymbol{K}_k^{\mathrm{T}} \tag{12.109}$$

分析 UKF 的计算步骤，可以发现：

（1）非线性高斯分布统计量的计算精度至少达到三阶，对于非高斯分布统计量的计算精度至少达到二阶[28-29]；

（2）不需要清楚了解非线性函数的具体形式，无须求导、无须计算 Jacobians 矩阵；

（3）UKF 不受动力学模型方程线性化带来的高阶截断误差影响，且算法容易实现。

12.3.2.3 基于观测信息和神经网络的动力学模型误差补偿

神经网络具有较强的去噪、学习、自适应、复杂映射等智能处理能力以及自适应卡尔曼滤波算法对较小的动力学模型误差不太敏感而对较大的异常扰动比较敏感的特点，可以基于观测信息将神经网络算法和自适应滤波算法进行结合，进行动力学模型误差补偿。

1）神经网络结构的设计

根据卡尔曼滤波推导过程，基于动力学模型预报信息 $\bar{\boldsymbol{X}}_k$ 和观测方程系数矩阵 $\boldsymbol{A}_k$，则可得当前 k 历元的预报观测信息（也可称伪观测信息）$\bar{\boldsymbol{L}}_k$ 为

$$\bar{\boldsymbol{L}}_k = \boldsymbol{A}_k \bar{\boldsymbol{X}}_k \tag{12.110}$$

则当前历元观测信息 $\boldsymbol{L}_k$ 的预报残差 $\bar{\boldsymbol{V}}_k$ 表示为

$$\bar{\boldsymbol{V}}_k = \boldsymbol{L}_k - \bar{\boldsymbol{L}}_k \tag{12.111}$$

由式(12.111)可知，鉴于观测信息矢量 $\boldsymbol{L}_k$ 和预报观测信息矢量 $\bar{\boldsymbol{L}}_k$ 存在不符值 $\bar{\boldsymbol{V}}_k$，我们可以利用观测信息矢量 $\boldsymbol{L}_k$ 去修正预报观测信息矢量 $\bar{\boldsymbol{L}}_k$，即利用神经网络系统求出 $\bar{\boldsymbol{L}}_k$ 和 $\boldsymbol{L}_k$ 之间的复杂映射函数，该映射函数也间接地反应动力学模型预报信息 $\bar{\boldsymbol{X}}_k$ 和观测信息 $\boldsymbol{L}_k$ 之间的关系，所以基于映射函数和当前观测信息即可对动力学模型信息进行修正或误差补偿。

基于上述结论，BP 3 层神经网络训练时，网络的输入可以取十五维的状态参数预报值 $\bar{\boldsymbol{X}}_k$，但为了降低网络复杂度，减小各层神经元的个数。此处，采用降维神经网络，取 $\boldsymbol{A}_k \bar{\boldsymbol{X}}_k$ 作为网络输入信息，即输入层神经元个数 $n_1 = 6$。网络期望输出为观测

信息$\boldsymbol{L}_k$,即输出层神经元个数 $n_3=6$。隐含层神经元个数选取值为$n_2=\sqrt{n_1\times n_3}+3$,则三层神经网络结构为 6-9-6。

此外,为了确保网络理想输出值$\boldsymbol{L}_k$ 的可靠性,采取如下方法剔除异常观测信息[26]。

(1) 预报残差中误差简记为

$$\sigma^0_{\bar{V}_{ki}}=\text{median}\{|\bar{V}_{ki}|\}/0.6745 \tag{12.112}$$

式中

$$\bar{V}_{ki}=L_{ki}-a_{ki}\bar{\boldsymbol{X}}_k \tag{12.113}$$

式中:a_{ki}是$\boldsymbol{A}_k$ 的第 i 行;L_{ki}是$\boldsymbol{L}_k$ 矢量的第 i 个观测值。

(2) 如果不等式

$$\frac{|\bar{V}_{ki}|}{\sigma^0_{\bar{V}_{ki}}}>c \tag{12.114}$$

成立,则相应的观测量 L_{ki}和预报残差 $\bar{V}_{ki}$将会被删除,此时网络将根据剩余可靠的观测信息重新进行学习训练。其中,c 是常量,可取 2.0 ~ 5.0。

上述方法可以较好地去除异常观测信息,确保观测信息的可靠性,从而保证网络训练时期望输出值$\boldsymbol{L}_k$ 的可靠性。

2) 动力学模型误差补偿算法

在上述神经网络结构基础上,通过采集的样本对($\boldsymbol{A}_k\bar{\boldsymbol{X}}_k,\boldsymbol{L}_k$)即可对神经网络进行训练,训练后的网络,输入$\bar{\boldsymbol{X}}_k$(再转化为$\boldsymbol{A}_k\bar{\boldsymbol{X}}_k$)就可以得到网络输出值$\hat{\boldsymbol{L}}_k$。

利用网络输出值$\hat{\boldsymbol{L}}_k$ 直接代替$\boldsymbol{A}_k\bar{\boldsymbol{X}}_k$,则标准卡尔曼滤波解$\hat{\boldsymbol{X}}_k$ 可改写为

$$\hat{\boldsymbol{X}}_k=\bar{\boldsymbol{X}}_k+\boldsymbol{K}_k(\boldsymbol{L}_k-\hat{\boldsymbol{L}}_k) \tag{12.115}$$

式中:$\hat{\boldsymbol{X}}_k$ 协方差矩阵和增益矩阵$\boldsymbol{K}_k$ 的表达式不变。

由改正后的卡尔曼滤波表达式可知,式(12.115)不再直接采用动力学模型预报信息$\bar{\boldsymbol{X}}_k$,而是采用神经网络输出的预报观测信息$\hat{\boldsymbol{L}}_k$,该信息也可认为对状态预报信息$\bar{\boldsymbol{X}}_k$ 的线性组合$\boldsymbol{A}_k\bar{\boldsymbol{X}}_k$ 消噪后输出的伪观测信息,具有比$\boldsymbol{A}_k\bar{\boldsymbol{X}}_k$ 更高的精度,神经网络消噪流程见图 12.19。

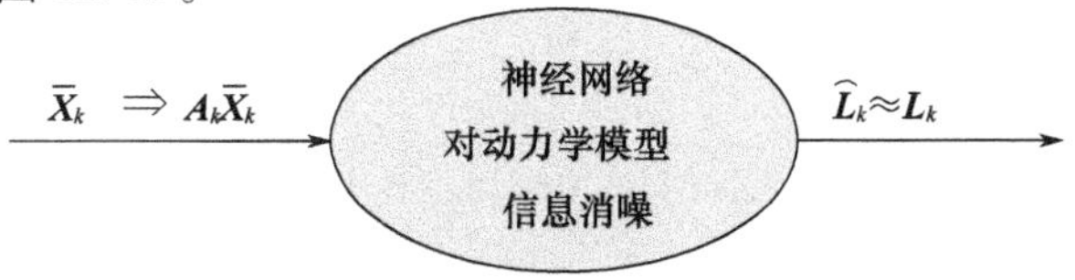

图 12.19 神经网络的消噪流程(基于观测信息)

在上述神经网络对动力学模型信息消噪处理后，采用自适应估计原理进一步调整动力学模型信息对导航解的贡献，即在式(12.115)的基础上，修改卡尔曼滤波增益矩阵和协方差矩阵[26]。

$$\boldsymbol{K}_k=\frac{1}{\alpha_k}\boldsymbol{\Sigma}_{X_k}\boldsymbol{A}_k^{\mathrm{T}}\left[\boldsymbol{A}_k\frac{1}{\alpha_k}\boldsymbol{\Sigma}_{X_k}\boldsymbol{A}_k^{\mathrm{T}}+\boldsymbol{\Sigma}_k\right]^{-1} \tag{12.116}$$

$$\boldsymbol{\Sigma}_{\hat{X}_k}=\left[\boldsymbol{I}-\boldsymbol{K}_k\boldsymbol{A}_k\right]\frac{1}{\alpha_k}\boldsymbol{\Sigma}_{X_k} \tag{12.117}$$

式中：$\alpha_k(0<\alpha_k\leqslant 1)$为自适应因子。

基于观测信息和神经网络的动力学模型误差补偿流程见图12.20。

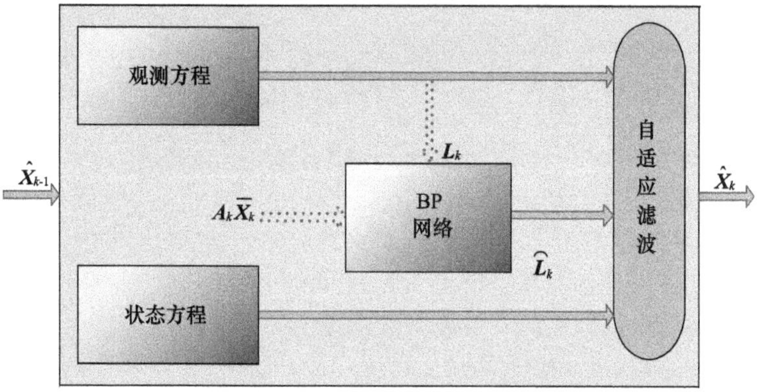

图12.20　动力学模型误差补偿(见彩图)

实际应用中，可以根据载体开始运动的一段时间内收集的动力学模型预报信息$\bar{\boldsymbol{X}}_k$和观测信息$\boldsymbol{L}_k$对网络进行离线训练，以便网络层间连接权获取较合理的初始值，训练后即可利用神经网络对动力学模型预报信息$\bar{\boldsymbol{X}}_k$进行修正。为了更好地使网络适应复杂环境的变化，间隔一定的时间间隔对网络重新进行训练。

12.3.2.4　基于滤波估值和神经网络的动力学模型误差补偿

上节介绍了基于观测信息设计的神经网络结构，同样也可基于滤波估值设计神经网络结构，在此基础上对动力学模型误差采取先修正再调整的策略。

1）神经网络结构的设计

上节给出了基于样本对$(\boldsymbol{A}_k\ \bar{\boldsymbol{X}}_k,\boldsymbol{L}_k)$对神经网络进行训练的神经网络结构，本节介绍另外一种神经网络结构的设计方法，即网络输入直接取$\bar{\boldsymbol{X}}_k$，期望输出则为当前历元的自适应卡尔曼滤波解$\hat{\boldsymbol{X}}_k$。同前，可得动力学模型预报信息$\bar{\boldsymbol{X}}_k$和状态参数估值$\hat{\boldsymbol{X}}_k$的不符值$\Delta\bar{\boldsymbol{X}}_k$为

$$\Delta\bar{\boldsymbol{X}}_k=\bar{\boldsymbol{X}}_k-\hat{\boldsymbol{X}}_k \tag{12.118}$$

由式(12.118)可知，由于$\bar{\boldsymbol{X}}_k$和$\hat{\boldsymbol{X}}_k$之间存在不符值，且在观测信息质量可靠的情

况下，$\hat{\boldsymbol{X}}_k$ 的精度理论上应该高于 $\bar{\boldsymbol{X}}_k$，所以可以用状态参数估值 $\hat{\boldsymbol{X}}_k$ 去修正动力学模型预报信息 $\bar{\boldsymbol{X}}_k$，即利用神经网络系统求出 $\bar{\boldsymbol{X}}_k$ 和 $\hat{\boldsymbol{X}}_k$ 之间的映射函数，利用该映射函数对动力学模型信息进行修正或误差补偿。

因此，三层神经网络训练时，网络的输入取十五维的状态参数预报值 $\bar{\boldsymbol{X}}_k$，即输入层神经元个数 $n_1=15$。网络期望输出为 $\hat{\boldsymbol{X}}_k$，即输出层神经元个数 $n_3=15$。隐含层神经元个数的选取 $n_2=\sqrt{n_1\times n_3}+8$，则三层神经网络结构为 15-23-15。

2）动力学模型误差补偿算法

采集样本对（$\bar{\boldsymbol{X}}_k,\hat{\boldsymbol{X}}_k$），对神经网络进行训练，训练后的网络，输入 $\bar{\boldsymbol{X}}_k$ 就可以得到网络输出值 $\widehat{\boldsymbol{X}}_k$。

取

$$\Delta\boldsymbol{E}_{\mathrm{r}}=\widehat{\boldsymbol{X}}_k-\bar{\boldsymbol{X}}_k \tag{12.119}$$

式中：$\Delta\boldsymbol{E}_{\mathrm{r}}$ 为动力学模型预报信息 $\bar{\boldsymbol{X}}_k$ 和经过复杂函数映射到当前时刻的网络预报输出值 $\widehat{\boldsymbol{X}}_k$ 之间的不符值，该不符值近似反映了 $\bar{\boldsymbol{X}}_k$ 与状态参数“真值”的差。因此，利用该不符值可以对动力学模型信息 $\bar{\boldsymbol{X}}_k$ 进行误差补偿或修正。修正后的动力学模型信息为

$$\bar{\bar{\boldsymbol{X}}}_k=\bar{\boldsymbol{X}}_k+\Delta\boldsymbol{E}_{\mathrm{r}}=\widehat{\boldsymbol{X}}_k \tag{12.120}$$

式（12.120）也表明，修正后的动力学模型信息 $\bar{\bar{\boldsymbol{X}}}_k$ 就是神经网络的预报输出值 $\widehat{\boldsymbol{X}}_k$。利用 $\bar{\bar{\boldsymbol{X}}}_k$ 直接代替预报值 $\bar{\boldsymbol{X}}_k$，则可得到改进的组合导航卡尔曼滤波解为

$$\hat{\boldsymbol{X}}_k=\bar{\boldsymbol{X}}_{\mathrm{k}}+\boldsymbol{K}_k(\boldsymbol{L}_k-\boldsymbol{A}_k\widehat{\boldsymbol{X}}_k) \tag{12.121}$$

式中：$\hat{\boldsymbol{X}}_k$ 协方差矩阵和增益矩阵 $\boldsymbol{K}_k$ 的表达式同前。

由式（12.121）可知，改进后的卡尔曼滤波解直接采用神经网络输出的预报值 $\widehat{\boldsymbol{X}}_k$，在神经网络训练合理的情况下，$\widehat{\boldsymbol{X}}_k$ 具有比 $\bar{\boldsymbol{X}}_k$ 更高的精度，此时神经网络扮演一个消噪器的功能，其流程见图 12.21。

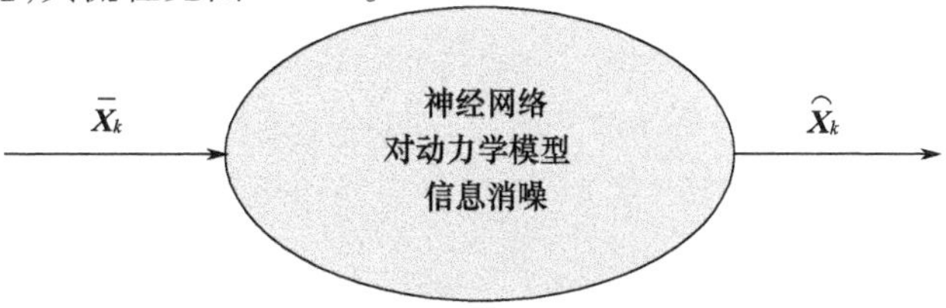

图 12.21 神经网络的消噪流程（基于滤波估值）

在神经网络对动力学模型信息消噪处理后，为了避免较大的动力学模型异常扰动误差对导航解的影响，也可以采用自适应估计原理进一步调整修正后的动力学模型信息 $\bar{\bar{X}}_k$，也即调整神经网络的输出信息 $\hat{X}_k$ 对导航解的贡献，其原理与方法类同。

基于滤波估值和神经网络的动力学模型误差补偿流程见图 12.22。

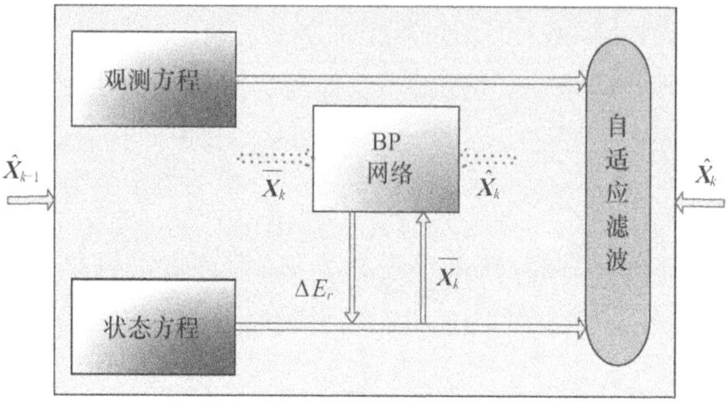

图 12.22　基于滤波估值和神经网络的动力学模型误差补偿流程（见彩图）

实际应用中，首先根据载体开始运动一段时间内采集的样本对（$\bar{X}_k$，$\hat{X}_k$）对网络离线训练，以便网络层间连接权获取较合理的初始值，训练后即可利用神经网络对动力学模型预报信息 $\bar{X}_k$ 进行修正。为了更好地使网络适应复杂环境的变化，间隔一定的时间间隔对网络重新进行训练。

12.3.3　INS 观测模型误差补偿

GNSS/INS 组合导航系统中，观测模型误差主要包含 GNSS 观测量误差、INS 观测量误差以及观测模型误差。由于 GNSS 观测量模型误差在前面章节进行了详细介绍，本节主要介绍 INS 观测模型误差补偿算法。

在 GNSS/INS 组合导航中，由组合导航状态方程可知，陀螺漂移和加速度计偏置是卡尔曼滤波的待估参数，利用这些估计参数就可以对 INS 观测量进行误差修正，即

$$\tilde{\boldsymbol{\omega}}_{ib}^{b} = \boldsymbol{\omega}_{ib}^{b} - \hat{\boldsymbol{\varepsilon}} \tag{12.122}$$

$$\tilde{\boldsymbol{f}}^{b} = \boldsymbol{f}^{b} - \hat{\boldsymbol{a}} \tag{12.123}$$

式中：$\boldsymbol{\omega}_{ib}^{b}$ 和 $\boldsymbol{f}^{b}$ 分别为观测得到的角速度和比力，$\tilde{\boldsymbol{\omega}}_{ib}^{b}$、$\tilde{\boldsymbol{f}}^{b}$ 为经过修正的角速度和比力；$\hat{\boldsymbol{\varepsilon}}$ 和 $\hat{\boldsymbol{a}}$ 分别为卡尔曼滤波估计的陀螺漂移和加速度计偏置。

由式(12.122)、式(12.123)可知，修正之后的 INS 观测量精度高低取决于卡尔曼滤波后 $\hat{\boldsymbol{\varepsilon}}$ 和 $\hat{\boldsymbol{a}}$ 估值的精度。但我们知道，$\hat{\boldsymbol{\varepsilon}}$ 和 $\hat{\boldsymbol{a}}$ 是间接可测参数，间接可测参数的滤波估值精度与状态参数协方差矩阵以及直接可测参数的估值 $\hat{\boldsymbol{X}}_1$ 有关，一旦状态参

数协方差矩阵不能反映实际噪声统计性质或者$\hat{\boldsymbol{X}}_1$精度较低，都会导致间接可测参数的估值出现大的偏差，那么用此误差改正数去修正 INS 的观测信号也许会导致更大的误差。

参考文献

[1] 董绪荣，张守信，华仲春. GPS/INS 组合导航定位及其应用[M]. 长沙：国防科技大学出版社，1998.

[2] GODHA S. Performance evaluation of low cost MEMS-Based IMU integrated with GPS for land vehicle navigation application[D]. Canada：University of Calgary，2006.

[3] HOU H. Modeling inertial sensors errors using allan variance[D]. Calary：University of Calgary，2004.

[4] HOU H，El-SHEIMY N. Inertial sensors errors modeling using allan variance[C]//Proceeding of ION GPS/GNSS 2003. Portland：The Institute of Navigation，2003.

[5] 刘海涛. MEMS 陀螺仪随机误差的 Allan 分析[J]. 遥测遥控，2007，28(增刊)：159-162.

[6] 杨亭鹏，高亚楠，陈家斌. 光纤陀螺仪零漂信号的 Allan 方差分析[J]. 光学技术，2005，31(1)：87-89.

[7] YANG Y. Tightly coupled MEMS INS/GPS integration with INS aided receiver tracking loops [D]. Calgary：University of Calgary，2008.

[8] YANG Y，CUI X. Adaptively robust filter with multi-adaptive factors[J]. Survey Review，2008，40(9)：260-270.

[9] 王惠南. GPS 导航原理与应用[M]. 北京：科学出版社，2003.

[10] JOHN W D. Integration of GPS/INS for maximum velocity accuracy[J]. Navigation，1987，34(3)：745-753.

[11] 陈家斌，袁信. 动态用户惯性速度辅助的 GPS 码环稳定性研究[J]. 中国惯性技术学报，1994，2(3)：1-7.

[12] KEVIN J S. Advanced GPS-inertial integration concept[C]//Proceeding of AIAA-3501-CP. AIAA，1989.

[13] GUSTAFSON D，DOWDLE J，FLUECKIGER K. A high anti-jam GPS-based navigator[C]//Proceeding of ION NTM 2000. Anaheim：The Institute of Navigation，2000.

[14] GUSTAFSON D，DOWDLE J，FLUECKIGER K. Deeply-integrated adaptive GPS-based navigator with extended-range code tracking：US 6 331 835 B1[P]. 2001-2-18.

[15] WOLF R，HEIN G W. An integrated low-cost GPS/INS attitude determination and position location system[C]// Proceeding of ION GPS 1996. Kansas City：The Institute of Navigation.

[16] 李涛. 非线性滤波方法在导航系统中的应用研究[D]. 长沙：国防科技大学，2003.

[17] 马云峰. MSINS_GPS 组合导航系统及其数据融合技术研究[D]. 南京：东南大学，2006.

[18] SHIN E. Accuracy improvement of low cost INS/GPS for land application[D]. Calgary：University of Calgary，2001.

[19] 张宗麟．惯性导航与组合导航[M]．北京:航空工业出版社,2000.

[20] 杨元喜．自适应动态导航定位[M]．北京:测绘出版社,2006.

[21] CHRISTOPHER H,TERRY M,MARTIN S. Adaptive kalman filtering for low cost INS/GPS[C]//Proceeding of ION GPS 2002. Oregon:The Institute of Navigation,2002.

[22] ABDEL-HAMID W,OSMAN A,NOURELDIN A,et al. Improving the performance of MEMS-Based inertial sensors by removing short-term errors utilizing wavelet multi-resolution analysis[C]//Proceedings of ION NTM 2004. San Diego:Institute of Navigation,2004.

[23] NASSAR S,ACHWARZ K,El- SHEIMY N. Modeling inertial sensor errors using autoregressive (AR) models[J]. NAVIGATION,2004,51(24):259-268.

[24] 吴富梅．GNSS/INS 组合导航误差补偿与自适应滤波理论的拓展[D]．郑州:信息工程大学,2010.

[25] 陶本藻．卡尔曼滤波模型误差的识别[J]．地壳形变与地震,1999,19(4):15-20.

[26] 杨元喜．抗差估计理论及其应用[M]．北京:八一出版社,1993.

[27] 高为广．GPS/INS 自适应组合导航算法研究[D]．郑州:信息工程大学测绘学院,2008.

[28] JULIER S J,UHLMANN J K. A consistent debiased method for converting between polar and cartesian coordinate systems[C]//The Proceeding of Aerosense:The 11th Int Symposium on Aerospace/Defense Sensing,Simulation and Controls. Orlando:IEEE,1997.

[29] JULIER S J,UHLMANN J K,Durrant-WHYTE H F. A new approach for the nonlinear transformation of means and covariances in filters and estimators[J]. IEEE Trans. on Automatic Control,2000,45(3):477-482.

第 13 章 北斗 RDSS 定位原理

北斗卫星导航系统是集定位、授时和报文通信为一体的卫星导航系统，不仅能进行 RNSS 定位测速授时，还具备 RDSS 定位、双向授时和短报文通信服务能力。本章主要介绍北斗 RDSS 定位原理和广义 RDSS 定位原理。

13.1 RDSS 定位原理

本节首先介绍北斗 RDSS 定位基本原理，在此基础上，分析影响 RDSS 定位精度的主要误差源。

13.1.1 基本原理

RDSS 定位是首先由用户向主控中心（MCC）提出定位申请，测量控制中心测得两颗卫星与用户间的距离，再由控制中心结合预存的高程数据库来计算用户位置。

北斗 RDSS 基本定位步骤如下[1-2]：

第一步，MCC 通过卫星 S_1、S_2发射用于询问的标准时间信号，位于服务区的用户机在接收到其中一颗卫星转发的测距信号后，立即发出应答信号，并经过卫星 S_1、S_2转发，传送到 MCC。

第二步，由 MCC 分别测量出由卫星 S_1、S_2返回的信号时间延迟量。MCC 在接收到经卫星转发的应答信号后，根据信号的时间延迟，可得出中心站—卫星—用户机的距离，由于中心站—卫星的距离已知，所以可得用户机与两颗卫星的距离观测量。

第三步，根据用户机与两颗卫星间的距离观测量（需考虑信号传输过程中卫星 S_1、S_2的相对运动，MCC、卫星转发器、用户机的传输延迟，以及电离层、对流层延迟影响等）和用户所在点的近似大地高程数据（由预存在 MCC 的地面高程数据库获得），迭代计算出用户的三维坐标位置。

第四步，MCC 将计算出来的用户坐标数据发送给请求定位的用户，用户再经过卫星向 MCC 发送一个回执，即可完成一次定位。

以用户响应卫星 S_1 的询问信号，并向两颗卫星 S_1、S_2发射应答信号为例，给出 RDSS 定位信号传输流程，详见图 13.1。

两颗卫星的基本观测量如下[1-2]：

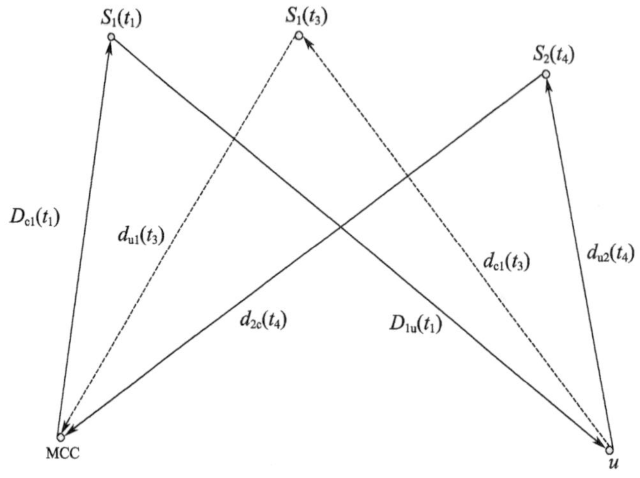

图 13.1 RDSS 定位信号传输流程图[1]

$$S_1 = D_{c1}(t_1) + c\delta t_{s1}(t_1) + D_{1u}(t_1) + c\delta t_u(t_2) + d_{u1}(t_3) + c\delta t_{s1}(t_3) + d_{1c}(t_3) + \delta t_{c1O} + \delta t_{c1I} \tag{13.1}$$

$$S_2 = D_{c1}(t_1) + c\delta t_{s1}(t_1) + D_{1u}(t_1) + c\delta t_u(t_2) + d_{u2}(t_4) + c\delta t_{s2}(t_4) + d_{2c}(t_4) + \delta t_{c2I} \tag{13.2}$$

式中:t_1 为卫星 S_1 接收地面 MCC 询问信号并转发信号的时刻;t_2 为用户机接收卫星 S_1 的询问信号时刻;t_3 为卫星 S_1 转发用户应答信号时刻;t_4 为卫星 S_2 转发用户应答信号时刻;$\delta t_{s1}(t_1)$为卫星出站转发器的设备时延;$\delta t_{s1}(t_3)$为卫星 S_1 的入站转发器的设备时延;$\delta t_{s2}(t_4)$为卫星 S_2 的入站转发器的设备时延;δt_u 为用户机转发信号的时延;δt_{c1O}为 MCC 至 S_1 出站链路设备时延;δt_{c1I}为 MCC 至 S_1 入站链路设备时延;δt_{c2I}为 MCC 至 S_2 入站链路设备时延;c 为光速;D_{c1}为第一颗卫星 S_1 至 MCC 的距离;D_{1u}为第一颗卫星 S_1 至用户的距离;d_{u1}为由用户机返回第 1 颗卫星 S_1 的距离;d_{1c}为用户返回 MCC 时 S_1 至 MCC 的距离;d_{u2}为由用户机返回第 2 颗卫星 S_2 的距离;d_{2c}为用户返回 MCC 时,S_2 至 MCC 的距离。

由 MCC 的高程数据库查得用户机所在点的大地高 h,进而构成第 3 个观测量[1,3-5]:

$$S_3 = r + h\cos\theta \tag{13.3}$$

式中:r 为用户机在参考椭球面上的投影到坐标原点的距离;h 为用户机所在点的大地高;θ 为用户机所在点的矢径与参考椭球法线的夹角。

考虑 MCC 和卫星位置精确已知,基于式(13.1)、式(13.2)的两个观测量,可得到两个卫星至用户的距离观测量,对此进行传输延迟(已事先标定)、大气延迟等修正,并联立式(13.3)按用户三维坐标变化量进行线性化,得到如下误差方程:

$$\begin{cases} e_x^1(t_3)\delta_x + e_y^1(t_3)\delta_y + e_z^1(t_3)\delta_z + F[r^1(t_1), r^1(t_3), \\ \quad \boldsymbol{R}_c, \boldsymbol{R}_u^0, \delta_t^{s1}(t_1), \delta t_u(t_2), \delta_t^{s1}(t_3)] - S_1 = 0 \\ e_x^2(t_4)\delta_x + e_y^2(t_4)\delta_y + e_z^2(t_4)\delta_z + F[r^2(t_1), r^2(t_4), \\ \quad \boldsymbol{R}_c, \boldsymbol{R}_u^0, \delta_t^{s2}(t_1), \delta t_u(t_2), \delta_t^{s2}(t_4)] - S_2 = 0 \\ \cos L\cos B\delta_x + \sin L\cos B\delta_y + \sin B\delta_z + F[R_u^0] - S_3 = 0 \end{cases} \tag{13.4}$$

式中：$e_x^1(t_3)$为在t_3时刻S_1卫星对X轴的方向余弦；其他e_y^1、e_z^1、e_y^2、e_y^2、e_y^2依此类推；B为用户机所在位置的经度；L为用户机所在位置的纬度；δ_t按其上下标为设备的传输时延；$F[C_1, C_2, \cdots, C_n]$为以参数C_i为参变量的表达式。

式(13.4)可简化表示为

$$\boldsymbol{A}\Delta\boldsymbol{R} - \boldsymbol{L} = 0 \tag{13.5}$$

式中

$$\boldsymbol{A} = \begin{pmatrix} e_x^1(t_3) & e_y^1(t_3) & e_z^1(t_3) \\ e_x^2(t_4) & e_y^2(t_4) & e_z^2(t_4) \\ \cos L\cos B & \sin L\cos B & \sin B \end{pmatrix}$$

$$\boldsymbol{L} = \begin{bmatrix} -F[r^1(t_1), r^1(t_3), \boldsymbol{R}_c, \boldsymbol{R}_u^0, \delta_t^{s1}(t_1), \delta t_u(t_2), \delta_t^{s1}(t_3)] + S_1 \\ -F[r^2(t_1), r^2(t_4), \boldsymbol{R}_c, \boldsymbol{R}_u^0, \delta_t^{s2}(t_1), \delta t_u(t_2), \delta_t^{s2}(t_4)] + S_2 \\ -F[R_u^0] + S_3 \end{bmatrix}$$

$$\Delta\boldsymbol{R} = \begin{bmatrix} \delta_x \\ \delta_y \\ \delta_z \end{bmatrix}$$

由式(13.5)迭代计算即可得到用户位置初值改正数

$$\Delta\boldsymbol{R} = \boldsymbol{A}^{-1}\boldsymbol{L} \tag{13.6}$$

值得注意的是：由高程数据库查得用户机所在点的大地高h时，需已知用户位置，然而用户位置为待求参数，因此需迭代计算。迭代过程如下：首先由概略高程和卫星至用户的距离观测量计算用户概略坐标；然后由概略坐标查取新高程；如此迭代计算3次左右即可保证用户位置坐标精度优于20m。

13.1.2　误差分析

由上述定位原理可知，影响定位精度的主要因素包括卫星位置误差、MCC测量误差、系统设备时延误差（包括MCC、卫星转发器、用户设备传输时延）、大气延迟修正误差（包括对流层、电离层时延误差）、DOP值、高程数据误差以及MCC位置误差等。

在上述误差中，北斗GEO卫星广播星历误差约为10m，其用户等效距离误差（UERE）约为2m。目前北斗GEO广播星历误差优于5m，URE优于1m；系统设备传输时延主要包括 MCC 传输时延、卫星转发器传输时延和用户设备传输时延，已事先标定，并存储在 MCC，在 RDSS 定位解算时直接进行修正；大气延迟修正包括对流层延迟修正和电离层延迟修正，MCC 直接采用常用对流层模型和系统提供的 Klobuchar 模型分别修正对流层延迟和电离层延迟；MCC 位置已事先精确标定，标定误差为 10cm 以内，因此 MCC 位置误差对 RDSS 定位精度影响可忽略不计。下面主要对 MCC 测量误差、DOP 值、高程数据误差对 RDSS 定位精度影响进行分析。

13.1.2.1 MCC 距离测量误差

由 RDSS 定位原理可知，用户定位所需距离观测量（用户至卫星的距离 S_1 和 S_2）由 MCC 测量完成。其测距精度与接收机输入端 C/N_0 以及测量系统设计指标有关（主要包括测量信号码速率、DLL 延迟锁相环带宽、信号积累时间或带宽）。MCC 测距误差可表示为[1]

$$\delta_{\mathrm{DLL}} = T_{\mathrm{ch}}\sqrt{\frac{B_N}{2(C/N_0)}\left[1+\frac{2}{T(C/N_0)}\right]} \quad (\mathrm{ns}) \tag{13.7}$$

式中：$T_{\mathrm{ch}} = 1/F_{\mathrm{ch}}$，$T_{\mathrm{ch}}$ 为扩频码宽度（ns），F_{ch} 为扩频码的码速率；B_{N} 为环路带宽（Hz）；T 为相干积累周期（s）；C/N_0 为解扩信号载波功率与噪声谱密度之比（dB/Hz），C/N_0 与卫星 G/T 值、转发器有效全向辐射功率（EIRP）、系统多用户相干干扰和噪声性能有关，是 RDSS 设计的重要指标。

北斗 RDSS 码速率为 8Mchips，C/N_0 的最低门限最好优于 48dB/Hz，此时 MCC 距离测量误差为 5～10ns，与系统提供的高程误差相匹配。

13.1.2.2 RDSS 定位的精度衰减因子

RDSS 用户定位精度也与用户观测卫星的几何结构有关，这种几何结构一般用精度衰减因子（DOP）表示。由式（13.6）得到的是空间直角坐标系下的用户位置初值改正数，在计算 DOP 值之前，需要先转换到当地坐标系。

结合式（13.6），可得到用户三维位置：

$$\boldsymbol{R}_{\mathrm{u}} = \boldsymbol{R}_{\mathrm{u}} + \Delta\boldsymbol{R} \tag{13.8}$$

式中

$$\boldsymbol{R}_{\mathrm{u}} = \begin{bmatrix} x \\ y \\ z \end{bmatrix}。$$

空间直角坐标系与当地坐标系的转换关系为

$$\begin{bmatrix} x \\ y \\ z \end{bmatrix} = \begin{bmatrix} -\sin B\cdot\cos L & -\sin L & \cos B\cdot\cos L \\ -\sin B\cdot\sin L & \cos L & \cos B\cdot\sin L \\ \cos B & 0 & \sin B \end{bmatrix}\cdot\begin{bmatrix} E \\ N \\ U \end{bmatrix}$$

上式可简化为

$$\boldsymbol{R}_{\mathrm{u}} = \boldsymbol{T}\boldsymbol{R}_{\mathrm{u,local}} \tag{13.9}$$

式中

$$\boldsymbol{T}=\begin{bmatrix}-\sin B\cdot\cos L & -\sin L & \cos B\cdot\cos L\\ -\sin B\cdot\sin L & \cos L & \cos B\cdot\sin L\\ \cos B & 0 & \sin B\end{bmatrix},\quad \boldsymbol{R}_{\mathrm{u,local}}=\begin{bmatrix}E\\ N\\ U\end{bmatrix}$$

将式(13.8)和式(13.9)代入式(13.5),可得

$$\boldsymbol{ATR}_{\mathrm{u,local}}-(\boldsymbol{AR}_{\mathrm{u}}^{0}+\boldsymbol{L})=\boldsymbol{0} \tag{13.10}$$

定义距离观测量 S_1、S_2 的权为1,高程观测量 S_3 的权 p_3 与高程测量误差的平方成反比,即

$$\boldsymbol{P}=\begin{bmatrix}1 & 0 & 0\\ 0 & 1 & 0\\ 0 & 0 & p_3\end{bmatrix}$$

则

$$\boldsymbol{Q}=(\boldsymbol{A}^{\mathrm{T}}\boldsymbol{T}^{\mathrm{T}}\boldsymbol{PAT})^{-1}$$

计算公式如下:

位置精度衰减因子:

$$\mathrm{PDOP}=\sqrt{q_{11}+q_{22}+q_{33}} \tag{13.11}$$

水平精度衰减因子:

$$\mathrm{HDOP}=\sqrt{q_{11}+q_{22}} \tag{13.12}$$

垂直精度衰减因子:

$$\mathrm{VDOP}=\sqrt{q_{33}} \tag{13.13}$$

式中:q_{11}、q_{22}、q_{33}为矩阵 $\boldsymbol{Q}$ 的对角线元素。

RDSS 定位误差与 DOP 值的关系可表示为

$$m_{\mathrm{P}}=m_0\mathrm{PDOP} \tag{13.14}$$

$$m_{\mathrm{H}}=m_0\mathrm{HDOP} \tag{13.15}$$

$$m_{\mathrm{V}}=m_0\mathrm{VDOP} \tag{13.16}$$

式中:m_0 为单位权中误差,物理含义为等效距离误差。假设卫星定点80°E、140°E 赤道上空,那么覆盖我国陆地和海洋的大部分区域定位精度优于30m,其中北纬28°以北优于20m。北纬17°以南的南沙在40~100m。

13.1.2.3　高程数据误差

由 RDSS 定位解算方程可知,用户所在点的高程数据直接影响 RDSS 定位精度。而用户高程可由 MCC 高程数据库和用户自测两种方法提供,下面仅分析 MCC 高程数据库所提供的用户高程数据误差影响。

MCC 高程数据库是基于等高线数据和少量地物控制点数据,并选择合适算法生成的数字高程模型(DEM)数据,是以一定区域内格网交叉点的高程值为属性来表示地面起伏形态。地面高程数据库提供的数字高程属正常高系统。

考虑到卫星导航定位应用中关注的是点位到参考椭球面的距离，即大地高，而正常高是点位至似大地水准面的距离，且似大地水准面与地球椭球面并不重合。其关系如下：

$$H = H_\gamma + \xi \tag{13.17}$$

式中：H 为大地高；H_γ 为正常高；ξ 为高程异常，即似大地水准面至椭球面的距离。

由上述分析可知，RDSS 定位解算得到的大地高不仅受正常高影响，而且还受到高程异常影响。而格网化的高程数据库不能完全描述复杂的地形起伏，高程精度受地面复杂度的限制。根据 1:5 万等高线间距为 10m 制作的地面高程数据库，对于一般缓变起伏的平原、丘陵地区，其精度可达 5m[6]。在卫星定位工程中，由高程误差引起的等效距离误差[1]

$$\Delta R_u = \Delta h \sin\beta \tag{13.18}$$

式中：Δh 为数字高程图误差；β 为用户点观测卫星的仰角。

在赤道地区，ΔR_u 接近 Δh；在中纬度地区，β 接近 60°，PDOP 值为 3 左右，由 1:5 万地面高程数据库提供的高程数据引起的定位误差约为 13m。

13.2 广义 RDSS 定位原理

广义卫星无线电测定业务（CRDSS）的基本概念是通过一颗有双向往返测距功能的转发式 RDSS 卫星，完成 MCC 至用户往返距离的测量，用户完成该卫星与其他任意两颗导航卫星的伪距差测定，通过 MCC 计算处理，即可同时完成用户的位置确定与向 MCC 的位置报告。CRDSS 定位原理见图 13.2[7-8]。

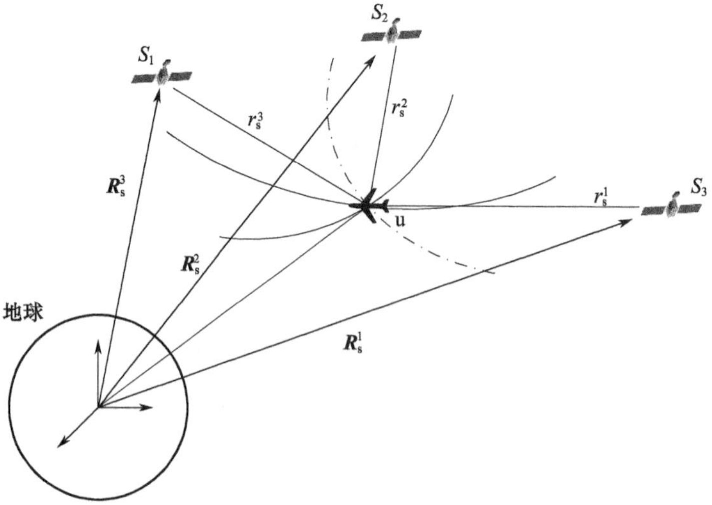

图 13.2 CRDSS 定位原理

CRDSS定位基本原理如下：在MCC（或在用户位置）获得用户u与卫星S_i间的距离，那么用户的位置便是以三颗卫星S_i为球心，以卫星至用户的距离r_s^i为半径的三个球面的交点[7-8]。用户位置矢量$\boldsymbol{R}_u$可表示为

$$\boldsymbol{R}_u = \boldsymbol{R}_s^i - \boldsymbol{R}_{su}^i \qquad i=1,2,3 \tag{13.19}$$

式中：$\boldsymbol{R}_s^i$为卫星矢量；$\boldsymbol{R}_{su}^i$为卫星至用户的矢量。

第i颗卫星的观测方程为

$$r_s^i = \left[\sum_{j=1}^{3}(x_j^i - x_j)^2\right]^{\frac{1}{2}} \tag{13.20}$$

式中：r_s^i为卫星i至用户的距离观测量；$x_j^i(j=1,2,3)$为卫星i的三维坐标；$x_j(j=1,2,3)$为用户u的三维坐标。

式(13.19)为CRDSS的普通表达式。当卫星数为3颗时，为典型的距离测量RDSS卫星无线电定位业务；当卫星数为2颗，并辅以用户所在点的高程作为观测量时，属于双星无线电定位系统（即北斗一号卫星导航系统）；当定位解算任务不是在MCC完成，而是由用户自身完成时，则需要观测4颗卫星，同时完成用户位置和钟差参数（由卫星钟与用户钟不同步所致）共四个参数的解算，此为典型的RNSS定位。此时需要另外的通信手段向MCC报告用户位置参数。

由此可知，CRDSS定位包括双星RDSS定位、三星RDSS定位与RNSS定位多个子集，分别满足不同用户需求[7-9]。当满足用户自身定位需求时，采用RNSS系统；当满足快速定位及位置报告需求时，采用RDSS系统。

参考文献

[1] 谭述森．卫星导航定位工程[M]．北京：国防工业出版社，2010.

[2] 赵树强，许爱华，张荣之，等．北斗一号卫星导航系统定位算法及精度分析[J]．全球定位系统，2008(1)：20-24.

[3] 许其凤．GPS技术及其军事应用[M]．北京：解放军出版社，1997.

[4] 张守信．GPS卫星测量定位理论与应用[M]．长沙：国防科技大学出版社，1996.

[5] 刘基余．GPS卫星导航定位原理与方法[M]．北京：科学出版社，2003.

[6] 韩丽斌，孙群．军用数字地图[M]．北京：解放军出版社，1997.

[7] 谭述森．广义卫星无线电定位报告原理及其应用价值[J]．测绘学报，2009，38(1)：5-9.

[8] 谭述森．广义RDSS全球定位报告系统[M]．北京：国防工业出版社，2011.

[9] 王振岭．基于RDSS通信链路的双模定位技术研究[C]//第一届中国卫星导航学术年会．北京：中国卫星导航年会组委会，2010.

第 14 章　未来 PNT 发展

GNSS 的问世,彻底改变了定位、导航与授时(PNT)的服务模式,改变了人们的生活方式,改变了政府的多种管理模式,特别是交通管理样式。PNT 用户每 5 年翻一番,由于机器人技术和其他移动载体的定位导航授时需求,今后 5 ~ 10 年 PNT 用户可能每 2 年翻一番。尤其是无人机、物联网、移动通信、自动驾驶等加速了 PNT 应用领域的拓展。

但是,基于导航卫星星座的导航定位系统(简称 GNSS PNT)都具有天然的脆弱性,即信号弱、穿透能力差、易受干扰和欺骗,很多复杂环境不能提供服务。于是,海湾战争以来,美国军方开始认识到 GPS 的脆弱性,尤其在电子环境日益复杂,电子对抗日益激烈的未来战场环境中,欲确保战场 PNT 的主导权,确保各类平台、载体使用 PNT 的安全,必须降低对 GPS 的依赖[1-2]。

2010 年起,美国交通部和国防部就开启了综合 PNT 架构的谋划与研究[3],目标是 2015 年前建成美国国家 PNT 新体系[3],与之对应,我们也提出了综合 PNT 的架构[4],当然也出现了其他相类似的概念,如组合 PNT(integrated PNT)、安全 PNT(assured PNT)[5]、可选择 PNT(alternative PNT)等。

其实,GNSS PNT 不仅信号微弱,而且易被干扰,甚至被欺骗,于是取代 GNSS PNT 服务的呼声不绝于耳。是取代还是集成其他系统?一度出现争论。但主流思想是,从体系上建成稳健的 PNT 架构。于是 Parkinson 教授提出 PTA 概念[5-6],即保护(protect)、坚韧(toughen)和增强(augment),核心是使 GPS 的 PNT 服务具有坚韧性,基本出发点在于采用多 GNSS 融合服务,以便诊断和排斥单一系统的针对性干扰和欺骗,并采用基于不同物理原理的 PNT 信息融合服务,削弱对 GNSS 的依赖。

首先,卫星导航系统的空间段卫星的安全稳定运行存在隐患,卫星本身和卫星的重要载荷可能出现故障;其次,GNSS 卫星信号非常微弱,极易受到干扰和欺骗,影响国防、电力、金融等国家核心基础设施的安全;再次,卫星的星历一般靠地面跟踪站和运控系统提供,地面运控系统一旦崩溃,以 GNSS 为唯一信息源的 PNT 服务将无法保障;最后,GNSS 的 PNT 服务不能惠及地下、水下和室内。在高楼林立的大城市和森林密集的特殊地区,GNSS PNT 服务能力很弱;在深海、室内、水下、井下等环境更无法获得 GNSS 的 PNT 服务。

综合 PNT 的核心是不过分依赖 GNSS,采用一切可用的 PNT 信息源实施全空域无缝定位、导航与授时服务。本章侧重讨论综合 PNT 的基本定义和基本概念,分析综合

PNT 所涉及的信息源,论述综合 PNT 关联的核心技术。由于综合 PNT 必然涉及多传感器技术集成,于是,微型 PNT 是综合 PNT 服务必须解决的核心技术之一;从综合 PNT 到微 PNT 还必须解决多信息源的最优融合问题,于是,多传感器弹性集成、多类 PNT 观测的函数模型弹性调整和多类观测随机模型的弹性优化也是必须解决的核心问题。本章分别从综合 PNT、微型 PNT 和弹性 PNT 概念入手,描述未来 PNT 的发展方向。

14.1　综合 PNT

综合 PNT 体系首先要求 PNT 信息源必须是多源的,而且需要基于不同物理原理的信息源;综合 PNT 信息集成、信息融合不仅应该具备柔性化(或弹性化),而且应该具备自适应化或智能化;传感器集成或用户集成终端必须具备深度集成,且体积小、功耗低等性能。特别强调:综合 PNT 系统应该在统一时空基准下,更好地满足 PNT 体系服务的可用性、精确性、可靠性、连续性和稳健性[4]。

早在 2010 年,美国交通部和国防部就开始谋划美国国家综合 PNT 架构[3],拟在 2025 年前,构建国家 PNT 新体系。该 PNT 系统能够提供能力更强、效率更高的 PNT 服务。美国把 PNT 作为美国经济和国家安全依赖的基础设施。美国发动的海湾战争和南联盟战争,已经将 GPS PNT 的作用发挥得淋漓尽致。然而,美国的决策者们也已经意识到美国的国防行动过分依赖 GPS,于是,他们又开始担心 GPS PNT 的脆弱性、安全性和稳健性,并策划构建新的 PNT 替代体系[2]。美国国防部和交通部联合 40 多家科研院校和企业,开始研发基于不同物理技术、不同原理和新计算理论的 PNT 体系[3]。

Parkinson 教授 2014 年提出 PTA 概念[5],其核心是保护 GPS 的 PNT 信号不受攻击,并具有坚韧性。他提出采用星基和地基增强方法提升 GNSS 的 PNT 服务能力,提高可用性和完好性。Parkinson 教授 2015 年进一步强调[6],在 PNT 应用的基础设施方面,美国要发展威胁 GPS PNT 的正规模型,并分别监测 GPS 和其他 GNSS 信号的完好性。

美国另外的一些学者则强调:发展以 GPS 为核心的,并包容其他手段的 PNT 体系,如微型定位导航与授时技术(micro-PNT)、量子感知 PNT 技术以及其他有望提升物理场感知灵敏度和精度的传感器技术等,并结合高稳定和高可靠性原子时钟技术等[2]。

本节试图从综合 PNT 的基本概念、基本信息源和核心关联技术入手,描述未来综合 PNT 的发展。

14.1.1　综合 PNT 基本概念

所谓"综合 PNT"至今并无统一定义,依我们的观点,"综合 PNT"应该分为如下层次[4]。

(1) 多信息源的 PNT(multi PNT signal source)。

(2) 非中心化或云端化运控(云平台控制体系)的 PNT。

(3) 多传感器组件深度集成的 PNT(integration of multi PNT sensors)。

(4) 多组件多源信息在不同用户终端深度融合的 PNT(fusion of multi PNT data)。

所以综合 PNT 最终体现在用户 PNT 服务性能的提升。换言之,“综合 PNT”必须包含几个核心性能要素,即必须满足可用性、完好性、连续性和可靠性。此外,还应加上稳健性(robustness)。如此,可给出如下“综合 PNT”定义。

综合 PNT[4]:基于不同原理的多种 PNT 信息源,经过云平台控制、多传感器的高度集成和多源数据融合,生成时空基准统一且具有抗干扰、防欺骗、稳健、可用、连续、可靠的 PNT 服务信息。综合 PNT 概念框图见图 14.1。

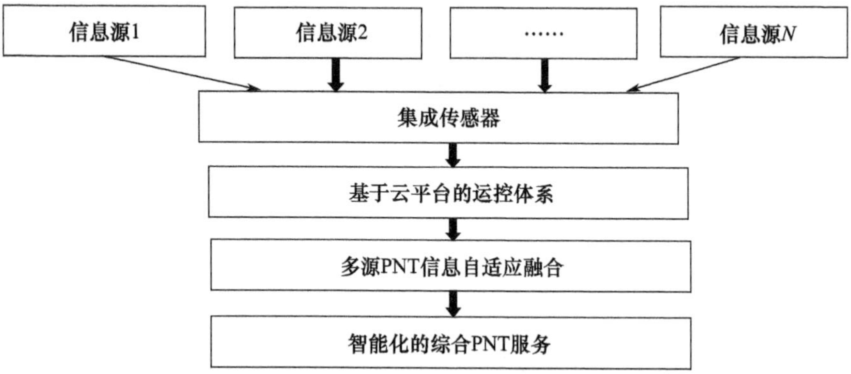

图 14.1 综合 PNT 信息流程图

上述定义实际上也包含通常 GNSS PNT 服务的兼容与操作性[7-8]。

“综合 PNT”具有“混合”和“自主”的属性,有人称为“混合自主 PNT”(HAPS)[3]。混合自主 PNT 也强调基于不同原理的多类 PNT 信息源,多种技术和多种功能的 PNT 传感器集成,多类信息的融合服务。混合自主 PNT 强调协同、组合、集成、融合,以致多系统组合提供的 PNT 服务比单一系统的 PNT 服务具有更优的可用性、连续性和可靠性。如多类 GNSS 融合导航、GNSS/无线电通信组合、GNSS/重力匹配/INS 组合等都属于这类综合 PNT 服务体系。

自主 PNT 系统包含两个含义:一是某单一 PNT 系统无需其他外部系统支持,可自主完成或维持 PNT 服务,如基于星间链路的卫星自主定轨与测时所维持的 GNSS PNT 服务,惯性导航提供的 PN(定位与导航)服务等;二是某一系统与其他功能组件进行紧组合实现自主 PNT 服务,以补充单一系统 PNT 服务的保真性(fidelity)和稳健性[3]。通常采用的 GNSS/INS 紧组合导航即属于这类自主综合 PNT。

定义“综合 PNT”不难,而搭建国家综合 PNT 系统、提供综合 PNT 服务则相对困难。首先,PNT 的服务用户需求各不相同,如高安全用户需求抗干扰、防欺骗,并要求具有水下、地下 PNT 服务功能;普通用户要求具有室内外一体化 PNT 服务能力;交通运输用户要求具有高动态、连续且不受障碍遮挡影响的 PNT 服务;特殊群体还需要 PNT 服务可穿戴、小型化、低功耗、智能化等。

显然，综合 PNT 体系构建必然涉及服务终端的高度集成化、小型化甚至微型化（如芯片集成），而且综合 PNT 体系还涉及智能化的信息融合。

14.1.2　综合 PNT 信息源

为了满足稳健可用性、稳健连续性和高可靠性，综合 PNT 必须具有基于不同原理的冗余信息源。之所以强调“不同原理”，是因为基于相同原理的信息一旦受干扰、遮蔽，再多的信息源也无济于事。

可以将可用的 PNT 信息源分成天文信息、地球物理信息、无线电信息和几何观测信息；如果把各类信息从深空到海底分类，则可以从脉冲星 PNT、月地空间和日地空间卫星 PNT、中轨道卫星（GEO/IGSO/MEO）PNT、低轨卫星 PNT、地基增强 PNT、海面浮标 PNT、海底信标 PNT 以及其他几何物理场匹配 PNT 等。

1）脉冲星 PNT 信息源

脉冲星是银河系外的致密天体，半径仅有 10km 左右，其质量却是太阳质量的 1.44 倍至 3.2 倍，除黑洞外，它是密度最大的天体。1967 年 7 月，Susan Jocelyn Bell 女士在射电望远镜记录的数据中发现了类似于心电图的极规律的脉动信号——脉冲星信号。脉冲星的自转轴与磁极轴之间有一个夹角，两个磁极各有一个辐射波束，当星体自转时，脉冲星信号接收设备就可能探测到磁极波束——脉冲信号。美国国家航天航空局（NASA）喷气推进实验室率先提出利用脉冲星射电信号实现航天器定位。

脉冲星射线具有良好的周期稳定性——这正是 PNT 所需要的周期稳定性。截至 2014 年 5 月，共探测到 2300 多颗脉冲星，其中射电和 X 射线脉冲星 150 余颗，γ 脉冲星 147 颗。我国 2016 年 11 月 10 日，成功发射了脉冲星试验卫星，主要用于验证脉冲星探测器性能指标，验证空间环境适应性，并积累在轨试验数据。

脉冲星导航指的是，利用脉冲星发射的同一个 X 射线脉冲信号到达太阳系质心和航天器的时间差 Δt 来测定距离，进而测定位置，脉冲星定位的相对精度可达 10m 左右，绝对精度可能上百米。

2）拉格朗日点星座 PNT 信息源

拉格朗日点指的是，受两大物体引力作用，能使小物体稳定的点。实际上，每两个大天体构成的系统中，按推论将有 5 个拉格朗日点，但只有两个相对稳定的点，小天体在拉格朗日点处受外界引力的摄扰小，相对稳定。如果在日地和地月拉格朗日的稳定点上，布设导航卫星，播发与 GNSS 互操作的信号，则可以辅助日地、地月飞行器实施深空导航和定时。如果拉格朗日点卫星具有接收 GNSS 信号的能力，并具有播发功能，则可以提升拉格朗日点星座 PNT 服务与 GNSS PNT 服务的时空基准一致性。

仿真结果表明[9]，在地月拉格朗日点 L2、L4 和 L5 三星候选星座与 L1、L2、L4 和 L5 四星候选星座 180 天的最大定轨误差可维持在 6m 范围内（如果增加拉格朗日点间的星间链路，则星间距离测量可实现好于 1ns 的精度）；分布式滤波算法仿真结果表明，L1 与 L4 之间相对钟差 2h 预报精度为 0.747ns，L1 与 L5 之间的相对钟差 2h 预报精度为 1.934ns；星间钟差平均预报精度为 1.341ns；地月空间导航用户定位精度优于 35m，速度确定精度优于 0.13m/s。

3）GNSS 星座 PNT 信息源

GNSS 星座 PNT 信息仍然是未来综合 PNT 的主要信息源。中国的综合 PNT 系统必须以中国 BDS 为核心，兼容美国 GPS、俄罗斯 GLONASS、欧盟 Galileo 系统和其他区域卫星导航系统，这种综合系统有人称为 GPSS(Global PNT system of system)[2]。这些高轨 GNSS 信号必须满足兼容与互操作[8]，否则综合 PNT 服务将会产生混乱。

为了提升 GNSS 的服务能力，尤其是提升飞机安全飞行与降落安全性，多个发达国家分别建立了星基增强系统(SBAS)，如美国的广域增强系统(WAAS)，欧洲的 EGNOS，俄罗斯的 SDCM，日本的 MSAS，印度的 GAGAN 等。为了精密测量和局部增强，多国还建立了地基增强系统(GBAS)。

4）低轨星座增强 PNT 信息源

为了增强天基 PNT，有多位学者提出利用低成本低轨卫星和通信卫星作为天基 GNSS 信号的补充和增强。首先低轨卫星和各类通信卫星轨道较低，信号功率相对较强，一般不易受到干扰(刻意干扰除外)，而且低轨卫星和通信卫星参与 PNT 服务可极大增加用户可视卫星个数，增强用户卫星观测的几何结构，而且信号强度也得到提升，于是有利于提升天基 PNT 服务性能。高、低轨卫星集成 PNT 示意图见图 14.2。

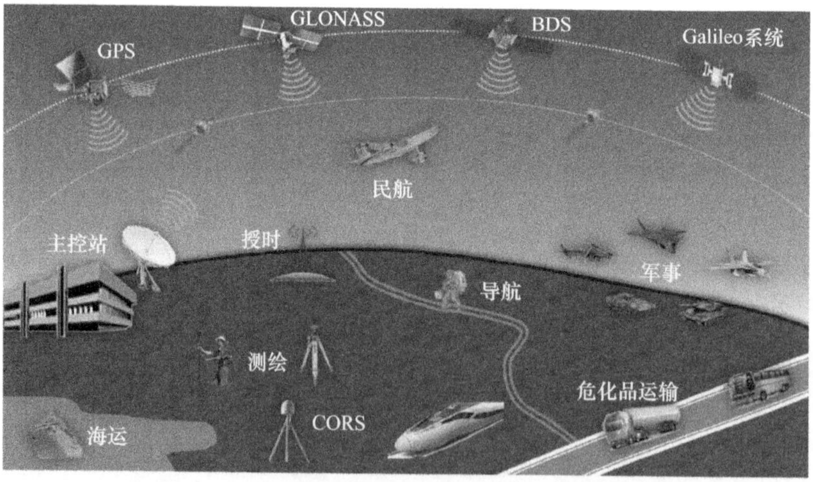

图 14.2　高、低轨卫星集成 PNT 示意图(见彩图)

但必须注意：即使天空布满各类 PNT 卫星，但当信号被遮挡(如地下、水下、室内等)时，这类天基 PNT 服务必将中断。且天基 PNT 服务易受故意干扰或者欺骗，不能确保 PNT 服务的安全性。此外，这类天基 PNT 服务需要地面运控系统的支持，一旦地面运控系统受损，天基 PNT 服务即可能受到严重影响。

5）地基无线电 PNT 信息源

地基 PNT 包括地基增强 GNSS、伪卫星系统，以及其他多种地基无线电 PNT 服务体系。实际上，在 GPS 之前很多国家发展了多种地基无线电导航定位技术，如多普勒导航雷达系统（Doppler navigation radar）、罗兰系统（ROLAN）、塔康系统（TACAN）、奥米伽（Omega）甚低频无线电系统、伏尔（VOR）甚高频系统、阿尔法（Alpha）系统等[10]。这些地基无线电导航系统作用范围小，不易实现全球无缝 PNT 服务，但可以作为区域 PNT 服务的补充。近年来快速发展的移动通信和无线网络系统可以作为新型地基 PNT 的重要信息源。此外，可以基于地基无线电网络体系构建 PNT 云（PNT cloud）服务系统，类似于云计算。所有志愿者都可以在定位、导航和时间服务平台上提供各端点信息，通过云平台计算使端点用户获得网络 PNT 信息服务。

6）海岛礁和海面浮标 PNT 信息源

建立海岛礁 GNSS 增强网络，可为海面舰船提供无线电 PNT 服务或增强服务；海岛礁伪卫星网络也是重要的 PNT 支持信息；必要时可建立海面无线电信标（GNSS 浮标）与声纳信标结合的 PNT 服务系统，可为海面及水下潜器提供 PNT 服务。

必须指出，海岛礁伪卫星、海岛礁 GNSS 增强网的作用距离一般较短，不能做到海面全覆盖 PNT 增强服务。海面浮标的工作时限也极其有限。

7）海底声纳信标 PNT 信息源

海底信标可以实现短基线（SBL）水下定位和长基线（LBL）水下定位，也可进行差分水下定位[11]，与 GNSS 结合可实现海面、水下一体化 PNT 服务。关于海底 PNT 服务体系可见图 14.3。

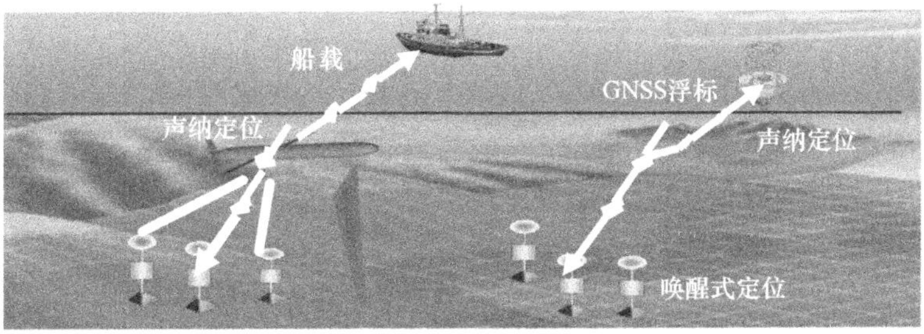

图 14.3　海底声纳信标 PNT 信息源（见彩图）

8）其他 PNT 信息源

惯性导航系统（INS），是机电光学和力学导航系统，它是一种完全独立于无线电 PNT 信息体系的自主导航定位系统。INS 与外界无需光电交换即可依赖自主设备完成航位推算，具有自主性强的优点。INS 的微机电系统（MEMS）具有成本低、易集成的特点。INS 可以提供载体的位置、速度和加速度信息，适于水下、地下、深空等无线电信号不易到达区域的导航定位。

但是，INS 一般不能提供高精度时间信息，误差积累较为明显。而高精度 INS 价格昂贵。所以 INS 一般需要与其他 PNT 信息源进行集成和融合，首先需要集成高精度时间信息源，其次需要高精度外部位置信息进行累积误差纠正。

几何和物理信息匹配导航也是重要的导航定位手段。一般先将具有统一地理坐标特征的信息进行存储，然后通过各类传感器获取相应特征信息，再与预先测量并储存的信息进行匹配，进而获得位置信息。这类匹配 PNT 信息源主要有影像匹配、重力场匹配、地磁场匹配。这类匹配导航信息适于水下、井下和室内导航定位。导航定位精度取决于预先测量信息的空间分辨力和绝对位置精度，也取决于载体传感器的实时感知精度，其中地磁场信息过于敏感，任何物理环境的扰动都会引起地磁场信息的较大变化。此外，匹配导航一般不提供时间服务，于是也需要与时间信息源集成，并与其他 PNT 信息源进行融合[4]。

上述 8 类重要的 PNT 信息源可以提供从深空到深海的无缝综合 PNT 信息，见图 14.4。

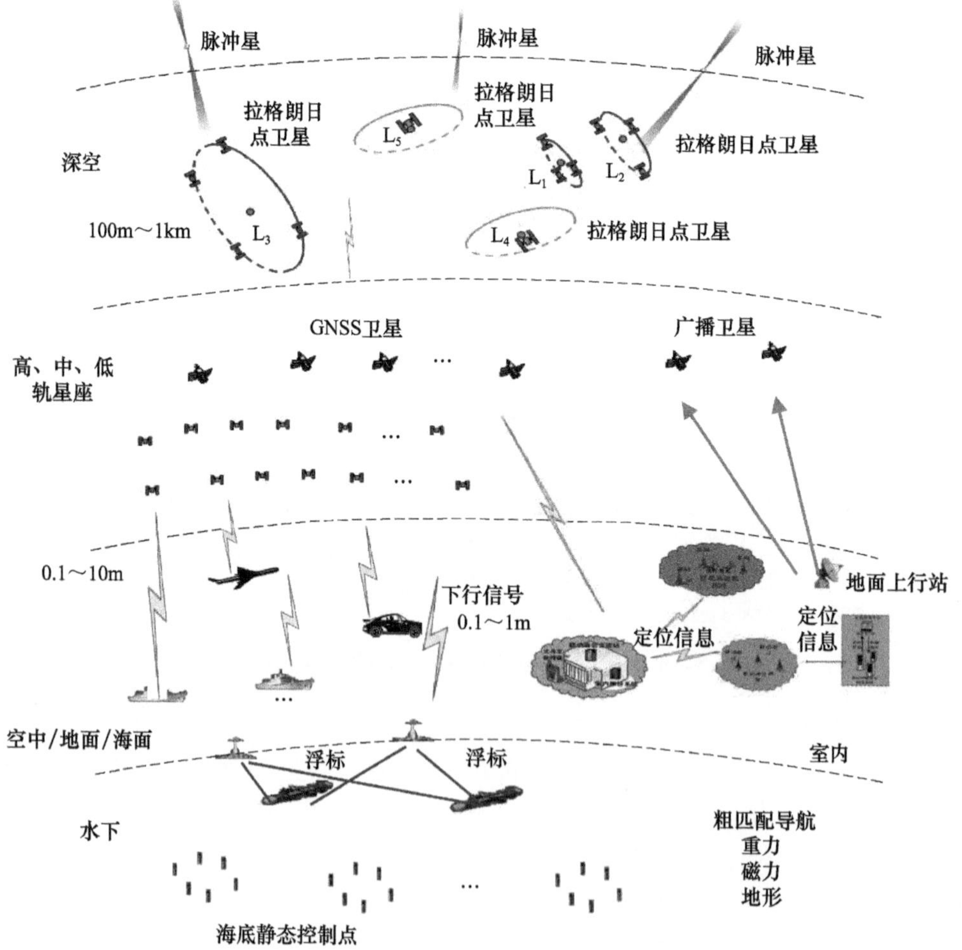

图 14.4 综合 PNT 信息源(见彩图)

14.1.3　综合 PNT 体系实现的关键技术

PNT 信息源建设属于国家重大基础设施建设，无论深空还是深海，甚至低空卫星星座和海岛礁基站网络，都需要国家投入，基础设施建设首先需要优化设计，解决从深空到深海全空域无缝 PNT 服务。随着 PNT 信息源的增加，必然给用户 PNT 服务终端研发带来挑战。多传感器集成、多信息源融合是综合 PNT 发展必须解决的核心关键技术问题。

小型化、低功耗也是综合 PNT 追求的主要目标。

综合 PNT 不是单一种类的 PNT 信息的集成或者综合，而是多类信息的融合。于是，综合 PNT 必须解决多源信息的最佳快速融合问题，“最佳融合”强调信息的最佳利用，“快速融合”强调多源 PNT 服务的实时性或准实时性。

多类信息由于空间基准不同，必须进行空间基准的归一化，中国综合 PNT 体系应该采用中国 2000 坐标基准[12-13]；多信息融合必须基于统一的时间基准，尤其是对于高速运动的载体的 PNT 服务，统一时间基准尤为重要。中国的 PNT 必须以 BDS 为核心，于是应该采用中国北斗时（BDT）作为时标[14]，对其他信息源进行时间归算、时间同步和时间修正等，使用户的综合 PNT 对应同一时标。

综合 PNT 是未来定位导航和授时的发展方向。综合 PNT 首先是 PNT 信息“多源化”，传感器的高度“集成化”和小型化，综合 PNT 时空基准“归一化”，运控手段“云端化”，多源信息融合“自适应化”，PNT 融合数据“稳健化”，最终实现 PNT 服务模式“智能化”。由于综合 PNT 强调 PNT 原理的多样性与信息的冗余性，于是综合 PNT 的容错能力、系统误差的补偿能力、异常误差影响的控制能力及抗差性（或稳健性）都会得到显著增强，进而可用性、完好性和可靠性都会得到提升，于是，一般意义上的单系统用户完好性要求将显著削弱。

必须强调，中国的综合 PNT 体系，应尽可能是以 BDS 信息为核心的综合 PNT。

14.2　微 PNT

14.2.1　概述

综合 PNT 理论上的优越性不得不面临实践上的复杂性，尤其是随着信息源的增加，用户终端传感器的结构会越来越复杂，体积会越来越大，功耗也会随之增大。显然，这不符合大多数用户的要求。大多数移动用户希望 PNT 服务终端具有便携、可嵌入、低能耗、待机时间长等特点。于是，追求小型化的 PNT 集成终端成为综合 PNT 的核心问题之一。

2010 年，美国国防高级研究计划局（DARPA）启动了微 PNT（micro - PNT）计划[15-16]，即综合利用定位、导航和授时的微机械设备开发微 PNT 组件[17-18]。其实，

micro-PNT 不仅应包括微机械技术,还应包括微电子技术;不仅体积“微”,功耗也应“微”;而且必须具备稳健性等性能指标。

在微 PNT 体系发展方面,美国先后启动了 9 个大型集智攻关研究计划。在时钟方面,启动了芯片级原子钟(CSAC)和集成微型主原子钟技术(IMPACT);在定位方面,启动了导航级集成微陀螺(NGIMG)、微惯导技术(MINT)、信息链微自动旋式平台(IT-MARS)、微尺度速率集成陀螺(MRIG)、芯片级微时钟和微惯导组件(TIMU)、主动(仪器工作前的人工干预标校)和自动(仪器工作过程中的自我标校)标校技术(PASCAL)、惯导和守时数据采集、记录与分析平台(PALADIN & T)等。这些研究计划将形成美军微 PNT 体系技术框架。

2011 年 *GPS WORLD* 刊载了文章“微技术时代已经到来”[17]。本节在综合 PNT 体系架构下,梳理微 PNT 的体系结构及其相应的发展现状与趋势,并试图探讨若干关键核心技术,以及其可能的技术途径。

14.2.2 微时钟技术

早在 2002 年 DARPA 就发动十多个科研团队对 CSAC 进行攻关,起初的目标是,新研微原子钟应该是当时的原子钟的 1/200 以下,功耗降至1/300,即体积从当时的 $230cm^3$减小到 $1cm^3$,功耗从 10W 减小到 30mW,精度指标为 10^{-11},稳定度指标为 1μs/天。直到 2012 年美国才在太空站测试了芯片级原子钟技术,当时的 CSAC 的体积为 $15cm^3$。尽管有多家公司研发的 CSAC 原型样机已实现体积为 $1cm^3$的目标,并具有交付测试的能力,但离实际应用还存在相当大的差距。

在微型原子钟技术方面,必须攻克固态电子和原子振荡等关键技术[19]。微时钟系统的质量取决于各组件的时间同步,时钟与其他测量装置的时间同步,以及内部时间传递精度。一般对于中低动态载体导航,内部时间精度应达到 10^{-12},对于以时间为参考的测量,则要求达到 10^{-13}的精度,并要求低功率的时钟和振荡器的长期稳定度要好于 10^{-11}/月,功耗 1W[19]。

在集成微型主原子钟技术(IMPACT)方面,已实现了功率低于 250mW,时间误差小于 160ns/天的性能指标。由于主原子钟一般用于提供绝对时标,于是,精度和可靠性有望比芯片级原子钟高两个数量级。未来,可望实现尺寸 $5cm^3$、功耗 50mW、频率精度 1×10^{-13}/h(Allan 方差)、稳定度优于 5ns/d 的芯片级原子钟。

超小型低功耗的绝对时标主要用于微纳卫星和微小卫星系统,也可应用于无人水下潜器等。如果超小型低功耗的绝对时标装置嵌入 GNSS 接收机,则可提高 GNSS 接收机的抗干扰、防欺骗能力,因为干扰和欺骗信号主要在时钟方面施加随机误差,导致无线电测距误差增大,引起导航定位的系统偏差。此外,微小时钟在高速信号捕获、通信、监视、导航、导弹引导、敌我识别以及电子战中都有重要用武之地。

14.2.3 微陀螺技术

微陀螺技术是微 PNT 的主攻方向之一。早在 1970 年就有关于原子陀螺的演示，只是那时的原子陀螺非常笨重且昂贵。由于MEMS技术的成熟和批量生产，原子陀螺的小型化成为主攻方向。但是，至今为止，基于MEMS的原子陀螺产品还不成熟，而且进展缓慢[20]。

大多数光学陀螺都是基于Sagnac效应研制的，如光纤陀螺和环状激光陀螺。

最初有人设计了硅微电子机械系统，该系统具有体积小、成本低等优点[20]。但是这类装置不能测定小的旋转速率，而惯性梯度测量需要测定0.001(°)/h的微小速率。幸运的是，原子陀螺具有小型化的潜力。原子陀螺可概括分为原子干涉陀螺(AIG)和原子自旋陀螺[21-22](ASG)。

早在2011年就有利用微原子核磁共振进行陀螺仪的研究报道[23]。其实，自从1938年Isidor Rai发现核磁共振(NMR)后，不少科学家即开始尝试利用NMR技术研制陀螺仪。从格鲁曼公司已经封装的微核磁共振陀螺仪的测试结果看，该型微陀螺体积小、稳定性好，性能几乎好于市场上所有微机械陀螺。

半导体光源的利用，促进了核磁共振陀螺仪的小型化。由于核磁共振陀螺仪不需要机械运动部件，所以对振动或振荡不敏感，而具有高分辨力和高稳定性等特点。可以利用多个具有不同特性的核磁共振组件进行集成，只是在目前的技术状态下，很难实现小型化。

2013年美国诺斯罗普·格鲁曼(Northrop Grumman)公司演示了一款新型的微原子核磁共振螺旋仪(micro-NMRG)的原理样机，利用原子核自旋功能探测和测量载体旋转。尽管该装置体积很小，但是几乎具有现有光纤陀螺仪的定向性能，而且该陀螺仪被封装在$10cm^3$的盒子里[23]。该螺旋仪的另一个特点是，配备有活动部件，对载体的振动和加速度不敏感。

14.2.4 微惯导定位技术

在惯性导航定位技术研究方面，DAPAR开启了七个研究计划。

2005年启动了导航级集成微陀螺(NGIMG)研究，研制为：尺寸仅为$1cm^3$、功耗小于5mW、定向随机游走小于$0.001(°)/\sqrt{h}$、偏差漂移小于0.01(°)/h、尺度因子稳定度优于50×10^{-6}、测程大于500(°)/s、300Hz带宽[17]。导航级集成微型陀螺主要用于小型作战平台。

2008年美国启动微惯导技术(MINT)研究，旨在开发微型、低功耗导航传感器，具备数小时到数天的自主导航能力。MINT的目标是体积达到$1cm^3$(能用于步行导航，如嵌入鞋体)，功耗不高于5mW，要求步行36h后精度仍能保持1m，每步速度偏差为10μm/s。微惯导组件采用直接测量中间惯性变量(速度和距离)，如此可以减少加速度计和陀螺仪集成后计算速度和位置带来的累积误差[19]。

2009年美国启动信息链微自动旋式平台(IT-MARS)，该计划的目的是，实施和验证多MEM组合的旋转平台性能，为MEM组合传感器提供一个旋转自由度(微结构、微传感器本身无旋转)。目标是，研制出体积$1cm^3$、功耗10mW、角度绝对精度好于0.001°、满足最大摆动10μrad、旋转速率360(°)/s测程范围的IT-MARS。

2010年同时启动的研制项目还包括微尺度速率集成陀螺(MRIG)、芯片级微时钟和微惯导组件(TIMU)、主动和自动标校技术(PASCAL)及惯导和守时数据采集、记录与分析平台(PALADIN&T)等[17]。

MRIG的主要目标是提升惯性传感器的动态测程，以便适应动态载体的大范围机动，动态测程扩大到15000(°)/s，角度相关的可重复性为0.1(°)/h，与偏差相关的漂移可重复度达0.01(°)/$\sqrt{h}$，工作温度拓展至-55℃~85℃，定向随机游走为0.001(°)/$\sqrt{h}$。

TIMU主要目标是发展超小型定位和守时综合装置，要求该装置体积$10mm^3$、功耗200mW、圆概率误差(CEP)达1n mile/h，并且有自主导航能力。

PASCAL的主要目标是减小时钟和惯性传感器的长期漂移，以便在无GNSS支持的情况下，实现长时间自主导航。于是该装置的自检校功能是研究重点。因为只有当微PNT传感器具有自检校功能时，才能弱化惯导和时钟的长期项偏差和系统漂移等累积误差。PASCAL的偏差稳定度要求提升到1×10^{-6}，比现有微惯导(200×10^{-6})高两个数量级。

PALADIN&T将发展具有普适性的柔性测试平台。先发展原理型平台，然后发展便携测试平台，并构建简化的统一评估方法，为早期的野外技术验证提供检测评估手段。

2012年，DARPA启动芯片级组合原子导航(chip-scale combinatorial atomic navigation)，简称C-SCAN计划。即寻求将不同物理特性的惯性传感器集成到单一的微尺度惯性测量单元(IMU)，这也是DARPA开展的微PNT计划的重要组成部分，其目的是构建自主的、不依赖GPS的芯片级微PNT系统，能适用于不同军用平台，不同作战环境下载体精密引导，并能适用于中远程导弹的引导[19]。

C-SCAN计划的核心是将具有不同物理特性的PNT组件集成到单一的微系统，不同组件具有互补性。主要目标可以概况为：①将不同高性能固态惯性传感器进行综合，发展综合集成技术，将不同物理原理的各组件集成为一个整体，并实现小型化；②发展相应的数据融合处理方法。

C-SCAN的首要任务是集成一个多陀螺和多加速度计的单一的惯性测量组件。精度指标达到10^{-4}(°)/h，偏差稳定性达到$10^{-6}g$，角度随机游走达到5×10^{-4}(°)/$\sqrt{h}$，速度随机游走达到$5\times10^{-4}m/(s\cdot\sqrt{h})$，尺度偏差$1\times10^{-6}$，动态测程达到$1000g$。

C-SCAN组件具有三个旋转轴和三个加速度传感器，在恶劣环境下可为军用载体提供定位导航服务。

14.2.5 微PNT发展的若干关键技术

微PNT关键技术不仅强调“微小”和“综合”，更强调综合PNT服务。一般文献所强调的微 PNT 组件是由微型时钟、微型惯导等单元组成[1,15,17,19]。我们认为，微 PNT 不应该排斥 GNSS 组件，因为 GNSS 芯片不但可以实现微小化，而且可以提供外部基准（尽管可能因为信号遮挡而不连续），于是芯片化的 GNSS 组件可以与微时钟、微陀螺和微惯导组件深度集成。信息源的丰富是实现 PNT 输出信息稳健性的前提。

微 PNT 组件不仅要求体积小，而且要求功耗低，还要求具有生成可靠 PNT 信息的能力，于是微 PNT 涉及顶层设计和机电加工工艺技术。图 14.5 展示的是微 PNT 集成示意图。

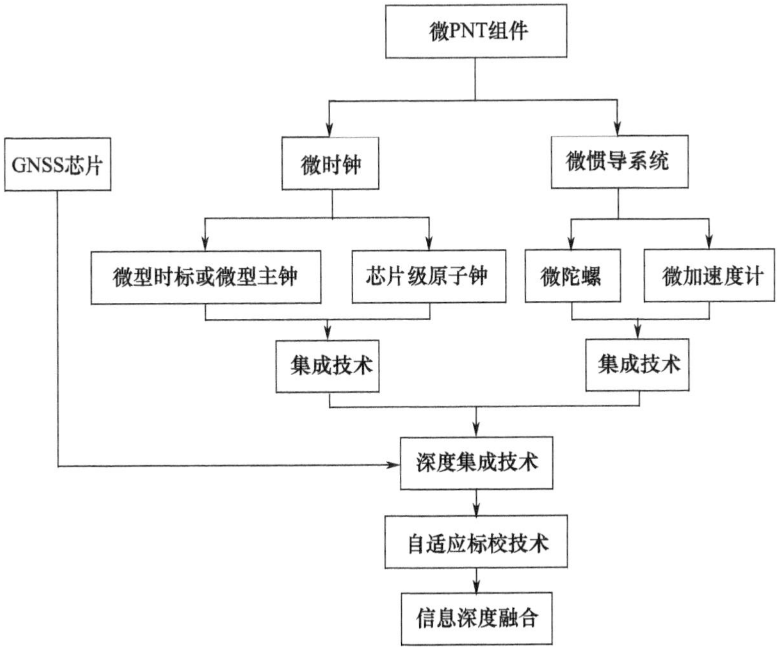

图 14.5　微 PNT 集成示意图

微 PNT 还需要“精”，需要“稳”，需要“可靠”。于是，精细的微尺度制造技术只是微 PNT 的核心技术之一，而与之配合的精细优化的整体集成技术和智能数据处理技术，才能构成完整的微 PNT 技术体系，其中芯片级陀螺仪和芯片级原子钟是其核心中的核心。

第一，“微”要体现优化的设计原理。优化合理的设计，才可能有精细的制造；优化合理的设计还涉及后续的体系架构。于是顶层设计的优化是微尺度制造、微尺度集成的基础。

第二，“微”还要体现精细的制造技术。微尺度制造首先要解决特殊的材料问题，因为“微”很容易造成“不稳”，正常的材料要同时解决“微”与“稳”，经常互相矛盾，于是必须攻克材料和制造工艺方面的问题。材料要满足环境稳定性和适应性，再辅以特殊的制造工艺才能制造出先进可靠的微 PNT 传感器。

第三,“微”还必须具备不同原理的微器件的“深度集成”技术。深度集成要求能将多类多微型时钟组件与多类微型惯性导航组件设计在同一芯片上,真正实现芯片级 PNT 微组件。PNT 装置的微型化才能便于与其他不同载体的集成或嵌入。

第四,“微”就必须要求各计量器件具备自主标校能力,包括主动标校和被动标校能力。在微器件状态下,各组件的系统误差应该能自动探测、自动标校,尤其能自适应地进行系统误差拟合和纠正,确保多传感器集成后的 PNT 组件处于高稳定可靠的工作状态。

第五,“微”也要求 PNT 各类微器件的输出信息能自适应进行融合[24]。不同的组件可能具有不同的物理特性,各组件虽有分工,但也互为补充。不同的物理特性可能产生不同的系统误差和有色噪声[25-26],于是,顾及各类系统误差补偿和有色噪声补偿的自适应融合算法就显得十分重要。微 PNT 数据融合的第一要素是构建可以互操作的函数模型,该函数模型必须以相同的位置矢量 $\boldsymbol{X}$、相同的速度参数矢量 $\dot{\boldsymbol{X}}$ 和各类传感器特有的参数矢量 $\boldsymbol{S}$ 共同表示,于是函数模型可以表示成

$$L_I(t)=f(X(t),\dot{\boldsymbol{X}}(t))+g_I(\boldsymbol{S}_I(t))+e_I \tag{14.1}$$

式中:$L_I(t)$ 为 t 时刻第 $I(I=1,2,\cdots,M)$ 类观测;$f(\boldsymbol{X}(t)、\dot{\boldsymbol{X}}(t))$ 为 t 时刻位置矢量和速度矢量的函数;$g_I(\boldsymbol{S}_I(t))$ 为 I 类观测特有参数的函数,包括特有的系统误差、有色噪声和时间参数等;e_I 为 L_I 的观测误差。即每一类观测均表示成共同的参数模型和特有的参数模型的叠加。假设 L_I 的先验协方差矩阵为 $\boldsymbol{\Sigma}_I$,先验权矩阵为 $\boldsymbol{P}_I=\boldsymbol{\Sigma}_I^{-1}$,则自适应状态参数矢量的融合模型可以表达成[24]

$$\begin{bmatrix}\hat{\boldsymbol{X}}\\ \hat{\dot{\boldsymbol{X}}}\\ \hat{\boldsymbol{S}}\end{bmatrix}(t)=\sum_{I=1}^{M}\alpha_I(t)P_I(t)h_I(L_I(t)) \tag{14.2}$$

式中:$0\leqslant\alpha_I(t)\leqslant 1$ 为 t 时刻 I 类观测的自适应因子,用来调节各类观测对融合参数的贡献;$P_I(t)h_I(L_I(t))$ 为观测类 $L_I(t)$ 对模型参数的贡献形式表达,不同的准则对应不同的 $P_I(t)h_I(L_I(t))$。如采用最小二乘准则,则有

$$P_I(t)h_I(L_I(t))=(\boldsymbol{A}_I^{\mathrm{T}}(t)P_I(t)\boldsymbol{A}_I(t))^{-1}\boldsymbol{A}_I^{\mathrm{T}}(t)P_I(t)L_I(t) \tag{14.3}$$

式中:$\boldsymbol{A}_I$ 为线性化观测方程的系数矩阵。

如果在自适应数据融合过程中能实施对各微 PNT 组件的在线标校,则可望减少各类观测量的特有模型参数,提高 PNT 融合输出结果的可靠性。

最后必须指出,“综合 PNT”需要“微 PNT”的支持,否则综合 PNT 的应用将会变得复杂,用户应用终端将会变得笨重、高功耗。而微 PNT 必须解决各组件的优化设计、材料的优选、制造的精密、组件的深度集成、各传感器的实时标校、各传感器输出信息自适应融合。

14.3　弹性 PNT 基本框架

设计综合 PNT 时,必须考虑用户终端的微型化,即上节所描述的微 PNT 终端。但是为了合理优化使用综合 PNT 所提供的各类信息,基于优化准则的弹性 PNT 也成为用户和各终端厂商必须考虑的问题。本节描述弹性 PNT 的基本概念,给出弹性 PNT 基本定义,描述弹性 PNT 与综合 PNT 或多源 PNT 的关系。指出综合 PNT 是弹性 PNT 的基础;将弹性 PNT 分解成弹性终端集成、弹性函数模型和弹性随机模型;讨论弹性 PNT 终端集成策略与基本准则,强调多传感器的弹性集成必须依据优化设计准则,必须确保多信息源及多传感器的兼容与互操作;给出弹性函数模型的概念模型,论述相应弹性函数模型调整途径;阐述几种可能的弹性随机模型优化策略,指出多源 PNT 信息弹性随机模型的改进与优化必须参照统一的方差因子;最后给出基于弹性函数模型和弹性随机模型的状态参数估计方式。

14.3.1　概述

当我们讨论综合 PNT 和微 PNT 时,不得不涉及多源 PNT 信息的优化集成、优化融合和优化应用。多传感器优化集成和优化融合与优化服务是应用端的主流方向。随着未来综合 PNT 体系的建设以及微型 PNT 的核心技术突破,多源 PNT 组件的弹性集成、多源 PNT 函数模型的弹性调整和随机模型的弹性优化,即弹性 PNT 服务体系建设将成为研究热点。

所谓弹性 PNT(resilient PNT,简称 RPNT)体系是相对于固定 PNT 体系来说的。弹性 PNT 至今没有明确的定义,而且学术论文也不多。这里仅基于综合 PNT 体系的服务或应用模式来描述弹性 PNT,类似于组合 PNT 体系,但又有区别。

弹性 PNT(RPNT)定义:以综合 PNT 信息为基础,以多源 PNT 传感器优化集成为平台,以函数模型弹性调整和随机模型弹性优化为手段,融合生成适应多种复杂环境的 PNT 信息,使其具备高可用性、高连续性和高可靠性[27]。

弹性 PNT 是近几年提出的 PNT 服务模式[28-30]。一般侧重讨论舰船多传感器的弹性集成应用,以增强 PNT 服务的可用性和安全性。有的公司已经有能用于舰船的定位、导航、授时的初步产品。在航海导航领域讨论较多。Gregory 等[31]研究将多 GNSS 差分信息与自动识别系统(AIS)信息以及 eLoran 信息集成,构建测距模式(ranging-mode 或 R-Mode)PNT 服务系统。

我们认为,弹性 PNT 首先必须有冗余信息,否则不可能有“弹性”选择。弹性 PNT 的基本出发点是,任何一种单一的 PNT 信息源都可能存在风险,如 GNSS 提供的 PNT 服务尽管具有全天候、全天时和全球覆盖的特点,但 GNSS 存在明显的弱点,如信号易被遮蔽、易被干扰、易被欺骗,于是 PNT 服务的安全性、完好性得不到保障。凡涉及人身安全的 PNT 服务,必须确保安全可靠。于是,其他手段的“冗余”PNT 信息源的利用就显得十分重要。弹性 PNT 是一种新型的 PNT 聚合,通过聚合冗余 PNT 信息源,改进陆、海、空、天动态载体导航定位的可靠性、安全性和稳健性。

RPNT 与 Parkinson[32] 及美国国防部提出的“安全的 PNT”(AsPNT)和美国联邦航空管理局(FAA)提出的“可选择的 PNT”(AlPNT)[33-34] 意义相近。作者认为,用“柔性 PNT”(FPNT)或作者搭建的自适应导航定位理论[35-38],简称“自适应 PNT”(AdPNT)也能表达实际含义。

我们所定义的新型弹性 PNT 是指,利用一切可利用的 PNT 信息源,生成连续、可用、可靠、稳健的 PNT 应用信息,其中“连续”“稳健”和“可靠”的 PNT 信息生成是弹性 PNT 的核心。于是,弹性 PNT 必须包含硬件的弹性优化集成、函数模型的弹性优化改进、随机模型的弹性实时估计以及多源 PNT 信息的弹性融合[27]。

弹性技术方法已经广泛应用于风险管理与控制,其方法与智能学习与优化控制方法关系密切,如神经网络计算法、模糊计算法和遗传算法等。

14.3.2 多 PNT 传感器弹性集成

复杂环境下,单一 PNT 服务体系存在不连续、不可用或不可靠风险,甚至完全失去服务能力。充分利用多传感器获取多源 PNT 信息是合理的选择,于是,需要多传感器的有效集成。

多传感器弹性集成指的是多传感器分享共性组件,弹性优化集成满足兼容性的传感器组件,形成适应多种复杂环境的多功能 PNT 服务终端。见图 14.6 所示。

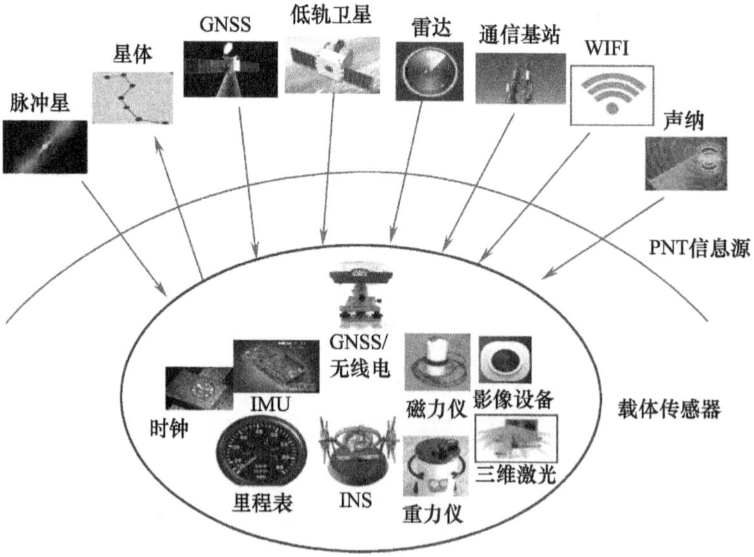

图 14.6 PNT 信息源及多传感器集成(见彩图)

多传感器弹性集成强调:在优化集成的基础上,特殊场景采用特殊组合模式,确保复杂环境下的 PNT 终端的适应性。所有能接收到 GNSS 信号的地域或空域,都应该首先选用多源 GNSS 信号进行优化组合,并采取防欺骗、防干扰措施。其他复杂区域则应该采用不同的传感器集成方式。

室内 PNT 服务,可采用惯性传感器、磁力传感器以及室内无线电信标接收组件等进行优化组合。

水下 PNT 服务,尤其是深海水下 PNT 服务,可采用高精度惯性传感器、水下声纳信标接收传感器[39]、物理场匹配传感器、微型原子钟传感器等进行优化组合。

深空 PNT 服务,可采用脉冲星信号接收传感器、GNSS 主瓣或旁瓣信号接收设备、惯性传感器、星敏感器等进行综合集成。

无论何种应用场景,多种不同物理原理 PNT 传感器都不能简单捆绑集成,简单捆绑集成的终端必然存在互相干扰、终端体积大、功耗高、可携带性差、实用性差等问题。为了实现多源传感器的“弹性集成”,多类微 PNT 传感器组件整体优化设计十分重要。

第一,各类传感器的集成必须一体化设计,如伺服组件和数据处理单元等能共用的组件必须共用,凡不能共用的,要确保互相兼容,各传感器相位中心的几何和物理关系应尽量保持固化,并具有精确的标校参数,以便实现归一化处理。

第二,各传感器的功能组合应该具备智能化,具备在特定场景根据 PNT 的感知能力进行优选组合,确保复杂场景 PNT 服务的连续性。

第三,弹性 PNT 终端的各类组件及其接口必须标准化,便于组件弹性组合和弹性替换。非标准化 PNT 传感器组件容易造成通联难、替换难。非标准化组件优化集成十分困难,容易造成各类传感器的硬性捆绑,不利于集成后的传感器的小型化,不利于集成传感器的低功耗。

14.3.3　弹性函数模型

多源 PNT 信息融合必须统一观测信息的函数模型。实际上基于不同背景、不同原理构建的 PNT 服务系统或 PNT 服务组件,其函数模型是不同的。各类观测信息中可能还含有各自对应的重要物理参数、几何参数和时变参数等信息。为了实现综合 PNT 服务,各类 PNT 观测信息的函数模型必须表示成相同的位置、速度和时间参数(即用户关注的 PNT 参数)。共同的函数模型还必须包括各类 PNT 传感器或各类 PNT 信息源的系统偏差参数(或互操作参数)[8],如多个 GNSS 信息融合的频间偏差、惯导与 GNSS 组合的惯导累积误差等。

通常情况下,观测函数模型及动力学模型在数据融合之前即已经确定,在数据融合过程中一般不作调整。实际上,任何观测函数模型都是在某种意义上的近似,如非线性函数模型的一阶近似,载体运动模型常采用简化的常速度模型或常加速度模型,载体偏离假设模型的任何变化都视为扰动,凡此种种,都会造成函数模型本身的误差。

实践中,函数模型误差与观测误差同等看待,即在最小二乘准则下进行误差补偿,求得待估参数的最优估计值。为了补偿函数模型误差尤其是非线性模型线性化带来的误差,有学者采用粒子滤波(particle filter)、无迹滤波(unscented kalman filter)[40-41]改善函数模型输出结果的精度,减弱模型误差影响,也有通过自适应滤波法降低误差较大的函数模型在参数估计中的贡献,进而削弱其对状态参数估计的影响。

我们所讨论的函数模型的弹性修正或弹性补偿,强调的是在对函数模型误差充分识别的基础上,建立函数模型误差的拟合模型,并实时或准实时地修改原有的函数模型,使其适应相应场景和相应传感器。函数模型的弹性处理还包含函数模型的弹性选择,即强调特殊的时期、特殊的场景选择备份好的特殊模型,使得模型的适应性最佳化。

观测函数模型弹性修正的概念模型如下[27]:

$$\boldsymbol{L}_i(t_k) = \boldsymbol{A}_i\hat{\boldsymbol{X}}(t_k) + \boldsymbol{F}_i(\boldsymbol{\Delta}_{t_{k-m}:t_k}) + \boldsymbol{e}_i \tag{14.4}$$

式中:$\boldsymbol{L}_i(t_k)$为t_k时刻第 i 个传感器的输出矢量;$\hat{\boldsymbol{X}}(t_k)$为$t_k$时刻状态参数矢量;$\boldsymbol{A}_i$为第 i 个传感器的观测设计矩阵;$\boldsymbol{F}_i(\boldsymbol{\Delta}_{t_{k-m}:t_k})$为观测函数模型修正函数,其中$\boldsymbol{\Delta}_{t_{k-m}:t_k}$表示模型从$t_{k-m}$时刻到$t_k$时刻的误差序列,很多情况下,$\boldsymbol{F}_i(\boldsymbol{\Delta}_{t_{k-m}:t_k})$可以直接表示成$\boldsymbol{L}_i(t_k)$的修正矢量 $\Delta\boldsymbol{L}_i(t_k)$;$\boldsymbol{e}_i$为观测随机误差矢量。

如果采用卡尔曼滤波,则动力学函数模型也可以附加弹性修正项,即

$$\boldsymbol{X}_k = \boldsymbol{\Phi}_{k,k-1}\hat{\boldsymbol{X}}_{k-1} + \boldsymbol{G}_k(\boldsymbol{\Delta}_{\bar{X}_{t_{k-m}:t_k}}) + \boldsymbol{W}_k \tag{14.5}$$

式中:$\boldsymbol{X}_k$为t_k时刻动力学模型预报参数矢量,$\hat{\boldsymbol{X}}_{k-1}$为$t_{k-1}$时刻状态参数估计值矢量;$\boldsymbol{\Phi}_{k,k-1}$为从 $k-1$ 时刻至 k 时刻状态转移矩阵;$\boldsymbol{G}_k(\boldsymbol{\Delta}_{\bar{X}_{t_{k-m}:t_k}})$为动力学模型误差修正函数,其中$\boldsymbol{\Delta}_{\bar{X}_{t_{k-m}:t_k}}$代表动力学模型从$t_{k-m}$时刻到$t_k$时刻的误差序列,$\boldsymbol{G}_k(\boldsymbol{\Delta}_{\bar{X}_{t_{k-m}:t_k}})$也可直接表示成动力学模型误差的修正矢量 $\Delta\bar{\boldsymbol{X}}_k(t_k)$,$\Delta\bar{\boldsymbol{X}}_k(t_k)$也可以由$\boldsymbol{G}_k(\boldsymbol{\Delta}_{\bar{X}_{t_{k-m}:t_k}})$计算出来;$\boldsymbol{W}_k$为$t_k$时刻动力学模型随机误差矢量。

状态参数估计时,如果观测条件许可,则修正函数 $\Delta\boldsymbol{L}_i(t_k)$和 $\Delta\bar{\boldsymbol{X}}_k(t_k)$中的未知参数可以采用增广参数矢量的方法,与状态矢量$\hat{\boldsymbol{X}}(t_k)$并行估计[35],实现对观测函数模型和动力学模型误差的补偿,如果观测条件不具备,则采用伴随学习、识别、建模、预报的方式,直接得出t_k时刻函数模型的修正量,并直接纠正函数模型。其中,边学习、边拟合、边修正函数模型的方法,实际为事后修正法。也曾有学者做过类似研究和尝试,如利用伴随移动窗口拟合系统误差,并补偿函数模型误差[42]。但是,利用移动窗口拟合函数模型系统误差并进行模型误差补偿,容易造成窗口内的函数模型误差的平均,丢失其他周期性误差,造成模型误差的弹性调整不充分。

模型式(14.4)和式(14.5)与附加参数的观测模型有相似之处[35],利用附加待

估参数来补偿模型误差计算相对简单，可以与状态参数并行计算。但是，附加参数估计法，通常只估计单历元的模型误差，不具备模型误差预报校正功能。尤其在没有外部高精度参考 PNT 信息的条件下，这种单历元估计的模型补偿参数不具备多历元模型误差纠正的能力。

14.3.4　弹性随机模型

随机模型表示的是随机变量之间的不确定性及其相互关系，一般以统计值给出，如随机变量的期望、方差、协方差、误差分布等。在参数估计领域，随机模型一般作为先验信息给出，在参数估计过程中一般不再变动。

弹性随机模型指的是，各 PNT 传感器的随机模型在状态参数估计过程中不是固定不变的，而是随着观测信息不确定度的变化而弹性变化。在数据融合领域，随机模型的弹性调整已经有很丰富的研究成果，如基于方差分量估计的参数估计[43-44]，基于方差分量估计的融合导航[45]和基于抗差估计准则的多传感器 PNT 数据融合[46]等都属于弹性随机模型范畴。

现将观测函数模型式(14.4)和动力学模型式(14.5)写成误差方程为

$$\boldsymbol{V}_j(t_k)=\boldsymbol{A}_i\hat{\boldsymbol{X}}(t_k)+\boldsymbol{F}_i(\boldsymbol{\Delta}_{t_{k-m}:t_k})-\boldsymbol{L}_i(t_k)\quad \text{权矩阵}\boldsymbol{P}_j=\sigma_0^2\boldsymbol{\Sigma}_j^{-1} \tag{14.6}$$

$$\boldsymbol{V}_{\bar{X}_k}=\hat{\boldsymbol{X}}_k-\bar{\boldsymbol{X}}_k\quad \text{权矩阵}\boldsymbol{P}_{\bar{X}_k}=\sigma_0^2\boldsymbol{\Sigma}_{\bar{X}_k}^{-1} \tag{14.7}$$

式中：观测矢量$\boldsymbol{L}_j$的协方差矩阵为$\boldsymbol{\Sigma}_j$，由于考虑了函数模型的弹性调整部分，则$\boldsymbol{L}_j$的协方差矩阵为

$$\boldsymbol{\Sigma}_j=\boldsymbol{\Sigma}_{\Delta L_j}+\boldsymbol{\Sigma}_{e_j} \tag{14.8}$$

式中：$\boldsymbol{\Sigma}_{e_j}$为观测随机噪声的协方差矩阵；$\boldsymbol{\Sigma}_{\Delta L_j}$为弹性函数模型误差修正矢量的协方差矩阵。

动力学模型预报的状态矢量为$\bar{\boldsymbol{X}}_k$，相应协方差矩阵为$\boldsymbol{\Sigma}_{\bar{X}_k}$，相应表达式分别为

$$\bar{\boldsymbol{X}}_k=\boldsymbol{\Phi}_{k,k-1}\hat{\boldsymbol{X}}_{k-1}+\Delta\bar{\boldsymbol{X}}_k(t_k) \tag{14.9}$$

$$\boldsymbol{\Sigma}_{\bar{X}_k}=\boldsymbol{\Phi}_{k,k-1}\boldsymbol{\Sigma}_{\hat{x}_{k-1}}\boldsymbol{\Phi}_{k,k-1}^{\mathrm{T}}+\boldsymbol{\Sigma}_{\Delta\bar{X}_k}+\boldsymbol{\Sigma}_{W_k} \tag{14.10}$$

式中：$\boldsymbol{\Sigma}_{\Delta\bar{X}_k}$为动力学模型的弹性调整矢量的协方差矩阵；$\boldsymbol{\Sigma}_{W_k}$为动力学模型本身的随机误差协方差矩阵。

为了使不同观测在状态参数估计中对应合理的贡献，往往采用方差分量估计或方差-协方差分量估计，重新调整观测的权重，即随机模型弹性化调整。如果有 r 个传感器输出观测信息$L_j(j=1,2,\cdots,r)$，假设各传感器输出信息统计不相关，先验权矩阵为$\boldsymbol{P}_j$，若认定先验方差矩阵能可靠反映观测矢量或状态预报矢量的不确定度，则基于最小二乘准则，可获得状态矢量的最小二乘估计式

$$\begin{aligned}\hat{\boldsymbol{X}}_k=&(\boldsymbol{P}_{\bar{X}_k}+\boldsymbol{A}_1^{\mathrm{T}}\boldsymbol{P}_1\boldsymbol{A}_1+\cdots+\boldsymbol{A}_r^{\mathrm{T}}\boldsymbol{P}_r\boldsymbol{A}_r)^{-1}(\boldsymbol{P}_{\bar{X}_k}\bar{\boldsymbol{X}}_k+\\&\boldsymbol{A}_1^{\mathrm{T}}\boldsymbol{P}_1\boldsymbol{L}_1+\cdots+\boldsymbol{A}_r^{\mathrm{T}}\boldsymbol{P}_r\boldsymbol{L}_r)\end{aligned} \tag{14.11}$$

式(14.11)给出的状态参数估计为非弹性估计矢量,如果各协方差矩阵不能可靠地表征相应随机矢量的不确定度,则可以利用各随机矢量的残差矢量及方差分量估计方法重新求得相应的方差因子σ_{0j}^2(包括$\sigma^2_{\bar{X}_k}$),并重新求得相应协方差矩阵。假设,经过N次迭代计算,各随机矢量的方差因子趋于一致,都约等于σ_0^2,再重新确定各随机矢量的权矩阵[44-46],迭代模型如下:

$$\boldsymbol{P}_j^N = \boldsymbol{P}_j^{N-1}/(\hat{\sigma}_{0j}^N)^2 \tag{14.12}$$

$$\hat{\boldsymbol{X}}_k^N = (\boldsymbol{P}_{\bar{X}_k}^N + \boldsymbol{A}_1^{\mathrm{T}}\boldsymbol{P}_1^N\boldsymbol{A}_1 + \cdots + \boldsymbol{A}_r^{\mathrm{T}}\boldsymbol{P}_r^N\boldsymbol{A}_r)^{-1}(\boldsymbol{P}_{\bar{X}_k}^N\bar{\boldsymbol{X}}_k + \boldsymbol{A}_1^{\mathrm{T}}\boldsymbol{P}_1^N\boldsymbol{L}_1 + \cdots + \boldsymbol{A}_r^{\mathrm{T}}\boldsymbol{P}_r^N\boldsymbol{L}_r) \tag{14.13}$$

为了控制异常误差对随机模型估计的影响,也可在进行方差分量估计时,采用抗差估计准则[46],使得随机模型的弹性调整不受个别异常误差影响。

抗差估计本身也属于基于弹性随机模型的参数估计。抗差估计采用观测残差重新确定观测等价权[47],残差大的相应观测方差弹性增大,或相应观测权弹性减小。

14.3.5 弹性数据融合

综合 PNT 信息处理必须采用合理高效的计算方法。多源信息并行计算是实现高效 PNT 信息融合的重要手段,如联邦滤波[48],或各传感器单独计算 PNT 参数再融合[49],为了避免重复使用动力学模型信息,可采用动静滤波技术[50],这里是以抗差估计的弹性随机模型为例,给出的弹性数据融合表达式:

$$\hat{\boldsymbol{X}}_k = (\bar{\boldsymbol{P}}_{\bar{X}_k} + \boldsymbol{A}_1^{\mathrm{T}}\bar{\boldsymbol{P}}_1\boldsymbol{A}_1 + \cdots + \boldsymbol{A}_r^{\mathrm{T}}\bar{\boldsymbol{P}}_r\boldsymbol{A}_r)^{-1}(\bar{\boldsymbol{P}}_{\bar{X}_k}\bar{\boldsymbol{X}}_k + \boldsymbol{A}_1^{\mathrm{T}}\bar{\boldsymbol{P}}_1 L_1 + \cdots + \boldsymbol{A}_r^{\mathrm{T}}\bar{\boldsymbol{P}}_r\boldsymbol{L}_r) \tag{14.14}$$

式中:$\bar{\boldsymbol{P}}_{\bar{X}_k}$和$\bar{\boldsymbol{P}}_j$分别为状态预报矢量及观测随机矢量$\boldsymbol{L}_j$的等价权矩阵。所有等价权矩阵都是基于残差确定的,其中第j组观测L_j的第i个观测L_{ji}的权元素为$\bar{p}_{j_i}$,可以采用 IGGIII 权函数[47],也可以用其他成熟的等价权函数。必须指出,这里的弹性融合方法是在弹性函数模型的基础上,再考虑弹性随机模型调整,并进行数据融合。

若考虑动力学模型存在异常扰动,同时考虑观测信息存在异常误差,则可采用自适应抗差估计法进行多传感器 PNT 的弹性融合[49]。为了控制动力学模型异常对综合 PNT 参数估计的影响,可以采用自适应卡尔曼滤波进行 PNT 信息融合[37]。多源 PNT 信息弹性融合框图见图 14.7。

我们认为:综合 PNT 是安全 PNT 应用的必然趋势,而弹性 PNT 又是综合 PNT 的重要支撑;没有弹性 PNT,综合 PNT 很难发挥作用;弹性 PNT 包括信息的弹性利用、多传感器的弹性集成、弹性函数模型建立、弹性随机模型建立及弹性数据融合,弹性 PNT 不仅强调满足可用性的多源 PNT 信息的利用,更强调满足最优性的弹性优化集成、弹性函数模型优化和弹性随机模型优化等,基于最优化准则的弹性 PNT 才能满足综合 PNT 的连续性、可用性、稳健性和可靠性。

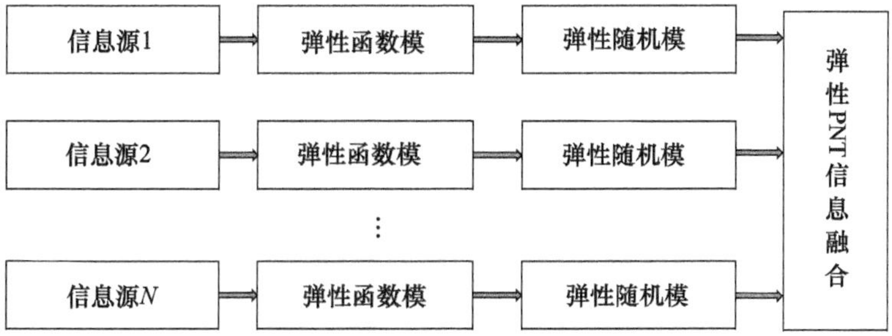

图 14.7 多源 PNT 信息弹性融合

14.4 海底 PNT

14.4.1 概述

海洋是人类可持续发展的重要空间，是资源勘探和开发的主要区域。我国是一个海洋大国，拥有超过 300 万 km^2 的海域。“经略海洋”首先需要维护海洋权益，确保领海安全，就必须有精细的海洋观测数据的支持，其次是发展海洋经济、保护航海运输畅通、建设海上丝绸之路，预防并减少海洋灾害影响等，也必须有高精度、高可靠的海洋 PNT 信息的支持，海洋 PNT 也是海岛礁资源环境信息、海战场环境信息的基本参考信息，是谋划、决策、规划和实施一切国家海洋战略的重要基础信息。

21 世纪以来，美国、加拿大、日本等发达国家通过布测技术先进的海底大地控制网[51-52]，不断完善海洋大地测量基础设施，有效提升了海洋科学和海洋地质等地球科学研究水平和地质灾害监测能力[53-54]；同时，海洋导航定位技术也不断进步，显著提升了各种海洋活动的支持和保障力度，特别是近些年来美国提出建立海床声学信号源，组成类似 GPS 的水下全球定位系统，使其水下潜器无需浮出水面就可获得精确定位信息[55]。

海洋定位方面，虽然发展较晚，但技术发展十分迅速。早在 20 世纪 80 年代末就有学者提出建设海底大地控制网的构想[55-56]，目前已有少数发达国家具备相对成熟的技术条件。目前，海洋定位一般采用 GNSS 与声学定位相结合的技术方法，通过海面和海底控制网联测实现海底定位与海洋无缝导航，该技术已成为海洋 PNT 领域的研究热点和前沿方向[39]。

水下导航定位和位置服务系统是海洋活动、海洋安全、搜救执法、海洋资源环境调查、综合管理、海上生产生活及灾害防治的重要支撑条件。与海面及陆地导航定位不同，水下导航定位及位置服务信号要求具有穿透水体的能力。近几年，海面/水下定位装备推陈出新，呈现出设备组合化、功能集成化、体制宽带化的发展趋势，多传感器水上、水下无缝导航定位已成为其热点研究方向[57-59]。目前应用最广泛的水下声学导航定位系统主要有长基线（LBL）定位系统、短基线（SBL）定位系统与超短基线

(USBL)定位系统等[60]。在国外,上述系统已经日趋成熟并实现了商业化,在我国也占有一定市场。

为减弱部分水下定位系统误差和空间相关性误差影响,有学者提出水下差分定位技术,并得到了发展。水下差分导航定位原理是基于海底声波应答装置到海面测量装置之间的距离,采用单差及双差差分技术,进而精确计算海底应答器的三维坐标。差分水下定位技术提出以来[61],已受到国内外广泛关注。

20 世纪 90 年代,美国鲍尔航空航天实验室成功研制了水下潜器和潜艇导航的重力仪/重力梯度仪,重力梯度仪分辨力为 1 厄缶($10^{-9}m/s^2$),系统导航定位精度可达到 62m/8h;洛克希德·马丁公司也开发成功了通用重力匹配导航模板,能够实现潜艇 14 天精确导航[62-63]。随着水下声纳、惯导和重力匹配导航技术的不断发展和完善,水下多传感器组合导航技术已成为国内外导航技术领域的未来发展方向。

14.4.2 我国海洋 PNT 研究进展

国内有学者自 20 世纪 90 年代就尝试讨论海岛控制网的水下传递方法,提出基于船载 GNSS 的定位技术,结合声纳定位技术实现海底控制点的定位与定向[64]。我国在 SBL 水下定位系统和 LBL 水下定位系统研制方面都取得重要成果,并发展了基于单差定位原理的差分水下定位技术[65-67]。此外,还针对水下控制网基准传递方法开展了相关研究,提出了通过改进海面 GNSS 浮标/AUV 控制图形,以及采用控制网无约束平差和约束平差模型,研究水下控制网布测方案和高精度数据处理方法,以期改善水下基准点的坐标传递精度和水下控制网精度[11,66]。但是,进一步系统研究海洋 PNT 理论体系,发展海面—海底 PNT 构建体系和服务模式,仍然是研究并实现陆海一致的高精度海底大地控制网的关键环节。

过去的 20 多年里,我国水下导航装备研制取得了一定突破,在水声测量方面逐渐打破国外技术壁垒,与国外的差距正在不断缩小。“十五”期间,我国研制成功了长程超短基线系统,实现了 3800m 水下信标定位;通过将 GPS 定位技术与声学技术结合,研制了长基线定位系统和差分水下 GPS[67]。差分水下 GPS 采用先进的差分定位思想,在一定程度上削弱了诸如声线传播误差等系统误差的影响,但该系统海面的浮标个数有限,多余观测量不足,定位精度尤其是高程精度还需要进一步提高。尽管这些系统可实现米级精度定位,但系统整体性能、工程化和实用化水平还有待提高。在 LBL 数据处理技术方面,利用长基线同步定位原理对测阵方法进行了仿真研究[68]。目前,这类研究在我国仍处于相关技术的吸收和消化阶段。

海洋声学定位集成应用取得许多重要进展,为近海、深海石油勘探提供了重要技术保障[69]。研究表明,声学定位技术用于海底电缆勘探、深海拖缆勘探、深海海底地震数据采集,可以完成放缆船、震源船、拖缆船、测深船的导航定位和数据采集任务,但其定位精度还有待进一步提高。

近几年,重力实时测量与匹配导航引起国内学者广泛关注[70-74],研制了重力辅助惯性导航系统,并开展了海上实船验证与应用[75]。但是,绝大多数研究还只停留在数据仿真,模拟计算方面。

水下磁力匹配导航也有部分探索性成果[76-78],但是,由于地磁基础资料欠缺,分辨力较低,而且地磁变化较快,易受其他因素的影响,离实用化水下导航还有很大差距。

综上所述,我国虽然在水下导航定位装备研制和水下定位关键技术方面取得了许多重要成果,但在水下定位装备系列化、集成化、小型化等方面还有很大的发展空间,声纳、重力、惯导等多传感器集成的水上、水下无缝导航定位技术也有待发展和突破。

14.4.3 海洋导航定位关键技术

对于大区域水下 PNT 基础设施建设而言,GNSS 加声学定位体系还存在许多瓶颈技术问题[78],例如声线传播误差改正技术[79-80]。此外,还需要系统解决海底 PNT 信标布设、基准装置建设与维护及水下无缝导航与位置服务等瓶颈技术问题。

(1) 需要研究水下 PNT 信标建设与维护技术。突破海底 PNT 信标点勘选、方舱研制、校准等关键技术,解决深水方舱的抗压、防腐、布放和回收等技术瓶颈。此外,对水下 PNT 信标点的运行方式、能源供应、能源替换等也需要进行系统研究,以便提出切实可行的解决途径。

(2) 发展海洋重力和磁力匹配导航技术。水下重力匹配和磁力匹配技术存在很多核心技术问题。如基准重力格网的分辨力问题,实时重力传感器测量值与基础重力格网快速匹配问题;地磁场时空模型建立是地磁导航的基础[81-82],而磁力场变化快,严重受外界环境的影响,基础磁场模型及其相应的精度和可靠性是制约磁场导航的关键问题。于是,需要突破重力场、磁力场信息与地理位置信息相关的匹配技术,研制重力匹配和磁力匹配导航装备,发展声纳导航、惯性导航、重力和磁力匹配导航集成理论与方法。

(3) 海洋多传感融合导航核心技术。水下多传感器集成、数据融合是水下导航十分重要的环节。多源导航传感器应该高度集成化、小型化,多源信息应该彼此兼容并可互操作,多源导航定位信息要具备自适应融合和智能化服务功能。此外,还需要突破水下导航定位装备的标定技术,形成国家自主多源传感器导航定位装备与数据处理平台。

(4) 极区导航定位也是重要的关键技术。由于卫星导航信号在极区几何结构欠佳,电离层影响较大,定位效果比低纬度地区差,惯性导航在极区更易失去方向[83],极区地磁导航更难实施,于是,极区多源信息组合导航定位及其性能分析也值得研究。

我国虽然在卫星导航定位、陆地导航定位方面取得了长足进步,但是水下导航技术单调、手段匮乏。所以应该:加紧进行海洋 PNT 服务体系和技术论证、研究与建设,研究可行的水下导航定位信息源,实现陆海大地测量基准统一;突破海底 PNT 体系建设、维护和应用的关键技术,攻克水下高精度动态定位及多传感器融合导航关键技术,构建我国自主可控的高精度海洋定位导航和位置服务技术体系;自主研发我国海洋 PNT 硬件装备和软件平台,构建全球/区域海洋 PNT 服务框架体系,为我国海上丝绸之路战略、海洋资源开发、海洋权益保护、水下潜器隐蔽导航定位、舰船航行安全等提供技术支持。

参考文献

[1] 李耐和,张永红,席欢. 美国正在开发的 PNT 新技术及几点认识[J]. 卫星应用,2015,46(12):34-37.

[2] MCNEFF J. Changing the game changer, the way ahead for military PNT[J]. Inside GNSS, 2010, (6):44-45.

[3] Department of Transportation and Department of Defense of USA. National positioning, navigation, and timing architecture implementation plan[R]. Washington, DC: Department of Transportation and Department of Defense of USA, 2010.

[4] 杨元喜. 综合 PNT 体系及其关键技术[J]. 测绘学报,2016,45(5):505-510.

[5] PARKINSON B. Assured PNT for our future[C]//PAT. Action Necessary to Reduce Vulnerability and Ensure Availability: the 25th Anniversary GNSS History Special Supplement. GPS World Staff, 2014.

[6] PARKINSON B. A PAT program and specific challenges to PNT[C]//Presentation talk in ICG 10. Boulder USA: ICG, 2015.

[7] 杨元喜. 北斗卫星导航系统的进展、贡献与挑战[J]. 测绘学报,2010,39(1):1-6.

[8] 杨元喜,陆明泉,韩春好. GNSS 互操作若干问题[J]. 测绘学报,2016,45(3):253-259.

[9] ZHANG L, XU B. Simplified constellation architecture for the libration point satellite navigation system[J]. The Journal of Navigation, 2016, 69:1082-1096.

[10] 吴德伟,赵修斌,田孝华. 航空无线电导航系统[M]. 北京:电子工业出版社,2010.

[11] 吴永亭,周兴华,杨龙. 水下声学定位系统及其应用[J]. 海洋测绘,2003,23(4):18-21.

[12] 魏子卿,刘光明,吴富梅. 2000 中国大地坐标系:中国大陆速度场[J]. 测绘学报,2011,40(4):404-410.

[13] YANG Y. Chinese geodetic coordinate system 2000[J]. Chinese Science Bulletin, 2009(54):2714-2721.

[14] HAN C, YANG Y, CAI Z. BeiDou navigation satellite system and its time scales[J]. Metrologia, 2011(48),1-6.

[15] SHKEL A M. Precision navigation and timing enabled by microtechnology[C]//APS Division of Atomic, Molecular and Optical Physics Meeting Abstracts. Atlanta: APS, 2011.

[16] DALAL M. Low Noise, Low power interface circuits and systems for high frequency resonant microgyroscopes[D]. Atlanta: Georgia Institute of Technology, 2012.

[17] SHKEL A M. Microtechnology comes of age[J]. GPS World,2011 22(9):43-48.

[18] 李冀,赵利平. 美国微定位导航授时技术的发展现状[J]. 国外卫星导航,2013(3):23-30.

[19] SHKEL A M. The Chip-scale combinatorial atomic navigator[J]. GPS World,2013,24(8),8-10.

[20] GUNDETI V M. Folded MEMS approach to NMRG[D]. California:University of California,2015.

[21] FANG J,QIN J. Advances in atomic gyroscopes:a view from inertial navigation applications [J]. Sensors,2012,12(5):6331-6346.

[22] LARSEN M. Nuclear magnetic resonance gyroscope[C] //APS Division of Atomic,Molecular and Optical Physics Meeting Abstracts. Atlanta:APS,2011.

[23] MEGER D,LARSEN M. Nuclear magnetic resonance gyro for inertial navigation[J]. Gyroscopy and Navigation,2014,5(2):75-82.

[24] 杨元喜,高为广. 基于多传感器观测信息抗差估计的自适应融合导航[J]. 武大学报信息科学版,2004,29(10):885-888.

[25] YANG Y,ZHANG S. Adaptive fitting for systematic errors in navigation[J]. Journal of Geodesy, 2005(79):43-49.

[26] 杨元喜,崔先强. 动态定位有色噪声影响函数——以一阶 AR 模型为例[J]. 测绘学报, 2003,32(1):6-10.

[27] 杨元喜. 弹性 PNT 基本框架[J]. 测绘学报,2018,47(7):893-898.

[28] ZIEBOLD R,DAI Z,LANCA L,et al. Initial realization of a sensor fusion based on board maritime integrated PNT unit[J]. TransNav,the International Journal on Marine Navigation and Safety of Sea Transportation,2013,7(1):127-134.

[29] ZIEBOLD R,DAI Z,NOACK T,et al. Concept for an onboard integrated PNT unit[J]. TransNav, the International Journal on Marine Navigation and Safety of Sea Transportation, 2011, 5(2): 149-156.

[30] ZIEBOLD R,DAI Z,NOACK T,et al. The on-board maritime PNT module-integrity monitoring aspects and first experimental results[R/OL]. (2011-09-11)[2018-10-12]. https://www.researchgate.net/publication/225022160.

[31] GREGORY J,SWASZEK P,ALBERDING J,et al. The feasibility of R-mode to meet resilient PNT requirements for e-navigation[C]//Proceedings of the 27th International Technical Meeting of the Satellite Division of the Institute of Navigation (ION GNSS+ 2014). Florida:The Institute of Navigation,2014.

[32] PARKINSON B. Assured PNT for our future:PTA. actions necessary to reduce vulnerability and ensure availability [C]//The 25th Anniversary GNSS History Special Supplement. GPS World Staff,2014.

[33] FAA Navigation Services. AJW-91, Industry day for alternate, position, navigation and timing (APNT)[R],SatNavNews,38,Winter 2010/2011.

[34] NARINS M. The benefits of alternative positioning,navigation,and timing (APNT) to aviation and other users-the need for robust radio navigation[C]//Integrated Communications,Navigation and Surveillance Conference(ICNS). Herndon,VA:IEEE,2012.

[35] 杨元喜. 自适应动态导航定位[M]. 北京:测绘出版社,2006.

[36] 杨元喜,何海波,徐天河. 论动态自适应滤波[J]. 测绘学报,2001,30(4):293-298.

[37] YANG Y,HE H, XU G. Adaptively robust filtering for kinematic geodetic positioning [J]. Journal of Geodesy,2001,75(2/3):109-116.

[38] YANG Y,GAO W. An optimal adaptive Kalman filter[J]. Journal of Geodesy,2006(80):177-183.

[39] 杨元喜,徐天河,薛树强. 我国海洋大地测量基准与海洋导航技术研究进展与展望[J]. 测绘学报,2017,46(1):1-8.

[40] YANG C,SHI W,CHEN W. Comparison of unscented and extended Kalman filters with application in vehicle navigation[J]. The Journal of Navigation,2016,70 (2):411-431.

[41] YANG C,SHI W,CHEN W. Adaptive unscented Kalman filtering based on correlated inference with application in GNSS/IMU integrated navigation[J]. GPS Solutions,2018,DOI:10. 1007/s10291-018-0766-2.

[42] YANG Y,ZHANG S. Adaptive fitting for systematic errors in navigation[J]. Journal of Geodesy, 2005(79):43-49.

[43] KOCH K R. Bayesian inference for variance components[J]. Manuscripta Geodaetica, 1987, 12: 309-313.

[44] 杨元喜,徐天河. 基于移动开窗法协方差估计和方差分量估计的自适应滤波[J]. 武汉大学学报信息科学版,2003,28(6),714-718.

[45] 杨元喜,高为广. 基于方差分量估计的自适应融合导航[J]. 测绘学报,2004,33(1):22-26.

[46] YANG Y,XU T,SONG L. Robust estimation of variance components with application in global positioning system network adjustment [J]. Journal of Surveying Engineering, 2005, 131 (4): 107-112.

[47] YANG Y,SONG L,XU T. Robust estimator for correlated observations based on bifactor equivalent weights[J]. Journal of Geodesy,2002,76(6-7):353-358.

[48] CARLSON N A. Federated filter for fault tolerant integrated navigation system[C]//Position Location and Navigation Symposium. Orlando:PLANS,1988.

[49] YANG Y,CUI X,GAO W. Adaptive integrated navigation for multi-sensor adjustment outputs [J]. The Journal of Navigation,2004,57(2):287-285.

[50] 杨元喜. 多源传感器动、静态滤波融合导航[J]. 武汉大学学报(信息科学版),2003,28(4): 386-388.

[51] FAVALI P,BERANZOLI L. Seafloor observatory science:a review[J]. Annals of Geophysics,2006, 49(2-3):515-567.

[52] MOCHIZUKI M,SATO M,KATAYAMA M,et al. Construction of seafloor geodetic observation network around Japan[J]. Recent Advances in Marine Science and Technology,2002:591-600.

[53] FUJIMARA T,KODAIRA S,KAIHO Y,et al. The 2011 Tohoku-Oki earthquake:displacement reaching the trench axis[J]. Science,2011,334(6060):1240.

[54] BLUM J A,CHAWELL C D,DRICOLL N,et al. Assessing slope stability in the santa barbara basin,california,using seafloor geodesy and CHIRP seismic data[J]. Geophysical Research Letters, 2010,37(13):L13308.

[55] 佚名. 美国拟创建水下全球定位系统[J]. 渔业现代化,2015 (3):55.

[56] MCINTYRE M C. Design and testing of a seafloor geodetic system[D]. San Diego:University of California,1989.

[57] YOUNG L E,WU S C,DIXON T H. Decimeter GPS positioning for surface element of sea floor geodesy system[M]. Netherlands:Springer,1987:223-232.

[58] 陈丽洁,张鹏,徐兴烨,等. 矢量水听器综述[J]. 传感器与微系统,2006,25(6):5-8.

[59] BECHAZ C,BOUCQUAERT F. Underwater positioning:centimetric accuracy underwater-GPS [J]. Hydro International,2006(3):125-129.

[60] 刘焱雄,彭琳,吴永亭,等. 超短基线水声定位系统校准方法研究[J]. 武汉大学学报(信息科学版),2006,31(7):610-612.

[61] XU P,ANDO M,TADOKORO K. Precise three dimensional seafloor geodetic deformation measurements using difference techniques[J]. Earth,Planets and Space,2005,57(9):795-808.

[62] GOLDSTEIN M S,BRETT J J. Precision gravity gradiometer/AUV system[C]//Proceedings of the 1998 Workshop on Autonomous Underwater Vehicles. Cambridge,CA:IEEE,1998.

[63] RICE H,MENDELSOHN L,ARONS R,et al. Next generation marine precision navigation system [C]//Proceedings of the Position Location and Navigation Symposium. San Diego,CA:IEEE,2000.

[64] 李明. GPS联测海底控制网精度的研究[J]. 武汉测绘科技大学学报,1992,17(1):74-82.

[65] 吴永亭. LBL精密定位理论方法研究及软件系统研制[D]. 武汉:武汉大学,2013.

[66] ZHAO J,ZOU Y,ZHANG H. et al. A new method for absolute datum transfer in seafloor control network measurement[J]. Journal of Marine Science and Technology,2016,21(2):216-226.

[67] 薛树强,党亚民,章传银. 差分水下GPS定位空间网的布设研究[J]. 测绘科学,2006,31(4):23-24.

[68] 吴永亭,周兴华,杨龙. 水下声学定位系统及其应用[J]. 海洋测绘,2003,23(4):18-21.

[69] 李莉. 长基线阵测阵校阵技术研究[D]. 哈尔滨:哈尔滨工程大学,2007.

[70] 郭有光,钟斌,边少锋. 地球重力场确定与重力场匹配导航[J]. 海洋测绘,2003,23(5):61-64.

[71] 李姗姗,吴晓平,马彪. 水下重力异常相关极值匹配算法研究[J]. 测绘学报,2011,40(4):464-469.

[72] 吴太旗,黄谟涛,陆秀平,等. 重力场匹配导航的重力图生成技术[J]. 中国惯性技术学报,2007,15(4):438-441.

[73] 王志刚,边少锋. 基于ICCP算法的重力辅助惯性导航[J]. 测绘学报,2008,37(2):147-151,157.

[74] 许大欣. 利用重力异常匹配技术实现潜艇导航[J]. 地球物理学报,2005,48(4):812-816.

[75] WANG B,YU L,DENG Z,et al. A particle filter based matching algorithm with gravity sample vector for underwater gravity aided navigation[J]. IEEE/ASME Transactions on Mechatronics,2016,21(3):1399-1408.

[76] 彭富清. 地磁模型与地磁导航[J]. 海洋测绘,2006,26(2):73-75.

[77] 郭才发,胡正东,张士峰,等. 地磁导航综述[J]. 宇航学报,2009,30(4):1314-1319,1389.

[78] 赵建虎,张红梅,王爱学,等. 利用ICCP的水下地磁匹配导航算法[J]. 武汉大学学报(信息科学版),2010,35(3):261-264.

[79] AKYILDIZ I F,POMPILI D,MELODIA T. Underwater acoustic sensor networks:research challenges[J]. Ad Hoc Networks,2005,3(3):257-279.

[80] YANG F,LU X,LI J,et al. Precise positioning of underwater static objects without sound speed profile[J]. Marine Geodesy,2011,34(2):138-151.

[81] CHADWELL C D,SWEENEY A D. Acoustic ray-trace equations for seafloor geodesy[J]. Marine Geodesy,2010,33(2-3):164-186.

[82] 周军,葛致磊,施桂国,等. 地磁导航发展与关键技术[J]. 宇航学报,2008,29(5):1467-1472.

[83] 杨元喜,徐君毅. 北斗在极区导航定位性能分析[J]. 武汉大学学报(信息科学版),2016,41(1):15-20.

缩 略 语

ACE-BOC	Asymmetric Constant Envelope BOC	非对称恒包络 BOC
ADC	Analog to Digital Converter	模数转换器
AdPNT	Adaptive PNT	自适应 PNT
AIF	Alarm Integrity Flag	系统告警标识
AIG	Atomic Interference Gyroscope	原子干涉陀螺
AIS	Automatic Identification System	自动识别系统
AlPNT	Alternative PNT	可选择的 PNT
AltBOC	Alternate Binary Offset Carrier	交替二进制偏移载波
APV	Approach with Vertical Guidance	垂直引导进近
AR	Auto-Regressive	自回归(模型)
ARNS	Aeronautical Radio Navigation Service	航空无线电导航业务
AS	Anti-Spoofing	反欺骗
ASCII	American Standard Code for Information Interchange	美国信息交换标准代码
ASG	Atomic Spin Gyroscope	原子自旋陀螺
AsPNT	Assured PNT	安全的 PNT
ATM	Air Traffic Management	空中交通管理(系统)
BCH	Bose-Chaudhuri-Hocquenghem	BCH(编码)
BDCS	BeiDou Coordinate System	北斗坐标系
BDS	BeiDou Navigation Satellite System	北斗卫星导航系统
BDT	BDS Time	北斗时
BIH	Bureau International de I'Heure	国际时间局
BIPM	Bureau International des Poids et Mesures	国际计量局
BOC	Binary Offset Carrier	二进制偏移载波
BPSK	Binary Phase-Shift Keying	二进制相移键控
BSNC	Beijing Satellite Navigation Center	北京卫星导航中心
CAT Ⅰ	Category Ⅰ of Precision Approach	Ⅰ类精密进近
CBOC	Composite Binary Offset Carrier	复合二进制偏移载波
CCDMA	Code-Carrier Divergence Monitor Algorithm	伪码-载波发散监测算法
CCIR	International Radio Consultative Committee	国际无线电咨询委员会

CDC	Clock Differential Correction	时钟差分校正
CDMA	Code Division Multiple Access	码分多址
CEP	Circle of Error Probability	圆概率误差
CEPT	European Conference of Postal and Telecommunications Administrations	欧洲邮电管理委员会
CGCS2000	China Geodetic Coordinate System 2000	2000 中国大地坐标系
CGPM	General Conference of Weights & Measures	国际计量大会
CIO	Conventional International Origin	国际协议原点
CIR	Cascade Integer Resolution	递进模糊度整数解
CNATS	China Next-generation Aviation Transportation System	中国新一代民航运输系统
CNMC	Code Noise and Multipath Correction (Algorithm)	码噪声多径改正(算法)
CNS	Celestial Navigation System	天文导航系统
CODE	Center for Orbit Determination in Europe	欧洲定轨中心
CORS	Continuously Operating Reference Stations	连续运行参考站
CRC	Cyclic Redundancy Check	循环冗余校验
CRDSS	Comprehensive Radio Determination Satellite Service	广义卫星无线电测定业务
CS	Commercial Service	商业服务
CSAC	Chip-Scale Atomic Clock	芯片级原子钟
CTP	Conventional Terrestrial Pole	协议地球极
CTRF 2000	China Terrestrial Reference Frame 2000	2000 中国大地坐标框架
DARPA	Defense Advanced Research Projects Agency	(美国)国防高级研究计划局
DASS	Disaster Advance Satellite System	灾难预警卫星系统
DC	Differential Correction	差分校正
DCB	Differential Code Bias	差分码偏差
DEM	Digital Elevation Model	数字高程模型
DGNSS	Differential GNSS	差分 GNSS
DGPS	Differential GPS	差分 GPS
DH	Decision Height	决断高度
DIF	Data Intergrity Flag	电文完好性标识
DMA	Defense Mapping Agency	国防制图局
DOP	Dilution of Precision	精度衰减因子
DQM	Data Quality Monitoring	数据质量监测
DSIGMA	Double Smoothing Ionosphere Gradient Monitor Algorithm	双平滑电离层梯度监测算法
EC	European Commission	欧盟委员会
ECEF	Earth-Centered Earth-Fixed	地心地固(坐标系)

ECI	Earth Centered Inertial	地心惯性(坐标系)
EDC	Ephemeris Differential Correction	星历差分校正
EGNOS	European Geostationary Navigation Overlay Service	欧洲静地轨道卫星导航重叠服务
EIRP	Effective Isotropic Radiated Power	有效全向辐射功率
EKF	Extended Kalman Filter	扩展卡尔曼滤波器
EOP	Earth Orientation Parameter	地球定向参数
EPFD	Equivalent Power Flux Density	等效功率通量密度
ERP	Earth Rotation Parameter	地球自转参数
ESA	European Space Agency	欧洲空间局
ESOC	European Space Operation Centre	欧洲空间运行中心
ETRF	European Terrestrial Reference Frame	欧洲地球参考框架
EWL	Extra Wide Lane	超宽巷
FAA	Federal Aviation Administration	美国联邦航空管理局
FAP	Final Approach Point	最终进近点
FCB	Fractional Cycle Bias	非整周偏差
FDMA	Frequency Division Multiple Access	频分多址
FEC	Forward Error Correction	前向纠错
FKP	Flächen Korrektur Parameter	区域改正数
FPNT	Flexible PNT	柔性 PNT
GAGAN	GPS-Aided GEO Augmented Navigation	GPS 辅助型地球静止轨道卫星增强导航
GBAS	Ground Based Augmentation Systems	地基增强系统
GcGPS	Globally Corrected GPS	全球差分增强系统
GDOP	Geometry Dilution of Precision	几何精度衰减因子
GEO	Geostationary Earth Orbit	地球静止轨道
GF	Geometry-Free	无几何
GFIF	Geometry-Free and Ionosphere-Free	无几何无电离层
GFIFAR	Geometry-Free and Ionosphere-Free Ambiguity Resolution	无几何无电离层模式模糊度解算
GFZ	Helmholtz-Centre Potsdam-German Research Centre for Geosciences	德国地学中心
GGSP	Galileo Geodetic Service Provider	Galileo 大地测量服务商
GGTO	GPS to Galileo Time Offset	GPS 与 Galileo 系统间时间补偿
GIC	Ground Integrity Channel	地面完好性通道
GIVE	Grid Point Ionosphere Vertical Delay Error	格网点电离层垂直延迟改正数误差
GLONASS	Global Navigation Satellite System	(俄罗斯)全球卫星导航系统

GLONASST	GLONASS Time	GLONASS 时
GNSS	Global Navigation Satellite System	全球卫星导航系统
GPS	Global Positioning System	全球定位系统
GPST	GPS Time	GPS 时
GSL	GBAS Service Level	GBAS 服务等级
GSM	Global System for Mobile Communication	全球移动通信系统
GSO	Geostationary-Satellite Orbit	地球同步轨道
GST	Galileo System Time	Galileo 系统时
GTRF	Galileo Terrestrial Reference Frame	Galileo 大地参考坐标系
HA-NDGPS	High Accuracy Nationwide Differential GPS	高精度国家差分 GPS
HAL	Horizontal Alert Limit	水平告警门限
HAPS	Hybrid and Autonomous PNT System	混合自主 PNT
HDOP	Horizontal Dilution of Precision	水平精度衰减因子
HFOM	Horizontal Position Figures of Merit	水平精度估值
HPL	Horizontal Protection Level	水平保护级
IAE	Innovation-based Adaptive Estimation	基于新息的自适应估计
IAG	International Association of Geodesy	国际大地测量协会
IAP	Initial Approach Point	初始进近点
ICAO	International Civil Aviation Organization	国际民航组织
ICD	Interface Control Documents	接口控制文件
ICG	International Committee on GNSS	GNSS 国际委员会
IERS	International Earth Rotation Service	国际地球自转服务
IF	Ionosphere-Free	无电离层
IGP	Ionospheric Grid Point	电离层格网点
IGR	IGS Rapid Orbits	IGS 快速轨道
IGS	International GNSS Service	国际 GNSS 服务
IGSO	Inclined Geosynchronous Orbit	倾斜地球同步轨道
IGU	IGS Ultra-Rapid Orbits	IGS 超快速轨道
ILS	Instrument Landing System	仪表着陆系统
IMES	Indoor Messaging System	室内短信系统
IMPACT	Integrated Micro Primary Atomic Clock Technology	集成微型主原子钟技术
IMT	Integrity Monitor Testbed	完好性监测试验
IMU	Inertial Measurement Unit	惯性测量单元
INS	Inertial Navigation System	惯性导航系统
IOD	Issue of Data	数据标识

IODC	Issue of Data Clock	钟差数据期号
IODE	Issue of Data Ephemeris	星历数据期号
IPP	Ionospheric Pierce Point	电离层穿刺点
IRM	IERS Reference Meridian	IERS 参考子午面
IRNSS	Indian Regional Navigation Satellite System	印度区域卫星导航系统
IRP	IERS Reference Pole	IERS 参考极
ISRO	Indian Space Research Organization	印度空间研究组织
IT-MARS	Information Tethered Micro Automated Rotary Stages	信息链微自动旋式平台
ITRF	International Terrestrial Reference Frame	国际地球参考框架
ITRS	International Terrestrial Reference System	国际地球参考系统
ITU	International Telecommunication Union	国际电信联盟
iGMAS	International GNSS Monitoring & Assessment System	国际 GNSS 监测评估系统
LAAS	Local Area Augmentation System	局域增强系统
LADGNSS	Local Area Differential GNSS	局域差分全球卫星导航系统
LAMBDA	Least-Squares Ambiguity Decorrelation Adjustment	最小二乘模糊度降相关平差
LBL	Long Baseline	长基线
LDPC	Low Density Parity Check	低密度奇偶校验
LPL	Lateral Protection Level	侧向保护级
LPV	Localizer Performance with Vertical Guidance	带垂直引导的航向定位性能
LS	Least Square	最小二乘
MA	Missed Approach	进近失败
MAC	Master-Auxiliary Concept	主辅站
MAP	Missed Approach Point	复飞进近点
MASPS	Minimum Aviation System Performance Standards	最小航空系统性能标准
MBOC	Multiplexed Binary Offset Carrier	复用二进制偏移载波
MCC	Master Control Centre	主控中心
MDA	Minimum Descent Altitude	最小下降高度
MDGPS	Maritime DGPS	海岸差分 GPS
MEMS	Micro-Electro-Mechanical System	微机电系统
MEO	Medium Earth Orbit	中圆地球轨道
MFRT	Message Field Range Test	电文范围监测
MGEX	Multi-GNSS Experiment	多 GNSS 试验
MINT	Micro Inertial Navigation Technology	微惯导技术
MP	Multipath	多径
MQM	Measurement Quality Monitoring	观测量质量监测

MRCC	Multiple Reference Consistency Check	多参考站一致性监测
MRIG	Micro Scale Rate Integrating Gyroscopes	微尺度速率集成陀螺
MSAS	Multi-Functional Satellite Augmentation System	多功能卫星(星基)增强系统
MW	Melbourne-Wubbena	MW(组合法)
MST	Mean Solar Time	平太阳时
NASA	National Aeronautics and Space Administration	美国国家航天航空局
NDGPS	Nationwide Differential GPS	国家差分 GPS
NGA	National Geospatial-Intelligence Agency	(美国)国家地理空间情报局
NGIMG	Navigation Grade Integrated Micro Gyroscope	导航级集成微陀螺
NGS	National Geodetic Survey	(美国)国家大地测量局
NGSO	Non-Geostationary-Satellite Orbit	非地球同步轨道
NH code	Neumann-Hoffman Code	NH 码
NIMA	National Imagery and Mapping Agency	国家影像与制图局
NL	Narrow Lane	窄巷
NMR	Nuclear Magnetic Resonance	核磁共振
NPA	Non-Precision Approach	非精密进近
NTSC	National Time Service Center	中国科学院国家授时中心
OS	Open Service	开放服务
PA	Precision Approach	精密进近
PALADIN & T	Platform for Acquisition, Logging, and Analysis of Devices for Inertial Navigation & Timing	惯导和守时数据采集、记录与分析平台
PASCAL	Primary and Secondary Calibration on Active Layer	主动和自动标校技术
PCO	Phase Center Offset	相位中心偏差
PCV	Phase Center Variation	相位中心变化
PDOP	Position Dilution of Precision	位置精度衰减因子
PL	Pseudolite	伪卫星
	Protection Level	保护级
PNT	Positioning, Navigation and Timing	定位、导航与授时
PPP	Precise Point Positioning	精密单点定位
PPS	Precise Positioning Service	精密定位服务
PRC	Pseudo Range Corrections	伪距改正数
PRN	Pseudo Random Noise	伪随机噪声
PRS	Public Regulated Service	公共特许服务
PTB	Physikalisch-Technische Bundesanstalt	德国物理技术研究院
PVT	Position Velocity and Time	位置、速度和时间
PZ-90	Parametry Zelmy-90	PZ-90(坐标系)

QMBOC	Quadrature Multiplexed Binary Offset Carrier	正交复用二进制偏移载波
QPSK	Quadrature Phase Shift Keying	正交相移键控
QZS	Quasi-Zenith Satellite	准天顶卫星
QZSS	Quasi-Zenith Satellite System	准天顶卫星系统
RAIM	Receiver Autonomous Integrity Monitoring	接收机自主完好性监测
RBN	Radio Beacon Navigation	无线电信标导航
RDSS	Radio Determination Satellite Service	卫星无线电测定业务
RMS	Root Mean Square	均方根
RNSS	Radio Navigation Satellite Service	卫星无线电导航业务
RRC	Range-Rate Corrections	距离变化率改正数
RSIM	RTCM GPS Reference Stations and Integrity Monitors	差分参考站完好性监测标准
RTCA	Radio Technical Commission for Aeronautics	航空无线电技术委员会
RTCM	Radio Technical Commission for Maritime Services	海事无线电技术委员会
RTK	Real Time Kinematic	实时动态
RVR	Runway Visual Range	跑道可视距离
SA	Selective Availability	选择可用性
SAIM	Satellite Autonomous Integrity Monitoring	卫星自主完好性监测
SAR	Search and Rescue	搜寻与援救
SBAS	Satellite Based Augmentation Systems	星基增强系统
SBL	Short Baseline	短基线
SCSI	Small Computer System Interface	微型计算机系统接口
SDCM	System of Differential Correction and Monitoring	差分校正和监测系统
SESAR	Single European Sky ATM Research	单一欧洲天空交通管理研究(计划)
SI	Le Système International d'Unitès	国际单位制
SIF	Signal Integrity Flag	信号完好性标识
SISA	Signal in Space Accuracy	空间信号精度
SISRE	Signal in Space Range Error	空间信号距离误差
SLR	Satellite Laser Ranging	卫星激光测距
SOL	Safety of Life	生命安全
SPS	Standard Positioning Service	标准定位服务
SQM	Signal Quality Monitoring	信号质量监测
SSE	Sum of Squared Errors	残差平方和
SSR	State Space Representation	(RTCM)状态空间改正
ST	Sidereal Time	恒星时
	Solar Time	太阳时
STD	Standard Deviation	标准差
TAI	International Atomic Time	国际原子时

TCAR	Three-Carrier Ambiguity Resolution	三频模糊度解算
TDB	Barycentric Dynamical Time	质心力学时
TDMA	Time Division Multiple Access	时分多址
TDT	Terrestrial Dynamical Time	地球动力时
TGD	Timing Group Delay	群时间延迟
TIMU	Chip-Scale Timing and Inertial Measurement Unit	芯片级微时钟和微惯导组件
TMBOC	Time-Multiplexed Binary Offset Carrier	时分复用二进制偏移载波
TTFF	Time to First Fix	首次定位时间
TWSTFT	Two-Way Satellite Time and Frequency Transfer	卫星双向时间频率传递
UDRA	User Differential Range Accuracy	用户差分测距精度
UDRE	User Differential Range Error	用户差分距离误差
UERE	User Equivalent Range Error	用户等效距离误差
UHF	Ultra High Frequency	特高频
UKF	Unscented Kalman Filter	无迹卡尔曼滤波
UPD	Uncalibrated Phase Delays	未校准的相位硬件延迟
URA	User Range Accuracy	用户测距精度
URE	User Range Error	用户测距误差
USBL	Ultra-Short Baseline	超短基线
USCG	United States Coast Guard	美国海岸警卫队
USNO	United States Naval Observatory	美国海军天文台
UT	Universal Time	世界时
UTC	Coordinated Universal Time	协调世界时
UTCr	Rapid UTC	快速协调世界时
VAL	Vertical Alert Limit	垂直告警门限
VDOP	Vertical Dilution of Precision	垂直精度衰减因子
VFOM	Vertical Position Figures of Merit	垂直精度估值
VHF	Very High Frequency	甚高频
VLBI	Very Long Baseline Interferometry	甚长基线干涉测量
VPL	Vertical Protection Level	垂直保护级
VRS	Virtual Reference Stations	虚拟参考站
WAAS	Wide Area Augmentation System	广域增强系统
WADGNSS	Wide Area Differential GNSS	广域差分全球卫星导航系统
WADGPS	Wide Area Differential GPS	广域差分全球定位系统
WGS-84	World Geodetic System 1984	1984 世界大地坐标系
WL	Wide Lane	宽巷
WRC	World Radio Comunication Conferences	世界无线电通信大会